中国国家标准汇编

2005年修订-13

中国标准出版社

2006

图书在版编目（CIP）数据

中国国家标准汇编．13：2005年修订/中国标准出版社总编室编．—北京：中国标准出版社，2006

ISBN 7-5066-4247-6

Ⅰ.中…　Ⅱ.中…　Ⅲ.国家标准-汇编-中国-2005　Ⅳ.T-652.1

中国版本图书馆CIP数据核字（2006）第109352号

中国标准出版社出版发行
北京复兴门外三里河北街16号
邮政编码:100045
网址 www.spc.net.cn
电话:68523946　68517548
中国标准出版社秦皇岛印刷厂印刷
各地新华书店经销

*

开本 880×1230　1/16　印张 41.5　字数 1 316 千字
2006年11月第一版　2006年11月第一次印刷

*

定价　180.00 元

ISBN 7-5066-4247-6

出 版 说 明

1.《中国国家标准汇编》是一部大型综合性国家标准全集，自1983年起，按国家标准顺序号以精装本、平装本两种装帧形式陆续分册汇编出版。《汇编》在一定程度上反映了我国建国以来标准化事业发展的基本情况和主要成就，是各级标准化管理机构，工矿企事业单位，农林牧副渔系统，科研、设计、教学等部门必不可少的工具书。

2. 由于标准的动态性，每年有相当数量的国家标准被修订，这些国家标准的修订信息无法在已出版的《汇编》中得到反映。为此，自1995年起，新增出版在上一年度被修订的国家标准的汇编本。

3. 修订的国家标准汇编本的正书名、版本形式、装帧形式与《中国国家标准汇编》相同，视篇幅分设若干册，但不占总的分册号，仅在封面和书脊上注明"2005年修订-1，-2，-3，……"等字样，作为对《中国国家标准汇编》的补充。读者配套购买则可收齐前一年新制定和修订的全部国家标准。

4. 修订的国家标准汇编本的各分册中的标准，仍按顺序号由小到大排列(不连续)；如有遗漏的，均在当年最后一分册中补齐。

5. 2005年度发布的修订国家标准分20册出版。本分册为"2005年修订-13"，收入新修订的国家标准46项。

中国标准出版社

2006年8月

目　录

ICS 25.220.40
A 29

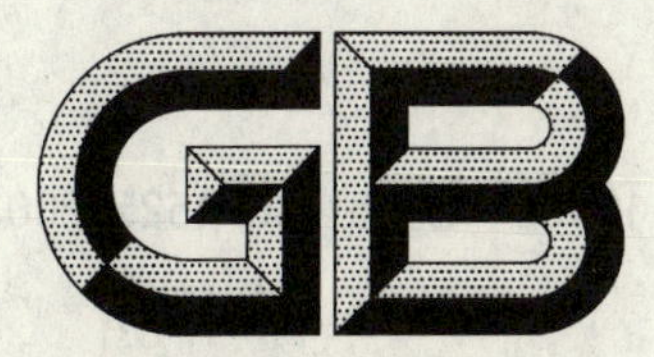

中华人民共和国国家标准

GB/T 12600—2005/ISO 4525:2003
代替 GB/T 12600—1990,GB/T 12610—1990

金属覆盖层　塑料上镍+铬电镀层

Metallic coatings—Electroplated coatings of nickel plus chromium on plastics materials

(ISO 4525:2003,IDT)

2005-06-23 发布　　　　2005-12-01 实施

中华人民共和国国家质量监督检验检疫总局
中国国家标准化管理委员会　发布

前　言

本标准等同采用 ISO 4525:2003(E)《塑料上镍＋铬电镀层》(英文版)。

本标准根据 ISO 4525:2003(E)翻译起草，本标准对应 ISO 4525 作了如下修改：

——按国内现有的覆盖层系列标准习惯，标准名称前加上“金属覆盖层”；

——取消了国际标准的前言，增加了我国标准前言；

——为便于使用，引用了采用国际标准的我国标准；

——用“本标准”代替“本国际标准”。

本标准代替 GB/T 12600—1990《金属覆盖层　塑料上铜＋镍＋铬电镀层》和 GB/T 12610—1990《塑料上电镀层　热循环试验》。

本标准与 GB/T 12600—1990 和 GB/T 12610—1990 相比，主要变化如下：

——补充了引言；

——修改了适用范围；

——修改了使用条件号的说明；

——增加了延展性镍的有关要求；

——采用 ISO 4525 合并上述两标准，重新修订了各章节。

本标准附录 A、附录 C、附录 D、附录 E、附录 F、附录 G 为规范性附录，附录 B 为资料性附录。

本标准由中国机械工业联合会提出。

本标准由全国金属与非金属覆盖层标准化技术委员会归口。

本标准起草单位：武汉材料保护研究所、广州电器科学研究所、浙江新丰企业有限公司。

本标准主要起草人：贾建新、何杰、李大旭、郑秀林。

本标准所代替标准的历次版本发布情况为：

——GB/T 12600—1990 和 GB/T 12610—1990。

金属覆盖层　塑料上镍＋铬电镀层

1　范围

本标准规定了塑料上有或无铜底镀层的镍＋铬装饰性电镀层要求。本标准允许使用铜或者延展性镍作为底镀层以满足热循环试验要求。

本标准不适用于工程塑料上的电镀层。

2　规范性引用文件

下列文件中的条款通过本标准的引用而成为本标准的条款。凡是注日期的引用文件，其随后所有的修改单(不包括勘误的内容)或修订版均不适用于本标准，然而，鼓励根据本标准达成协议的各方研究是否可使用这些文件的最新版本。凡是不注日期的引用文件，其最新版本适用于本标准。

GB/T 3138　金属镀覆和化学处理与有关过程术语(neq ISO 2079)

GB/T 4955　金属覆盖层　覆盖层厚度测量　阳极溶解库仑法(idt ISO 2177)

GB/T 6461　金属基体上金属和其他无机覆盖层　经腐蚀试验后的试样和试件的评级(ISO 10289,IDT)

GB/T 6462　金属和氧化物覆盖层　横断面厚度显微镜测量方法(eqv ISO 1463)

GB/T 10125　人造气氛腐蚀试验　盐雾试验(eqv ISO 9227)

GB/T 12334　金属和其他非有机覆盖层　关于厚度测量的定义和一般原则(idt ISO 2064)

GB/T 12609　电沉积金属覆盖层和有关精饰计数抽样检查程序(idt ISO 4519)

GB/T 13744　磁性和非磁性基体上镍电镀层厚度的测量(idt ISO 2361)

GB/T 15821　金属覆盖层　延展性测量方法

GB/T 16921　金属覆盖层　厚度测量　X射线光谱方法(eqv ISO 3497)

ISO 3543　金属与非金属覆盖层　镀层厚度测量　β射线背散射法

ISO 16348　金属和其他无机覆盖层　外观的定义和习惯用语

3　术语和定义

GB/T 3138,GB/T 12334 和 ISO 16348 中所确立的术语和定义适用于本标准。

4　向电镀方提供的资料

4.1　必要资料

按本标准订购电镀产品时，需方应在合同或订购合约中书面提出下列资料或工程图：

a)　标识(见第6章)；

b)　外观要求，如：光亮、无光或缎面；或者，需方提供或认可一件表明精饰要求的样品，按照7.2要求供对比使用；

c)　在草图上标出主要表面，或者提供合适标记的样品；

d)　主要表面上对局部厚度有要求的部分(见7.4)；

e)　主要表面上不可避免的夹具或挂具痕迹的位置(见7.2)；

f)　为满足热循环试验要求，对铜或镍底镀层做出的选择(见7.3,7.6和7.8)；

g)　腐蚀试验是连续还是循环进行(见7.7)；

h)　腐蚀和热循环试验(见7.6和7.7)是在单个样品上独立地进行还是用同一样品连续地进行

(见 7.8),试验中,应模拟安装模式给样品镶边或不镶边(附录 A);

i) STEP 试验的所有要求(见 7.9);

j) 抽样方法和验收要求(见第 8 章);

k) 需电镀塑料种类的标识(见 7.1)。

4.2 附加资料

适当时,需方可以提出下列资料:

a) 因注塑加工导致的表面可接受的缺陷程度的限定(见 7.1)。

b) 非主要表面允许的缺陷程度(见 7.2)。

5 使用条件号

需方提出的使用条件号,决定了与制品使用环境的严酷性要求相对应的保护等级,按如下等级划分:

5 极其严酷;

4 非常严酷;

3 严酷;

2 中等;

1 微弱。

附录 B 中给出了各种使用条件号对应的典型的使用环境。

6 标识

6.1 概述

标识是规定对应于每种使用条件(见表 1)的镀层的类型和厚度的一种方法,构成如下:

a) 术语“电镀层”,本标准号,其后附有连字号;

b) 字母 PL,表示塑料基体材料,其后附有斜杠(/);

c) 化学符号 Cu,代表铜底镀层(当底镀层采用镍时,用化学符号 Ni 表示);当需方规定不需要耐热循环要求时,铜或镍底镀层应取消;

d) 给定铜(或镍)底层最小局部厚度值(见 GB/T 12334),以 μm 计;

e) 小写字母表示铜或镍底镀层类型(见 6.2);

f) 化学符号 Ni,表示镍镀层;

g) 表示镍镀层最小局部厚度值的数字(见 GB/T 12334),以 μm 计;

h) 小写字母表示镍镀层类型(见 6.3);

i) 化学符号 Cr,表示铬镀层;

j) 小写字母表示铬镀层类型和厚度(见 6.5)。

表 1 塑料上电镀层

使用条件号	部分铜+镍+铬镀层标识	部分镍+铬镀层标识
5	PL/Cu15a Ni30d Cr mp(或 mc) PL/Cu15a Ni30d Cr r	PL/Ni20dp Ni20d Cr mp(或 mc) PL/Ni20dp Ni20d Cr r
4	PL/Cu15a Ni25d Cr mp(或 mc) PL/Cu15a Ni25d Cr r	PL/Ni20dp Ni20b Cr mp(或 mc) PL/Ni20dp Ni15d Cr r
3	PL/Cu15a Ni20d Cr mp(或 mc) PL/Cu15a Ni15b Cr r	PL/Ni20dp Ni10d Cr r
2	PL/Cu15a Ni10b Cr mp(或 mc)	
1	PL/Cu15a Ni7b Cr r	PL/Ni20dp Ni7d Cr r

6.2 铜或镍底镀层类型

铜底镀层类型应以下列符号标识：

a 表示从酸性溶液中电沉积延展性整平铜。

镍底镀层类型应以下列符号标识：

dp 表示从专门预镀溶液中电沉积延展性柱状镍。

注：耐热循环所要求的镍层应从 Watts 溶液或不含有有机添加剂或光亮剂的硫酸镍溶液，以及供方为电镀专门配制的溶液中获得。见参考文献[3]、[4]、[5]的背景资料。

6.3 镍的类型

铜或镍底镀层上采用的镍的类型应以下列符号标识：

b 全光亮型沉积镍；

s 非机械抛光的无光或半光亮镍；

d 表 2 给定要求的双层或多层镍。

6.4 双层或多层镍镀层

表 2 归纳了双层或多层镀层的要求。

表 2 双层或多层镍镀层要求

层 次 (镍镀层类型)	延伸率[a]/%	含硫量[b]/% (质量分数)	厚 度[c] 总镍层厚度的百分数/%	
			双 层	三 层
下层(s)	>8	<0.005	≥60	50～70
中层(高硫层)	—	>0.15	—	≤10
上层(b)	—	>0.04 和<0.15	10～40	≥30

a 附录 C 中规定了延伸率(或延展率)测定的试验方法。

b 通过规定硫含量表示使用的电镀镍溶液的类型。在已电镀制品上还没有一种简单的方法可以测量镍层中的硫含量，但是，在经过特别制备的试验样品上是可以进行准确测量的(见附录 D)。

c 按照 GB/T 6462，制备的工件经过抛光或浸蚀液处理，通过显微镜测量，通常可以确定镍层的类型和比例，或按 STEP 方法，确定镍层的类型和比例。

6.5 铬层类型和厚度

铬层的类型和厚度应在化学符号 Cr 后加上下列符号标识：

r 普通(即常规)铬，最小局部厚度为 0.3 μm；

mc 微裂纹铬，当采用附录 E 规定的方法之一测定时，在任一方向上每厘米的长度内，存在的裂纹数量超过 250 条，它们在整个主要表面上形成的一个密集的网络，并且厚度为 0.3 μm。采用某些工艺时，要求较厚的镀层(约 0.8 μm)，以达到所需要的裂纹图样，在这种情况下，镀层标识中应包括最小局部厚度：Cr mc(0.8)；

mp 微孔铬，当按附录 E 规定的方法测量时，每平方厘米内至少有 10,000 个微孔，并且铬层最小局部厚度为 0.3 μm。用肉眼或校正视力目测应看不见这些微孔。

注 1：微孔铬一般是在特殊的含有惰性非导体粒子的薄的镍层上沉积铬而形成的。这个特殊镍层应是 b 或 d 类镍层。

注 2：mc 或 mp 铬镀层在使用一个时期以后可能失去光泽，这种现象在某些应用中是不允许的。这时可以将表 1 规定的微孔铬或微裂纹铬的镀层厚度增加到 0.5 μm 来减少这种倾向。

6.6 标识的举例

一个塑料基体(PL)上包括 15 μm(最小)光亮酸性铜(Cu15a)+10 μm(最小)光亮镍(Ni10b)+

0.3 μm(最小)微孔或微裂纹铬[Cr mp(或 mc)]的电镀层应如下标识:

电镀层 GB/T 12600-PL/Cu15a Ni10b Cr mp(或 mc)

一个塑料基体(PL)上包括 20 μm(最小)延展性镍(Ni20dp)+20 μm(最小)双层镍(Ni20d)+0.3 μm(最小)微孔或微裂纹铬[Cr mp(或 mc)]的电镀层应如下标识:

电镀层 GB/T 12600-PL/Ni20dp 15a Ni20d Cr mp

出于合同约定目的,对于一些特殊要求的产品,详细的产品规格不仅应包括标识,还要清楚写出其他重要资料(见第4章)。

7 要求

7.1 基体

塑料应是可电镀的,并且,当用正确方法电镀时,可以确认塑料上的金属镀层能满足本标准要求[见4.1k)]。

注塑的表面缺陷如冷料头、顶出迹印、飞边、注塑口痕、分模线、色斑和其他缺陷,可能对塑料制品上镀层的外观和性能产生不利影响。因此,电镀方不需对这些塑料加工导致的镀层缺陷负责,除非电镀方就是塑料成型加工者。或者,电镀技术要求应包含产生于注塑过程中表面缺陷可接受程度的适当限制条款。

7.2 外观

整个主要表面,不应有明显可见的电镀缺陷,如起泡、麻点、粗糙、开裂、漏镀、污物或变色。在非主要表面上产生的缺陷程度应由需方规定。对于在主要表面上产生的不可避免的夹具痕,其位置应由需方规定。外观和色泽与认可的样品对比应是一致的[见4.1b)和 ISO 16348]。

7.3 铜或镍底镀层厚度

铜底镀层最小局部厚度应为 15 μm,镍底镀层最小局部厚度应为 20 μm[见4.1f)和表1]

7.4 局部厚度

标识中规定的镀层厚度应为最小局部厚度,镀层最小局部厚度应在主要表面上能以直径20毫米的球接触到的任一点的位置上测量。

镀层厚度应按附录F中规定的测量方法之一进行测量。

7.5 延展性

当按照附录C规定的方法测定时,铜、dp镍和半光亮镍的延展率的最小值应为8%。在测试样品凸起表面处不应有裂纹。边缘处小的裂纹不应构成失效。

7.6 热循环试验

热循环试验用于评估塑料镀层的结合力和监测塑料电镀的预处理的有效性。在选择使用条件号和热循环要求时,应考虑操作中温度波动的幅度。附录A中表A.1给出了每个使用条件号所对应的温度限值。

根据附录A A.3规定的热循环试验,经3次循环后,工件的镀层不应有肉眼或矫正视力观察到的缺陷,如开裂、鼓泡、剥落、麻点或变形。

注:使用热循环试验可以代替需要进行的附着强度试验。

7.7 加速腐蚀试验

塑料镀层应按照 GB/T 10125 的规定,在电镀完成至少 24 h 后,进行 CASS 腐蚀试验。附录G中表G.1为指定的使用条件号所对应的试验周期。

注:表G.1规定的试验周期提供了一种控制镀层连续性和品质的方法,与精饰制品在实际使用中的性能或寿命没有必然的关系。

按照需方和供方的协议,附录G中表G.1规定的周期可以是连续的,也可以是间隔时间为 1 h~16 h累计相当于 8 h 或 16 h 的试验周期。

对每个试验的制品，应按照 GB/T 6461 要求评定的保护评级，这个保护评级可以表示镍+铬镀层对铜或镍底镀层腐蚀和暴露的塑料基体的保护程度。或者，一个评级数仅表示工件腐蚀试验后的外观。按照本标准，腐蚀试验后外观评级不应低于 8 h。

注：在一些镀层试验时镀层自身表面可能发生变质。

7.8 热循环和加速腐蚀试验

对要求使用条件号为 5、4 和 3 的电镀件，腐蚀试验可以和热循环试验联合进行。使用条件号为 5 和 4的电镀件，要求达到 3 次循环；使用条件号为 3 的电镀件，要求达到 2 次循环。

按照附录 G 的要求，每次完成热循环-腐蚀联合试验后应检查电镀件的缺陷。

注：使用热循环和腐蚀联合试验方法可以代替 7.6 和 7.7 规定的单独试验。

7.9 STEP 试验要求

当需方规定时，应按 STEP 试验方法测定多层镍中各单层镍电极电位差。

在三层镍中，特别是高活性镍层与光亮镍层 STEP 电位差范围在 15 mV～35 mV 之间，高活性层(阳性)总是较光亮镍层活泼。

铬镀层(如，引入微孔或微裂纹)下紧邻的薄镍层和光亮镍层 STEP 电位差在 0 mV～30 mV 之间，光亮镍层(阳性)总是较紧邻铬镀层之前的薄镍层活泼。

注：尽管一般情况下还没有公认的 STEP 值，但存在一些公认的范围要求。例如，半光亮镍和光亮镍层 STEP 电位差范围在 100 mV～200 mV 之间，半光亮镍(阴性)总是较光亮镍层具有更高的惰性。

8 抽样

应按照 GB/T 12609 规定的程序选择抽样方法。应由需方规定验收要求[见 4.1j)]。

9 试验方法

除附录 E 和附录 F 规定的试验方法，所有试验方法应在电镀完成至少 24 h 后进行。

附 录 A
（规范性附录）
热循环试验

A.1 仪器

仪器包括足够功率的循环空气加热箱和冷却箱，这些试验箱能准确地维持在设定的温度。

注：两个试验箱可以是分离的或集成一体的试验箱。

试验箱的温度控制和记录仪，校正和记录试验箱的温度可以达到设定温度±1℃的准确度。试验箱工作区内所有点的温度应保持在设定温度±3℃的范围内。试验中控制空气循环，以保证恒定的加热和冷却速率。

A.2 电镀后间隔的时间

电镀完成后进行热循环试验的间隔时间长短会影响试验结果，间隔时间应为 24 h±2 h。

A.3 试验过程

根据需方规定，工件模拟生产方式镶边或不镶边后放进试验箱内。试验工件按要求的数量放置在试验箱内。记录试验箱内工件放置的位置，以及工件数量和尺寸。按照表 A.1 根据使用条件号选择规定的温度限值。

一个完整的热循环应包括工件在室温下放入试验箱，加热到试验箱高温限值，或直接将工件放入已达到高温限值的试验箱内，并按 a)～d)的步骤操作。

a) 在高温限值下暴露工件 1 h；

b) 让工件返回到 20℃±3℃，在此温度下保持 1 h(这个操作通常是将工件从试验箱取出来完成)；

c) 在低温限值下暴露工件 1 h；

d) 让工件返回到 20℃±3℃，在此温度下保持 30 min。

表 A.1 热循环温度限值

使用条件号	温度限值/℃	
	高温	低温
5	85	−40
4	80	−40
3	80	−30
2	75	−30
1	60	−30

附　录　B
（资料性附录）
对应于各种使用条件号的使用环境说明

B.1　使用条件号 5

在极其严酷的户外使用环境下使用，装饰件要求长期保护（大于 5 年）。

B.2　使用条件号 4

在非常严酷环境下的户外使用。

B.3　使用条件号 3

偶尔或经常被雨水或露水湿润的户外环境下使用。

B.4　使用条件号 2

可能发生凝露的室内使用。

B.5　使用条件号 1

在温暖、干燥的室内使用。

附 录 C
（规范性附录）
延展性试验

C.1 试样的制备

制备一个长 150 mm，宽 10 mm 和厚 1 mm 的电镀测试试样的方法如下。

抛光一个软铜片，长度和宽度都大于需制备试样的 50 mm。在与工件电镀相同的槽液中，在同样的工艺条件下将其一面镀上 25 μm 厚的镍（或铜）。

用切割机切割试样。至少在试样电镀的一面的长边，仔细的锉、磨使边缘呈圆角或倒角。

C.2 过程

在电镀面承受张力的状态下使试样弯曲，平稳地施加压力，沿着直径为 11.5 mm 的芯轴使试样弯曲 180°，直至试样两端平行为止。在弯曲过程中，应确保试样与芯轴始终接触。

C.3 E值的计算

如果没有裂纹穿过试样凸出表面，则镀层的延展率大于 8%，按（C.1）式计算：

$$E = 100 \times T/(D + T) \qquad \text{(C.1)}$$

式中：

E——以百分比表示的延展率；

T——基体金属和镀层的总厚度；

D——芯轴的直径。

计算 E 时，T 和 D 应采用同一单位。

为了进行比较，所有的试验样品应保持大致相同的镀层和总厚度。

本方法与 GB/T 15821 叙述的方法一致。

附　录　D
（规范性附录）
镍镀层硫含量的测定

D.1　燃烧-碘酸盐滴定测量

需要时，镍镀层应通过在一感应炉的氧气流中燃烧试样来测量硫含量。用酸化的碘酸钾/淀粉溶液吸收燃烧时逸出的二氧化硫气体。然后，用碘酸钾溶液滴定，此碘酸钾溶液是经含硫量已知的钢标样新标定的，以补偿二氧化硫回收随时间的变化。应进行空白试验以补偿消除坩埚和促进剂等因素的影响。

采用本方法测定镍镀层含硫量，用S表示。范围在质量分数0.005%～0.5%之间。

注：已有商业化仪器应用，它是利用红外和热导性测定方法测定燃烧的二氧化硫，然后使用计算机直接读出硫含量。

D.2　硫化物-碘酸盐滴定测量

另一种测定电镀镍中的硫含量的方法是用含六氯铂酸作为溶解促进剂盐酸处理，使镍层中的硫转化成硫化氢。硫化氢与氨基硫酸锌反应，生成硫化锌，用标准容积的碘酸钾溶液滴定生成的硫化锌，以碘酸钾作基准计算硫的含量。

附 录 E
（规范性附录）
铬镀层裂纹和孔隙的测定

E.1 概述

微裂纹通常不需要预处理直接通过显微镜测定。但是，如发生争议，推荐使用铜沉积法（见 E.3）显示裂纹，要求显示微孔隙时必须使用铜沉积法。

E.2 无预处理裂纹显微镜测量

在合适放大倍数的光学显微镜下，通过反射光检查表面的裂纹。采用测微目镜或类似装置显示可计数裂纹的距离。在一个至少能计数出 40 条裂纹的长度内进行测定。

E.3 测定裂纹和孔隙的铜沉积法［硫酸铜（Dupernell）试验］

E.3.1 原理

在低电流密度或低电压条件下，要从硫酸盐溶液中电沉积铜，只能发生在由铬镀层的裂纹、孔隙和其他不连续处暴露出来的下层镍上，本方法是可以用作评估裂纹或孔隙均匀性的一种快速方法，或对裂纹或孔隙计数。对于后一种情况，还应使用一台显微镜。

E.3.2 操作过程

本试验宜在完成电镀处理后立即进行。如有延误，在试验前试样应彻底除油，避免采用任何电解处理。试样作为阴极，在其上沉积铜约 1 min，槽液含有约 200 g/L 五水硫酸铜（$CuSO_4 \cdot 5H_2O$）和 20 g/L 硫酸（H_2SO_4，相对密度 1.84 g/L）；槽液温度为 20℃±5℃，使用平均电流密度为 30 A/m^2。

浸入槽液前，试样和阳极必须与电源连接。

若本试验在镀铬以后数日进行时，在镀铜以前，将试样浸入大约 65℃温度、每升含 10 g～20 g 硝酸（相对密度 1.4 g/L）的溶液中，历时 4 min，这样有助于露出裂纹和孔隙。在一个至少能计数出 40 条裂纹或 200 个孔隙的测量长度内进行测定。

附 录 F
（规范性附录）
厚 度 测 量 方 法

F.1 破坏性测量

F.1.1 显微镜测量法

如需要，采用GB/T 6462规定的方法，对铜＋镍镀层应用其中规定的硝酸/冰醋酸浸蚀剂进行浸蚀，浸蚀剂采用1体积硝酸(ρ=1.42 g/mL)加入到5体积的冰醋酸的溶液。

注：采用这些浸蚀剂能区别双层和三层镍镀层不同层次的厚度，以便进行测量。

F.1.2 库仑法

按照GB/T 4955规定的方法，应在主要表面上以大于直径20 mm的球接触到任一点位置测量铬层厚度、镍层总厚度和铜层的厚度。如果需方规定，主要表面的附加部位厚度应采用最小局部厚度要求。

F.2 非破坏性测量

F.2.1 磁性法（仅适用于镍镀层）

采用GB/T 13744规定的方法。

注：本方法的灵敏度随镀层渗透性而变化。

F.2.2 β射线背散射法（仅用于无铜底层）

采用ISO 3543规定的方法。

注：如果有铜底层，本方法测得的总镀层厚度应包括铜底层在内。对于镍＋铬镀层，若本方法与GB/T 4955规定的方法结合使用，此底层厚度能与上镀层厚度区分开来；对于镍镀层，若与GB/T 13744规定的方法结合使用，也能将底镀层厚度与镍镀层厚度区分开来。

F.2.3 X-光谱射线法

采用GB/T 16921规定的方法。

F.3 试验报告

试验报告应包含下列信息：

a) 包括参照本标准和附录B规定的厚度试验方法；

b) 规定的操作条件；

c) 厚度测量结果摘要。

附 录 G
（规范性附录）
热循环和腐蚀联合试验

一个热和腐蚀联合试验循环过程包括从 a)～c)的步骤：

a) 按照 GB/T 10125(CASS 试验)指定的操作过程，将镀覆的制件暴露 16 h；

b) 每次 CASS 试验周期后，制件只能用蒸馏水漂洗；

c) 然后按照 A.3 指定的操作过程和 A.1 规定的温度限值，电镀件进行一次热循环。

注：要求的热循环数见 7.6；当要求热循环和腐蚀联合试验时，要求的热循环数见 7.8。

表 G.1 对应于每个使用条件号下腐蚀试验时间

使用条件号	CASS 试验时间/h
5	48
4	32
3	16
2	8
1	a

a 尽管使用条件号 1 没有规定试验时间，按照 GB/T 10125 规定，每次镀层的醋酸盐雾公认的试验时间不超过 8 h。

参 考 文 献

[1] GB/T 9797 金属覆盖层 镍+铬和铜+镍+铬电镀层

[2] ISO 2859-0, Sampling procedures for inspection by attributes—Part 0: Introduction to the ISO 2859 sampling system

[3] MöBIUS, A. and TOLLS, E., Plating on Plastic—New Development in the field of Chemistry, Trans. IMF, 1999, 77(1), B9

[4] HURLEY, J. L. and CHART, J. E., Dependence of Thermal Cycle Response of Plated Plastic on the Mechanical Properties of the Electroplate, Plating, 62, 127, 1975

[5] DI BARI, G. A., Decorative Electrodeposited Nickel—Chromium Coatings—Corrosion Performance on Steel, Zinc, Plastics and Aluminium, Metal Finishing, June 1977

ICS 25.200
J 36

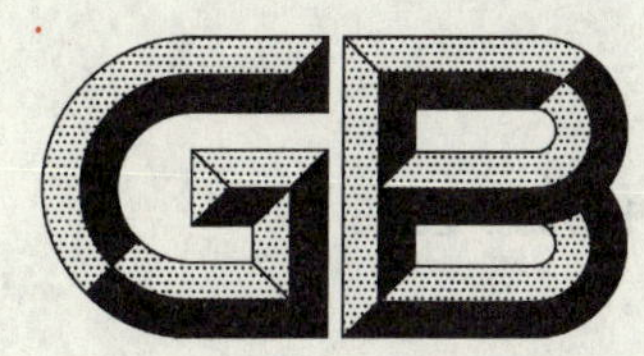

中华人民共和国国家标准

GB/T 12603—2005
代替 GB/T 12603—1990

金属热处理工艺分类及代号

Classifications and designations for metal heat treatment

2005-07-21 发布　　　　2006-01-01 实施

中华人民共和国国家质量监督检验检疫总局
中国国家标准化管理委员会　发布

前言

本标准是对GB/T 12603—1990《金属热处理工艺分类及代号》的修订。修订时参考了近年来国内外现有的与金属热处理工艺术语、分类及代号相关的标准。对照原标准进行了修改并增加了相应的内容。修改的内容如下：

——按GB/T 1.1—2000《标准化工作导则　第1部分:标准的结构和编写规则》的要求对标准进行了重新编写,增加了前言,并将“常用热处理工艺及代号”在标准中作为附录A(资料性附录)。

——在范围中增加了适用于计算机辅助工艺管理和工艺设计并规定了不适用于在图样上标注,删除了“铝合金代号可参照本标准执行”。

——在规范性引用文件中增加了GB/T 8121—2002《热处理工艺材料术语》和JB/T 5992.7—1992《机械制造工艺方法分类与代码　热处理》。

——在表1“热处理工艺分类及代号”中增加了“离子注入”工艺,其代号为“5”,并将原表1中的加热方法与原表2的加热介质合并为加热方式;在表3“退火工艺及代号”中增加了完全退火和不完全退火工艺,其代号分别为“F”和“P”,在表4“淬火冷却介质和冷却方法及代号”中增加了气冷淬火,其代号为“G”。

——删除了表5“渗碳、碳氮共渗后冷却方法及代号”的内容。

——在附录A“常用热处理工艺代号”中加入了“气体渗硼”、“固体渗硼”、“氧氮共渗”、“氧氮碳共渗”和“铬铝共渗”。

——对分类原则和代号作了进一步的叙述,并对标准中所有的工艺名称按GB/T 7232《金属热处理工艺术语》进行了规范,对表3、表4中的代号也按GB/T 7232中的工艺术语中的英文名称的字头进行了规范和简化。

——本标准代替GB/T 12603—1990《金属热处理工艺分类及代号》。

本标准由中国机械工业联合会提出。

本标准由全国热处理标准化技术委员会归口。

本标准起草单位:北京机电研究所。

本标准主要起草人:马兰、徐跃明、邵周俊、李俏、胡小丽。

本标准所代替标准的历次版本发布情况为:GB/T 12603—1990。

金属热处理工艺分类及代号

1 范围

本标准规定了金属热处理工艺的分类方法及工艺代号的表示方法。

本标准适用于机械制造行业中计算机辅助工艺管理和工艺设计。

本标准规定的代码不适用于在图样上标注。

2 规范性引用文件

下列文件中的条款通过本标准的引用而成为本标准的条款。凡是注日期的引用文件，其随后所有的修改单(不包括勘误的内容)或修订版均不适用于本标准，然而，鼓励根据本标准达成协议的各方研究是否可使用这些文件的最新版本。凡是不注日期的引用文件，其最新版本适用于本标准。

GB/T 7232 金属热处理工艺术语

GB/T 8121 热处理工艺材料术语

JB/T 5992.7 机械制造工艺方法分类与代码 热处理

3 分类原则

金属热处理工艺分类按基础分类和附加分类两个主层次进行划分，每个主层次中还可以进一步细分。

3.1 基础分类

根据工艺总称、工艺类型和工艺名称(按获得的组织状态或渗入元素进行分类)，将热处理工艺按3个层次进行分类，见表1。

表1 热处理工艺分类及代号

工艺总称	代号	工艺类型	代号	工艺名称	代号
热处理	5	整体热处理	1	退火	1
				正火	2
				淬火	3
				淬火和回火	4
				调质	5
				稳定化处理	6
				固溶处理；水韧处理	7
				固溶处理＋时效	8
		表面热处理	2	表面淬火和回火	1
				物理气相沉积	2
				化学气相沉积	3
				等离子体增强化学气相沉积	4
				离子注入	5
		化学热处理	3	渗碳	1
				碳氮共渗	2
				渗氮	3
				氮碳共渗	4
				渗其他非金属	5
				渗金属	6
				多元共渗	7

3.2 附加分类

对基础分类中某些工艺的具体条件更细化的分类。包括实现工艺的加热方式及代号(见表 2);退火工艺及代号(见表 3);淬火冷却介质和冷却方法及代号(见表 4)和化学热处理中渗非金属、渗金属、多元共渗工艺按渗入元素的分类。

表 2 加热方式及代号

加热方式	可控气氛(气体)	真空	盐浴(液体)	感应	火焰	激光	电子束	等离子体	固体装箱	流态床	电接触
代号	01	02	03	04	05	06	07	08	09	10	11

表 3 退火工艺及代号

退火工艺	去应力退火	均匀化退火	再结晶退火	石墨化退火	脱氢处理	球化退火	等温退火	完全退火	不完全退火
代号	St	H	R	G	D	Sp	I	F	P

表 4 淬火冷却介质和冷却方法及代号

冷却介质和方法	空气	油	水	盐水	有机聚合物水溶液	热浴	加压淬火	双介质淬火	分级淬火	等温淬火	形变淬火	气冷淬火	冷处理
代号	A	O	W	B	Po	H	Pr	I	M	At	Af	G	C

4 代号

4.1 热处理工艺代号

基础分类代号采用了 3 位数字系统。附加分类代号与基础分类代号之间用半字线连接,采用两位数和英文字头做后缀的方法。热处理工艺代号标记规定如下:

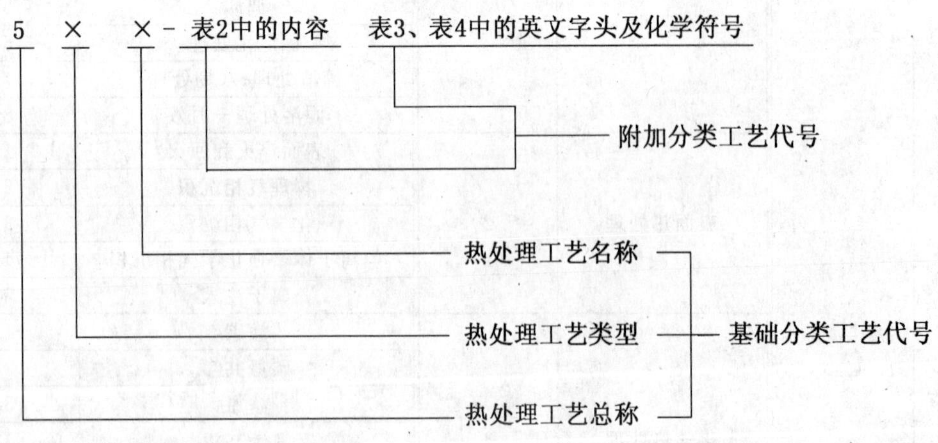

4.2 基础分类工艺代号

基础分类工艺代号由 3 位数字组成，3 位数字均为 JB/T 5992.7 中表示热处理的工艺代号。第一位数字“5”为机械制造工艺分类与代号中热处理的工艺代号；第 2、3 位数字分别代表基础分类中的第二、三层次中的分类代号。

4.3 附加分类工艺代号

4.3.1 当对基础工艺中的某些具体实施条件有明确要求时，使用附加分类工艺代号。

附加分类工艺代号接在基础分类工艺代号后面。其中加热方式采用两位数字，退火工艺和淬火冷却介质和冷却方法则采用英文字头。具体的代号见表 2～表 4。

4.3.2 附加分类工艺代号，按表 2 到表 4 顺序标注。当工艺在某个层次不需进行分类时，该层次用阿拉伯数字“0”代替。

4.3.3 当对冷却介质及冷却方法需要用表 4 中两个以上字母表示时，用加号将两个或几个字母连结起来，如 H+M 代表盐浴分级淬火。

4.3.4 化学热处理中，没有表明渗入元素的各种工艺，如多共元渗、渗金属、渗其他非金属，可以在其代号后用括号表示出渗入元素的化学符号表示。

4.4 多工序热处理工艺代号

多工序热处理工艺代号用破折号将各工艺代号连接组成，但除第一个工艺外，后面的工艺均省略第一位数字“5”，如 515-33-01 表示调质和气体渗氮。

附 录 A
（资料性附录）
常用热处理工艺代号

A.1 常用热处理工艺代号(表 A.1)

表 A.1 常用热处理工艺代号

工艺	代号	工艺	代号	工艺	代号
热处理	500	形变淬火	513-Af	离子渗碳	531-08
整体热处理	510	气冷淬火	513-G	碳氮共渗	532
可控气氛热处理	500-01	淬火及冷处理	513-C	渗氮	533
真空热处理	500-02	可控气氛加热淬火	513-01	气体渗氮	533-01
盐浴热处理	500-03	真空加热淬火	513-02	液体渗氮	533-03
感应热处理	500-04	盐浴加热淬火	513-03	离子渗氮	533-08
火焰热处理	500-05	感应加热淬火	513-04	流态床渗氮	533-10
激光热处理	500-06	流态床加热淬火	513-10	氮碳共渗	534
电子束热处理	500-07	盐浴加热分级淬火	513-10M	渗其他非金属	535
离子轰击热处理	500-08	盐浴加热盐浴分级淬火	513-10H＋M	渗硼	535(B)
流态床热处理	500-10	淬火和回火	514	气体渗硼	535-01(B)
退火	511	调质	515	液体渗硼	535-03(B)
去应力退火	511-St	稳定化处理	516	离子渗硼	535-08(B)
均匀化退火	511-H	固溶处理,水韧化处理	517	固体渗硼	535-09(B)
再结晶退火	511-R	固溶处理＋时效	518	渗硅	535(Si)
石墨化退火	511-G	表面热处理	520	渗硫	535(S)
脱氢处理	511-D	表面淬火和回火	521	渗金属	536
球化退火	511-Sp	感应淬火和回火	521-04	渗铝	536(Al)
等温退火	511-1	火焰淬火和回火	521-05	渗铬	536(Cr)
完全退火	511-F	激光淬火和回火	521-06	渗锌	536(Zn)
不完全退火	511-P	电子束淬火和回火	521-07	渗钒	536 (V)
正火	512	电接触淬火和回火	521-11	多元共渗	537
淬火	513	物理气相沉积	522	硫氮共渗	537(S-N)
空冷淬火	513-A	化学气相沉积	523	氧氮共渗	537(O-N)
油冷淬火	513-O	等离子体增强化学气相沉积	524	铬硼共渗	537(Cr-B)
水冷淬火	513-W	离子注入	525	钒硼共渗	537(V-B)
盐水淬火	513-B	化学热处理	530	铬硅共渗	537(Cr-Si)
有机水溶液淬火	513-Po	渗碳	531	铬铝共渗	537(Cr-Al)
盐浴淬火	513-H	可控气氛渗碳	531-01	硫氮碳共渗	537(S-N-C)
加压淬火	513-Pr	真空渗碳	531-02	氧氮碳共渗	537(O-N-C)
双介质淬火	513-1	盐浴渗碳	531-03	铬铝硅共渗	537(Cr-Al-Si)
分级淬火	513-M	固体渗碳	531-09		
等温淬火	513-At	流态床渗碳	531-10		

ICS 19.100
J 04

中华人民共和国国家标准

GB/T 12604.1—2005/ISO 5577:2000
代替 GB/T 12604.1—1990

无损检测　术语　超声检测

Non-destructive testing—Terminology—
Terms used in ultrasonic testing

(ISO 5577:2000, Non-destructive testing—
Ultrasonic inspection—Vocabulary, IDT)

2005-06-08 发布　　　　2005-12-01 实施

中华人民共和国国家质量监督检验检疫总局
中国国家标准化管理委员会　发布

前 言

本标准等同采用 ISO 5577:2000《无损检测　超声检测　词汇》(英文版)。

本标准等同翻译 ISO 5577:2000。

为便于使用,本标准还做了下列编辑性修改:

a) “本国际标准”一词改为“本标准”;

b) 删除国际标准的前言;

c) 增加了“中文索引”以指导使用;

d) 原国际标准的章条编号格式改为 GB/T 1.1—2000 规定的章条编号格式。

本标准代替 GB/T 12604.1—1990《无损检测术语　超声检测》。

本标准与 GB/T 12604.1—1990 相比主要变化如下:

——修改了一般术语(见第 2 章);

——修改了与“波”相关的术语(1990 年版的第 2 章;本版的第 3 章);

——修改了与“角”相关的术语(1990 年版的第 2 章;本版的第 4 章);

——修改了与“脉冲和回波”相关的术语(1990 年版的第 2 章;本版的第 5 章);

——修改了与“探头”相关的术语(1990 年版的第 3 章;本版的第 6 章);

——修改了与“超声检测仪器”相关的术语(1990 年版的第 3 章;本版的第 7 章);

——修改了与“试块”相关的术语(1990 年版的第 3 章;本版的第 8 章);

——修改了与“检测技术(方法)”相关的术语(1990 年版的第 4 章;本版的第 9 章);

——修改了与“受检件”相关的术语(1990 年版的第 4 章;本版的第 10 章);

——修改了与“耦合”相关的术语(1990 年版的第 4 章;本版的第 11 章);

——修改了与“定位”相关的术语(1990 年版的第 4 章;本版的第 12 章);

——修改了与“评价方法”相关的术语(1990 年版的第 4 章;本版的第 13 章);

——修改了与“显示方法”相关的术语(1990 年版的第 4 章;本版的第 14 章)。

请注意本标准的某些内容有可能涉及专利。本标准的发布机构不应承担识别这些专利的责任。

本标准由中国机械工业联合会提出。

本标准由全国无损检测标准化技术委员会(SAC/TC 56)归口。

本标准起草单位:中国航空工业第一集团公司北京航空材料研究院。

本标准主要起草人:史亦韦、李家伟。

本标准所代替标准的历次版本发布情况为:

——GB/T 12604.1—1990。

无损检测 术语 超声检测

1 范围

本标准界定了用于超声无损检测方法的术语,作为标准和一般使用的共同基础。

2 一般术语

2.1

声吸收 acoustical absorption

衰减的组成部分,由于部分声能转换成其他形式能量(如热能)所引起。

2.2

声各向异性 acoustical anisotropy

材料的声学特性,超声向各个方向传播时所呈现出的不同的声学特性,如声速。[1]

2.3

声阻抗 acoustical impedance

给定材料中某一点的声压与质点速度的比值,通常表达为声速与密度的乘积。[2]

2.4

声影 acoustic shadow

阴影区 shadow zone

由于受检件的几何形状或其中存在不连续而使以给定方向传播的超声波能量不能抵达的区域。

见图 6。

2.5

衰减 attenuation

声衰减 sound attenuation

超声波在介质中传播时由于吸收和散射所引起的声压降低。

2.6

声衰减系数 attenuation coefficient

用来表示每单位传播距离衰减量的系数,该系数与材料性能、波长和波型有关,常以 dB/m 表示。

2.7

声束轴线 beam axis

通过远场中声压极大值的一些点并延伸到声源的线。

见图 2、图 10、图 11、图 12 和图 16。

2.8

声束边缘 beam edge

远场中超声束的边界,在与探头距离相同处测量,该边界处的声压已降至声束轴线上声压值的一给定比率。

见图 2。

---

1) ISO 5577:2000 英文版由于印刷错误而缺失本条定义,现本条定义为参照了 ISO 5577:2000 法文版后重新编写。

2) ISO 5577:2000 英文版的本条定义的前半句为“给定材料中某一点的声压与声速的比值”,存在明显技术错误。

2.9

声束轮廓　beam profile

由声束边缘所确定的声束形状。

2.10

声束扩散　beam spread

声波在材料中传播时声束的扩展。

2.11

分贝　decibel

dB

两个超声信号幅度的比值以10为底的对数的20倍。

dB＝20 $\log_{10}$(幅度比)

2.12

不连续　discontinuity

连续性的缺失。

见图6、图10、图11、图13、图14、图16、图17a)、图17b)、图17c)、图18和图19。

2.13

边缘效应　edge effect

超声波由反射体边缘衍射引起的现象。

2.14

远场　far field

超过声束轴线上最后一个声压极大值而延伸的超声声束区域。

见图2。

2.15

缺陷　flaw

defect

认为应被记录的不连续。

见图6、图10、图11、图13、图14、图16、图17 a)、图17b)、图17 c)、图18和图19。

2.16

界面　interface

声阻抗不同的两种介质之间声接触的分界面。

见图4。

2.17

背反射损失　loss of back reflection

底波损失

受检件背面回波幅度的严重下降或消失。

2.18

近场　near field

菲涅耳区　Fresnel zone

由于干涉的原因声压不随距离作单调变化的声束区域。

2.19

近场长度　near field length

超声信号源到近场点之间的距离。

见图3。

2.20

近场点　near field point

超声声束中声压达到声束轴线上远场前最后一个极大值点的位置。

见图 3。

2.21

传播时间　propagation time

声时　　time of flight

发射的超声信号到达接收点所需时间。

2.22

反射系数　reflection coefficient

在反射面处总的反射声压与入射声压之比。

2.23

反射体　reflector

超声束遇到声阻抗变化的界面。

2.24

散射　scattering

由声束路径中的晶粒结构和(或)小反射体引起的随机反射。

2.25

声场　sound field

发射声能所产生的三维声压图。

见图 3。

2.26

声速　sound velocity

传播速度　velocity of propagation

在非频散介质中声波沿传播方向行进的相速度或群速度。

2.27

检测频率　test frequency

用以检测试件的有效超声频率,通常在接收点处测量。

2.28

超声声束　ultrasonic beam

声束　sound beam

在非频散介质中,超声能量主要部分集中分布的声场区域。

见图 2 和图 6。

2.29

超声波　ultrasonic wave

频率超过人耳可听范围的声波,此频率的下限一般取为 20 kHz。

3　与“波”相关的术语

3.1

纵波　longitudinal wave

压缩波　compressional wave

在介质中传播时,介质质点的振动方向与波传播方向一致的声波波型。

见图 1 a)。

3.2

连续波 continuous wave

与脉冲波相对的，时间上持续存在的声波。

3.3

爬波 creeping wave

在第一临界角产生的并以纵波沿表面传播的波。

3.4

波型转换 mode conversion

mode transfomation

wave conversion

在发生折射与反射时，一种波型向另一种波型的转换。

3.5

板波 plate wave

兰姆波 Lamb wave

在薄板整个厚度范围内传播的波型，仅能在入射角、频率和板厚为特定值时方可产生。

3.6

横波 transverse wave

切变波 shear wave

在介质中传播时，介质质点的振动方向与波传播方向相互垂直的声波波型。

见图 1 b)。

注：此波型仅在固体中存在。

3.7

球面波 spherical wave

波阵面为球面的波。

3.8

表面波 surface wave

瑞利波 Rayleigh wave

沿传播介质表面层传播，有效透入深度约为一个波长的声波波型。

3.9

波前 wavefront

波阵面

波中由相同相位的所有点所构成的连续面。

3.10

波长 wavelength

λ

波经历一个完整周期所传播的距离。

见图 1。

3.11

波列 wave train

由同一源产生，具有相同的特征，沿相同路径传播，有确定数目的一系列声波。

4 与“角”相关的术语

4.1

入射角　angle of incidence

入射声束轴线与界面法线之间的夹角。

见图 4 和图 9。

4.2

反射角　angle of reflection

反射声束轴线与界面法线之间的夹角。

见图 4。

4.3

折射角　angle of refraction

折射声束轴线与界面法线之间的夹角。

见图 4、图 9、图 10。

4.4

临界角　critical angle

在两种不同介质的界面上的入射角，大于该值时折射后的声波传播模式将发生改变。

注：入射角大于第一临界角时折射波仅有横波，大于第二临界角时折射横波也不再存在。瑞利角是产生表面波（瑞利波）的角度。

4.5

扩散角　divergence angle

指向角

在远场中声束轴线与幅度降低到一定水平的声束边缘间的角度。

见图 2。

5 与“脉冲和回波”相关的术语

5.1

背面回波　back wall echo

back surface echo

背反射　back reflection

底波　bottom echo

B

由垂直于声束轴线的边界面反射的脉冲，通常指用直探头检测上下面平行的受检件时，来自对面的回波。

见图 17 a）和图 17 b）。

5.2

延迟回波　delayed echo

因路径不同或发生波型转换，以致比来自同一反射体的其他回波较迟到达同一接收点的回波。

5.3

回波　echo

反射　reflection

从反射体反射到探头的超声脉冲。

5.4

缺陷回波　flaw echo

defect echo

F

不连续回波　discontinuity echo

D

来自缺陷或不连续处的回波指示。

见图 17 a)、图 17 b)和图 17 c)。

5.5

幻影回波　ghost echo

phantom echo

wrap-around

源于前一个周期所发射脉冲的回波。

5.6

草状回波　grass

组织回波　structural echoes

来自材料中的晶粒边界和(或)微小反射体的反射波所形成的空间随机信号。

5.7

界面回波　interface echo

来自两种不同介质的界面的回波。

5.8

多次回波　multiple echo

多次反射　multiple reflection

超声脉冲在两个或多个界面或不连续之间往复反射所形成的回波。

5.9

脉冲　pulse

持续时间短促的电或超声信号。

5.10

侧面回波　side wall echo

W

来自除背面和检测面以外的表面的回波。

见图 17 a)。

5.11

干扰回波　spurious echo

parasitic echo

与不连续不相关的显示。

5.12

界面波　surface echo

S

表面回波

从受检件第一个边界反射到探头的回波指示，通常用于液浸检测技术或使用带延迟块探头的接触检测技术。

见图 17 b)。

5.13

发射脉冲指示　transmission pulse indication

T

始波

发射脉冲在超声检测仪上的显示，通常用于 A 扫描显示。

见图 17a)、图 17 b)和图 17 c)。

5.14

发射脉冲　transmitter pulse

超声检测仪的发射器产生的电脉冲，用以激发探头。

6　与“探头”相关的术语

6.1

斜射探头　angle beam probe

angle beam search unit

斜探头　angle probe

声束入射角不是 0°的探头。

见图 7 b)、图 9、图 10、图 11、图 12、图 13、图 14、图 15、图 16 和图 17 c)。

6.2

中心频率　centre frequency

幅度比峰值频率的幅度低 3 dB(穿透检测)或 6 dB(脉冲回波检测)时所对应的频率的算术平均值。

6.3

会聚距离　convergence distance

使用双晶探头时，受检件表面与会聚区间的距离。

见图 8。

6.4

会聚区　convergence zone

会聚点　convergence point

双晶探头发射声束与接收声束的相交区称会聚区，而两轴线的相交点则称会聚点。

见图 8。

6.5

延迟声程　delay path

换能器至检测面入射点之间的声程。

6.6

场深　depth of field

焦区长度　focal zone

focal range

聚焦探头超声束中的一段，其中声压均保持在相对于其最大值的某一水平之上。

见图 20。

6.7

双换能器探头　double transducer probe

双晶探头　twin transducer probe

双探头　dual search unit

由两个用隔声层隔开的换能器装在一个外壳中组成的探头，一个换能器用于发射超声波，另一个用于接收。

见图 8。

6.8

有效换能器尺寸　effective transducer size

由测得的近场长度和波长确定的小于其机械尺寸的换能器面积。

6.9

电磁声换能器　electro-magnetic transducer

电动换能器　electrodynamic transducer

利用磁感应效应(洛伦兹效应)将电振荡转换成声能或相反的换能器。

6.10

焦距　focal length

聚焦探头从焦点到声源的距离。

见图 20。

6.11

焦点　focal point

focus

距声源最远的声压最大值点。

见图 20。

6.12

聚焦探头　focussing probe

通过使用特殊装置(如具有某种形状的换能器、透镜、电子学处理装置等),使声束会聚产生聚焦声束或焦点的探头。

见图 20。

6.13

液浸探头　immersion probe

特殊设计可浸在液体中使用的纵波探头。

见图 17 b)。

6.14

探头标称角　nominal angle of probe

对于给定的材料和温度所标出的探头折射角数值。

6.15

标称频率　nominal frequency

由制造商所标出的探头频率。

6.16

标称换能器尺寸　nominal transducer size

换能器尺寸　transducer size

元件尺寸　element size

换能器单元的物理尺寸。

6.17

直探头　normal probe

直射探头　straight beam probe

straight beam search unit

波与检测面成 90°传播(声束轴线垂直于入射面)的探头。

见图 2、图 3、图 6、图 7a)和图 17 a)。

6.18

峰值频率　peak frequency

可被观测到最大幅度响应的频率。

6.19

峰数　peak number

在所接收信号的波形持续时间内，幅度超过最大幅度的 20%(−14 dB)的周数，通常用以表示所接收回波信号的波形持续时间。

见图 5。

注：该数的倒数被称为“探头阻尼因子”。

6.20

相控阵探头　phased array probe

由若干个换能器阵元组成的探头，这些换能器阵元能各自以不同的幅度或相位工作，从而构成不同的声束偏转角与焦距。

6.21

探头　probe

search unit

电-声转换器件，通常由一个或多个用以发射或接收或者既发射又接收超声波的换能器组成。

6.22

探头阻尼因子　probe damping factor

峰数的倒数(见 6.19)。

6.23

探头入射点　probe index

声束轴线通过探头底面的点。

见图 9、图 12、图 16 和图 17 c)。

注：对于斜射探头，这一点的标记通常刻在探头的侧面。

6.24

探头靴　probe shoe

插入在探头和受检件之间具有一定形状的材料块，用以改善耦合和(或)防护探头。

6.25

屋顶角　roof angle

半顶角　toe-in-semi-angle

双换能器探头两换能器面法线间夹角之半。

见图 8。

6.26

偏向角　squint angle

〈斜射声束探头〉探头几何轴与声束轴在检测面上投影之间的角度。

见图 9。

6.27

偏向角　squint angle

〈直射声束探头〉探头几何轴线与声束轴线之间的角度。

见图 9。

6.28

表面波探头　surface wave probe

产生和(或)接收表面波的探头。

6.29

换能器　transducer

晶片　crystal

元件　element

探头的有功元件,可将电能转换成超声能或相反。

见图 7 a)、图 7 b)和图 8。

6.30

换能器背衬　transducer backing

衬在换能器背面以增加阻尼的材料。

见图 7 a)、图 7 b)和图 8。

6.31

可变角探头　variable angle probe

折射角可以改变的探头。

6.32

耐磨片　wear plate

diaphragm

作为探头组成部分的防护材料薄片,它使换能器与受检件隔开而不直接接触。

见图 7 a)。

6.33

斜楔　wedge

折射棱镜　refracting prism

特殊的楔形件(常用塑料制作),将其放在换能器与受检件之间且与两者有声接触时,可使超声束以给定角度折射进入受检件。

见图 7 b)。

6.34

轮式探头　wheel probe

wheel search unit

将一个或多个换能器安装在注满液体的柔韧轮胎中,超声束通过轮胎的滚动接触面与检测面相耦合的一种探头。

7　与“超声检测仪器”相关的术语

7.1

幅度线性　amplitude linearity

输入到超声检测仪接收器的信号幅度与其在超声检测仪显示器(或附加显示器)上所显示的幅度成正比关系的程度。

7.2

盲区　dead zone

靠近检测面下的一段区域,在此区域中有意义的反射体不能被显示。

7.3

延迟扫描　delayed time base sweep

零点校正　correction of zero point

以相对于发射脉冲或参考回波一固定或可调的延迟时间触发时基线。

7.4

动态范围　dynamic range

超声检测仪可运用的一段信号幅度范围，在此范围内信号不过载或畸变，也不小至难以观测。

7.5

电子距离-幅度补偿　electronic distance-amplitude-compensation(EDAC)

检测仪中一种装置的功能，用电子学方法改变来自不同距离的相同尺寸反射体的回波放大率使回波幅度相同。

7.6

时基线扩展　expanded time-base sweep

scale expansion

时基线扫描速度的增加，可使来自受检件厚度或长度范围内选定区的回波在荧光屏上显示更多的细节。

7.7

缺陷检测灵敏度　flaw(defect)detection sensitivity

超声检测设备的性能，用最小可检出反射体来确定。

7.8

增益控制　gain control

dB控制　dB control

增益调节　gain adjustment

仪器的控制器，通常按分贝校准，可将信号调节到适当的高度。

7.9

闸门　gate

时间闸门　time gate

用电子学方法选择时基线的一段，以监视其中的信号或作进一步处理。

7.10

闸门水平　gate level

闸门电平

监视电平　monitor level

监视水平

规定的幅度水平，高于或低于此水平，在门中的回波信号可被选出作进一步处理。

7.11

脉冲(回波)幅度　pulse(echo)amplitude

信号幅度　signal amplitude

脉冲(回波)信号的最大幅度，在采用A型显示时，通常指时基线到最高峰的垂直高度。

7.12

脉冲能量　pulse energy

单个脉冲所包含的总能量。

7.13

脉冲(回波)长度　pulse(echo)length

脉冲宽度

在低于峰值幅度的一规定水平上所测得的脉冲(回波)前沿和后沿之间的时间间隔。

7.14

脉冲重复频率　pulse repetition frequency

prf

脉冲重复率　pulse repetition rate

每单位时间所产生的脉冲数,通常以赫兹表示。

7.15

脉冲形状　pulse shape

时间域中一个脉冲的形状。

7.16

抑制　rejection

supression

reject

grass cutting

通过去除幅度低于某一预定水平(阈水平)的所有显示信号的方法来降低噪声(草状回波)。

7.17

分辨力　resolution

超声检测设备的特性,以能够对两个反射体提供可分离指示时两者的最小距离来确定。

注:需区别在声传播方向上的纵向分辨力与垂直于传播方向的横向分辨力。

7.18

时基线　time base

扫描线　sweep

在显示器上按时间或声程距离校准的轨迹(通常是水平的)。

7.19

时基线控制　time base control

扫描线控制　sweep control

仪器的控制器,用以将时基线调整到一预选的距离范围。

7.20

时基线性　time base linearity

由经校准的时间发生器或由已知厚度平板的多次反射所提供的输入信号与在时基线上所指示的信号位置之间成正比关系的程度。

7.21

时基线范围　time base range

检测范围　test range

在一特定的时基线上能显示的声程长度。

7.22

超声检测设备　ultrasonic test equipment

由超声检测仪、探头、电缆及在检测时与仪器相连接的所有器件组成的设备。

7.23

超声检测仪　ultrasonic test instrument

与一个或多个探头一起使用，用以发射，接收，处理和显示超声信号进行无损检测的仪器。

8　与"试块"相关的术语

8.1

校准试块　calibration block

标准试块　standard test block

具有规定的化学成分、表面粗糙度、热处理及几何形状的材料块，可用以评定和校准超声检测设备。

8.2

平底孔　flat bottom hole

FBH

圆盘缺陷　disc flaw

圆盘形反射体　disc shaped reflector

平面的圆盘形反射体。

8.3

参考试块　reference block

对比试块

与受检件或材料化学成分相似，含有意义明确参考反射体的试块。用以调节超声检测设备的幅度和(或)时间分度，以将所检出的不连续信号与已知反射体所产生的信号相比较。

见图 21。

8.4

参考缺陷　reference flaw(defect)

参考反射体　reference reflector

校准试块或参考试块中已知形状、尺寸和距检测面距离的反射体，用于缺陷检测灵敏度的校准与评估。

见图 21。

8.5

横孔　side drilled hole

SDH

side cylindrical hole

平行于检测面的圆柱形钻孔。

9　与"检测技术(方法)"相关的术语

9.1

斜射技术　angle beam technique

使用与受检件表面成一定角度而不是垂直于检测面入射的超声束进行检测的技术。

见图 17 c)。

9.2

自动扫查　automatic scanning

探头在检测面上的机械化移动。

9.3

接触检测技术 contact testing technique

用一个(或多个)超声探头直接与受检件接触(用或不用耦合剂)进行扫查。

见图 17 a)。

9.4

直接扫查技术 direct scan technique

一次波技术 single traverse technique

超声束不经中间反射直接进入检测区进行检测。

见图 10。

9.5

双探头技术 double probe technique

一收一发技术 pitch and catch technique

利用两个探头进行超声检测的技术,两探头均可分别用作发射器和接收器。

9.6

二次波技术 double traverse technique

入射超声束在受检件内经一次表面反射进入某一区域进行检测。

见图 11。

9.7

间隙检测技术 gap testing technique

间隙扫描 gap scanning

探头与受检件表面不直接接触而是通过一厚度不大于数波长的液柱耦合。

见图 12。

9.8

液浸技术 immersion technique

液浸检测 immersion testing

一种超声检测技术,受检件和探头均被浸入用作耦合剂和(或)折射棱镜的液体中。

见图 17 b)。

注:液浸可以是全部或局部的,也包括使用喷水器或轮式探头。

9.9

间接扫查技术 indirect scan technique

间接扫查 indirect scan

超声束经受检件的一个或多个表面反射后进入检测区,进行检测。

9.10

手动扫查 manual scanning

在检测面上用手移动探头进行检测。

9.11

多次回波技术 multiple-echo technique

对来自背面或不连续处的多次反射波就幅度以及声程长度进行评定的技术。

注 1:多次回波的幅度可用以评价材质或连接质量。

注 2:为提高壁厚(声程长度)测量的准确度,可利用尽可能多的回波次数。

9.12

多次波技术 multiple traverse technique

入射超声束在受检件内经多个面反射若干次后进入某一区域进行检测。

见图 11。

9.13

直射技术　normal beam technique

straight beam technique

使用直探头检测的技术。

9.14

环绕扫查　orbital scanning

用于获得先前已确定好位置的反射体形状信息的一种技术，扫查围绕反射体进行。

见图 13。

9.15

脉冲回波技术　pulse echo technique

脉冲反射技术　reflection(pulse)technique

将超声脉冲在一个周期内发射并经反射后接收的技术。

9.16

扫查　scanning

声束与受检件之间所做的有计划的相对移动。

9.17

单探头技术　single probe technique

用同一探头发射和接收超声波的检测技术。

9.18

螺旋扫查　spiral scanning

管子或探头纵向移动同时转动的扫查。

9.19

旋转扫查　swivel scanning

将斜射探头围绕通过其入射点并垂直受检件的轴线转动进行检测的技术。

见图 14。

9.20

串列扫查技术　tandem(scanning)technique

采用两个或多个具有相同折射角，面向同一方向，声束轴均在与检测面相垂直的同一平面内的斜射探头进行扫查的技术，其中的一个探头用于发射超声能，其余的用作检测超声能。

见图 16。

注：此技术主要用于检测垂直于检测面的不连续。

9.21

衍射声时技术　time-of-flight diffraction technique

TOFD

利用不同入射角的斜射探头或将探头放置在不同的位置处，检测衍射波声程间的关系以主要对平面型不连续进行探测和尺寸测量的技术。

9.22

穿透技术　transmission technique

超声波由一个探头发射，穿过受检件进入另一探头，根据透射波强度的变化来对材料质量进行评定的检测技术。

注：可用连续波或脉冲波。

9.23

尖端回波技术　tip echo technique

尖端衍射技术　tip diffraction technique

对于不平行于检测面的不连续，通过测量来自其尖端和底缘的两最大回波距离及斜射探头的入射角，对其视在尺寸进行评估的一种检测技术。

注：这是尺寸测量的技术之一。

10　与“受检件”相关的术语

10.1

背面　back wall

back surface

底面　bottom

在直探头脉冲反射技术检测时与检测面相对的面。

见图 17 a)和图 17 b)。

10.2

声束入射点　beam index

超声束的轴线在检测面上的入射点。

见图 12。

10.3

回波接收点　echo receiving point

在检测面上超声回波可被接收的点。

10.4

探头取向　probe orientation

扫查时在扫查面上斜射探头声束轴线的投影与参考线之间所保持的角度。

见图 15。

10.5

扫查方向　scanning direction

在检测面上探头的移动方向。

见图 15。

10.6

检测面　test surface

扫查面　scanning surface

受检件表面探头在其上移动的部分。

见图 8、图 9、图 10、图 11、图 12、图 16、图 17 a)、图 17 b)、图 17 c)和图 18。

10.7

受检件　test object

examination object

被检测的物件。

见图 6、图 8、图 9、图 10、图 11、图 12、图 16、图 17a)、图 17b)、图 17c)、图 18 和图 19。

10.8

检测体积　test volume

examination volume

受检件内为检测所覆盖的体积。

11 与“耦合”相关的术语

11.1

耦合剂 couplant

耦合介质 coupling medium

耦合薄膜 coupling film

施加于探头和检测面之间以改善超声能量传递的介质，如水，甘油等。

见图12。

11.2

耦合损失 coupling losses

穿过探头和受检件之间的界面时，超声能的损失。

11.3

耦合剂声程 couplant path

探头入射点与声束入射点之间耦合剂中的距离。

见图12。

11.4

转移修正 transfer correction

补偿

传输修正

将探头从校准或参考试块转移到受检件时，对超声仪增益调节所作的修正。该修正量包含了由于耦合、反射和衰减引起的损失。

12 与“定位”相关的术语

12.1

缺陷深度 flaw depth

反射体深度 reflector depth

从反射体到检测（参考）面的最短距离。

见图10。

12.2

投影声程长度 projected path length

声程长度在受检件表面上的投影。

见图10。

12.3

跨距 skip distance

在检测面上斜射探头声束入射点与声束在背面一次反射后声束轴回射至该检测面的一点之间的距离。

见图11。

12.4

声程长度 sound path length

声波在受检件中的路径长度。

见图10。

13 与“评价方法”相关的术语

13.1

DAC 法 DAC method

按与 DAC 曲线的关系表示反射体回波高度的方法。

见图 21。

13.2

DGS 图 DGS diagram

AVG 图 AVG diagram

表示沿声束的距离和对一无限反射体和不同尺寸平底孔的反射波所需增益(以 dB 为单位)之间的关系的一系列曲线。

13.3

DGS 法 DGS method

AVG 法 AVG method

利用 DGS 图,以平底孔表示来自一反射体的回波高度,按圆盘形反射体的当量回波高度给出当量回波的方法。

13.4

距离幅度校正曲线 distance-amplitude correction curve

DAC

建立在离探头距离不等但尺寸相同的反射体回波峰值幅度响应的基础上的参考曲线。

见图 21。

13.5

参考试块法 reference block method

将来自不连续处的回波与来自参考试块中已知反射体的回波进行比较,对不连续作出评估的方法。

13.6

−6 dB 法 −6 dB drop method

半波高度法 half-amplitude method

反射体尺寸〔长度,高度和(或)宽度〕评定方法,将探头从获得最大回波幅度位置移动至回波幅度降低至其一半(下降 6 dB),以此移动范围评定反射体尺寸。

13.7

−20 dB 法 −20 dB drop method

反射体尺寸〔长度,高度和(或)宽度〕评定方法,将探头从获得最大回波幅度位置移动至回波幅度降低至其 1/10(下降 20 dB),以此移动范围评定反射体尺寸。

14 与“显示方法”相关的术语

14.1

A 扫描显示 A-scan display

A-scan presentation

用 X 轴代表时间,Y 轴代表幅度的超声信号显示方式。

见图 17 a)、图 17 b)和图 17 c)。

14.2

B 扫描显示　B-scan display

B-scan presentation

以幅度在预置范围内的回波信号的声程长度与探头仅沿一个方向扫查时声束轴线位置之间的关系而绘制的受检件的横截面图。

见图 18。

注：该显示方式通常用于显示反射体的深度和长度。

14.3

C 扫描显示　C-scan display

C-scan presentation

受检件的二维平面显示，按探头扫描位置，绘制幅度或声程在预置范围内的回波信号的存在。

见图 19。

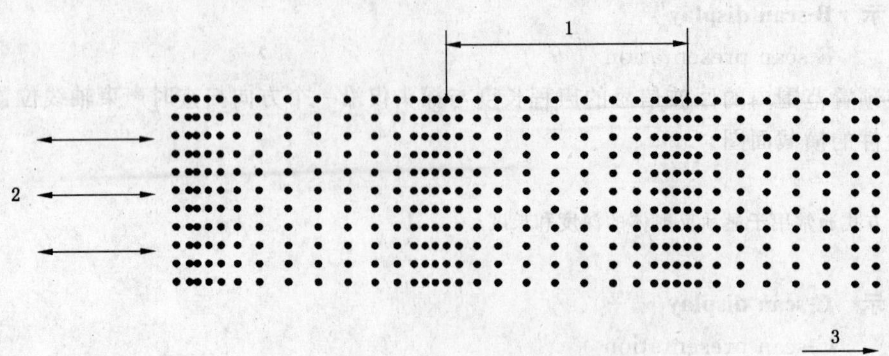

a) 纵波

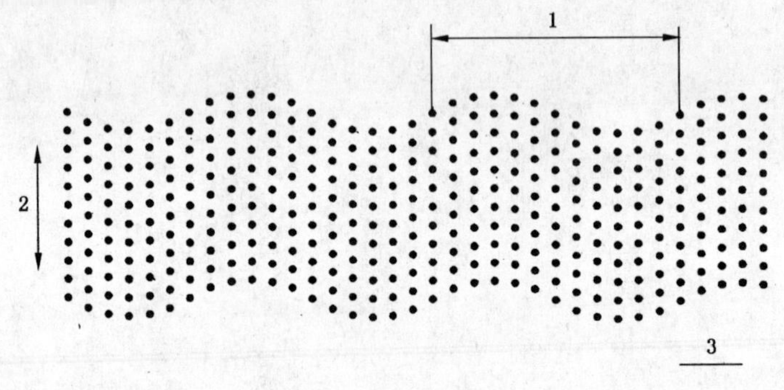

b) 横波

1——波长(3.10)；
2——质点运动方向；
3——传播方向。

图 1 纵波与横波

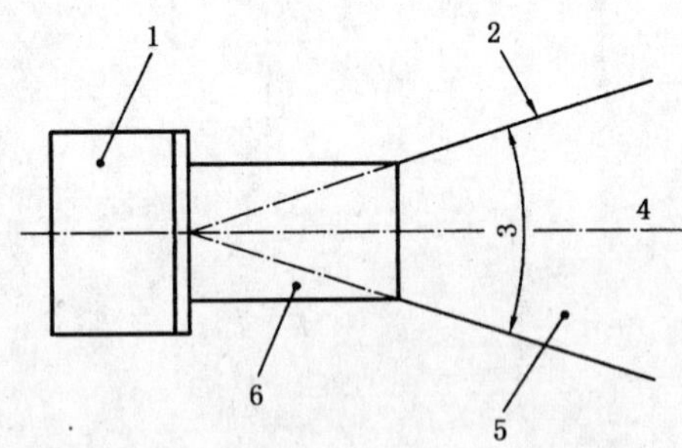

1——直探头(6.17)；
2——声束边缘(2.8)；
3——扩散角(4.5)；
4——声束轴线(2.7)；
5——远场(2.14)；
6——近场(2.18)。

图 2 与声束(2.28)相关的术语

1——近场点(2.20);

2——近场长度(2.19)。

图 3 直探头(6.17)的声场(2.25)

1——入射角(4.1);

2——反射角(4.2);

3——界面(2.16);

4——折射角(4.3)。

图 4 界面(2.16)处的声波

注:本例中峰数(6.19)为 10,周期数为 5。

图 5 时域响应、峰数(6.19)和周期数

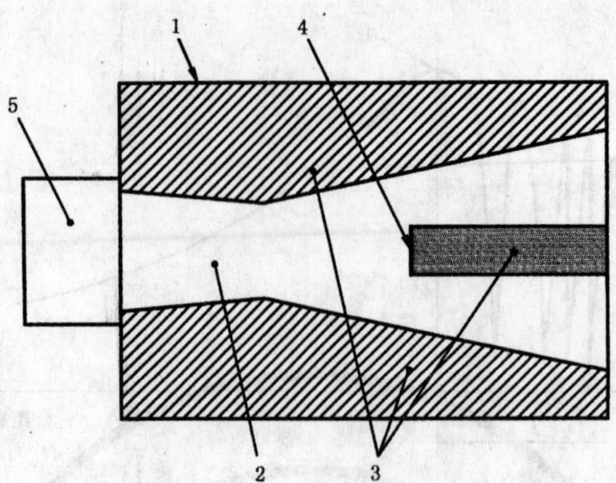

1——受检件(10.7)；
2——声束(2.28)；
3——声影区(2.4)；
4——不连续(2.12)/缺陷(2.15)；
5——直探头(6.17)。

图6 声影区(2.4)

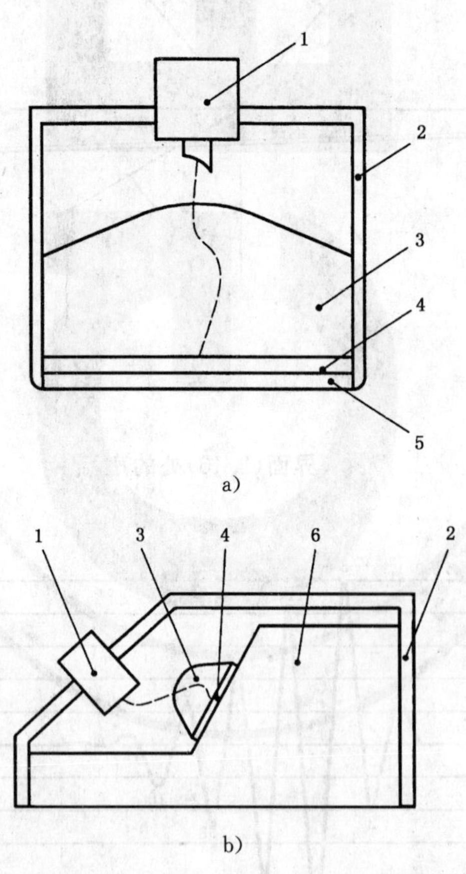

1——接头；
2——外壳，
3——换能器背衬(6.30)；
4——换能器(6.29)；
5——耐磨片(6.32)；
6——斜楔(6.33)。

图7 探头的组成

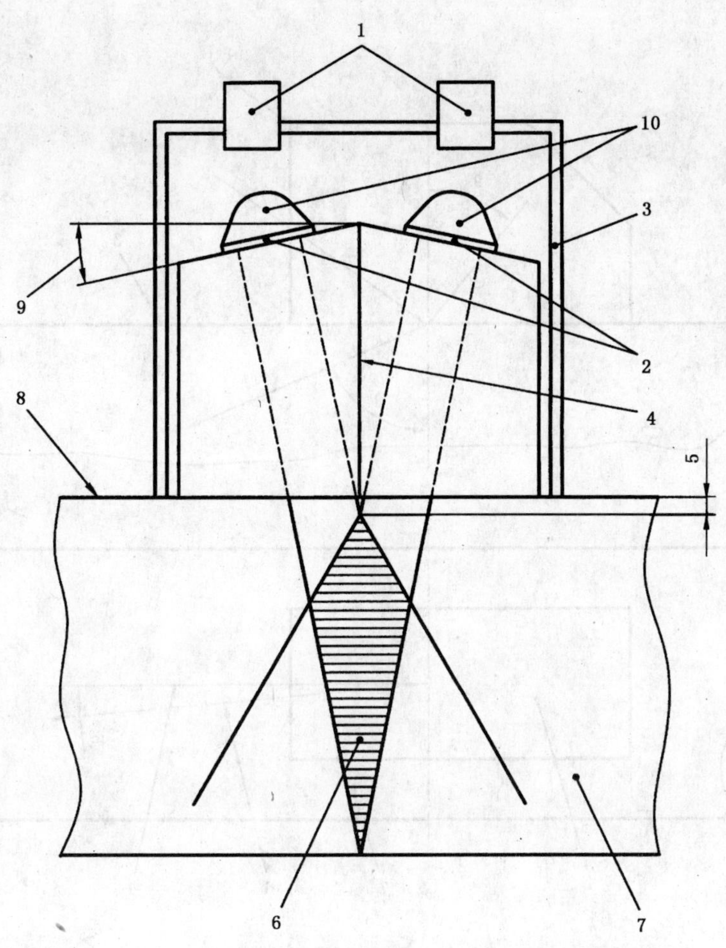

1——接头；

2——换能器(6.29)；

3——外壳；

4——隔声层；

5——会聚距离(6.3)；

6——会聚区(6.4)；

7——受检件(10.7)；

8——检测面(10.6)；

9——屋顶角(6.25)；

10——换能器背衬(6.30)。

图 8　双换能器探头(6.7)的组成和声束

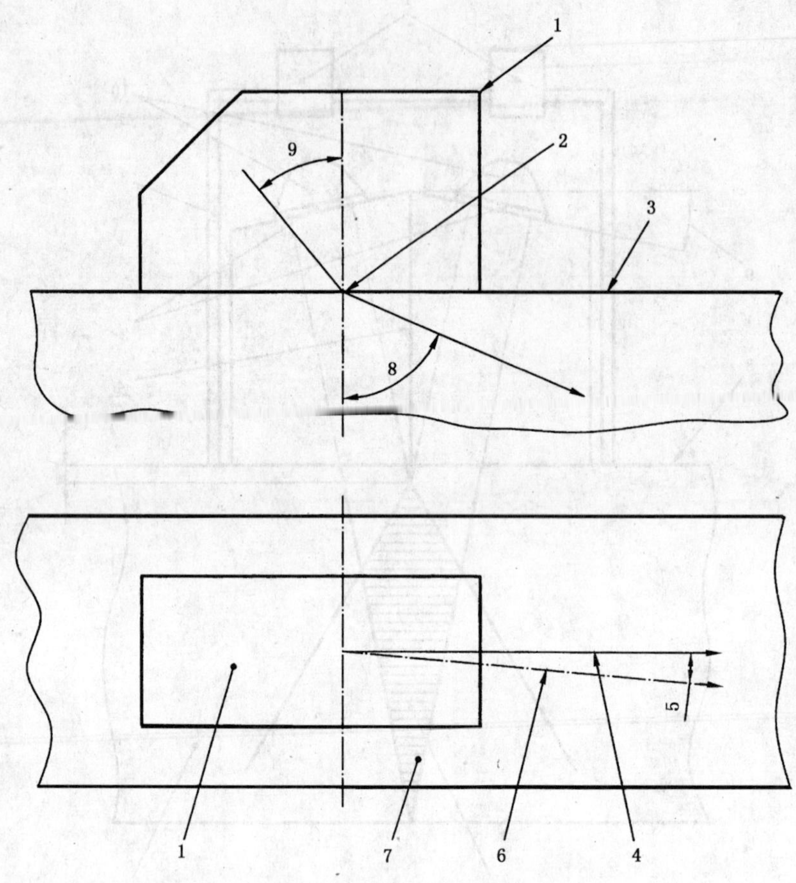

1——斜探头(6.1)；
2——探头入射点(6.23)；
3——检测面(10.6)；
4——探头参考轴线；
5——偏向角(6.26、6.27)；
6——投影声束轴线；
7——受检件(10.7)；
8——折射角(4.3)；
9——入射角(4.1)。

图9 与斜探头(6.1)相关的术语

1——投影声程长度(12.2)；
2——检测面(10.6)；
3——缺陷深度(12.1)；
4——受检件(10.7)；
5——不连续(2.12)/缺陷(2.15)；
6——声程长度(12.4)；
7——声束轴线(2.7)；
8——折射角(4.3)；
9——斜探头(6.1)。

图 10 与直接扫查(9.4)相关的术语

1——跨距(12.3)；
2——检测面(10.6)；
3——受检件(10.7)；
4——不连续(2.12)/缺陷(2.15)；
5——声束轴线(2.7)；
6——斜探头(6.1)。

图 11 二次波技术(9.6)和多次波技术(9.12)

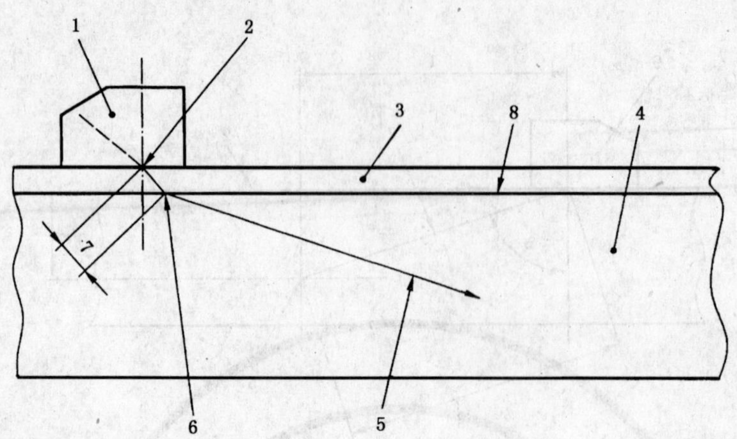

1——斜探头(6.1)；
2——探头入射点(6.23)；
3——耦合剂(11.1)；
4——受检件(10.7)；
5——声束轴线(2.7)；
6——声束入射点(10.2)；
7——耦合剂声程(11.3)；
8——检测面(10.6)。

图 12 间隙检测技术(9.7)

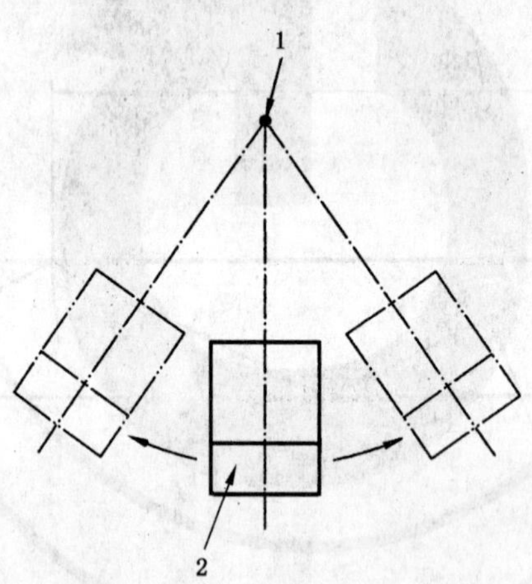

1——不连续(2.12)/缺陷(2.15)；
2——斜探头(6.1)。

图 13 环绕扫查(9.14)

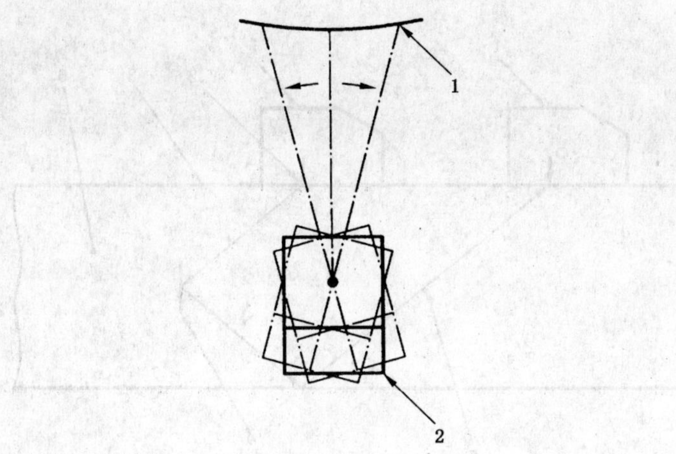

1——不连续(2.12)/缺陷(2.15);
2——斜探头(6.1)。

图 14 旋转扫查(9.19)

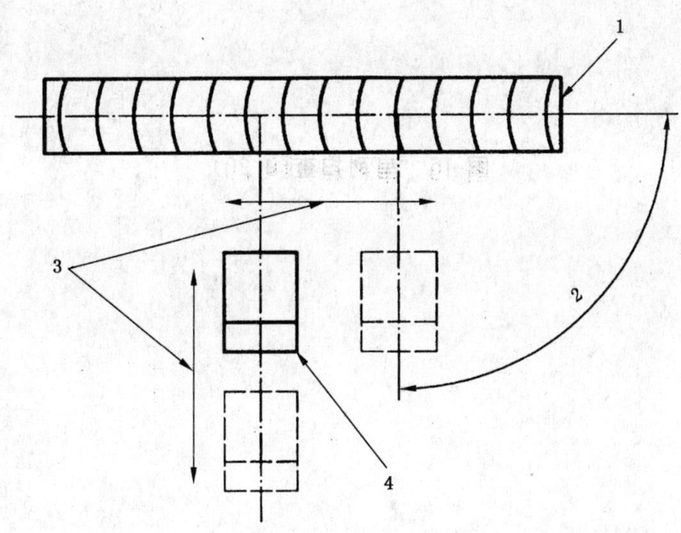

1——焊缝;
2——探头取向(10.4);
3——扫查方向(10.5);
4——斜探头(6.1)。

图 15 与探头方向(10.4、10.5)有关的术语

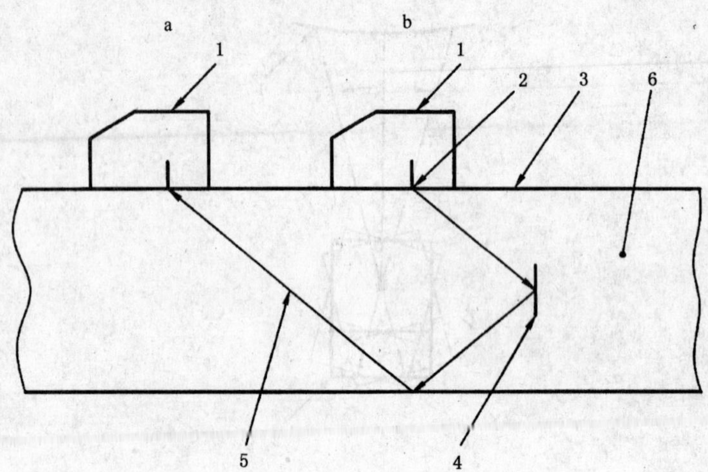

1——斜探头(6.1);
2——探头入射点(6.23);
3——检测面(10.6);
4——不连续(2.12)/缺陷(2.15);
5——声束轴线(2.7);
6——受检件(10.7);
a——用于接收;
b——用于发射。

图 16 串列扫查(9.20)

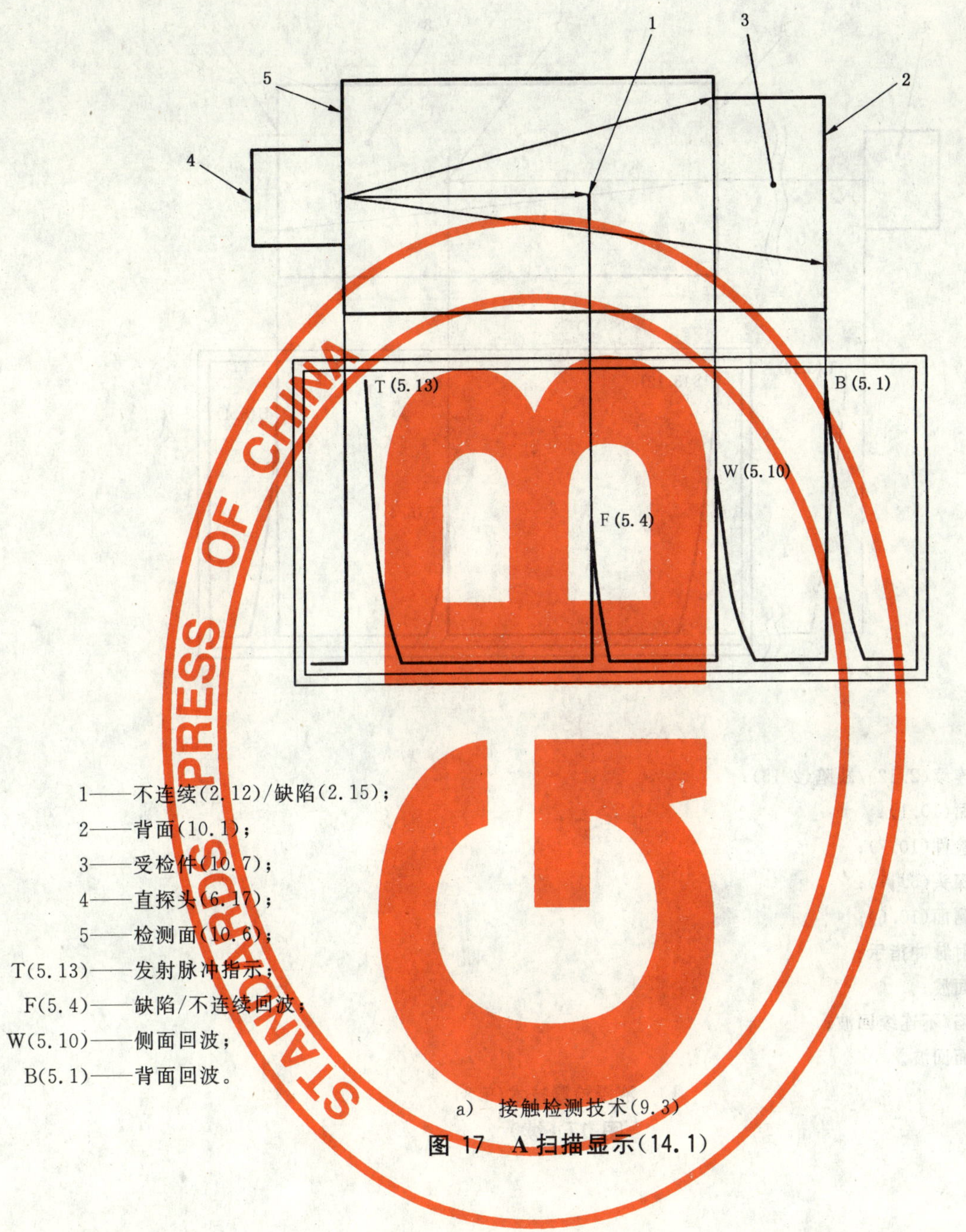

1——不连续(2.12)/缺陷(2.15)；
2——背面(10.1)；
3——受检件(10.7)；
4——直探头(6.17)；
5——检测面(10.6)；
T(5.13)——发射脉冲指示；
F(5.4)——缺陷/不连续回波；
W(5.10)——侧面回波；
B(5.1)——背面回波。

a) 接触检测技术(9.3)

图 17 A 扫描显示(14.1)

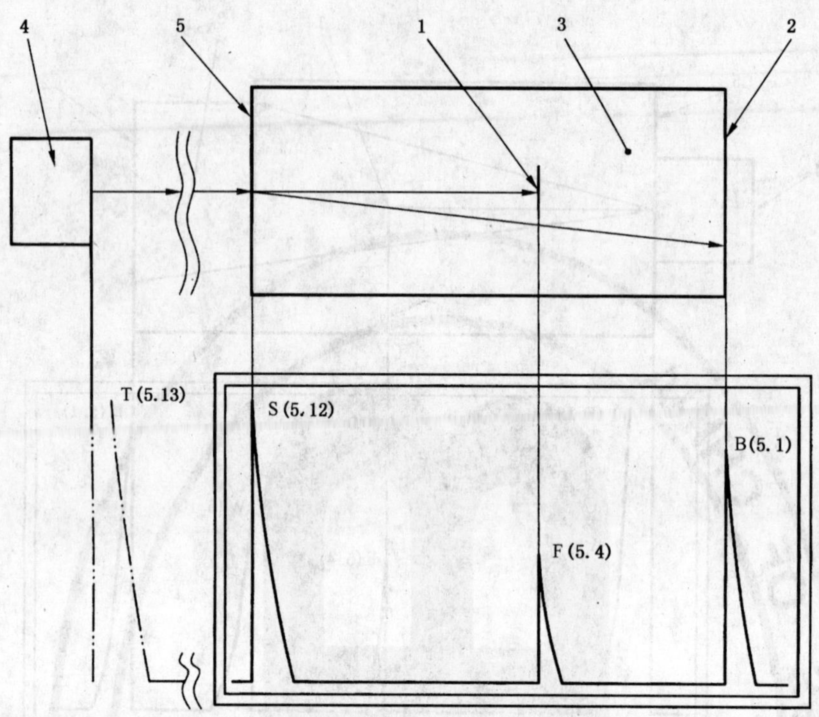

1——不连续(2.12)/缺陷(2.15)；

2——背面(10.1)；

3——受检件(10.7)；

4——直探头(6.17)；

5——检测面(10.6)；

T(5.13)——发射脉冲指示；

S(5.12)——界面波；

F(5.4)——缺陷/不连续回波；

B(5.1)——背面回波。

b) 液浸检测技术(9.8)

图 17(续)

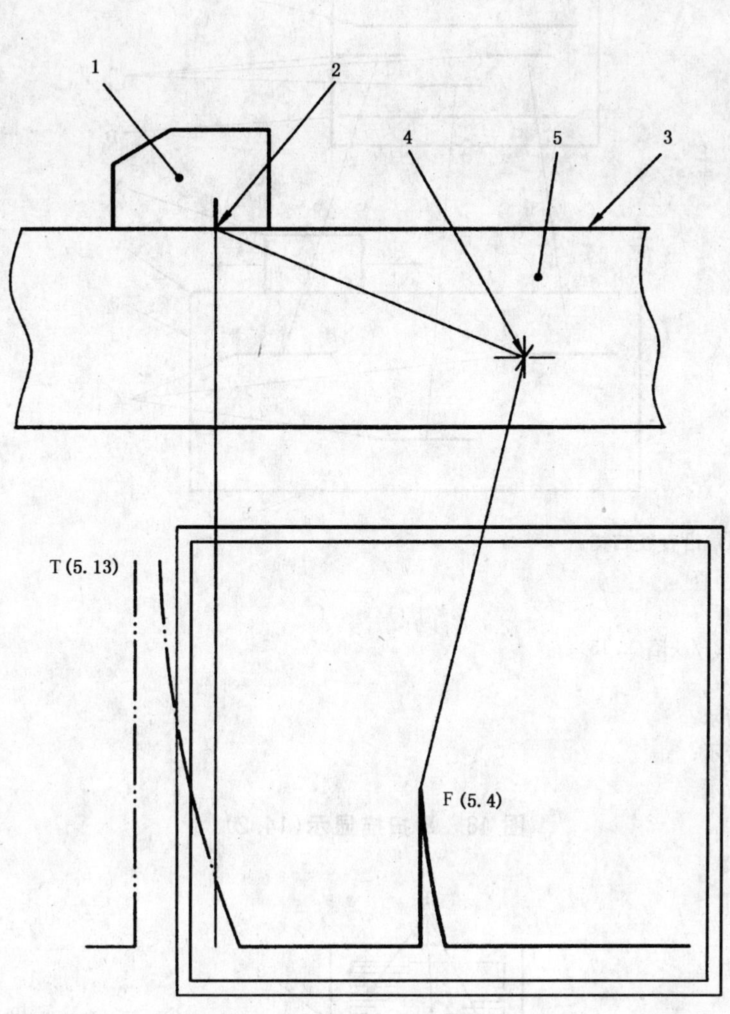

1——斜探头(6.1);

2——探头入射点(6.23);

3——检测面(10.6);

4——不连续(2.12)/缺陷(2.15);

5——受检件(10.7);

T(5.13)——发射脉冲指示;

F(5.4)——缺陷/不连续回波。

c) 斜射技术(9.1)

图 17(续)

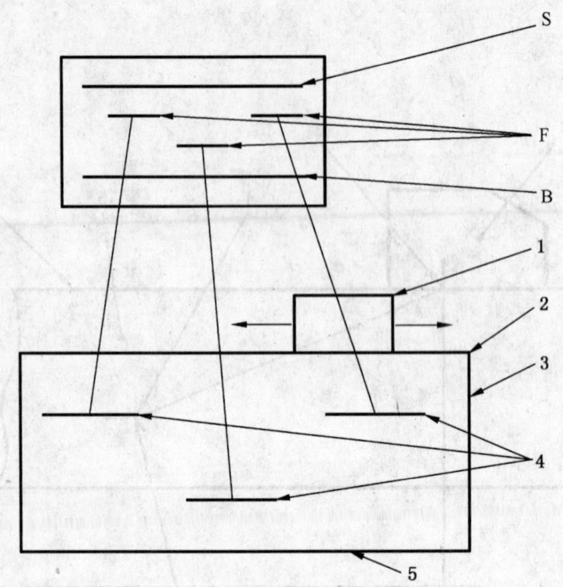

1——直探头(6.17)沿直线扫描；
2——检测面(10.6)；
3——受检件(10.7)；
4——不连续(2.12)/缺陷(2.15)；
5——背面(10.1)；
S(5.12)——表面回波指示；
F(5.4)——缺陷回波指示；
B(5.1)——背面回波指示。

图 18 **B** 扫描显示(14.2)

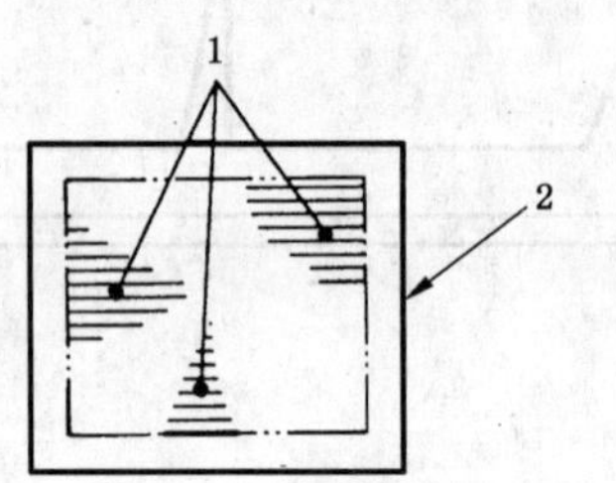

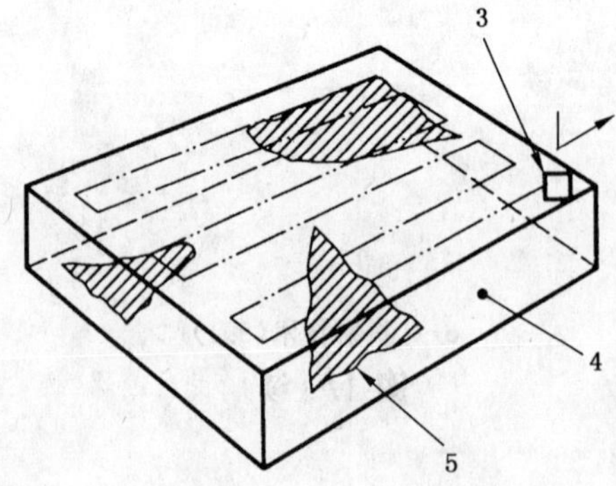

1——缺陷面积指示；
2——荧光屏图像代表顶视图；
3——探头沿平行线扫描；
4——受检件(10.7)；
5——不连续(2.12)/缺陷(2.15)区域。

图 19 **C** 扫描显示(14.3)

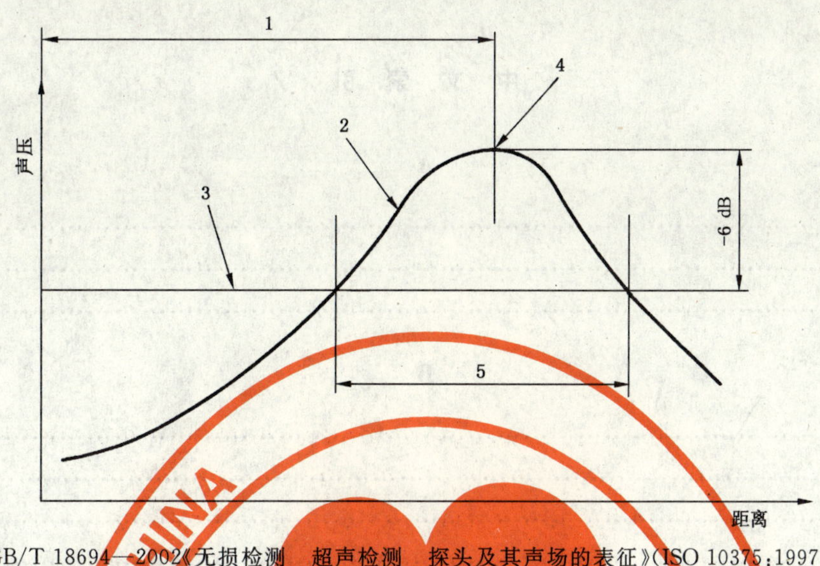

注：另可见 GB/T 18694—2002《无损检测　超声检测　探头及其声场的表征》(ISO 10375:1997,EQV)的图 10。

1——焦距(6.10)；

2——轴线上声压分布；

3——规定的水平；

4——焦点(6.11)；

5——焦区长度(6.6)。

图 20　聚焦探头(6.12)的声场(2.25)

1——斜探头(6.1)；

2——参考试块(8.3)；

3——参考反射体(8.4),SDH(8.5)；

4——距离幅度校正曲线(DAC)(13.4)；

5——50%DAC；

X、Y、Z——探头位置。

图 21　DAC(13.4)法(13.1)

中 文 索 引

A

B

C

D

E

F

K

L

M

N

P

Q

R

S

T

W

X

Y

Z

英 文 索 引

A

B

C

D

E

F

G

O

P

R

S

T

U

V

W

ICS 01.040.19;19.100
J 04

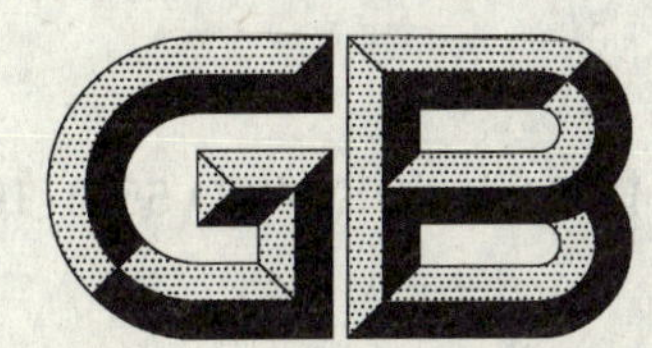

中华人民共和国国家标准

GB/T 12604.2—2005/ISO 5576:1997
代替 GB/T 12604.2—1990

无损检测 术语 射线照相检测

Non-destructive testing—Terminology—Terms used in radiographic testing

(ISO 5576:1997, Non-destructive testing—Industrial X-ray and gamma-ray radiology—Vocabulary, IDT)

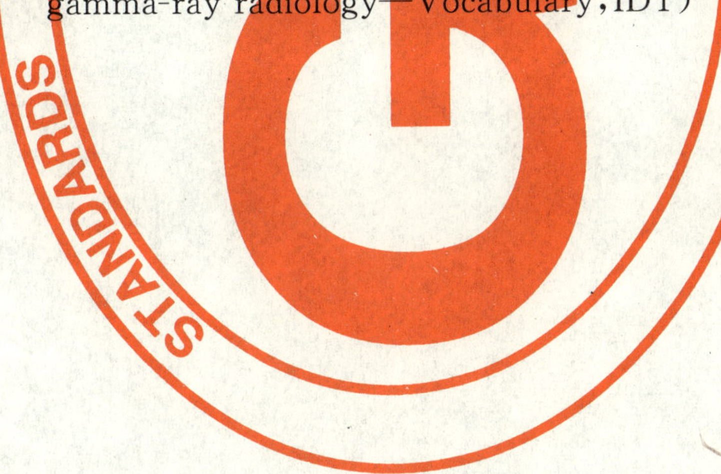

2005-09-19 发布　　2006-04-01 实施

中华人民共和国国家质量监督检验检疫总局
中国国家标准化管理委员会　发布

前言

本部分等同采用 ISO 5576:1997《无损检测 工业 X 射线和伽玛射线照相 词汇》(英文版)。

本部分等同翻译 ISO 5576:1997。

为便于使用,本部分做了下列编辑性修改:

a) “本国际标准”一词改为“本部分”;

b) 删除国际标准的前言;

c) 增加了“中文索引”以指导使用。

本部分代替 GB/T 12604.2—1990《无损检测术语 射线检测》,因为国际上的发展原标准在技术上已过时。

本部分与 GB/T 12604.2—1990 相比主要变化如下:

——修改了术语和定义(1990 年版的第 2、3、4 章;本版的第 2 章)。

本部分由中国机械工业联合会提出。

本部分由全国无损检测标准化技术委员会(SAC/TC 56)归口。

本部分起草单位:上海锅炉厂有限公司。

本部分主要起草人:阎建芳、许遵言。

本部分所代替标准的历次版本发布情况为:

——GB/T 12604.2—1990。

无损检测　术语　射线照相检测

1　范围

本部分界定了工业射线照相检测的术语。

2　术语和定义

2.1

吸收　absorption

入射光子通过物体时，在数量上减少的过程。

2.2

活度　activity

放射源中每单位时间发生的原子核蜕变数。

2.3

老化灰雾　ageing fog

由于长时间存放，经暗室处理后测得的未曝光胶片上光学密度的增加。

2.4

阳极　anode

X射线管的正电极。

2.5

阳极电流　anode current

X射线管中从阴极到阳极通过的电子。

2.6

伪像(假显示)　artefact(false indication)

由于胶片在制造、加工、曝光或暗室处理等过程中的缺陷而造成射线照相底片上的虚假显示。

2.7

衰减　attenuation

X或伽玛射线通过材料时，由于吸收和散射引起的强度减小。

2.8

衰减系数　attenuation coefficient

μ

射线入射到吸收体某一表面上的强度(I_0)与穿透强度(I)之间的关系，对吸收体厚度(t)用式$I=I_0\cdot\exp(-\mu t)$表达。

2.9

平均梯度　average gradient

曝光曲线上两定点之间直线的斜率。

2.10

背散射　back scatter

背散射线　back scattered radiation

被散射的X或伽玛射线的一部分，其辐射方向与入射线方向的夹角大于90°。

2.11

射束角　beam angle

射线束中心轴线与胶片平面之间的角度。

2.12

电子回旋加速器　betatron

电子在圆形轨道上被加速后撞击靶产生高能 X 射线的装置。

2.13

遮挡介质　blocking medium

用于减少胶片上或图像探测装置上散射线效应的材料。

2.14

累积因子　build-up factor

到达某点的总射线强度与一次射线强度之比。

2.15

暗盒　cassette

暗袋

刚性或柔性的不透光包装物，曝光时用于安放射线照相胶片或相纸，可带有增感屏。

2.16

阴极　cathode

X 射线管的负电极。

2.17

已校验的阶梯密度片　calibrated density step wedge

一片已被校验、用作参考密度的具有一系列不同光学密度的胶片。

2.18

(胶片的)特性曲线　characteristic curve(of a film)

表示曝光量常用对数 $\log K$ 与光学密度 D 关系的曲线。

2.19

清澈时间　clearing time

胶片定影第一阶段即雾翳消失所需要的时间。

2.20

准直　collimation

用由吸收材料制作的光阑把射线束限制在所需尺寸的形状内。

2.21

准直器　collimator

一种由吸收射线的材料如铅或钨制成的器件，用于限制和规定射线束的方向和范围。

2.22

康普顿散射　Compton scatter

由于 X 或伽玛射线的光子与电子相互作用并遭受能量损失而引起的一种散射形式，散射线以与入射方向成某一角度辐射。

注：对能量范围在 100 KeV 到 10 MeV 的射线而言，它是射线衰减的主要因素。

2.23

计算机层析成像　computerized tomography(CT)

对从许多垂直于轴线方向得到的大量 X 射线吸收测量值，用计算机确定垂直于试样轴线一个选择平面上细节图像的工艺。

注：这是计算机化轴向层面 X 射线摄影法，不能应用于层析成像的其他方法。

2.24

恒电势电路　constant potential circuit

一种设计成在 X 射线管内施加和维持恒电势的电子线路。

2.25

连续谱　continuous spectrum

X 射线装置产生的 X 射线波长或量子能量范围。

2.26

对比度　contrast

见“图像对比度”2.70，“照射对比度”2.99，“工件对比度”2.90 和“目视对比度”2.128。

2.27

反衬介质　contrast medium

为了整体或部分提高照射对比度，用在被射线照相材料上的固体或液体介质。

2.28

对比灵敏度(厚度灵敏度)　contrast sensitivity(thickness sensitivity)

能在射线照相图像上产生可识别光学密度变化的试样上最小厚度差，通常用试样总厚度的百分比表示。

2.29

衰减曲线　decay curve

放射性同位素活度对时间的曲线，通常为对数/线性关系。

2.30

密度计　densitometer

用于测量射线底片光学密度或相片反射密度的设备。

2.31

(胶片或相纸的)显影　development(of a film or paper)

把潜影转换成可视图像的化学或物理过程。

2.32

衍射斑纹　diffraction mottle

由于入射线通过材料结构时衍射而产生的叠加在射线照相图像上的花纹。

2.33

剂量计　dosemeter(dosimeter)

用于测量 X 或伽玛射线累积剂量的仪器。

2.34

剂量率计　dose rate meter

用于测量 X 或伽玛射线剂量率的仪器。

2.35

双焦点管　dual focus tube

具有两个不同尺寸焦点的 X 射线管。

2.36

双线像质计　duplex wire image quality indicator

双丝像质计

双线图像质量指示器

由一系列成对高密度金属线组成，用于估计射线照相图像总不清晰度的像质计。

2.37

边缘遮挡材料　edge - blocking material

用于试样周围或凹陷处，以获得更加均匀的吸收，减少额外散射线，并且防止局部过渡曝光的材料，例如细小铅丸（也可见“遮挡介质”，2.13）。

2.38

均值过滤器（射线束致平器）　equalizing filter（beam flattener）

在兆伏射线照相中，横向穿过一次X射线束均衡强度，以提供有用照射场尺寸的装置。

2.39

等效X射线电压　equivalent X-ray voltage

X射线管电压，用其所拍摄的X射线底片几乎等同于用一个特定伽玛源所拍摄的伽玛射线底片。

2.40

曝光　exposure

在一个成像系统上射线被记录的过程。

2.41

曝光计算器　exposure calculator

可以用来确定所需曝光时间的器件（例如滑尺）。

2.42

曝光曲线　exposure chart

显示用给定质量的射线束，对特定材料不同厚度进行射线照相时曝光时间的曲线。

2.43

曝光宽容度　exposure latitude

相应于感光乳剂有用光学密度范围的曝光范围。

2.44

曝光时间　exposure time

把记录介质曝光于放射线过程的持续时间。

2.45

片基　film base

用于涂布感光乳剂的支撑材料。

2.46

胶片梯度　film gradient

G

胶片特性曲线上某一特定光学密度处 *D* 的斜率。

2.47

观片灯（观察屏）　film illuminator（viewing screen）

包含有一个灯源和一块用于观看射线底片、半透明屏的装置。

2.48

胶片处理　film processing

把潜影转换成永久可见图像所需的操作过程，通常包括显影、定影、水洗和干燥。

2.49

胶片系统速度　film system speed

在特定曝光条件下，胶片系统对射线能量响应的定量测定。

2.50

滤光板　filter

主要用于吸收软射线，放置在射线源和胶片之间，材料原子序数比试样高的均匀薄层。

2.51

定影　fixing

显影后，卤化银从胶片乳剂中的化学分离。

2.52

探伤灵敏度　flaw sensitivity

在特定检测条件下，能探测到的最小缺陷尺寸。

2.53

荧光增感屏　fluorescent intensifying screen

含有荧光物质涂层的屏，当曝光于X或伽玛射线中时会发出荧光。

2.54

金属荧光增感屏　fluorometallic intensifying screen

由金属箔(通常是铅)涂上在X或伽玛射线中会发出荧光的材料组成的一种屏。

2.55

荧光透视　fluoroscopy

通过X射线在荧光屏上产生可视图像并在荧光屏上直接观察。

2.56

焦点　focal spot

X射线管阳极上X射线发射的区域，如同从测量装置中所见到的一样。

2.57

焦点尺寸　focal spot size

平行于胶片或荧光屏平面测量的、X射线管焦点的截面尺寸。

2.58

焦距　focus-to-film-distance

ffd

用于射线照相曝光的X射线管焦点到胶片的最短距离。

2.59

灰雾度　fog density

通用术语，一般是指除形成图像的射线直接作用外，任何原因引起的处理后胶片的光学密度，可能是老化灰雾、化学灰雾、分色光灰雾、曝光灰雾和固有灰雾。

2.60

伽玛射线照相　gamma radiography

使用伽玛射线源的射线照相方法。

2.61

伽玛射线　gamma rays

γ射线

由特定放射性材料发射的电磁电离辐射。

2.62

伽玛射线源　gamma-ray source

密封在金属容器中的放射性材料。

2.63

伽玛射线源容器　gamma-ray source container

为了能安全操作，由高密度材料制成、具有足够厚度、能大幅降低源发射的射线强度的容器。

2.64

几何不清晰度　geometric unsharpness

因射线源有限尺寸引起的射线照相图像的不清晰度，其大小同时取决于源到工件以及工件到胶片的距离，也称为几何模糊或半影。

2.65

颗粒性　graininess

颗粒度的可见外形。

2.66

颗粒度　granularity

射线底片上叠加在物体图像上的随机密度波动。

2.67

半衰期　half life

放射性活度衰减至一半的时间。

2.68

半价层　half value thickness

HVT

特定材料被X或伽玛射线束穿透时，射线强度减少一半的厚度。

2.69

光源　illuminator

观片灯

观察射线底片的设备。

2.70

图像对比度　image contrast

射线底片图像中邻近区域光学密度的相对变化。

2.71

图像清晰度　image definition

射线底片上图像细节轮廓的清晰程度。

2.72

图像增强　image enhancement

通过提高对比度和/或清晰度或降低噪声来提高像质的任何处理方法，当称为“数字图像处理”时，常由计算机程序完成。

2.73

图像增强器　image intensifier

与未经处理的X射线束所形成的图像相比，能在荧光屏上提供更明亮图像的电子装置。

2.74

像质　image quality

图像质量

射线底片图像的特性，决定所显示细节的程度。

2.75

像质计　image quality indicator

图像质量指示器

IQI

由一系列不同等级厚度元件组成的器件，它能够测量所获得的像质，像质计的元件通常是线丝或有孔的阶梯。

2.76

像质值　image quality value

图像质量值

IQI 灵敏度　IQI sensitivity

要求或达到的像质测定值。

2.77

入射射线束轴线　incident beam axis

由焦点和管子窗口限定的射线束锥体的轴线。

2.78

工业放射学　industrial radiology

X 射线、伽玛射线、中子和其他穿透辐射在无损检测中的知识和应用。

2.79

固有过滤　inherent filtration

初始射线将要通过的射线管部件、装置或装源包壳对射线束的过滤。

2.80

固有不清晰度　inherent unsharpness

因射线光子在照相乳剂层中撞出二次电子而使卤化银粒子感光从而造成射线照相图像的模糊。

2.81

增感因子　intensifying factor

其他条件不变，获得相同光学密度时，不用增感屏的曝光时间与使用增感屏的曝光时间之比。

2.82

增感屏　intensifying screen

把部分射线照相能量转换成可见光或电子的材料，曝光时与记录介质接触可提高射线照相质量或减少射线照相所需的曝光时间或同时具有这两种功能，见“金属屏”，2.86；“金属荧光增感屏”，2.54 或“荧光增感屏”，2.53。

2.83

潜影　latent image

由射线在胶片中产生的不可见图像，这些图像通过胶片处理可转换成可见图像。

2.84

直线电子加速器　linear electron accelerator(LINAC)

通过沿波导加速电子而产生高能电子，然后撞击靶产生 X 射线的设备。

2.85

屏蔽　masking

使用材料，把对工件的照射面积局限于进行射线照相检验的区域。

2.86

金属屏　metal screen

由高密度金属(通常是铅)组成的屏，这种金属在 X 或伽玛射线照射下可过滤射线并发射电子。

2.87

微焦点射线照相　microfocus radiography

使用尺寸小于 100 μm、非常小有效焦点 X 射线管的射线照相，常通过投影用于图像的直接几何放大。

2.88

调制传递函数　modulation transfer function

MTF

成像系统空间频率的响应。

2.89

运动不清晰度　movement unsharpness

由于射线源、工件或射线探测器之间的相对运动而导致射线照相或射线荧光图像的模糊。

2.90

工件对比度　object contrast

被透照工件两评定区之间射线穿透的相对差。

2.91

工件至胶片距离　object-to-film distance

沿射线束中心轴线测量的被检工件射线源一侧至胶片表面的距离。

2.92

周向曝光　panoramic exposure

利用伽玛射线源或周向 X 射线设备多向特性进行的射线照相布置，例如同时对几个试样或对圆柱形试样的整个周长进行射线照相。

2.93

透度计　penetrameter

(见“像质计”2.75)。

2.94

压痕　pressure mark

射线照相底片上，因胶片受到局部压力而引起，按不同情况在外观上或亮或暗的密度变化。

2.95

初始射线　primary radiation

从源到接收元件没有偏离、沿直线传播的射线。

2.96

投影放大率　projective magnification

图像尺寸放大的数值。

2.97

投影放大技术　projective magnification technique

利用试样和成像系统之间的距离，射线照相或射线透视中图像一次放大的方法(见“微焦点射线照相法”2.87)。

2.98

(射线束)质量　quality(of a beam of radiation)

(射线)质

射线的穿透力，常用半值层厚度测量(见 2.68)。

2.99

照射对比度　radiation contrast

在被透照物体中由于射线穿透力不同而引起的射线强度差异。

2.100

辐射源　radiation source

能够发射电离辐射的装置(例如X射线管或伽玛射线源)。

2.101

射线照相底片/照片　radiograph

用一束穿透电离辐射产生的经处理后在射线照相胶片或相纸上的可见图像,这个术语也可用于中子、电子、质子等产生的图像。

2.102

射线照相胶片　radiographic film

由一层透明片基,通常两面涂有对射线敏感的乳剂组成的胶片。

2.103

射线照相　radiography

在永久成像载体上射线照相的产生方法。

2.104

放射性同位素　radioisotope

某一元素具有自发发射粒子或伽玛射线或发射X射线的同位素。

2.105

射线透视　radioscopy

电离辐射在射线探测器如荧光屏和显示在电视监示器屏幕上的可视图像的产生方法。

2.106

棒阳极管　rod anode tube

靶位于管状阳极末端的X射线管,该射线管能产生周向射线束。

2.107

散射线　scattered radiation

射线通过物质时,方向改变、能量改变或不改变的射线。

2.108

增感型胶片　screen type film

与荧光增感屏一起使用的射线照相胶片。

2.109

源固定器　source holder

固定、装载或连接器件,通过这个器件伽玛射线源(密封源)可固定在曝光容器内或遥控装置的端头上。

2.110

源尺寸　source size

射线源的尺寸。

2.111

源至胶片距离(sfd)　source-to-film distance(sfd)

射线方向上射线源到胶片之间的距离。

2.112

空间分辨力　spatial resolution

图像中恰好能分开的细节之间的距离。

2.113

比活度　specific activity

放射性同位素每单位质量的活度。

2.114

阶梯楔块　step wedge

具有相同材料,呈一系列阶梯状的物体。

2.115

立体射线照相　stereo radiography

适合于立体观察的一对射线照相的产生方法。

2.116

靶　target

受到电子束撞击并由此发出初始X射线束的X射线管阳极表面的区域。

2.117

管子光阑　tube diaphragm

通常固定在管罩或管头上,限制出射X射线束范围的器件。

2.118

管头　tube head

含有管罩内管子的X射线装置的部件。

2.119

管罩　tube shield

把泄漏辐射降低至规定值的X射线管屏蔽罩。

2.120

管子遮光器　tube shutter

安装在管罩上,用于控制X射线束射出的装置,一般用铅制作,通常可远距离操纵。

2.121

管子窗口　tube window

X射线管中射线发射通过的区域。

2.122

管电压　tube voltage

施加在X射线管阳极和阴极之间的高压。

2.123

未密封源　unsealed source

任何没有密封在容器中的放射源。

2.124

不清晰度　unsharpness

由于图像模糊造成的图像清晰度损失,它是“几何不清晰度”、“固有不清晰度”和“运动不清晰度”的总和。

2.125

有效密度范围　useful density range

射线照相上用于图像评定的光学密度范围,其上限取决于观片灯,下限则取决于缺陷灵敏度的降低。

2.126

真空暗盒　vacuum cassette

不透光的包装盒，射线照相曝光时，在真空的作用下使胶片和增感屏紧密接触。

2.127

观察屏蔽　viewing mask

用于遮挡强光的观片灯附件。

2.128

可视对比度　visual contrast

被照亮射线底片上两相邻区域之间可见的密度差异。

2.129

X射线　X-rays

穿透性电磁辐射，波长范围大约在1 nm至0.000 1 nm，由高速电子撞击金属靶产生。

2.130

X射线胶片　X-ray film

见“射线照相胶片”2.102。

2.131

X射线管　X-ray tube

通常包含有一根灯丝用来产生电子，电子被加速后撞击阳极，在阳极表面产生X射线的真空管。

中 文 索 引

L

M

P

Q

R

S

T

W

X

Y

英 文 索 引

A

B

C

D

X

ICS 01.040.19;19.100
J 04

中华人民共和国国家标准

GB/T 12604.3—2005/ISO 12706:2000
代替 GB/T 12604.3—1990

无损检测 术语 渗透检测

Non-destructive testing—Terminology—
Terms used in penetrant testing

(ISO 12706:2000,IDT)

2005-06-08 发布 2005-12-01 实施

中华人民共和国国家质量监督检验检疫总局
中国国家标准化管理委员会 发布

前　言

本标准等同采用 ISO 12706:2000《无损检测　术语　渗透检测》(英文版)。

本标准等同翻译 ISO 12706:2000。

为便于使用,本标准做了下列编辑性修改:

a) “本国际标准”一词改为“本标准”;

b) 删除国际标准的前言和引言;

c) 删除国际标准的“德文索引”;

d) 删除国际标准的“法文索引”;

e) 增加了“中文索引”以指导使用。

本标准代替 GB/T 12604.3—1990《无损检测术语　渗透检测》。

本标准与 GB/T 12604.3—1990 相比主要变化如下:

——修改了术语和定义(1990 年版的第 2、3、4 章;本版的第 2 章)。

本标准由中国机械工业联合会提出。

本标准由全国无损检测标准化技术委员会(SAC/TC 56)归口。

本标准起草单位:国家质量监督检验检疫总局锅炉压力容器检测研究中心。

本标准主要起草人:刘德宇、沈功田、李邦宪、徐春。

本标准所代替标准的历次版本发布情况为:

——GB/T 12604.3—1990。

无损检测 术语 渗透检测

1 范围

本标准界定了**渗透检测**的术语。

2 术语和定义

2.1

背景 **background**

去除多余**渗透剂**后，残留在工件表面的**荧光渗透剂**或**着色渗透剂**程度。

2.2

浸湿 **bath**

在检测过程中，工件浸入充足的液体**渗透检测**材料（**渗透剂**、**乳化剂**、**显像剂**）中。

2.3

渗出 **bleedout**

通常借助**显像剂**的作用，使**渗透剂**从不连续内流出。

2.4

着色渗透剂 **colour contrast penetrant**

有染料（一般为红色）的液体**渗透剂**。

2.5

显像剂 **developer**

具有充分吸出不连续内**渗透剂**的性能，以便更易观察**渗透剂**的物质。

2.6

显像时间 **development time**

从**显像剂**的施加到开始检查的时间。

2.7

浸洗 **dip rinse**

将被检工件浸入可搅动的水槽内，以去除多余**渗透剂**的方法。

2.8

干粉显像剂 **dry developer**

一种细小的干粉状的**显像剂**，主要用于荧光渗透。

2.9

两用渗透剂 **dual purpose penetrant**

给出的显示既能在可见光下又能在 UV-A 辐射下进行观察的**渗透剂**。

2.10

静电喷射 **electrostatic spraying**

将带电颗粒施加到接地的被检表面上。

2.11

渗透剂的乳化 **emulsification of penetrant**

使后**乳化型渗透剂**变成可水洗的乳化作用。

2.12

乳化时间　emulsification time

使后乳化型**渗透剂**变成可水洗的时间。

2.13

乳化剂　emulsifier

使后乳化型**渗透剂**变成可水洗的产品。

2.14

多余渗透剂的去除　excess penetrant removal

去除被检表面的多余**渗透剂**，但不去除不连续内**渗透剂**的方法。

2.15

荧光强度　fluorescent intensity

渗透剂受 UV-A 辐射激发，在可见光谱范围内所发出的可见光强度。

2.16

荧光渗透剂　fluorescent penetrant

在 UV-A 辐射下发出荧光的**渗透剂**。

2.17

亲水性乳化剂　hydrophilic emulsifier

渗透检测中可用水稀释的去除剂。

2.18

亲油性乳化剂　lipophilic emulsifier

渗透检测中使用的油基型**乳化剂**。

2.19

渗透检测　penetrant testing

一种典型的无损检测，包括渗透、**多余渗透剂的去除**、显像，以便产生表面开口不连续的可见显示。

2.20

可剥离显像剂　peelable developer

蒸发后会留下一层带有显示的可剥离薄膜层的液体**显像剂**，常用于获得可存档的复制品。

2.21

渗透时间　penetration time

渗透剂直接与被检表面接触的时间，包括**渗透剂**施加时间和滴落时间。

2.22

渗透剂　penetrant

用于施加到工件表面上的液体，该液体具有能够进入不连续内而且对多余部分去除后仍能保留在不连续内可检测的性能。

2.23

渗透材料　penetrant materials

检测产品　testing products

渗透检测中使用的清洗剂、**渗透剂**、去除剂和**显像剂**。

2.24

后清洗　post cleaning

渗透检测后，将残留在被检工件上的渗透材料予以去除。

2.25

后乳化型渗透剂　post emulsifiable penetrant

为可水洗，需另用**乳化剂**的**渗透剂**。

2.26

预清洗　precleaning

被检表面污染物的去除。

2.27

产品族　product family

相容的一组**渗透剂**、去除剂和**显像剂**。

2.28

参考试块　reference block

具有已知的自然或人工不连续的试块，用于确定和(或)比较**渗透检测**过程的**灵敏度**和检查其再现性。

2.29

冲洗　rinse

用适宜的去除剂(通常为水)，采用漂或冲的方法，去除被检表面多余**渗透剂**的过程。

2.30

灵敏度　sensitivity

渗透检测过程探测不连续能力的量度。

2.31

(渗透检测过程的)灵敏度等级　sensitivity level(of a penentrant inspection process)

对给定的**渗透检测**过程的**灵敏度**定级。

2.32

溶剂型显像剂　solvent based developer

非水湿式显像剂　nonaqueous wet developer

在挥发性溶剂中含有细微颗粒的**显像剂**。

2.33

溶剂去除型渗透剂　solvent-removable penentrant

被检表面的多余**渗透剂**，需用适宜的溶剂予以去除的**渗透剂**。

2.34

溶剂去除剂　solvent remover

用于去除被检表面多余**渗透剂**的有机液体。

2.35

水溶性显像剂(水性)　water soluble developer(aqueous)

干燥时形成有吸附能力膜层的水溶液产品。

2.36

水悬浮显像剂(水性)　water suspendable developer(aqueous)

干燥时形成有吸附能力膜层的水悬浮产品。

2.37

容水率　water tolerance

在给定的温度下，**水洗型渗透剂**或**亲油性乳化剂**的有效性能在减弱之前的容许吸水量，以质量或体积的百分比表示。

2.38

水洗型渗透剂　water-washable penetrant

可直接水洗的**渗透剂**。

中 文 索 引

英 文 索 引

ICS 01.040.19;19.100
J 04

中华人民共和国国家标准

GB/T 12604.4—2005/ISO 12716:2001
代替 GB/T 12604.4—1990

无损检测 术语 声发射检测

Non-destructive testing—Terminology—
Terms used in acoustic emisson testing

(ISO 12716:2001,Non-destructive testing—
Acoustic emission inspection—Vocabulary,IDT)

2005-06-08 发布 2005-12-01 实施

中华人民共和国国家质量监督检验检疫总局
中国国家标准化管理委员会 发布

前　言

本标准等同采用 ISO 12716:2001《无损检测　声发射检验　词汇》(英文版)。

本标准等同翻译 ISO 12716:2001。

为便于使用,本标准做了下列编辑性修改:

a)“本国际标准”一词改为“本标准”;

b) 删除国际标准的前言和引言:

c) 增加了“中文索引”以指导使用。

本标准代替 GB/T 12604.4—1990《无损检测术语　声发射检测》。

本标准与 GB/T 12604.4—1990 相比主要变化如下:

——修改了术语和定义(1990 年版的第 2、3、4 章;本版的第 2 章)。

本标准由中国机械工业联合会提出。

本标准由全国无损检测标准化技术委员会(SAC/TC 56)归口。

本标准起草单位:国家质量监督检验检疫总局锅炉压力容器检测研究中心、中国机械工程学会无损检测分会声发射专业委员会、北京科海恒生科技有限公司。

本标准主要起草人:沈功田、李邦宪、段庆儒、刘时风、耿荣生、戴光。

本标准所代替标准的历次版本发布情况为:

——GB/T 12604.4—1990。

无损检测 术语 声发射检测

1 范围

本标准界定了声发射检测的术语。

2 术语和定义

2.1

声发射 acoustic emission

AE

材料中局域源能量快速释放而产生瞬态弹性波的现象。

注：声发射是常用的推荐术语，在有关文献中被使用的其他术语还包括：

a) 应力波发射 stress wave emission；

b) 微震动活动 microseismic activity；

c) 带其他形容词修饰语的发射(emission)或声发射。

2.2

声一超声 acousto-ultrasonics

AU

将声发射信号分析技术与超声材料特性技术相结合，用人工应力波探测和评价构件中弥散缺陷状态、损伤情况和力学性能变化的无损检测方法。

2.3

声发射信号持续时间 AE signal duration

声发射信号开始和终止之间的时间间隔。

2.4

声发射信号终止点 AE signal end

声发射信号的识别终止点，通常定义为该信号与门槛最后一个交叉点。

2.5

声发射信号发生器 AE signal generator

能够重复产生输入到声发射仪器的特定瞬态信号的装置。

2.6

声发射信号上升时间 AE signal rise time

声发射信号起始点与信号峰值之间的时间间隔。

2.7

声发射信号起始点 AE signal start

由系统处理器识别的声发射信号开始点，通常由一个超过门槛的幅度来定义。

2.8

阵列 array

为了探测和确定阵列内源的位置而放置在一个构件上两个或多个声发射传感器的组合。

2.9

衰减 attenuation

声发射幅度每单位距离的下降，通常以分贝每单位长度来表示。

2.10

平均信号电平　average signal level

整流后进行时间平均的声发射对数信号，用对数刻度对声发射幅度进行测量，以 dB_{AE} 单位来表示（在前置放大器输入端，0 dB_{AE} 对应于 1 μV）。

2.11

声发射通道　channel，acoustic emission

acoustic emission channel

由一个传感器、前置放大器或阻抗匹配变压器、滤波器、二次放大器、连接电缆以及信号探测器或处理器等构成的系统。

注：检测玻璃纤维增强塑料（FRP）时，一个通道可能采用两个以上的传感器；对这些通道可能进行单独处理，也可能按相似的灵敏度和频率特性进行预先分组处理。

2.12

声发射计数　count，acoustic emission

acoustic emission count

振铃计数　count，ring-down

ring-down count

发射计数　emission count

N

在任何选定的检测区间，声发射信号超过预置门槛的次数。

2.13

事件计数　count，event

event count

N_e

逐一计算每一可辨别的声发射事件所获得的数值。

2.14

声发射计数率　count rate，acoustic emission

acoustic emission count rate

发射率　emission rate

计数率　count rate

$\dot{N}$

声发射计数发生的时间速率。

2.15

耦合剂　couplant

填充在传感器和试件接触面之间的材料，在声发射监测过程中可改善声能穿过界面的能力。

2.16

分贝幅度　dB_{AE}

以 1 μV 为参照的声发射信号幅度的对数测量。

信号峰值幅度（dB_{AE}）$=20\log_{10}(A_1/A_0)$

式中：

A_0——等于传感器输出 1 μV（在放大之前）；

A_1——是测量的声发射信号的峰值电压。

声发射信号的参考刻度如下：

dB_{AE}值　　　　传感器的输出电压值

0	1 μV
20	10 μV
40	100 μV
60	1 mV
80	10 mV
100	100 mV

2.17

闭塞时间 dead time

instrumentation dead time

数据采集期间,由任何原因引起仪器或系统不能接受新数据的时间间隔。

2.18

累计幅度分布 distribution,amplitude,cumulative(acoustic emission)

cumulative(acoustic emission)amplitude distribution

$F(V)$

以超过任意幅度信号的声发射事件数作为幅度 V 的函数。

2.19

累计过门槛次数分布 distribution,threshold crossing,cumulative(acoustic emission)

cumulative(acoustic emission)threshold crossing distribution

$F_t(V)$

以超过任意门槛声发射信号的次数作为门槛电压 V 的函数。

2.20

微分幅度分布 distribution,differential(acoustic emission)amplitude

differential(acoustic emission)amplitude distribution

$f(V)$

以信号幅度在 V 和 $V+\Delta V$ 之间的声发射事件数作为幅度 V 的函数。$f(V)$是累计幅度分布$F(V)$的导数的绝对值。

2.21

微分过门槛次数分布 distribution,differential(acoustic emission)threshold crossing

differential(acoustic emission)threshold crossing distribution

$f_t(V)$

以峰值在门槛 V 和 $V+\Delta V$ 之间的声发射信号次数作为门槛 V 的函数。$f_t(V)$是累计过门槛次数分布 $F_t(V)$的导数的绝对值。

2.22

对数幅度分布 distribution,logarithmic(acoustic emission)amplitude

logarithmic(acoustic emission)amplitude distribution

$g(V)$

以信号幅度在 V 和 $a(V)$(a 为常数系数)之间的声发射事件数作为幅度的函数。

注:这是微分幅度分布的变形,适用于对数窗口的数据。

2.23

动态范围 dynamic range

在一个系统或传感器中过载电平和最小信号电平(通常由噪声电平、低水平失真、干扰或分辨率水平中的一个或多个因素所决定)间的分贝差。

2.24

有效声速 effective velocity

以人工声发射信号确定的到达时间和距离为基础计算的声速，用于定位计算。

2.25

突发发射 emission，burst

burst emission

对材料中发生一个独立声发射事件有关的分立信号的定性描述。

注：术语“突发发射”仅推荐用于定性描述发射信号的形貌。图1给出了两个不同扫描频率下的突发发射信号的扫描轨迹。

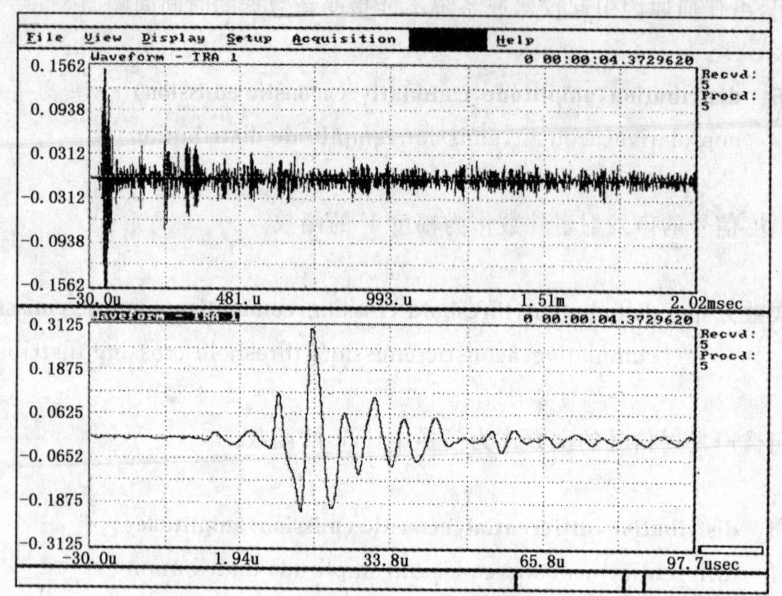

图1 两个不同扫描频率下的同一突发发射信号

2.26

连续发射 emission，continuous

continuous emission

对由声发射事件快速出现而产生的持续信号水平所作的定性描述。

注：术语“连续发射”仅推荐用于定性描述发射信号的形貌。图2给出了两个不同扫描频率下的连续发射信号的扫描轨迹。

2.27

声发射事件能量 energy，acoustic emission event

acoustic emission event energy

声发射事件释放的总的弹性能。

2.28

评价门槛 evaluation threshold

用于检测数据分析的门槛值。

注：推荐系统的数据检测门槛低于评价门槛，出于分析的目的，必须考虑测量数据依赖于系统检测门槛的情况。

2.29

声发射事件 event，acoustic emission（emission event）

acoustic emission event

引起声发射的局部材料变化。

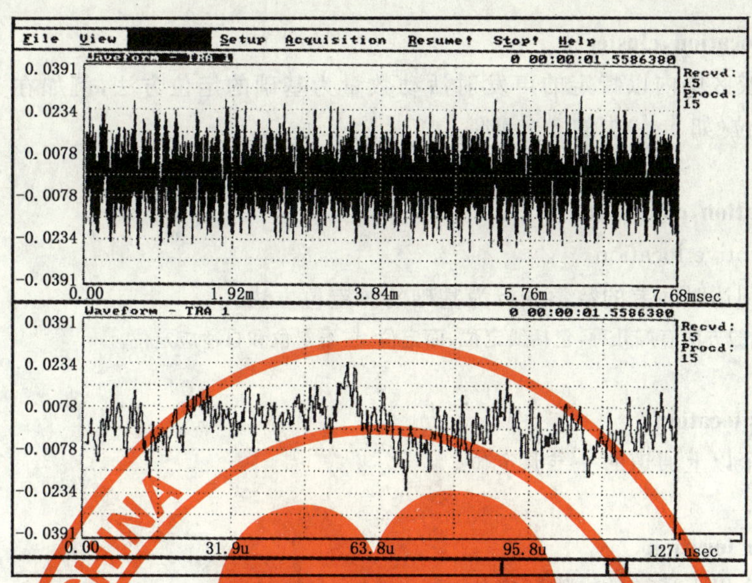

图 2 两个不同扫描频率下的同一连续发射信号

2.30

监测区域 examination area

用声发射监测的结构的部分。

2.31

检测范围 examination region

以声发射技术评价的检测对象的部分。

2.32

费利西蒂效应 Felicity effect

在固定的预置灵敏度水平下，低于上次所加应力水平的情况下出现可探测到声发射的现象。

2.33

费利西蒂比 Felicity ratio

费利西蒂效应出现时的应力与上次所加最大应力之比。

注：固定灵敏度水平通常与上次加载或检测时所用的相同。

2.34

浮动门槛 floating threshold

以输入信号幅度的时间平均测量值建立的任何门槛。

2.35

撞击 hit

超过门槛并引起一个系统通道采集数据的任何信号。

2.36

到达时间间隔 interval，arrival time

arrival time interval

Δt_{ij}

在一个传感器阵列中的第 i 个和第 j 个传感器所探测到的声发射波到达的时间间隔。

2.37

凯塞效应 Kaiser effect

在一固定的灵敏度水平下，在超过先前所施加的应力水平之前不出现可探测到的声发射。

2.38

集中区定位　location,cluster

在特定的长度或区域内以特定的声发射活动数量为基础的定位方法,例如在12个线性单位(如cm)或12个面积单位(如cm^2)中的5个事件。

2.39

计算定位　location,computed

adaptive location

用传感器之间到达时间差的数学分析为基础的源定位方法。

注:用于计算定位的方法有好几种,包括线定位、面定位、三维定位和自适应定位。

2.39.1

线定位　linear location

需要2个或2个以上通道的一维源定位。

2.39.2

面定位　planar location

需要3个或3个以上通道的二维源定位。

2.39.3

三维定位　3-Dlocation

需要5个或5个以上通道的三维源定位。

2.39.4

自适应定位　adaptive location

用计算定位方法进行模拟源重复应用的源定位。

2.40

连续声发射信号定位　location,continuous AE signal

相对于撞击或到达时间差的定位方法,以连续声发射信号为基础的定位方法。

注:这种定位方法被广泛应用于产生连续声发射的泄漏定位。一些常用的连续信号定位方法包括信号衰减方法和相关分析方法。

2.40.1

信号衰减源定位　signal attenuation-based source location

由声发射信号随距离衰减的现象而确定的定位方法;通过监测物体上不同点连续声发射信号的量值,基于最高量值或多个读数的内推或外推方法来确定源的位置。

2.40.2

相关源定位　correlation-based source location

比较围绕声发射源的两个或者多个点上变化的声发射信号水平和确定这些信号的时间位移的源定位方法;由这一时间位移可以使用常规撞击信号定位技术得到源的解。

2.41

源定位　location,source

通过评价声发射数据确定构件上产生声发射源位置的任一方法。

注:常用的几种源定位方法包括区域定位、计算定位和连续信号定位。

2.42

区域定位　location,zone

首次撞击定位　first-hit location

确定声发射源大致区域的某种技术,例如总计数、能量、撞击等。

注:常用区域定位的几种方法包括独立通道区域定位、首次撞击区域定位和到达次序区域定位。

2.42.1

独立通道区域定位　independent channel zone location

比较来自每个通道活动总数的区域定位技术。

2.42.2

首次撞击区域定位　first-hit zone location

在一组通道中仅比较来自首次到达通道活动的区域定位技术。

2.42.3

到达次序区域定位　arrival sequence zone location

比较传感器之间到达次序的区域定位技术。

2.43

定位准确度　location accuracy

声发射源(或模拟声发射源)的实际位置与计算位置的比较。

2.44

过载恢复时间　overload recovery time

由信号幅度超过仪器的线性工作范围引起仪器非线性工作的时间间隔。

2.45

处理能力　processing capacity

在系统必须中断数据采集清除缓存器或准备接受另外的数据之前全速处理的撞击数。

2.46

处理速度　processing speed

在数据传输不中断的情况下,系统连续处理声发射信号的每秒撞击数的持续速率,这一速率是参数设置和激活通道的函数。

2.47

事件计数率　rate,event count

event count rate

$\dot{N}_e$

事件计数的时间速率。

2.48

声发射传感器　sensor,acoustic emission

acoustic emission sensor

声发射换能器　acoustic emission transducer

可将弹性波所产生的质点运动转变成电信号的一种探测器件,通常为压电性的。

2.49

声发射信号　signal,acoustic emission

acoustic emission signal

发射信号　emission signal

通过探测一个或多个声发射事件而获得的电信号。

2.50

声发射信号幅度　signal amplitude,acoustic emission

acoustic emission signal amplitude

由声发射信号的波形所获得的最大振幅的峰值电压。

2.51

信号过载电平　signal overload level

将引起信号失真、器件过热或损坏导致工作中断的电平。

2.52

信号过载点　signal overload point

输出输入比值保持在规定的线性工作范围内的最大输入信号幅度。

2.53

声发射特征　signature, acoustic emission

acoustic emission signature

特征　signature

用特定的仪器系统在规定的检测条件下，所获得的与特定检测对象有关的声发射信号的可再现特征组。

2.54

激励　stimulation

通过对被检件施加力、压力、热等促使声发射源活动。

2.55

系统检测门槛　system examination threshold

探测数据的电子仪器门槛(见评价门槛)。

2.56

声发射换能器　acoustic emission transducers

声发射传感器中的活性元件，通常为压电性的。

2.57

门槛电压　voltage threshold

在信号被识别之上的电子比较器的电压水平。

注：门槛电压可以是操作者可调、固定或自动浮动的。

2.58

声发射波导　waveguide, acoustic emission

acoustic emission waveguide

声发射监测期间将弹性能从构件或其他被检物耦合到安装在远处的传感器的装置。

注：声发射波导的一个例子是采用一个固体线材或棒材一端耦合在被监测的结构上，另一端与传感器耦合。

中文索引

L

M

P

Q

S

英 文 索 引

A

B

C

D

E

F

H

I

K

L

O

P

R

S

T

V

W

ICS 25.220.01
A 29

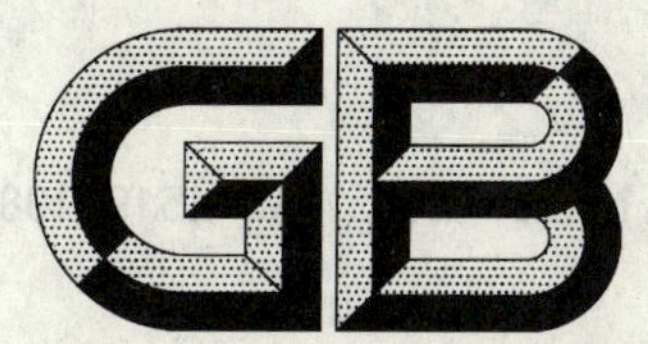

中华人民共和国国家标准

GB/T 12609—2005/ISO 4519:1980
代替 GB/T 12609—1990

电沉积金属覆盖层和相关精饰计数检验抽样程序

Electrodeposited metallic coatings and related finishes—Sampling procedures for inspection by attributes

(ISO 4519:1980,IDT)

2005-10-12 发布　　2006-04-01 实施

中华人民共和国国家质量监督检验检疫总局
中国国家标准化管理委员会　发布

前　言

本标准等同采用 ISO 4519:1980《电沉积金属覆盖层和相关精饰　计数检验抽样程序》(英文版)。

本标准根据 ISO 4519:1980 翻译起草,同时对 ISO 4519:1980 文本中的错误做了如下修改:

——定义 3.10 改为:不合格品百分率=(不合格品数/检验的产品数)×100;

——附录 A.2.1"……批中每第 9、第 19 或第 24 号产品可取作样品"中的"24"改为:"29";

——附录 A.3.2 中"31400"改为"51400"。

为了便于使用,本标准做了下列编辑性修改:

a) "本国际标准"一词改为"本标准";

b) 删除了国际标准的前言;

c) 引用了与国际标准相对应的国家标准。

本标准代替 GB/T 12609—1990《电沉积金属覆盖层和有关精饰　计数抽样检验程序》。与 GB/T 12609—1990 相比,主要变化如下:

——修改了标准的名称;

——增加了相关术语和定义(本标准的第 3 章);

——增加了产品提交的相关内容(本标准的第 4 章);

——增加了可接收性的确定原则(本标准的第 8 章)。

本标准的附录 A 为资料性附录。

本标准由中国机械工业联合会提出。

本标准由全国金属与非金属覆盖层标准化技术委员会(SAC/TC57)归口。

本标准负责起草单位:武汉材料保护研究所。

本标准的主要起草人:张德忠、陈晓帆、王成。

本标准所代替标准的历次版本发布情况为:

——GB/T 12609—1990。

电沉积金属覆盖层和相关精饰
计数检验抽样程序

1 范围

本标准规定了电沉积金属覆盖层的计数检验抽样方案和程序。经供需双方同意,也适用于相关精饰的检验。

本标准的抽样方案适用于(但不限于)最终产品、零件、工艺材料和库存精饰品的检验。本方案主要用于连续批,但也可用于孤立批。然而,本方案对孤立批提供的质量保证低于对连续批提供的保证。

本标准不适用于有电沉积金属覆盖层或经相关精饰的紧固件的抽样和检验。任何情况下,紧固件的检验程序在 GB/T 90.1 中作了规定。

本标准规定的抽样方案以 1.5% 和 4.0% 的接收质量限(AQL)为基础。如果产品规格中已有规定,其它的接收质量限也可使用。

也可根据检验的不同确定其抽样方案。

2 规范性引用文件

下列文件中的条款通过本标准的引用而成为本标准的条款。凡是注日期的引用文件,其随后所有的修改单(不包括勘误的内容)或修订版均不适用于本标准,然而,鼓励根据本标准达成协议的各方研究是否可使用这些文件的最新版本。凡是不注日期的引用文件,其最新版本适用于本标准。

GB/T 90.1 紧固件 验收检验(GB/T 90.1—2002,ISO 3269:2000,IDT)

GB/T 2828.1 计数抽样检验程序 第1部分:按接收质量限(AQL)检索的逐批检验抽样计划(GB/T 2828.1—2003,ISO 2859-1:1999,IDT)

GB/T 3358.1 统计学术语 第1部分:一般统计学术语(neq ISO 3534-1)

GB/T 3358.2 统计学术语 第2部分:统计质量控制术语(neq ISO 3534-2)

3 术语和定义

GB/T 3358.1、GB/T 3358.2 中确立的以及下列术语和定义适用于本标准。

注:下列某些定义与 GB/T 3358.1、GB/T 3358.2 不尽相同。但经过修改后,非统计人员更易理解,从而更易于在电镀领域使用。

3.1

检验 inspection

通过测量、检查、试验或其他方法,将单位产品(见 3.4)与质量要求进行对比的过程。

3.2

特性 attribute

根据某一给定的要求,以存在或不存在(例如:有或没有)来判定的特征或性能。

3.3

计数检验 inspection by attribute(s)

根据某一个或多个给定的要求,将单位产品简单地分为合格品和不合格品,或将单位产品中的缺陷进行计数的检验。

3.4

单位产品 unit of product

按合格品和不合格品确定其分类，或计算缺陷数量的检验对象。它可以是单件产品、一对产品、一套产品，也可以是一定长度、一定面积、一定操作、一定体积的最终产品或最终产品的一个部件。单位产品与采购、销售、生产或装运的单位产品可以相同，也可以不同。

3.5

接收数 acceptance number

检验批中允许接收的样本的最大缺陷数或最大不合格品数。

3.6

拒收数 rejection number

检验批中被拒收的样本的最低缺陷数或最小不合格品数。

3.7

检验批 inspection lot

由同一供方在同一时间或大约同一时间内，按同一规范在基本一致的条件下生产的，并按同一质量要求提交作接收或拒收检验的同一类型的一组镀覆产品。

3.8 缺陷和不合格品的分类

3.8.1 缺陷的分类方法

缺陷就是单位产品不符合规定要求的任何差异。

根据缺陷的严重程度，对单位产品可能存在的缺陷进行分类。通常把缺陷分为下列一个或多个级别；然而，缺陷也可分为其他等级或在这些等级内再细分等级。

3.8.1.1

致命缺陷 critical defect

根据判断和经验，对使用、维护产品或与此有关的人员可能造成危害或不安全状况的有电沉积金属覆盖层或相关精饰的单位产品的某种缺陷；或可能损坏重要的最终产品的基本功能的覆盖层的某种缺陷。

3.8.1.2

严重缺陷 majoy defect

一种可能会造成精饰损坏或明显降低单位产品预期的使用效果的非致命缺陷。

3.8.1.3

轻微缺陷 minor defect

不会明显降低产品预期的使用效果的缺陷，或偏离标准但只轻微或不影响有电沉积金属覆盖层或相关精饰产品的有效使用或操作的缺陷。

注：致命缺陷的检测要求对批中的每个单位产品作非破坏性检验。本标准将不符合有电沉积覆盖层和相关精饰单位产品规定要求的所有缺陷视为严重缺陷，如需方已规定，本标准规定的每一百件产品的最多缺陷数或不合格品的最高百分数可以增加，以便轻微缺陷的抽样检验。

3.8.2 不合格品的分类方法

不合格品是包含一个或多个缺陷的单位产品。

不合格品通常分类如下：

3.8.2.1

致命不合格品 critical defective

包含一个或多个致命缺陷，可能包含严重缺陷和(或)轻微缺陷的一种不合格品。

3.8.2.2

严重不合格品 major defective

包含一个或多个严重缺陷，可能包含轻微缺陷但不包含致命缺陷的一种不合格品。

3.8.2.3

轻微不合格品 minor defective

包含一个或多个轻微缺陷，但不包含致命缺陷和严重缺陷的一种不合格品。

3.9

不合格的表示 expression of non-conformance

产品不合格的程度可用不合格品的百分率表示，也可用每百件的缺陷数表示。

3.10

不合格品的百分率 percent defective

不合格品数除以检验的产品数，乘以100，即：

$$不合格品百分率=\frac{不合格品数}{检验的产品数}\times 100$$

4 产品提交

4.1 批

检验批应是单位产品的一种集合，从此集合中随机抽取样本，检查样本以确定其与验收标准的符合性。批可以不同于其他用途的产品集合，如：生产批、装运批和储存批。

4.2 批的组成

产品应汇集成可识别的批、分批，或按规定的方式形成集合(见6.3)。就实用性而言，每一批都应由基体成份相同的单位产品或单独试样组成，并且这些产品或试样具有同一型号、等级或类别的覆盖层(或精饰)，尺寸和形状大致相同，在基本相同的条件下和基本相同的时间内加工而成(见7.2.2)。

4.3 批量

批量是批的单位产品的数量。

4.4 批的提交

除非需方在合同或订单中有规定，否则批的组成、批量以及批的提交和识别方式都由供方指明。

5 接收和拒收

5.1 试验的职责

除非合同或订单中另有规定，否则供方应负责完成符合规定要求的试验，并且供方可以使用自己的或者其它适用于检验所要求的性能的试验设备。为确保电沉积金属覆盖层或相关精饰符合规定要求，当需方认为必要时，有权要求按相关文件作详细的检验。试验结果报告从需方接收产品之日起一年内备查。当合同或订单中有要求时，供方应提供试验细节和试验报告的副本。

5.2 批的接收

批的接收应由采用的抽样方案确定。

5.3 不合格品

需方有权拒收检验时发现的有缺陷的单位产品，不管它是否构成样本的一部分，也不管整个批被接收或拒收。经需方认可，拒收的产品可按规定的方式进行修复或校正后再提交检验。

按照负责的权威机构的意见，可以要求检验送检批中每个单位产品的致命缺陷。需方保留就致命缺陷对供方提交的每个单位产品进行检验的权利，当发现致命缺陷时可立即拒收该批；同样保留就致命缺陷对供方提交的每一批产品进行抽样的权利，如果从某批抽取的样本中发现一个或多个致命缺陷，则拒收该批。

5.4 再提交批

拒收批只有在所有产品重新检测或试验，且剔除所有不合格品或修正缺陷后，方可再次提交重新检验。需方应声明重新检验是否包括缺陷的所有类型和等级，或只检验引起最初拒收的特殊类型和等级。

6 样本的选择(抽样)

6.1 样本

样本应由提交检验的不考虑其质量的批中随意抽取的一个或多个单位产品组成。样本中单位产品的数量称为样本量。随机的样本既不有意将不合格品纳入,也不应有意将其排除。选取样本时,供方应标记已观察到的不合格品,以便检查完成后对其报废或返工。

6.2 代表性抽样

适当时,通过某一合理的标准确定的样本量应按比例从分批量或部分批量中选择。若采用代表性抽样,则应随意选取批的每一部分的单位产品。(见附录 A.3)

6.3 批量

供需双方应以相互方便又兼顾生产过程性质的原则协商确定批量。就检验费用而言,大批量有利,因为样本在批中只占较小比例,并且提高了鉴别力。然而,在妨碍生产流程的情况下,不应形成大批,较小批逐个取样,可维持生产流程。如有质量问题,不应将小批混合。批应由在基本相同条件下生产的单位产品组成。

6.4 抽样时间

样本可在组成检查批之后抽取,也可在批的形成过程中抽取。

7 抽样方案

7.1 抽样方案

抽样方案应给出每个检查批的单位产品的数量(样本量或样本量系列)和决定批的合格判断标准(接收数和拒收数)。除非需方另有规定,否则抽样方案应认为是正常检验程序,并应从检验开始时实施。

7.2 抽样方案的类型

表 1、表 2 和表 3 给出了正常检验的三种抽样方案。

7.2.1 目视检查、尺寸检验和所有非破坏性试验的抽样

对非滚镀的单位产品,目视检查、尺寸偏差检测、非破坏性厚度试验及其他非破性方法的抽样均应按表 1 实施;对滚镀的单位产品,其抽样应按表 2 的方案进行。除非能证明确有必要,否则单独制备的样品不能代替生产产品作非破坏性测试和试验。

7.2.2 所有破坏性试验的抽样

对每种破坏性试验,如氢脆、结合力、耐蚀性、可钎焊性等的抽样都应按表 3 进行。如果电镀件或涂覆产品由于诸如类型、形状、尺寸或价值而不能采用破坏性试验或不便于合同、订单、采用标准中规定的试验,或要求对小批作破坏性试验时,其试验取样应允许采用与其所代表的产品同时加工的单独试样,并符合订单或 4.2 中的规定。除非能证明确有必要,否则在厚度的测量中不应采用单独制备的试样代替生产产品。

7.2.3 替代的抽样方案

如果合同或订单中规定了替代的抽样方案,可用其替代表 1、表 2 和表 3 中的方案。除了这里详述的方案外,还有大量不同类型的抽样方案,并且在许多情况下,很多替代的抽样方案可用于电沉积金属覆盖层和相关精饰的特殊情况。特殊类型的替代抽样方案的选择并不容易,因为其选择实际上要基于下列各因素:

a) 抽样方案的特性;

b) 抽样方案实施的难易;

c) 提供的保证;

d) 要求检验的数量;

e) 检验的费用。

除适当考虑以上因素外,也应考虑到某一类型产品所采用的抽样方案对于另一类型产品不一定是最好的。此外,供方以往的经历在选择替代的抽样方案方面起着重要作用。

7.2.4 转移规则

检验开始时,批的接收或拒收应符合表1、表2和表3相应的抽样方案。发现某些批不能验收而拒收时,应按5.4做出正确的补救处理后,作为连续批再取样和检验。在连续系列批中,如果5个连续批中有2批被拒收,抽样应按如下转换:

1) 原用表1的转到表4;

2) 原用表2的转到表5;

3) 原用表3的转为样本量为20,接收数为1,拒绝数为2。

此时的检验称为加严检验。若加严检验强制性实施,结果5个连续批通过加严检验,则可以重新恢复正常检验程序(表1、表2和表3所示)。然而,若连续10批停留加严检验并未能达到符合恢复正常检验要求,则在改进产品质量以前,应停止本标准所规定的检验。

7.2.5 孤立批

表1～表5中的抽样方案用于一段时间内的连续批系列,并由转移规则提供保证。若这些表用于检验孤立批,则存在一定的接收风险(或需方风险),即需方可能接收较低质量的批。如果选择了一接收风险值,则存在一个与给定的接收质量限(AQL)相应的极限质量(LQ)。

表6列出了10%接收风险下,相应于本标准所用的两种接收质量限(AQL)的极限质量(LQ)。极限质量(LQ)往往大于接收质量限(AQL),对于小样本,极限质量(LQ)就更大一些。若某孤立批在10%接收风险下,所要求的极限质量(LQ)比表1或表2中所示的样本量相应的极限质量(LQ)值低,则可按选择的极限质量从表6中选择较大的样本量。表1或表2给出样本量相应的接收数和拒收数,此时不考虑这些表中的批量。

8 可接收性的确定

8.1 不合格品百分率检验

采用不合格品百分率检验时,为了确定批的可接收性,应该采用8.2中的一次抽样方案。

8.2 一次抽样方案

被检验的样品数应等于方案中给出的样本量。如果发现样本中的不合格品数等于或小于接收数,则认为该批可接收;如果不合格品数等于或大于拒收数,则应拒收该批。

8.3 孤立批

表1～表5给出的样本量、接收数和拒收数,对达到质量要求的孤立批提供的保证与对连续批提供的保证并不相同(见表6)。

表1 非滚镀件的抽样[a]

(非破坏性试验)

批中单位产品的数量(批量)	试验单位产品的数量(样本量)	接收批的不合格的最大数(接收数)	拒收批的不合格品的最小数(拒收数)
91～280[b]	32	1	2
281～500	50	2	3
501～1 200	80	3	4
1 201～3 200	125	5	6
3 201～10 000	200	7	8
10 001及以上	315	10	11

a 根据GB/T 2828.1,水平Ⅱ,接收质量限1.5%,一次抽样,正常检验;

b 批量低于91时,不应采用本表节录的规范。适用于较小批量的其他方案见GB/T 2828.1。

表 2 滚镀件的的抽样[a]

（非破坏性试验）

批中单位产品的数量（批量）	试验单位产品的数量（样本量）	接收批的不合格品的最大数（接收数）	拒收批的不合格品的最小数（拒收数）
151～500[b]	13	1	2
501～1200	20	2	3
1201～10 000	32	3	4
10001 及以上	50	5	6

a 根据 GB/T 2828.1，水平 S-4，接收质量限 4.0%，一次抽样，正常检验；

b 不适用于批量低于 151 的抽样。

表 3 破坏性试验（结合力、氢脆、耐蚀性等）的抽样[a]

项目	数值
批中单位产品的数量[b]（批量）	≥151
试验单位产品的数量（样本量）	8[c]
接收批的不合格品的最大数（接收数）	0
拒收批的不合格品的最小数（拒收数）	1

a 根据 GB/T 2828.1，水平Ⅱ，接收质量限 1.5%，一次抽样，加严检验；

b 不适用于批量低于 151 的抽样；

c 鉴于破坏性试验，样本量应尽量小，并符合接收质量限 1.5%，但这样会有 10%的概率（需方风险）接收有 25%的不合格品的批。

表 4 非滚镀件连续批的加严检验的抽样[a]

（非破坏性试验）

批中单位产品的数量（批量）	试验单位产品的数量（样本量）	接收批的不合格品的最大数（接收数）	拒收批的不合格品的最小数（拒收数）
91～500[b]	32	1	2
501～1 200	80	2	3
1 201～3 200	125	3	4
3 201～10 000	200	5	6
10 001 及以上	315	8	9

a 根据 GB/T 2828.1，水平Ⅱ，接收质量限 1.5%，一次抽样，加严检验；

b 不适用于批量低于 91 的抽样。

表 5 滚镀件连续批的加严检验的抽样(见 7.2.4)[a]

(非破坏性试验)

批中单位产品的数量(批量)	试验单位产品的数量(样本量)	接收批的不合格品的最大数(接收数)	拒收批的不合格品的最小数(拒收数)
151～1 200[b]	20	1	2
1 201～10 000	32	2	3
10 001 及以上	50	3	4

a 根据 GB/T 2828.1,水平 S-4,接收质量限 4.0%,一次抽样,加严检验;

b 不适用于批量低于 151 的抽样。

表 6 孤立批的极限质量[a]

样本量	对于给定的接收质量限,需方风险为 10%的极限质量	
	AQL=1.5%	AQL=4.0%
8[b]	25%	≈35%
13	—	27%
20	—	25%
32	12%	20%
50	10%	18%
80	8%	14%
125	7%	12%
200	6%	10%
315	5%	9%

a 以 GB/T 2828.1 的 *OC* 曲线为基础;

b 样本量为 8 的抽样方案只适用于破坏性试验。

注:本表的含义是,如果将质量为 LQ 值的批提交,那么可接收该批的机率为 10%。

表 1～表 5 的抽样方案是以连续批的一系列试验为基础的。对于孤立批的检查,存在一定的概率(需方风险),即可能接收质量(极限质量)低于要求的接收质量限的批。对表 1～表 5 中采用的两种接收质量限和各样本量,表 6 给出了需方风险为 10%时的极限质量。

附 录 A
（资料性附录）
抽 样

A.1 随机抽样

A.1.1 抽样

如果批中的单位产品已经彻底混合、分类或整理而无质量偏差时，则从批中任何地方抽出的样本将符合随机性的要求。然而，混合产品经常不切实际，以分层堆放的产品为例，全部样本仅从整个产品的顶层抽取，则将造成明显的偏差。应避免抽样的其他偏差，如：抽取的产品来自于电镀架具的同一位置，或在使用多个电镀槽时选择出于同一个电镀槽的产品，或选择看起来似乎有缺陷或无缺陷的产品。

A.1.2 随机数的选择

随机数可从有关统计学书中的随机数表选取。由于工厂通常不具备这些书，本附录提供了一个随机数表，即表 A.2。使用随机数表时，批中每一单位产品必须清楚地标上不同的数码。这可以通过将产品放置在架子或盘中来实现，架子上的各行各列都有明显的编号。如果产品上已有顺序号，则可利用这些顺序号。

A.1.3 举例

假设要从编号 1 到 80 的 80 个电镀产品的检验批中选择 13 个产品，从表 A.2 中选取随机数的方法之一是：将铅笔随便地点到表中的某一数字上，并从这点开始读数；抛一个硬币决定向哪一方向读数，正面向上读，反面向下读。设铅笔落在第 11 行第 10 列且硬币反面向上，因此由此列向下读，且只取每个 5 位数的前 2 位。随机数的选取按如下方法进行：去掉数字 85，因为它超过 80；再去掉第二个数字 06，因为它已经出现了一次。样本由 31、20、8、26、53、65、64、46、22、6、41、67 和 14 号产品组成。

A.2 等距抽样

A.2.1 抽样

当单位产品排列顺序与质量无关时（例如放在盘中的产品），可采用等距的方法抽取样本。按此方法，取作样品的产品之间保持固定间隔。于是，一个按序编号的批中每第 9、第 19 或第 29 号产品可取作样品。从批中抽取的第一个产品由随机数表确定，所有其他产品随第一个产品之后按固定间隔抽取。固定间隔的数值由批量除以样本量确定。

A.2.2 举例

假设一 8 000 个产品的检查批，须作起泡、针孔、麻点、锈点及其他缺陷的目视检验。根据表 1，要抽取 200 个样品，固定间隔是 40。第一步是从表 A.2 或以其他适当的方法选取 1 到 40 之间的一个随机数。在选取第一个样品后，所需的其他样品从批中每隔 40 抽取一件，一直到总样品数达到 200 个为止。

A.3 分层抽样（分批抽样）

A.3.1 抽样

在特定的条件下，可能有必要将批分为分批，以得到批的特殊部分或分层信息。把批分为分层的分批，需要有相当丰富的关于产品特征的知识和判断。将每一分批看作孤立批进行抽样，然后，作出每一分批的产品质量的接收和拒收的统计学决定。

A.3.2 举例

假设要目视检验来自 5 种不同分批的 51 400 个机械镀件所组成的检查批。所有产品都是在同一生产班组期间不同机器上加工出来的、尺寸和形状相同的同样材料的镀镉件。抽样检查是用于确定每批产品的接收或拒收。每一批的分批量或相关的样本量如表 A.1。

表 A.1 分批抽样的分批量和样本量

批 数	分批量	样本量
1	9 000	200
2	9 500	200
3	6 800	200
4	17 100	315
5	9 000	200
总数	51 400	1 115

表 A.2 随机数表

行	列													
	1	2	3	4	5	6	7	8	9	10	11	12	13	14
1	10480	15011	01536	02011	81647	91646	69179	14194	62590	36207	20969	99570	91291	90700
2	22368	46573	25595	85393	30995	89198	27982	53402	93965	34095	52666	19174	39615	99505
3	24130	48360	22527	97265	76393	64809	15179	24830	49340	32081	30680	19655	63348	58629
4	42167	93093	06243	61680	07856	16376	39440	53557	71341	57004	00849	74917	97758	16379
5	37570	39975	81837	16656	06121	91782	60468	81305	49684	60672	14110	06927	01263	54613
6	77921	06907	11008	42751	27756	53498	18602	70659	90655	15053	21916	81825	44394	42880
7	99562	72905	56420	69994	98872	31016	71194	18738	44013	48840	63213	21069	10634	12952
8	96301	91977	05463	07972	18876	20922	94595	56869	69014	60045	18425	84903	42508	32307
9	89579	14342	63661	10281	17453	18103	57740	84378	25331	12566	58678	44947	05585	56941
10	85475	36857	53342	53988	53060	59533	38867	62300	08158	17983	16439	11458	18593	64952
11	28918	69578	88231	33276	70997	79936	56865	05859	90106	31595	01547	85590	91610	78188
12	63553	40961	48235	03427	49626	69445	18663	72695	52180	20847	12234	90511	33703	90322
13	09429	93969	52636	92737	88974	33488	36320	17617	30015	08272	84115	27156	30613	74952
14	10365	61129	87529	85689	48237	52267	67689	93394	01511	26358	85104	20285	29975	89868
15	07119	97336	71048	08178	77233	13916	47564	81056	97735	85977	29372	74461	28551	90707
16	51085	12765	51821	51259	77452	16308	60756	92144	49442	53900	70960	63990	75601	40719
17	02368	21382	52404	60268	89368	19885	55322	44819	01188	65255	64835	44919	05944	55157
18	01011	54092	33362	94904	31273	04146	18594	29852	71585	85030	51132	01915	92747	64951
19	52162	53916	46369	58586	23216	14513	83149	98736	23495	64350	94738	17752	35156	35749
20	07056	97628	33787	09998	42698	06691	76988	13602	51851	46104	88916	19509	25625	58104
21	48663	91245	85828	14346	09172	30168	90229	04734	59193	22178	30421	61666	99904	32812
22	54164	58492	22421	74103	47070	25306	76468	26384	58151	06646	21524	15227	96909	44592
23	32639	32363	05597	24200	13363	38005	94342	28728	35806	06912	17012	64161	18296	22851
24	29334	27001	87637	87308	58731	00256	45834	15398	46557	41135	10367	07684	36188	18510
25	02488	33062	28834	07351	19731	92420	60952	61280	50001	67658	32586	86679	50720	94953
26	81525	72295	04839	96423	24878	82651	66566	14778	76797	14780	13300	87074	79666	95725
27	29676	20591	68086	26432	46901	20849	89768	81536	86645	12659	92259	57102	80428	25280
28	00742	57392	39064	66432	84673	40027	32832	61362	98947	96067	64760	64584	96096	98253
29	05366	04213	25669	26422	44407	44048	37937	63904	45766	66134	75470	66520	34693	90449
30	91921	26418	64117	94305	26766	25940	39972	22209	71500	64568	91402	42416	07844	69618

表 A.2（续）

行	列													
	1	2	3	4	5	6	7	8	9	10	11	12	13	14
31	00582	04711	87917	77341	42206	35126	74087	99547	81817	42607	43808	76655	62028	76630
32	00725	69884	62797	56170	86324	88072	76222	36086	84637	93161	76038	65855	77919	88006
33	69011	65795	95876	55293	18988	27354	26575	08625	40801	59920	29841	80150	12777	48501
34	25976	57948	29888	88604	67917	48708	18912	82271	65424	69774	33611	54262	85963	03547
35	09763	83473	73577	12908	30883	18317	28290	35797	05998	41688	34952	37888	38917	88050
36	91567	42595	27958	30134	04024	86385	29880	99730	55536	84855	29080	09250	79656	73211
37	17955	56349	90999	49127	20044	59931	06115	20542	18059	02008	73708	83517	36103	42791
38	46503	18584	18845	49618	02304	51038	20655	58727	28168	15475	56942	53389	20562	87338
39	92157	80634	94824	78171	84610	82834	09922	25417	44137	48413	25555	21246	35509	20468
40	14677	62765	35005	81263	39667	47358	56873	56307	61607	49518	89656	20103	77490	18062
41	98427	07523	33362	64270	01638	92477	66969	98420	04880	45585	46565	04102	46880	45709
42	34914	63976	88720	82765	34476	17032	87589	40836	32427	70002	70663	88863	77775	69348
43	70060	28277	39475	46473	23219	53416	94970	25832	69975	94884	19661	72828	00102	66794
44	53976	54914	06990	67245	68350	82948	11398	42878	80287	88267	47363	46634	06541	97809
45	76072	29515	40980	07391	58745	25774	22987	80059	39911	96189	41151	14222	60697	59583
46	90725	52210	83974	29992	65831	38857	50490	83765	55657	14361	31720	57375	56228	41546
47	64364	67412	33339	31926	14883	24413	59744	92351	97473	89286	35931	04110	23726	51900
48	08962	00358	31662	25388	61642	31072	81249	35648	56891	69352	48373	45578	78547	81788
49	95012	68379	93526	70765	10592	04542	76463	54328	02349	17247	28865	14777	62730	92277
50	15664	10493	20492	38391	91132	21999	59516	81652	27195	48223	46751	22923	32261	85653
51	16408	81899	04153	53381	79401	21438	83035	92350	36693	31238	59649	91754	72772	02338
52	18629	81953	05520	91962	04739	13092	97662	24822	94730	06496	35090	04822	86774	98289
53	73115	35101	47498	87637	99016	71060	88824	71013	18735	20286	23153	72924	35165	43040
54	57491	16703	23167	49323	45021	33132	12544	41035	80780	45393	44812	12515	98931	91202
55	30405	83946	23792	14422	15059	45799	22716	19792	09983	74353	68668	30429	70735	25499
56	16631	35006	85900	98275	32388	52390	16815	69298	82732	38480	73817	32523	41961	44437
57	96773	20206	42559	78985	05300	22164	24369	54224	35083	19687	11052	91491	60383	19746
58	38935	64202	14349	82674	66523	44133	00697	35552	35970	19124	63318	29686	03387	59846
59	31624	76384	17403	53363	44167	64486	64758	75366	76554	31601	12614	33072	60332	92325
60	78919	19474	23632	27889	47914	02584	37680	20801	72152	39339	34806	08930	85001	87820
61	03931	33309	57047	74211	63445	17361	62825	39908	05607	91284	68833	25570	38818	46920
62	74426	33278	43972	10119	89917	15665	52872	73823	73144	88662	88970	74492	51805	99378
63	09066	00903	20795	95452	92648	45454	09552	88815	16553	51125	79375	97596	16296	66092
64	42238	12426	87025	14267	20979	04508	64535	31355	86064	29472	47689	05974	52468	16834
65	16153	08002	26504	41744	81959	65642	74240	56302	00033	67107	77510	70625	28725	34191
66	21457	40742	29820	96783	29400	21840	15035	34537	33310	06116	95240	15957	16572	06004
67	21581	57802	02050	89728	17937	37621	47075	42080	97403	48626	68995	43805	33386	21597
68	55612	78095	83197	33732	05810	24813	86902	60397	16489	03264	88525	42786	05269	92532

表 A.2（续）

行	列													
	1	2	3	4	5	6	7	8	9	10	11	12	13	14
69	44657	66999	99324	51281	84463	60563	79312	93454	68876	25471	93911	25650	12682	73572
70	91340	84979	46949	81973	37949	61023	43997	15263	80644	43942	89203	71795	99533	50501
71	91227	21199	31935	27022	84067	05462	35216	14486	29891	68607	41867	14951	91696	85065
72	50001	38140	66321	19924	72163	09538	12151	06878	91903	18749	34405	56087	82790	70925
73	65390	05224	72958	28609	81406	39147	25549	48542	42627	45233	57202	94617	23772	07896
74	27504	96131	83944	41575	10573	08619	64482	73923	36152	05184	94142	25299	84387	34925
75	37169	94851	39117	89632	00959	16487	65536	49071	39782	17095	02330	73401	00275	48280
76	11508	70225	51111	38351	19444	66499	71945	05422	13442	78675	84081	66938	93654	59894
77	37449	30362	06694	54690	04052	53115	62757	95348	78662	11163	81651	50245	34971	52924
78	46515	70331	85922	38329	57015	15765	97161	17869	45349	61796	66345	81073	49106	79860
79	30986	81223	42416	58353	21532	30502	32305	86482	05174	07901	54339	58861	74818	46942
80	63798	64995	46583	09785	44160	78128	83991	42865	92520	83531	80377	35909	81250	54238
81	82486	84846	99254	67632	43218	50076	21361	64816	51202	88124	41870	52689	51275	83556
82	21885	32906	92431	09060	64297	51674	64126	62570	26123	05155	59194	52799	28225	85762
83	60336	98782	07408	53458	13564	59089	26445	29789	85205	41001	12535	12133	14645	23541
84	43937	46891	24010	25560	86355	33941	25786	54990	71899	15475	95434	98227	21824	19585
85	97656	63175	89303	16275	07100	92063	21942	18611	47348	20203	18534	03862	78095	50136
86	03299	01221	05418	38982	55758	92237	26759	86367	21216	98442	08303	56613	91511	75928
87	79626	06486	03574	17668	07785	76020	79924	25651	83325	88428	85076	72811	22717	50585
88	85636	68335	47539	03129	65651	11977	02510	26113	99447	88645	34327	15152	55230	93448
89	18039	14367	61337	06177	12143	46609	32989	74014	64708	00533	35398	58408	13261	47908
90	08362	15656	60627	36478	65648	16764	53412	09013	07832	41574	17639	82163	60859	75567
91	79556	29068	04142	16268	15387	12856	66227	38358	22478	73373	88732	09443	82558	05250
92	92608	82674	27072	32534	17075	27698	98204	63863	11951	34648	88022	56148	34925	57031
93	23982	25835	40055	67006	12293	02753	14827	23235	35071	99704	37543	11601	35503	85171
94	09915	96306	05908	97901	28395	14186	00821	80703	70426	75647	76310	88717	37890	40129
95	59037	33300	26695	62247	69927	76123	50842	43834	86654	70959	79725	93872	28117	19233
96	42488	78077	69882	61657	34136	79180	97526	43092	04098	73531	80799	76536	71255	64239
97	46764	86273	63003	93017	31204	36692	40202	35275	57306	55543	53203	18098	47625	88684
98	03237	45430	55417	63282	90816	17349	88298	90183	36600	78406	06216	95787	42579	90730
99	86591	81482	52667	61582	14972	90053	89534	76036	49199	43716	97548	04379	46370	28672
100	38534	01715	94964	87288	65680	43772	39560	12918	86537	62738	19636	51132	25739	56947

ICS 25.220.20
A 29

中华人民共和国国家标准

GB/T 12612—2005
代替 GB/T 12612—1990

多功能钢铁表面处理液通用技术条件

General specification for multifunctional solution of iron and steel surface treatment

2005-06-23 发布

2005-12-01 实施

中华人民共和国国家质量监督检验检疫总局
中国国家标准化管理委员会 发布

前　言

本标准代替 GB/T 12612—1990《多功能钢铁表面处理液通用技术条件》，本次修订主要技术内容有如下改变：

——增加了前言部分；

——修改了第 1 章的标题；

——删除原标准中的图示部分；

——删除原标准中的 5.3.5.3、6.3.6.2；

——删除原标准中的 6.3.2.1 和 6.3.2.2 的部分内容，将其内容合并于 6.3.2；

——删除原标准中的 7.2；

——修改了原标准中的 4.3、5.3.5.1 部分；

——增加了 7.1.1、7.1.2、7.1.3、7.1.4、7.1.5、7.1.6 部分；

——增加了 3.3、C.3。

本标准的附录 A、附录 B 是规范性附录，附录 C 是资料性附录。

本标准由中国机械工业联合会提出。

本标准由全国金属与非金属覆盖层标准化技术委员会归口。

本标准负责起草单位：陕西核工业地质局、武汉材料保护研究所、西安交通大学、铁道部青岛四方机车车辆厂。

本标准主要修订起草人：唐林、谭宪林、刘俊峰、郑岷、叶法军、米德伟、张天鹏、韩琳。

本标准所代替标准的历次版本发布情况为：

——GB/T 12612—1990。

多功能钢铁表面处理液通用技术条件

1 范围

本标准规定了以磷酸和磷酸盐为主要成分添加其他助剂组成的多功能钢铁表面处理液(以下简称处理液)的分类、技术要求、检验方法及检验规则。

本标准适用于钢铁工件一般涂装前表面综合处理的处理液产品,包括浓缩液和工作液。

2 规范性引用文件

下列文件中的条款通过本标准的引用而成为本标准的条款。凡是注日期的引用文件,其随后所有的修改单(不包括勘误的内容)或修订版均不适用于本标准,然而,鼓励根据本标准达成协议的各方研究是否可使用这些文件的最新版本。凡是不注日期的引用文件,其最新版本适用于本标准。

GB/T 601 化学试剂 标准溶液配制方法

GB/T 1720 漆膜附着力测定法

GB/T 1727 漆膜一般制备法

GB/T 1771 漆膜耐盐雾测定法(eqv ISO 7253)

GB/T 6463—2005 金属和其他无机覆盖层 厚度测量方法评述(ISO 3882:2003,IDT)

GB/T 6807—2001 钢铁工件涂装前磷化处理技术条件

3 术语和定义

3.1 多功能

除油、除锈、磷化、钝化四个功能或其中含磷化功能的三个功能。

3.2 工作液

实际使用时的液体。

3.3 处理液

对钢铁表面具有磷化处理功能的液体。

4 分类

4.1 按功能分

除油、除锈、磷化、钝化四功能处理液,或称四合一处理液;

除油、除锈、磷化三功能处理液,或称除油、除锈、磷化三合一处理液;

除油、磷化、钝化三功能处理液,或称除油、磷化、钝化三合一处理液;

除锈、磷化、钝化三功能处理液,或称除锈、磷化、钝化三合一处理液。

4.2 处理液按除锈能力分

可除重锈和一般氧化皮的处理液;

可除浮锈、轻锈和中锈的处理液。

4.3 处理液按使用温度分

常温处理(使用温度 15℃～35℃);

中温处理(使用温度 45℃～65℃)。

注:少数情况下,使用温度也有在 35℃～45℃之间或 65℃以上使用的处理液,一般称之为低温处理液或高温处理液。

4.4 处理液按出厂状态分

工作液；

浓缩液。

5 技术要求

5.1 外观要求

处理液应为均匀的透明液体，无明显沉淀物和絮状物，无强刺激性气味。

5.2 理化性能

处理液理化性能主要技术指标为：pH 值、总酸度（点）、游离酸度（点）和密度。各类处理液均应明确规定主要技术指标，出厂产品应符合该指标的要求。

5.3 使用性能

5.3.1 除锈能力

经目测，试片表面无锈蚀物即可，或由供需双方商定指标。原始锈蚀状况的评定参照附录C。

5.3.2 除油能力

经处理后的试片，水洗后目视 5 s 水膜应连续、不破裂。

5.3.3 磷化膜表观质量

5.3.3.1 处理后的工件表面应形成均匀灰色、黑色或彩虹色磷化膜。

5.3.3.2 处理后的工件具有下列情况或其中之一时，均为允许缺陷：

a) 轻微水迹、擦白及轻微挂灰现象；

b) 由于局部热处理、焊接以及加工状态的不同而造成颜色和结晶不均匀；

c) 焊缝处无磷化膜；

d) 除去锈蚀处与整体色泽不一致。

5.3.3.3 处理后的工件表面有下列情况之一时，为不允许缺陷：

a) 表面有残留油膜；

b) 疏松的磷化膜层；

c) 锈蚀未除净，或重新出现锈蚀或绿斑；

d) 局部无磷化膜（焊缝处除外）；

e) 表面出现手指轻抹可抹掉的挂灰。

5.3.4 磷化膜面密度

处理后的试片磷化膜面密度一般应为 0.2 g/m^2～4.5 g/m^2；作为涂装打底用时，不应大于 7.5 g/m^2。

5.3.5 磷化膜耐蚀性能

经处理干燥后的试片，存放在相对湿度不大于 70%、无腐蚀气体的室温条件下，防锈期不应少于 7 d。

5.3.6 漆膜配套性能

5.3.6.1 漆膜耐蚀性能

按 6.3.7 中规定的方法检验，经 8h 耐盐雾试验后（见 GB/T 1771），除划痕部位任何一侧 0.5 mm 内，漆膜应无起泡、脱落、锈蚀等现象。

5.3.6.2 漆膜附着力

按 GB/T 1720 中规定的划圈法检验，附着力不应低于 2 级。

5.4 贮存性能

产品在环境温度为（－30～＋40）℃包装良好的存放条件下，自生产之日起有效期为一年。超过贮存期，应按本标准规定逐项进行检验，合格品仍可使用。

6 检验方法

6.1 处理液外观检查

在自然光或混合照明条件下，用目视检查有无沉淀或絮状物。天然光照度要求不小于 100 lx，采光系数最低值为 2%；混合照明的光照度要求不小于 500 lx。

6.2 处理液理化性能测定

6.2.1 pH 值

用精密 pH 试纸或 pH 计测定。

6.2.2 总酸度和游离酸度测定

按附录 A 进行。

6.2.3 密度

在 20℃±1℃条件下，用密度计测定。

6.3 处理液使用性能测定方法

6.3.1 试片制备

6.3.1.1 锈蚀试片

选用 50 mm×100 mm×1 mm 不同锈蚀状且与工件材质相同的试片，试片锈蚀状况的评定参照附录 C。

6.3.1.2 涂油锈蚀试片

选用 6.3.1.1 规定的锈蚀试片，浸涂 30 号机油（室温下挂油量约为 1.2 mg/cm^2）。

6.3.1.3 涂漆试片

选用 50 mm×100 mm×1 mm 且与工件材质相同的试片，按 6.3.2 方法处理并干燥后，喷涂一层厚度为 25 μm～35 μm 的 A04-9 白色氨基烘漆，室温干燥 30 min；然后在设定温度为 102℃～107℃的鼓风烘干箱中恒温 2 h 后，于室温放置 24 h，进行漆膜配套性能试验。

6.3.2 试片在处理液中的处理方法

将按 6.3.1.2 制备的涂油锈蚀试片放入盛有工作液的 1 000 mL 烧杯中，按不同处理温度要求，浸泡 10 min～20 min，其中摆动 3 min～6 min，取出后自然干燥。

6.3.3 除油能力检验方法

按 6.3.2 处理的试片，不经自然干燥，立即用水冲洗并在自然光或混合光照明条件下，目视检查其水膜的连续性。

6.3.4 除锈能力检验方法

处理后的试片，目视检查表面有无残留锈蚀物，并参见附录 C 评定其表面状况。

6.3.5 磷化膜面密度

按 6.3.2 处理的试片，按附录 B 测定磷化膜面密度。

6.3.6 磷化膜耐蚀性检验方法

按 6.3.2 处理干燥后的试片，存放在相对湿度不大于 70%、无腐蚀性气体的室温条件下，防锈期不应少于 7 d。

6.3.7 漆膜耐蚀性能检验

按 6.3.1.3 制备的涂漆试片用 18 号缝纫机针，将漆膜划成长 120 mm 的交叉对角线，划痕深到试片基体。取样三片，按 GB/T 1771 的要求，将划痕面朝上置于盐雾试验箱中，按规定的试验条件连续试验。检查时用自来水冲洗试样表面沉积盐分，冷风吹干（或毛巾、滤纸吸干）后，目视检查试片表面状况。

7 检验规则

7.1 出厂检验

7.1.1 出厂产品由质量检验部门按本标准进行检验。生产厂应保证所有出厂的产品符合本标准的要求。

7.1.2 出厂检验项目包括:外观、理化性能和使用性能中的5.3.3、5.3.5、5.3.6的要求。

7.1.3 由供需双方协议增加的检验项目,应列入出厂检验内容。

7.1.4 每批出厂的产品都应附有产品质量合格证。内容包括:生产厂名称、地址、产品名称、产品净重、批号或生产日期、贮存条件和期限、本标准编号。

7.1.5 每批出厂的产品都应附有产品说明书。内容包括:生产厂名称、地址、产品名称、本标准编号、产品技术指标、使用方法、注意事项。

7.1.6 使用单位有权按本标准的规定,对所收到的产品进行验收。

7.2 抽样方法

按每批生产处理液产品的0.1%~1%抽取试样,分别置于洁净的容器中,待检。若检验不合格时,应加倍取样;检验再不合格时不能出厂。

8 标志、包装、运输、贮存

8.1 标志

出厂产品必须在包装上标出生产厂名称、产品名称、产品型号、生产日期和生产批号、合格证、检测报告。

8.2 包装

处理液应采用塑料或其他耐酸容器包装。

8.3 贮存运输

本产品不可与食用物品、日用百货和碱类物质共贮混运。

附 录 A
（规范性附录）
总酸度、游离酸度测定方法

本法采用酸碱滴定法，取样 10 mL，用 0.1 mol/L 氢氧化钠标准溶液滴定，所消耗的毫升数即为总酸度值用点数表示。

A.1 试剂

氢氧化钠标准液：0.1 mol/L 标准溶液（按 GB/T 601 配制和标定）；

酚酞指示剂：按 1 体积酚酞溶于 99 体积无水乙醇（无水乙醇为分析级）的比例，配制体积分数约为 1%的酚酞指示剂；

甲基橙指示剂：按 1 g 甲基橙溶于 1 000 mL 去离子水中的比例，配制质量分数为 0.1%的甲基橙指示剂；

溴酚蓝指示剂：先配制 1 000 mL 体积分数为 20%的乙醇（无水乙醇、分析级）去离子水溶液，然后，按 1g 溴酚蓝溶于 1 000 mL 乙醇溶液中的比例，配制质量分数约 0.1%的溴酚蓝指示剂。

A.2 试验方法

A.2.1 游离酸度的测定

用移液管吸取 10 mL 试液于 250 mL 的锥形瓶中，加 50 mL 去离子水，加 2～3 滴甲基橙指示剂（或溴酚蓝指示剂），用氢氧化钠标准液滴定至溶液呈橙色（或用溴酚蓝指示剂显示，滴定至由黄变为蓝紫色）即为终点，记下消耗氢氧化钠标准溶液毫升数 A。

A.2.2 总酸度的测定

用移液管吸取 10 mL 试液于 250 mL 的锥形瓶中，加 50 mL 去离子水，加 2～3 滴酚酞指示剂，用氢氧化钠标准液滴定至溶液呈粉红色，即为终点，记下消耗氢氧化钠标准溶液毫升数 B。

A.3 计算方法

游离酸度、总酸度点数按下列公式计算：

$$游离酸度(点) = \frac{10A\,c}{0.1V} \quad \cdots\cdots\cdots\cdots(A.1)$$

$$总酸度(点) = \frac{10B\,c}{0.1V} \quad \cdots\cdots\cdots\cdots(A.2)$$

式中：

A、B——滴定时耗去氢氧化钠标准溶液毫升数，单位为 mL；

c——氢氧化钠标准溶液实际浓度值，单位为 mol/L；

V——取样毫升数，单位为 mL。

附录 C
（资料性附录）
钢铁表面锈蚀状况评定

本法适用于一般工件锈蚀状况的评定。

C.1 锈蚀深度的测定

采用 GB/T 6463 中 5.3 轮廓仪法测定。

C.2 锈蚀程度的测定

采用锈蚀评定板法测定，该评定板由 50 mm×50 mm×2 mm 无色透明板制成，正中有 40 mm×40 mm 的方框，框内有 4 mm×4 mm 正方形格子 100 个。测定时把锈蚀评定板与被测试片重叠，目测检查 100 个方格内有锈蚀的方格数目，用百分数表示，即为锈蚀程度。

C.3 表面状态

目视观察试样的表面锈层颜色和状态。

C.4 锈蚀状况的评定

评定时以锈蚀深度为主，辅以锈蚀程度和表面状态综合评定，如表 C.1 所示。

表 C.1 锈蚀状况评定表

项目	锈蚀状态		
	轻锈，浮锈	中锈	重锈
锈蚀深度/μm	<30	30～80	>80
锈蚀程度/%	1～10	11～50	51～100
表面状态	橙黄色或淡红色	表面粗糙，呈红褐色	呈暗褐色，锈层凸起呈片状

ICS 83.160.01
G 41

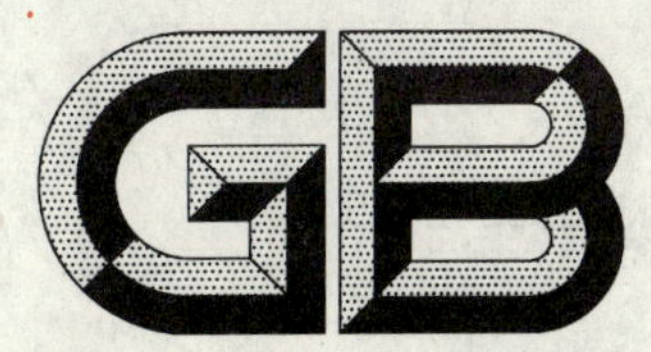

中华人民共和国国家标准

GB/T 12839—2005
代替 GB/T 12839—1997

轮胎气门嘴术语及其定义

Tyre valves—Terms and definitions

(ISO 3877-2:1997,Tyres,valves and tubes—List of equivalent terms—Part 2:Tyre valves,NEQ)

2005-09-15 发布 2006-05-01 实施

中华人民共和国国家质量监督检验检疫总局
中国国家标准化管理委员会 发布

前　言

本标准与 ISO 3877-2:1997《轮胎气门嘴和内胎　术语对照表　第 2 部分:轮胎气门嘴》(英文版)的一致性程度为非等效。

本标准代替 GB/T 12839—1997《轮胎气门嘴术语及其定义》。

本标准与 GB/T 12839—1997 的主要差异:

——增加了五个专用术语(1997 年版的第 2 章;本版的第 2 章、第 5 章);

——删除了一个专用术语(见第 3 章)。

本标准由中国石油和化学工业协会提出。

本标准由全国轮胎轮辋标准化技术委员会归口。

本标准委托全国轮胎轮辋标准化技术委员会负责解释。

本标准起草单位:山东高天实业股份有限公司、公主岭中大股份有限公司、沈阳双联气门嘴厂。

本标准主要起草人:杜桂敏、韩发瑞、刘其忠。

本标准所代替标准的历次版本发布情况:

——GB/T 12839—1991、GB/T 12839—1997。

轮胎气门嘴术语及其定义

1 范围

本标准规定了轮胎气门嘴术语及其定义、轮胎气门嘴零件术语及其定义、轮胎气门嘴部位、尺寸术语及其定义和其他术语及其定义。

本标准适用于轿车、载重汽车、工业车辆、工程机械、拖拉机与农业、林业机械、摩托车用轮胎气门嘴和自行车用轮胎气门嘴。

2 轮胎气门嘴术语及其定义

2.1

轮胎气门嘴 tyre valve

用于轮胎充放气体或液体并能保持其内压的阀门。

2.2

内胎气门嘴 tube valve

用于有内胎充气轮胎的气门嘴(见图2、图4、图7、图8、图9、图15)。

2.3

胶座气门嘴 rubber base valve

具有橡胶底座的内胎气门嘴(见图2、图4、图7、图8)。

2.4

压紧式内胎气门嘴 tube clamp-in valve

在紧固件的作用下,使气门嘴底座与内胎压紧配合以获得密封的内胎气门嘴(见图9、图15)。

2.5

无内胎气门嘴 tubeless valve

轮辋气门嘴 rim valve

用于无内胎充气轮胎的气门嘴(见图3、图5、图6)。

2.6

卡扣式气门嘴 snap-in valve

用气门嘴弹性体部分与轮辋配合,以获得密封、安装无需紧固件的无内胎气门嘴(见图3)。

2.7

压紧式无内胎气门嘴 tubeless clamp-in valve

在紧固件的作用下,使气门嘴上的弹性密封垫与轮辋压紧配合,以获得密封的无内胎气门嘴(见图5、图6)。

2.8

转臂式气门嘴 swivel valve

嘴体可绕嘴座中心线回转的气门嘴(见图5)。

2.9

普通芯腔气门嘴 ordinary core chamber valve

芯腔中最小孔径小于4.6 mm的气门嘴(见图2、图3、图4、图6、图10)。

2.10

大芯腔气门嘴 large core chamber valve

工程机械气门嘴　engineering machine valve

芯腔中最小孔径大于或等于 4.6 mm 的气门嘴(见图 5、图 8)。

2.11

气液型气门嘴　air-water valve

用于充气或同时充液、充气的气门嘴(见图 7)。

2.12

拧装式气门嘴　screw-on universal valve

气门嘴嘴体和嘴座分为两部分,使用中通过螺纹紧固在一起的胶座气门嘴(见图 10)。

2.13

包胶式气门嘴　rubber-covered valve

嘴体杆部与轮辋孔配合的部分被与橡胶底座相连的橡胶层全部或部分包覆的胶座气门嘴(见图 4)。

2.14

直式气门嘴　straight valve

中心线为一直线的气门嘴。

2.15

单弯式气门嘴　single-bend valve

中心线有一处弯曲的气门嘴(见图 2)。

2.16

双弯式气门嘴　double-bend valve

中心线有两处弯曲的气门嘴。

2.17

三弯式气门嘴　triple-bend valve

中心线有三处弯曲的气门嘴。

2.18

多弯式气门嘴　quadruple-bend valve

中心线有三处以上弯曲的气门嘴。

2.19

力车内胎气门嘴　tube valve for cycles

用于力车充气轮胎的气门嘴。

2.20

压紧式力车内胎气门嘴　clamp-in tube valve for cycles

在紧固件的作用下,使气门嘴底座与内胎压紧配合,以获得密封的力车内胎气门嘴(见图 15)。

2.21

胶座力车内胎气门嘴　rubber base tube valve for cycles

具有橡胶底座的力车内胎气门嘴(见图 16)。

3　轮胎气门嘴零件术语及其定义

3.1

嘴体　valve stem

气门嘴中具有芯腔或安装芯套的部位的零件,它直接或通过嘴座与内胎或轮辋连接(见图 2、图 3、图 4、图 5、图 6、图 7、图 8、图 9、图 10、图 15、图 16)。

3.2

芯套　core housing

具有气门嘴芯腔结构、安装在无芯腔结构嘴体上的气门嘴零件(见图7)。

3.3

嘴座　valve spud

连接嘴体并安装在内胎或轮辋上的气门嘴零件(见图5、图8、图10、图16)。

3.4

防护帽　valve cap

对气门嘴芯腔和气门芯起防护作用的顶帽。分为密封帽、非密封帽和扳手帽。

3.5

密封帽　cap sealing

有密封作用的防护帽(见图11)。

3.6

非密封帽　cap,non-sealing

无密封作用的防护帽(见图12)。

3.7

扳手帽　cap,screwdriver

具有装卸气门芯作用和密封作用的防护帽(见图11)。

3.8

帽密封垫　cap gasket

用于密封帽的弹性垫圈(见图11)。

3.9

螺套　swivel nut

套装在转臂式气门嘴嘴体上连接嘴体和嘴座的紧固件(见图5)。

3.10

轮辋螺母　rim nut

将气门嘴固定在轮辋上的螺母(见图7、图9、图15、图16)。

3.11

垫片　spacer

在气门嘴与内胎、轮辋装配中起衬垫作用的零件。

3.12

圆垫片　ring washer

外形为圆形的垫片(见图2、图6、图9、图15、图16)。

3.13

桥形垫片　bridge washer

形状为桥形的垫片(见图8)。

3.14

轮辋密封垫　grommet

在外力作用下与轮辋压紧以获得密封的弹性垫圈(见图5、图6)。

3.15

O形密封圈　O ring

断面为圆形的圆环状弹性圈(见图5、图7)。

3.16

气门芯　core

安装在气门嘴芯腔内的阀芯(见图 13、图 14)。

3.17

短气门芯　short core

内弹簧气门芯　inner spring core

在弹簧预压力作用下,芯座密封垫与芯体处于封闭状态的气门芯(见图 13)。

3.18

长气门芯　long core

外弹簧气门芯　outer spring core

在未装入气门嘴芯腔时,芯座密封垫与芯体处于不封闭状态的气门芯(见图 14)。

3.19

大芯腔气门芯　core for large core chamber

用于大芯腔气门嘴的气门芯。

3.20

力车内胎气门芯　tube valve core for cycles

用于力车内胎气门嘴的气门芯(见图 15)。

3.21

芯体　plug

有安装芯体密封圈的部位或具有与芯腔圆锥面配合的密封部位的气门芯中的零件(见图 13、图 14)。

3.22

芯体密封圈　plug washer

在芯体上与气门嘴芯腔内的圆锥面配合以获得密封的弹性圈(见图 13、图 14)。

3.23

芯杆　core pin

气门芯中心部位的杆状金属零件(见图 13、图 14)。

3.24

芯座　cup, plunger

用以托住芯座密封垫,并在芯杆的作用下使气门芯打开或在弹簧和轮胎内压的作用下使气门芯封闭的气门芯零件(见图 13、图 14)。

3.25

芯簧　spring

气门芯中使芯体、芯座密封垫和芯座之间产生预压力的螺旋弹簧(见图 13、图 14)。

3.26

芯簧托座　spring cup

长气门芯上用于托住芯簧的零件(见图 14)。

3.27

芯帽　swivel

将气门芯安装在气门嘴芯腔内的带有外螺纹的气门芯零件(见图 13、图 14)。

3.28

芯座密封垫　plunger washer

在芯体与芯座之间起密封作用的弹性垫圈(见图 13、图 14)。

3.29

压芯螺母 nut for holden core

将力车内胎气门芯压装在嘴体内的圆柱形螺母(见图15、图16)。

3.30

气门针 plunger

装在力车内胎气门嘴芯腔内、带有充气孔的针状金属体。套装橡胶管后组成力车内胎气门芯(见图15、图16)。

3.31

橡胶管 rubber tubing

装在气门针上,使气门芯与嘴体之间保持密封并使气门芯具有单向通气作用的弹性管(见图15、图16)。

4 轮胎气门嘴部位、尺寸术语及其定义

4.1

芯腔 core chamber

气门嘴中与气门芯配合以保证气门嘴通气和密气性能的型腔(见图1)。

4.2

嘴口 valve mouth

气门嘴芯腔外端面(见图1)。

4.3

扩口 counterbore

位于气门嘴芯腔上部直径大于芯腔螺纹大径的孔(见图1)。

4.4

芯腔螺纹 core thread

气门嘴芯腔中用于安装气门芯的螺纹(见图1)。

4.5

圆锥面 taper seat

气门嘴芯腔中与气门芯配合以获得密封的圆锥面(见图1)。

4.6

喉部 throat

气门嘴芯腔中介于圆锥孔和凹槽之间的圆柱孔(见图1)。

4.7

凹槽 recess

为增大气门嘴芯腔与气门芯芯座之间环形空间而在气门嘴芯腔中加工出的圆柱孔(见图1)。

4.8

胶座 rubber base

气门嘴胶垫 valve rubber mat

胶座气门嘴的橡胶底座(见图2、图4、图7)。

4.9

通气孔 passage

气门嘴内腔中位于芯腔下部的通气孔道(见图1)。

4.10

硫化定位孔 position fixed hole for vulcanizing

嘴体或嘴座硫化胶座时定位用的通气孔(见图2、图4、图16)。

4.11

芯簧托座支撑面 spring cup seat

气门嘴芯腔中用于支撑长气门芯芯簧托座,使芯簧产生预压力的支撑面(见图1)。

4.12

帽螺纹 cap thread

气门嘴上用于安装防护帽的外螺纹(见图1)。

4.13

嘴体螺纹 body thread

嘴体上与螺母配合起压紧或固定作用的外螺纹(见图2、图6)。

4.14

空刀槽 undercut

加工螺纹的退刀槽。

4.15

底座 metal base

气门嘴底部的金属盘(见图2)。

4.16

平面 flats

气门嘴上可施扭矩的两对称平行平面(见图2)。

4.17

打磨面 buffed surface

为使胶座与内胎粘结牢固而经过打磨的胶座底平面(见图2、图4、图7、图16)。

4.18

挡胶台 cut-off shoulder

在嘴体或嘴座上为防止胶座硫化过程溢出橡胶的凸台(见图3、图4)。

4.19

卡扣式基座 base,button

卡扣式气门嘴的圆柱形密封面以下部分的弹性体(见图3)。

4.20

标志环 indicator ring

卡扣式气门嘴在安装时起标志定位作用的凸形圆环(见图3)。

4.21

密封面 sealing surface

与密封件(或轮辋)相配合以获得密封的光滑表面(见图3、图7)。

4.22

芯杆头 pin head

芯杆顶端镦粗部位(见图13、图14)。

4.23

芯梁 bridge

芯帽上具有两平行平面并可对气门芯施加安装扭矩的部位(见图13、图14)。

4.24

弯曲角 bend angle

嘴体中心线的任一直线部位相对于相邻的另一直线部位在弯曲过程中转过的角(见图2)。

4.25

弯曲补角 supplement of bend angle

弯曲角度的补角(见图2)。

4.26

水平部位 horizontal position

气门嘴嘴体任一部位中心线的直线部分与底座底面的夹角小于或等于10°,称此部位为水平部位。

4.27

水平长度 horizontal length

a) 对于单弯气门嘴,其水平长度为水平部位中心线的延长线与底座中心线的交点到嘴口的距离(见图2);

b) 对于双弯气门嘴,其水平长度为按气门嘴处于单弯状态时确定的水平长度(见图2);

c) 对于多弯气门嘴,其水平长度为底座中心线到嘴口的距离(见图2)。

4.28

垂直高度 vertical height

从底座起第一个弯曲角的顶点到底座底面的垂直距离(见图2)。

4.29

弯曲前长度 length before bending

气门嘴弯曲前,嘴口到底座底面的距离(见图2)。

5 其他术语及其定义

5.1

气门芯安装扭矩 installing torque of core

气门芯安装在气门嘴芯腔内,旋紧其螺纹所施加的扭矩。

5.2

开启压力 open pressure

气门芯装在气门嘴芯腔后,在无反向压力的条件下充气、使芯座密封垫与芯体开启的最小充气压力。

5.3

气门嘴孔 valve hole

轮辋孔 rim hole

轮辋上供安装气门嘴的孔。

5.4

气门嘴槽 valve slot

轮辋槽 rim slot

轮辋上供安装气门嘴的槽。

5.5

最大使用压力 maximum pressure of use

气门嘴在使用中的最大压力。

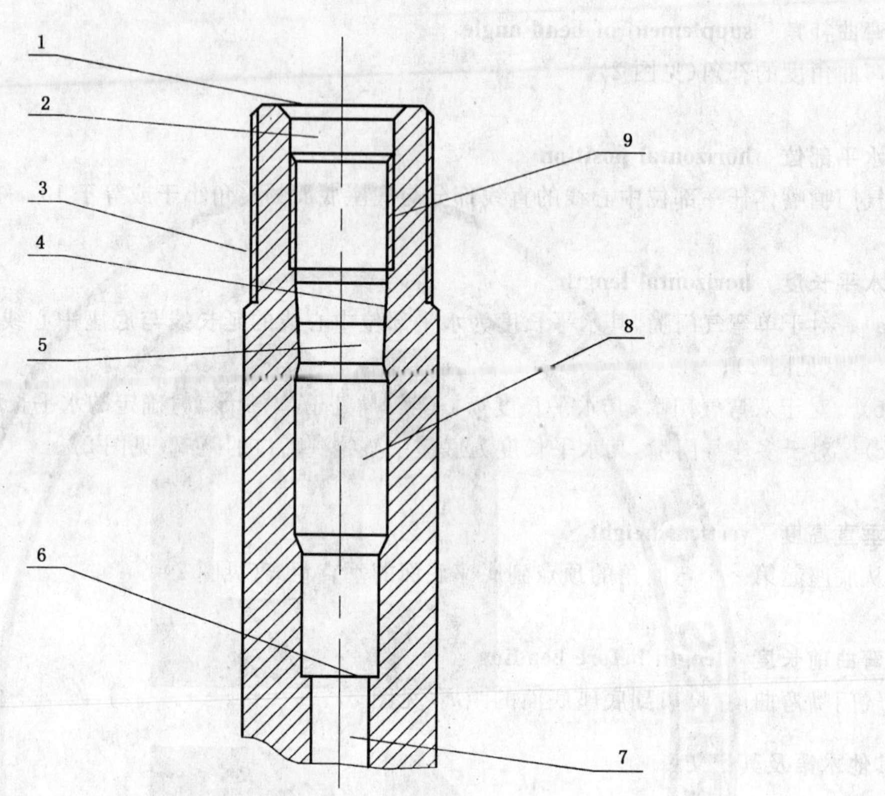

1——嘴口；
2——扩口；
3——帽螺纹；
4——圆锥面；
5——喉部；
6——芯簧托座支撑面；
7——通气孔；
8——凹槽；
9——芯腔螺纹。

图 1　气门嘴芯腔

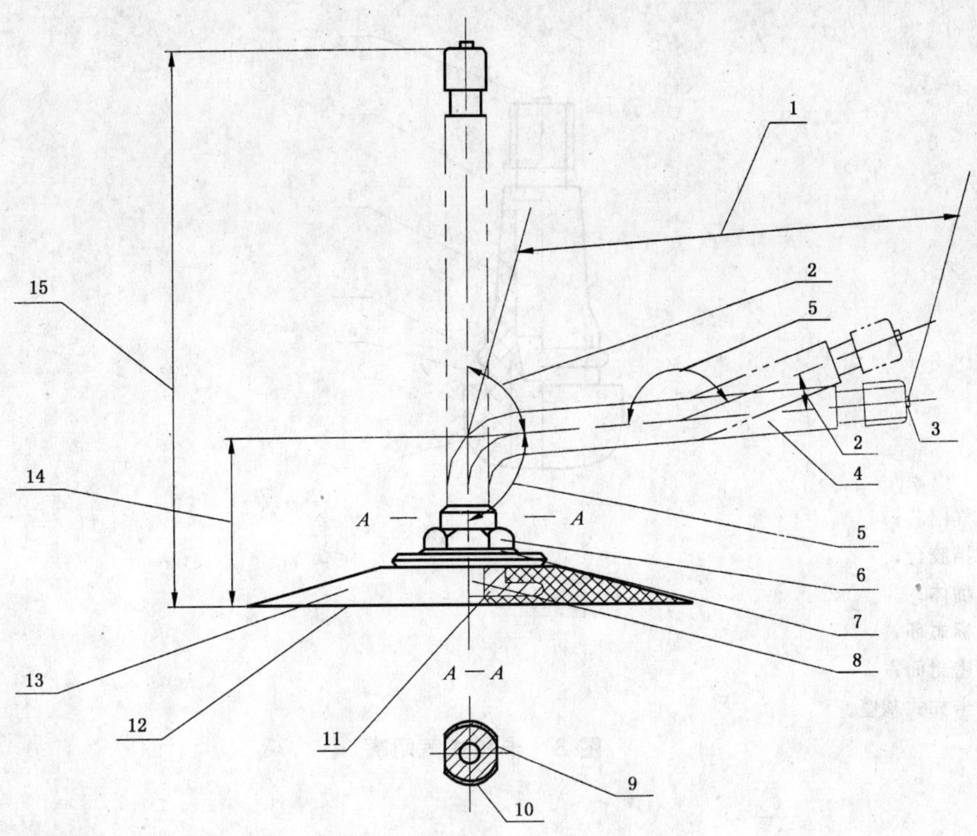

1——水平长度；
2——弯曲角；
3——气门芯；
4——嘴体；
5——弯曲补角；
6——六角螺母；
7——圆垫片；
8——硫化定位孔；
9——平面；
10——嘴体螺纹；
11——底座；
12——打磨面；
13——胶座；
14——垂直高度；
15——弯曲前长度。

图 2　胶座气门嘴

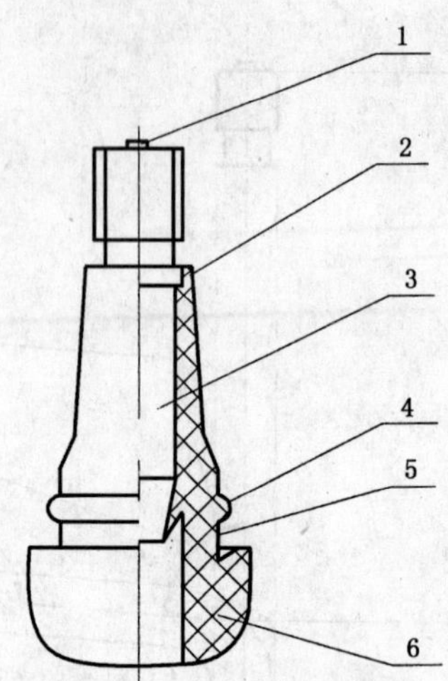

1——气门芯；

2——挡胶台；

3——嘴体；

4——标志环；

5——密封面；

6——卡扣式基座。

图 3　卡扣式气门嘴

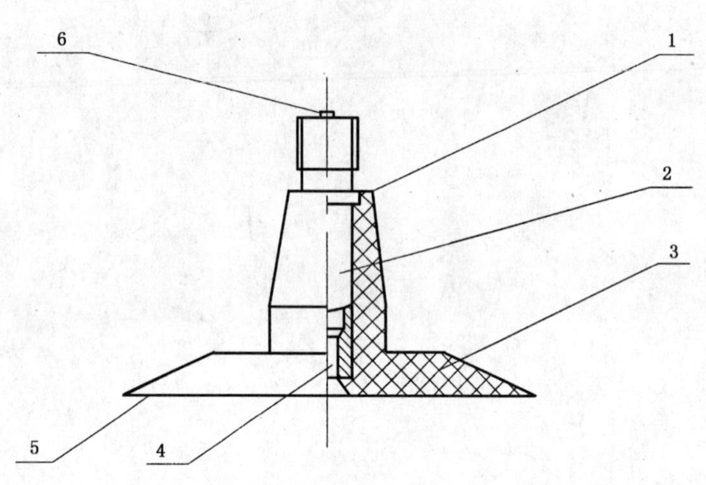

1——挡胶台；

2——嘴体；

3——胶座；

4——硫化定位孔；

5——打磨面；

6——气门芯。

图 4　包胶式气门嘴

1——嘴体；
2——螺套；
3——O 形密封圈；
4——六角螺母；
5——嘴座；
6——轮辋密封垫；
7——气门芯。

图 5　压紧式无内胎气门嘴

1——气门芯；
2——嘴体；
3——嘴体螺纹；
4——六角螺母；
5——圆垫片；
6——轮辋密封垫。

图 6　压紧式无内胎气门嘴

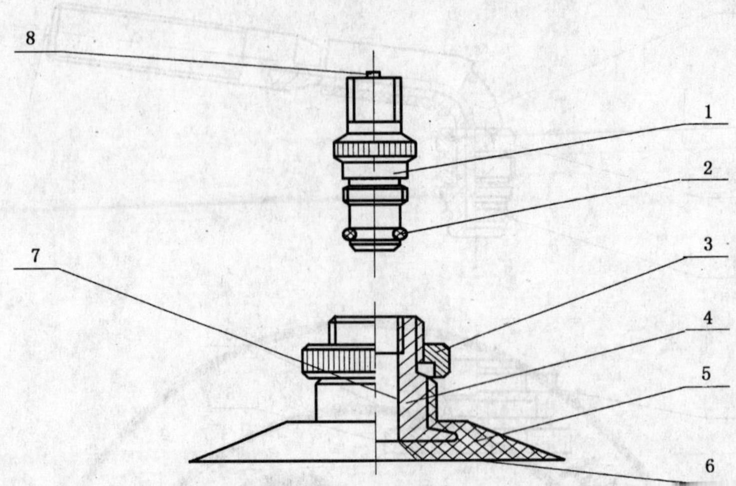

1——芯套；
2——O形密封圈；
3——轮辋螺母；
4——嘴体；
5——胶座；
6——打磨面；
7——密封面；
8——气门芯。

图7 气液型气门嘴

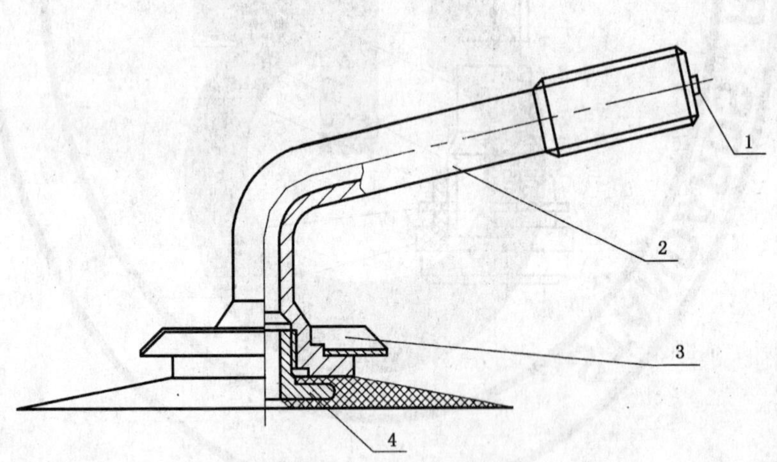

1——气门芯；
2——嘴体；
3——桥形垫片；
4——嘴座。

图8 大芯腔气门嘴

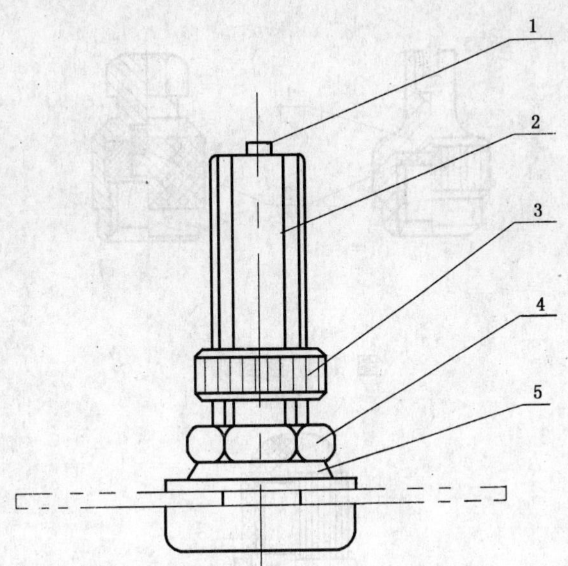

1——气门芯；
2——嘴体；
3——轮辋螺母；
4——六角螺母；
5——圆垫片。

图 9 压紧式内胎气门嘴

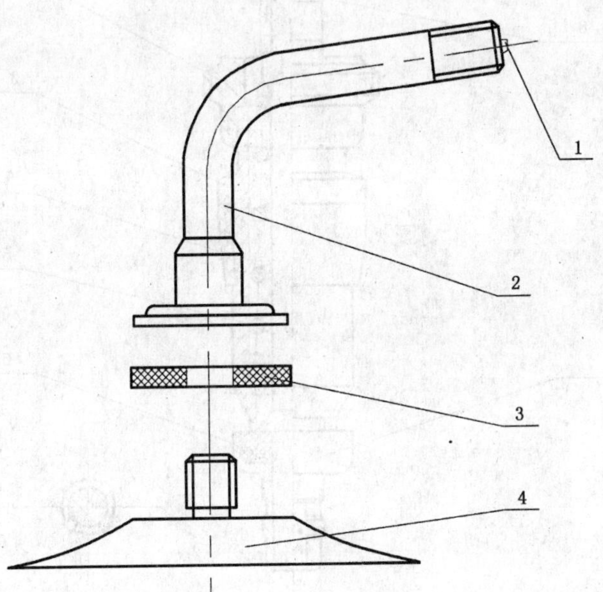

1——气门芯；
2——嘴体；
3——密封垫；
4——嘴座。

图 10 拧装式气门嘴

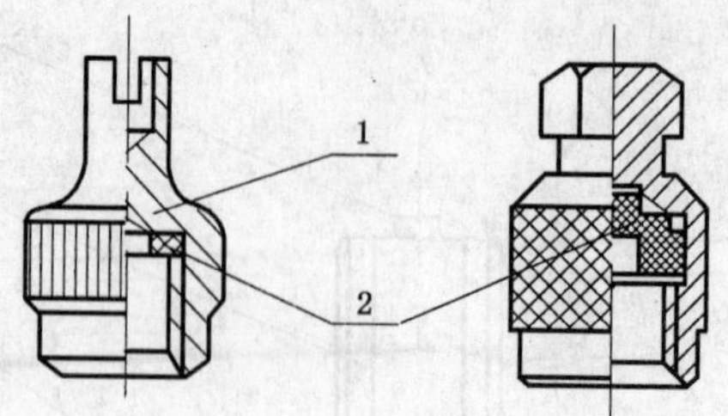

1——扳手帽；

2——帽密封垫。

图 11　密封帽

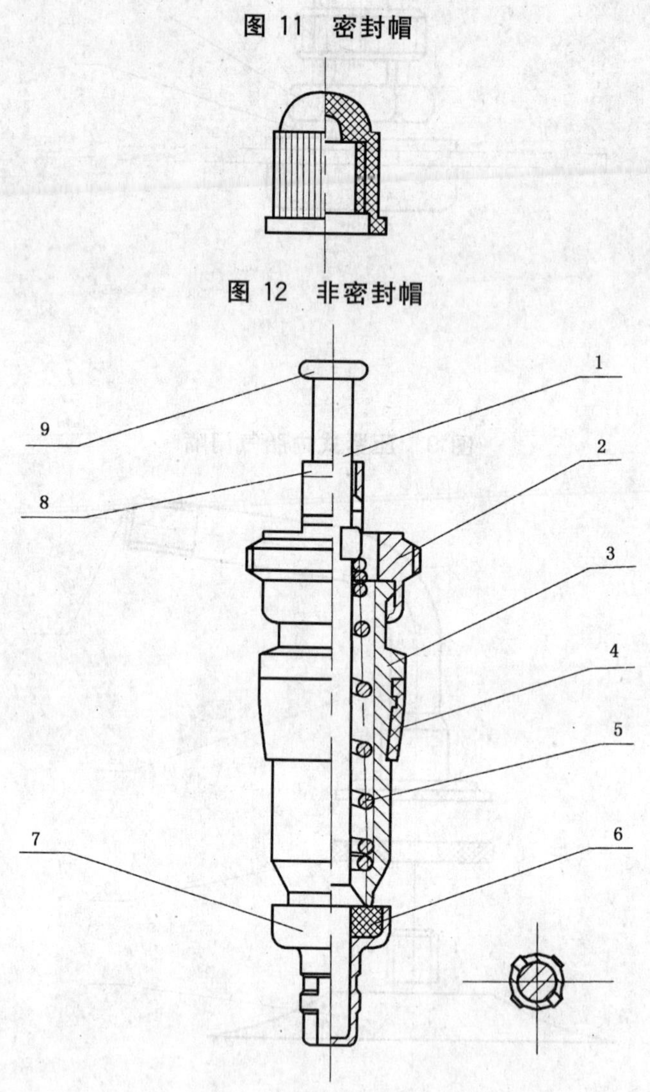

图 12　非密封帽

1——芯杆；

2——芯帽；

3——芯体；

4——芯体密封圈；

5——芯簧；

6——芯座密封垫；

7——芯座；

8——芯梁；

9——芯杆头。

图 13　短气门芯

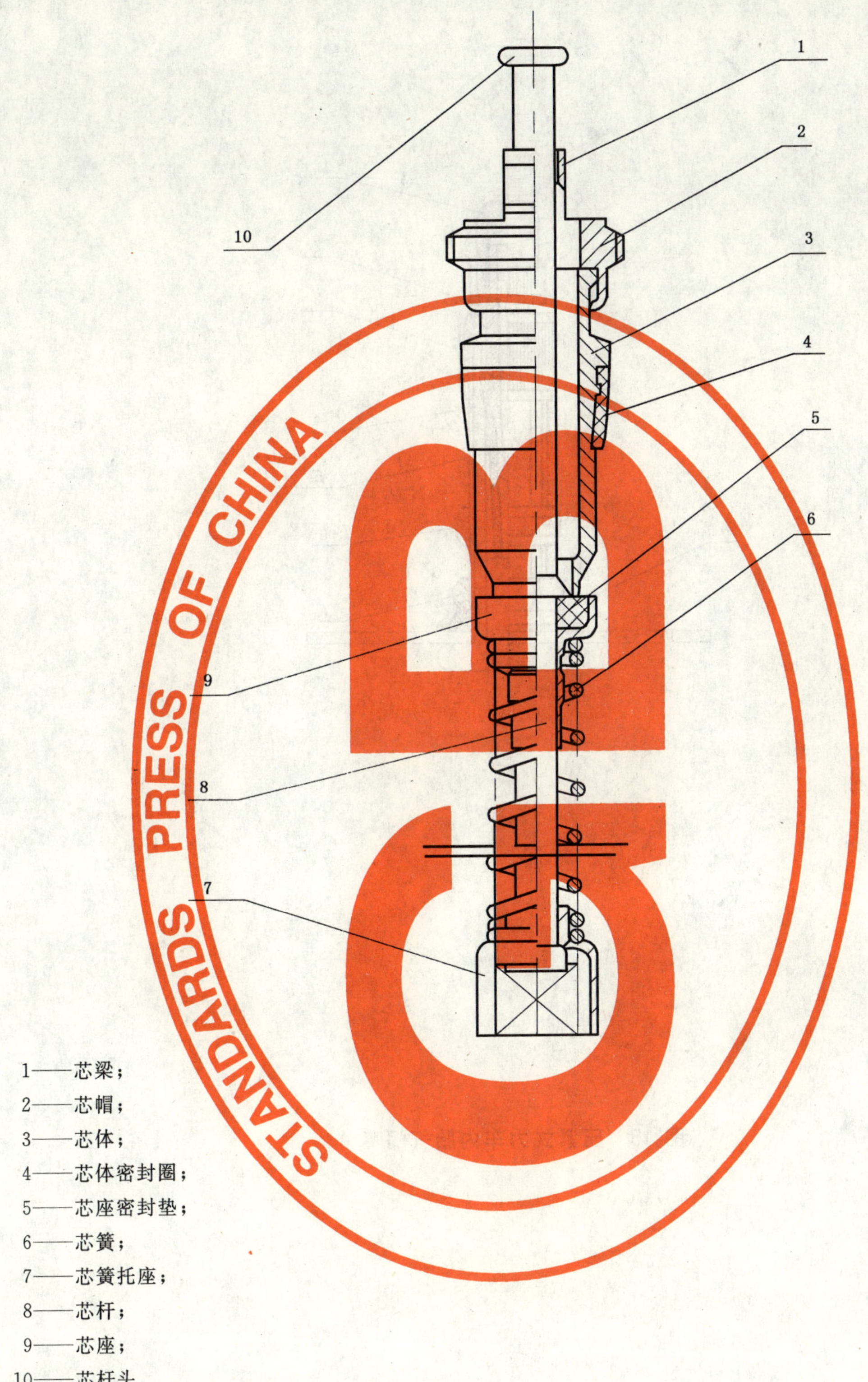

1——芯梁；
2——芯帽；
3——芯体；
4——芯体密封圈；
5——芯座密封垫；
6——芯簧；
7——芯簧托座；
8——芯杆；
9——芯座；
10——芯杆头。

图 14 长气门芯

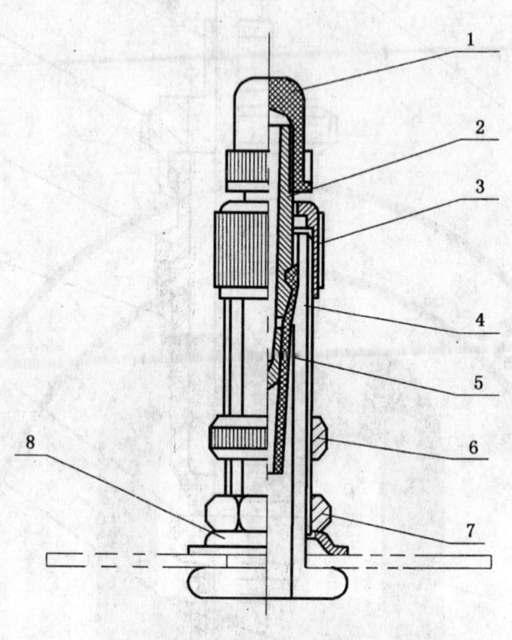

1——非密封帽；
2——气门针；
3——压芯螺母；
4——嘴体；
5——橡胶管；
6——轮辋螺母；
7——六角螺母；
8——圆垫片。

图 15　压紧式力车内胎气门嘴

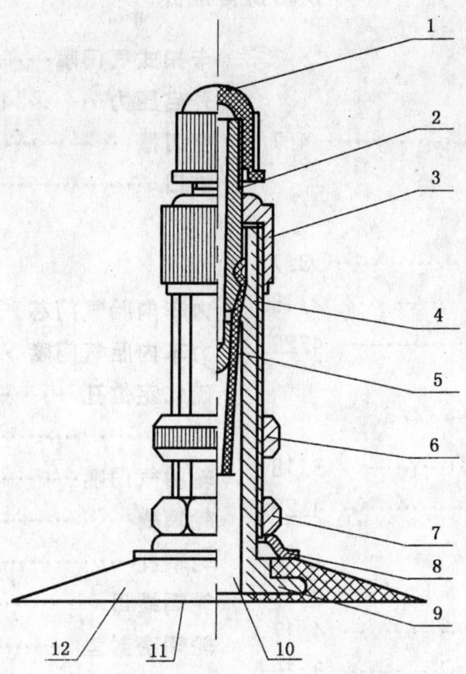

1——非密封帽；
2——气门针；
3——压芯螺母；
4——嘴体；
5——橡胶管；
6——轮辋螺母；
7——六角螺母；
8——圆垫片；
9——底座；
10——硫化定位孔；
11——打磨面；
12——胶座。

图 16 胶座力车内胎气门嘴

汉语拼音索引

英 文 索 引

A

B

C

D

E

F

G

H

I

L

M

N

O

P

Q

R

S

T

U

V

STANDARDS PRESS OF CHINA
GB

ICS 91.100.10
Q 12

中华人民共和国国家标准

GB/T 12957—2005
代替 GB/T 12957—1991

用于水泥混合材的工业废渣活性试验方法

Test method for activity of industrial waste slag used as addition to cement

2005-01-19 发布　　2005-08-01 实施

中华人民共和国国家质量监督检验检疫总局
中国国家标准化管理委员会　发布

前　言

本标准代替 GB/T 12957—1991《用作水泥混合材料的工业废渣活性试验方法》。

本标准与 GB/T 12957—1991 相比，主要变化如下：

——对工业废渣的要求，细度由“80 μm 方孔筛筛余为 5%～7%”改为“1%～3%”。同时对难粉磨的样品在制样时允许掺加对水泥性能无害的助磨剂(1991 版 3.1，本版 3.1)；

——对二水石膏的要求，增加“符合 GB/T 5483—1996 的二级以上的品质要求”，且细度要求改为“80 μm 方孔筛筛余为 1%～3%”(1991 版 3.2，本版 3.2)；

——对硅酸盐水泥的要求、增加“应符合 GB 175—1999 的有关要求”(1991 版 3.4，本版 3.3)；

——潜在水硬性试验所涉及的水泥净浆标准稠度试验，改为按 GB/T 1346—2001《水泥标准稠度用水量、凝结时间、安定性检验方法》有关要求进行(1991 版 4.3，本版 4.1.4)；

——火山灰试验方法，改为按 GB/T 2847《用于水泥中的火山灰质混合材料》附录 A 的规定进行(1991 版 5 章，本版 4.2)；

——水泥胶砂 28 天抗压强度比试验，改为按 GB/T 17671—1999《水泥胶砂强度检验方法(ISO 法)》要求进行；成型加水量改为固定水灰比，并明确“对于难于成型的试体，加水量可按 0.01 水灰比递增，且水泥胶砂流动度应不小于 180 mm”(1991 版 6 章，本版 4.3)。

本标准由中国建筑材料工业协会提出。

本标准由全国水泥标准化技术委员会(ASC/TC 184)归口。

本标准起草单位：中国建筑材料科学研究院。

本标准主要起草人：白显明、王昕、江丽珍、黄小楼、霍春明、张大康。

本标准主要协作单位：秦皇岛浅野水泥有限公司、云南开远水泥股份有限公司、昆明水泥股份有限公司、北京市水泥质量监督检验站、枣庄市建材行业水泥质量监督检验站。

本标准于 1991 年首次发布，本次为第一次修订。

用于水泥混合材的工业废渣活性试验方法

1 范围

本标准规定了用于水泥混合材料的工业废渣活性的试验材料与要求，及其潜在水硬性、火山灰性和水泥28天抗压强度比定量试验方法。

本标准适用于用于水泥混合材料的工业废渣活性检验以及指定采用本方法的其他水泥混合材料的活性检验。

注：工业废渣系指GB/T 203、GB/T 1596和GB/T 2847标准以外的可用于水泥混合材料的工业废渣，如化铁炉渣、粒化铬铁渣、粒化高炉钛矿渣等。

2 规范性引用文件

下列文件中的条款通过本标准的引用而成为本标准的条款。凡是注日期的引用文件，其随后所有的修改单(不包括勘误的内容)或修订版均不适用于本标准，然而，鼓励根据本标准达成协议的各方研究是否可使用这些文件的最新版本。凡是不注日期的引用文件，其最新版本适用于本标准。

GB 175—1999 硅酸盐水泥、普通硅酸盐水泥

GB/T 1346 水泥标准稠度用水量、凝结时间、安定性检验方法(GB/T 1346—2001，eqv ISO 9597：1989)

GB/T 2419 水泥胶砂流动度测定方法

GB/T 2847 用于水泥中的火山灰质混合材料

GB/T 5483 石膏和硬石膏(GB/T 5483—1996，neq ISO 1578：1957)

GB/T 17671—1999 水泥胶砂强度检验方法(ISO法)(idt ISO 679：1989)

JC/T 667 水泥助磨剂

3 试验材料

3.1 工业废渣

取约5 kg具有代表性的工业废渣在105℃～110℃温度下烘干至含水分应小于1%，然后磨细至80 μm方孔筛筛余为1%～3%。当用化验室统一试验小磨粉磨物料出现难磨，如粉磨时间大于50 min物料细度80 μm筛余仍达不到1%～3%，可适量添加助磨剂，其掺加量一般小于1%。所掺助磨剂，应符合JC/T 667的有关规定。

3.2 二水石膏

应符合GB/T 5483的二级以上的品质要求，且磨细至80 μm方孔筛筛余1%～3%。

3.3 硅酸盐水泥

应符合GB 175—1999有关要求。但28天抗压强度应大于42.5 MPa，比表面积在(350±10) m^2/kg。水泥中石膏的含量，以SO_3计，在(2.0±0.5)%。

3.4 试验用水

应为洁净的饮用水。

4 试验方法

4.1 潜在水硬性试验

4.1.1 原理

工业废渣细粉与石膏细粉混合均匀与水混合后，潜在水硬性的材料能在湿空气中凝结硬化，并在水中继续硬化。

4.1.2 样品制备

将工业废渣细粉和二水石膏细粉按质量 80：20（或 90：10）的比例充分混合均匀，以配制成试验样品。

4.1.3 仪器设备

应符合 GB/T 1346 有关要求。

4.1.4 试验步骤

称取（300±1）g 制备好的试验样品，按 GB/T 1346 试验方法确定的标准稠度净浆用水量制备成净浆试饼。试饼在温度（20±1）℃，相对湿度大于 90％养护箱内养护 7 天后，放入（20±1）℃水中浸水 3 天，然后观察浸水试饼形状完整与否。

4.1.5 结果评定

试饼浸水 3 天后，其边缘保持清晰完整，则认为工业废渣具有潜在水硬性。

4.2 火山灰试验

按 GB/T 2847 附录 A 要求进行。

4.3 水泥胶砂 28 天抗压强度比试验

4.3.1 原理

在硅酸盐水泥中掺入 30％的工业废渣细粉，用其 28 天抗压强度与该硅酸盐水泥 28 天抗压强度进行比较，以确定其活性高低。

4.3.2 样品

4.3.2.1 试验样品

试验样品，由符合本标准第 3 章要求的硅酸盐水泥和工业废渣细粉及适量石膏细粉混合而成。其中工业废渣细粉为 30％，其余为硅酸盐水泥。通过外掺适量石膏，调整试验样品中 SO_3 含量与对比水泥 SO_3 含量相同，相差不大于 0.3％。样品应充分混匀。

4.3.2.2 对比样品

对比样品，即为符合本标准第 3 章要求的硅酸盐水泥。

4.3.3 仪器设备

应符合 GB/T 17671—1999 及 GB/T 2419 有关规定。

4.3.4 试验步骤

水泥胶砂强度试验方法按 GB/T 17671—1999 进行，分别测定试验样品和对比样品的 28 天抗压强度。对于难于成型的试体，加水量可按 0.01 水灰比递增，且水泥胶砂流动度应不小于 180 mm。

胶砂流动度按 GB/T 2419 进行。

4.3.5 结果计算

抗压强度比 K 按公式（1）计算，计算结果保留至整数。

$$K = \frac{R_1}{R_2} \times 100 \qquad \cdots\cdots(1)$$

式中：

K——抗压强度比，单位为百分比（％）；

R_1——掺工业废渣后的试验样品 28 天抗压强度，单位为兆帕（MPa）；

R_2——对比样品 28 天抗压强度，单位为兆帕（MPa）。

参 考 文 献

[1] GB/T 203 用于水泥中的粒化高炉矿渣
[2] GB/T 1596 用于水泥和混凝土中的粉煤灰
[3] GB/T 2847 用于水泥中的火山灰质混合材料

ICS 29.045
H 82

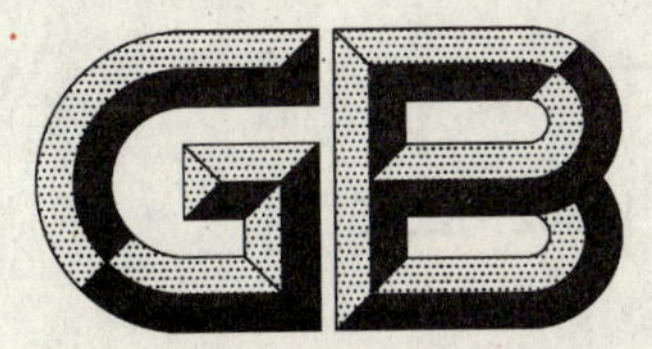

中华人民共和国国家标准

GB/T 12962—2005
代替 GB/T 12962—1996

硅单晶

Monoccrystalline silicon

2005-09-19 发布 　　　　2006-04-01 实施

中华人民共和国国家质量监督检验检疫总局
中国国家标准化管理委员会　发布

前　言

本标准的指标参照了国外有关标准(见参考文献),结合我国硅材料的实际生产和使用情况,并考虑国际上硅材料的生产及微电子产业的发展和现状进行修订而成的。

本标准代替 GB/T 12962—1996。

本标准与 GB/T 12962—1996 相比,有如下变动:

——删去了原标准直拉单晶的直径为 63.5 mm 规格,增加了直径 200 mm 直拉硅单晶及掺 As 单晶的内容。

——删去了原标准区熔单晶的直径为 30 mm 规格,增加了直径 125 mm 区熔硅单晶的内容。

——根据国内外对直拉硅单晶要求的变化,对 150 mm 以下的硅单晶参数进行了修订。

——增加了硅单晶的金属含量要求。

——对重掺单晶的氧含量,基硼、基磷含量的要求及检测方法由供需双方协商的内容。

本标准应与 GB/T 12964、GB/T 12965 配套使用。

本标准由中国有色金属工业协会提出。

本标准由全国有色金属标准化技术委员会归口。

本标准由北京有色金属研究总院、中国有色金属工业标准计量质量研究所负责起草。

本标准主要起草人:孙燕、王敬、卢立延、贺东江、翟富义。

本标准由全国有色金属标准化技术委员会负责解释。

本标准所代替标准的历次版本发布情况为:

——GB/T 12962—1991

——GB/T 12962—1996

硅 单 晶

1 范围

1.1 本标准规定了硅单晶的产品分类、术语、技术要求、试验方法、检测规则以及标志、包装、运输、贮存。

1.2 本标准适用于直拉、悬浮区熔和中子嬗变掺杂制备的硅单晶。产品主要用于制作半导体元器件。

2 规范性引用文件

下列文件中的条款通过本标准的引用而成为本标准的条款。凡是注明年代的引用文件,其随后所有的修改单(不包括勘误的内容)或修订版均不适用于本标准,然而,鼓励根据本标准达成协议的各方研究是否可使用这些文件的最新版本。凡是不注明年代的引用文件,其最新版本适用于本标准。

GB/T 1550 非本征半导体材料导电类型测试方法

GB/T 1551 硅锗单晶电阻率测定 直流二探针法

GB/T 1552 硅锗单晶电阻率测定 直排四探针法

GB/T 1553 硅和锗体内少数载流子寿命测定光电导衰减法

GB/T 1554 硅晶体完整性化学择优腐蚀检验方法

GB/T 1555 半导体单晶晶向测定方法

GB/T 1557 硅晶体中间隙氧含量的红外吸收测量方法

GB/T 1558 硅中代位碳原子含量红外吸收测量方法

GB/T 11073 硅片径向电阻率变化的测量方法

GB/T 12964 硅单晶抛光片

GB/T 13387 电子材料晶片参考面长度测量方法

GB/T 14140(所有部分) 硅片直径测量方法

GB/T 14143 300 μm～900 μm 硅片间隙氧含量红外吸收测量方法

GB/T 14844 半导体材料牌号表示方法

3 术语和定义

下列术语和定义适用于本标准。

3.1

径向电阻率变化 radial resistivity variation

晶片中心点与偏离中心的某一点或若干对称分布的设定点(典型设定点是晶片半径的 1/2 处或靠近晶片边缘处)的电阻率之间的差值。这种电阻率的差值可以表示为中心值的百分数。又称径向电阻率梯度。

3.2

杂质条纹 impurity striation

晶体生长时,在旋转的固液交界面处发生周期性的温度起伏,引起晶体内杂质分布的周期性变化。在晶体的横截面上,该变化呈同心圆或螺旋状条纹。这些条纹反映了杂质浓度的周期性变化,也使电阻率局部变化。择优腐蚀后,在放大 1 500 倍下观察,条纹是连续的。

3.3

重掺杂 heavy doping

半导体材料中掺入的杂质量较多，通常杂质浓度大于 $10^{18}\ cm^{-3}$，为重掺杂。

4 产品分类

4.1 分类

硅单晶按导电类型分为 N 型，P 型两种类型，按硅单晶生产工艺方法分为直拉(CZ)、悬浮区熔(FZ)和中子嬗变掺杂(NTD)三种产品。

4.2 牌号

硅单晶的牌号表示按 GB/T 14844 的规定。

4.3 规格

硅单晶按直径分为<ϕ50.8 mm、ϕ50.8 mm、ϕ76.2 mm、ϕ100 mm、ϕ125 mm、ϕ150 mm 和 ϕ200 mm 七种规格。

5 技术要求

5.1 直径及其允许误差

5.1.1 硅单晶的直径及其允许偏差应符合表 1 的规定。在表 1 中未列出的直径及偏差由供需双方商定。

5.1.2 未滚圆硅单晶的直径和允许偏差由供需双方商定。

表 1 硅单晶的直径及其允许偏差

单位为毫米

直拉硅单晶	直径[a]	76.2	100	125	150	200
	允许偏差[b]	±0.5	±0.3	±0.3	±0.3	±0.3
区熔硅单晶	直径	30～76.2	>76.2～125			
	允许偏差	±0.5	±0.3			

注：

a 硅单晶中的直径均指加工后的硅片标称直径。

b 硅单晶中的允许偏差是指硅单晶经过滚圆或化学腐蚀去除表面损伤层后的直径允许偏差。

5.2 电阻率

5.2.1 直拉硅单晶的电阻率范围和径向电阻率变化应符合表 2 的规定。

5.2.2 径向电阻率变化如要求按照其他方案进行，由供需双方商定。

表 2 直拉硅单晶的电学性能参数

导电类型	掺杂元素	电阻率范围[a] Ω·cm	径向电阻率变化/%[b]				
			76.2 mm 1-0-0/1-1-1	100 mm 1-0-0/1-1-1	125 mm 1-0-0/1-1-1	150 mm 1-0-0/1-1-1	200 mm 1-0-0
P	B	0.1～60	≤8	≤8/≤9	≤6/≤9	≤5/≤8	≤5
		0.002 5～0.1	≤8	≤6/≤6	≤6/≤9	≤5/≤8	≤12
N	P	0.1～60	≤12/≤20	≤15/≤25	≤12/≤25	≤12/≤25	≤15
		0.002～0.1	≤15/≤25	≤15/≤25	≤15/≤25	≤15/≤25	≤15
	Sb	<0.02Ω	12/20	≤12/≤25	≤10/≤25	≤10/≤35	≤12
	As	<0.006	12/20	≤12/≤25	≤12/≤30	≤12/≤30	≤12

表 2（续）

导电类型	掺杂元素	电阻率范围[a] Ω·cm	径向电阻率变化/%[b] 76.2 mm 1-0-0/1-1-1	100 mm 1-0-0/1-1-1	125 mm 1-0-0/1-1-1	150 mm 1-0-0/1-1-1	200 mm 1-0-0

注：

a 所有电阻率范围的数值是在硅单晶断面使用四探针测量的数值。

b 径向电阻率变化是在规定端面或硅片上使用直排四探针测定的数值。按 GB/T 11073 的 B 方案测量和按公式 $RV=(\rho_a-\rho_c)/\rho_a\times100\%$ 计算。其中：

ρ_c——硅片中心点处测得的两次电阻率的平均值。

ρ_a——硅片半径中点或据边缘 6 mm 处，90°间隔 4 点测得的电阻率的平均值。

当硅单晶直径≤50.8 mm 时。按 GB/T 11073 的 C 方案测量和按公式 $RV-(\rho_M-\rho_m)/\rho_m\times100\%$ 计算。其中：

ρ_M——为测得的最大电阻率值。

ρ_m——为测得的最小电阻率值。

5.2.3 区熔硅单晶的电阻率范围、径向电阻率变化和少数载流于寿命应符合表 3 的规定。

表 3 区熔硅单晶的电学性能参数

导电类型	掺杂元素	直径范围/mm	电阻率范围[a]/Ω·cm	径向电阻率变化[b] % 〈111〉	〈100〉	少数载流子寿命/μs
P	B	<50.8	30～300	≤10	≤10	≥200
		50.8～80		≤13	≤13	
		>80～125		≤15	≤15	
P	B	<50.8	>300～3000	≤15	≤15	≥400
		50.8～80		≤18	≤18	
		>80～125		≤20	≤20	
N	P	<50.8	10～150	≤17	≤15	≥200
		50.8～80		≤25	≤18	
		>80～125		≤28	≤23	
N	P	<50.8	>150～800	≤22	≤18	≥500
		50.8～80		≤30	≤18	
		>80～125		≤33	≤22	

注：

a 所有电阻率数值为用二探针法测量硅锭纵向电阻率数值或用四探针法测量硅锭端面或硅片中心的电阻率数值。

b 径向电阻率变化是按 GB 11073 的 C 方案测量计算的。

当硅单晶直径≤50.8 mm 时，按 GB 11073 的 B 方案测量和计算。

5.2.4 区熔高阻硅单晶的电阻率范围、少数载流子寿命应符合表 4 的规定。

表 4 区熔高阻硅单晶的电学性能参数

导电类型	掺杂元素	直径范围/mm	电阻率范围/Ω·cm	少数载流子寿命/μs
P	B	>30	>3 000～20 000	>500
N	P	>30	>30～10 000	>1 000

注：电阻率数值为用二探针测量的硅锭的电阻率数值。

5.2.5 中子嬗变掺杂硅单晶的电阻率范围、电阻率允许偏差和径向电阻率变化以及少数载流子寿命应符合表 5 的规定。表中未列出规格及要求由供需双方协商。

5.2.6 微区电阻率条纹的检验及判定标准应由供需双方协商。

表 5 中子嬗变掺杂硅单晶的电学性能参数

导电类型	晶　向	掺杂比	电阻率[a] 范围/Ω·cm	电阻率允许 偏差/%	径向电阻率 变化[b]/%	少数载流子 寿命/μs
N	〈111〉	F_{10}	≤30	±10	≤5	>100
			>30～300	±10	≤5	>300
			>300～600	±13	≤6	

注：

a 所有电阻率数值为用二探针法测量硅锭纵向电阻率数值或用直排四探针法测量硅锭端面或硅片中心的电阻率数值。

b 径向电阻率变化是按 GB 11073 的 C 方案测量计算的。

当硅单晶直径≤50.8 mm 时，按 GB 11073 的 B 方案测量和计算。

5.3 晶向

5.3.1 硅单晶晶向为〈100〉或〈111〉晶向。

5.3.2 直拉硅单晶晶向偏离度不大于 2°。

5.3.3 区熔硅单晶晶向偏离度不大于 5°。

5.4 参考面位置

硅单晶的参考面位置及其技术要求应符合 GB/T 12964 的规定。

5.5 氧含量

5.5.1 直拉硅单晶的间隙氧含量应小于 1.8×10^{18} atoms/cm^3。具体指标按需方要求提供。

5.5.2 区熔硅单晶的间隙氧含量应小于 3×10^{16} atoms/cm^3。

5.5.3 重掺杂直拉硅单晶的氧含量由供需双方协商提供。

5.6 碳含量

5.6.1 直拉硅单晶的碳含量应不大于 5×10^{16} atoms/cm^3。

5.6.2 区熔硅单晶的间隙氧含量应不大于 3×10^{16} atoms/cm^3。

5.7 晶体完整性

5.7.1 硅单晶的位错密度应不大于 100 个/cm^3，即无位错。

5.7.2 硅单晶应无星形结构、六角网络、孔洞和裂纹。

5.7.3 电阻率小于 0.02 Ω·cm 的重掺杂硅单晶允许观察到杂质条纹。

5.7.4 硅单晶的漩涡缺陷或微缺陷密度由供需双方商定。

5.8 金属含量

5.8.1 硅单晶的体金属含量(Fe)由供需双方商定提供。

5.8.2 重掺杂直拉硅单晶的基硼、基磷含量由供需双方商定提供。

6 试验方法

6.1 硅单晶导电类型测量按 GB/T 1550 进行。

6.2 硅单晶的电阻率二探针法测量按 GB/T 1551 进行。

6.3 硅单晶的电阻率四探针法测量按 GB/T 1552 进行。

6.4 硅单晶的径向电阻率变化测量按 GB/T 11073 进行。

6.5 硅单晶的晶向及晶向偏离度测量按 GB/T 1555 进行。

6.6 硅单晶的参考面长度测量按 GB/T 13387 进行。

6.7 硅单晶的少数载流子寿命按 GB/T 1553 进行。

6.8 硅单晶的晶体完整性检验按 GB/T 1554 进行。

6.9 硅单晶的直径测量按 GB/T 14140 进行。

6.10 硅单晶的氧含量按 GB/T 14143 及 GB/T 1557 进行。重掺杂直拉硅单晶的氧含量测量方法由供需双方商定。

6.11 硅单晶的碳含量按 GB/T 1558 进行。

6.12 硅单晶的体金属含量(Fe)测量方法由供需双方商定。

6.13 重掺杂直拉硅单晶的基硼、基磷含量测量方法由供需双方商定。

7 检验规则

7.1 检查和验收

7.1.1 产品应由供方技术(质量)监督部门进行检验,保证产品质量符合本标准的规定,并填写产品质量保证书。

7.1.2 需方可对收到的产品按本标准的规定进行检验,若检验结果与本标准(或订货合同)的规定不符时,应在收到产品之日起三个月内向供方提出,由供需双方协商解决。

7.2 组批

硅单晶以批的形式提交验收,每批应由同一牌号,相同规格的硅单晶锭组成。

7.3 检验项目

7.3.1 每根单晶锭抽检的项目有:导电类型,晶向,晶向偏离,电阻率范围及其允许偏差,径向电阻率变化,晶体完整性。区熔单晶中子嬗变单晶的少数载流子寿命。

7.3.2 供需双方协商的检验项目有:漩涡缺陷、雾缺陷、微缺陷密度和堆垛层错密度、金属杂质沾污、氧、碳杂质含量及直拉单晶的少数载流子寿命。

7.4 抽样

7.4.1 每批产品随机抽取 20%的试样,5 根~9 根晶锭抽取 2 个试样,5 根晶锭以下抽取一个试样。

7.4.2 取样位置规定:

7.4.2.1 检验单晶的氧含量,应在晶锭的头部切取试样,当不能区分头尾时,可在头尾任意一端切取试样。

7.4.2.2 检验单晶的碳含量,应在晶锭的尾部切取试样,当不能区分头尾时,可在头尾任意一端切取试样。

7.4.2.3 检验单晶的其他参数,可在晶锭的任意一端切取试样。对整根单晶锭的检验项目,不切取试样。

7.5 检验结果的判定

7.5.1 导电类型、晶向、外形尺寸 3 项实行全检,若有一项不合格,则该单晶锭为不合格。抽去不合格的单晶锭后,余下的单晶锭参加抽样检验其他项目。

7.5.2 除 7.5.1 所列的全检项目外,对抽取 4 个试样的,有 3 个试样不合格,则该批产品不合格。抽取 3 个试样的,有 1 个试样不合格,则该批产品不合格。

8 标志、包装、运输和贮存

8.1 包装、标志

8.1.1 硅单晶用聚苯烯(泡沫)逐锭包装,然后将经过包装的晶锭装入包装箱内,并装满填充物,防止晶锭松动。

8.1.2 包装箱外侧应有“小心轻放”、“防潮”、“易碎”等标识,并标明:

a) 需方名称,地点;

b) 产品名称,牌号;

c) 产品件数及重量(毛重/净重);

d) 供方名称。

8.2 运输、贮存

8.2.1 产品在运输过程中应轻装轻卸,勿压勿挤,并采取防震防潮措施。

8.2.2 产品应贮存在清洁、干燥的环境中。

8.2.3 每批产品应有质量证明书,写明:

a) 供方名称;

b) 产品名称及规格、牌号;

c) 产品批号;

d) 产品净重及单晶根数;

e) 各项参数检验结果和检验部门的印记;

f) 本标准编号;

g) 出厂日期。

参 考 文 献

1. 美国 Ibis Technology 公司产品样本
2. SUMCO(美国)公司产品样本及介绍
3. SEH(美国)公司产品样本及介绍
4. WACKER(德国)公司产品样本及介绍
5. MEMC 电子材料公司产品介绍
6. 日本小松公司产品介绍
7. 国际半导体制造联合会(International SEMATECH)硅片规格
8. TOPSIL(丹麦)半导体材料公司产品样本
9. LG 硅(韩国)公司产品样本及介绍
10. 中美夕晶(台湾)公司产品样本

ICS 29.045
H 82

中华人民共和国国家标准

GB/T 12965—2005
代替 GB/T 12965—1996

硅单晶切割片和研磨片

Monocrystalline silicon as cut slices and lapped slices

2005-09-19 发布 2006-04-01 实施

中华人民共和国国家质量监督检验检疫总局
中国国家标准化管理委员会 发布

前 言

本标准的指标参照了国外有关标准(见参考文献),结合我国硅材料的实际生产和使用情况,并考虑国际上硅材料的生产及微电子产业的发展和现状进行修订而成的。

本标准代替 GB/T 12965—1996。

本标准与 GB/T 12965—1996 相比,有如下变动:

——增加了 150 mm、200 mm 的切割片和研磨片的相关内容;

——根据近年来国内硅单晶的发展情况,并参照国际标准的相关内容修改了≤125 mm 切割片和研磨片的标准;

——增加了"术语";

——删除了原标准中的 ϕ63.5 mm 的产品参数一项;

——在切割片和研磨片厚度中增加了注 1,由供需双方根据需要制定厚度要求;

——对 150 mm 的切割片和研磨片规定了两种主副参考面的位置,即与主参考面成 180°和 135°两种;

——对 200 mm 切割片和研磨片规定了两种:由切口的和有参考面的(仅有主参考面而无副参考面),表征参考面尺寸采用主参考面直径;

——增加了对倒角后边缘轮廓的要求。

本标准应与 GB/T 12962、GB/T 12964 配套使用。

本标准由中国有色金属工业协会提出。

本标准由全国有色金属标准化技术委员会归口。

本标准由北京有色金属研究总院、中国有色金属工业标准计量质量研究所负责起草。

本标准主要起草人:孙燕、王敬、卢立延、贺东江、翟富义。

本标准由全国有色金属标准化技术委员会负责解释。

本标准所代替标准的历次版本发布情况为:

——GB/T 12965—1991;

——GB/T 12965—1996。

硅单晶切割片和研磨片

1 范围

本标准规定了硅单晶切割片和研磨片(简称硅片)的产品分类、术语、技术要求、试验方法、检测规则以及标志、包装、运输、贮存等。

本标准适用于由直拉、悬浮区熔和中子嬗变掺杂硅单晶经切割、双面研磨制备的圆形硅片。产品主要用于制作晶体管、整流器件等半导体器件,或进一步加工成抛光片。

2 规范性引用文件

下列文件中的条款通过本标准的引用而成为本标准的条款。凡是注年代的引用文件,其随后所有的修改单(不包括勘误的内容)或修订版均不适用于本标准,然而,鼓励根据本标准达成协议的各方研究是否可使用这些文件的最新版本。凡是不注年代的引用文件,其最新版本适用于本标准。

GB/T 1550 非本征半导体材料导电类型测试方法

GB/T 1552 硅、锗单晶电阻率测定 直排四探针法

GB/T 1554 硅晶体完整性化学择优腐蚀检验方法

GB/T 1555 半导体单晶晶向测定方法

GB/T 2828.1 计数抽样检验程序 第一部分:按接收质量限(AQL)检索的逐批检验抽样计划

GB/T 6616 半导体硅片电阻率及硅薄膜薄层电阻测定 非接触涡流法

GB/T 6618 硅片厚度和总厚度变化测试方法

GB/T 6620 硅片翘曲度非接触式测试方法

GB/T 6624 硅抛光片表面质量目测检验方法

GB/T 11073 硅片径向电阻率变化的测量方法

GB/T 12962 硅单晶

GB/T 12964 硅单晶抛光片

GB/T 13387 电子材料晶片参考面长度测试方法

GB/T 13388 硅片参考面结晶学取向X射线测量方法

GB/T 14140 硅片直径测量方法(所有部分)

GB/T 14844 半导体材料牌号表示方法

YS/T 26 硅片边缘轮廓检验方法

3 术语

下列术语适用于本标准。

3.1

主参考面直径 primary flat diameter

从主参考面的中心沿着垂直主参考面的直径,通过硅片达对面的边缘周边处的直线长度。参见GB/T 12964。

3.2

硅片切口 notch on a silicon wafer

在硅片上加工的具有规定形状和尺寸的凹槽。参见GB/T 12964。切口由平行规定的低指数晶向并通过切口中心的直径来确定。该直径又称取向基准轴。

3.3

合格质量区(FQA) fixed quality area

标称边缘除去X后,所限定的硅抛光片表面的中心区域,该区域内各参数的值均应符合规定值。

4 产品分类

4.1 分类

硅片按导电类型分为N型,P型两种类型,按硅单晶生长方法分为直拉(CZ)和悬浮区熔(FZ)和中子嬗变掺杂三种规格。

4.2 牌号

硅片的牌号表示:按GB/T 14844规定。

4.3 规格

4.3.1 硅片按直径分为ϕ50.8 mm、ϕ76.2 mm、ϕ100 mm、ϕ125 mm、ϕ150 mm和ϕ200 mm六种规格。

4.3.2 非标准直径要求由供需双方协商提供。

5 技术要求

5.1 物理性能参数

硅片的导电类型、掺杂剂、电阻率及径向电阻率变化、少数载流子寿命、氧、碳含量应符合GB/T 12962的规定。

5.2 几何参数

5.2.1 硅片的几何参数应符合表1的规定。

5.2.2 切割片、研磨片所有参数规格在表1中没有列出的,按供需双方协商提供。

表1 硅片几何尺寸参数要求

产品名称	项目		50.8	76.2	100	125	150	200
产品名称	硅片直径/mm		50.8	76.2	100	125	150	200
	直径允许偏差/mm		±0.4	±0.5	±0.5	±0.3	±0.3	±0.2
切割片	硅片厚度(中心点)/μm		≥260	≥220	≥340	≥400	≥500	≥600
	厚度允许偏差/μm		±15	±15	±15	±15	±15	±15
	总厚度变化/μm 不大于		10	10	10	10	10	10
	翘曲度(Warp)/μm 不大于		25	30	40	40	50	50
	崩边 mm 不大于		0.5	0.8	0.8	0.8	0.8	0.8
研磨片	硅片厚度(中心点)/μm		≥180	≥180	≥200	≥250	≥300	≥500
	厚度允许偏差/μm		±10	±10	±10	±15	±15	±15
	总厚度变化(TTV)/μm 不大于		3	5	5	5	5	5
	翘曲度(Warp)/μm 不大于		25	30	40	40	50	50
	崩边 mm 不大于	未倒角	0.5	0.8	0.8	0.8	0.8	0.8
		倒角	0.3					
主参考面长度/mm			16.0±2.0	22.5±2.5	32.5±2.5	42.5±2.5	57.5±2.5	57.5±2.5
副参考面长度/mm			8.0±2.0	11.5±1.5	18.0±2.0	27.5±2.5	37.5±2.5	无
切口	深度/mm		—	—	—	—	—	$1.0^{+0.25}_{-0.00}$
	角度/°		—	—	—	—	—	90^{+5}_{-1}
主参考面直径/mm			—	—	—	—	—	195.50±0.20

注:ϕ200 mm硅片的基准标记分为有切口的和有参考面的两种,有参考面的用主参考面直径来表征。

5.3 **晶体完整性**

硅片的晶体完整性应符合 GB/T 12962 的规定。

5.4 **表面取向**

5.4.1 硅片的表面取向为{100}或{111}。

5.4.2 硅片表面取向的偏离为:正晶向:0°±0.5°;偏晶向:({111}硅抛光片)

有主参考面的,硅片表面法线沿平行主参考面的平面向最邻近的<110>方向偏 2.5°±0.5°或 4.0°±0.5°。

有切口的,硅片表面法线沿垂直于切口基准轴的平面向最邻近的<110>方向偏 2.5°±0.5°或 4.0°±0.5°。

5.4.3 硅片是否制作参考面,由用户决定。

5.4.4 硅片主、副参考面取向位置和长度应符合表 2 及表 1 的规定。

5.5 **基准标记**

5.5.1 ≤ϕ150 mm 硅片参考面取向及位置应符合表 2 的规定。

表 2 硅片主副参考面位置

导电类型	表面取向	主参考面	副参考面
P	{111}	{110}[a]±1°	无
N	{111}	{110}±1°	与主参考面成 45°±5°
P	{100}	{110}±1°	与主参考面成 90°±5°
N	{100}	{110}±1°	与主参考面成 180°±5°(≤ϕ125 mm 硅片) 135°±5°(ϕ150 mm 硅片)

注:

[a] 对于(111)的硅片,可允许等效{110}的面是(1i0)、(01i)和(i01)晶面。

对于(100)硅片,可允许等效{110}的面是(01i)、(011)、(0i1)和(0ii)晶面。

5.5.2 ϕ200 mm 硅片分有切口的和有参考面的硅片两种,均无副参考面。切口和主参考面位置应符合表 3 要求,可分别参见 GB/T 12964。

表 3 切口及主考面位置

切口基准轴取向	{110}±1°
主参考面位置	{110}[a]±1°

注:

[a] 对(111)的硅片,可允许等效{110}的面是(1i0)、(01i)和(i01)晶面。

对于(100)硅片,可允许等效{110}的面是(01i)、(011)、(0i1)和(0ii)晶面。

5.6 **表面质量**

5.6.1 硅片崩边的径向延伸应符合表 1 的规定。每个崩边的周长不大于 2 mm,每片崩边总数不能多于 3 个,每批硅片中崩边硅片数不得超过总片数的 3%。

5.6.2 硅片不允许有裂纹、缺口。

5.6.3 硅片经清洗干燥后,表面应洁净、无色斑、无沾污。

5.6.4 硅切割片不得有明显切割刀痕。

5.6.5 硅研磨片表面应无划道、无刀痕。

5.7 边缘轮廓

硅片经边缘倒角，倒角后的边缘轮廓应符合 YS/T 26 的规定，特殊要求可由供需双方协商确定。

6 试验方法

6.1 硅片导电类型测量按 GB/T 1550 进行。

6.2 硅片电阻率测量按 GB/T 6616 进行。

6.3 硅片径向电阻率变化测量按 GB/T 11073 进行。

6.4 硅片晶向的测量按 GB/T 1555 进行。

6.5 硅片参考面长度测量按 GB/T 13387 进行。

6.6 硅片主参考面晶向测量按 GB/T 13388 进行。

6.7 硅片主参考面直径测量由供需双方商定的方法进行。

6.8 硅片切口尺寸的测量由供需双方协商确定。

6.9 硅片晶体完整性检验按 GB/T 1554 进行。

6.10 硅片直径测量按 GB/T 14140 进行。

6.11 硅片厚度和总厚度变化的测量按 GB/T 6618 进行。

6.12 硅片翘曲度测量按 GB/T 6620 进行。

6.13 硅片边缘轮廓检验方法按 YS/T 26 进行。

6.14 硅片表面质量检验按 GB/T 6624 进行。

7 检验规则

7.1 检查和验收

7.1.1 产品应由供方技术(质量)监督部门进行检验，保证产品质量符合本标准的规定，并填写产品质量保证书。

7.1.2 需方可对收到的产品按本标准的规定进行检验。若检验结果与本标准(或订货合同)的规定不符时，应在收到产品之日起三个月内向供方提出，由供需双方协商解决。

7.2 组批

硅片以批的形式提交验收，每批应由同一牌号，相同规格的硅片组成。

7.3 检验项目

每批硅片抽检的项目有：导电类型，晶向，晶向偏离，电阻率范围，径向电阻率变化，厚度，总厚度变化，翘曲度，表面质量，直径，主、副参考面位置和长度或切口尺寸及主参考面直径。

7.4 抽检

7.4.1 每批产品如属非破坏性测量的项目，检测按 GB/T 2828.1 一般检查水平Ⅱ，正常检查一次抽样方案进行，或由供需双方协商确定的抽样方案进行。

7.4.2 如属破坏性测量的项目，检测按 GB/T 2828.1 特殊检查水平 S-2，正常检查一次抽样方案进行，或由供需双方协商确定的抽样方案进行。

7.5 检验结果的判定

7.5.1 导电类型、晶向检验若有一片不合格，则该批产品为不合格。其他检验项目的合格质量水平(AQL)见表 4。

表 4 检测项目及合格质量水平

<table>
<tr><th>序 号</th><th colspan="2">检 验 项 目</th><th>合格质量水平(AQL)</th></tr>
<tr><td>1</td><td colspan="2">电阻率范围</td><td>1.0</td></tr>
<tr><td>2</td><td colspan="2">径向电阻率变化</td><td>1.0</td></tr>
<tr><td>3</td><td colspan="2">晶向偏离</td><td>1.0</td></tr>
<tr><td>4</td><td colspan="2">厚度偏差</td><td>1.0</td></tr>
<tr><td>5</td><td colspan="2">总厚度变化</td><td>1.0</td></tr>
<tr><td>6</td><td colspan="2">翘曲度</td><td>1.0</td></tr>
<tr><td>7</td><td colspan="2">直径及直径偏差</td><td>1.0</td></tr>
<tr><td>8</td><td colspan="2">切口尺寸</td><td>1.0</td></tr>
<tr><td>9</td><td colspan="2">参考面位置</td><td>1.0</td></tr>
<tr><td>10</td><td colspan="2">参考面长度(或直径)</td><td>2.5</td></tr>
<tr><td rowspan="7">11</td><td rowspan="7">表面质量</td><td>崩边</td><td>1.0</td></tr>
<tr><td>沾污</td><td>1.5</td></tr>
<tr><td>划伤,亮点</td><td>2.0</td></tr>
<tr><td>裂纹、缺口</td><td>1.0</td></tr>
<tr><td>刀痕</td><td>1.0</td></tr>
<tr><td>色斑</td><td>1.0</td></tr>
<tr><td>累计</td><td>2.5</td></tr>
</table>

7.5.2 抽检不合格的产品,供方可对不合格项进行全数检验,除去不合格品后,合格品可以重新组批。

8 标志、包装、运输和贮存

8.1 硅片用相应规格的盒子包装,每个片盒应贴有产品标签。标签内容至少应包括:产品名称(牌号),规格,片数,批号及日期,片盒再装入一定规格的外包装箱,采取防震、防潮、防污染措施。

8.2 包装箱内应有装箱单,外侧应有“小心轻放”、“防潮”、“易碎”等标识,并标明:

a) 需方名称,地点;
b) 产品名称,牌号;
c) 产品件数;
d) 供方名称。

8.3 每批产品应有质量证明书,写明:

a) 供方名称;
b) 产品名称及规格、牌号;
c) 产品批号;
d) 产品片数(盒数);
e) 各项参数检验结果和检验部门的印记;
f) 本标准编号;
g) 出厂日期。

8.4 产品在运输过程中应轻装轻卸,勿压勿挤,并采取防震防潮措施。

8.5 产品应贮存在清洁、干燥的环境中。

参 考 文 献

1. 美国 Ibis Technology 公司产品样本
2. SUMCO(美国)公司产品样本及介绍
3. SEH(美国)公司产品样本及介绍
4. WACKER(德国)公司产品样本及介绍
5. MEMC 电子材料公司产品介绍
6. 日本小松公司产品介绍
7. 国际半导体制造联合会(International SEMATECH)硅片规格
8. TOPSIL(丹麦)半导体材料公司产品样本
9. LG 硅(韩国)公司产品样本及介绍
10. 中美夕晶(台湾)公司产品样本

ICS 55.020
A 82

中华人民共和国国家标准

GB/T 13041—2005
代替 GB/T 13041—1991

包装容器　菱镁砼箱

Packaging containers—Magnesium oxychloride concrete case

2005-07-15 发布　　　　2006-01-01 实施

中华人民共和国国家质量监督检验检疫总局
中国国家标准化管理委员会　发布

前言

本标准是对 GB/T 13041—1991《包装容器　菱镁砼箱》的修订，与 GB/T 13041—1991 相比，主要差异如下：

1. 将原强制性标准改为推荐性标准；

2. 增补了标准的“前言”部分；

3. 修改了标准的“2 规范性引用文件”部分内容；

4. 修改了标准的“3 结构型式”部分内容；

5. 修改了标准的“4 技术要求”部分内容；

6. 修改了标准的“5 试验方法”部分内容；

7. 修改了标准的“7 标志、储存，使用及装卸”部分内容；

8. 修改原材料质量标准，提高轻烧氧化镁含量，并增补活性氧化镁含量，同时，还降低了木屑含水率等性能指标，列入本标准的附录。

本标准的附录 A 为规范性附录，附录 B 为资料性附录。

本标准由中国物流与采购联合会提出。

本标准由全国包装标准化技术委员会归口。

本标准起草单位：大连渤海新型建材有限公司、哈尔滨市长城菱镁砼制品厂、沈阳市菱镁金属制品厂、大连耐固包装制品有限公司、河南省宁陵县菱镁制品厂、长清县归德木材厂、济南市天桥区菱镁砼制品厂、莱州市虎头崖镇鲁鹏菱镁制品厂、苏州市长青菱镁制品厂。

本标准主要起草人：张秀茹、王杰、邱发成、李文民、张瑛、杨华、官建民、高大礼、李玉江、侯秀岭、任玉珂、沈宝泉。

包装容器　菱镁砼箱

1　范围

本标准规定了菱镁包装箱(以下简称“包装箱”)的结构型式、要求、试验方法、检验规则和标志、储存、使用说明书及运输。

本标准适用于菱镁砼制作的或以菱镁砼为主要构件与其他材料制成的构件组合而成的包装箱，对于单独使用的菱镁砼包装构件也可参照使用。

2　规范性引用文件

下列文件中的条款通过本标准的引用而成为本标准的条款。凡是注日期的引用文件，其随后所有的修改单(不包括勘误的内容)或修订版均不适用于本标准，然而，鼓励根据本标准达成协议的各方研究是否可使用这些文件的最新版本。凡是不注日期的引用文件，其最新版本适用于本标准。

GB/T 4857.9　包装　运输包装件　喷淋试验方法

GB/T 5398　大型运输包装件试验方法

GBJ 81—1990　普通混凝土力学性能试验方法

GBJ 107—1987　混凝土检验评定标准

WB/T 1018—2002　菱镁制品用工业氯化镁

WB/T 1019—2002　菱镁制品用轻烧氧化镁

3　结构型式

菱镁砼包装箱由底座、顶盖、侧板、端板通过联结件等组成，如图 1。

包装箱的一般结构型式参见附录 B。

3.1　构件

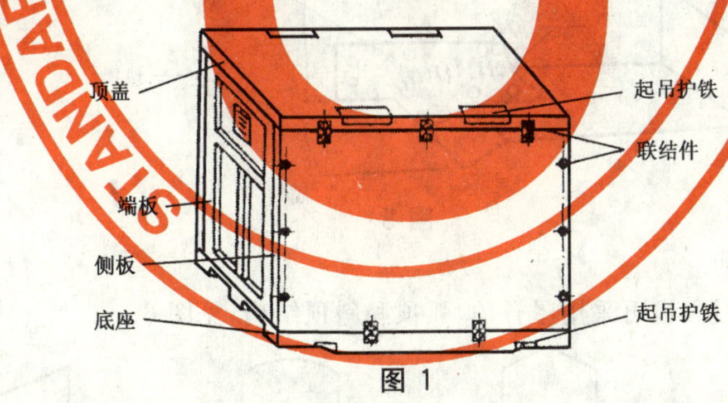

图 1

3.1.1　底座

3.1.1.1　底座的型式一般可分为整体式和框架式两种，见图 2。

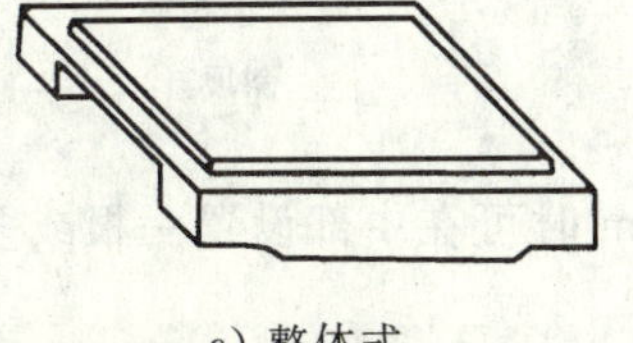

a) 整体式

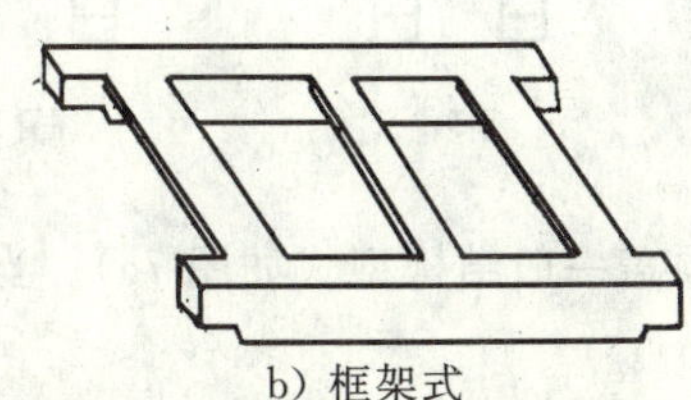

b) 框架式

图 2

3.1.1.2　根据内装物的质量、宽度、重心、固定位置，纵梁可采用两根或多根均匀布置或偏心布置。

3.1.1.3　纵梁两端应设吊槽和滚杠导入角，见图3。

图3

3.1.1.4　需要横向叉运的包装件，纵梁应设有叉槽，小于和等于5 000 kg的包装件叉槽一般型式如图4及表1。

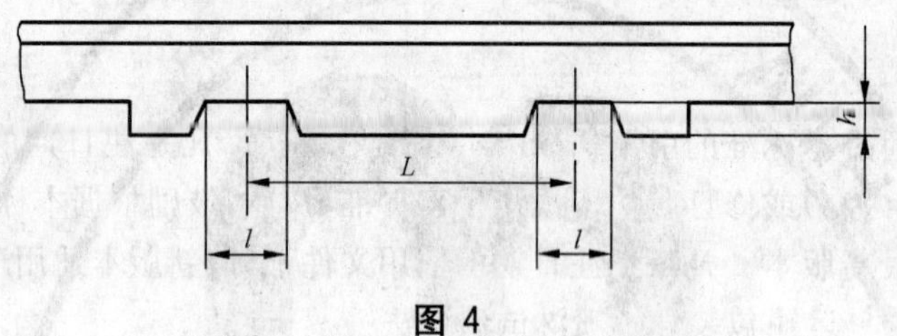

图4

表1　　　　单位为毫米

包装件质量/kg	L	l	h
≤2 000	＜900	300	＞60
2 001～5 000	＜1 200	＞400	＞75

3.1.1.5　包装件质量大于5 000 kg，纵梁的吊点处应设置起吊护铁，起吊护铁应有足够的强度，转角半径r不小于30 mm，应固牢在构件上，见图5。

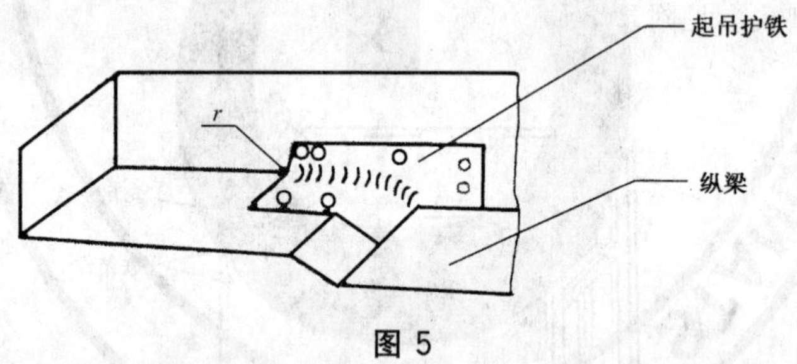

图5

3.1.2　顶盖

3.1.2.1　顶盖一般采用平顶，也可采用屋脊顶、弧顶和斜顶结构，见图6。

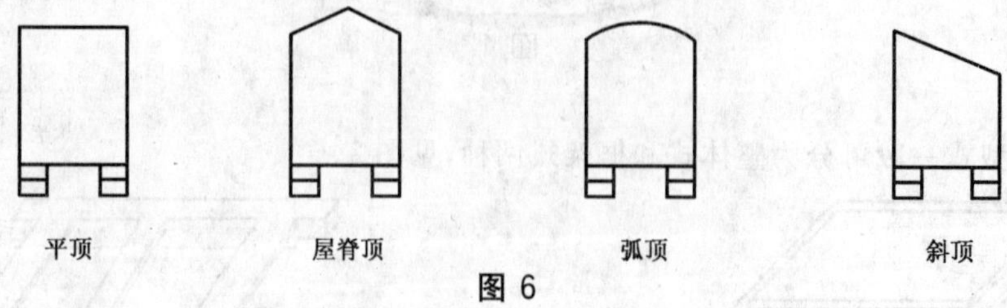

图6

3.1.2.2　顶盖一般结构型式如图7a)。当宽度为1.0 m～1.5 m时可在中部设置一根或多根纵向支撑。如图7b)。

a)　　　　b)

图 7

3.1.3 侧板和端板

3.1.3.1 侧板和端板的一般型式见图 8,框边和立柱的宽度、厚度应满足布筋要求和联接要求。框边和立柱结合部位应制成圆角或倒角,必要时端板应预留通风口。

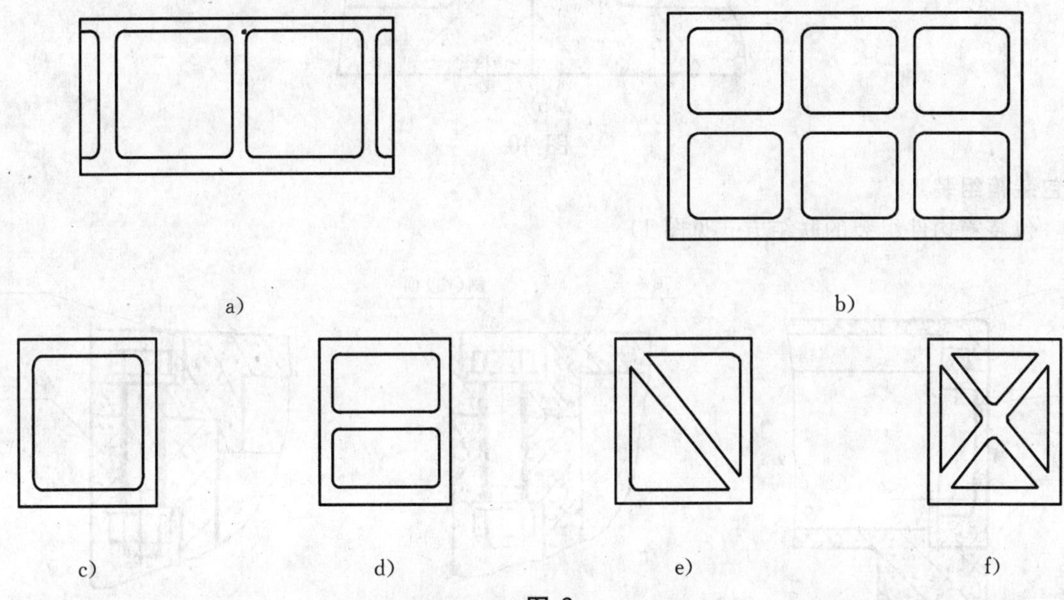

a)　　　　b)

c)　　d)　　e)　　f)

图 8

3.1.3.2 包装箱尺寸较大时,侧板和端板可制成拼接式结构,见图 9。必要时可用螺栓联接,见图 10。

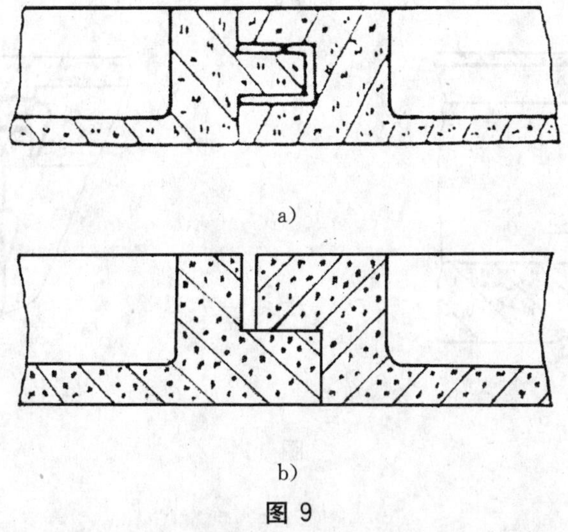

a)

b)

图 9

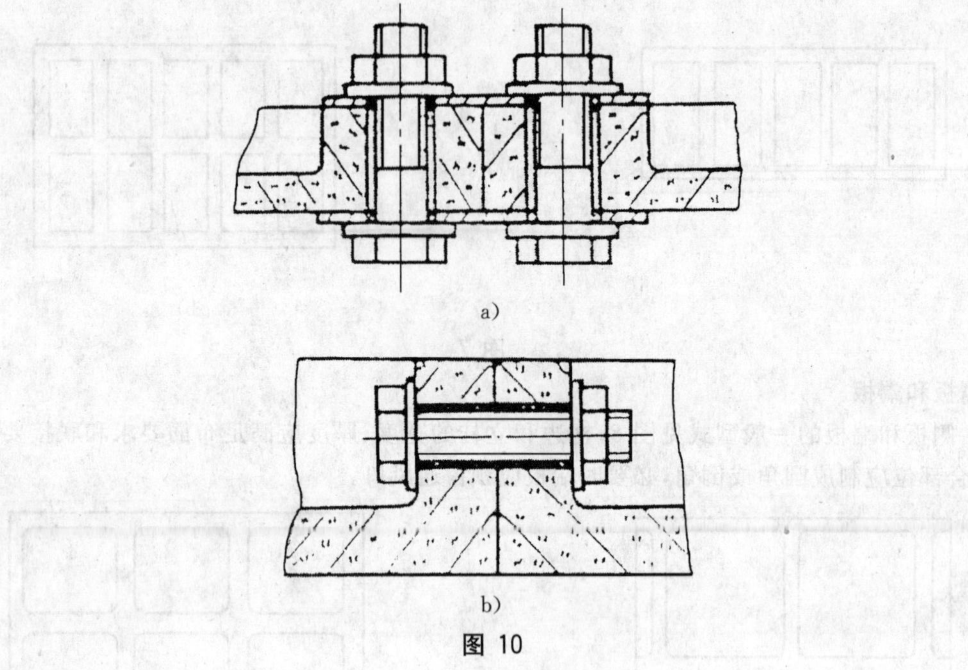

a)

b)

图 10

3.2 包装箱组装

3.2.1 包装箱构件组装的联结方式见图 11。

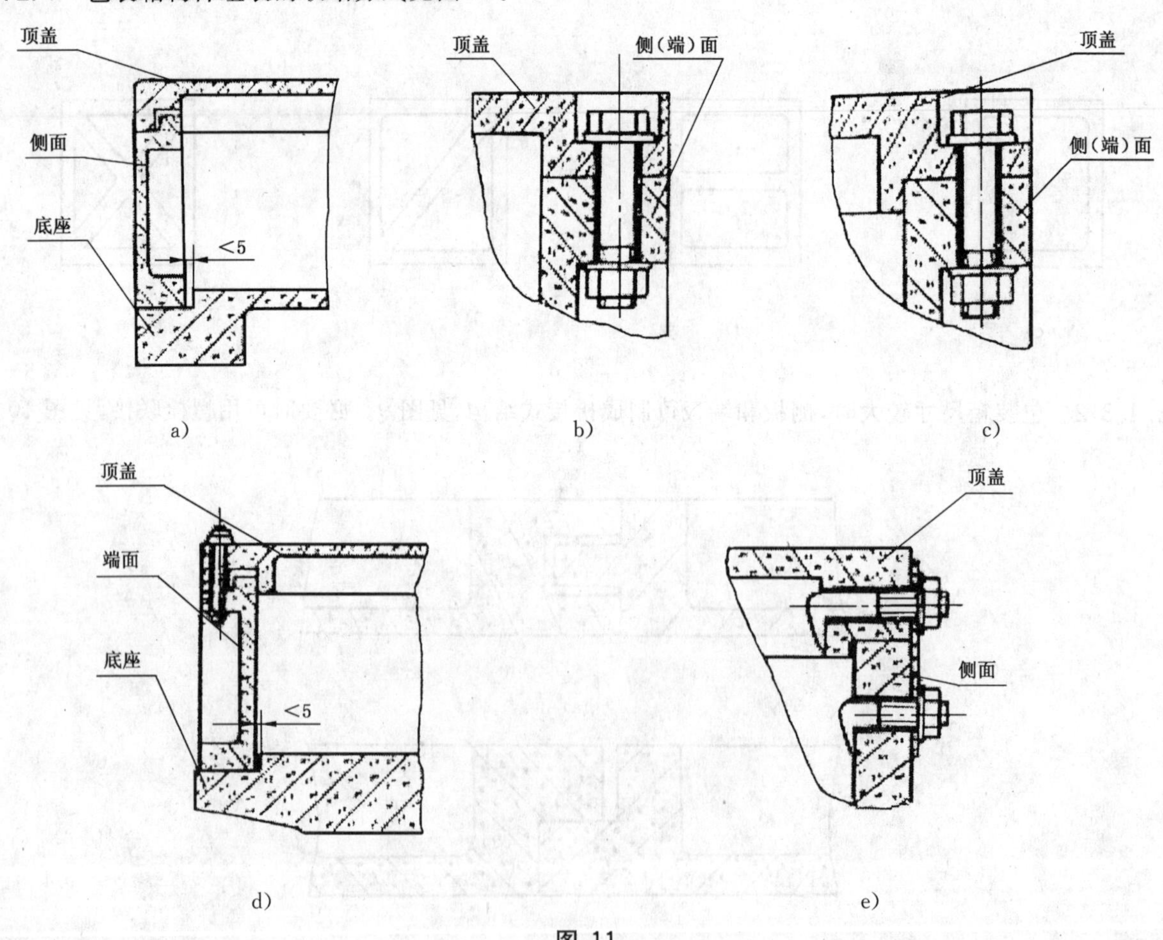

a)　b)　c)

d)　e)

图 11

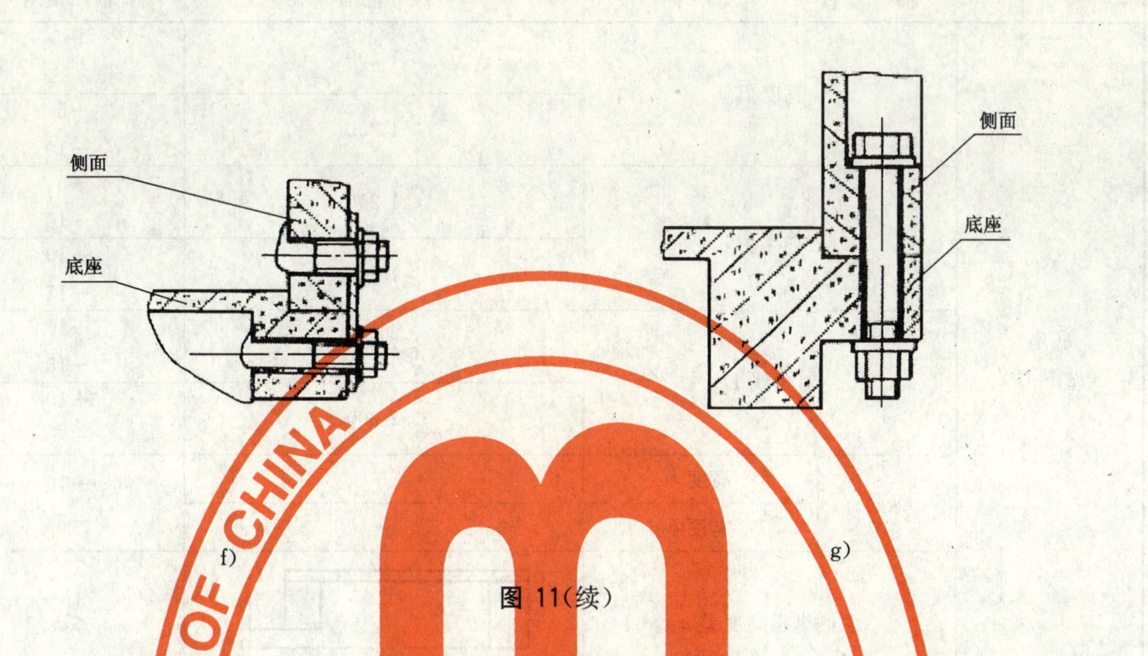

图 11(续)

3.2.2 允许以菱镁砼构件为底座，而顶盖、侧板、端板采用经试验证明性能可靠的其他材料制成的组合箱。不论采用何种材料都必须确保包装箱的强度要求和符合储运、装卸要求。

4 要求

4.1 包装箱除应符合本标准的要求外，还需按照经规定程序批准的包装设计图样及技术文件制造，应符合科学、经济、牢固、美观，适用的要求。

4.2 菱镁砼构件所使用的原材料应符合附录 A 的规定。

4.3 菱镁砼抗压强度 28 d 不小于 12 MPa。

4.4 构件表面质量应符合表 2 规定。

表 2

缺陷名称	缺陷限度	
	底座、纵梁、垫楞、底托等	侧板、端板、顶盖等
疏松	不允许	不允许
蜂窝	构件使用状态的底侧面不允许	在 100 cm^2 范围内不超过 10%，同一构件不多于 3 处
裂纹	不允许	不允许
露筋	不允许	不允许

4.5 尺寸极限偏差应符合表 3 规定。

表 3

单位为毫米

项目			尺寸范围	极限偏差
底座（见图 12）	宽度 B		≤1 200	+5 −5
			＞1 200	+5 −10
	长度 L		≤1 200	+5 −10
			＞1 200	+10 −15
	对角线 D		≤2 000	+10 −15
			＞2 000	+10 −20
	纵梁	高度 h	—	+10
		宽度 b	—	−5
	两侧纵梁高度差 a		a	≤5
上套（框架式）（见图 13）	框边厚度 d		—	+3 −3
	框边宽度 t		—	+6 −2
	侧板、端板、顶盖、对角线 E		≤1 500	+5 −15
			＞1 500	+10 −15
预留孔位置度			—	3
起吊位置 1			—	±20
封闭箱组合缝隙			≤1 500	≤5
			＞1 500	≤6
注：如有特殊要求，应按设计图样规定。				

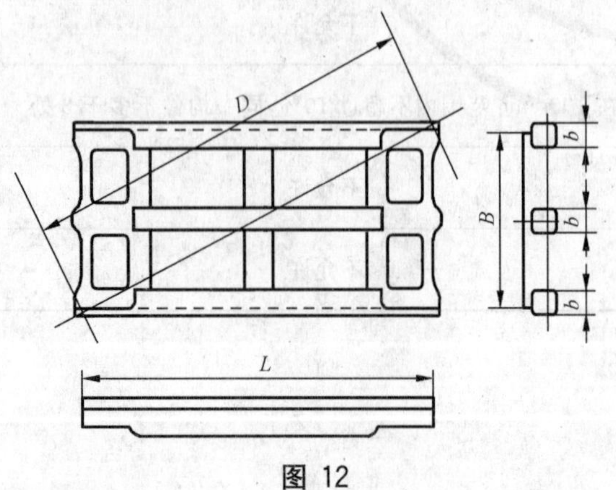

图 12

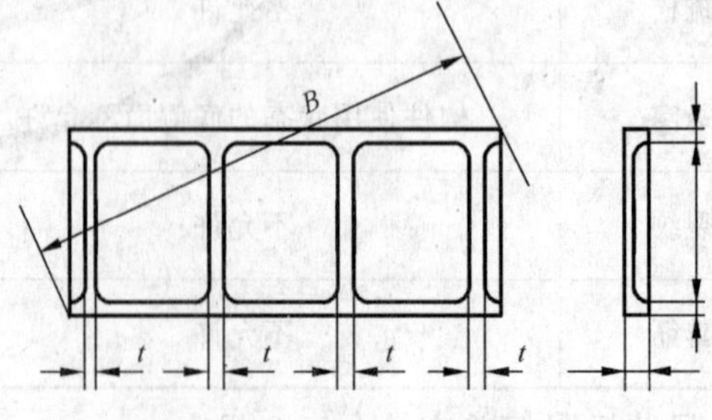

图 13

4.6 底座由三根或三根以上纵梁组成时,中间不得高于两侧。且纵梁、垫楞和底托的底面中部均不得凸出。

4.7 构件的强度、刚度应满足设计要求和包装箱试验要求。

4.7.1 受弯构件静载强度试验加载至出厂检验载荷 q_s 时：

a) 试件挠度值 $f<L/150$(L 为试件支点间距离,见图 18)；

b) 受压区菱镁砼不被压溃；

c) 试件不出现裂纹。

4.7.2 受弯构件静载强度试验加载至定型检验载荷 q_p 时：

a) 试件挠度值 $f<L/120$；

b) 试件受拉区出现的裂纹宽度小于 1.5 mm,长度不超过试件高度的二分之一；

c) 受压区菱镁砼不被压溃；

d) 试件不出现纵向顺裂或斜裂；

e) 筋材不被拉断。

4.8 包装箱按规定的项目试验后检验构件各部位不得有明显破损、变形等缺陷。滚运时,纵梁底面总剥落面积不得超过其底面积的四分之一,且不能露筋。封闭箱在喷淋试验后,箱内不得漏水。装高精度产品或电工产品时,箱内不得有渗水。

4.9 隐蔽工程记录应完整、正确。

5 试验方法

5.1 菱镁砼抗压强度试验方法

菱镁砼抗压强度的检验评定应符合 GBJ 107—1987 的规定。

5.1.1 试块

5.1.1.1 在构件生产时,按相同原材料,相同配比的菱镁砼制成 100 mm×100 mm×100 mm 试块。每批制作三组(每组三块),试块抗压强度应大于或等于 12 MPa。

5.1.1.2 试样应置于室温 23℃±5℃,相对湿度 60%～75%的环境下,养护龄期不应少于 28 d。

5.1.2 菱镁砼抗压强度按式(1)计算：

$$K = P/A \qquad (1)$$

式中：

K——试块抗压强度,单位为兆帕斯卡(MPa)；

P——破坏载荷值,单位为牛顿(N)；

A——试块承压面积,单位为平方毫米(mm^2)。

5.2 底座构件强度试验方法

试验时,载荷布置应符合设计规定,允许按等效载荷原则换算加载。

5.2.1 载荷值的计算

a) 构件出厂检验载荷 q_s 按式(2)计算：

$$q_s = K_1 \times q_b \qquad (2)$$

式中：

q_s——构件出厂检验载荷,单位为牛顿(N)；

K_1——系数,取 1.5；

q_b——设计额定载荷或换算的等效载荷,单位为牛顿(N)。

b) 构件出厂检验载荷 q_p 按式(3)计算：

$$q_p = K_2 \times q_b \qquad (3)$$

式中：

q_p——构件出厂检验载荷,单位为牛顿(N)；

K_2——系数(按设计采用的安全系数)。

5.2.1.1 **支承型式**

采用简支承。试验时一端用铰支承,另一端采用滚动支承,底座(或底盘)的支承型式按受力情况有如下三种类型(若底座为三根以上纵梁时,其支承仍为四点):

a) 起吊型:支承点应在吊槽位置,见图 14(整体式底座)、图 15(框架式底座)。

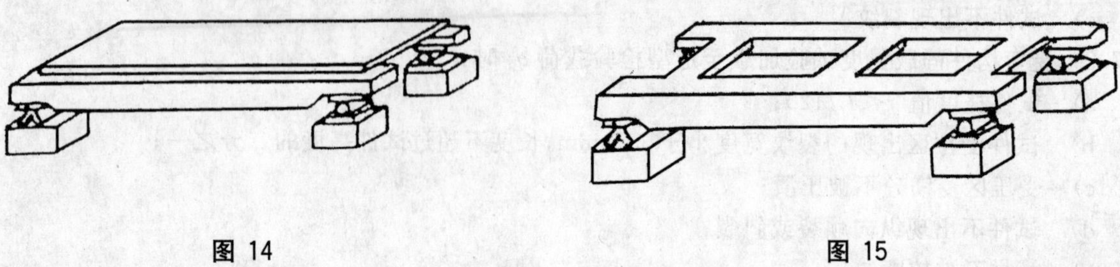

图 14　　图 15

b) 叉运型:见图 16。

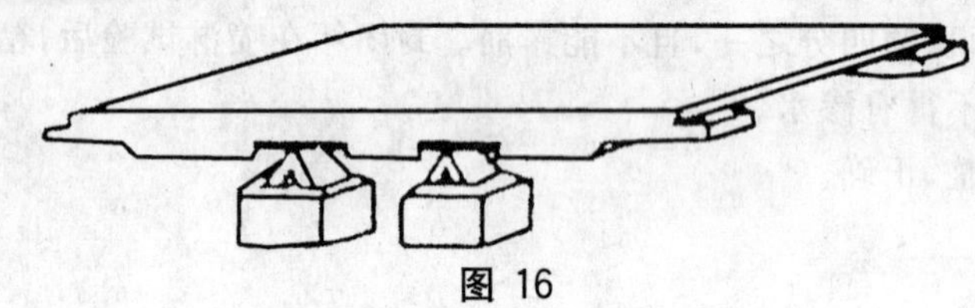

图 16

c) 滚运型:见图 17。

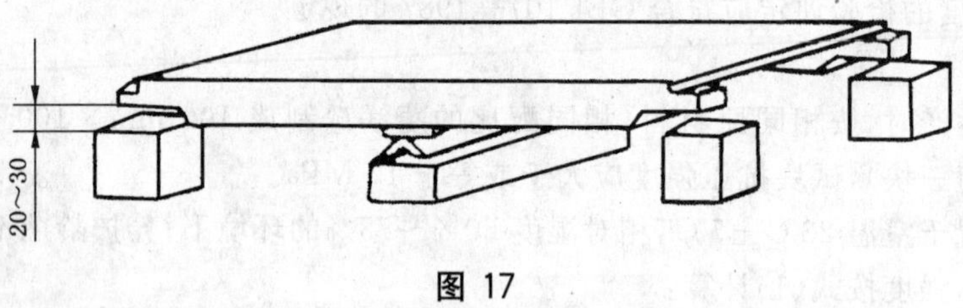

图 17

5.2.1.2 **加载方法及测试记录**

a) 测挠度方法:采用百分表测量;也可采用绷线法测挠度,见图 18。

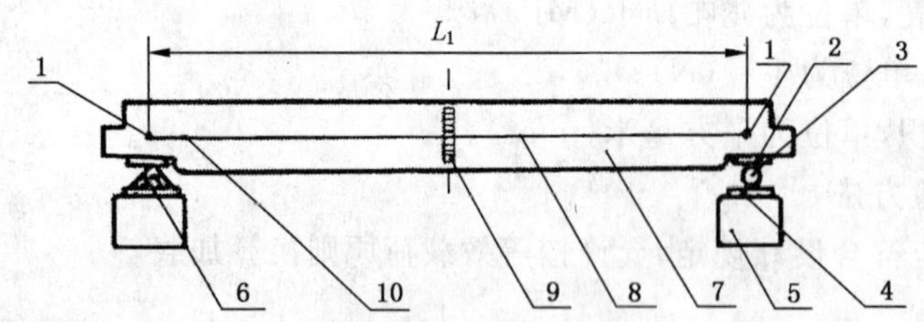

1——钢钉;
2——垫板;
3——圆钢;
4——垫板;
5——支墩;
6——角钢;
7——试验构件;
8——线绳;
9——坐标纸;
10——橡皮筋。

图 18

b) 加载方法：用重物或其他加载方法加载，并按以下规定分级加载：

第一级加载至设计额定载荷(或等效载荷)q_b，恒载 10 min；

第二级加载至出厂检验载荷(或等效载荷)P_s，恒载 10 min；

第三级加载至定型检验载荷(或等效载荷)q_p。自出厂检验载荷 q_s 加载至定型检验载荷 q_p 时，每次加载值应为设计额定载荷(或等效载荷)q_p 的 20%，逐次加载至定型检验载荷 q_p，且每次加载后其恒载时间不少于 10 min。

若构件只要求作出厂检验时，则不进行第三级加载，但第二级加载后，其恒载时间为 1 h。每级加载后，均需检查并记录构件的裂纹情况和挠度值，按表 4 要求记录。

表 4　菱镁砼构件检验表　　　　年　月　日

构件型号名称		构件尺寸	长×宽×高/mm			生产日期		实测尺寸	长×宽×高/mm	
		纵梁截面尺寸	宽×高/mm						宽×高/mm	
设计额定载荷/N		计算最大弯矩				检验日期		备注		
记录内容										
检验	载荷值/N	加载时间/h 或 min	裂纹 宽×长/mm	裂纹 数量	挠度/mm	恒载/mm	裂纹 宽×长/mm	裂纹 数量	挠度/mm	备注
第一级 q_b										
第二级 q_s										
第三级 q_p										
试块抗压强度/MPa						竹、苇筋材抗拉强度/MPa				
构件实际受力图						构件检验受力图				
检验结论：										

记录：　　　　　　　　　　　　检验：　　　　　　　　　　　　审核：

5.3 包装箱试验

进行以下各项试验时，应采用实际内装物进行试验，亦可采用重量、重心、受力状态和固定方式等与实际内装物相接近的模拟物进行试验。

5.3.1 起吊试验

按 GB/T 5398 的规定。

5.3.2 侧、端板承载试验

按 GB/T 5398 的规定。

5.3.3 面、棱跌落试验

按 GB/T 5398 的规定。

5.3.4 叉运试验

5.3.4.1　将包装件平置于垫块上，垫块高度和位置应满足叉运要求(构件自身设有叉槽者，则不需再加垫块)。

5.3.4.2　根据包装件特点，可横向或纵向进叉，进叉位置应适宜，防止包装件在试验时颠落。

5.3.4.3　将叉升起至 1.5 m～2.0 m 颤动降落，往复 3 次～4 次。有条件时，也可在三级公路的中级路面上，以 10 km/h～20 km/h 的速度行驶，行程不少于 2 km，叉升高度以 300 mm～400 mm 为宜。

5.3.5 **滚运试验**

5.3.5.1 滚杠直径以 80 mm～120 mm 为宜，但同一试验用的滚杠直径应相同，滚杠长度应大于包装件宽 300 mm 左右，试验应在坚硬路面上进行。

5.3.5.2 将包装件平置于滚杠上，滚杠间距一般为 300 mm～400 mm，纵梁与滚杠之间不允许加衬垫物。

5.3.5.3 将拖绳兜在底座上，先作直线缓慢拖动，距离不小于 20 m(可往复)；再作转体拖动，转体达到的转角应大于 90°，最后以一根滚杠通过纵梁全长。

5.3.6 **公路运输试验**

将包装件置于载重车的中、后部，装载量为满载时的三分之一，在三级公路的中级路面上以 25 km/h～40 km/h 的车速行驶，行驶距离不小于 200 km。

5.3.7 **喷淋试验**

按 GB/T 4857.9 的规定。喷淋时间按表 5 选用。

表 5

适用范围	以菱镁砼制作的底座，其他材料制作的顶盖、侧、端板组合而成并在连接处有防水设施的包装箱	封闭箱
喷淋时间	10 min	1 h

6 检验规则

包装箱必须进行出厂检验和型式检验。

6.1 出厂检验

6.1.1 出厂检验项目：

a) 菱镁砼试块抗压强度试验；

b) 受弯构件静载强度试验；

c) 外观质量；

d) 尺寸极限偏差；

e) 隐蔽工程记录。

6.1.2 抽样方法

数量按每批出厂件的 1% 抽取，但不得少于 3 件。

6.1.3 判定规则

检验结果应满足 4.3～4.7 和 4.9 的规定。如在抽检件中有一件不合格时，应按 6.1.2 的规定增加一倍数量再行复检。若其中仍有不合格件，则该批产品作不合格处理。

6.2 型式检验

6.2.1 有下列情况之一时，应进行型式检验：

a) 新产品或老产品转厂生产的试制定型鉴定；

b) 正式生产后，如结构、材料、工艺有较大改变，可能影响产品性能时；

c) 产品长期停产后，恢复生产时；

d) 出厂检验结果与上次型式检验有较大差异时；

e) 国家质量监督机构提出进行型式检验的要求时。

6.2.2 检验项目

检验项目除出厂检验项目外，还应包括包装箱试验的检验项目：

a) 起吊试验；

b) 侧、端板承载试验；

c) 叉运试验；

d) 滚运试验；

e) 面、棱跌落试验；

f) 公路运输试验；

g) 喷淋试验。

其中面、棱跌落试验、公路运输和喷淋试验项目的选择按有关专业产品标准的要求。

6.2.3 抽样方法

根据产品特点确定，一般为3件。

6.2.4 判定规则

检验结果应满足4.3～4.9的规定。如在抽检件中有一件不合格时，应加倍进行复检，若仍有不合格件时，视为不合格产品。

7 标志、储存、使用说明书及装卸

7.1 构件出厂标志

构件出厂时，在适当位置加印制造厂名称、生产日期或批号，生产者代号及吊装位置的标志。

7.2 储存

7.2.1 构件应按规格、型号分类平整堆放，严防在养护过程中变形。

7.2.2 构件及包装件在仓储期间，不应在水中浸泡，底部距地面应垫起不小于150 mm的高度，顶面不应有储水条件。

7.3 使用说明书，内容如下：

a) 产品简介；

b 产品性能；

c) 使用方法：

凡受湿构件不得立即使用。

内装物必须垫稳、卡紧、固牢在底座上。顶盖、侧板、端板与内装物之间必须留有适当间隙。

包装箱应置于平整硬实的地面上使用。

d) 注意事项。

7.4 装卸

7.4.1 包装箱及包装件在装卸过程中，必须按规定的起吊或叉铲位置进行操作，严禁对角线起吊或并箱起吊。

7.4.2 叉运时不准用叉尖对构件直接顶推。

附 录 A
（规范性附录）
包装容器　菱镁砼箱原材料质量标准

A.1　轻烧氧化镁

轻烧氧化镁的质量应符合 WB/T 1019—2002 的要求。其外观质量应符合该 WB/T 1019—2002 中 4.1 的要求；化学成分应符合表 A.1 的要求；轻烧氧化镁及其配制的氯氧镁水泥的物理力学性能应符合本附录表 A.2 的要求。

表 A.1　化学成分

测定项目		性能指标
总氧化镁(MgO)/(%)	不小于	80
活性氧化镁(MgO)/(%)	不小于	60
游离 CaO/(%)	不大于	2.0
烧失量/(%)		4～9

表 A.2　物理力学性能

测定项目			性能指标
细度	125 mm(120 目)方孔筛筛余率/(%)	不大于	3.0
凝结时间	初凝/min	不小于	45
	终凝/h	不大于	6
安全性(用试饼法检验)			合格
抗折强度/MPa	3 d	不小于	4.0
	28 d	不小于	6.5
抗压强度/MPa	3 d	不小于	21.0
	28 d	不小于	32.5

A.2　氯化镁

氯化镁的质量应符合 WB/T 1018—2002 的要求。其外观质量应符合 WB/T 1018—2002 中 3.1 的要求；化学成分应符合本附录表 A.3 的要求。

表 A.3　菱镁制品用工业氯化镁化学成分

测定项目		指标/(%)
氯化镁($MgCl_2$)	不小于	45.00
氯化钠(NaCl)	不大于	1.50
氯化钾(KCl)	不大于	0.70
氯化钙($CaCl_2$)	不大于	1.00
硫酸根离子(SO_4^{2})	不大于	3.00

A.3 填料——木屑

对填料——木屑的要求为：含水率不大于30%，含泥量不大于3%，且不得霉烂变质。

A.4 筋材料——竹、苇

竹：用于筋材的竹应符合表A.4的要求。

苇：用于筋材的苇应符合表A.4的要求。

表 A.4 竹、苇质量标准要求

品种	生长期	抗拉强度/MPa	腐朽	虫蛀
竹	一年生以上	不小于137	不允许	不允许
苇	一年生	不小于117	不允许	不允许

附 录 B
（资料性附录）
包装箱一般结构型式示意图

B.1 结构型式：平顶。侧板、端板的框架露在箱体外面，联结件紧固，见图 B.1。

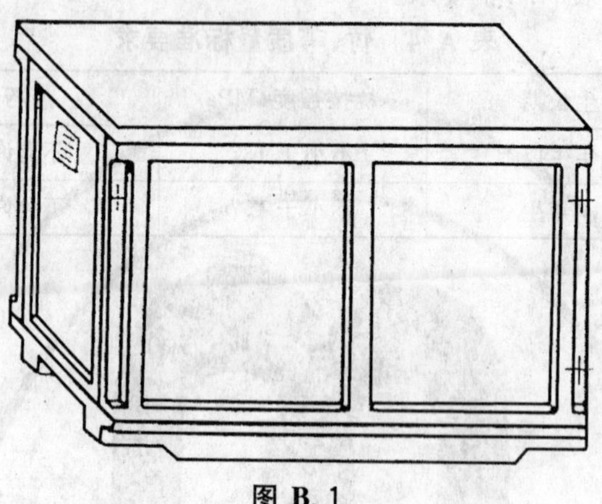

图 B.1

B.2 结构型式：平顶。侧板、端板的框架露在箱体外面，用联结件紧固，带有叉槽，见图 B.2。

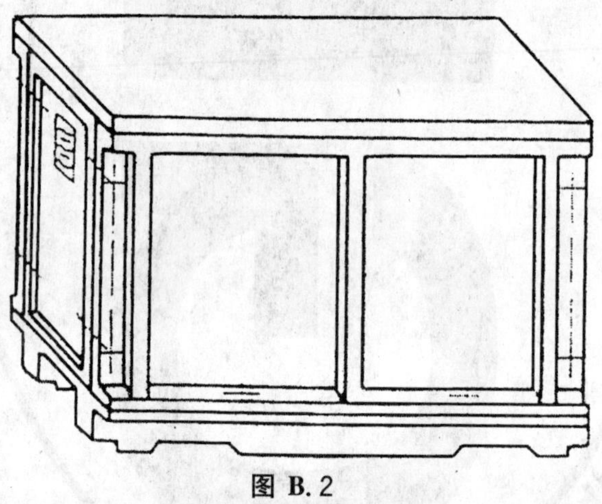

图 B.2

B.3 结构型式：屋脊顶。侧板的框架在箱体里面，用联结件联结，带起吊护铁，见图 B.3。

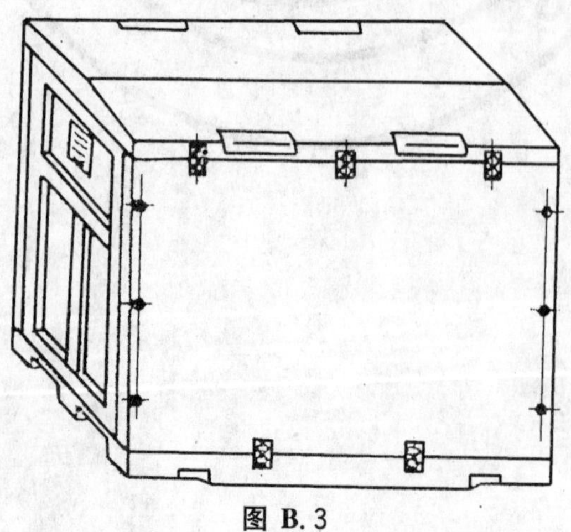

图 B.3

B.4 结构型式：上下联接式，见图 B.4。

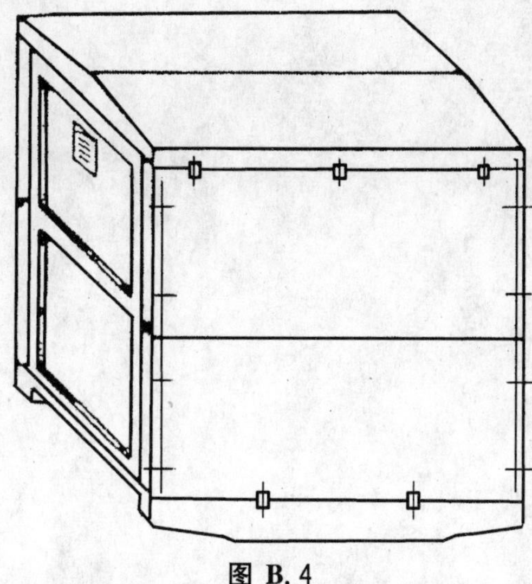

图 **B.4**

B.5 结构型式：花格式，见图 B.5。

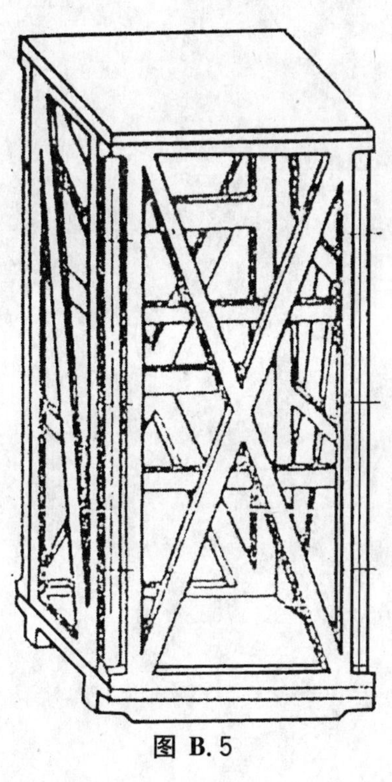

图 **B.5**

ICS 65.120
B 46

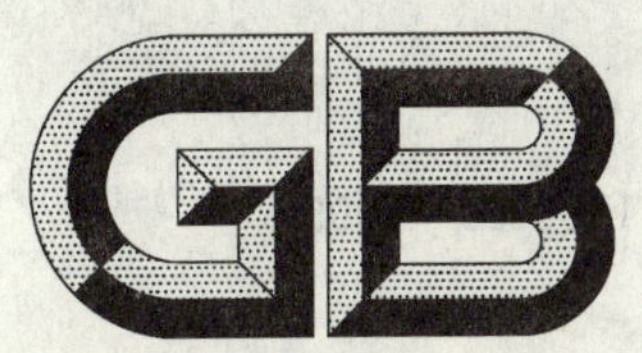

中华人民共和国国家标准

GB/T 13080.2—2005

饲料添加剂　蛋氨酸铁（铜、锰、锌）螯合率的测定　凝胶过滤色谱法

Feed additive—Determination of chelation percentage of iron、copper、manganese and zinc methionine—Gel filtration chromatography

2005-09-05 发布　　　　2006-02-01 实施

中华人民共和国国家质量监督检验检疫总局
中国国家标准化管理委员会　发布

前　言

本标准是在国内生产实际基础上研究制定的。

本标准由全国饲料工业标准化技术委员会提出并归口。

本标准起草单位:国家饲料质量监督检验中心(武汉)、长沙兴嘉生物工程有限公司、广州康瑞德生物技术有限公司。

本标准主要起草人:杨林、杨海鹏、杨先奎、刘贤荣、黄逸强、陈璇、钱沁。

饲料添加剂　蛋氨酸铁(铜、锰、锌)螯合率的测定　凝胶过滤色谱法

1　范围

本标准规定了用凝胶色谱法测定蛋氨酸、羟基蛋氨酸与可溶性铁、铜、锰、锌盐反应生成的螯合物螯合率的方法。

本标准适用于蛋氨酸铁、蛋氨酸铜、蛋氨酸锰、蛋氨酸锌、羟基蛋氨酸铁、羟基蛋氨酸铜、羟基蛋氨酸锰、羟基蛋氨酸锌等螯合物螯合率的测定。

2　规范性引用文件

下列文件中的条款通过本标准的引用而成为本标准的条款。凡是注日期的引用文件，其随后所有的修改单(不包括勘误的内容)或修订版均不适用于本标准，然而，鼓励根据本标准达成协议的各方研究是否可使用这些文件的最新版本。凡是不注日期的引用文件，其最新版本适用于本标准。

GB/T 6682　分析实验室用水规格和试验方法(neq ISO 3696:1987)

GB/T 13885　饲料中铁、铜、锰、锌、镁的测定　原子吸收光谱法

GB/T 14699.1　饲料　采样

3　原理

试样在水中加热、离心后，分成沉淀和溶液两部分。溶液中所含的可溶性氨基酸螯合物及金属离子经过凝胶分离，在规定条件下洗脱，金属离子形成氢氧化物沉淀，将固定在凝胶柱顶端无法洗脱，可溶性氨基酸螯合物则可通过配体氨基酸的携带从凝胶柱上洗脱下来，实现和金属离子的分离；可溶性氨基酸螯合物洗脱分离完成后，加入EDTA溶液洗脱，使金属离子从色谱柱上洗脱。用原子吸收光谱法测定沉淀态氨基酸螯合物、可溶性氨基酸螯合物及金属离子的含量，分别计算出沉淀态氨基酸螯合物、可溶性氨基酸螯合物占金属元素总量的比例即可计算出相应的氨基酸螯合物的螯合率。

4　试剂和溶液

实验用水应符合GB/T 6682中二级用水的规格。所用试剂除特殊规定外，均为分析纯。

4.1　氢氧化钠溶液[$c(NaOH)=0.1$ mol/L]：称取2.00 g氢氧化钠溶于500 mL水中，混匀。

4.2　硼酸溶液[$c(H_3BO_3)=0.4$ mol/L]：称取12.28 g硼酸溶于500 mL水中，混匀。

4.3　氯化钾溶液[$c(KCl)=0.2$ mol/L]：称取7.455 g氯化钾溶于500 mL水中水，混匀。

4.4　洗脱液的配制

4.4.1　pH7.0的洗脱液：分别量取1.0 mL氢氧化钠溶液(4.1)，12.5 mL硼酸溶液(4.2)，12.5 mL氯化钾溶液(4.3)，注入100 mL容量瓶，用水稀释至刻度。

4.4.2　pH9.0的洗脱液：分别量取20.8 mL氢氧化钠溶液(4.1)，12.5 mL硼酸溶液(4.2)，12.5 mL氯化钾溶液(4.3)，注入100 mL容量瓶，用水稀释至刻度。

4.4.3　pH10.0的洗脱液：分别量取43.7 mL氢氧化钠溶液(4.1)，12.5 mL硼酸溶液(4.2)，12.5 mL氯化钾溶液(4.3)，注入100 mL容量瓶，用水稀释至刻度。

4.5　乙二胺四乙酸二钠(EDTA)溶液[$c(EDTA)=0.1$ mol/L]：称取37.2 g乙二胺四乙酸二钠加热溶于100 mL水中，混匀。

4.6 葡聚糖凝胶:G-15。

4.7 盐酸溶液:将1体积的盐酸加入到10体积的水中,混匀。

5 仪器

5.1 恒温水浴锅:30℃~80℃可调。

5.2 原子吸收分光光度计:波长范围190 nm~900 nm。

5.3 离心机:3 000 r/min。

5.4 色谱柱:长300 mm,内径9 mm。

5.5 恒流泵。

6 试样制备

按GB/T 14699.1取有代表性的样品至少2 kg,用四分法缩减至约250 g,粉碎过0.42 mm孔筛,混匀,装入样品瓶内密闭保存,备用。

7 测定步骤

7.1 试样预处理

称取试样约0.5 g,精确到0.000 2 g,置于25 mL离心管中,加入15 mL水,于60℃水浴中加热30 min,不时搅拌,使试样充分溶解,用离心机于3 000 r/min离心10 min。将上清液小心移入25 mL容量瓶中,沉淀分别用4 mL热水(60℃)洗涤、离心三次,上清液一并移入25 mL容量瓶中,定容,得到可溶性氨基酸螯合物及游离金属离子溶液,称为溶液A。沉淀用10 mL盐酸溶液(4.7)溶解,转入另一25 mL容量瓶中,用水稀释至刻度,得沉淀态氨基酸螯合物溶液,称为溶液B。

7.2 凝胶色谱

7.2.1 凝胶的制备

称取约10 g G-15凝胶(4.6)于50 mL水中,室温下溶胀3 h以上,配制成凝胶悬浮液。

7.2.2 凝胶的装柱及平衡

将色谱柱垂直安装在无直接光照射处,加入pH7.0(4.4.1)洗脱液,除去气泡,气泡除尽后立即关闭出口开关。沿玻璃棒将排尽气泡的凝胶悬浮液(7.2.1)一次倾入色谱柱内,待凝胶全部倾入柱内后,开启柱下面的出口开关,使凝胶自然沉降(注意不得流干),控制凝胶部分长度在15 cm~20 cm。接上恒流泵,开启柱下面出口开关,用约50 mL pH7.0洗脱液(4.4.1)洗涤凝胶柱。

7.2.3 上样

排出洗脱液至凝胶表面近于流干,关闭出口开关。用吸管移取0.2 mL溶液A(7.1),吸管口离凝胶表面约1 mm,小心加入,使之均匀渗入凝胶表面。打开出口开关,用少量洗脱液小心洗涤柱壁周围及残留在凝胶表面的样品。注入洗脱液,并接上恒流泵。测定铜、铁、锌的螯合物时,用pH9.0洗脱液(4.4.2);测定锰的螯合物时,用pH10.0洗脱液(4.4.3)。

7.2.4 洗脱分离

7.2.4.1 可溶性螯合金属元素的分离

用相应pH的洗脱液洗脱,流速为0.7 mL/min,收集洗出组分约100 mL,定容至100 mL,得可溶性氨基酸螯合物溶液,称为溶液C。

7.2.4.2 游离态金属离子的分离

可溶性氨基酸螯合物分离完成后,在色谱柱顶端用吸管移入1 mL EDTA溶液(4.5),用pH7.0洗脱液(4.4.1)继续洗脱,合并所有洗出组分,定容至100 mL,得金属离子溶液,称为溶液D。

8 测定

将上述溶液A(7.1)、溶液B(7.1)、溶液C(7.2.4.1)、溶液D(7.2.4.2)稀释至一定浓度(稀释倍数视含量而定)，按 GB/T 13885 上机测定，分别测定溶液中金属元素的含量。

9 螯合率的计算

氨基酸螯合物螯合率按式(1)计算：

$$X=\left(\frac{C_A V_A}{C_A V_A+C_B V_B}\times\frac{C_C V_C}{C_C V_C+C_D V_D}+\frac{C_B V_B}{C_A V_A+C_B V_B}\right)\times 100\% \quad \cdots\cdots\cdots\cdots(1)$$

式中：

X——氨基酸螯合物螯合率，%；

C_A、C_B、C_C、C_D——分别为 A、B、C、D 溶液中金属离子的含量，单位为微克每毫升(μg/mL)；

V_A、V_B、V_C、V_D——分别为 A、B、C、D 溶液的体积，单位为毫升(mL)。

计算结果表示到小数点后一位。每个试样取两份试料进行平行试验，以算术平均值为测定结果。

10 重复性

在重复性条件下获得的两次独立测试结果的绝对差值不大于这两个测定值的算术平均值的 5%，以大于这两个测定值的算术平均值的 5%的情况不超过 5%为前提。

ICS 65.120
B 46

中华人民共和国国家标准

GB/T 13085—2005
代替 GB/T 13085—1991

饲料中亚硝酸盐的测定 比色法

**Determination of nitrite in feed—
Method using colorimetric analysis**

2005-09-05 发布 2006-02-01 实施

中华人民共和国国家质量监督检验检疫总局
中国国家标准化管理委员会 发布

前言

本标准是参考了 GB/T 5009.33《食品中亚硝酸盐与硝酸盐的测定方法》,并结合起草单位多年科研工作实践而制定的。

本标准是 GB/T 13085—1991《饲料中亚硝酸盐的测定方法》的修订本。本标准与 GB/T 13085—1991 的主要技术差异是:

(1) 改变了蛋白质沉淀剂,在弱碱性条件下,用硫酸锌沉淀样品中蛋白质;

(2) 用氯化铵缓冲液和乙酸溶液调节显色反应体系的 pH 值,因而提高了过滤速度,节约了样品预处理时间,提高了显色稳定性。

本标准自实施之日起,代替 GB/T 13085—1991。

本标准由全国饲料工业标准化技术委员会提出并归口。

本标准起草单位:华中农业大学。

本标准主要起草人:齐德生、于炎湖、易俊东、黄炳堂。

本标准 1991 年首次发布,本次为第一次修订。

饲料中亚硝酸盐的测定　比色法

1　范围

本标准规定了以重氮偶合比色法测定饲料中亚硝酸盐的方法。

本标准适用于饲料原料、配合饲料、浓缩饲料及精料补充料中亚硝酸盐的测定。方法的检出限为0.64mg/kg。

2　规范性引用文件

下列文件中的条款通过本标准的引用而成为本标准的条款。凡是注日期的引用文件，其随后所有的修改单(不包括勘误的内容)或修订版均不适用于本标准，然而，鼓励根据本标准达成协议的各方研究是否可使用这些文件的最新版本。凡是不注日期的引用文件，其最新版本适用于本标准。

GB/T 6682　分析实验室用水规格和试验方法

GB/T 14699.1　饲料　采样

3　原理

样品在弱碱性条件下除去蛋白质，在弱酸性条件下试样中的亚硝酸盐与对氨基苯磺酸反应，生成重氮化合物，再与N-1-萘基乙二胺偶合形成紫红色化合物，进行比色测定。

4　试剂

试剂不加说明者，均为分析纯试剂，水应符合GB/T 6682三级用水。

4.1　氯化铵缓冲液：1 000 mL容量瓶中加入500 mL水，加入20 mL盐酸，混匀，加入50 mL氢氧化铵，用水稀释至刻度。用稀盐酸和稀氢氧化铵调节pH至9.6～9.7。

4.2　硫酸锌溶液(0.42 mol/L)：称取120g硫酸锌($ZnSO_4 \cdot 7H_2O$)，用水溶解，并稀释至1 000 mL。

4.3　氢氧化钠溶液(20 g/L)：称取20 g氢氧化钠，用水溶解，并稀释至1 000 mL。

4.4　60%乙酸溶液：量取600 mL乙酸于1 000 mL容量瓶中，用水稀释至刻度。

4.5　对氨基苯磺酸溶液：称取5 g对氨基苯磺酸，溶于700 mL水和300 mL冰乙酸中，置棕色瓶保存，1周内有效。

4.6　N-1-萘基乙二胺溶液(1 g/L)：称取0.1 g N-1-萘基乙二胺，加乙酸(4.4)溶解并稀释至100 mL，混匀后置棕色瓶中，在冰箱内保存，1周内有效。

4.7　显色剂：临用前将N-1-萘基乙二胺溶液(4.6)和对氨基苯磺酸溶液(4.5)等体积混合。

4.8　亚硝酸钠标准溶液：称取250.0 mg经115℃±5℃烘至恒重的亚硝酸钠，加水溶解，移入500 mL容量瓶中，加100 mL氯化铵缓冲液(4.1)，加水稀释至刻度，混匀，在4℃避光保存。此溶液每毫升相当于500 μg亚硝酸钠。

4.9　亚硝酸钠标准工作液：临用前，吸取亚硝酸钠标准溶液(4.8)1.00 mL，置于100 mL容量瓶中，加水稀释至刻度，此溶液每毫升相当于5.0 μg亚硝酸钠。

5　仪器与设备

5.1　分光光度计：有1 cm比色杯，可在550 nm处测量。

5.2　小型粉碎机。

5.3　分析天平：感量0.000 1 g。

5.4 恒温水浴锅。

5.5 容量瓶:100 mL,200 mL,500 mL,1 000 mL 。

5.6 烧杯:100 mL,200 mL,500 mL。

5.7 吸量管:1 mL,2 mL,5 mL,10 mL 。

5.8 移液管:10 mL。

5.9 容量瓶:25 mL。

5.10 长颈漏斗:直径 75 mm～90 mm。

6 试样的制备

按 GB/T 14699.1 采集有代表性的样品,四分法缩分至约 250 g,粉碎,过 1 mm 孔筛,混匀,装入密闭容器中,低温保存备用。

7 测定步骤

7.1 试液制备

称取约 5 g 试样,精确到 0.001 g,置于 200 mL 烧杯中,加 70 mL 水和 1.2 mL 氢氧化钠溶液(4.3),混匀,用氢氧化钠溶液(4.3)调至 pH 为 8～9,全部转移至 200 mL 容量瓶中,加 10 mL 硫酸锌溶液(4.2),混匀,如不产生白色沉淀,再补滴氢氧化钠溶液(4.3),直至产生沉淀为止,混匀,置 60℃水浴中加热 10 min,取出后冷却至室温,加水至刻度,混匀。放置 0.5 h,用滤纸过滤,弃去初滤液 20 mL,收集滤液备用。

7.2 亚硝酸盐标准曲线的制备

吸取 0,0.5,1.0,2.0,3.0,4.0,5.0 mL 亚硝酸钠标准工作液(4.9)(相当于 0,2.5,5,10,15,20,25 μg亚硝酸钠),分别置于 25 mL 容量瓶中。于各瓶中分别加入 4.5 mL 氯化铵缓冲液(4.1),加 2.5 mL乙酸(4.4)后立即加入 5.0 mL 显色剂(4.7),加水至刻度,混匀,在避光处静置25 min,用 1 cm 比色杯(灵敏度低时可换 2 cm 比色杯),以零管调节零点,于波长 538 nm 处测吸光度,以吸光度为纵坐标,各溶液中所含亚硝酸钠质量为横坐标,绘制标准曲线或计算回归方程。

含亚硝酸盐低的试样以制备低含量标准曲线计算,标准系列为:吸取 0,0.4,0.8,1.2,1.6,2.0 mL 亚硝酸钠标准工作液(4.9)(相当于 0,2,4,6,8,10 μg 亚硝酸钠)。

7.3 测定

吸取 10.0 mL 上述试液(7.1)于 25 mL 容量瓶中,按 7.2 自"分别加入 4.5 mL 氯化铵缓冲液(4.1)"起,进行显色和测量试液(7.1)的吸光度(A_1)。

另取 10.0 mL 试液(7.1)于 25 mL 容量瓶中,用水定容至刻度,以水调节零点,测定其吸光度(A_0)。从试液吸光度值 A_1 中扣除吸光度值 A_0 后得吸光度值 A,即 $A=A_1-A_0$,再将 A 代入回归方程(7.2)进行计算。

8 测定结果

8.1 计算公式

$$X=\frac{m_2\times V_1\times 1\ 000}{m_1\times V_2\times 1\ 000} \quad \cdots\cdots(1)$$

式中:

X——试样中亚硝酸盐(以亚硝酸钠计)的含量,单位为毫克每千克(mg/kg);

m_1——试样质量,单位为克(g);

m_2——测定用样液中亚硝酸盐(以亚硝酸钠计)的质量,单位为微克(μg);

V_1——试样处理液总体积，单位为毫升(mL)；

V_2——测定用样液体积，单位为毫升(mL)；

1 000——单位换算系数。

8.2 结果表示

每个试样取 2 个平行样进行测定，以其算术平均值为结果。

结果表示到 0.1 mg/kg。

8.3 重复性

同一分析者对同一试样同时或快速连续地进行两次测定，所得结果之间的相对偏差：

在亚硝酸盐(以亚硝酸钠计)含量小于或等于 20 mg/kg 时，不得大于 10%；

在亚硝酸盐(以亚硝酸钠计)含量大于 20 mg/kg 时，不得大于 5%。

ICS 67.120
C 53

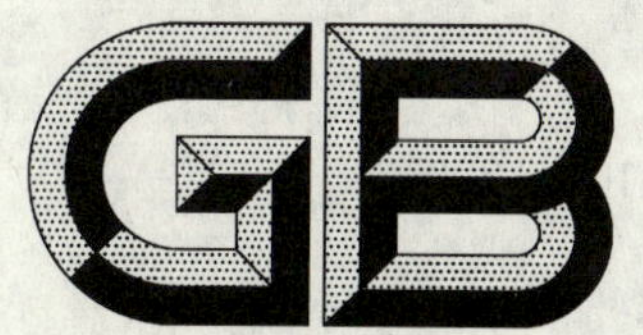

中华人民共和国国家标准

GB 13100—2005
代替 GB 13100—1991

肉类罐头卫生标准

Hygienic standard for canned meat

2005-01-25 发布　　2005-10-01 实施

中华人民共和国卫生部
中国国家标准化管理委员会　发布

前言

本标准全文强制。

本标准与国际食品法典委员会(CAC)标准 Codex Stand 89—1981(Rev. 1-1991)《午餐肉》(Luncheon Meat)的一致性程度为非等效。

本标准代替并废止 GB 13100—1991《肉类罐头食品卫生标准》。

本标准与 GB 13100—1991 相比主要变化如下：

——按照 GB/T 1.1—2000 对标准文本的格式进行了修改；

——对 GB 13100—1991 的结构进行了修改，增加了原料、食品添加剂、生产加工过程、标识、包装、运输和贮存的卫生要求；

——标准的适用范围修改为“以畜、禽肉为主要原料，经处理、分选、修整、烹调(或不经烹调)、装罐(包括马口铁罐、玻璃罐、复合薄膜袋或其他包装材料容器)、密封、杀菌、冷却而制成的具有一定真空度的肉类罐装食品。”

——采用 Codex Stand 89—1981(Rev. 1-1991)将铅限量指标改为 0.5 mg/kg；将汞限量值指标由 0.1 mg/kg 修改为总汞限量 0.05 mg/kg；

——增加了无机砷、镉、锌、苯并(a)芘的限量指标。

本标准于 2005 年 10 月 1 日起实施，过渡期为一年。即 2005 年 10 月 1 日前生产并符合相应标准要求的产品，允许销售至 2006 年 9 月 30 日止。

本标准由中华人民共和国卫生部提出并归口。

本标准起草单位：山东省卫生防疫站、上海市卫生监督所、上海市疾病预防控制中心、浙江省卫生防疫站、黑龙江省卫生监督所、江苏省疾病预防控制中心、辽宁省卫生监督所、北京市疾病预防控制中心、卫生部卫生监督中心。

本标准主要起草人：张理、姜培珍、蒲惠莉、程晓霞、陆冰贞、顾振华、范葆荣、袁宝君、蔡延平、李江萍、郑云雁、丁秀英。

本标准所代替标准的历次版本发布情况为：

——GB 13100—1991。

肉类罐头卫生标准

1 范围

本标准规定了肉类罐头的卫生指标和检验方法以及食品添加剂、生产加工过程、标识、包装、运输与贮存的卫生要求。

本标准适用于以畜、禽肉为主要原料，经处理、分选、修整、烹调（或不经烹调）、装罐（包括马口铁罐、玻璃罐、复合薄膜袋或其他包装材料容器）、密封、杀菌、冷却而制成的具有一定真空度的肉类罐装食品。

2 规范性引用文件

下列文件中的条款通过本标准的引用而成为本标准的条款。凡是注日期的引用文件，其随后所有的修改单（不包括勘误的内容）或修订版均不适用于本标准，然而，鼓励根据本标准达成协议的各方研究是否可使用这些文件的最新版本。凡是不注日期的引用文件，其最新版本适用于本标准。

GB 2760　食品添加剂使用卫生标准

GB/T 4789.26　食品卫生微生物学检验　罐头食品商业无菌的检验

GB/T 5009.11　食品中总砷及无机砷的测定

GB/T 5009.12　食品中铅的测定

GB/T 5009.14　食品中锌的测定

GB/T 5009.15　食品中镉的测定

GB/T 5009.16　食品中锡的测定

GB/T 5009.17　食品中总汞及有机汞的测定

GB/T 5009.27　食品中苯并(a)芘的测定

GB/T 5009.33　食品中亚硝酸盐与硝酸盐的测定

GB 7718　预包装食品标签通则

GB 8950　罐头厂卫生规范

3 指标要求

3.1 原料要求

应符合相应的标准和有关规定。

3.2 感官指标

无泄漏、胖听现象存在；容器内外表面无锈蚀、内壁涂料完整；无杂质。

3.3 理化指标

理化指标应符合表1的规定。

表1 理化指标

项　目		指　标
无机砷/(mg/kg)	≤	0.05
铅(Pb)/(mg/kg)	≤	0.5
锡(Sn)/(mg/kg) 　镀锡罐头	≤	250

表 1（续）

项　　目		指　标
总汞(以 Hg 计)/(mg/kg)	≤	0.05
镉(Cd)/(mg/kg)	≤	0.1
锌(Zn)/(mg/kg)	≤	100
亚硝酸盐(以 $NaNO_2$ 计)/(mg/kg)		
西式火腿罐头	≤	70
其他腌制类罐头	≤	50
苯并(a)芘[a]/(μg/kg)	≤	5
a 苯并(a)芘仅适用于烧烤和烟熏肉罐头。		

3.4 微生物指标

应符合罐头商业无菌的要求。

4 食品添加剂

4.1 食品添加剂质量应符合相应的标准和有关规定。

4.2 食品添加剂品种及其使用量应符合 GB 2760 的规定。

5 生产加工过程的卫生要求

应符合 GB 8950 的规定。

6 包装

包装容器与材料应符合相应的卫生标准和有关规定，防止有毒、有害物质的污染。

7 标识

产品标识要求应符合 GB 7718 的规定。

8 贮存及运输

8.1 贮存

产品应贮存在干燥、通风良好的场所。不得与有毒、有害、有异味、易挥发、易腐蚀的物品混贮。

8.2 运输

运输工具应清洁无污染。运输产品时应避免日晒、雨淋。不得与有毒、有害、有异味或影响产品质量的物品混装运输。

9 检验方法

9.1 感官检验

在自然光线下，用感觉器官检查产品的外观、容器内壁以及产品的色泽、气味和滋味、组织形态。

9.2 理化指标

9.2.1 无机砷：按 GB/T 5009.11 规定的方法测定。

9.2.2 铅：按 GB/T 5009.12 规定的方法测定。

9.2.3 锡：按 GB/T 5009.16 规定的方法测定。

9.2.4 总汞：按 GB/T 5009.17 规定的方法测定。

9.2.5 镉:按 GB/T 5009.15 规定的方法测定。

9.2.6 锌:按 GB/T 5009.14 规定的方法测定。

9.2.7 亚硝酸盐:按 GB/T 5009.33 规定的方法测定。

9.2.8 苯并(a)芘:按 GB/T 5009.27 规定的方法测定。

9.3 微生物指标

按 GB/T 4789.26 规定的方法检验。

ICS 67.100.10
C 53

中华人民共和国国家标准

GB 13102—2005
代替 GB/T 13102—1991

炼乳卫生标准

Hygienic standard for evaporated milk and sweetened condensed milk

2005-01-25 发布　　　　2005-10-01 实施

中华人民共和国卫生部
中国国家标准化管理委员会　发布

前言

本标准全文强制。

本标准代替并废止 GB/T 13102—1991《食品工业用甜炼乳卫生标准》。

本标准与国际食品法典委员会（CAC）标准 Codex Stan A-4—1971（Rev. 1—1999）《加糖炼乳》（Sweetened condensed milk）的一致性程度为非等效。

本标准于 2005 年 10 月 1 日起实施，过渡期为一年。即 2005 年 10 月 1 日前生产并符合相应标准要求的产品，允许销售至 2006 年 9 月 30 日止。

本标准由中华人民共和国卫生部提出并归口。

本标准起草单位：广东省食品卫生监督检验所、黑龙江省食品卫生监督检验所、上海市卫生局卫生监督所、上海牛奶（集团）公司、北京市疾病预防控制中心、江苏省疾病预防控制中心。

本标准主要起草人：胡志堃、赵克华、蒋家琨、曹金英、钱莉、丁秀英、袁宝君。

本标准所代替标准的历次版本发布情况为：

——GB/T 13102—1991。

炼乳卫生标准

1 范围

本标准规定了炼乳的卫生指标和检验方法以及食品添加剂、生产过程、标识、包装、运输、贮存的卫生要求。

本标准适用于以牛(羊)乳、乳粉为原料制成的炼乳。

2 规范性引用文件

下列文件中的条款通过本标准的引用而成为本标准的条款。凡是注日期的引用文件,其随后所有的修改单(不包括勘误的内容)或修订版均不适用于本标准,然而,鼓励根据本标准达成协议的各方研究是否可使用这些文件的最新版本。凡是不注日期的引用文件,其最新版本适用于本标准。

GB 2760 食品添加剂使用卫生标准

GB/T 4789.18 食品卫生微生物学检验 乳与乳制品检验

GB/T 5009.5 食品中蛋白质的测定

GB/T 5009.11 食品中总砷及无机砷的测定

GB/T 5009.12 食品中铅的测定

GB/T 5009.16 食品中锡的测定

GB/T 5009.24 食品中黄曲霉毒素 M_1 与 B_1 的测定

GB/T 5009.46 乳与乳制品卫生标准的分析方法

GB 5417 全脂无糖炼乳和全脂加糖炼乳

GB/T 5418 全脂加糖炼乳检验方法

GB 7718 预包装食品标签通则

GB 12693 乳制品企业良好生产规范

QB/T 3775 全脂无糖炼乳检验方法

3 定义

GB 5417 确立的术语和定义适用于本标准。

4 指标要求

4.1 原料要求

应符合相应标准和有关规定。

4.2 感官要求

无杂质、无异味。

4.3 理化指标

理化指标应符合表 1 的规定。

表 1 理化指标

项目		指标
蛋白质		按 GB 5417 的规定执行
脂肪		
全乳固体		
蔗糖		
杂质度		
酸度/°T	≤	48.0
铅(Pb)/(mg/kg)	≤	0.3
无机砷/(mg/kg)	≤	0.25
锡(Sn)/(mg/kg)	≤	10
黄曲霉毒素 M_1(折算为鲜乳计)/(μg/kg)	≤	0.5

4.4 微生物指标

4.4.1 罐头工艺生产的炼乳微生物指标应符合商业无菌。

4.4.2 其他工艺生产的炼乳微生物指标应符合表 2 的要求。

表 2 微生物指标

项目		指标		
		淡炼乳	加糖炼乳	食品工业用加糖炼乳
菌落总数/(cfu/g)	≤	10	30 000	100 000
大肠菌群/(MPN/100 g)	≤	3	90	150
致病菌(沙门氏菌、金黄色葡萄球菌、志贺氏菌)		不得检出		

5 食品添加剂

5.1 食品添加剂质量应符合相应的标准和有关规定。

5.2 食品添加剂品种及其使用量应符合 GB 2760 的规定。

6 生产加工过程

应符合 GB 12693 的规定。

7 包装

包装容器与材料应符合相应的卫生标准和有关规定。

8 标识

标识要求按 GB 7718 的规定执行。

9 贮存及运输

9.1 贮存

产品应贮存在干燥、通风良好的场所。不得与有毒、有害、有异味、易挥发、易腐蚀的物品同处贮存。

9.2 运输

运输产品时应避免日晒、雨淋。不得与有毒、有害、有异味或影响产品质量的物品混装运输。

10 检验方法

10.1 感官要求

10.1.1 色泽和组织状态:将适量试样倾倒于烧杯中,在自然光下观察色泽和组织状态。

10.1.2 滋味和气味:将适量试样倾倒于烧杯中,先闻气味,用温开水漱口后,再品尝样品的滋味。

10.2 理化指标

10.2.1 蛋白质:按 GB/T 5009.5 规定的方法测定。

10.2.2 脂肪、全乳固体:按 GB/T 5009.46 规定的方法测定。

10.2.3 蔗糖:按 GB/T 5418 规定的方法测定。

10.2.4 杂质度、酸度:按 GB/T 5418 和 QB/T 3775 规定的方法测定。

10.2.5 铅:按 GB/T 5009.12 规定的方法测定。

10.2.6 无机砷:按 GB/T 5009.11 规定的方法测定。

10.2.7 锡:按 GB/T 5009.16 规定的方法测定。

10.2.8 黄曲霉毒素 M_1:按 GB/T 5009.24 规定的方法测定。

10.3 微生物指标

按 GB/T 4789.18 规定的方法检验。

ICS 67.180
C 53

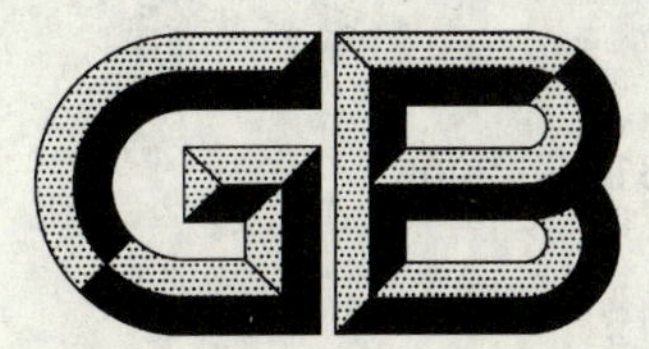

中华人民共和国国家标准

GB 13104—2005
代替 GB 13104—1991、GB 14964—1994

食糖卫生标准

Hygienic standard for sugars

2005-01-25 发布

2005-10-01 实施

中华人民共和国卫生部
中国国家标准化管理委员会 发布

前　言

本标准全文强制。

本标准代替并废止 GB 13104—1991《白糖卫生标准》和 GB 14964—1994《赤砂糖卫生标准》。

本标准对应于国际食品法典委员会(CAC)的标准 Codex Stan 212—1999(Rev. 1-2001)《糖》(Sugars),本标准与 Codex Stan 212—1999(Rev. 1-2001)一致性程度为非等效：

——参照 CAC 标准增加了原糖；

——原糖中的二氧化硫(SO_2)与 CAC 标准规定的一致。

本标准与 GB 13104—1991 和 GB 14964—1994 相比主要变化如下：

——按照 GB/T 1.1—2000 对标准文本格式进行修订；

——对 GB 13104—1991、GB 14964—1994 的结构进行了修订,增加了原料(甘蔗、甜菜)农药残留、生产加工过程、包装、标识、贮存及运输的卫生要求；

——增加了霉菌和酵母菌的指标。

本标准于 2005 年 10 月 1 日起实施,过渡期为一年。即 2005 年 10 月 1 日前生产并符合相应标准要求的产品,允许销售至 2006 年 9 月 30 日止。

本标准由中华人民共和国卫生部提出并归口。

本标准起草单位:广东省疾病预防控制中心、全国甘蔗糖业标准化中心(检测中心广州甘蔗糖业研究所)、中国糖业协会、北京疾病预防控制中心、国家质检总局法规中心。

本标准主要起草人:王立斌、梁达奉、连学智、梁进、崔路。

本标准所代替标准的历次版本发布情况为：

——GBn 241—1984、GB 13104—1991；

——GBn 244—1984、GB 14964—1994。

食 糖 卫 生 标 准

1 范围

本标准规定了原糖、白砂糖、绵白糖和赤砂糖的卫生指标要求和检验方法以及包装、标识、贮存、运输的卫生要求。

本标准适用于以甘蔗、甜菜为原料生产的原糖、白砂糖、绵白糖、赤砂糖。

2 规范性引用文件

下列文件中的条款通过本标准的引用而成为本标准的条款。凡是注日期的引用文件,其随后所有的修改单(不包括勘误的内容)或修订版均不适用于本标准,然而,鼓励根据本标准达成协议的各方研究是否可使用这些文件的最新版本。凡是不注日期的引用文件,其最新版本适用于本标准。

GB 2760 食品添加剂使用卫生标准

GB 2763 食品中农药最大残留限量

GB/T 4789.2 食品卫生微生物学检验 菌落总数测定

GB/T 4789.3 食品卫生微生物学检验 大肠菌群测定

GB/T 4789.4 食品卫生微生物学检验 沙门氏菌测定

GB/T 4789.5 食品卫生微生物学检验 志贺氏菌检验

GB/T 4789.10 食品卫生微生物学检验 金黄色葡萄球菌检验

GB/T 4789.11 食品卫生微生物学检验 溶血性链球菌检验

GB/T 4789.15 食品卫生微生物学检验 霉菌和酵母计数

GB/T 5009.55 食糖卫生标准的分析方法

GB 7718 预包装食品标签通则

GB/T 9289 制糖工业术语

GB 14881 食品企业通用卫生规范

GB/T 15108 原糖

3 术语和定义

GB/T 9289 确立的术语和定义适用于本标准。

4 技术要求

4.1 原料

制糖用原料甘蔗、甜菜应符合 GB 2763 的规定。

4.2 感官指标

白砂糖、绵白糖:颜色洁白、无明显黑点、无异物、无异味、无异嗅,水溶液清澈、透明,味甜。

原糖、赤砂糖:无明显黑点、无异物、无异味、无异嗅。

4.3 理化指标

理化指标应符合表 1 的规定。

表 1 理化指标

项 目		指 标
不溶于水杂质/(mg/kg)		
原糖	≤	350
总砷(以 As 计)/(mg/kg)	≤	0.5
铅(Pb)/(mg/kg)	≤	0.5
二氧化硫(以 SO_2 计)/(mg/kg)		
原糖	≤	20
白砂糖	≤	30
绵白糖	≤	15
赤砂糖	≤	70

4.4 微生物指标

微生物指标应符合表 2 的规定,该指标不适用于原糖。

表 2 微生物指标

项 目		指 标
菌落总数/(cfu/g)		
白砂糖、绵白糖	≤	100
赤砂糖	≤	500
大肠菌群/(MPN/100 g)	≤	30
霉菌/(cfu/g)	≤	25
酵母菌/(cfu/g)	≤	10
致病菌(沙门氏菌、志贺氏菌、金黄色葡萄球菌、溶血性链球菌)		不得检出

4.5 其他生物指标

螨:不得检出。

5 食品添加剂

5.1 食品添加剂质量应符合相应的标准和有关规定。

5.2 食品添加剂品种及其使用量应符合 GB 2760 的规定。

6 生产加工过程

应符合 GB 14881 的规定。

7 包装

包装容器和材料应符合相应的食品用包装材料的卫生要求。

8 标签

食糖包装物的标签按 GB 7718 的规定执行。

9 贮存及运输

9.1 贮存

产品应贮存在干燥、通风良好的场所，如贮存散装原糖应保持糖仓密闭。不得与有毒、有害、有异味、易挥发、易腐蚀的物品同处贮存。

9.2 运输

运输产品时应避免日晒、雨淋。不得与有毒、有害、有异味或影响产品质量的物品混装运输。

10 检验方法

10.1 总砷、铅、二氧化硫

按 GB/T 5009.55 规定的方法测定。

10.2 微生物指标

按 GB/T 4789.2、GB/T 4789.3、GB/T 4789.4、GB/T 4789.5、GB/T 4789.10、GB/T 4789.11、GB/T 4789.15 规定的方法测定。

10.3 螨

螨用漂浮法检验：取食糖 250 g 放入 1 000 mL 的三角瓶中，加 20℃～25℃的蒸馏水至瓶的三分之二处，用洁净的玻璃棒不断搅拌至充分溶解，补充温水至瓶口处，不使水溢出为止。用洁净的玻片盖在瓶口上，使玻片与液面接触，静置 15 min 左右，取下镜检。

10.4 不溶于水杂质

按 GB/T 15108 规定的方法测定。

ICS 31.080.20
K 46

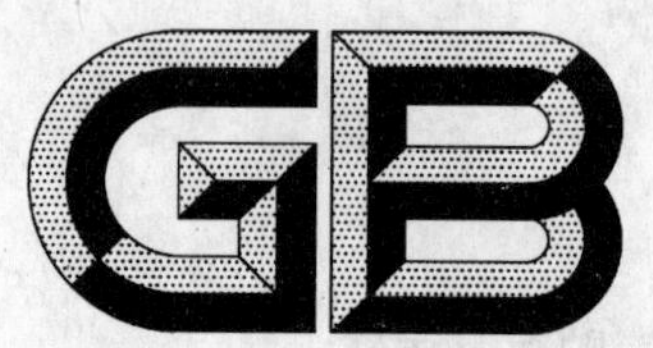

中华人民共和国国家标准

GB/T 13150—2005
代替 GB/T 13150—1991

半导体器件　分立器件 电流大于100A、环境和管壳额定的 双向三极晶闸管空白详细规范

Semiconductor devices—Discrete devices—Blank detail specification for bidirectional triode thyristors(triacs), ambient and case-rated, for currents greater than 100A

(IEC 60747-6-2/QC 750111:1991, NEQ)

2005-03-23 发布　　2005-10-01 实施

中华人民共和国国家质量监督检验检疫总局
中国国家标准化管理委员会　发布

前　言

本标准是晶闸管空白详细规范系列国家标准之一，这一系列国家标准现包括：

——GB/T 6352　半导体器件　分立器件　第 6 部分：闸流晶体管　第一篇　100A 以下环境或管壳额定反向阻断三极闸流晶体管空白详细规范

——GB/T 6590　半导体器件　分立器件　第 6 部分：闸流晶体管　第二篇　100A 以下环境或管壳额定的双向三极闸流晶体管空白详细规范

——GB/T 13150　半导体器件　分立器件　电流大于 100A、环境和管壳额定的双向三极晶闸管空白详细规范

——GB/T 13151　半导体器件　分立器件　第 6 部分：晶闸管　第三篇：电流大于 100A、环境和管壳额定的反向阻断三极晶闸管空白详细规范

——GB/T 13153　5A 以上环境或管壳额定可关断晶闸管空白详细规范

本标准参照 IEC 60747-6-2:1991《半导体器件　分立器件　第 6 部分：晶闸管　第二篇：电流小于等于 100 A、环境和管壳额定的双向三极晶闸管(triacs)空白详细规范》(英文版)，修订 GB/T 13150—1991《100A 以上环境或管壳额定双向三极晶闸管空白详细规范》而产生。

本标准与 IEC 60747-6-2 的一致性程度为非等效，主要差异如下：

——适用电流范围不同，本标准适用于额定电流大于 100A 的双向三极晶闸管，IEC 60747-6-2 适用于额定电流小于等于 100A 的双向三极晶闸管；

——抽样要求不同，IEC 60747-6-2 仅说明“A 组检验的抽样方案在详细规范中可选择 AQL 或 LTPD”，对 B、C、D 组检验的抽样未加规定，而本标准明确要求：A 组检验对全部器件进行，B 组和 C、D 组检验的抽样分别按 LTPD＝30 和 LTPD＝50；

——因勘误的不同：“4.2 贮存温度和等效结温”应编辑为“4.2 贮存温度”和“4.3 等效结温”，后面条号作相应调整；5.1 中的“2 倍”应为“$\sqrt{2}$倍”，5.3 中的“最大值”应为“最小值和最大值”，5.7、5.8 和5.9 中的“最大值”均应为“最小值”；C 组中删去了与 A 组中重复的 I_{GT}、V_{GT}、I_{DM2} 和 V_{GD} 四项检验；

——本标准在 B3 分组中，增加了“转矩(D)”项目，并作了文字完善，A4 分组增加了“换向电压临界上升率(适用时)”的检验，增加了“C2d 分组　热阻(适用时)”的检验；

——本标准极限值参数表中补充了四个符号：M、F、I^2t_1 和 I^2t_2。

本标准与 GB/T 13150—1991 相比主要变化如下：

——标准名称中增加了引导要素文字：“半导体器件　分立器件”并作了个别文字修改(见前版和本版的封面、首页)；

——增加了“前言”，删去了“附加说明”(前版的“附加说明”；本版的“前言”)；

——删去了第 8 章各表中的抽样方案和附录 A 追加抽样表，增加了对 A、B、C、D 组抽样要求的文字说明(前版第 8 章各表和附录 A；本版第 8 章方括号中的文字)；

——增加了无再加反向电压、有再加反向电压的 I^2t 的符号分别为 I^2t_1 和 I^2t_2，并修改了 I^2t 试验的温度条件(见前版和本版的 4.5.5)；

——“5.11 热阻”的文字和符号作了补充和完善；

——前版的 A3 分组(I_{GT}、V_{GT})在本版并入了 A2b 分组，本版 A2b 分组中的断态峰值电流仅是 I_{DRM1}，而 A3 分组项目变为 I_{DRM2}；A4 分组中删去了“断态电压临界上升率”项目(见前版和本版的 A 组检验)；

——增加了“B3分组端子强度[适用时]转矩(D)”检验;C7分组的“稳态湿热”的单一试验条件改为按空腔、非空腔器件分别规定不同的试验条件(见前版和本版的B组检验、C组检验)。

本标准中引用的国家标准如下:

GB/T 2423.23—1995 电工电子产品环境试验 试验Q:密封

GB/T 4589.1—1989 半导体器件 分立器件和集成电路总规范(idt IEC 60747-10:1984)

GB/T 4937—1995 半导体器件机械和气候试验方法(idt IEC 60749:1984)

GB/T 7581—1987 半导体分立器件外形尺寸(neq IEC 60191-2:1974)

GB/T 12560—1999 半导体器件 分立器件分规范(idt IEC 60747-11:1985)

GB/T 15291—1994 半导体器件 第6部分 晶闸管(eqv IEC 60747-6:1983)

本标准由中国电器工业协会提出。

本标准由全国半导体器件标准化技术委员会归口。

本标准起草单位:襄樊台基半导体有限公司、北京京仪椿树整流器有限公司、上海天公整流器有限公司、丹阳可控硅元件厂、丹阳威斯特整流器有限公司、西安电力电子技术研究所。

本标准主要起草人:颜家圣、高占成、季节、徐志毅、蒋建明、秦贤满。

本标准首次发布时间:1991年8月29日。

半导体器件 分立器件
电流大于 100A、环境和管壳额定的
双向三极晶闸管空白详细规范

引言

国际电工委员会电子元器件质量评定体系(IECQ)遵循国际电工委员会的章程,在国际电工委员会授权下开展工作。评定体系的目的是以这样一种方式确定质量评定程序,即一个成员国按照符合适用规范要求所放行的电子元器件在其他所有成员国无需再试验同样为合格。

本空白详细规范是半导体器件一系列空白详细规范的一个,应与下列国家标准一起使用。

——GB/T 4589.1—1989 半导体器件 分立器件和集成电路总规范

——GB/T 12560—1999 半导体器件 分立器件分规范

要求的资料

本页及下页方括号内的数字与下列各项要求的内容相对应,这些内容应填入相应空栏中。

详细规范的识别

[1] 授权发布详细规范的国家标准化机构名称。

[2] 详细规范的 IECQ 编号。

[3] 总规范和分规范的编号和版本号。

[4] 详细规范的国家编号、发布日期和国家体系要求的任何更多的资料。

器件的识别

[5] 器件的型号。

[6] 典型结构和应用的资料。如果设计一种器件满足几种应用,则应在详细规范中说明。这些应用的特性、极限值和检验要求应予满足。

如器件对静电敏感或含有危险材料,如含有氧化铍,则应在详细规范中给出注意事项。

[7] 外形图和(或)引用有关的外形标准。

[8] 质量评定类别。

[9] 能在器件型号之间进行比较的最重要特性参考数据。

[本标准中所有方括号中给出的内容供制定详细规范时用,而不包括在详细规范内。]

[在本标准中,当特性或额定值适用时,“×”表示在详细规范中应填入数值。]

<table>
<tr><td>[负责发布详细规范的国家机构名称(地址)][1]</td><td>[IECQ 详细规范号、版本号和(或)日期] [2]
QC 750111—×××</td></tr>
<tr><td>评定电子器件质量的依据: [3]
GB/T 4589.1—1989 半导体器件 分立器件和集成电路总规范
GB/T 12560—1999 半导体器件 分立器件分规范</td><td>[详细规范的国家编号] [4]
[如国家编号与 IECQ 编号相同,则本栏可不填写]</td></tr>
<tr><td colspan="2">详细规范: [5]
[有关器件的型号]
定货资料:见本标准第 7 章</td></tr>
<tr><td>1 机械说明</td><td>2 简要说明</td></tr>
<tr><td rowspan="3">外形标准: [7]
GB/T 7581—1987 半导体分立器件外形尺寸
外形图:
[可转到本标准的第 10 章或在该章给出更多的细节]
端子识别
[端子排列图,包括图示符号]
标志:[字母和图形或色码]
[如要求,详细规范应规定在器件上标志的内容]
[见总规范的 2.5 和(或)本标准的第 6 章]
[极性识别,如采用特殊方法]</td><td>电流大于 100A、环境和管壳额定双向三极晶闸管 [6]
半导体材料:[硅]
封装:[空腔或非空腔]</td></tr>
<tr><td>3 质量评定类别
[根据总规范的 2.6] [8]</td></tr>
<tr><td>参考数据 [9]</td></tr>
<tr><td colspan="2">质量符合本详细规范的器件生产厂资料,见现行合格产品目录</td></tr>
</table>

4 极限值(绝对最大额定值体系)

除另有规定外,下列极限值在整个工作温度范围内适用。

[只重复使用带标题的条号。任何附加值应在适当的地方给出,但不用条号。]

[曲线最好在本标准的第 10 章给出。]

条 号	极 限 值	符 号	数 值	
			最小值	最大值
4.1	工作环境温度或管壳温度	T_{amb}/T_{case}	×	×
4.2	贮存温度	T_{stg}	×	×
4.3	等效结温[如要求]	$T_{(vj)}$		
4.4	电压[应规定条件,如时间、频率、温度、安装方式等](见第5章注1)			
4.4.1	断态工作峰值电压	V_{DWM}		×
4.4.2	断态重复峰值电压	V_{DRM}		×
4.4.3	断态不重复峰值电压	V_{DSM}		×
4.5	电流[应规定条件,如时间、频率、温度、安装方式等](见第5章注1)			
4.5.1	通态方均根电流 在转折点温度(见图1)和具有阻性负载的单相电路、正弦波180°导通角的条件下	$I_{T(RMS)}$		×
4.5.2	通态重复峰值电流[适用时]	I_{TRM}		×
4.5.3	通态浪涌电流 通态浪涌电流对应于在最大值通态方均根电流连续工作之后施加的最大电流。假定门极可以失控。此额定电流持续时间为正弦半波(50 Hz时为10 ms或60 Hz时为8.3 ms)、无再加断态电压	I_{TSM}		×
4.5.4	通态电流临界上升率[适用时]	$(di_T/dt)_{cr}$		×
4.5.5	I^2t 值[仅对管壳额定器件] 正弦波、10 ms(50 Hz)或8.3 ms(60 Hz)的最大值 a) 无再加反向电压,初始结温 $T_{(vj)}=25℃$ b) 有再加反向电压 V_{RWMmax},初始结温 $T_{(vj)}=25℃$	I^2t I^2t_1 I^2t_2		 × ×
4.6	门极额定值[应规定条件,如时间、频率、温度、安装方式等]			
4.6.1	门极峰值耗散功率	P_{GM}		×
4.6.2	门极平均耗散功率	$P_{G(AV)}$		×
4.7	机械额定值 安装力矩[适用时] 安装力[适用时]	 M F	 × ×	 × ×

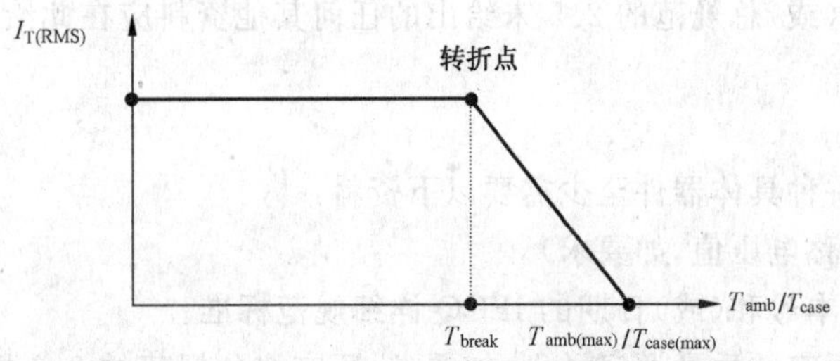

图1 双向三极晶闸管的电流降额曲线

(通态方均根电流与温度的关系)

5 电特性

检验要求见本标准第8章。

[只重复使用带标题条号。任何附加特性应在适当的地方给出,但不用条号。]

[当在同一详细规范中规定几种器件时,有关的值应以连续方式给出,以避免相同值的重复。]

[特性曲线最好在本标准的第10章给出。]

条 号	特性和条件(见注1) $T_{amb}/T_{case}=25℃$,另有规定除外(见总规范第4章)	符号	数值		试验分组
			最小值	最大值	
5.1	通态电压 对应于$\sqrt{2}$倍额定最大通态方均电流 $I_{T(RMS)}$ 的峰值电流时的最大值	V_{TM}		×	A2b
5.2	断态电流 额定断态重复峰值电压 V_{DRM} 时的断态重复峰值电流的最大值 在 $T_{amb}/T_{case}=25℃$时 在 T_{amb}/T_{case}(max)时	 I_{DRM1} I_{DRM2}		 × ×	 A2b A3
5.3	维持电流:最小值和最大值	I_H	×	×	C2a
5.4	擎住电流:最大值	I_L		×	C2a
5.5	门极触发电流:最大值	I_{GT}		×	A2b
5.6	门极触发电压:最大值	V_{GT}		×	A2b
5.7	门极不触发电压:最小值	V_{GD}	×		A4
5.8	换向电压临界上升率:最小值	$dv/dt(com)$	×		A4
5.9	断态电压临界上升率[适用时]:最小值	$(dv_D/dt)_{cr}$	×		
5.10	总耗散功率 以最大总耗散功率作为通态方均根电流和导通角的函数曲线表示	P_{tot}			
5.11	热阻[如在4.3规定 $T_{(vj)}$ 时] 结到环境或管壳:最大值	R_{thJA}或R_{thJC}		×	C2d

注1:这些额定值和特性是基于器件对称工作和两个方向的限制值。如果一项特性灵敏于门极触发方式,则应规定适用的一种或几种触发方式。

6 标志

[在第7栏(第1章)和(或)总规范的2.5未给出的任何其他资料应在此给出。]

7 定货资料

[除另有规定外,订购一种具体器件至少需要以下资料:

——准确的型号(和标称电压值,如要求)。

——当有关时,带有版本号和(或)日期的IECQ详细规范标准。

——按分规范的3.7规定的质量评定类别,如要求,还应按分规范的3.6规定的筛选顺序。

——任何其他细节。]

8 试验条件和检验要求

[在下列各表中给出试验条件和检验要求，所采用的数值和确切的试验条件，应按照给定型号的要求和有关标准中有关试验的要求规定。]

[在编写详细规范时，有两种可采用的试验或试验方法，应选定一种。]

[在同一详细规范中包括几种器件时，有关的条件和(或)数值应以连续方式给出，以避免相同条件和(或)数值重复。]

在本章中，除另有说明外，引用的条号对应于 GB/T 4589.1—1989 的条号。电参数测试方法引自 GB/T 12560—1999 的第 4 章，机械和气候试验方法引自 GB/T 4937—1995。

[A 组检验和试验应对全部器件进行。B 组检验和试验应在逐批的基础上进行，抽样按 LTPD=30。C 组和 D 组检验和试验的抽样按 LTPD=50。]

A 组

逐批

全部试验都是非破坏性的(3.6.6)

检验或试验	符号	引用标准 GB/T 12560—1999	条件 $T_{amb}/T_{case}=25$℃，另有规定除外(见总规范第 4 章)	检验要求极限	
				最小值	最大值
A1 分组 外部目检		GB/T 4589.1—1989 4.2.1.1			
A2a 分组 不工作				极性颠倒； 或 $V_{TM}>10$USL； 或 $I_{DRM}>100$USL [另有规定除外]	
A2b 分组 通态峰值电压(脉冲法) 断态重复峰值电流 门极触发电流 门极触发电压	 V_{TM} I_{DRM1} I_{GT} V_{GT}	 T-101 T-103 T-109 T-109	[见注 2] $I_{TM}=\sqrt{2}I_{T(RMS)max}$ V_{DRM}=[额定值] $V_D=12$V[另有规定除外] [规定门极电路条件]		 × × × ×
A3 分组 断态重复峰值电流	I_{DRM2}	T-103	[见注 2] V_{DRM}=[额定值] $T=T_{casemax}/T_{ambmax}$		×
A4 分组 换向电压临界上升率 门极不触发电压	 dv/dt(com) V_{GD}	 T-118 T-110	[见注 2] $I_{TM}=\sqrt{2}I_{T(RMS)max}$ $T=T_{casemax}/T_{ambmax}$ V_{DRM}=[额定值]，T=[$T_{casemax}/T_{ambmax}$] [门极电路条件]	 × ×	

注 2：对 A2、A3、A4 分组，应规定门极和主端子 2 的极性。如特性灵敏于门极触发方式，则应规定适用的一种或几种触发方式。

B 组

逐批

(对于Ⅰ类,按总规范的2.6)

LSL=规范下限值 } 按A组
USL=规范上限值 }

标有(D)的试验是破坏性试验(3.6.6)

检验或试验	符号	引用标准 GB/T 4937—1995	条件 T_{amb}/T_{case}=25℃,另有规定除外 (见总规范第4章)	检验要求极限	
				最小值	最大值
B1分组		GB/T 4589.1—1989			
尺寸		4.2.2,附录B		[见本标准第1章]	
B3分组					
端子强度[适用时]					
弯曲(D)		Ⅱ.1.2	力=[见GB/T 4937—1995,Ⅱ.1.2]	不损坏	
和(或)					
转矩(D)		Ⅱ.1.4			
B4分组		Ⅱ.2.1	[按规定,最好用焊槽法]	润湿良好	
可焊性[适用时]					
B5分组					
快速温度变化		Ⅲ.1.1	10个循环		
a) 空腔器件 继之:					
电测试					
密封,细检漏		Ⅲ.7.3或Ⅲ.7.4	按规定		
和					
密封,粗检漏		GB/T 2423.23—1995,试验Q			
b) 非空腔和环氧密封空腔器件 继之:			按规定		
外部目检		GB/T 4589.1—1989,4.2.1.1			
稳态湿热		Ⅲ.5c	应规定严酷度为24 h		
电测试		见A2和A3	按A2b和A3		
B8分组					
电耐久性(168 h)		GB/T 15291—1994 V	[高温交流阻断或工作寿命] V_{DWM}=[额定值、50 Hz或60 Hz], 温度=[最大额定值]; [工作寿命时: $I_{T(RMS)}=(20\%或50\%)I_{T(RMS)max}$]		
最后测试:					
通态峰值电压	V_{TM}		按A2b		1.1 USL
断态重复峰值电流	I_{DRM1}		按A2b		2 USL
CRRL分组	B3、B4、B5和B8的属性资料				

C 组

周期

LSL＝规范下限值 }
USL＝规范上限值 } 按 A 组

标有(D)的试验是破坏性试验(3.6.6)

检验或试验	符号	引用标准 GB/T 12560—1999	条件 T_{amb}/T_{case}＝25℃，另有规定除外（见总规范第4章）	检验要求极限	
				最小值	最大值
C1 分组 尺寸		GB/T 4589.1—1989 4.2.2，附录 B		[见本标准第1章]	
C2a 分组			[见注 3]		
维持电流	I_H	T-107	V_D＝12V[另有规定除外] [门极电路条件]	×	×
擎住电流	I_L	T-108	V_D＝12V[另有规定除外] [门极电路条件]		×
C2b 分组 额定值验证：					
断态不重复峰值电压 或	V_{DSM}	T-106	V_{DSM}＝[额定值]，T＝$T_{casemax}/T_{ambmax}$		×
通态浪涌电流	I_{TSM}	T-104	I_{TSM}＝[额定值]，[一个单脉冲正弦半波，无再加断态电压] T＝$T_{casemax}/T_{ambmax}$		×
通态电流临界上升率	$(di_T/dt)_{cr}$	T-111	$(di_T/dt)_{cr}$＝[额定值]， $I_{TM}=\sqrt{2}I_{T(RMS)max}$		×
C2d 分组 热阻[如适用]	R_{th}				×
C4 分组 耐焊接热(D)		GB/T 4937—1995 Ⅱ.2.2	[按规定]		
最后测试：					
通态峰值电压	V_{TM}		按 A2b		USL
断态重复峰值电流	I_{DRM1}		按 A2b		USL

续表

检验或试验	符号	引用标准 GB/T 12560—1999	条件 T_{amb}/T_{case}=25℃，另有规定除外 （见总规范第4章）	检验要求极限	
				最小值	最大值
C7 分组 稳态湿热 a) 空腔器件		GB/T 4937—1995 Ⅲ.5A	严酷度：Ⅱ类和Ⅲ类 56d Ⅰ类 21d		
b) 非空腔和环氧密封空腔器件		GB/T 4937—1995 Ⅲ.5B	严酷度 1 偏置：详细规范应规定 持续时间：Ⅱ类和Ⅲ类 1000 h Ⅰ类 500 h		
最后测试： 通态峰值电压 断态重复峰值电流	 V_{TM} I_{DRM1}		 按 A2b 按 A2b		 1.1USL 2USL
C8 分组 电耐久性(最少 1000 h)		GB/T 15291—1994 V	[高温交流阻断或工作寿命] V_{DWM}=[额定值、50 Hz 或 60 Hz]， 温度=[最大额定值]； [工作寿命时： $I_{T(RMS)}$=(20%或 50%)$I_{T(RMS)max}$]		
最后测试： 通态峰值电压 断态重复峰值电流	 V_{TM} I_{DRM1}		 按 A2b 按 A2b		 1.1USL 2USL
C9 分组 高温贮存(D)		GB/T 4937—1995 Ⅲ.2	在 T_{stgmax}时，最少 1000 h		
最后测试： 通态峰值电压 断态重复峰值电流	 V_{TM} I_{DRM1}		 按 A2b 按 A2b		 1.1USL 2USL
CRRL 分组	C4、C7、C8 和 C9 的属性资料				

注 3：本试验按在 A2b 分组规定 I_{GT}/V_{GT}的门极对主端子 2 的一种或几种极性进行。

9 D 组——鉴定批准试验

[当要求时，本试验应在详细规范中规定(仅对鉴定用)。]

IVD=各个器件的初始值 }
USL=规范上限值 } 按 A 组

检验或试验	符号	引用标准	条件 $T_{amb}/T_{case}=25℃$，另有规定除外 （见总规范第4章）	检验要求极限	
				最小值	最大值
D1 分组					
电耐久性[仅对环境额定器件]（见注4）		GB/T 15291—1994 V	工作寿命：[按C8]		
最后测试[应规定]			同C8		同C8
D2 分组					
热循环负载试验[仅对管壳额定器件]		GB/T 15291—1994 Ⅳ.4	循环次数：[应规定]		
最后测试：					
通态峰值电压	V_{TM}		按A2b		1.1USL
断态重复峰值电流	I_{DRM1}		按A2b		2USL
D3 分组					
恒定加速度[仅对空腔器件]		GB/T 4937—1995 Ⅱ.5	[按规定]		
最后测试：					
通态峰值电压	V_{TM}		按A2b		1.1USL
断态重复峰值电流	I_{DRM1}		按A2b		2USL

注4：如此试验在C8分组已完成，则在此不再要求。

10 附加资料（不作检验用）

[只要器件规范和应用需要，就应给出附加资料，例如：

——有关极限值的温度降额曲线；

——测量电路或附加方法的完整说明；

——详细的外形图。]

ICS 31.080.20
K 46

中华人民共和国国家标准

GB/T 13151—2005/IEC 60747-6-3:1993
代替 GB/T 13151—1991

半导体器件　分立器件
第6部分:晶闸管
第三篇　电流大于100 A、环境和管壳额定的反向阻断三极晶闸管空白详细规范

Semiconductor devices—Discrete devices—
Part 6:thyristors—
Section three—Blank detail specification for reverse blocking triode thyristors,ambient and case-rated,for currents greater than 100 A

(IEC 60747-6-3/QC 750113:1993,IDT)

2005-03-23 发布　　　　2005-10-01 实施

中华人民共和国国家质量监督检验检疫总局
中国国家标准化管理委员会
发布

前　言

本标准是晶闸管空白详细规范系列国家标准之一，这一系列国家标准现包括：

——GB/T 6352　半导体器件　分立器件　第 6 部分:闸流晶体管　第一篇　100 A 以下环境或管壳额定反向阻断三极闸流晶体管空白详细规范

——GB/T 6590　半导体器件　分立器件　第 6 部分:闸流晶体管　第二篇　100 A 以下环境或管壳额定的双向三极闸流晶体管空白详细规范

——GB/T 13150　半导体器件　分立器件　电流大于 100 A、环境和管壳额定的双向三极晶闸管空白详细规范

——GB/T 13151　半导体器件　分立器件　第 6 部分:晶闸管　第三篇　电流大于 100 A、环境和管壳额定的反向阻断三极晶闸管空白详细规范

——GB/T 13153　5A 以上环境或管壳额定可关断晶闸管空白详细规范

本标准等同采用 IEC 60747-6-3:1993《半导体器件　分立器件　第 6 部分:晶闸管　第三篇:电流大于 100 A、环境和管壳额定的反向阻断三极晶闸管空白详细规范》(英文版)。

本标准代替 GB/T 13151—1991《100 A 以上环境或管壳额定反向阻断三极晶闸管空白详细规范》。

本标准等同翻译 IEC 60747-6-3:1993。

为便于使用,本标准作了下列编辑性修改：

a)　“本国际标准”一词改为“本标准”；

b)　引用的 IEC 标准一律改为等同或等效采用国际标准的国家标准；

c)　为与本国“前言”区别,IEC 的“前言”称“IEC 前言”；

d)　在极限值表中补充了安装力矩和安装力的符号 M 和 F；

e)　按照 IEC 标准中方括号的用法,将原文中“where appropriat”加不加括号和加圆括号、方括号的不统一,统一成加方括号,即为“[适用时]”。

本标准(本版)与前版(GB/T 13151—1991)相比,主要变化如下：

——标准名称中增加了引导要素文字:“半导体器件　分立器件　第 6 部分:晶闸管　第三篇”并作了个别文字修改(前版的封面和首页;本版的封面和首页)；

——增加了“前言”和“IEC 前言”,删去了“附加说明”(前版的“附加说明”;本版的“前言”和“IEC 前言”)；

——删去了第 8 章各表中的抽样方案及附录 A 追加抽样表,增加了对 A、B、C、D 组抽样要求的文字说明(前版第 8 章各表和附录 A;本版第 8 章方括号中的文字)；

——在极限值参数表中,符号 V_R、V_D、I_T、di/dt 分别修改为 V_{RD}、V_{DD}、I_{TD}、$(di_T/dt)_{cr}$(前版第 4 章;本版第 4 章)；

——在电特性参数表中,增加了 t_{gt}、Q_r、I_{RM} 和 t_{rr} 四个特性参数;符号 dv/dt 修改为 $(dv_D/dt)_{cr}$,I_{RRM} 和 I_{DRM} 分别修改为 I_{RRM1}、I_{RRM2} 和 I_{DRM1}、I_{DRM2},(前版第 5 章;本版第 5 章)；

——A4 分组中删去“tq”项目、C2c 分组中删去了 di/dt 项目;C4 分组中增加了“耐焊接热”项目;B5 分组和 C7 分组修改为均按空腔、非空腔器件分别规定检验项目(前版第 8 章;本版第 8 章)。

本标准中引用的国家标准如下：

GB/T 2423.23—1995　电工电子产品环境试验　试验 Q:密封

GB/T 4589.1—1989　半导体器件　分立器件和集成电路总规范(idt IEC 60747-10:1984)

GB/T 4937—1995　半导体器件机械和气候试验方法(idt IEC 60749:1984)

GB/T 7581—1987　半导体分立器件外形尺寸(neq IEC 60191-2:1974)

GB/T 12560—1999　半导体器件　分立器件分规范(idt IEC 60747-11:1985)

GB/T 15291—1994　半导体器件　第6部分　晶闸管(eqv IEC 60747-6:1983)

本标准由中国电器工业协会提出。

本标准由全国半导体器件标准化技术委员会归口。

本标准起草单位：中国南车集团株洲电力机车研究所半导体厂、北京金自天正智能控制股份有限公司半导体部、北京变压器有限公司、天津市整流器厂、中国北车集团永济电机厂元件分厂、襄樊台基半导体有限公司、西安电力电子技术研究所。

本标准主要起草人：童宗鉴、黎明、王佰升、韩立文、张红卫、颜家圣、秦贤满。

本标准首次发布时间：1991年8月29日。

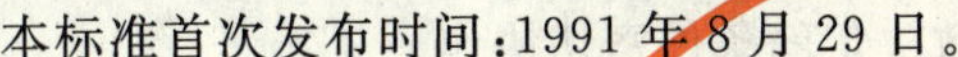

IEC 前言

1） 国际电工委员会(IEC)是世界范围的标准化组织，它由各国家电工委员会(IEC 国家委员会)组成。IEC 的目的是促进在电气、电子领域有关所有标准化问题的国际合作。为此目的并开展了另外一些活动，IEC 发布了国际标准。标准的制定委托给各技术委员会，对标准涉及的问题感兴趣的任何 IEC 国家委员会可以参加有关的制定工作。国际上，政府和非政府组织与 IEC 联络也可参加有关的制定工作。IEC 与 ISO(国际标准化组织)按照两个组织一致决定的条件密切协作。

2） 由各技术委员会制定的技术问题的 IEC 正式决议或协议，是所有国家委员会特别感兴趣的，并尽可能就涉及的各种问题表示、表达了国际上的一致意见。

3） 这些决议和协议用标准、技术报告或导则的形式发表，以推荐方式为国际上采用，并在此意义上为各国家委员会所接受。

4） 为促进国际上的一致，IEC 各国家委员会承诺了在本国标准或区域标准中，以最大限度的可能、透明地采用 IEC 国际标准。IEC 标准和国家标准或区域标准的任何分歧之处，应在国家标准或区域标准中清楚地指出。

IEC 60747-6-3 国际标准由 IEC 的 TC47《半导体器件》技术委员会制定。

本标准是电流大于 100 A、环境和管壳额定的反向阻断三极晶闸管空白详细规范。

本标准的内容基于如下文件：

国际标准草案	表决报告
47(CO)1350	47(CO)1347

表决赞成本标准的完整投票情况可在上表指出的表决报告中查阅。

本标准封面上的 QC 编号是 IEC 电子元器件质量评定体系(IECQ)的规范编号。

本标准引用了下列 IEC 标准：

IEC 60068-2-17(1978) 环境试验 第 2 部分:试验 Q 密封
第 4 号修订件(1991)

IEC 60191-2(1966) 半导体器件 机械标准化 第 2 部分:尺寸(正在修订中)

IEC 60747-6(1983) 半导体器件 分立器件和集成电路 第 6 部分:晶闸管
第 1 号修订件(1991)

IEC 60747-10(1991) 半导体器件 分立器件和集成电路 第 10 部分:分立器件和集成电路总规范

IEC 60747-11(1985) 半导体器件 分立器件和集成电路 第 11 部分:分立器件分规范第 1 号修订件(1991)

IEC 60749(1984) 半导体器件机械和气候试验方法
第 1 号修订件(1991)

半导体器件　分立器件
第6部分:晶闸管
第三篇　电流大于100 A、环境和管壳额定的反向阻断三极晶闸管空白详细规范

引言

国际电工委员会电子元器件质量评定体系(IECQ)遵循国际电工委员会的章程,在国际电工委员会授权下开展工作。评定体系的目的是以这样一种方式确定质量评定程序,即一个成员国按照符合适用规范要求所放行的电子元器件在其他所有成员国无需再试验同样为合格。

本空白详细规范是半导体器件一系列空白详细规范的一个,应与下列国家标准一起使用。

——GB/T 4589.1—1989　半导体器件　分立器件和集成电路总规范

——GB/T 12560—1999　半导体器件　分立器件分规范

要求的资料

本页及下页方括号内的数字与下列各项要求的内容相对应,这些内容应填入相应空栏中。

详细规范的识别

[1] 授权发布详细规范的国家标准化机构名称。

[2] 详细规范的IECQ编号。

[3] 总规范和分规范的编号和版本号。

[4] 详细规范的国家编号、发布日期和国家体系要求的任何更多的资料。

器件的识别

[5] 器件的型号。

[6] 典型结构和应用的资料。如果设计一种器件满足几种应用,则应在详细规范中说明。这些应用的特性、极限值和检验要求应予满足。

如器件对静电敏感或含有危险材料,如含有氧化铍,则应在详细规范中给出注意事项。

[7] 外形图和(或)引用有关的外形标准。

[8] 质量评定类别。

[9] 能在器件型号之间进行比较的最重要特性参考数据。

[本标准中所有方括号中给出的内容供制定详细规范时用,而不包括在详细规范内。]

[在本标准中,当特性或额定值适用时,"×"表示在详细规范中应填入数值。]

<table>
<tr><td>[负责发布详细规范的国家机构名称(地址)] [1]</td><td>[IECQ 详细规范号、版本号和(或)日期] [2]
QC 750113-×××</td></tr>
<tr><td>评定电子器件质量的依据: [3]
GB/T 4589.1—1989 半导体器件 分立器件和集成电路总规范
GB/T 12560—1999 半导体器件 分立器件分规范</td><td>[详细规范的国家编号] [4]
[如国家编号与 IECQ 编号相同,则本栏可不填写]</td></tr>
<tr><td colspan="2">详细规范: [5]
[有关器件的型号]
定货资料:见本标准第 7 章</td></tr>
<tr><td>1 机械说明</td><td>2 简要说明</td></tr>
<tr><td rowspan="3">外形标准: [7]
GB/T 7581—1987 半导体分立器件外形尺寸
外形图:
[可转到本标准的第 10 章或在该章给出更多的细节]
端子识别
[端子排列图,包括图示符号]
标志:[字母和图形或色码]
[如要求,详细规范应规定在器件上标志的内容]
[见总规范的 2.5 和(或)本标准的第 6 章]
[极性识别,如采用特殊方法]</td><td>电流大于 100 A、环境和管壳额定反向阻断三极晶闸管 [6]
半导体材料:[硅]
封装:[空腔或非空腔]
应用:见本标准的第 5 章
注意:遵守操作静电敏感器件的预防措施事项[如适用]</td></tr>
<tr><td>3 质量评定类别
[根据总规范的 2.6] [8]</td></tr>
<tr><td>参考数据 [9]</td></tr>
<tr><td colspan="2">质量符合本详细规范的器件生产厂资料,见现行合格产品目录</td></tr>
</table>

4 极限值(绝对最大额定值体系)

除另有规定外,下列极限值在整个工作温度范围内适用。

[只重复使用带标题的条号。任何附加值应在适当的地方给出,但不用条号。]

[曲线最好在本标准的第 10 章给出。]

条 号	极 限 值	符 号	数 值	
			最小值	最大值
4.1	工作环境温度或管壳温度	T_{amb}/T_{case}	×	×
4.2	贮存温度	T_{stg}	×	×
4.3	等效结温[如要求]	$T_{(vj)}$		×
4.4	电压[应规定条件,如时间、频率、温度、安装方式等]			
4.4.1	反向重复峰值电压	V_{RRM}		×
4.4.2	断态重复峰值电压	V_{DRM}		×
4.4.3	反向不重复峰值电压	V_{RSM}		×
4.4.4	断态不重复峰值电压	V_{DSM}		×
4.4.5	反向工作峰值电压	V_{RWM}		×
4.4.6	断态工作峰值电压	V_{DWM}		×
4.4.7	反向直流电压[适用时]	V_{RD}		×
4.4.8	断态直流电压[适用时]	V_{DD}		×
4.5	电流[应规定条件,如时间、频率、温度、安装方式等]			
4.5.1	在规定的 T_{break} 时的通态平均电流(见图 1)	$I_{T(AV)}$		×
4.5.2	通态重复峰值电流[适用时]	I_{TRM}		×
4.5.3	通态直流电流[适用时]	I_{TD}		×
4.5.4	通态浪涌电流[应包括是否加反向电压的说明]	I_{TSM}		×
4.5.5	通态电流临界上升率	$(di_T/dt)_{cr}$		×
4.5.6	I^2t 值[仅对管壳额定器件] 正弦波、10 ms(50 Hz)或 8.3 ms(60 Hz)的最大值 a) 无再加反向电压,初始结温 $T_{(vj)}=25℃$ b) 有再加反向电压 V_{RWMmax},初始结温 $T_{(vj)}=25℃$	I^2t I^2t_1 I^2t_2		 × ×
4.6	门极额定值[应规定条件,如时间、频率、温度、安装方式等]			
4.6.1	门极正向峰值电压[适用时]阳极相对阴极为正	V_{FGM1}		×
4.6.2	门极正向峰值电压[适用时]阳极相对阴极为负	V_{FGM2}		×
4.6.3	门极反向峰值电压	V_{RGM}		×
4.6.4	门极正向峰值电流	I_{FGM}		×
4.6.5	门极峰值功率	P_{GM}		×
4.6.6	门极平均功率	$P_{G(AV)}$		×
4.7	机械额定值 安装力矩[适用时] 安装力[适用时]	 M F	 × ×	 × ×

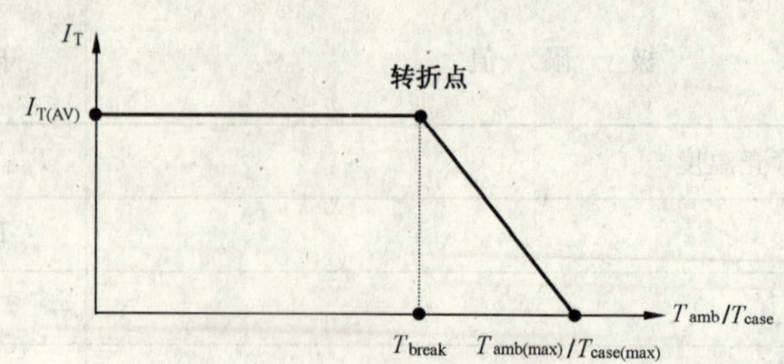

图 1 晶闸管的电流降额曲线

5 电特性

检验要求见本标准第 8 章。

[只重复使用带标题条号。任何附加特性应在适当的地方给出,但不用条号。]

[当在同一详细规范中规定几种器件时,有关的值应以连续方式给出,以避免相同值的重复。]

[特性曲线最好在本标准的第 10 章给出。]

条 号	特性和条件 $T_{amb}/T_{case}=25℃$,另有规定除外(见总规范第 4 章)	符号	数值		试验分组
			最小值	最大值	
5.1	通态电压 对应于 π 倍额定最大通态平均电流 $I_{T(AV)}$ 的峰值电流时的最大值	V_{TM}		×	A2b
5.2	反向电流 额定反向重复峰值电压 V_{RRM} 时的反向重复峰值电流的最大值				
5.2.1	在 $T_{amb}/T_{case}=25℃$ 时	I_{RRM1}		×	A2b
5.2.2	在 T_{amb}/T_{case}(max)时	I_{RRM2}		×	C2b
5.3	断态电流 额定断态重复峰值电压 V_{DRM} 时的断态重复峰值电流的最大值				
5.3.1	在 $T_{amb}/T_{case}=25℃$ 时	I_{DRM1}		×	A2b
5.3.2	在 T_{amb}/T_{case}(max)时	I_{DRM2}		×	C2b
5.4	维持电流:最小值和最大值	I_H	×	×	C2a
5.5	擎住电流:在规定条件下的最大值	I_L		×	C2a
5.6	门极触发电流:最大值	I_{GT}		×	A3
5.7	门极触发电压:最大值	V_{GT}		×	A3
5.8	门极不触发电压:最小值	V_{GD}	×		A4
5.9	断态电压临界上升率[适用时] 在规定条件下的最小值	$(dV_D/dt)_{cr}$	×		A4
5.10	电路换向关断时间[仅对快开关型] 在规定条件下的最大值	t_q		×	C2c
5.11	总耗散功率 以最大总耗散功率作为通态平均电流和导通角的函数曲线表示	P_{tot}		×	

续表

条　号	特性和条件 T_{amb}/T_{case}=25℃，另有规定除外（见总规范第4章）	符号	数值		试验分组
			最小值	最大值	
5.12	热阻［如在4.3规定$T_{(vj)}$时］ 结到环境或管壳：最大值	R_{thJA}或R_{thJC}		×	C2d
5.13	门极控制开通时间 在规定条件下的最大值	t_{gt}		×	
5.14	恢复电荷 在规定条件下的最大值或最小值和最大值	Q_r	× （注1）	×	
5.15	反向恢复峰值电流［适用时］ 在规定条件下的最大值	I_{RM}		×	
5.16	反向恢复时间［适用时］ 在规定条件下的最大值	t_{rr}		×	

注1：当适用时。

6　标志

［在第7栏（第1章）和（或）总规范的2.5未给出的任何其他资料应在此给出。］

7　定货资料

［除另有规定外，订购一种具体器件至少需要以下资料：

——准确的型号（和标称电压值，如要求）。

——当有关时，有版本号和（或）日期的详细规范标准。

——按分规范的3.7规定的质量评定类别，如要求，还应按分规范的3.6规定的筛选顺序。

——任何其他细节。］

8　试验条件和检验要求

［在下列各表中给出试验条件和检验要求，所采用的数值和确切的试验条件，应按照给定型号的要求和有关标准中有关试验的要求规定。］

［在编写详细规范时，有两种可采用的试验或试验方法，应选定一种。］

［在同一详细规范中包括几种器件时，有关的条件和（或）数值应以连续方式给出，以避免相同条件和（或）数值重复。］

在本章中，除另有说明外，引用的条号对应于GB/T 4589.1—1989的条号。电参数测试方法引自GB/T 12560—1999的第4章。

［A组检验和试验应对全部器件进行。B组检验和试验应在逐批的基础上进行，抽样按LTPD=30。C组和D组检验和试验的抽样按LTPD=50。］

A 组

逐 批

全部试验都是非破坏性的(3.6.6)

检验或试验	符　号	引用标准 GB/T 12560—1999	条 件 T_{amb}/T_{case}=25℃,另有规定除外(见总规范第4章)	检验要求极限	
				最小值	最大值
A1 分组 外部目检		GB/T 4589.1—1989,4.2.1.1			
A2a 分组 不工作				极性颠倒;或 V_{TM}>10 USL;或 I_{RRM1}>100 USL[另有规定除外]	
A2b 分组 通态峰值电压 反向重复峰值电流 断态重复峰值电流	 V_{TM} I_{RRM1} I_{DRM1}	 T-101 T-102 T-103	见第5章		 × × ×
A3 分组 门极触发电流 门极触发电压	 I_{GT} V_{GT}	 T-109 T-109	见第5章		 × ×
A4 分组 断态电压临界上升率[适用时] 门极不触发电压	 $(dV_D/dt)_{cr}$ V_{GD}	 T-112 T-110	见第5章	 × ×	

B 组

逐 批

(对于Ⅰ类,按总规范的2.6)

LSL=规范下限值 } 按A组
USL=规范上限值 }

标有(D)的试验是破坏性试验(3.6.6)

检验或试验	符　号	引用标准 GB/T 4937—1995	条 件 T_{amb}/T_{case}=25℃,另有规定除外(见总规范第4章)	检验要求极限	
				最小值	最大值
B1 分组 尺寸		GB/T 4589.1—1989,4.2.2,附录B		[见本标准第1章]	

续表

检验或试验	符　号	引用标准 GB/T 4937—1995	条件 T_{amb}/T_{case}=25℃,另有规定除外（见总规范第4章）	检验要求极限	
				最小值	最大值
B3 分组 端子强度[适用时] 弯曲(D) 和(或) 转矩(D)		 Ⅱ.1.2 Ⅱ.1.4	 力=[见 GB/T 4937—1995, Ⅱ.1.2]	 不损坏	
B4 分组 可焊性[适用时]		 Ⅱ.2.1	 [按规定,最好用焊槽法]	 润湿良好	
B5 分组 快速温度变化 a) 空腔器件 继之: 电测试 密封,细检漏 和 密封,粗检漏 b) 非空腔和环氧密封 空腔器件 继之: 外部目检 稳态湿热 电测试		 Ⅲ.1.1 Ⅲ.7.3 或Ⅲ.7.4 GB/T 2423.23—1995, 试验 Q GB/T 4589.1—1989, 4.2.1.1 Ⅲ.5c 见 A2 和 A3	 10 个循环 按规定 按规定 应规定严酷度,24 h 按 A2b 和 A3		
B8 分组 电耐久性(168 h) 最后测试: 通态峰值电压 反向重复峰值电流 断态重复峰值电流	 V_{TM} I_{RRM1} I_{DRM1}	 GB/T 15291—1994,V	 [高温交流阻断或工作寿命] [工作寿命时: $I_{T(AV)}$ = (80% ~ 100%) $I_{T(AV)max}$] 按 A2b 按 A2b 按 A2b		 1.1 USL 2 USL 2 USL
CRRL 分组	B3、B4、B5 和 B8 的属性资料				

C 组

周 期

LSL＝规范下限值 } 按 A 组
USL＝规范上限值 }

标有(D)的试验是破坏性试验(3.6.6)

检验或试验	符 号	引用标准 GB/T 12560—1999	条 件 T_{amb}/T_{case}=25℃,另有规定除外(见总规范第 4 章)	检验要求极限	
				最小值	最大值
C1 分组 尺寸		GB/T 4589.1—1989,4.2.2,附录 B		[见本标准第 1 章]	
C2a 分组					
维持电流	I_H	T-107	见第 5 章	×	×
擎住电流	I_L	T-108			×
C2b 分组					
反向重复峰值电流	I_{RRM2}	T-102	见第 5 章,$T_{ambmax}/T_{casemax}$		×
断态重复峰值电流	I_{DRM2}	T-103			×
C2c 分组					
通态浪涌电流	I_{TSM}	T-104			×
最后测试:					
通态峰值电压	V_{TM}		按 A2b		USL
反向重复峰值电流	I_{RRM1}		按 A2b		USL
断态重复峰值电流	I_{DRM1}		按 A2b		USL
电路换向关断时间(仅对快开关型)	t_q	T-114	见第 5 章		×
C2d 分组					
热阻[如适用]	R_{th}				×
C4 分组					
耐焊接热(D)		GB/T 4937—1995,Ⅱ.2.2	[按规定]		
最后测试:					
通态峰值电压	V_{TM}		按 A2b		USL
反向重复峰值电流	I_{RRM1}		按 A2b		USL
断态重复峰值电流	I_{DRM1}		按 A2b		USL

续表

检验或试验	符　号	引用标准 GB/T 12560—1999	条　件 T_{amb}/T_{case}=25℃，另有规定除外 （见总规范第4章）	检验要求极限	
				最小值	最大值
C7 分组 稳态湿热 a）　空腔器件		GB/T 4937—1995，Ⅲ.5A	严酷度：Ⅱ类和Ⅲ类 56 d Ⅰ类 21 d		
b）　非空腔和环氧密封空腔器件		GB/T 4937—1995，Ⅲ.5B	严酷度 1 偏置：详细规范应规定 持续时间：Ⅱ类和Ⅲ类 1 000 h Ⅰ类 500 h		
最后测试：					
通态峰值电压	V_{TM}		按 A2b		1.1USL
反向重复峰值电流	I_{RRM1}		按 A2b		2USL
断态重复峰值电流	I_{DRM1}		按 A2b		2USL
C8 分组 电耐久性（最少 1 000 h）		GB/T 15291—1994，Ⅴ	[高温交流阻断或工作寿命] [工作寿命时： $I_{T(AV)}=(80\%\sim100\%)I_{T(AV)max}$]		
最后测试：					
通态峰值电压	V_{TM}		按 A2b		1.1USL
反向重复峰值电流	I_{RRM1}		按 A2b		2USL
断态重复峰值电流	I_{DRM1}		按 A2b		2USL
C9 分组 高温贮存（D）		GB/T 4937—1995，Ⅲ.2	在 T_{stgmax} 时，最少 1 000 h		
最后测试：					
通态峰值电压	V_{TM}		按 A2b		1.1USL
反向重复峰值电流	I_{RRM1}		按 A2b		2USL
断态重复峰值电流	I_{DRM1}		按 A2b		2USL
CRRL 分组	C4、C7、C8 和 C9 的属性资料				

9　D组——鉴定批准试验

[当要求时，本试验应在详细规范中规定（仅对鉴定用）。]

IVD＝各个器件的初始值 }按 A 组
USL＝规范上限值 }

检验或试验	符　号	引用标准	条 件 T_{amb}/T_{case}=25℃,另有规定除外 (见总规范第4章)	检验要求极限	
				最小值	最大值
D1 分组					
电耐久性[仅对环境额定器件](注2)		GB/T 15291—1994,Ⅴ	工作寿命:[按 C8]		
最后测试:同 C8			同 C8		同 C8
D2 分组					
热循环负载试验[仅对管壳额定器件]		GB/T 15291—1994,Ⅳ.4	循环次数:[应规定]		
最后测试:					
通态峰值电压	V_{TM}		按 A2b		1.1USL
反向重复峰值电流	I_{RRM1}		按 A2b		2USL
断态重复峰值电流	I_{DRM1}		按 A2b		2USL
D3 分组					
恒定加速度[仅对空腔器件]		GB/T 4937—1995,Ⅱ.5	[按规定]		
最后测试:					
通态峰值电压	V_{TM}		按 A2b		1.1USL
反向重复峰值电流	I_{RRM1}		按 A2b		2USL
断态重复峰值电流	I_{DRM1}		按 A2b		2USL

注2:如此试验在C8已完成,则在此不再要求。

10 附加资料(不作检验用)

[只要器件规范和应用需要,就应给出附加资料,例如:

——有关极限值的温度降额曲线;

——测量电路或附加方法的完整说明;

——详细的外形图。]

ICS 13.280
F 84

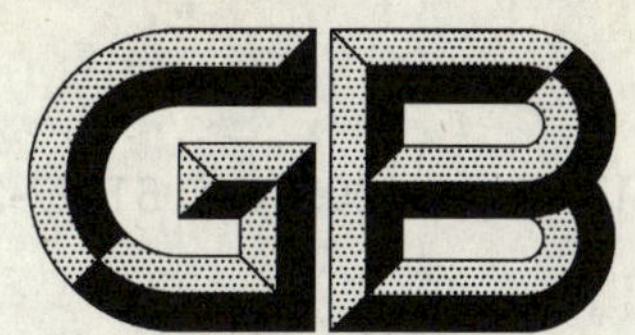

中华人民共和国国家标准

GB/T 13163.2—2005/IEC 61577-2:2000

辐射防护用氡及氡子体测量仪 第2部分:氡测量仪的特殊要求

Radiation protection instrumentation—Radon and radon decay product measuring instruments—Part 2:Specific requirements for radon measuring instruments

(IEC 61577-2:2000,IDT)

2005-05-18 发布

2005-12-01 实施

中华人民共和国国家质量监督检验检疫总局
中国国家标准化管理委员会 发布

前言

本部分是《辐射防护用氡及氡子体测量仪》标准中的第2部分。该标准包括：

——第1部分：一般要求；

——第2部分：氡测量仪的特殊要求；

——第3部分：氡子体测量仪的特殊要求；

——第4部分：矿用α潜能快速测量仪。

本部分等同采用IEC 61577-2:2000《辐射防护仪器　氡及氡子体测量仪　第2部分：氡测量仪的特殊要求》。本部分与IEC 61577-2在技术内容上相同，仅作了一些小的编辑性修改：

——根据国内的习惯将名称改为《辐射防护用氡及氡子体测量仪　第2部分：氡测量仪的特殊要求》；

——将“2　规范性引用标准”中的一些IEC标准改为相应的我国国家标准，由于GB/T 4960采用了IEC 60050(393)和IEC 60050(394)，故标准的数量有所减少；

——IEC 61577-2的11.3中电源电压的变化范围是90%U_N～110%U_N（即偏差±10%），但在表3中却是88%U_N～110%U_N，而且IEC有关辐射防护仪表的标准均规定为“88%U_N～110%U_N”。为了统一，将本部分11.3中的电源电压变化范围改为“88%U_N～110%U_N”；

——IEC 61577-2的11.2.1中的“参考条件”应是“标准试验条件”，在本部分中作了修改；

——增加了附录A（资料性附录）。

本部分由全国核仪器仪表标准化技术委员会提出。

本部分由核工业标准化研究所归口。

本部分起草单位：北京市射线应用研究中心、核工业标准化研究所。

本部分主要起草人：黄子瀚、李国祥、郑金美、张京长。

辐射防护用氡及氡子体测量仪
第2部分:氡测量仪的特殊要求

1 范围

本部分适用于工作场所、住宅、室外和土壤中测量氡气体积活度的仪器。测量方法取决于具体的目的,但这些要求适用于辐射防护或研究中通常使用的仪器。

本部分适用于抓取取样、连续取样和累积取样的各种类型氡测量仪。通过泵抽取或扩散使含氡空气进入探测器或在一特定时刻测量抓取样品的活度来测定氡浓度。

本部分规定了测量氡气体积活度仪器的主要性能特性、试验方法和文件要求。

本部分与《辐射防护用氡及氡子体测量仪　第1部分:一般要求》一起使用。

2 规范性引用文件

下列文件中的条款通过本部分的引用而成为本部分的条款。凡是注日期的引用文件,其随后所有的修改单(不包括勘误的内容)或修订版均不适用于本部分,然而,鼓励根据本部分达成协议的各方研究是否可使用这些文件的最新版本。凡是不注日期的引用文件,其最新版本适用于本部分。

GB/T 2423(所有部分)　电工电子产品环境试验〔idt IEC 60068(所有部分)〕

GB/T 4960(所有部分)　核科学技术术语

IEC 61187:1993　电工电子测量设备　文献

IEC 61577-1:2000　辐射防护用氡及氡子体测量仪　第1部分:一般要求

IEC 61577-4　辐射防护用氡及氡子体测量仪　第4部分:矿用α潜能快速测量仪

3 术语和定义

GB/T 4960确立的以及下列术语和定义适用于本部分。

3.1

量的约定真值　conventionally true value of a quantity

由基准或次级标准,或者经基准或次级标准校准过的参考仪器所确定的量的最佳估算值。

3.2

相对固有误差　relative intrinsic error

用百分数表示的相对固有误差(E)由下式给出:

$$E=\frac{Q_i-Q_t}{Q_t}\times 100\%$$

式中:

Q_i——指示值;

Q_t——约定真值。

3.3

变异系数　coefficient of variation

一组n次测量值x_i的标准偏差σ和算术平均值$\bar{x}$的比值V,由下式给出:

$$V=\frac{\sigma}{\bar{x}}=\frac{1}{\bar{x}}\sqrt{\frac{1}{n-1}\sum_{i=1}^{n}(x_i-\bar{x})^2}$$

3.4

参考响应 reference response

R_{ref}

在标准试验条件下测量仪对参考源活度的响应。

3.5

响应时间 response time

用给定数值的待测量(例如给定活度的放射源)照射测量仪,从开始照射至平衡指示值的90%所需的时间间隔。对于累积式测量仪,则是从开始照射到指示值对时间一次微分的平衡值的90%的时间间隔。

4 一般特性

测量氡的体积活度可使用几种测量方法,市场上有许多测量仪可供选择。仪器的一般原理和性能要求见 IEC 61577-1:2000。

通常使用的测量方法有电离室法、闪烁瓶法或带有静电吸附作用的固体探测器法。

大多数测量方法要求对进入探测器前的空气进行过滤,以便去除氡子体。

抓取取样法用于氡体积活度的瞬时测量。可以通过预先将取样容器抽空或流气式方法把空气充入取样容器,并重新密封以收集待测空气样品。然后把取样容器中的氡送入测量室,测量室可以是电离室或闪烁瓶。在某些情况下,闪烁瓶本身也用作取样容器。

连续测量法用于测量氡体积活度的变化。在多数连续测量方法中,空气被抽吸通过闪烁瓶或流气式电离室,或空气扩散进入探测器。固体探测器也可用于连续测量氡体积活度。

流速变化可能影响氡浓度的测量。空气湿度也可能影响某些探测器的效率,因此测量仪可配备空气干燥系统。

用于现场监测的测量仪应操作简单、便于携带,并能在恶劣环境条件下正常工作。

4.1 测量范围

氡测量仪的测量结果应以氡体积活度表示。符合本部分要求的氡体积活度的测量范围至少为 10^2 $Bq \cdot m^{-3} \sim 10^5$ $Bq \cdot m^{-3}$。

无论用于什么测量环境(室内、室外、地下),测量仪都能够测量其设计中规定的全部体积活度范围。

4.2 最低可探测体积活度

要求的最低可探测体积活度取决于具体的应用,由供方和采购方商定。

4.3 参考源

参考源应是可溯源到认可标准的氡源或参考氡气(STAR)。

5 技术特性

测量仪应包括一个或多个辐射探测单元,还包括下列某些或全部单元:

——辐射探测单元;

——空气泵;

——气溶胶过滤装置;

——空气干燥装置;

——运行检查装置;

——信号处理单元;

——测量显示装置;

——电源组件;

——操作指示器;

——报警阈值设定装置，当氡体积活度超过预定值时给出报警信号。

测量仪包括的单元应符合下列要求。

5.1 辐射探测单元

探测单元的几何效率应尽可能高。由于天然 α 放射性核素(主要是氡的长寿命子体产物)引起的探测器污染可能导致较高的本底。当测量仪不使用时，应采取措施防止气载放射性对探测器表面的污染。

5.2 空气泵

空气泵回路应提供满足测量方法要求的空气流量。空气泵应能够承受由于运行条件、取样时间、过滤器类型、大气灰尘对过滤器的阻塞等引起的压力变化。软管和接头应密封良好以保持稳定的流速和防止泄漏。若空气泵是测量仪的一个组成部分，建议空气泵能够在预定的运行周期内连续工作。流速应稳定或能实时测量。

5.3 气溶胶过滤装置

大多数测量仪使用过滤器来阻止氡子体产物进入探测器灵敏体积内。供方应说明过滤器的类型。过滤器应不滞留氡气。

建议使用高效气溶胶过滤器(HEPA)。

5.4 空气干燥装置

如果探测器的效率与取样空气的湿度有关，测量仪可装备空气干燥装置(例如化学干燥剂或电致冷元件)。应仔细选择不吸附氡的干燥剂。当使用化学干燥剂时，应清楚地说明干燥剂的寿命。

5.5 运行检查装置

建议提供检查装置，以便使用者定期检查测量仪是否正常工作。为了在每一个量程至少检验一个点，可使用合适的放射源或参考氡气。

5.6 信号处理单元

信号处理单元由能获取探测器提供的信号和处理这些信号的功能单元组成。

5.7 测量显示和输出装置

显示器应以 $Bq \cdot m^{-3}$ 为单位显示氡体积活度，并给出其不确定度。总的有效测量范围应与测量目的相适应并由供方与采购方商定。一般至少要有三个量级。

测量单位应在显示器上清楚标明。

显示器应在各种环境条件下易读。

除了显示测量值外，还应提供电源开/关的状态指示。

如果测量方法需要，应提供流量显示。

可提供输出数据的远距离显示并允许使用下列装置中的一个或多个装置：

——显示器；

——数据记录仪；

——打印机；

——计算机；

——其他数据接口装置。

测量仪可以装有报警阈可调的设定单元，当氡体积活度超过预定值时，发出报警。

5.8 电源组件

电源组件应包括下列部分：

——空气泵电源系统(如果使用)；

——“控制和测量”电源系统。

在测量期间应保持电源状态稳定并在发生故障时关闭显示器。

5.9 一般结构

如果使用中需要，测量仪应符合运输、抗冲击和防潮湿的要求。

当测量仪用于易爆气体环境(例如地下矿井)时，应符合有关国家和国际标准。矿用测量仪的要求见 IEC 61577-4。

不同于上述一般结构的要求应由供方和采购方商定。

如果测量仪用于潮湿环境，用户应提出关于防潮的要求。测量仪应满足 GB/T 2423 的要求，或满足供方与用户的协议。

测量仪的几何尺寸和重量尽可能小并由供方说明。

6 一般试验方法

6.1 试验类型

除非另有规定，本部分要求的所有试验都是型式试验。所规定的要求是最低要求并可以扩展到特殊设备或功能上。

按照供方与采购方商定的某些试验也可作为验收检验。

型式试验至少在一台测量仪上进行，例行试验应在每一台测量仪和装置上进行。

本部分所描述的试验是按照在标准试验条件下还是在其他试验条件下进行分类。

6.2 标准试验条件

表 1 给出 ^{222}Rn 测量仪的标准试验条件。表中列出各种影响量的数值和允许范围，试验时这些数值保持不变。

表 2 给出在标准试验条件下进行的试验项目、要求和试验方法。

表 1 参考条件和标准试验条件

(除非供方另有说明)

影响量	参考条件	标准试验条件
参考氡体积活度	氡体积活度 100 Bq・m^{-3}～1 000 Bq・m^{-3}	氡体积活度 100 Bq・m^{-3}～1 000 Bq・m^{-3}
预热时间	5 min	5 min
环境温度	20℃	18℃～22℃
相对湿度	65%	50%～75%
大气压力	101.3 kPa	86 kPa～106 kPa
电源电压	额定电压 U_N	U_N(1 ±1%)
电源频率	额定频率 f_N	f_N(1±1%)
电源波形	正弦波	正弦波，总谐波畸变小于 5%
环境 γ 辐射	剂量率 0.2 μGy・h^{-1}或更小	剂量率小于 0.25 μGy・h^{-1}
外来电磁场	可忽略	小于引起干扰的最小值
外来磁感应	可忽略	小于地磁场感应值的两倍
注：当探测技术对大气压力特别灵敏时，试验条件应限制在参考压力的±5%。		

表 2 标准试验条件下的试验

试验项目	要 求	试验方法(条款)
参考响应	符合供方的规定	
相对固有误差	小于 20%(见注释)	9.2
统计涨落	小于 10%	11.1
注：不包括氡浓度约定真值的误差。		

6.3 改变影响量的试验

试验应按照 IEC 61577-1:2000 中的 7.1 进行。

表 3 给出改变影响量的试验。这些试验的目的是确定影响量变化的影响。

为了试验每一个影响量变化的影响，除非另有规定，所有其他影响量应保持在表 1 给出的标准试验条件的限值内。

为了简化对每一个影响量的试验，单次试验仅包括测量仪对单一参考源响应的准确度。对每一个影响量，仅需进行涉及相对固有误差的试验，试验使用参考氡气或使用从参考氡气得到的氡体积活度为 100 Bq·m^{-3}～1 000 Bq·m^{-3} 的空气。

如果表 3 规定的试验不能给出有代表性的指示值，那么测量仪的其他性能就要进行改变影响量的试验。特殊的试验应由采购方和供方商定。

为了简化这些试验，对任一单个影响量，只需要进行单次型式试验。这些试验若作为抽样试验，除非另有规定，测量仪的抽样数量由采购方和供方商定。

表 3 改变影响量的试验

影响量	影响量的范围	指示值的变化限值	试验方法(条款)
环境 γ 辐射	1 μGy·h^{-1} 10 μGy·h^{-1}	按供方规定	10.2
电源电压	88%U_N～110%U_N	±10%[a]	11.3
预热时间	最多 5 min	按供方规定	11.4
环境温度	−5℃～+40℃	±10%，与 20℃的值比较	10.3
相对湿度	90%，30℃	±10%	10.4
大气压力	80 kPa～120 kPa	按供方规定	10.5
外来电磁场	没有一般规定。应按采购方的要求规定试验参数范围的限值和指示值相应变化的限值。		

a 指与标准试验条件下的指示值相比的偏差。

6.4 统计涨落

当使用电离辐射进行试验时，放射性的随机性是影响测量仪指示值的一个重要因素。

在氡体积活度较低时，测量次数应足够多，至少十次，以保证这些指示值的平均值足够精确到满足预定的性能要求。

读数之间的时间间隔应足够长，以保证读数的统计独立性。

7 试验用源

7.1 概述

通常使用含有确定核素的已知准确活度的固体或气体参考源进行测量仪的试验。例如，电沉积 ^{241}Am 或 ^{239}Pu 固体源用于试验 α 辐射测量设备，^{137}Cs 或 ^{90}Sr 源用于试验 β 辐射测量设备，^{85}Kr 或 ^{133}Xe 气体源用于试验气体电离探测设备。

原则上，使用这些放射源可以检查仪器从探测器至显示装置的电子电路是否正常工作。然而，这些试验可能不够充分，因为使用的源不足以代表被测量的真实情况。由于能量和几何条件的不同，使用检验源可能会引入不同于常规测量条件的偏差。测量仪的试验和校准宜使用参考氡气进行。

完成这样试验的可能性取决于测量仪使用的探测器类型和测量方法。

7.2 专用源

对于使用闪烁室的测量仪，可用含有 ^{226}Ra 的专用密封容器作为参考源进行试验。对于使用其他类型探测器的测量仪，在某些情况下能够使用^{241}Am 或^{239}Pu 参考源进行有限功能试验。其他专用α或β辐射源可用于试验探测器和电子学线路。

7.3 检验源

检验源用于检查测量仪的工作特性、稳定性、连续工作时间及随影响因素的变化。在7.1中描述的合适尺寸的源可用于这些目的。应提供一个支架，用于固定检验源与探测器的相对位置。

每次校准时，应记录检验源的指示值。这些指示值用于以后检查测量仪的运行状况。

检验源的形式取决于使用的测量方法。在使用检验源的测量仪中，检验源可以是含有^{226}Ra 的闪烁室。

7.4 参考氡气

在 IEC 61577-1:2000 的 6.3 中叙述了参考氡气的技术特性。对于本部分，参考氡气的基本参数是氡体积活度和气候参数(湿度、温度和压力)。

8 试验项目

8.1 参考响应

在标准试验条件下，测量仪使用参考氡气进行辐射性能的试验。

8.2 鉴定试验

为了验证氡测量仪是否符合本部分要求，应进行鉴定试验。

鉴定试验分为型式试验和例行试验。

8.2.1 型式试验

使用已知体积活度的氡气进行型式试验，其体积活度应至少包括下列每一范围中的一个点：100Bq·m^{-3}～1 000 Bq·m^{-3}，5 000 Bq·m^{-3}～10 000 Bq·m^{-3}，大于 50 000 Bq·m^{-3}。试验使用的参考氡气由供方与采购方商定。

8.2.2 例行试验

例行试验应在 100 Bq·m^{-3}～1 000 Bq·m^{-3}范围内的一个点上进行。使用参考氡气进行试验。

8.2.3 电信号模拟试验

当使用合适计数率的电脉冲时，输入电脉冲的形状和持续时间应类似于探测单元对辐射响应产生的脉冲形状和持续时间。相对固有误差应不大于±5%。

8.3 结果的表示

8.3.1 相对固有误差

试验结果应以相对固有误差 E 表示。

8.3.2 变异系数

统计涨落的影响应由变异系数 V 表示。

9 辐射性能要求与试验

9.1 对专用源的响应

9.1.1 要求

当测量仪在标准试验条件下工作并按供方的规定设置时，供方应说明测量仪给出的指示值与专用源活度之间的关系。

在标准试验条件下，按照供方的规定调节校准部件，在整个有效测量范围内，测量仪的相对固有误差 E 不应超过表 2 给定的限值。

9.1.2 试验方法

在没有参考辐射存在的条件下，按照供方的规定设置测量仪并使其在标准试验条件下工作。记录测量仪的本底指示值。然后使用合适的专用源照射测量仪,使其足以在 100 Bq·m^{-3}～1 000 Bq·m^{-3}之间给出一个指示值,具体数值由采购方和供方商定。还应记录参考响应值 R_{ref}。

至少对一系列测量仪中的一台进行型式试验,对每一台测量仪都应进行例行试验。应注意避免增加测量仪本底。

9.2 对参考氡气的响应

9.2.1 要求

当测量仪在标准试验条件下工作并按供方的规定设置时,供方应说明测量仪给出的指示值与参考氡气的体积活度之间的关系。

在标准试验条件下,按照供方的规定调节校准部件,测量仪的相对固有误差 E 不应超过表 2 给定的限值。

在试验报告中应说明测量仪在标准试验条件下的最低可探测氡体积活度。

9.2.2 试验方法

试验应在含有参考氡气的氡环境试验装置(STAR,见附录 A)内进行,或将已校准好的氡测量仪与待检测量仪一起放置在含有足够氡气的闭合回路中进行比对试验。

有关这些测量仪使用参考氡气的试验和校准的指南见 IEC 61577-1:2000 的第 5 章和第 6 章。

测量仪应在标准试验条件下工作,并按照供方的规定设置。记录测量仪的本底指示值。在测量前稀释试验装置内的本底氡气或将试验装置抽空,并等待足够长的时间,让试验装置内所有氡的短寿命子体产物衰变再测量本底。然后使用合适的参考氡气照射测量仪,使其足以在 100 Bq·m^{-3}～1 000 Bq·m^{-3}之间给出一个指示值。记录参考响应值 R_{ref}。

用于试验的影响量范围应依据测量仪类型而定。

特殊情况下的试验方法由采购方与供方商定。

试验中的测量仪应能在两个不同的照射条件下工作,即测量仪在试验装置(STAR)外面和测量仪在试验装置(STAR)里面。在这两种情况中,测量仪应在影响量被控制的条件下工作。

10 环境性能要求与试验

10.1 概述

对于受环境因素影响的测量仪,还应使用参考氡气进行环境性能试验。测量仪对氡体积活度响应的准确度可能受几个因素(影响量)的影响(见表 3),例如温度、相对湿度和大气压力。供方应说明测量仪在标准试验条件下进行改变影响量的试验中给出的指示值与参考氡气的体积活度之间的关系。

10.2 对环境 γ 辐射的响应

某些测量仪可能对环境 γ 辐射灵敏而影响指示值。其影响程度和可接受性取决于测量仪的应用场所和类型,供方应予以规定。

10.2.1 要求

测量仪的设计应使其测量结果受环境 γ 辐射的影响最小。如果不可能,则应测量环境 γ 辐射。供方应说明测量仪对环境 γ 辐射的响应。

10.2.2 试验方法

使用 γ 辐射源,例如 ^{137}Cs 或 ^{60}Co 源,将源置于距离探测器至少 2 m 的位置上,并使其在探测器位置处产生的空气吸收剂量率的约定真值在 1 μGy·h^{-1}～10 μGy·h^{-1}之间,记录测量仪的指示值。

10.3 环境温度

10.3.1 要求

环境温度在－5℃～＋40℃之间,测量仪应能正常工作,其指示值的变化应不大于在标准试验条件下指示值的 10%。

10.3.2 试验方法

在标准试验条件下(环境温度除外)使用参考氡气照射测量仪。

试验通常在氡环境试验装置(STAR)内进行,一般不需要控制试验装置内的空气湿度,除非测量仪对湿度变化特别灵敏。

应在极限温度下至少保持 1 h,并在最后 30 min 内测量指示值,将此值与标准试验条件下的指示值进行比较。

10.4 相对湿度

10.4.1 要求

在 30℃、相对湿度直至 90%时,测量仪应能正常工作,其指示值变化应不大于在标准试验条件下指示值的 10%。在地下矿井和室外可能存在的特别潮湿条件下,应保证指示值的变化较小。

10.4.2 试验方法

试验可在单一温度 30℃、相对湿度直至 90%、测量仪处于热稳定状态的条件下进行。表 3 规定允许的指示值变化为±10%,其中不包括仅由温度引起的指示值变化。

10.5 大气压力

大气压力仅对某些类型的测量仪有影响。在这种情况下,供方应说明试验时的大气压力以及大气压力变化的影响。

如果需要,应在其他大气压力条件下进行有代表性的试验。

11 电气性能要求与试验

11.1 统计涨落

11.1.1 要求

由于辐射的随机性,测量仪的指示值可能会在平均值上下波动。统计涨落引起的变异系数应小于 10%。

供方应提供变异系数的测量数据。

11.1.2 试验方法

使用合适的参考氡气照射测量仪,以便在 100 Bq·m^{-3}～1 000 Bq·m^{-3}之间产生一个指示值。读取至少 10 个指示值,读取指示值的时间间隔应保证其在统计学上是互相独立的。计算指示值的平均值和变异系数。

11.2 电源

11.2.1 电池供电要求

如果测量仪使用电池供电,电池至少保证工作 10 h。为了保证测量仪的性能符合规定的要求,应提供电池检查设备,并清楚地显示在仪表面板上。电池的剩余电量应清楚地显示。电池可单独更换并清楚地标明其极性。

当电池供电时,电池的容量应保证连续使用 10 h 后,测量仪的指示值相对于在标准试验条件下初始指示值的变化不大于 10%。如果使用充电电池,应能在 16 h 内充满电。

11.2.2 电池供电试验

试验应使用供方指定类型的电池。使用给定的检验源照射测量仪,读取至少 10 个指示值,求其平均值。然后让测量仪连续工作至少 10 h。在连续工作结束之前,再读取至少 10 个指示值,并确认这些指示值的平均值变化不大于初始平均值的 10%。

11.2.3 交流电源供电

如果测量仪设计使用交流电源供电,应采用单相电源。

11.3 电源变化的影响

11.3.1 要求

当电源电压在 88%U_N～110%U_N 之间变化、电源频率在国家标准规定的范围时，测量仪应能正常工作，其指示值变化不大于标准试验条件下指示值的 10%。

11.3.2 试验方法

使用参考氡气照射测量仪，使其在 100 Bq·m^{-3}～1 000 Bq·m^{-3}之间产生一个指示值。当电源电压和频率为额定值时，读取足够多的指示值，求其平均值。

当电源频率为额定值、电压比额定电压高 10%时，取一组连续指示值，求平均值；当电源频率为额定值、电压比额定电压低 12%时，再取一组连续指示值，求平均值。这些平均值的变化不大于在额定电压下得到的平均值的±10%。

11.4 预热时间

测量仪达到本部分规定的性能所需要的预热时间由采购方和供方商定。

11.5 响应时间

11.5.1 要求

供方应说明测量仪的响应时间。

11.5.2 试验方法

使用参考氡气照射测量仪，使其在 100 Bq·m^{-3}～1 000 Bq·m^{-3}之间给出一个指示值。从测量仪受到参考氡气的初始照射起，以 5 min 的时间间隔读取足够多的指示值，在此期间测量仪不做任何调整。测量仪的响应时间应不大于供方的规定值。

12 机械性能要求与试验

为了满足试验要求，测量仪可以放在一个保护套或盒里。试验时，测量仪处于关机状态。

12.1 机械冲击

12.1.1 要求

测量仪应能承受来自三个方向相互垂直的、在 18 ms 的时间间隔内加速度达到 300 m·s^{-2}的机械冲击，冲击脉冲的形状是半正弦波。这期间测量仪应不受损坏，而且能正常工作并符合相应技术标准或现行标准(见 GB/T 2423.5)的要求。

12.1.2 试验方法

试验方法由采购方和供方商定，但要符合 GB/T 2423 系列标准的要求。

13 文件

13.1 型式试验报告

供方应根据采购方的要求，提供满足本部分要求的型式试验报告。

13.2 合格证书

每台测量仪应附一份产品合格证书。合格证书至少应提供下列信息：

——供方的名称或商标；

——测量仪的型号和序号；

——生产日期；

——有效测量范围；

——最低可探测限；

——测量仪对检验源的指示值；

——每个影响量的校准因子表(当需要时)；

——测量仪的探测器类型和探测体积；

——气溶胶过滤器的型号和尺寸；
——额定空气流速；
——对检验源的响应；
——对环境γ辐射的响应；
——用于测量仪试验的氡环境试验装置(STAR)的技术特性；
——专用源的特性；
——最低可探测活度(与用户商定)；
——防爆证书(只在特殊情况下要求)。

14 操作与维修手册

应提供操作和维修手册，手册至少包含下列信息(见 IEC 61187)：
——电气原理图，包括备件清单；
——操作说明、维修和校准程序。

附 录 A
（资料性附录）
氡环境试验装置(STAR)

实际大气中的氡是^{222}Rn、^{220}Rn和它们的子体产物的混合物，其中各成分的比例以及氡和子体产物之间的平衡因子都是变化的。为此，本部分引入“参考氡气”来模拟这种混合物的实际情况。

“参考氡气”是一种含氡的放射性大气，它包含这些氡的混合物，至少应包含确定比例的氡混合物，而且该大气中的影响参数(例如：气溶胶、放射性活度、气候参数等)是已知的或是可控制的，使其能用于氡或氡子体测量仪的各种性能试验。

STAR(System for Test Atmospheres with Radon)是产生和使用“参考氡气”的装置名称的英文首字母缩写词。

按照 IEC 61577-1 的规定，STAR 应包括下列四个不可分离的部分：

· 产生大气的装置；

· 保存大气的装置；

· 生成参考氡气；

· 监测大气的装置和方法。

所有这些部分都能溯源到认可的标准。

图 A.1 给出了 STAR 的一般结构示意图。在某些情况下，STAR 可以仅包括整个系统中的几个部分，例如：用于氡测量仪试验的 STAR，既不需要参考氡子体测量仪，也不需要气溶胶测量和调节系统。它包括的仅是参考氡测量仪和气候测量及调节系统。

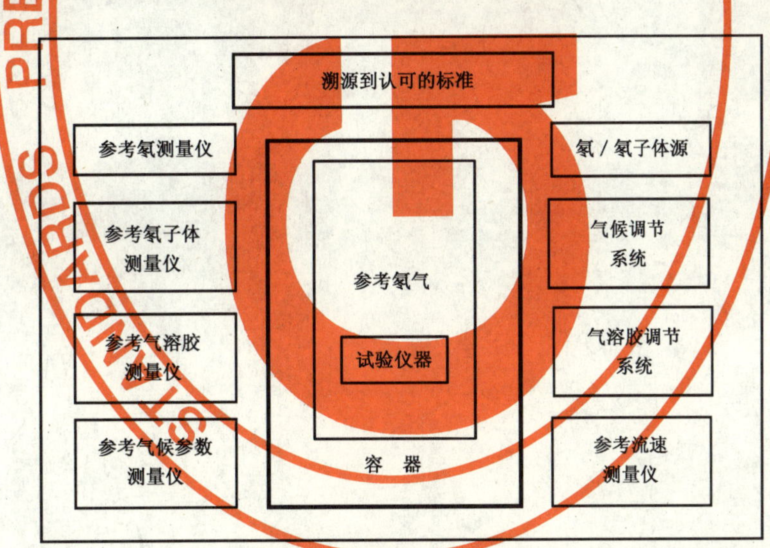

图 A.1 STAR 的结构

ICS 29.140.30
K 71

中华人民共和国国家标准

GB/T 13259—2005
代替 GB/T 13259—1991

高压钠灯

High pressure sodium lamps

(IEC 60662:2002,NEQ)

2005-01-18 发布　　　　2005-08-01 实施

中华人民共和国国家质量监督检验检疫总局
中国国家标准化管理委员会　发布

前言

本标准技术内容对应于 IEC 60662《高压钠灯》(2002 年英文版),与 IEC 60662 的一致性程度为非等效。

本标准根据 IEC 60662 重新起草。

本标准代替 GB/T 13259—1991《高压钠灯泡》。

本标准的编写符合 GB/T 1.1—2000《标准化工作导则　第 1 部分:标准的结构和编写规则》。

本标准与 GB/T 13259—1991 的主要差异如下:

——原 GB/T 13259—1991 以汇总表的形式给出了高压钠灯的各项规定,而本次对于该标准的修订,按照 IEC 标准原文的格式,根据高压钠灯的功率规格和玻壳型号,以独立的参数表的形式分别给出每个高压钠灯的各项参数要求,更加符合国际惯例。

——原标准只要两个附录:附录 A　基准镇流器的基本参数和附录 B　触发器的基本参数;本次修订后,标准中共有 8 个附录,分别为:附录 A　灯启动试验用电压脉冲的波形;附录 B　灯尺寸示意图;附录 C　四边形示意图的绘制方法;附录 D　内启动灯的脉冲高度的测量方法;附录 E　灯具设计用灯端电压上升值的测量方法;附录 F　高压钠灯熄灭电压值的测量方法;附录 G　标志、包装、运输和储存和附录 H　检验规则。

本标准共有 8 个附录,其中附录 A、附录 B、附录 C、附录 D、附录 E、附录 G、附录 H 为规范性附录,附录 F 为资料性附录。

本标准由中国轻工业联合会提出。

本标准由全国照明电器标准化技术委员会(SAC/TC 224)归口。

本标准的起草单位:北京电光源研究所、飞利浦亚明照明有限公司、欧司朗佛山照明有限公司、沈阳光大照明电器有限公司、南京三乐照明有限公司、上海源明照明有限公司、佛山华全电气照明有限公司。

本标准的主要起草人:黄佩、张俊斌、倪鸣祥、钟宇新、邹乃顺、区志扬、叶金楷、叶际爽、屈素辉、杨小平。

本标准于 1991 年首次制定,本次为第一次修订。

本标准实施之日起,现行标准 GB/T 13259—1991《高压钠灯泡》废止。

高压钠灯

1 概述

1.1 范围

本标准规定了高压钠灯的特性，这些特性对确保灯的互换性和安全性以及明确试验条件和程序来说是必需的。

本标准还规定了高压钠灯的尺寸、灯启动和工作时的电气特性以及与其配套使用的镇流器、触发器和灯具的设计参数。

1.2 规范性引用文件

下列文件中的条款通过本标准的引用而成为本标准的条款。凡是注日期的引用文件，其随后所有的修改单(不包括勘误的内容)或修订版均不适用于本标准，然而，鼓励根据本标准达成协议的各方研究是否可使用这些文件的最新版本。凡是不注日期的引用文件，其最新版本适用于本标准。

GB/T 191　包装储运图示标志

GB/T 15042—2005　灯用附件　放电灯(管形荧光灯除外)用镇流器　性能要求(IEC 60923:2001,IDT)

GB/T 19655　灯用附件　启动装置(辉光启动器除外)　性能要求(GB/T 19655—2005,IEC 60927:1996,IDT)

GB 19652　放电灯(荧光灯除外)安全要求(GB 19652—2005,IEC 62035:1999,IDT)

GB 19510.2—2005　灯的控制装置　第2部分:启动装置(辉光启动器除外)特殊要求(IEC 61347-2-1:2000,IDT)

GB 1406　螺口式灯头的型式和尺寸(GB 1406—2001,eqv IEC 60061-1:1999,Lamp caps and holders together with gauges for the control of interchangeability and safety—Part 1:Caps)

GB/T 1483　螺口式灯头的量规(GB/T 1483—2001,eqv IEC 60061-3:1999,Lamp caps and holders together with gauges for the control of interchangeability and safety—Part 3:Gauges)

GB/T 2828—1987　逐批检查计数抽样程序及抽样表(适用于连续批的检查)

GB/T 2829—2002　周期检查计数抽样程序及表(适用于生产过程稳定性的检查)

GB/T 2900.65　电工术语　照明(GB/T 2900.65—2004,IEC 60050-845:1987,MOD)

GB/T 13434　高压钠灯特性的测量方法

QB 2274　电光源产品的分类和型号命名方法

IEC 60155:1995　荧光灯用辉光启动器

2 术语和定义

本标准采用GB/T 2900.65所述的以及下列术语和定义。

2.1

额定功率　rated wattage

灯上所标记的功率。

2.2

校准电流　calibration current

用来校准基准镇流器的电流值。

2.3

基准镇流器　reference ballast

设计用于下述用途的特殊电感型镇流器：

a) 测试灯；

b) 作为试验镇流器用的比较标准；

c) 选择基准灯。电压/电流比稳定，相对不受电流、温度和周围磁场的影响是该镇流器的主要特征。

2.4

同轴度 coaxial line

灯头轴线与玻壳轴线间的夹角(以灯头眼片上的顶点作为基准点)。

2.5

光通维持率(灯的) lumen maintenance(of a lamp)

灯在其寿命中一给定时间的光通量与其初始光通量之比，此期间灯在规定的条件下燃点。

注：此比率通常用百分比表示。

2.6

平均寿命 average life

灯的光通维持率达到本标准要求并能继续燃点至50 %的灯达到单只灯寿命时的累计时间。

3 一般要求

符合本标准要求的灯在使用GB/T 15042—2005和GB/T 19655所规定的镇流器和触发器工作时应能在92%～106%额定电源电压下和温度降至—40℃时顺利地启动和工作。

3.1 灯启动试验的电压脉冲波形

见附录A。

3.2 灯尺寸示意图

见附录B。

3.3 四边形示意图的绘制方法

见附录C。

3.4 内启动灯的脉冲高度的测量方法

见附录D。

3.5 灯具设计用灯端电压上升值的测量方法

见附录E。

3.6 高压钠灯熄灭电压值的测量方法

见附录F。

4 产品分类

4.1 分类

a) 按显色指数分为普通型、中显色型和高显色型；

b) 按启动方式分为内启动式和外启动式；

c) 按玻壳形式分为E型(椭球形)和T型(管形)。

4.2 规格系列

灯的规格包括50 W、70 W、100 W、150 W、250 W、400 W和1 000 W。

4.3 型号

灯的型号应符合QB 2274的规定。

4.3.1 型号表示规则

灯的型号由五部分组成：型号第一部分表示灯的代号，第二部分表示灯的显色性，第三部分表示灯的功率，第四部分表示灯的启动方式，第五部分表示灯的玻壳型式；其中第五部分可由企业自行取舍。

4.3.2 型号示例

250 W高显色性内启动式E型玻壳高压钠灯(简称250 W(内启动式)高压钠灯)型号示例见图1。

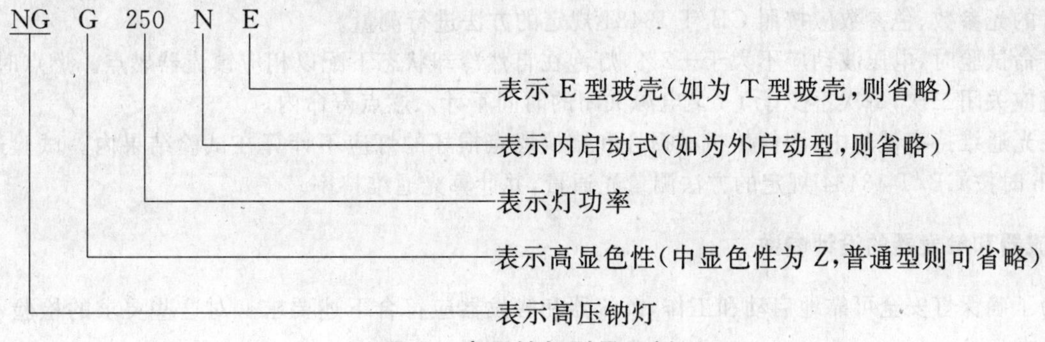

图1 高压钠灯型号示例

5 灯的尺寸

灯的尺寸应符合相应灯的参数表的要求,其合格性用通用量具进行检验。

6 灯头

成品灯上的灯头应符合GB 1406中相应参数表的要求,其合格性用相应的量规进行检验。

7 灯的启动、温升和电气特性的试验要求

在进行灯的启动、温升和电气特性的试验时,应在温度为25℃±5℃的无对流风环境中,配用基准镇流器和50 Hz的正弦波电源,在规定的电压下水平燃点。

7.1 灯的启动试验

7.1.1 外接触发器的灯

对相应灯的参数表所规定的脉冲特性的测量应在灯座的两个终端上进行,测量时要接通正常电路并将灯从灯座中移开。脉冲的波形及其主要参数的说明在图A.1中给出。

脉冲高度的峰值由开路电压的零伏水平量起(见附录A)。同一脉冲的后续波峰应不超过该值的50%。

灯的启动电路的接线方法应能使脉冲通过灯头的眼片终端施加在灯上,而使灯头的外壳完全处于地电位。

7.1.2 带内部启动装置的灯

试验电压应符合相应灯的参数表所示要求。启动时间从启动装置已开启的那一时刻开始测量,所测得的启动时间不得超过相关灯的参数所示最大值。

7.2 灯的温升试验

在进行温升试验之前,应使用合适的镇流器使灯至少老炼10 h,然后至少冷却1 h再进行试验。

灯端电压应在相关灯的参数表所规定的时间范围之内达到其最小值。

7.3 老炼

在记录初始读数之前,应使灯老炼100 h,老炼时可使用合适的镇流器。

7.4 额定电压下配用基准镇流器时灯的电特性

额定电压下配用基准镇流器时灯的电特性应符合相关灯的参数表所给出的要求。

在测试额定电压下配用基准镇流器时灯的电特性期间,应使外部触发器与灯的电路断开。

7.5 熄弧电压试验

在额定电源电压下配用基准镇流器,采用附录F中的F.3方法使灯的管压达到灯泡参数表中规定的值,当在0.5 s内迅速将额定电源电压从100%下降到90%时应不熄灭,并在此条件下至少维持5 s。

8 灯的光特性参数

灯的光特性参数、光通维持率及寿命应符合相应参数表的要求。

灯的光参数、色参数应按照 GB/T 13434 规定的方法进行测量。

寿命试验时，电压波动应不大于±2%，灯泡在自然冷却状态下配以相应镇流器燃点。燃点时，电源每昼夜应关闭二次，每次不少于 1 h。电源关闭的时间不计入燃点寿命内。

在光通维持率试验中，因偶然机械损坏和错误燃点损坏的灯应不计算在试验结果内。试验进行到 2 000 h 时按 GB/T 13434 规定的方法测量光通量，并计算光通维持率。

9 镇流器和触发器的设计参数

为了确保灯安全可靠地启动和工作，镇流器和触发器应符合下述要求。对这些要求的检验不构成灯的要求。

在镇流器额定电压 92%～106%这一范围之内，这些要求应得到遵守，但 9.5 中的要求除外。

9.1 开路电压

最小有效值电压(50 Hz)：198 V。

9.2 启动脉冲特性

9.2.1 触发器应能使符合规定的启动试验要求的灯启动。

9.2.2 对脉冲高度的测量应在灯座的两个终端上进行，测量时使灯座与正常电路连接，并将灯从灯座中取下，所测得的脉冲高度应符合相应灯的参数表中镇流器设计参数的要求。

9.2.3 在设计触发器时，应考虑到由电缆引起的脉冲衰减。镇流器标准中应规定与之相配的触发器要求，并给出能使灯启动的最大电容值的说明。

9.2.4 总要求

9.2.4.1 通常，采用 2 800 V 峰值的正脉冲应能达到 9.2.1 要求，该种脉冲在 2 500 V 处的宽度为 1 μs，并出现在电源电压的任一半周内。

9.2.4.2 触发器可在电源电压的任一半周内产生负脉冲或正脉冲。如果是负脉冲，则很可能需要增加该脉冲的高度和(或)宽度。

9.2.4.3 为了获得满足要求的工作性能，脉冲应发生在开路电压的 60°～90°或 240°～270°电角度的相位范围之内(这些值均是临时性的，尚在研究之中)。

9.2.4.4 如果脉冲重复率小于每周期一次，则脉冲宽度需增大。

9.3 灯的温升电流

灯的温升电流应在灯起弧之后 5 s～15 s 范围之内进行测量，所测得的值应符合相应灯的参数表中的规定。

9.4 电流波峰因数

电流波峰因数应符合 GB/T 15042—2005 中 8.2 的要求。

9.5 供镇流器设计参考的灯的工作极限

每个灯的工作参数表均给出了能使灯工作的灯电压和灯功率极限值的曲线图。

最小电压极限(曲线图的左边)是在额定功率下灯电压为最小允许值时灯的特性曲线。

最大电压极限(曲线图的右边)是一条足够高的灯电压的特性曲线，涵盖了灯的：

a) 最大零小时电压；

b) 寿命期间电压上升；

c) 由于封闭在灯具中而引起的最大上升电压。

功率极限曲线(曲线图的顶部或底部)是依照灯的功率对诸如初始光通量、光通维持率、灯寿命、灯的温升等性能指标考虑后选择的。

对于使用电抗(扼流线圈)式镇流器工作的灯，其电源电压极限值应符合下述要求：在灯的使用过程中不得连续超过电源电压极限值的上限，否则，必须采取特殊的保护措施。短时间超出该极限值还是允许的。

电压极限值如下所示：

——电源电压极限的下限为镇流器额定电压的95%；

——电源电压极限的上限有两种情况：

- 对于额定功率小于150 W的灯，该值为镇流器的额定电压+7 V；
- 对于额定功率为150 W及150 W以上的灯，该值为镇流器的额定电压+10 V。

镇流器配用基准灯在额定电压下测得的灯功率应符合GB/T 15042—2005的第20章要求。

灯的工作极限及典型的镇流器特性在各个灯的参数表中给出。

10 灯具设计参数

供给灯具设计的参数有必要作为检查灯具的标准，这样可确保符合本标准的灯泡在灯具内不会产生早期失效。这些检查内容不构成对灯泡的要求。

10.1 灯端电压上升

按照附录E所示相关程序所测定的灯电压上升值不得超过相应灯的参数表所示之值。

试验应按照附录E的有关要求进行。

10.2 灯玻壳的温度

在灯玻壳的任一点上测得的温度不得超过下述各值：

150 W或150 W以下的灯：　　310 ℃

150 W以上的灯：　　400 ℃

在测量期间，应使灯在其额定功率下工作。

10.3 灯头的最大温度

灯头的温度不得超过下述各值：

灯头	灯头最大温度/℃
E27	210
E40——150 W及150 W以下	210
——150 W以上	250

注：应小心对待10.2和10.3所述极限值，这些极限值受到灯的材料的影响，但是，在通常情况下，如果灯具致使灯达到这些温度，则很可能超过10.1所述电压上升极限。

10.4 灯寿命结束时可能出现的情况

许多灯在其寿命结束时会产生一种危险的整流效应。这会导致镇流器、变压器或启动装置过载。应采取适当的保护措施来确保这种情况下的安全性。

11 标志、包装、运输和储存

见附录G；检验方法见GB 19652。

12 检验规则

见附录H。

13 灯的最大外形尺寸要求

灯的最大外形要求供灯具设计者参考，这些要求基于最大尺寸的灯泡（包括玻壳相对于灯头的偏心度）制定，见16章。

在灯具设计中遵守这些要求能保证符合本标准的灯的机械合格性。

为确保灯头及灯玻颈连接部分的机械合格性，必须使灯符合GB/T 1483所示检验接触性的量规的要求。

14 灯参数表的编号方法

第一组数字表示本标准的编号，其后标有字母 GB/T。

第二组数字表示灯参数表的编号。

第三组数字表示 IEC 60662 中灯参数表版本号。如果参数表的页数在一页以上，各页可能会有不同的修订次数编号，但参数表的编号保持不变。

15 高压钠灯参数表清单

技术参数表活页号	额定功率	启动方法	玻壳
普通型			
13259—GB/T-1010-	250 W	内启动或外启动	透明玻壳—管形
13259—GB/T-1020-	250 W	内启动或外启动	漫射涂粉型玻壳—椭球形
13259—GB/T-1030-	400 W	内启动或外启动	透明玻壳—管形
13259—GB/T-1040-	400 W	内启动或外启动	漫射涂粉型玻壳—椭球形
13259—GB/T-1050-	150 W	内启动或外启动	透明玻壳—管形
13259—GB/T-1060-	150 W	内启动或外启动	漫射涂粉型玻壳—椭球形
13259—GB/T-1070-	100 W	外启动	透明玻壳—管形
13259—GB/T-1080-	100 W	外启动	漫射涂粉型玻壳—椭球形
13259—GB/T-1110-	70 W	内启动	漫射涂粉型或透明玻壳—椭球形
13259—GB/T-1120-	70 W	外启动	透明玻壳—管形
13259—GB/T-1130-	70 W	外启动	漫射涂粉型或透明玻壳—椭球形
13259—GB/T-1150-	1 000 W	外启动	透明玻壳—管形
13259—GB/T-1160-	1 000 W	外启动	漫射涂粉型玻壳—椭球形
13259—GB/T-1170-	50 W	内启动	漫射涂粉型或透明玻壳—椭球形
13259—GB/T-1180-	50 W	外启动	透明玻壳—管形
13259—GB/T-1190-	50 W	外启动	漫射涂粉型或透明玻壳—椭球形
中显色型			
13259—GB/T-2100-	150 W	外启动	透明玻壳—管形
13259—GB/T-2110-	150 W	外启动	漫射涂粉型玻壳—椭球形
13259—GB/T-2120-	250 W	外启动	透明玻壳—管形
13259—GB/T-2130-	250 W	外启动	漫射涂粉型玻壳—椭球形
13259—GB/T-2140-	400 W	外启动	透明玻壳—管形
13259—GB/T-2150-	400 W	外启动	漫射涂粉型玻壳—椭球形
高显色型			
13259—GB/T-3010-	150 W	内启动	漫射涂粉型或透明玻壳—椭球形
13259—GB/T-3020-	250 W	内启动	漫射涂粉型或透明玻壳—椭球形
13259—GB/T-3030-	400 W	内启动	漫射涂粉型或透明玻壳—椭球形

	250 W 高压钠灯参数表	第 1 页

额定功率:250 W 内启动或外启动 透明玻壳—管形

灯的启动试验

试验电压	(V)	198
最大启动时间	(s)	5*

* 内启动的灯,在打开内启动器后,最大启动时间应为 5 s。

脉冲特性	标 准
高度	2 775 V±25 V[1)]
波形	正弦波[1)]
方向	有效值电压波形的正半周期间的一个正脉冲
位置	开路电压的 80°～90°电角度之内
上升时间－T_1(最大值)	0.60 μs[1)]
持续时间－T_2	0.95 μs±0.05 μs
重复率	每周 1 次

1) 见附录 A 的图 A.1。

灯的温升试验

试验电压	(V)	198
灯端电压达到至少 50 V 时所需的时间	(min)	5(max)

额定电压下配用基准镇流器时灯的电特性

		目标值	最大值	最小值
灯端电压	(V)(r.m.s.)	100	115	85
电流	(A)(参考值)	3.0	—	—
功率	(W)(参考值)	250	275	—
熄弧电压	(见 7.5)(V)(r.m.s.)	120	—	—

额定电压下配用基准镇流器时灯的光特性和寿命参数

		额定值	平均值	个别值
光通量	(lm)	25 000	22 500	20 200
2 000 h 光通维持率	(%)	90	—	—
平均寿命(外启动型)	(h)	24 000	—	—
个别寿命(外启动型)	(h)	5 000	—	—
平均寿命(内启动型)	(h)	16 000	—	—
个别寿命(内启动型)	(h)	4 000	—	—

基准镇流器特性

额定频率	(Hz)	50
额定电压	(V)	220
校准电流	(A)	3.0
电压/电流比		60.0
功率因数		0.06±0.005

13259—GB/T-1010-3

	250 W 高压钠灯参数表	第 2 页

灯的尺寸(见附录 B)

灯头	玻壳直径 (max) D/mm	总长度 (max) L/mm	光中心 高度 C/mm	弧长 (标称值) A/mm	同轴度 (°)	燃点置限制
E40	48[a]	260	153～163	65	3	由灯的制造商给出

[a] 目前灯的设计也有采用 60 mm 作为最大玻壳直径的，在某些灯具中，这可能会引起互换性方面的问题。

镇流器设计参数信息(见第 9 章)

		最大值	最小值
镇流器设计用灯的温升电流	(A)(r. m. s.)	5.2	3.0
镇流器设计用脉冲高度	(V)	5 000	2 800

灯的工作极限由图 2.1 给出。

灯具设计参数信息(见第 10 章)

灯端电压升高值(最大值)	(V)	10

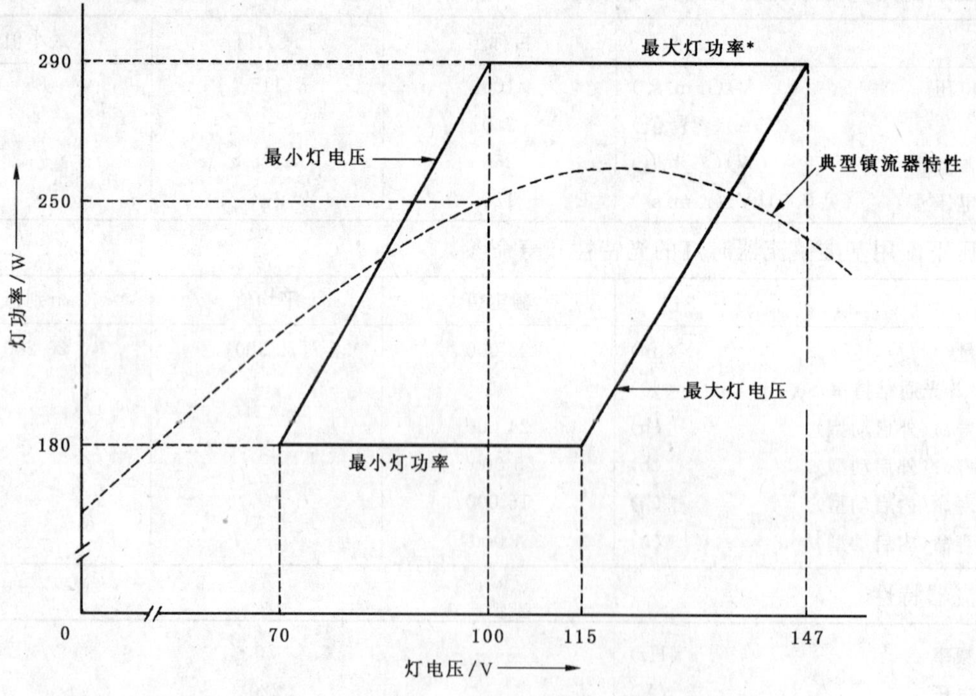

* 对于在 220 V～250 V 范围内的标称电源电压，最大功率为 120%额定功率。

额定电源电压下的典型镇流器的特性曲线由图中的虚线表示。

图 2.1 供镇流器设计参考的灯的工作极限图

13259—GB/T-1010-2

	250 W 高压钠灯参数表	第 1 页

额定功率:250 W　　内启动或外启动　　漫射涂粉型玻壳—椭球形

灯的启动试验

试验电压	(V)	198
最大启动时间	(s)	5*

* 内启动的灯,在打开内启动器后,最大启动时间应为 5 s。

脉冲特性	标　准
高度	2 775 V±25 V[1)]
波形	正弦波[1)]
方向	有效值电压波形的正半周期间的一个正脉冲
位置	开路电压的 80°～90°电角度之内
上升时间—T_1(最大值)	0.60 μs[1)]
持续时间—T_2	0.95 μs±0.05 μs
重复率	每周 1 次

1) 见附录 A 的图 A.1。

灯的温升试验

试验电压	(V)	198
灯端电压达到至少 50 V 时所需的时间	(min)	5(max)

额定电压下配用基准镇流器时灯的电特性

		目标值	最大值	最小值
灯端电压	(V)(r.m.s.)	100	115	85
电流	(A)(参考值)	3.0	—	—
功率	(W)(参考值)	250	275	—
熄弧电压	(见 7.5)(V)(r.m.s.)	120	—	—

额定电压下配用基准镇流器时灯的光特性和寿命参数

		额定值	平均值	个别值
光通量	(lm)	24 300	21 800	19 600
2 000 h 光通维持率	(%)	90	—	—
平均寿命(外启动型)	(h)	24 000	—	—
个别寿命(外启动型)	(h)	5 000	—	—
平均寿命(内启动型)	(h)	16 000	—	—
个别寿命(内启动型)	(h)	4 000	—	—

基准镇流器特性

额定频率	(Hz)	50
额定电压	(V)	220
校准电流	(A)	3.0
电压/电流比		60.0
功率因数		0.06±0.005

13259—GB/T-1020-3

	250 W 高压钠灯参数表	第 2 页

灯的尺寸(见附录 B)

灯头	玻壳直径 (max) D/mm	总长度 (max) L/mm	光中心高度 C/mm	弧长 (标称值) A/mm	同轴度 (°)	燃点置限制
E40	91	227	—	—	3	由灯的制造商给出

镇流器设计参数信息(见第 9 章)

		最大值	最小值
镇流器设计用灯的升温电流	(A)(r.m.s.)	5.2	3.0
镇流器设计用脉冲高度	(V)	5 000	2 800
灯的工作极限由图 2.2 给出。			

灯具设计参数信息(见第 10 章)

灯端电压升高值(最大值)	(V)	10

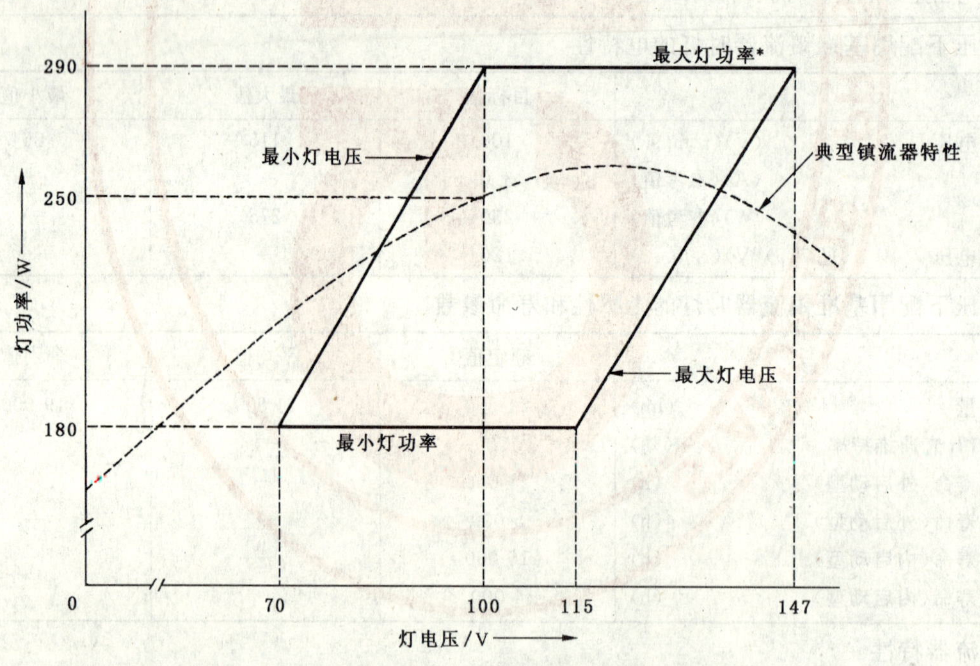

* 对于在 220 V～250 V 范围内的标称电源电压,最大功率为 120% 额定功率。

额定电源电压下的典型镇流器的特性曲线由图中的虚线表示。

图 2.2　供镇流器设计参考的灯的工作极限图

13259—GB/T-1020-2

	400 W 高压钠灯参数表	第 1 页

额定功率:400 W　　带内启动器或外启动器　　透明玻壳—管形

灯的启动试验

试验电压	(V)	198
最大启动时间	(s)	5*

* 内启动的灯,在打开内启动器后,最大启动时间应为 5 s。

脉冲特性	标　准
高度	2 775 V±25 V 1)
波形	正弦波 1)
方向	有效值电压波形的正半周期间的一个正脉冲
位置	开路电压的 80°～90°电角度之内
上升时间－T_1(最大值)	0.60 μs 1)
持续时间－T_2	0.95 μs±0.05 μs
重复率	每周 1 次

1) 见附录 A 的图 A.1。

灯的温升试验

试验电压	(V)	198
灯端电压达到至少 50 V 时所需的时间	(min)	4(max)

额定电压下配用基准镇流器时灯的电特性

		目标值	最大值	最小值
灯端电压	(V)(r.m.s.)	100	117	74
电流	(A)(参考值)	4.6	—	—
功率	(W)(参考值)	392	431	—
熄弧电压	(见 7.5)(V)(r.m.s.)	125	—	—

额定电压下配用基准镇流器时灯的光特性和寿命参数

		额定值	平均值	个别值
光通量	(lm)	44 000	40 000	36 000
2 000 h 光通维持率	(%)	90	—	—
平均寿命(外启动型)	(h)	24 000	—	—
个别寿命(外启动型)	(h)	5 000	—	—
平均寿命(内启动型)	(h)	16 000	—	—
个别寿命(内启动型)	(h)	4 000	—	—

基准镇流器特性

额定频率	(Hz)	50
额定电压	(V)	220
校准电流	(A)	4.6
电压/电流比		39.0
功率因数		0.06±0.005

13259—GB/T-1030-3

	400 W 高压钠灯参数表	第 2 页

灯的尺寸(见附录 B)

灯头	玻壳直径 (max) D/mm	总长度 (max) L/mm	光中心高度 C/mm	弧长 (标称值) A/mm	同轴度 (°)	燃点置限制
E40	48[a]	292	170～180	85	3	由灯的制造商给出

[a] 目前灯的设计也有采用 60 mm 作为最大玻壳直径的，在某些灯具中，这可能会引起互换性方面的问题。

镇流器设计参数信息(见第 9 章)

		最大值	最小值
镇流器设计用灯的升温电流	(A)(r. m. s.)	7.5	4.6
镇流器设计用脉冲高度	(V)	5 000	2 800

灯的工作极限由图 2.3 给出。

灯具设计参数信息(见第 10 章)

灯端电压上升值(最大值)	(V)	12

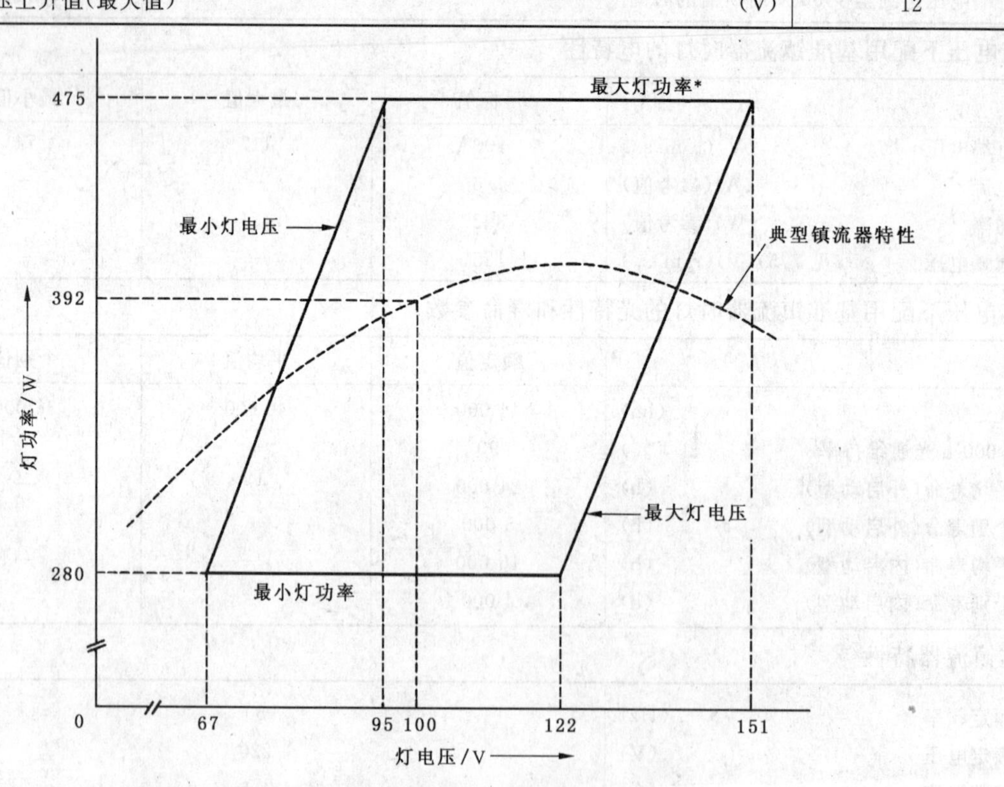

* 对于在 220 V～250 V 范围内的标称电源电压，最大功率为 120%额定功率。

额定电源电压下的典型镇流器的特性曲线由图中的虚线表示。

图 2.3 供镇流器设计参考的灯的工作极限图

13259—GB/T-1030-2

	400 W 高压钠灯参数表	第 1 页

额定功率:400 W　　内启动或外启动　　漫射涂粉型玻壳—椭球形

灯的启动试验

试验电压	(V)	198
最大启动时间	(s)	5*

* 内启动的灯,在打开内启动器后,最大启动时间应为 5 s。

脉冲特性	标　准
高度	2 775 V±25 V[1]
波形	正弦波[1]
方向	有效值电压波形的正半周期间的一个正脉冲
位置	在开路电压的 80°~90°电角度之内
上升时间—T_1(最大值)	0.60 μs[1]
持续时间—T_2	0.95 μs±0.05 μs
重复率	每周 1 次

1) 见附录 A 的图 A.1。

灯的温升试验

试验电压	(V)	198
灯端电压达到至少 50 V 时所需的时间	(min)	4(max)

额定电压下配用基准镇流器时灯的电特性

		目标值	最大值	最小值
灯端电压	(V)(r.m.s.)	105	120	90
电流	(A)(参考值)	4.45	—	—
功率	(W)(参考值)	400	440	—
熄弧电压	(见 7.5)(V)(r.m.s.)	125	—	—

额定电压下配用基准镇流器时灯的光特性和寿命参数

		额定值	平均值	个别值
光通量	(lm)	42 700	38 800	34 900
2 000 h 光通维持率	(%)	90	—	—
平均寿命(外启动型)	(h)	24 000	—	—
个别寿命(外启动型)	(h)	5 000	—	—
平均寿命(内启动型)	(h)	16 000	—	—
个别寿命(内启动型)	(h)	4 000	—	—

基准镇流器特性

额定频率	(Hz)	50
额定电压	(V)	220
校准电流	(A)	4.6
电压/电流比		39.0
功率因数		0.06±0.005

13259—GB/T-1040-3

	400 W 高压钠灯参数表	第 2 页

灯的尺寸(见附录 B)

灯头	玻壳直径 (max) D/mm	总长度 (max) L/mm	光中心高度 C/mm	弧长 (标称值) A/mm	同轴度 (°)	燃点置限制
E40	122	292	—	—	3	由灯的制造商给出

镇流器设计参数信息(见第 9 章)

		最大值	最小值
镇流器设计用灯的升温电流	(A)(r. m. s.)	7.5	4.6
镇流器设计用脉冲高度	(V)	5 000	2 800
灯的工作极限由图 2.4 给出。			

灯具设计参数信息(见第 10 章)

灯端电压上升值(最大值)	(V)	7

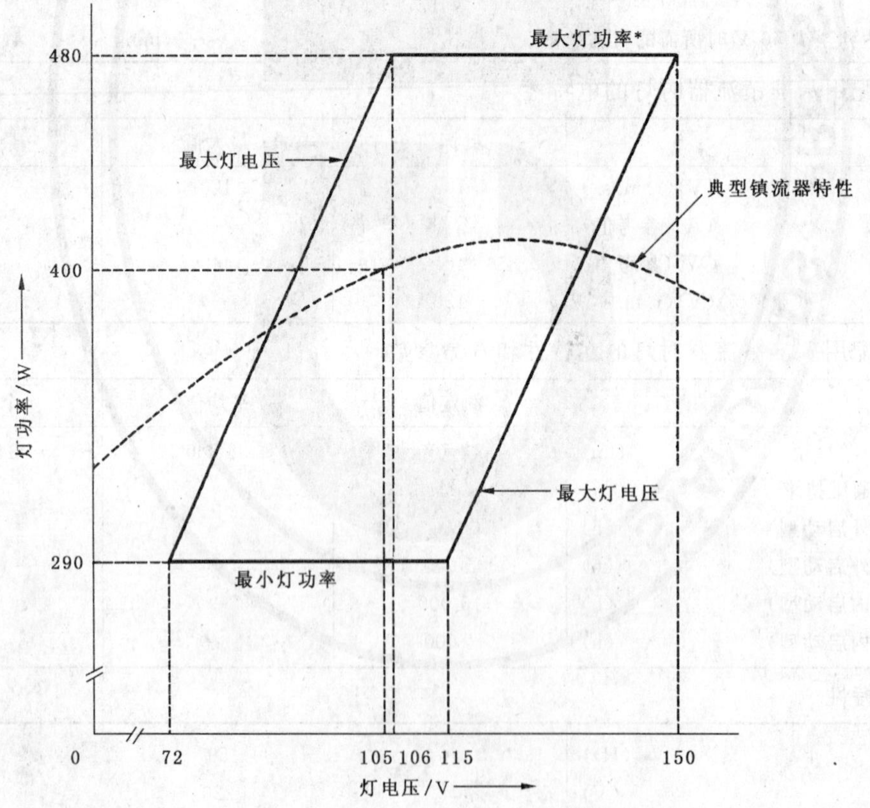

* 对于在 220 V～250 V 范围内的标称电源电压,最大功率为 120%额定功率。

额定电源电压下的镇流器的典型特性曲线由图中的虚线表示。

图 2.4 供镇流器设计参考的灯的工作极限图

13259—GB/T-1040-2

	150 W 高压钠灯参数表	第 1 页

额定功率:150 W　　外启动　　透明玻壳—管形

灯的启动试验

试验电压	(V)	198
最大启动时间	(s)	5

脉冲特性	标　准[1]
高度	2 775 V±25 V[2]
波形	正弦波[2]
方向	有效值电压波形的正半周期间的一个正脉冲
位置	开路电压的 60°～90°电角度之内
上升时间－T_1(最大值)	1.00 μs[2]
持续时间－T_2	1.95 μs±0.05 μs[2]
重复率	每周 1 次

灯的温升试验

试验电压	(V)	198
灯端电压达到至少 50 V 时所需的时间	(min)	5

额定电压下配用基准镇流器时灯的电特性[3]

		目标值	最大值	最小值
灯端电压	(V)(r.m.s.)	100	115	85
电流	(A)(参考值)	1.8	—	—
功率	(W)(参考值)	150	165	—
熄弧电压	(见 7.5)(V)(r.m.s.)	116	—	—

额定电压下配用基准镇流器时灯的光特性和寿命参数

		额定值	平均值	个别值
光通量	(lm)	14 000	12 700	11 400
2 000 h 光通维持率	(%)	90	—	—
平均寿命(外启动型)	(h)	18 000	—	—
个别寿命(外启动型)	(h)	4 000	—	—

1) 见附录 A 的图 A.1。

2) 这些值根据下述假设得出:即该正弦脉冲所产生的启动效果与高度为 2 775 V±25 V、上升时间很短且持续时间为 1.95 μs±0.05 μs 的矩形脉冲相同,此项假设以及有关测试电路的更为详细的说明尚在研究中。

3) 暂定值,有待确认。

13259—GB/T-1050-2

	150 W 高压钠灯参数表	第 2 页

额定功率:150 W　　内启动　　透明玻壳—管形

灯的启动试验

试验电压	(V)	198
最大启动时间	(s)	5

灯的温升试验

试验电压	(V)	198
灯端电压达到至少 50 V 时所需的时间	(min)	5

额定电压下配用基准镇流器时灯的电特性[a]

	目标值	最大值	最小值
灯端电压　(V)(r.m.s.)	100	115	85
电流　(A)(参考值)	1.8	—	—
功率　(W)(参考值)	150	165	—
熄弧电压　(见 7.5)(V)(r.m.s.)	116	—	—

[a] 暂定值,有待确认。

额定电压下配用基准镇流器时灯的光特性和寿命参数

	额定值	平均值	个别值
光通量　(lm)	14 000	12 700	11 400
2 000 h 光通维持率　(%)	90	—	—
平均寿命(内启动型)　(h)	12 000	—	—
个别寿命(内启动型)　(h)	4 000	—	—

基准镇流器特性

额定频率　(Hz)	50
额定电压　(V)	220
校准电流　(A)	1.8
电压/电流比	99.0
功率因数	0.06±0.005

13259—GB/T-1050-2

	150 W 高压钠灯参数表	第 3 页

额定功率:150 W　　内启动或外启动　　透明玻壳—管形

灯的尺寸(见附录 B)

灯头	玻壳直径 (max) D/mm	总长度 (max) L/mm	光中心高度 C/mm	弧长 (标称值) A/mm	同轴度[a] (°)	燃点位置限制
E40	48[b]	211	127～137	55	3	由灯泡制造商给出

a 目前尚无要求。

b 目前灯的设计也有采用 53 mm 作为最大玻壳直径的,在某些灯具中,这可能会引起互换性方面的问题。

镇流器设计参数信息(见第 9 章)

		最大值	最小值
镇流器设计用灯的升温电流	(A)(r. m. s.)	3.0	1.8
镇流器设计用脉冲高度	(V)	5 000	2 800

灯的工作极限由图 2.5 给出。

灯具设计参数信息(见第 10 章)

灯端电压上升值(最大值)	(V)	7

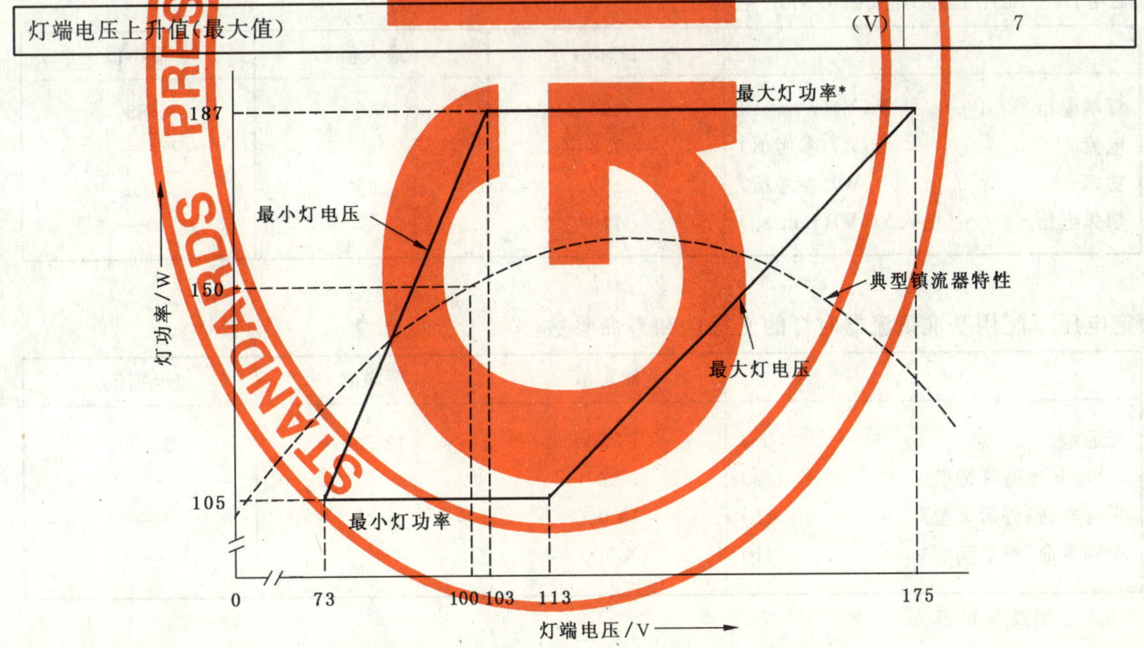

* 对于在 220 V～250 V 范围内的标称电源电压,最大功率为 120%额定功率。

额定电源电压下的镇流器的典型特性曲线由图中的虚线表示。

图 2.5　供镇流器设计参考的灯的工作极限图

13259—GB/T-1050-2

	150 W 高压钠灯参数表	第 1 页

额定功率:150 W　　　　外启动　　　　漫射涂粉型玻壳—椭球形

灯的启动试验

试验电压	(V)	198
最大启动时间	(s)	5

脉冲特性	标　准[1]
高度	2 775 V±25 V[2]
波形	正弦波[2]
方向	有效值电压波形的正半周期间的一个正脉冲
位置	开路电压的 90°电角度
上升时间－T_1(最大值)	1.00 μs[2]
持续时间－T_2	1.95 μs±0.05 μs[2]
重复率	每周 1 次

灯的温升试验

试验电压	(V)	198
灯端电压达到至少 50 V 时所需的最长时间	(min)	5

额定电压下配用基准镇流器时灯的电特性[3]

	目标值	最大值	最小值
灯端电压　(V)(r.m.s.)	100	115	85
电流　(A)(参考值)	1.8	—	—
功率　(W)(参考值)	150	165	—
熄弧电压　(见 7.5)(V)(r.m.s.)	116	—	—

额定电压下配用基准镇流器时灯的光特性和寿命参数

	额定值	平均值	个别值
光通量　(lm)	13 500	12 300	11 000
2 000 h 光通维持率　(%)	90	—	—
平均寿命(外启动型)　(h)	18 000	—	—
个别寿命(外启动型)　(h)	4 000	—	—

1) 见附录 A 的图 A.1。

2) 这些值依据下述假设得出,即该正弦脉冲所产生的启动效果与高度为 2 775 V±25 V、上升时间很短且持续时间为 1.95 μs±0.05 μs 的矩形脉冲相同,此项假设以及有关测试电路的更详细的说明尚在研究中。

3) 暂定值,有待确认。

13259—GB/T-1060-2

	150 W 高压钠灯参数表	第 2 页

额定功率:150 W　　带内启动器　　漫射涂粉型玻壳—椭球形

灯的启动试验

试验电压	(V)	198
启动内启动器后的最大时间	(s)	5

灯的温升试验

试验电压	(V)	198
灯端电压达到至少 50 V 时所需的时间	(min)	5

灯在基准镇流器的额定电压下灯的电特性[a]

		目标值	最大值	最小值
灯端电压	(V)(r.m.s.)	100	115	85
电流	(A)(参考值)	1.8	—	—
功率	(W)(参考值)	150	165	—
熄弧电压	(见 7.5)(V)(r.m.s.)	116	—	—

[a] 暂定值,有待确认。

额定电压下配用基准镇流器时灯的光特性和寿命参数

		额定值	平均值	个别值
光通量	(lm)	13 500	12 300	11 000
2 000 h 光通维持率	(%)	90	—	—
平均寿命(内启动型)	(h)	12 000	—	—
个别寿命(内启动型)	(h)	4 000	—	—

基准镇流器特性

额定频率	(Hz)	50
额定电压	(V)	220
校准电流	(A)	1.8
电压/电流比		99.0
功率因数		0.06±0.005

13259—GB/T-1060-3

	150 W 高压钠灯参数表	第 3 页

额定功率:150 W　　内启动或外启动　　漫射涂粉型玻壳—椭球形

灯的尺寸(见附录 B)

灯头	玻壳直径 (max) *D*/mm	总长度 (max) *L*/mm	光中心高度 *C*/mm	弧长 (标称值) *A*/mm	同轴度 (°)	燃点置限制
E40	91	227	—	—	3	由灯的制造商给出

镇流器设计参数信息(见第 9 章)

		最大值	最小值
镇流器设计用灯的温升电流	(A)(r. m. s.)	3.0	1.8
镇流器设计用脉冲高度	(V)	5 000	2 800
灯的工作极限由图 2.6 给出。			

灯具设计参数信息(见第 10 章)

灯端电压上升值(最大值)	(V)	5[b]
b　暂定值,有待确认。		

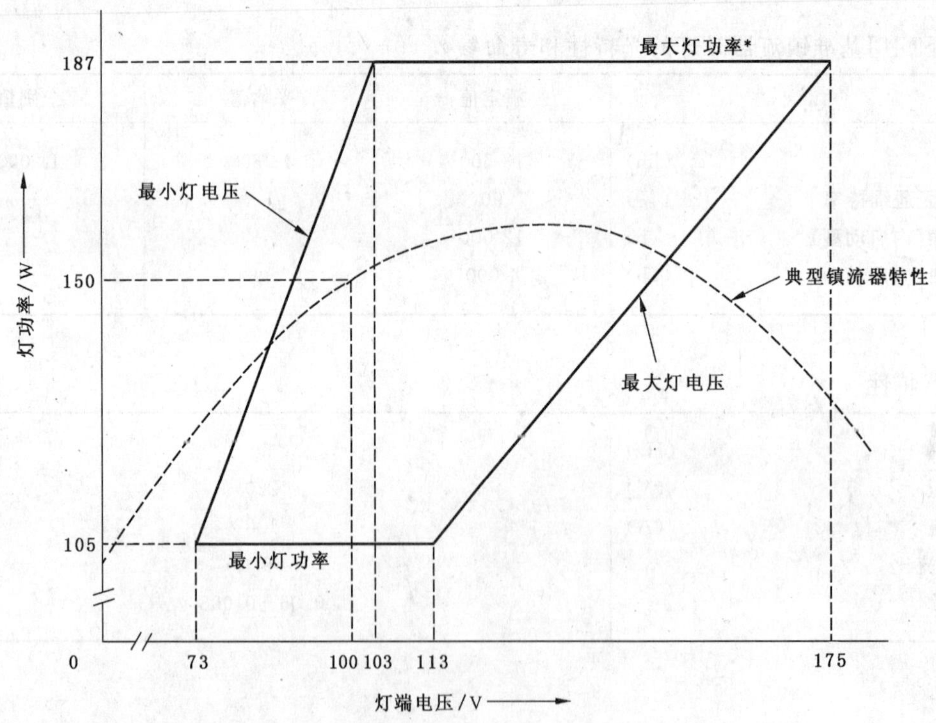

* 对于在 220 V～250 V 范围内的标称电源电压,最大功率为 120%额定功率。

额定电源电压下的镇流器的典型特性曲线由图中的虚线表示。

图 2.6　供镇流器设计参考的灯的工作极限图

13259—GB/T-1060-2

	100 W 高压钠灯参数表	第 1 页

额定功率为 100 W　　外启动　　透明玻壳—管形

灯的启动试验

试验电压	(V)	198
最大启动时间	(s)	10

脉冲特性	标　准[1]
高度	2 775 V±25 V[2]
波形	正弦波[2]
方向	有效值电压波形的正半周期间的一个正脉冲
位置	开路电压的 90°电角度
上升时间－T_1(最大值)	1.00 μs[2]
持续时间－T_2	1.95 μs±0.05 μs[2]
重复率	每周 1 次

灯的温升试验

试验电压	(V)	198
灯端电压达到至少 50 V 时所需的最长时间	(min)	5

额定电压下配用基准镇流器时灯的电特性

		目标值	最大值	最小值
灯端电压	(V)(r.m.s.)	100	115	85
电流	(A)(参考值)	1.2	—	—
功率	(W)(参考值)	100	110	—
熄弧电压	(见 7.5)(V)(r.m.s.)	120	—	—

额定电压下配用基准镇流器时灯的光特性和寿命参数

		额定值	平均值	个别值
光通量	(lm)	8 300	7 500	6 700
2 000 h 光通维持率	(%)	85	—	—
平均寿命(外启动型)	(h)	18 000	—	—
个别寿命(外启动型)	(h)	4 000	—	—

1) 见附录 A 的图 A.1。

2) 这些值依据下述假设得出，即该正弦脉冲所产生的启动效果与高度为 2 775 V±25 V、上升时间很短且持续时间为 1.95 μs±0.05 μs 的矩形脉冲相同，此项假设以及有关测试电路的更为详细的说明尚在研究中。

基准镇流器特性：

额定频率	(Hz)	50
额定电压	(V)	220
校准电流	(A)	1.2
电压/电流比		148
功率因数		0.06±0.005

13259—GB/T-1070-2

	100 W 高压钠灯参数表	第 2 页

灯的尺寸(见附录 B)

灯头	玻壳直径 (max) D/mm	总长度 (max) L/mm	光中心高度 C/mm	弧长 (标称值) A/mm	同轴度 (°)	燃点置限制
E40	48[a]	211	127～137	40	3	由灯的制造商给出

[a] 目前在灯的设计中还采用 53 mm 作为玻壳的最大直径,在某些灯具中这会引起互换性方面的问题。

镇流器设计参数信息(见第 9 章)

		最大值	最小值
镇流器设计用灯的升温电流	(A)(r. m. s.)	2.4	1.2
镇流器设计用脉冲高度	(V)	5 000	b

灯的工作极限[b]。

b 目前尚无要求。

灯具设计参数信息(见第 10 章)

灯端电压上升值(最大值)	(V)	7

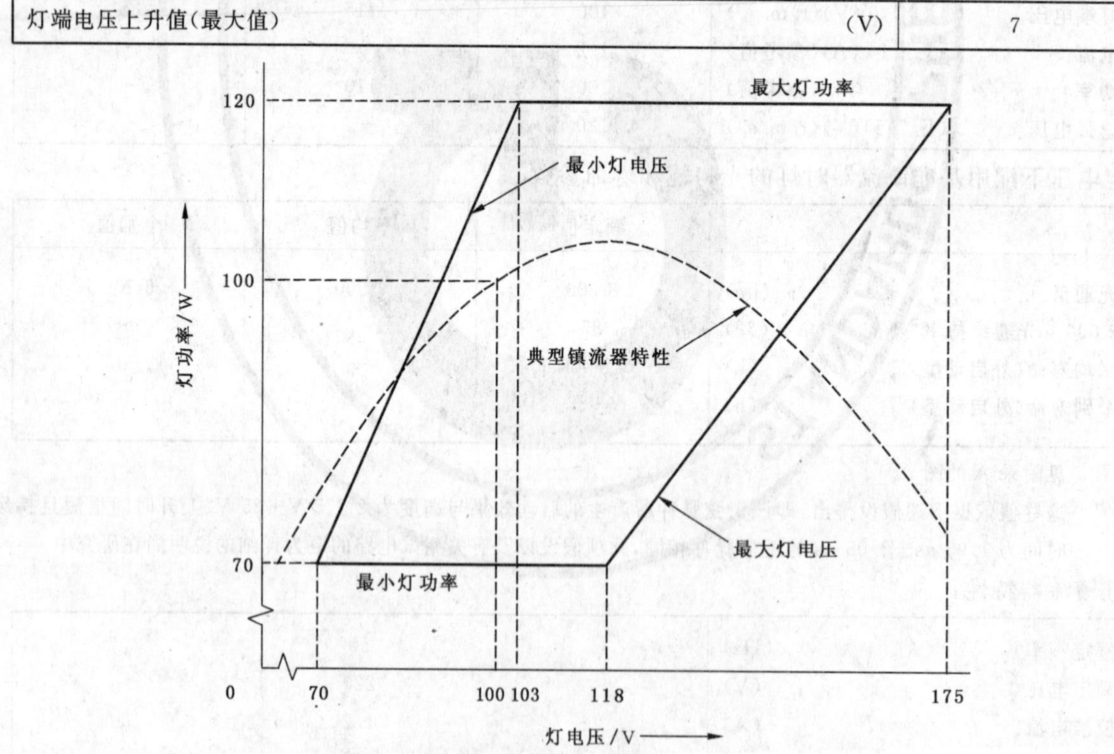

额定电源电压下的镇流器的典型特性曲线由图中的虚线表示。

图 2.7 供镇流器设计参考的灯的工作极限图

13259—GB/T-1070-1

	100 W 高压钠灯参数表	第 1 页

额定功率为 100 W　　外启动　　漫射涂粉型玻壳—椭球形

灯的启动试验

试验电压 (V)	198
最大启动时间 (s)	10

脉冲特性	标　准[1]
高度	2 775 V±25 V[2]
波形	正弦波[2]
方向	有效值电压波形的正半周期间的一个正脉冲
位置	开路电压的 90°电角度
上升时间－T_1(最大值)	1.00 μs[2]
持续时间－T_2	1.95 μs±0.05 μs[2]
重复率	每周 1 次

灯的温升试验

试验电压 (V)	198
灯端电压达到至少 50 V 时所需的最长时间 (min)	5

额定电压下配用基准镇流器时灯的电特性

	目标值	最大值	最小值
灯端电压 (V)(r.m.s.)	100	115	85
电流 (A)(参考值)	1.2	—	—
功率 (W)(参考值)	100	110	—
熄弧电压 (见 7.5)(V)(r.m.s.)	120	—	—

额定电压下配用基准镇流器时灯的光特性和寿命参数

	额定值	平均值	个别值
光通量 (lm)	8 000	7 200	6 500
2 000 h 光通维持率 (%)	85	—	—
平均寿命(外启动型) (h)	18 000	—	—
个别寿命(外启动型) (h)	4 000	—	—

1) 见附录 A 的图 A.1。

2) 这些值依据下述假设得出，即该正弦脉冲所产生的启动效果与高度为 2 775 V±25 V、上升时间很短，且持续时间为 1.95 μs±0.05 μs 的矩形脉冲相同，此项假设以及有关测试电路的更详细的说明尚在研究中。

基准镇流器特性

额定频率 (Hz)	50
额定电压 (V)	220
校准电流 (A)	1.2
电压/电流比	148
功率因数	0.06±0.005

13259—GB/T-1080-2

	100 W 高压钠灯参数表	第 2 页

灯的尺寸(见附录 B)

灯头	玻壳直径 (max) D/mm	总长度 (max) L/mm	光中心高度 C/mm	弧长 (标称值) A/mm	同轴度 (°)	燃点置限制
E40	78	186	—	—	3	由灯泡制造商给出

镇流器设计参数信息(见第 9 章)

		最大值	最小值
镇流器设计用灯的升温电流	(A)(r. m. s.)	2.4	1.2
镇流器设计用脉冲高度	(V)	5 000	[a]

[a] 灯的工作极限,目前尚无要求。

灯具设计参数信息(见第 10 章)

灯端电压上升值(最大值)	(V)	5

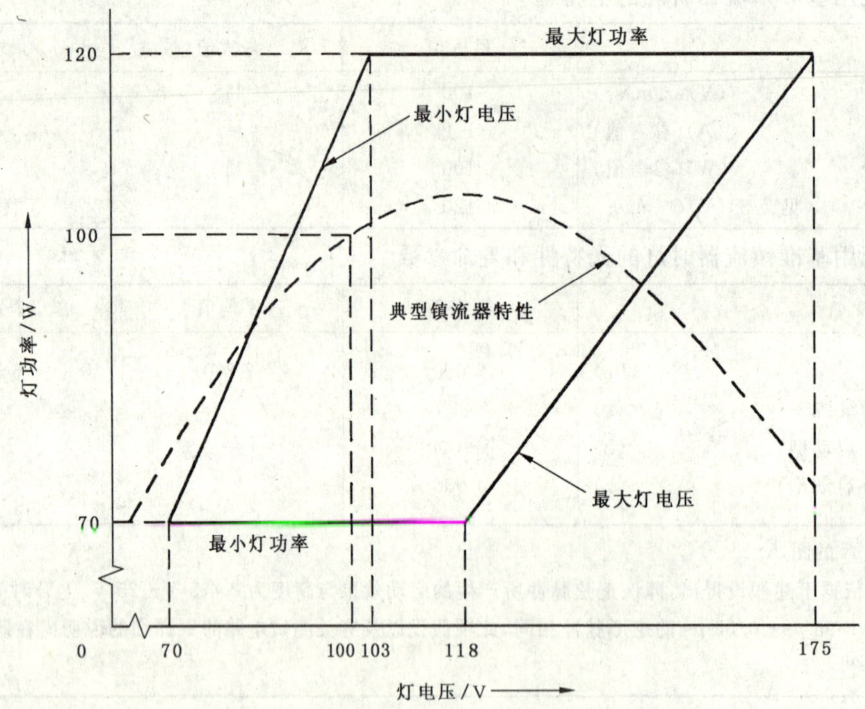

额定电源电压下典型镇流器特性曲线由图中的虚线表示。

图 2.8 供镇流器设计参考用的灯的工作极限图

13259—GB/T-1080-1

	70 W 高压钠灯参数表	第 1 页

额定功率为 70 W　　　　内启动　　　　漫射涂粉型或透明玻壳—椭球形

灯的启动试验

试验电压	(V)	198
最大启动时间	(s)	60[a]

a　从开灯时算起。

灯的温升试验

试验电压	(V)	198
灯端电压达到至少 50 V 所需要的最长时间	(min)	7(max)[b]

b　从启动之后算起。

额定电压下配用基准镇流器时灯的电特性

		目标值	最大值	最小值
灯端电压	(V)(r.m.s.)	90	105	75
电流	(A)(参考值)	0.98	—	—
功率	(W)(参考值)	70	77	—
熄弧电压	(见 7.5)(V)(r.m.s.)	105	—	—

额定电压下配用基准镇流器时灯的光特性和寿命参数

		额定值	平均值	个别值
光通量[c]	(lm)	5 200	4 700	4 200
2 000 h 光通维持率	(%)	85	—	—
平均寿命(内启动型)	(h)	12 000	—	—
个别寿命(内启动型)	(h)	4 000	—	—

c　表中规定的光通量值为漫射涂粉椭球形灯泡的值，透明椭球形灯泡的光通量值应与同功率同启动方式的透明管型灯光通量值相同。

基准镇流器特性

额定频率	(Hz)	50
额定电压	(V)	220
校准电流	(A)	0.98
电压/电流比		188
功率因数		0.075±0.005

13259—GB/T-1110-3

	70 W 高压钠灯参数表	第 2 页

灯的尺寸(见附录 B)

灯头	玻壳直径 (max) D/mm	总长度 (max) L/mm	光中心高度 C/mm	弧长 A/mm	同轴度 (°)	燃点置限制
E27	72	165	—	—	3	由灯的制造商给出

镇流器设计参数信息(见第 9 章)

		最大值	最小值
镇流器设计用灯的升温电流	(A)(r. m. s.)	1.96	0.98
镇流器设计用脉冲高度	(V)	2 500	—
灯的工作极限由图 2.9 给出。			

灯具设计参数信息(见第 10 章)

灯端电压上升值(最大值)	(V)	5

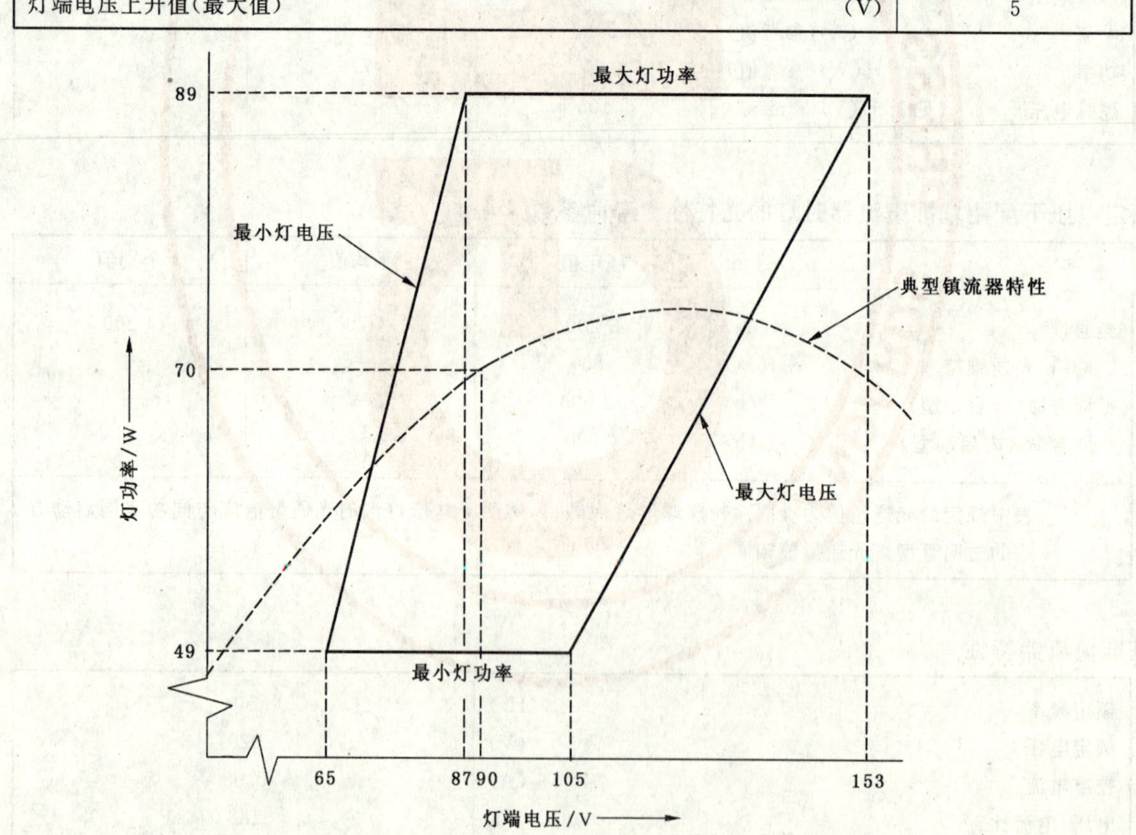

额定电源电压下典型镇流器特性曲线由图中的虚线表示。

图 2.9　供镇流器设计参考的灯的工作极限图

	70 W 高压钠灯参数表	第 1 页

额定功率为 70 W　　　　外启动　　　　透明玻壳—管形

灯的启动试验

试验电压	(V)	198
最大启动时间	(s)	10

脉冲特性	标　准
高度	1 775 V±25 V[3]
波形	正弦波[3]
方向	有效值电压波形的负半周期间一个负脉冲[1]
位置	开路电压的 60°～90°电角度和 240°～270°电角度
上升时间－T_1(最大值)	100 μs[2][3]
持续时间－T_2	1.95 μs±0.05 μs[3]
重复率	每半周 1 次

灯的温升试验

试验电压	(V)	198
灯端电压达到至少 50 V 时所需的最大时间	(min)	7

额定电压下配用基准镇流器时灯的电特性

	目标值	最大值	最小值
灯端电压　(V)(r.m.s.)	90	105	75
电流　(A)(参考值)	0.98	—	—
功率　(W)(参考值)	70	77	—
熄弧电压　(见 7.5)(V)(r.m.s.)	105	—	—

额定电压下配用基准镇流器时灯的光特性和寿命参数

	额定值	平均值	个别值
光通量　(lm)	5 400	4 900	4 400
2 000 h 光通维持率　(%)	85	—	—
平均寿命(外启动型)　(h)	18 000	—	—
个别寿命(外启动型)　(h)	4 000	—	—

1) 用于规定的灯启动试验的启动装置应提供 1.8 A±0.2 A 的脉冲电流，并且不会使脉冲电流改变方向。

2) 见附录 A 的图 A.1。

3) 这些值依据下述假设得出，即该正弦脉冲所产生的启动效果与高度为 1 775 V±25 V、上升时间很短，且持续时间为 1.95 μs±0.05 μs 的矩形脉冲相同，此项假设以及有关测试电路的更详细的说明尚在研究中。

基准镇流器特性

额定频率　(Hz)	50
额定电压　(V)	220
校准电流　(A)	0.98
电压/电流比	188
功率因数	0.075±0.005

13259—GB/T-1120-4

	70 W 高压钠灯参数表	第 2 页

灯的尺寸(见附录 B)

灯头	玻壳直径 (max) D/mm	总长度 (max) L/mm	光中心高度 C/mm	弧长 (标称值) A/mm	同轴度 (°)	燃点置限制
E27	39	156	97～107	35	3	由灯的制造商给出

镇流器设计参数信息(见第 9 章)

		最大值	最小值
镇流器设计用灯的升温电流	(A)(r. m. s.)	1.96	0.98
镇流器设计用脉冲高度	(V)	2 500	见注
灯的工作极限由图 2.10 给出。			

灯具设计参数信息(见第 10 章)

灯端电压上升值(最大值)	(V)	5

注：目前在使用的有两种类型的灯，它们的工作性能一致，但需要不同的启动条件。某些灯的设计所要求的最小脉冲高度为 1 600 V，而另一些设计所要求的最小脉冲高度为 1 800 V。灯的制造商应提供有关启动器的脉冲高度和宽度的适宜数据。为了今后使这两种类型的灯的启动保持一致，建议将启动器的最小脉冲设计为 1 800 V。

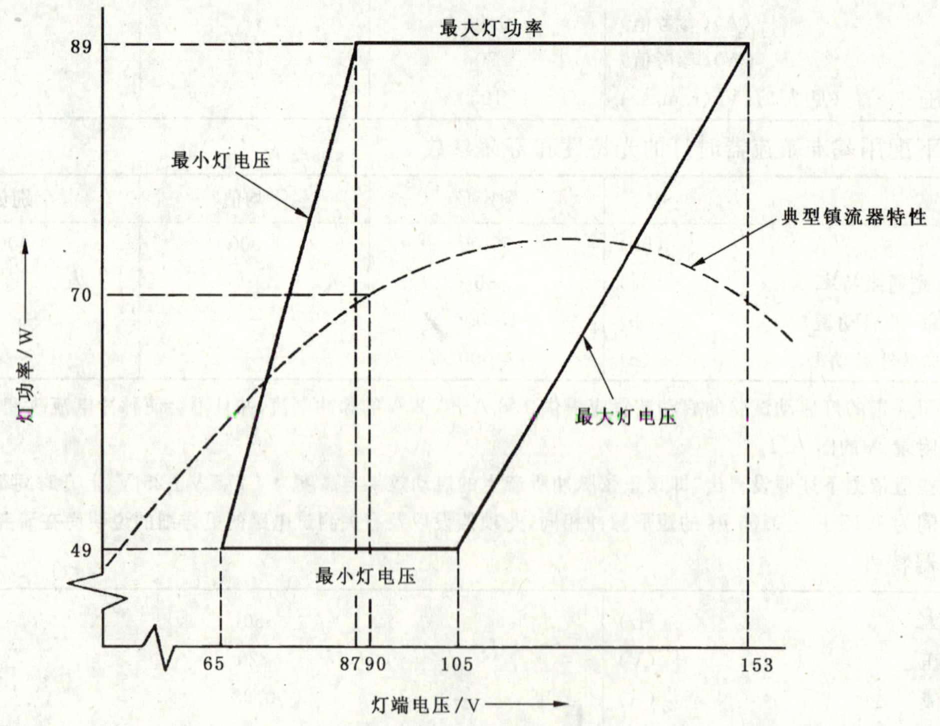

要额定电源电压下的典型镇流器特性曲线由图中的虚线表示。

图 2.10 镇流器设计用灯的工作极限图

13259—GB/T-1120-1

	70 W 高压钠灯参数表	第 1 页

额定功率为 70 W　　外启动　　漫射涂粉型或透明玻壳—椭球形

灯的启动试验

试验电压	(V)	198
最大启动时间	(s)	10

脉冲特性	标　准
高度	1 775 V±25 V[3]
波形	正弦波[3]
方向	有效值电压波形的正半周期间一个正脉冲,在负半周期间一个负脉冲[1]
位置	开路电压的 60°～90°电角度和 240°～270°电角度
上升时间 $-T_1$(最大值)	1.00 μs[2)3)]
持续时间 $-T_2$	1.95 μs±0.05 μs[3]
重复率	每半周 1 次

灯的温升试验

试验电压	(V)	198
灯端电压达到至少 50 V 时所需的最长时间	(min)	7

额定电压下配用基准镇流器时灯的电特性

		目标值	最大值	最小值
灯端电压	(V)(r.m.s.)	90	105	75
电流	(A)(参考值)	0.98	—	—
功率	(W)(参考值)	70	77	—
熄弧电压	(见 7.5)(V)(r.m.s.)	105	—	—

额定电压下配用基准镇流器时灯的光特性和寿命参数

		额定值	平均值	个别值
光通量*	(lm)	5 200	4 700	4 200
2 000 h 光通维持率	(%)	85	—	—
平均寿命(外启动型)	(h)	18 000	—	—
个别寿命(外启动型)	(h)	4 000	—	—

* 上表规定的光通量值为漫射涂粉椭球形灯泡的值,透明椭球形灯泡的光通量值应与同功率同启动方式的透明管型灯泡光通量值相同。

1) 用于规定的灯的启动试验的启动装置应提供 1.8 A±0.2 A 的脉冲电流,并且不会使脉冲电流改变方向。

2) 见附录 A 的图 A.1。

3) 这些值依据下述假设得出,即该正弦脉冲所产生的启动效果与高度为 1 775 V±25 V、上升时间很短,且持续时间为 1.95 μs±0.05 μs 的矩形脉冲相同,此项假设以及有关测试电路的更详细的说明尚在研究中。

基准镇流器特性

额定频率	(Hz)	50
额定电压	(V)	220
校准电流	(A)	0.98
电压/电流比		188
功率因数		0.075±0.005

13259—GB/T-1130-3

	70 W 高压钠灯参数表	第 2 页

灯的尺寸(见附录 B)

灯头	玻壳直径 (max) D/mm	总长度 (max) L/mm	光中心高度 C/mm	弧长 (标称值) A/mm	同轴度 (°)	燃点置限制
E27	72	165	105±10[a]	28～45	3	由灯的制造商给出

[a] 仅用于透明玻壳。

镇流器设计参数信息(见第 9 章)

		最大值	最小值
镇流器设计用灯的升温电流	(A)(r. m. s.)	1.96	0.98
镇流器设计用脉冲高度	(V)	2 500	见注

灯的工作极限由图 2.11 给出。

灯具设计参数信息(见第 10 章)

灯端电压上升值(最大值)	(V)	5

注：目前在使用的有两种类型的灯，它们的工作性能一致，但需要不同的启动条件。某些灯的设计所需要的最小脉冲高度为 1 600 V，而另一些设计所要求的最小脉冲高度为 1 800 V。灯的制造商应提供有关启动器的脉冲高度和宽度的适宜数据。为了今后使这两种类型的灯的启动保持一致，建议将启动器的最小脉冲高度设计为 1 800 V。

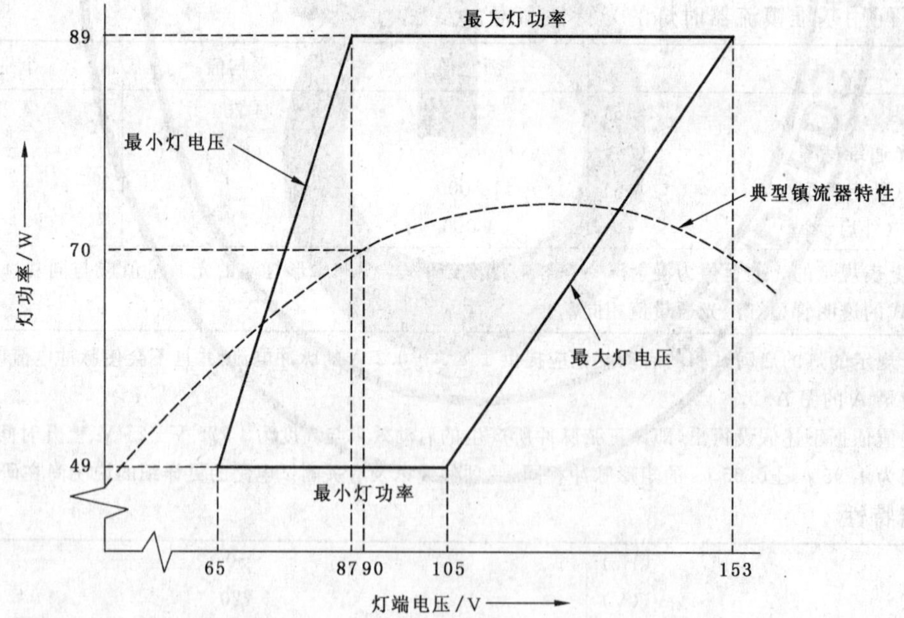

额定电源电压下的典型镇流器特性曲线由图中的虚线表示。

图 2.11 供镇流器设计参考用的灯的工作极限图

13259—GB/T-1130-1

	1 000 W 高压钠灯参数表	第 1 页

额定功率为 1 000 W　　外启动　　透明玻壳—管形

灯的启动试验

试验电压	(V)	198
最大启动时间	(s)	10

脉冲特性	尚在考虑中
高度 波形 方向 位置 上升时间 $-T_1$(最大值) 持续时间 $-T_2$ 重复率	

灯的温升试验

试验电压	(V)	198
灯端电压达到至少 50 V 时所需的最长时间	(min)	5

额定电压下配用基准镇流器时灯的电特性

		目标值	最大值	最小值
灯端电压	(V)(r.m.s.)	100	115	85
电流	(A)(参考值)	10.6	—	—
功率	(W)(参考值)	960	1 056	—
熄弧电压	(见 7.5)(V)(r.m.s.)	128	—	—

额定电压下配用基准镇流器时灯的光特性和寿命参数

		额定值	平均值	个别值
光通量	(lm)	120 000	10 000	97 200
2 000 h 光通维持率	(%)	85	—	—
平均寿命(外启动型)	(h)	18 000	—	—
个别寿命(外启动型)	(h)	4 00	—	—

基准镇流器特性

额定频率	(Hz)	50
额定电压	(V)	220
校准电流	(A)	10.3
电压/电流比		16.8
功率因数		0.06±0.005

13259—GB/T-1150-2

	1 000 W 高压钠灯参数表	第 2 页

灯的尺寸(见附录 B)

灯头	玻壳直径 (max) *D*/mm	总长度 (max) *L*/mm	光中心高度 *C*/mm	弧长 (标称值) *A*/mm	同轴度 (°)	燃点置限制
E40	68	400	232～248	155	3	由灯的制造商给出

镇流器设计参数信息(见第 9 章)

		最大值	最小值
镇流器设计用灯的升温电流	(A)(r. m. s.)	15.0	10.3
镇流器设计用脉冲高度	(V)	5 000	正在研究之中
灯的工作极限由图 2.12 给出。			

灯具设计参数信息(见第 10 章)

灯端电压上升值(最大值)	(V)	20

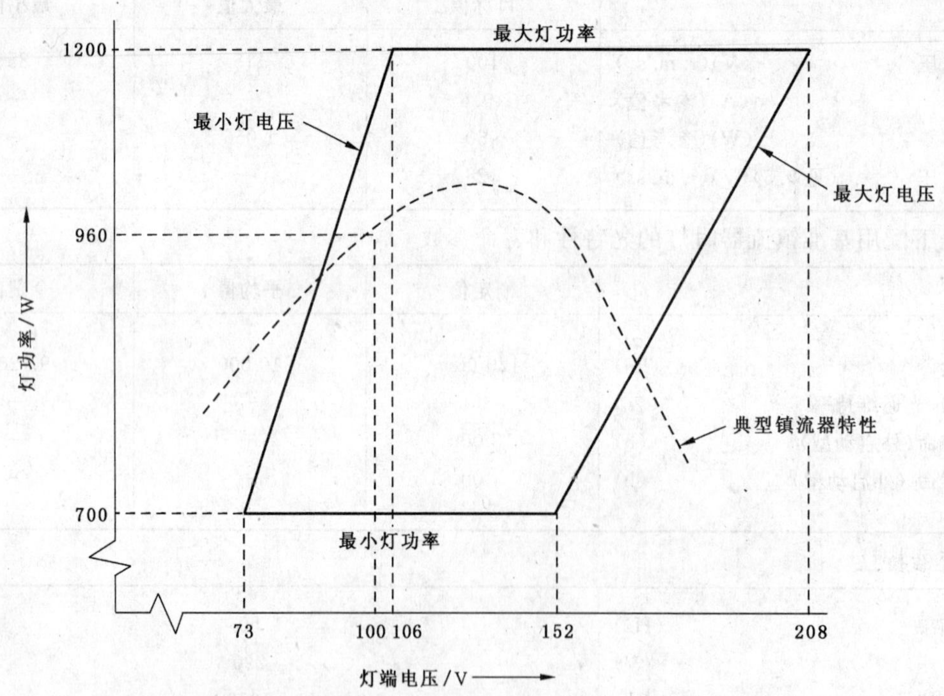

额定电源电压下的典型镇流器特性曲线由图中的虚线表示。

图 2.12 供镇流器设计参考用的灯的工作极限图

	1 000 W 高压钠灯参数表	第 1 页

额定功率为 1 000 W　　外启动　　漫射涂粉型玻壳—椭球形

灯的启动试验

试验电压	(V)	198
最大启动时间	(s)	10
脉冲特性	尚在考虑中	
高度 波形 方向 位置 上升时间－T_1(最大值) 持续时间－T_2 重复率		

灯的温升试验

试验电压	(V)	198
灯端电压达到至少 50 V 时所需的最长时间	(min)	5

额定电压下配用基准镇流器时灯的电特性

		目标值	最大值	最小值
灯端电压	(V)(r. m. s.)	110	125	95
电流	(A)(参考值)	10.3	—	—
功率	(W)(参考值)	1 000	1 100	—
熄弧电压	(见 7.5)(V)(r. m. s.)	128	—	—

额定电压下配用基准镇流器时灯的光特性和寿命参数

		额定值	平均值	个别值
光通量	(lm)	116 000	105 000	94 200
2 000 h 光通维持率	(%)	85	—	—
平均寿命(外启动型)	(h)	18 000	—	—
个别寿命(外启动型)	(h)	4 000	—	—

基准镇流器特性

额定频率	(Hz)	50
额定电压	(V)	220
校准电流	(A)	10.3
电压/电流比		16.8
功率因数		0.06±0.005

13259—GB/T-1160-1

	1 000 W 高压钠灯参数表	第 2 页

灯的尺寸(见附录 B)

灯头	玻壳直径 (max) D/mm	总长度 (max) L/mm	光中心高度 C/mm	弧长 (标称值) A/mm	同轴度 (°)	燃点置限制
E40	170	410	—	—	3	由灯的制造商给出

镇流器设计参数信息(见第 9 章)

	最大值	最小值
镇流器设计用灯的升温电流 (A)(r. m. s.)	15.0	10.3
镇流器设计用脉冲高度 (V)	5 000	正在研究之中
灯的工作极限由图 2.13 给出。		

灯具设计参数信息(见第 10 章)

灯端电压上升值(最大值) (V)	10

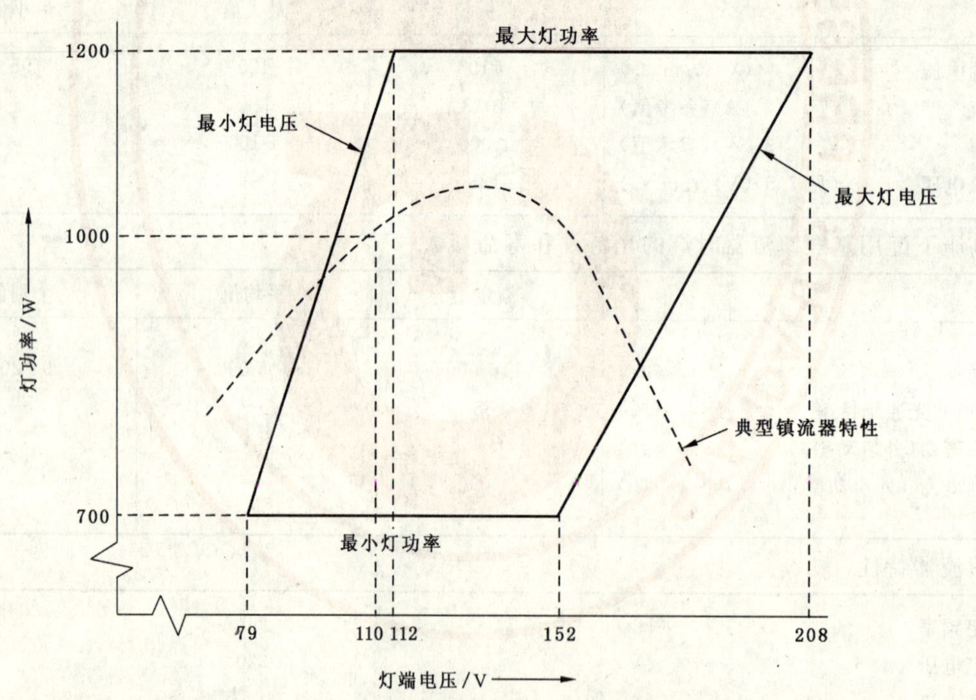

额定电源电压下的典型镇流器特性曲线由图中的虚线表示。

图 2.13　供镇流器设计参考用灯的工作极限图

13259—GB/T-1160-1

	50 W 高压钠灯参数表	第 1 页

额定功率 50 W　　　　内启动　　　　漫射涂粉型或透明玻壳—椭球形

灯的启动试验

试验电压	(V)	198
最大启动时间	(s)	60[a]

a　从开灯时算起。

灯的温升试验

试验电压	(V)	198
灯端电压达到至少 50 V 所需要的最长时间	(min)	7(最大值)[b]

b　灯启动之后算起。

额定电压下配用基准镇流器时灯的电特性

		目标值	最大值	最小值
灯端电压	(V)(r.m.s.)	85	100	70
电流	(A)(参考值)	0.76	—	—
功率	(W)(参考值)	50	55	—
熄弧电压	(见 7.5)(V)(r.m.s.)	105	—	—

额定电压下配用基准镇流器时灯的光特性和寿命参数

		额定值	平均值	个别值
光通量[*]	(lm)	3 200	2 900	2 600
2 000 h 光通维持率	(%)	85	—	—
平均寿命(内启动型)	(h)	12 000	—	—
个别寿命(内启动型)	(h)	4 000	—	—

*　表中规定的光通量值为漫射涂粉椭球形灯泡的值，透明椭球形灯泡的光通量值应与同功率同启动方式的透明管型灯泡光通量值相同。

基准镇流器特性

额定频率	(Hz)	50
额定电压	(V)	220
校准电流	(A)	0.76
电压/电流比		246
功率因数		0.075±0.005

13259—GB/T-1170-2

	50 W 高压钠灯参数表	第 2.页

灯的尺寸(见附录 B)

灯头	玻壳直径 (max) D/mm	总长度 (max) L/mm	光中心高度 C/mm	弧长 (标称值) A/mm	同轴度 (°)	燃点置限制
E27	72	165	105±10[c]	30±7[c]	3[c]	由灯的制造商给出

c 仅用于透明玻壳。

镇流器设计参数信息(见第 9 章)

		最大值	最小值
镇流器设计用灯的升温电流	(A)(r. m. s.)	1.52	0.76
镇流器设计用脉冲高度	(V)	2 500	正在研究之中

灯的工作极限由图 2.14 给出。

灯具设计参数信息(见第 10 章)

灯端电压上升值(最大值)	(V)	5

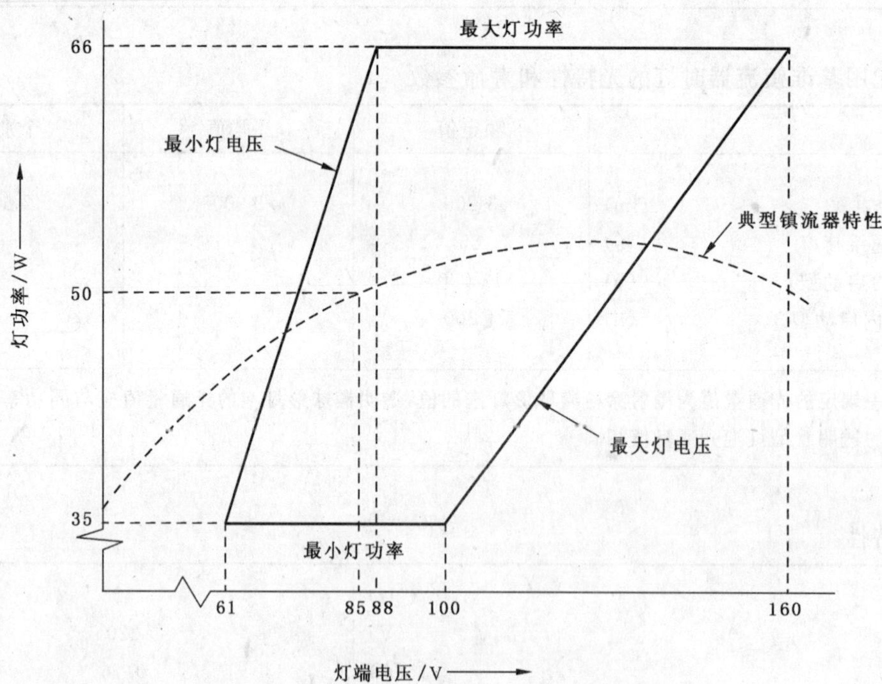

额定电源电压下的典型镇流器特性曲线由图中的虚线表示。

图 2.14 供镇流器设计参考用的灯的工作极限图

13259—GB/T-1170-1

	50 W 高压钠灯参数表	第 1 页

额定功率为 50 W	外启动	透明玻壳—管形

灯的启动试验

试验电压	(V)	198
最大启动时间	(s)	10

脉冲特性	标　准
高度	1 775 V±25 V[2)3)]
波形	正弦波[2)]
方向	有效值电压波形的正半周期间一个正脉冲，在负半周期间一个负脉冲
位置	开路电压的 60°～90°电角度和 240°～270°电角度
上升时间—T_1（最大值）	1.00 μs[2)]
持续时间—T_2	1.95 μs±0.05 μs[3)]
重复率	每半周期 1 次
脉冲电流	1.8 A±0.2 A[1)]

灯的温升试验

试验电压	(V)	198
灯端电压达到至少 50 V 时所需的最长时间	(min)	7

额定电压下配用基准镇流器时灯的电特性

		目标值	最大值	最小值
灯端电压	(V)(r.m.s.)	85	100	70
电流	(A)(参考值)	0.76	—	—
功率	(W)(参考值)	50	55	—
熄弧电压	(见 7.5)(V)(r.m.s.)	105	—	—

额定电压下配用基准镇流器时灯的光特性和寿命参数

		额定值	平均值	个别值
光通量	(lm)	3 400	3 060	2 700
2 000 h 光通维持率	(%)	85	—	—
平均寿命(外启动型)	(h)	18 000	—	—
个别寿命（外启动型)	(h)	4 000	—	—

1) 应避免电流反向。

2) 见附录 A 的图 A.1。

3) 这些值依据下述假设得出，即该正弦脉冲所产生的启动效果与高度为 1 775 V±25 V、上升时间很短，并且持续时间为 1.95 μs±0.05 μs 的矩形脉冲相同，此项假设以及有关测试电路的更详细的说明尚在研究中。

基准镇流器特性

额定频率	(Hz)	60
额定电压	(V)	220
校准电流	(A)	0.76
电压/电流比		246
功率因数		0.075±0.005

13259—GB/T-1180-3

	50 W 高压钠灯参数表	第 2 页

灯的尺寸(见附录 B)

灯头	玻壳直径 (max) *D*/mm	总长度 (max) *L*/mm	光中心高度 *C*/mm	弧长 (标称值) *A*/mm	同轴度 (°)	燃点置限制
E27	39	156	97～107	30	3	由灯的制造商给出

镇流器设计参数信息(见第 9 章)

		最大值	最小值
镇流器设计用灯的升温电流	(A)(r. m. s.)	1.52	0.76
镇流器设计用脉冲高度	(V)	2 500	见注
灯的工作极限由图 2.15 给出。			

灯具设计参数信息(见第 10 章)

灯端电压上升值(最大值)	(V)	5

注：目前在使用的有两种类型的灯，它们的工作性能一致，但需要不同的启动条件。某些灯的设计所要求的最小脉冲高度为 1 600 V，而另一些灯的设计所要求的最小脉冲高度为 1 800 V。灯的制造商应提供有关启动器的脉冲高度和宽度的适宜数据。为了使这两种类型的灯的启动保持一致，建议将启动器的最小脉冲高度设计为 1 800 V。

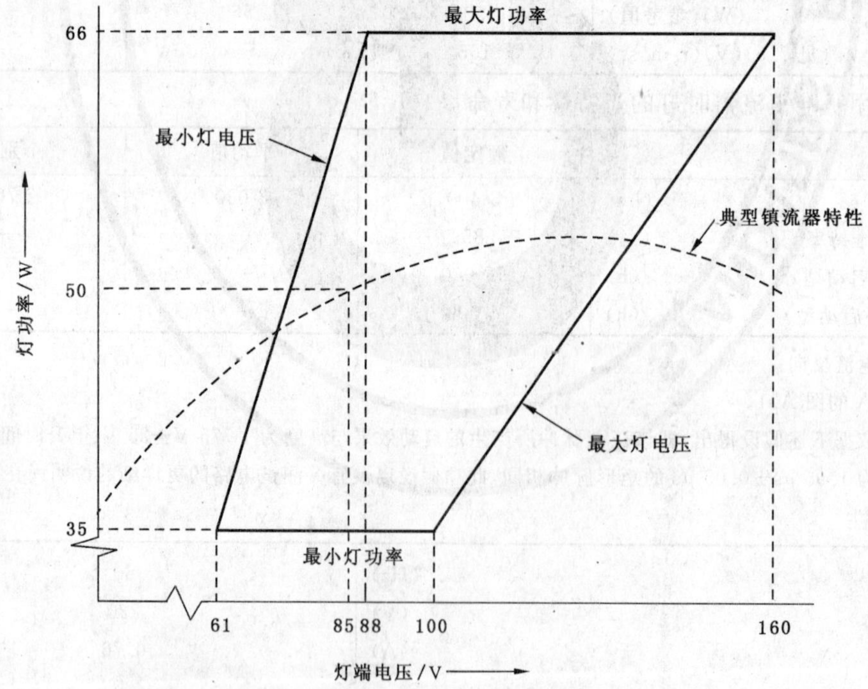

要额定电源电压下的典型镇流器特性曲线由图中的虚线表示。

图 2.15 供镇流器设计用的灯的工作极限图

13259—GB/T-1180-1

	50 W 高压钠灯参数表	第 1 页

额定功率为 50 W　　外启动　　漫射涂粉型或透明玻壳—椭球形

灯的启动试验

试验电压	(V)	198
最大启动时间	(s)	10

脉冲特性	标　准
高度	1 775 V±25 V[2)3)]
波形	正弦波[2)]
方向	有效值电压波形的正半周期间一个正脉冲，在负半周期间一个负脉冲
位置	开路电压的 60°～90°电角度和 240°～270°电角度
上升时间—T_1（最大值）	1.00 μs[2)]
持续时间—T_2	1.95 μs±0.05 μs[3)]
重复率	每半周 1 次
脉冲电流	1.8 A±0.2 A[1)]

灯的温升试验

试验电压	(V)	198
灯端电压达到至少 50 V 时所需的最长时间	(min)	7

额定电压下配用基准镇流器时灯的电特性

		目标值	最大值	最小值
灯端电压	(V)(r.m.s.)	85	100	70
电流	(A)(参考值)	0.76	—	—
功率	(W)(参考值)	50	55	—
熄弧电压	(见 7.5)(V)(r.m.s.)	105	—	—

额定电压下配用基准镇流器时灯的光特性和寿命参数

		额定值	平均值	个别值
光通量[a]	(lm)	32 00	2 900	2 600
2 000 h 光通维持率	(%)	85	—	—
平均寿命（外启动型）	(h)	18 000	—	—
个别寿命（外启动型）	(h)	4 000	—	—

a　表中规定的光通量值为漫射涂粉椭球形灯泡的值，透明椭球形灯泡的光通量值应与同功率同启动方式的透明管型灯光通量值相同。

1)　应避免电流反向。

2)　见附录 A 的图 A.1。

3)　这些值依据下述假设得出，即该正弦脉冲所产生的启动效果与高度为 1 775 V±25 V、上升时间很短，并且持续时间为 1.95 μs±0.05 μs 的矩形脉冲相同，此项假设以及有关测试电路的更详细的说明尚在研究中。

基准镇流器特性

额定频率	(Hz)	60
额定电压	(V)	220
校准电流	(A)	0.76
电压/电流比		246
功率因数		0.075±0.005

13259—GB/T-1190-2

	50 W 高压钠灯参数表	第 2 页

灯的尺寸(见附录 B)

灯头	玻壳直径 (max) D/mm	总长度 (max) L/mm	光中心 高度 C/mm	弧长 (标称值) A/mm	同轴度 (°)	燃点置限制
E27	72	165	105±10[a]	30±7[a]	3[a]	由灯的制造商给出

[a] 仅限于透明玻壳。

镇流器设计参数信息(见第 9 章)

		最大值	最小值
镇流器设计用灯的升温电流	(A)(r.m.s.)	1.52	0.76
镇流器设计用脉冲高度	(V)	2 500	—

灯的工作极限由图 2.16 给出。

灯具设计参数信息(见第 10 章)

灯端电压上升值(最大值)	(V)	5

注:目前在使用的有两种类型的灯,它们的工作性能一致,但需要不同的启动条件。某些灯的设计所要求的最小脉冲高度为 1 600 V,而另一些灯的设计所要求的最小脉冲高度为 1 800 V。灯的制造商应提供有关启动器的脉冲高度和宽度的适宜数据。今后为了使这两种类型的灯的启动保持一致,建议将启动器的最小脉冲高度设计为 1 800 V。

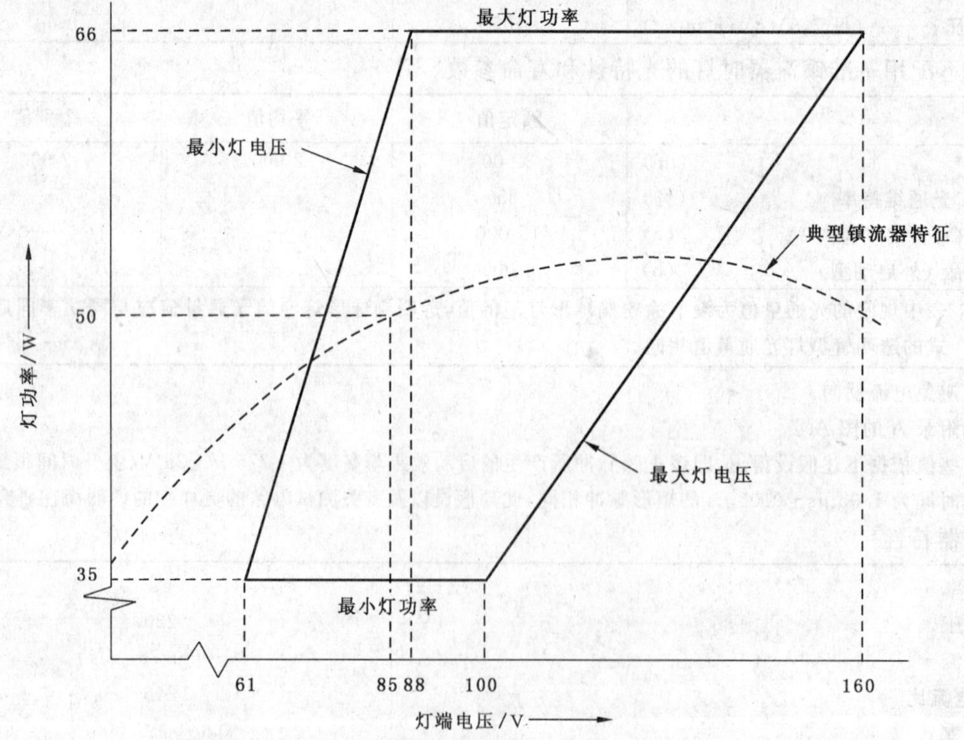

额定电源电压下的典型镇流器特性曲线由图中的虚线表示。

图 2.16 供镇流器设计用的灯的工作极限图

13259—GB/T-1190-1

	150 W 中显色 高压钠灯参数表	第 1 页

额定功率为 150 W	外启动	透明玻壳—管形

灯的启动试验

试验电压	(V)	198
最大启动时间	(s)	5

脉冲特性	标 准[1]
高度	2 775 V±25 V[2]
波形	正弦波[2]
方向	有效值电压波形的正半周期间一个正脉冲
位置	在有效值电源电压的 60°～90°电角度之内
上升时间－T_1(最大值)	1.00 μs[2]
持续时间－T_2	1.95 μs±0.05 μs[2]
重复率	每周 1 次

1) 见附录 A 的图 A.1。

2) 这些值依据下述假设得出，即该正弦脉冲所产生的启动效果与高度为 2 775 V ±25 V、上升时间很短且持续时间为 1.95 μs±0.05 μs 的矩形脉冲相同，此项假设以及有关测试电路的更详细的说明尚在研究中。

灯的温升试验

试验电压	(V)	198
灯端电压达到至少 50 V 时所需的最长时间	(min)	7

额定电压下配用基准镇流器时灯的电特性

		目标值	最大值	最小值
灯端电压	(V)(r.m.s.)	100	115	85
电流	(A)(参考值)	1.8	—	—
功率	(W)(参考值)	148	163	—
熄弧电压	(见 7.5)(V)(r.m.s.)	116	—	—

额定电压下配用基准镇流器时灯的光特性和寿命参数

		额定值	平均值	个别值
光通量	(lm)	10 500	9 500	8 500
2 000 h 光通维持率	(%)	80	—	—
平均寿命(外启动型)	(h)	9 000	—	—
个别寿命（外启动型)	(h)	3 600	—	—

灯的颜色特性(标称值)

相关色温(K)	2 170
色坐标 x/y	0.510/0.420
一般显色指数 Ra	≥60

13259—GB/T-2100-2

	150 W 中显色 高压钠灯参数表	第 2 页

基准镇流器特性：

额定频率	(Hz)	50
额定电压	(V)	220
校准电流	(A)	1.8
电压/电流比		99.0
功率因数		0.06±0.005

灯的尺寸(见附录 B)

灯头	玻壳直径 (max) D/mm	总长度 (max) L/mm	光中心高度 C/mm	弧长 (标称值) A/mm	同轴度 (°)	燃点置限制
E40	48	211	127～137	40	3	由灯的制造商给出

镇流器设计参数信息(见第 9 章)[a]

		最大值	最小值
镇流器设计用灯的升温电流	(A)(r. m. s.)	3.0	1.8
镇流器设计用脉冲高度	(V)	5 000	2 800
灯的工作极限由图 2.17 给出。			

灯具设计参数信息(见第 10 章)

灯端电压上升值(最大值)	(V)	7

[a] 镇流器电压应与实际电源电压相符，不得超过电源电压的 2.5%，以便获得最佳颜色特性和最佳寿命。

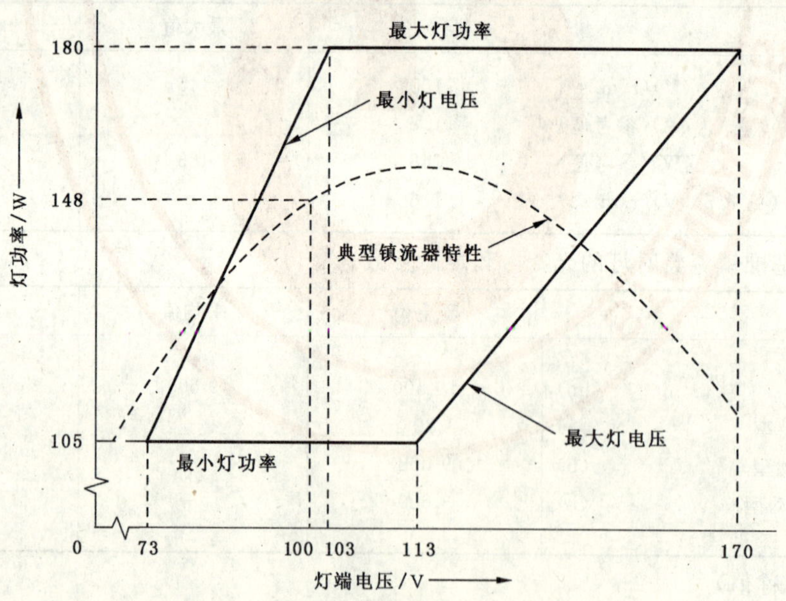

额定电源电压下的典型镇流器特性曲线由图中的虚线表示。

图 2.17 供镇流器设计用的灯的工作极限图

13259—GB/T-2100-1

	150 W 中显色　高压钠灯参数表	第 1 页

额定功率为 150 W　　外启动　　漫射涂粉型玻壳—椭球形

灯的启动试验

试验电压	(V)	198
最大启动时间	(s)	5

脉冲特性	标　准[1]
高度	2 775 V±25 V[2]
波形	正弦波[2]
方向	有效值电压波形的在正半周期间一个正脉冲
位置	有效值电源电压的 60°～90°电角度之内
上升时间－T_1(最大值)	1.00 μs[2]
持续时间－T_2	1.95 μs±0.05 μs
重复率	每周 1 次

1) 见附录 A 的图 A.1。

2) 这些值依据下述假设得出，即该正弦脉冲所产生的启动效果与高度为 2 775 V±25 V、上升时间很短且持续时间为 1.95 μs±0.05 μs 的矩形脉冲相同，此项假设以及有关测试电路的更详细的说明尚在研究中。

灯的温升试验

试验电压	(V)	198
灯端电压达到至少 50 V 时所需的最长时间	(min)	7

额定电压下配用基准镇流器时灯的电特性

		目标值	最大值	最小值
灯端电压	(V)(r.m.s.)	100	115	85
电流	(A)(参考值)	1.8	—	—
功率	(W)(参考值)	148	163	—
灯端熄弧电压	(见 7.5)(V)(r.m.s.)	116	—	—

额定电压下配用基准镇流器时灯的光特性和寿命参数

		额定值	平均值	个别值
光通量	(lm)	10 100	9 200	8 200
2 000 h 光通维持率	(%)	80	—	—
平均寿命(外启动型)	(h)	9 000	—	—
个别寿命(外启动型)	(h)	3 600	—	—

灯的颜色特性(标称值)

相关色温(K)	2 170
色坐标 x/y	0.510/0.420
一般显色指数 Ra	≥60

13259—GB/T-2110-2

	150 W 中显色　高压钠灯参数表	第 2 页

基准镇流器特性

额定频率	(Hz)	50
额定电压	(V)	220
校准电流	(A)	1.8
电压/电流比		99.0
功率因数		0.06±0.005

灯的尺寸(见附录 B)

灯头	玻壳直径 (max) D/mm	总长度 (max) L/mm	光中心高度 C/mm	弧长 (标称值) A/mm	同轴度 (°)	燃点置限制
E40	91	227	—	—	3	由灯的制造商给出

镇流器设计参数信息(见第 9 章)[a]

		最大值	最小值
镇流器设计用灯的升温电流	(A)(r.m.s.)	3.0	1.8
镇流器设计用脉冲高度	(V)	5 000	2 800

灯的工作极限由图 2.18 给出。

[a] 镇流器电压应与实际电源电压相符,不得超过电源电压的 2.5%,以便获得最佳颜色特性和最佳寿命。

[b] 暂定值,有待确认。

灯具设计参数信息(见第 10 章)

灯端电压上升值(最大值)	(V)	5[b]

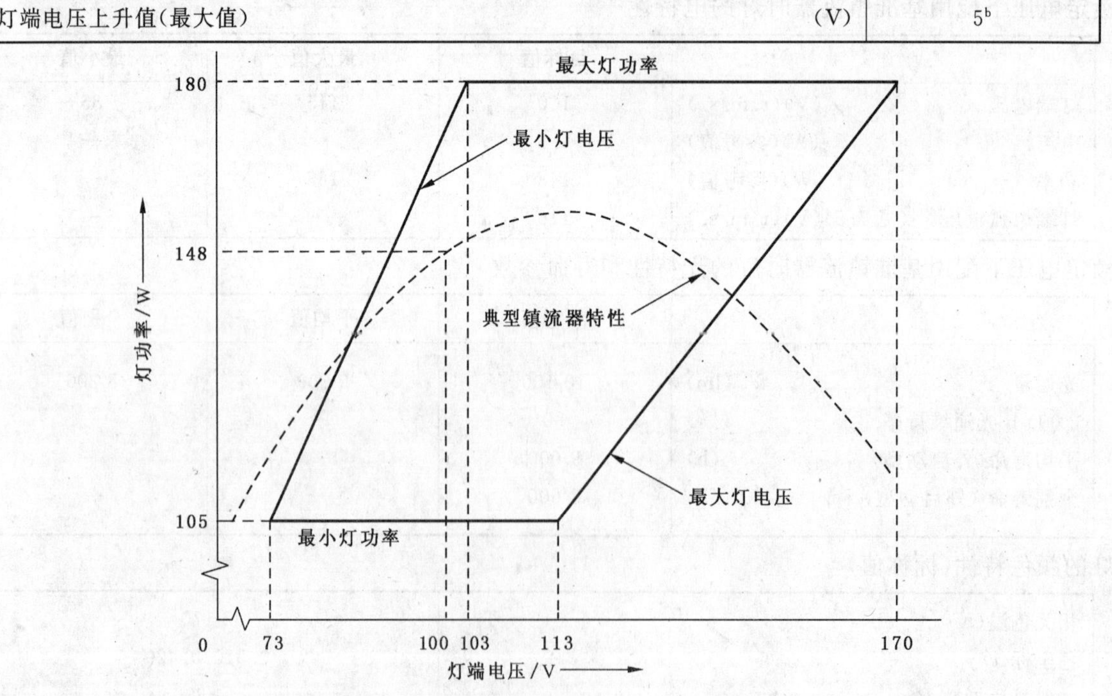

额定电源电压下的典型镇流器特性曲线由图中的虚线表示。

图 2.18　供镇流器设计用的灯的工作极限图

13259—GB/T-2110-1

	250 W 中显色　高压钠灯参数表	第 1 页

额定功率为 250 W　　外启动　　透明玻壳—管形

灯的启动试验

试验电压	(V)	198
最大启动时间	(s)	5

脉冲特性	标　准
高度	2 775 V±25 V[1]
波形	正弦波[1]
方向	有效值电压波形的正半周期间一个正脉冲
位置	有效值电源电压的 80°～90°电角度之内
上升时间－T_1(最大值)	0.60 μs[1]
持续时间－T_2	0.95 μs±0.05 μs
重复率	每周 1 次

1) 见附录 A 的图 A.1。

灯的温升试验

试验电压	(V)	198
灯端电压达到至少 50 V 时所需的最长时间	(min)	7

额定电压下配用基准镇流器时灯的电特性

		目标值	最大值	最小值
灯端电压	(V)(r. m. s.)	100	115	85
电流	(A)(参考值)	2.95	—	—
功率	(W)(参考值)	245	270	—
熄弧电压	(见 7.5)(V)(r. m. s.)	120	—	—

额定电压下配用基准镇流器时灯的光特性和寿命参数

		额定值	平均值	个别值
光通量	(lm)	20 000	18 000	16 000
2 000 h 光通维持率	(%)	80	—	—
平均寿命(外启动型)	(h)	12 000	—	—
个别寿命 (外启动型)	(h)	4 000	—	—

灯的颜色特性(标称值)

相关色温(K)	2 170
色坐标 x/y	0.510/0.420
一般显色指数 Ra	≥60

13259—GB/T-2120-3

	250 W 中显色　高压钠灯参数表	第 2 页

基准镇流器特性

额定频率	(Hz)	50
额定电压	(V)	220
校准电流	(A)	3.0
电压/电流比		60.0
功率因数		0.06±0.005

灯的尺寸(见附录 B)

灯头	玻壳直径 (max) D/mm	总长度 (max) L/mm	光中心高度 C/mm	弧长 (标称值) A/mm	同轴度 (°)	燃点置限制
E40	48	260	153～163	50	3	由灯的制造商给出

镇流器设计参数信息(见第 9 章)[a]

		最大值	最小值
镇流器设计用灯的升温电流	(A)(r.m.s.)	5.2	3.0
镇流器设计用脉冲高度	(V)	5 000	2 800

灯的工作极限由图 2.19 给出。

[a] 镇流器电压应与实际电源电压相符,不得超过电源电压的 2.5%,以便获得者最佳颜色特性和最佳寿命。

灯具设计参数信息(见第 10 章)

灯端电压上升值(最大值)	(V)	10

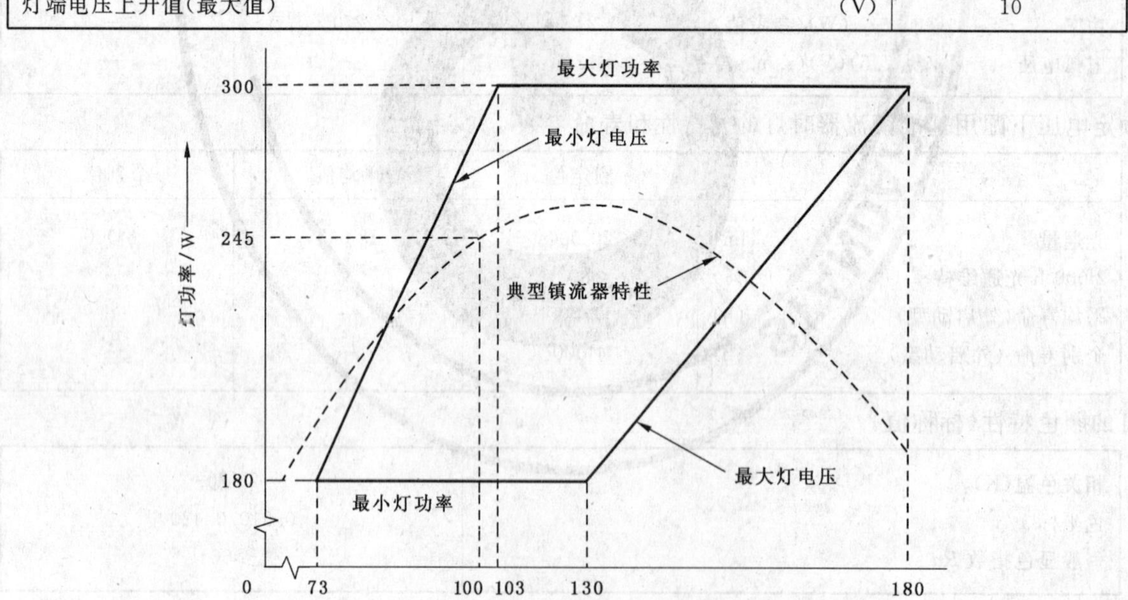

图中的虚线表示额定电源电压下的典型镇流器的特性曲线。

图 2.19　供镇流器设计用的灯的工作极限图

13259—GB/T-2120-1

	250 W 中显色　高压钠灯参数表	第 1 页

额定功率为 250 W　　　　外启动　　　　漫射涂粉型玻壳—椭球形

灯的启动试验

试验电压	(V)	198
最大启动时间	(s)	5

脉冲特性	标　准
高度	2 775 V±25 V[1)]
波形	正弦波[1)]
方向	有效值电压波形的正半周期间一个正脉冲
位置	在有效值电源电压的 80°～90°电角度之间
上升时间－T_1(最大值)	0.60 μs[1)]
持续时间－T_2	0.95 μs±0.05 μs
重复率	每周 1 次

1)　见附录 A 的图 A.1。

灯的温升试验

试验电压	(V)	198
灯端电压达到至少 50 V 时所需的最长时间	(min)	7

额定电压下配用基准镇流器时灯的电特性

		目标值	最大值	最小值
灯端电压	(V)(r.m.s.)	100	115	85
电流	(A)(参考值)	2.95	—	—
功率	(W)(参考值)	245	270	—
熄弧电压	(见 7.5)(V)(r.m.s.)	120	—	—

额定电压下配用基准镇流器时灯的光特性和寿命参数

		额定值	平均值	个别值
光通量	(lm)	19 400	17 400	15 500
2 000 h 光通维持率	(%)	80	—	—
平均寿命(外启动型)	(h)	12 000	—	—
个别寿命(外启动型)	(h)	4 000	—	—

灯的颜色特性(标称值)

相关色温(K)	2 170
色坐标 x/y	0.510/0.420
一般显色指数 Ra	≥60

13259—GB/T-2130-3

	250 W 中显色 高压钠灯参数表	第 2 页

基准镇流器特性

额定频率	(Hz)	50
额定电压	(V)	220
校准电流	(A)	3.0
电压/电流比		60.0
功率因数		0.06±0.005

灯的尺寸(见附录 B)

灯头	玻壳直径 (max) D/mm	总长度 (max) L/mm	光中心高度 C/mm	弧长 (标称值) A/mm	同轴度 (°)	燃点置限制
E40	91	227	—	—	3	由灯的制造商给出

镇流器设计参数信息(见第 9 章)[a]

		最大值	最小值
镇流器设计用灯的升温电流	(A)(r.m.s.)	5.2	3.0
镇流器设计用脉冲高度	(V)	5 000	2 800

灯的工作极限由图 2.20 给出。

[a] 镇流器电压应与实际电源电压相符,并在电源电压的 2.5%范围之内,以便获得者最佳颜色特性和最佳寿命。

灯具设计参数(见第 10 章)

灯端电压上升值(最大值)	(V)	7

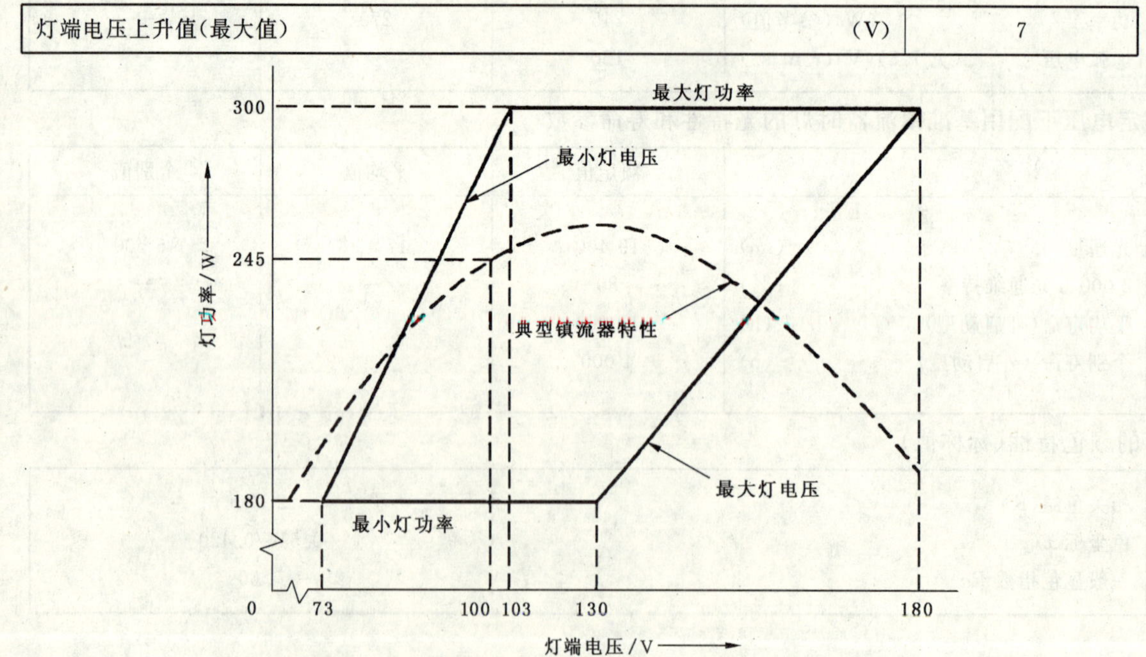

图中的虚线表示额定电源电压下的典型镇流器的特性曲线。

图 2.20 供镇流器设计用的灯的工作极限图

13259—GB/T-2130-1

	400 W 中显色 高压钠灯参数表	第 1 页

额定功率为 400 W　　外启动　　透明玻壳—管形

灯的启动试验

试验电压	(V)	198
最大启动时间	(s)	5

脉冲特性	标　准
高度	2 225 V±25 V[1]
波形	正弦波[1]
方向	有效值电压波形的正半周期间为正脉冲
位置	有效值电源电压的 80°～100°电角度之间
上升时间－T_1(最大值)	0.060 μs[1]
持续时间－T_2	0.95 μs±0.05 μs
重复率	每周 1 次

1) 见附录 A 的图 A.1。

灯的温升试验

试验电压	(V)	198
灯端电压达到至少 50 V 时所需的最长时间	(min)	7

额定电压下配用基准镇流器时灯的电特性

		目标值	最大值	最小值
灯端电压	(V)(r.m.s.)	100	115	85
电流	(A)(参考值)	4.5	—	—
功率	(W)(参考值)	380	418	—
熄弧电压	(见 7.5)(V)(r.m.s.)	125	—	—

额定电压下配用基准镇流器时灯的光特性和寿命参数

		额定值	平均值	个别值
光通量	(lm)	30 000	27 000	24 500
2 000 h 光通维持率	(%)	80	—	—
平均寿命(外启动型)	(h)	12 000	—	—
个别寿命(外启动型)	(h)	4 000	—	—

灯的颜色特性(标称值)

相关色温(K)	2 170
色坐标 x/y	0.510/0.420
一般显色指数 Ra	≥60

基准镇流器特性

额定频率	(Hz)	50
额定电压	(V)	220
校准电流	(A)	4.6
电压/电流比		39.0
功率因数		0.06±0.005

13259—GB/T-2140-3

	400 W 中显色 高压钠灯参数表	第 2 页

灯的尺寸(见附录 B)

灯头	玻壳直径 (max) D/mm	总长度 (max) L/mm	光中心高度 C/mm	弧长 (标称值) A/mm	同轴度 (°)	燃点置限制
E40	48	292	170～180	55	3	由灯的制造商给出

镇流器设计参数信息(见第 9 章)[a]

		最大值	最小值
镇流器设计用灯的升温电流	(A)(r.m.s.)	7.5	4.6
镇流器设计用脉冲高度	(V)	5 000	2 800

灯的工作极限由图 2.21 给出。

[a] 镇流器电压应与实际电源电压相符,并在电源电压的 2.5%范围之内,以便获得者最佳颜色特性和最佳寿命。

灯具设计参数信息(见第 10 章)

灯端电压上升值(最大值)	(V)	12

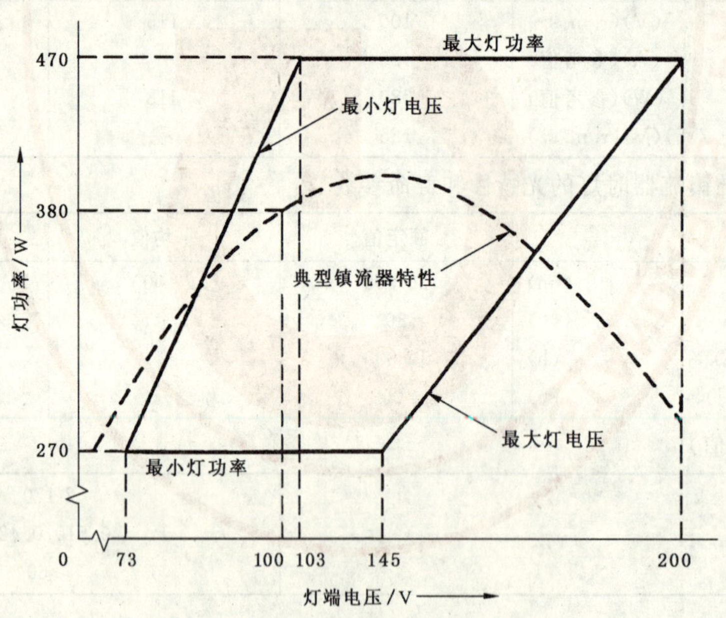

图中的虚线表示额定电源电压下典型镇流器的特性曲线。

图 2.21 供镇流器设计用的灯的工作极限图

13259—GB/T-2140-1

	400 W 中显色　高压钠灯参数表	第 1 页

额定功率为 400 W　　外启动[1)]　　漫射涂粉型玻壳—椭球形

灯的启动试验

试验电压	(V)	198
最大启动时间	(s)	5

脉冲特性	标　准
高度	2 775 V±25 V[1)]
波形	正弦波[1)]
方向	有效值电压波形的正半周期间一个正脉冲
位置	有效值电源电压的 80°～90°电角度之间
上升时间－T_1(最大值)	0.060 μs[1)]
持续时间－T_2	0.95 μs±0.05 μs
重复率	每周 1 次

1) 见附录 A 的图 A.1。

灯的温升试验

试验电压	(V)	198
灯端电压达到至少 50 V 时所需的最长时间	(min)	7

额定电压下配用基准镇流器时灯的电特性

		目标值	最大值	最小值
灯端电压	(V)(r.m.s.)	105	120	90
电流	(A)(参考值)	4.4	—	—
功率	(W)(参考值)	385	424	—
熄弧电压	(见 7.5)(V)(r.m.s.)	125	—	—

额定电压下配用基准镇流器时灯的光特性和寿命参数

		额定值	平均值	个别值
光通量	(lm)	29 100	26 200	23 700
2 000 h 光通维持率	(%)	80	—	—
平均寿命(外启动型)	(h)	12 000	—	—
个别寿命（外启动型)	(h)	4 000	—	—

灯的颜色特性(标称值)

相关色温(K)	2 170
色坐标 x/y	0.510/0.420
一般显色指数 Ra	≥60

基准镇流器特性

额定频率	(Hz)	50
额定电压	(V)	220
校准电流	(A)	4.6
电压/电流比		39.0
功率因数		0.06±0.005

13259—GB/T-2150-3

	400 W 中显色　高压钠灯参数表	第 2 页

灯的尺寸(见附录 B)

灯头	玻壳直径 (max) D/mm	总长度 (max) L/mm	光中心 高度 C/mm	弧长 (标称值) A/mm	同轴度 (°)	燃点置限制
E40	122	292	—	—	3	由灯的制造商给出

镇流器设计参数信息(见第 9 章)[a]

		最大值	最小值
镇流器设计用灯的升温电流	(A)(r. m. s.)	7.5	4.6
镇流器设计用脉冲高度	(V)	5 000	2 800
灯的工作极限由图 2.22 给出。			

[a] 镇流器电压应与实际电源电压相符,并处在电源电压的 2.5% 范围之内,以便获得者最佳颜色特性和最佳寿命。

灯具设计参数信息(见第 10 章)

灯端电压上升值(最大值)	(V)	7

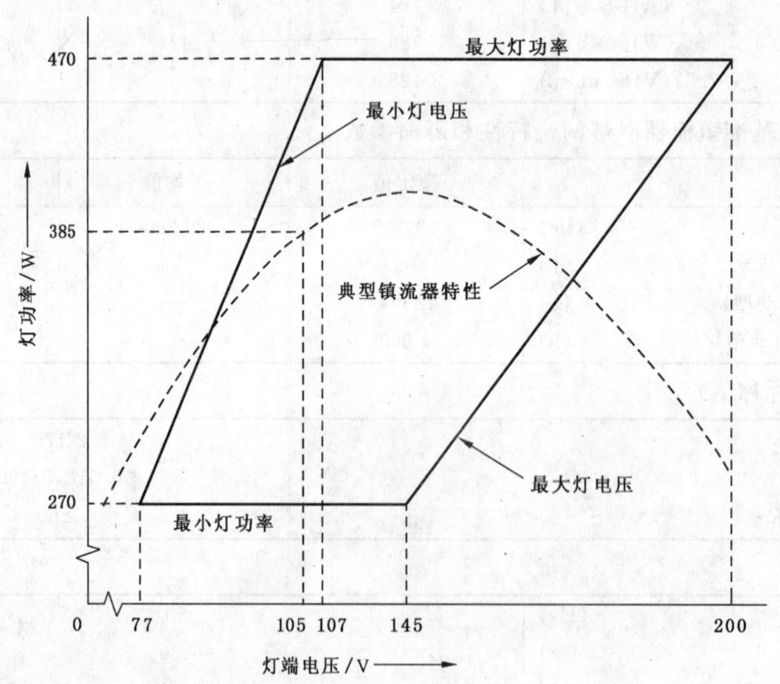

图中的虚线表示额定电源电压下的典型镇流器的特性曲线。

图 2.22　供镇流器设计用的灯的工作极限图

13259—GB/T-2150-1

	150 W 高显色　高压钠灯参数表	第 1 页

额定功率为 150 W　　　　内启动　　　　漫射涂粉型或透明玻壳—椭球形

灯的启动试验

试验电压	(V)	198
最大启动时间	(s)	60[a]

a 从开灯时算起。

灯的温升试验

试验电压	(V)	220
灯端电压达到至少 50 V 时所需的最长时间	(min)	10

额定电压下配用基准镇流器时灯的电特性

		目标值	最大值	最小值
灯端电压	(V)(r.m.s.)	100	110	85
电流	(A)(参考值)	1.9	2.14	1.71
功率	(W)(参考值)	150	165	—
熄弧电压	(见 7.5)(V)(r.m.s.)	130[b]	—	—

b 尚在研究之中。

额定电压下配用基准镇流器时灯的光特性和寿命参数

		额定值	平均值	个别值
光通量[a]	(lm)	6 600	6 000	5 400
2 000 h 光通维持率	(%)	70	—	—
平均寿命(内启动型)	(h)	8 000	—	—
个别寿命(内启动型)	(h)	3 200	—	—

a 表中规定的光通量值为透明椭球形灯泡的值，漫射涂粉椭球形灯泡的光通量值为上述值的 96%。

灯的颜色特性(标称值)

相关色温(K)	2 500
色坐标 x/y	0.478/0.415
一般显色指数 Ra	85

基准镇流器特性

额定频率	(Hz)	50/60
额定电压	(V)	220
校准电流	(A)	1.9
电压/电流比		88.6
功率因数		0.075±0.005

13259—GB/T-3010-1

	150 W 高显色　高压钠灯参数表	第 2 页

灯的尺寸(见附录 B)

灯头	玻壳直径 (max) *D*/mm	总长度 (max) *L*/mm	光中心高度 C^c/mm	弧长 (标称值) A^c/mm	同轴度 (°)	燃点置限制
E40	102	250	160±5	33	3	由灯的制造商给出
[c] 仅用于透明玻壳。						

镇流器设计参数信息(见第 9 章)

		最大值	最小值
镇流器设计用灯的升温电流	(A)(r. m. s.)	3.0	1.9
镇流器设计用脉冲高度	(V)	4 500	—
灯的工作极限由图 2.23 给出。			

灯具设计参数信息(见第 10 章)

灯端电压上升值(最大值)	(V)	10

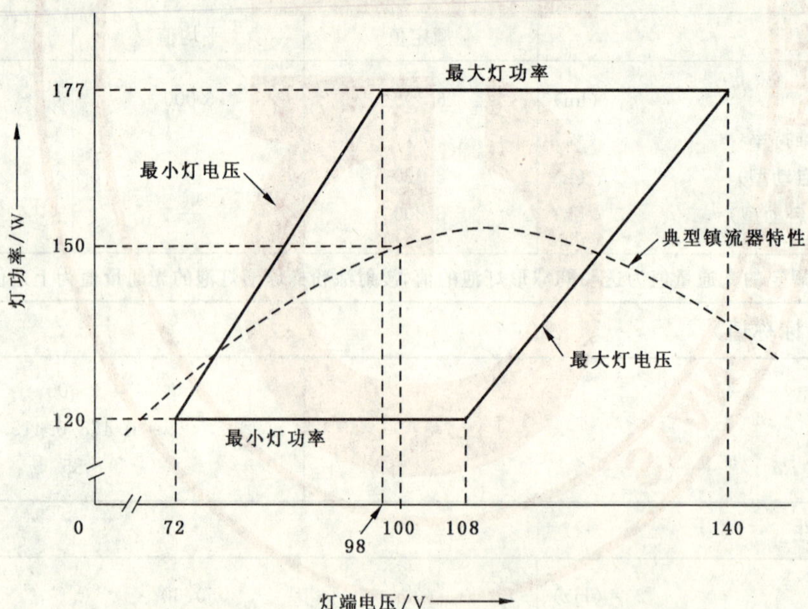

图 2.23　供镇流器设计用的灯的工作极限图

	250 W 高显色　高压钠灯参数表	第 1 页

额定功率为 250 W　　内启动　　漫射涂粉型或透明玻壳—椭球形

灯的启动试验

试验电压	(V)	198
最大启动时间	(s)	60[a]

a　从开灯时算起。

灯的温升试验

试验电压	(V)	220
灯端电压达到至少 50 V 时所需的最长时间	(min)	10

额定电压下配用基准镇流器时灯的电特性

		目标值	最大值	最小值
灯端电压	(V)(r. m. s.)	100	110	85
电流	(A)(参考值)	3.1	3.50	2.77
功率	(W)(参考值)	250	275	—
熄弧电压	(见 7.5)(V)(r. m. s.)	130[b]	—	—

b　尚在研究之中。

额定电压下配用基准镇流器时灯的光特性和寿命参数

		额定值	平均值	个别值
光通量[c]	(lm)	13 000	12 000	10 800
2 000 h 光通维持率	(%)	70	—	—
平均寿命(内启动型)	(h)	8 000	—	—
个别寿命(内启动型)	(h)	3 200	—	—

c　表中规定的光通量值为透明椭球形灯泡的值，漫射涂粉椭球形灯泡的光通量值为上述值的 96%。

灯的颜色特性(标称值)

相关色温(K)	2 500
色坐标 x/y	0.478/0.415
一般显色指数 Ra	85

基准镇流器特性

额定频率	(Hz)	50/60
额定电压	(V)	220
校准电流	(A)	3.1
电压/电流比		54.7
功率因数		0.075±0.005

13259—GB/T-3020-1

	250 W 高显色 高压钠灯参数表	第 2 页

灯的尺寸(见附录 B)

灯头	玻壳直径 (max) D/mm	总长度 (max) L/mm	光中心高度 C^{c}/mm	弧长 (标称值) A^{c}/mm	同轴度 (°)	燃点置限制
E40	102	250	160±5	41	3	由灯的制造商给出

[c] 仅用于透明玻壳。

镇流器设计参数信息(见第 9 章)

		最大值	最小值
镇流器设计用灯的升温电流	(A)(r. m. s.)	5.2	3.1
镇流器设计用脉冲高度	(V)	4 500	—

灯的工作极限由图 2.24 给出。

灯具设计参数信息(见第 10 章)

灯端电压上升值(最大值)	(V)	10

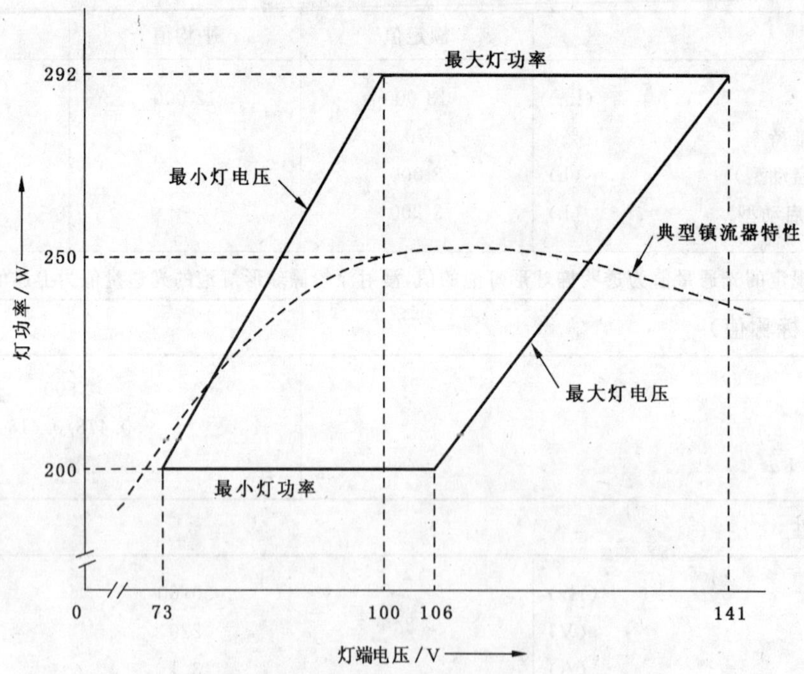

图 2.24 供镇流器设计用的灯的工作极限图

13259—GB/T-3020-1

	400 W 高显色　高压钠灯参数表	第 1 页

额定功率为 400 W　　内启动　　漫射涂粉型或透明玻壳—椭球形

灯的启动试验

试验电压	(V)	198
最大启动时间	(s)	60[a]

a　从开灯时算起。

灯的温升试验

试验电压	(V)	220
灯端电压达到至少 50 V 时所需的最长时间	(min)	10

额定电压下配用基准镇流器时灯的电特性

		目标值	最大值	最小值
灯端电压	(V)(r. m. s.)	100	110	85
电流	(A)(参考值)	4.9	5.62	4.35
功率	(W)(参考值)	400	440	—
熄弧电压	(见 7.5)(V)(r. m. s.)	130[b]	—	—

b　尚在研究之中。

额定电压下配用基准镇流器时灯的光特性和寿命参数

		额定值	平均值	个别值
光通量[a]	(lm)	22 000	20 000	18 000
2 000 h 光通维持率	(%)	70	—	—
平均寿命(内启动型)	(h)	8 000	—	—
个别寿命 (内启动型)	(h)	3 200	—	—

a　上表规定的光通量值为透明椭球形灯泡的值，漫射涂粉椭球形灯泡的光通量值为上述值的 96%。

灯的颜色特性(标称值)

相关色温(K)	2 500
色坐标 x/y	0.478/0.415
一般显色指数 Ra	85

基准镇流器特性

额定频率	(Hz)	50/60
额定电压	(V)	220
校准电流	(A)	4.9
电压/电流比		34.5
功率因数		0.075±0.005

13259—GB/T-3030-1

	400 W 高显色 高压钠灯参数表	第 2 页

灯的尺寸(见附录 B)

灯头	玻壳直径 (max) D/mm	总长度 (max) L/mm	光中心 高度 C^{c}/mm	弧长 (标称值) A^{c}/mm	同轴度 (°)	燃点置限制
E40	122	290	185±5	49	3	由灯的制造商给出

[c] 仅用于透明玻壳。

镇流器设计参数信息(见第 9 章)

		最大值	最小值
镇流器设计用灯的升温电流	(A)(r. m. s.)	7.5	4.9
镇流器设计用脉冲高度	(V)	4 500	—

灯的工作极限由图 2.25 给出。

灯具设计参数信息(见第 10 章)

灯端电压上升值(最大值)	(V)	10

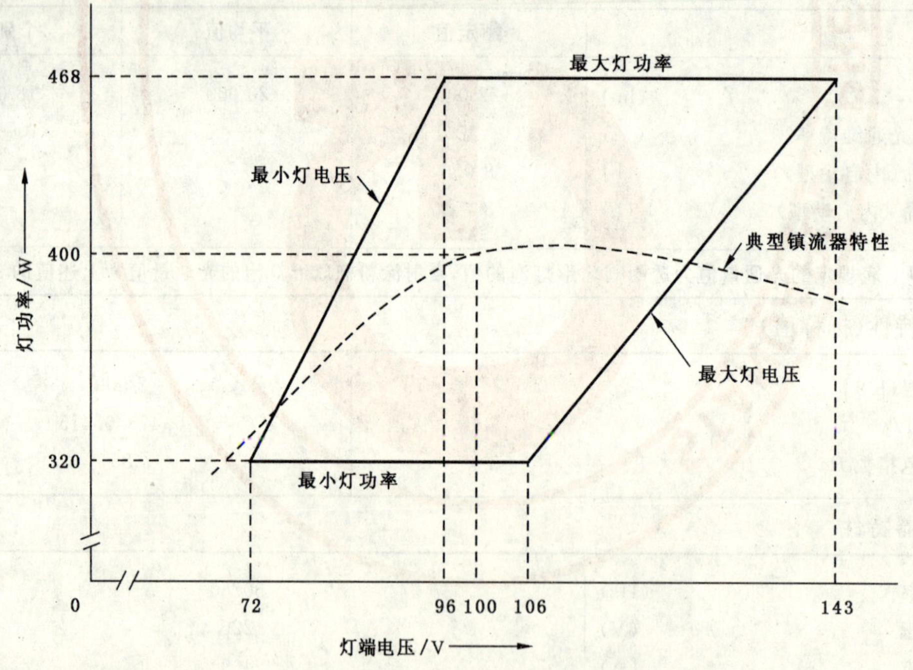

图 2.25 供镇流器设计用的灯的工作极限图

13259—GB/T-3030-1

16 灯最大外形尺寸图

灯泡最大外形尺寸	
13259—GB/T-9010	250 W—管形玻壳
13259—GB/T-9020	250 W—椭球玻壳
13259—GB/T-9030	400 W—管形玻壳
13259—GB/T-9040	400 W—椭球玻壳

	250 W 高压钠灯 最大外形尺寸	第 1 页

额定功率	类型	灯头
250 W	管形	E40

单位：mm

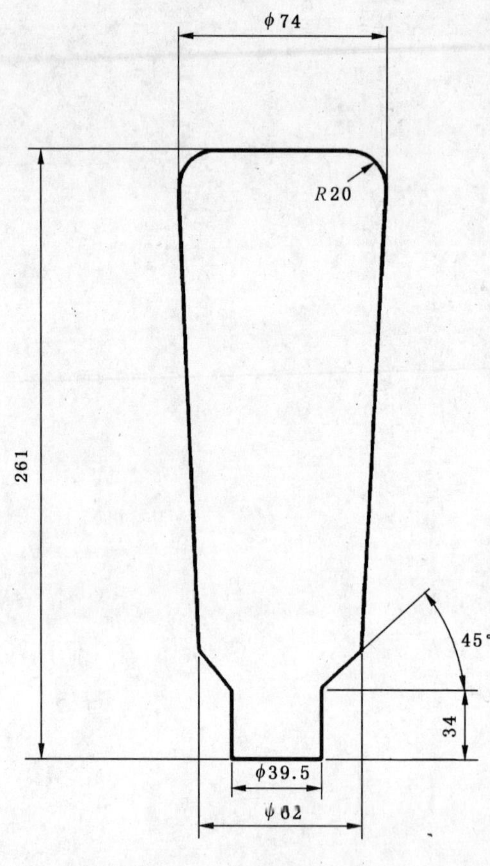

13259—GB/T 9010-1

	250 W 高压钠灯 最大外形尺寸	第 1 页

额定功率	类型	灯头
250 W	椭球形	E40

单位：mm

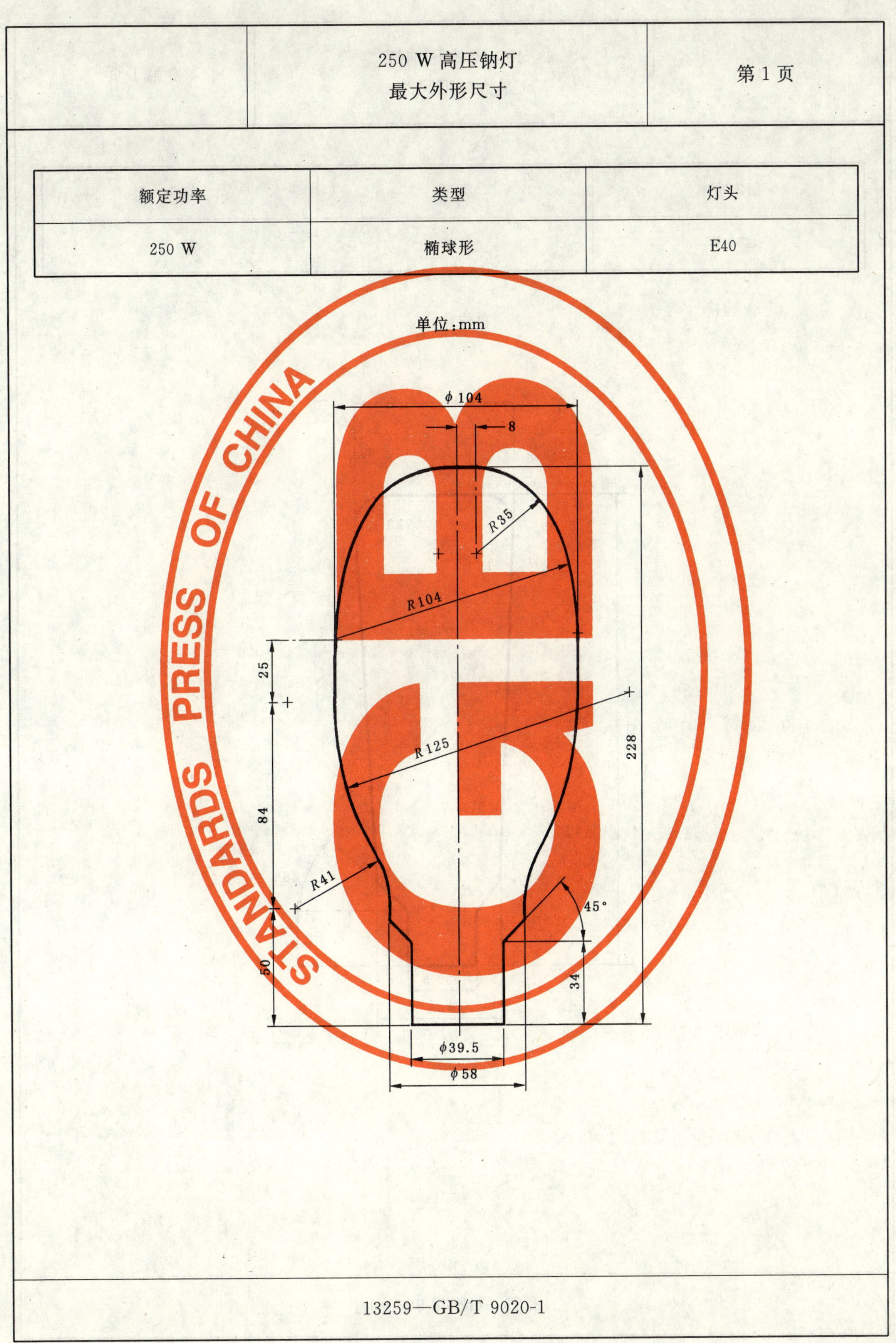

13259—GB/T 9020-1

	400 W 高压钠灯 最大外形尺寸	第 1 页

额定功率	类型	灯头
400 W	管形	E40

单位:mm

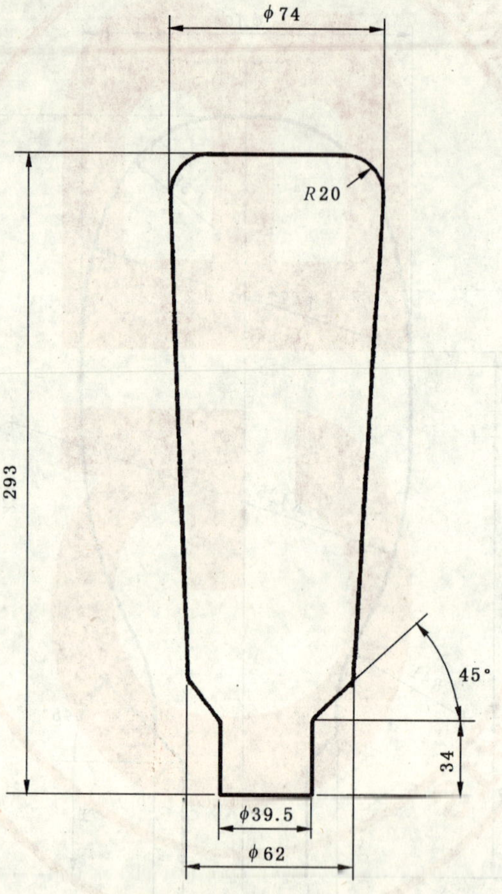

13259—GB/T 9030-3

	400 W 高压钠灯 最大外形尺寸	第 1 页

额定功率	类型	灯头
400 W	椭球形	E40

单位:mm

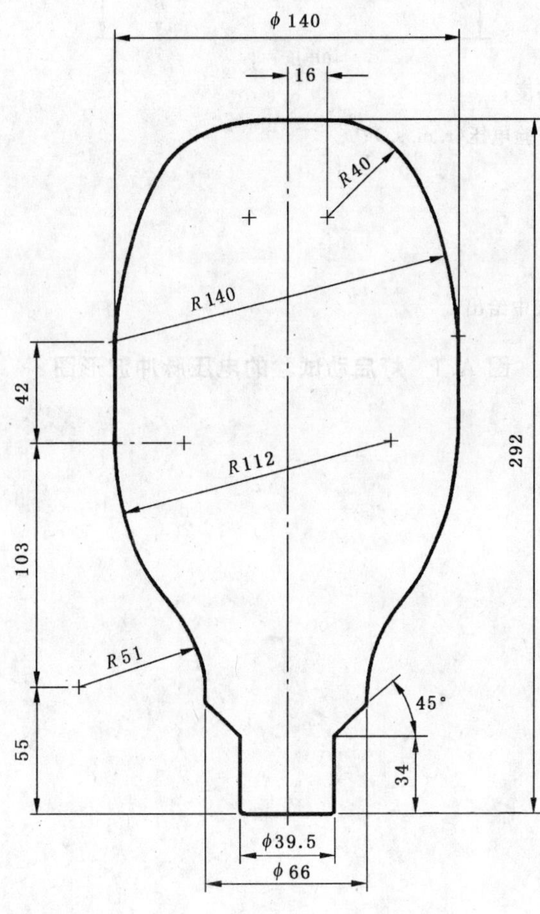

13259—GB/T 9040-1

附 录 A
（规范性附录）
灯启动试验的电压脉冲波形

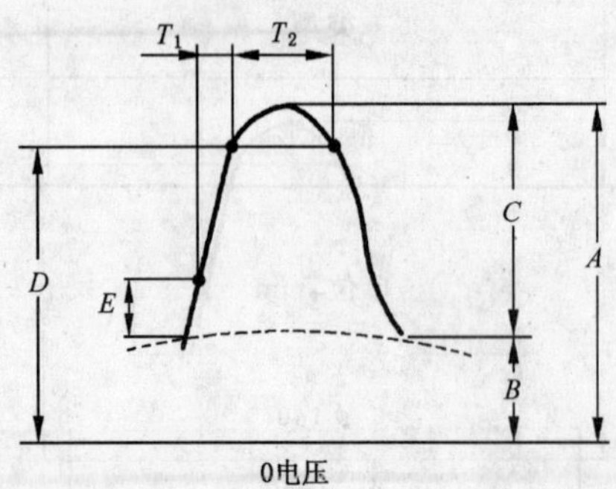

A=灯参数表中规定的脉冲高度；

$B=\sqrt{2}\times$灯参数表所规定的试验电压(r. m. s.)；

$C=A-B$；

D=A值的90％；

E=C值的30％；

T_1=上升时间
T_2=持续时间 } 在灯的参数表中给出

图 A.1 灯启动试验的电压脉冲波形图

附 录 B
（规范性附录）
灯尺寸示意图

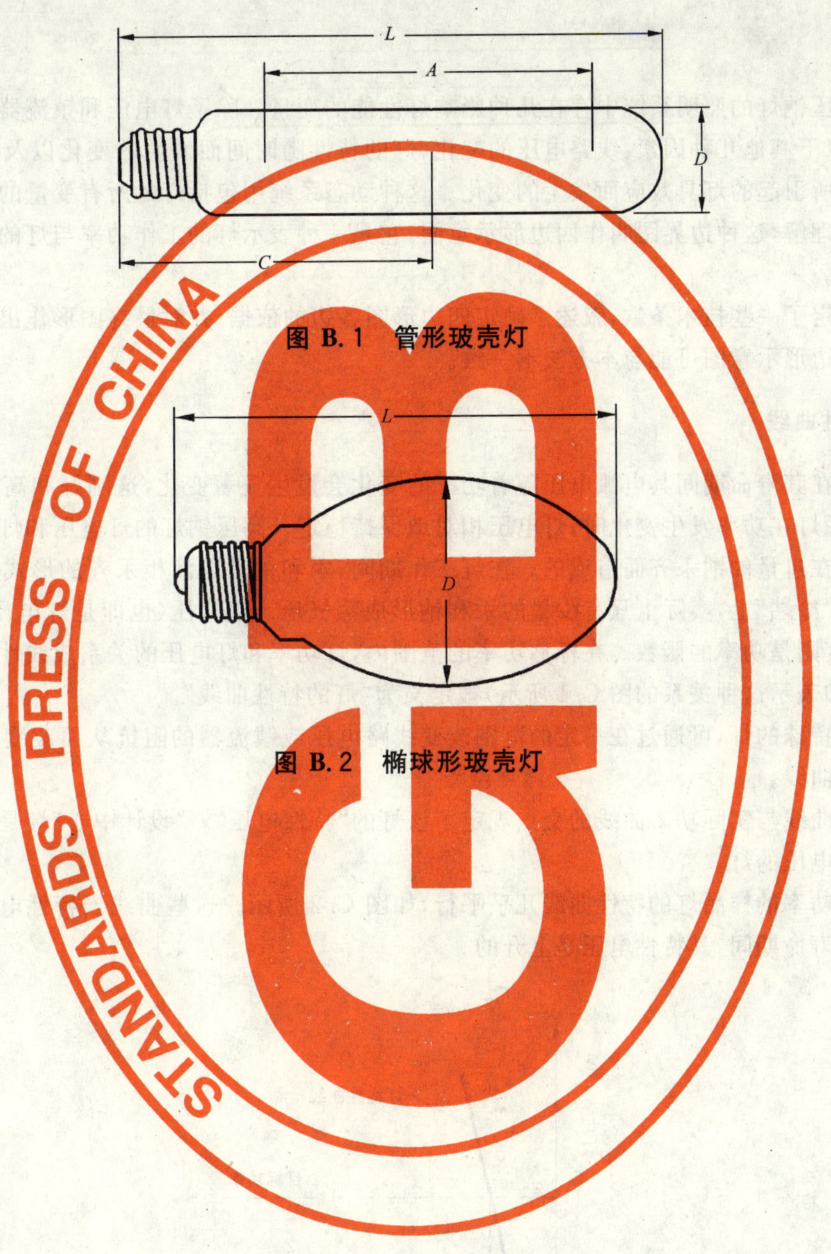

图 B.1 管形玻壳灯

图 B.2 椭球形玻壳灯

附　录　C
（规范性附录）
四边形示意图的绘制方法

引言

在使用高压钠灯的照明系统中存在几种影响灯性能的变量。除了灯电压和镇流器阻抗的正常离散外，还要注意以下其他几种因素：线路电压的变化，灯的特性随时间而发生的变化以及由于反射到电弧管上的辐射能所引起的灯具效应而发生的变化。这种动态系统用包括灯的所有变量的灯参数边界图来表示则更易于理解，这种边界图叫作四边形示意图，它是一种表示灯的工作功率与灯的工作电压之间的关系的曲线图。

本方法规定了一些技术条款，叙述了确定四边形图各边的依据，并对最终图形作出了说明。应注意早期制定的四边形示意图可能与本方法不一致。

C.1　灯的特性曲线

高压钠灯在其寿命期间其电弧电压随着功率的变化会发生显著变化，这刚好和高压汞灯的情况有所不同，高压汞灯在功率发生变化时，灯电压相对地保持稳定。高压钠灯的灯电压和灯功率的关系是由于在电弧管存在过量的钠汞齐而造成的。在灯工作期间，汞和钠是以液相汞齐的形式凝聚在靠近电弧管端部的一个“冷端”上，实际上只有少量的汞和钠形成蒸气压。蒸气压（也即是灯电压）取决于冷端温度，而冷端温度则是功率的函数。在标称功率的范围内，灯功率和灯电压的关系成线性关系。这种近似直线的曲线（如表示这种关系的图 C.1 所示）被定义为“灯的特性曲线”。

对于某一特殊的灯，可通过在一定的范围改变线路电压或镇流器的阻抗从而改变灯功率的方法来获得灯的特性曲线。

灯的特性曲线与实际功率曲线的交点规定了该灯的“特性电压”。“设计中心”灯是一种其特性电压等于灯端目标电压的灯。

具有相同功率的样品灯的特性曲线几乎平行，如图 C.2 所示。这些曲线当特性电压上升时，斜率变小。在灯的寿命期间，其特性电压是上升的。

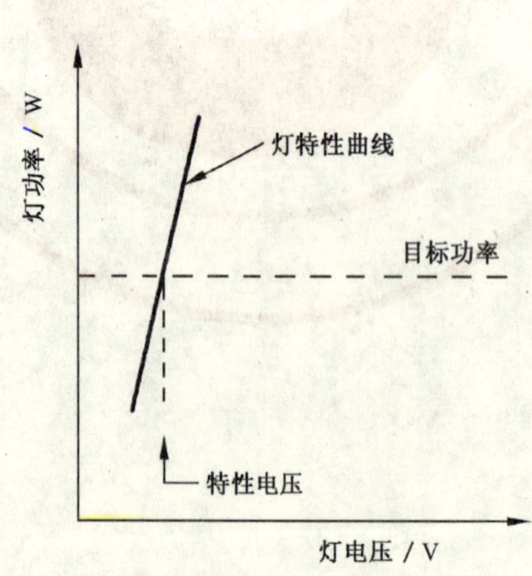

图 C.1　高压钠灯功率与电压的关系

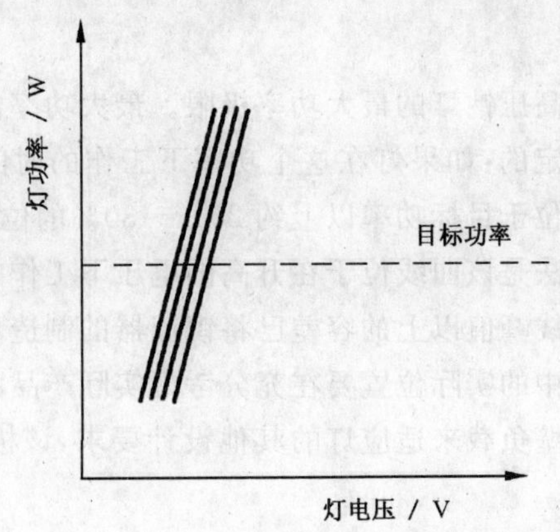

图 C.2　若干只高压钠灯的特性曲线

C.2　镇流器的特性曲线

当高压钠灯与连接上稳定输入电压的镇流器一起工作时，灯的工作电压和功率的变化要遵守“镇流器的特性曲线”。图 C.3 给出了两种典型的镇流器特性曲线。测量若干只具有不同特性电压的灯的功率和电压，或测量一只单独的通过升高电弧管的冷点的温度而改变其电压的灯便可获得这些曲线。

当电源电压发生变化时，便形成镇流器的特性曲线簇。图 C.4 给出了处于额定电源电压、较高电压及较低电压时的结果。

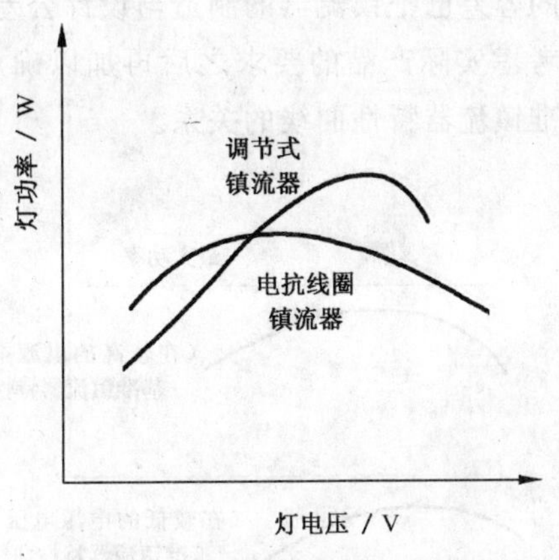

图 C.3　典型镇流器特性曲线

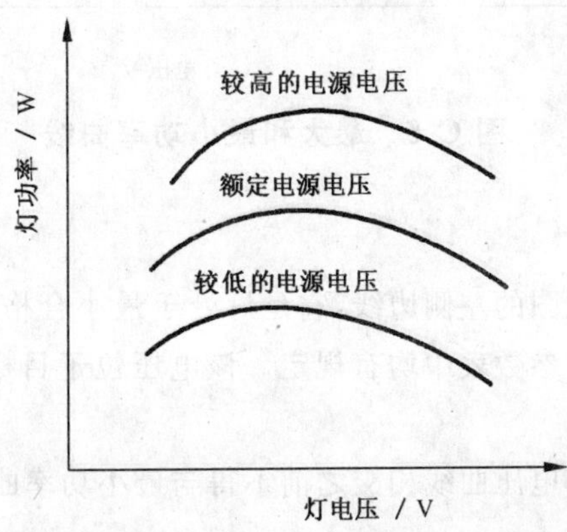

图 C.4　不同电源电压下典型滞后型或电抗线圈式镇流器的特性曲线

C.3 最大功率极限

曲线示意图顶部的直线表示高压钠灯的最大功率极限。最大功率曲线由电弧管的最大允许工作温度决定。最大允许功率是这样确定的:如果灯在这个功率下工作的时间超过总燃点时间的25%,灯的寿命会缩短。最大功率曲线通常位于目标功率以上约20%～30%的位置上。

最大功率曲线的辅助定位方法是该曲线位于在升高的电压下工作的基准镇流器所产生的镇流器特性曲线的上方。该基准镇流器曲线峰值以上的容差已将镇流器的制造和设计公差考虑进去。

该极限曲线在四边形示意图中的实际位置要在充分考虑实际产品的要求之后再加以确定。由于可以通过改变某些电弧管的最佳管壁负载来适应灯的其他设计要求,该极限曲线与目标功率的相对位置随灯的型号的不同而变化。

C.4 最小功率极限

制定较低功率的极限曲线是为了确保灯能正常工作,并达到下述要求:

a) 令人满意的灯的温升特性;

b) 可接受的灯的工作稳定性;

c) 可接受的(灯—镇流器)系统的光输出;

d) 可接受的显色性和一致性。

该极限曲线大致位于目标功率下方20%～30%之处,并位于在降低的电压下工作的基准镇流器曲线下方。该基准镇流器曲线下方的容差已把镇流器的制造与设计公差考虑进去。该极限曲线在本标准的四边形示意图中的位置要充分考虑实际产品的要求之后再加以确定。图C.5给出最大功率曲线和最小功率曲线以及它们与上述基准镇流器特性曲线的关系。

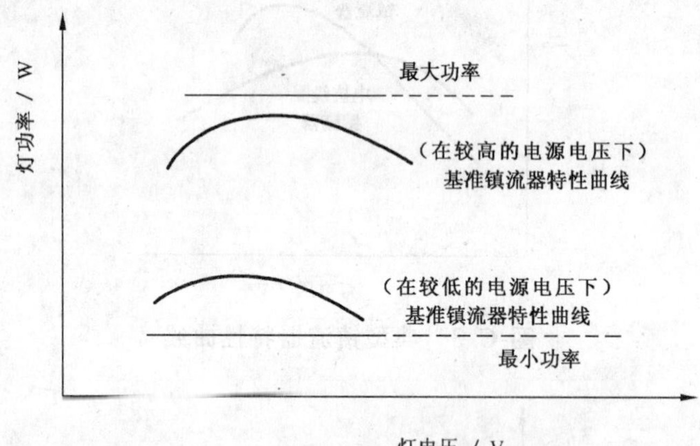

图 C.5 最大和最小功率曲线

C.5 最小电压曲线

最小电压曲线为四边形示意图的左侧边线,它是灯处于最小合格灯端电压时灯的特性曲线。各型号灯的最小合格电压在相应灯的参数表中均有规定。该电压位于目标电压和目标功率点的左边,并形成该四边形示意图的左侧边线。

镇流器的特性曲线在与最小电压曲线相交之前不得与最小功率曲线相交。

C.6 最大电压曲线

最大电压曲线即四边形示意图的右侧边线,它的确定取决于下述几个因素:

a) 未使用过灯的最大容许特性电压；

b) 在灯的寿命期间发生的灯电压上升；

c) 封闭在灯具中引起的灯电压上升；

d) 使用基准镇流器时灯的熄灭电压的轨迹。

最大的特性电压由熄灭电压轨迹推导得出(具体做法尚在研究之中)。以标称功率线与熄灭电压线的交点为基点，沿着标称功率线将熄灭电压值减去20%的目标灯电压值，得到的这点所对应的电压定为最大特性电压。由这点起测得一系列的灯电压值，就得到最大的灯泡特性曲线。

在镇流器设计中，灯的最大电压和功率极限关系密切。提高最大电压极限时必须提高最大功率极限，因为某些型号的镇流器只有在较大容许功率的情况下，其特性曲线才能跨越较大的电压范围。

C.7 总结

C.7.1 关于灯和镇流器的说明

完整的示意图由最大和最小功率曲线及最小和最大电压曲线构成，如图C.6所示。由于该示意图包括灯和镇流器的某些要求，同时也包括灯具的效应，该图可用作一个点灯系统的规范。每一功率系统完整的四边形示意图给出了能使灯正常工作的镇流器设计参数。

最终示意图的绘制取决于灯与具有最大和最小功率条款所述公差和容差的基准镇流器一起使用时的工作状态。而灯的工作极限与灯的基础物理特性有关，因此应理解为与所有型号的商品镇流器有关。显然，对于一给定的系统，其四边形示意图规定了任一只灯与任一镇流器一起工作时的工作极限。

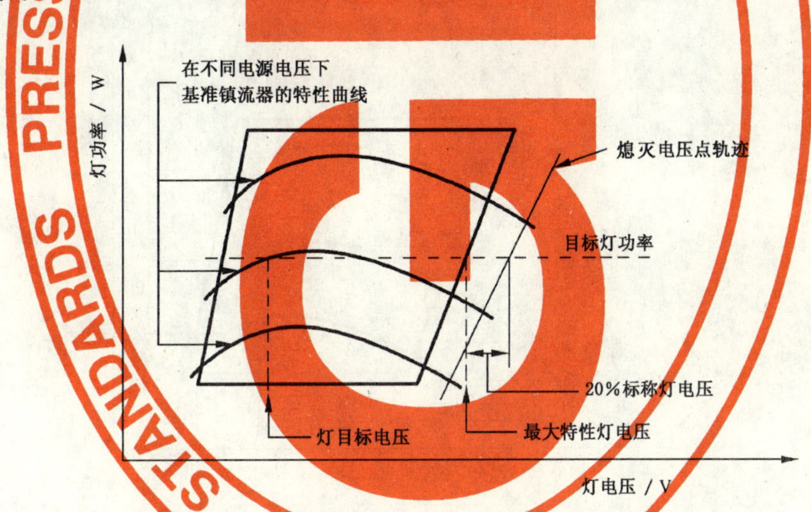

图 C.6 完整四边形示意图与基准镇流器曲线和熄灭电压轨迹的关系

一个完整的四边形示意图描述了镇流器设计的条件，可概括为下述几点：

a) 镇流器特性曲线应与两条灯电压极限曲线相交，并且在灯的整个寿命期间保持在两功率极限值曲线之间。

b) 镇流器的设计应能保证灯在正常条件下，不仅在处于镇流器的额定电源电压时，而且在处于镇流器的最小和最大推荐电源电压时均能在四边形示意图所示范围内工作。

注：由于滞后式镇流器与基准镇流器相似，所以如果电源电压变化的极限超过本标准所规定之值，则该种镇流器可能不会使该系统正常工作。

c) 最佳镇流器特性曲线要能使灯在最大电压曲线或在该曲线之前达到其最大功率，然后在该点之外，该镇流器特性曲线随灯电压的上升而显著下降。位于目标灯功率曲线附近的相对平滑的镇流器特性曲线比相对陡峭的上升和下降特性曲线更可取。

d) 为了避免灯寿命的缩短，工作不稳定和过早损坏，镇流器应能在四边形示意图右侧最大电压曲线之外使灯工作。

虽然四边形示意图未作规定，灯—镇流器系统还应承受住熄弧电压试验。在这种试验中，将电源电压突然降至镇流器额定电压以下10%时，镇流器仍能使灯保持工作。此要求的细节在灯的技术要求中给出。

C.7.2 关于灯具设计的说明

由灯具效应引起的灯电压上升容许值不易在完整四边形示意图上看到。该电压上升允许值在单只灯的标准参数表中列出。

附 录 D
（规范性附录）
内启动灯的脉冲高度的测量方法

引言

内启动灯在被触发期间会产生电压脉冲，本附录论述了测量这些脉冲的高度的方法。由于内启动器所产生的脉冲的幅度取决于所使用的镇流器，本附录还规定了镇流器的特性。

D.1 镇流器特性

在测量脉冲高度时应使用符合 GB/T 15042—2005 的相关要求并具有表 D.1 所示谐振特性的镇流器。

将大约 20 V 电压施加在镇流器的两端，并测量不同频率下的电流便可确定谐振特性。在进行该项测量期间，任何能使镇流器接地的装置均应连接在被标为线路终端的接线端子上。镇流器的谐振特性可使用适宜的电容器加以调节。

表 D.1 镇流器的谐振特性

	70 W	150 W	250 W	400 W
谐振频率(kHz)±10%	18	30	40	35
谐振频率下的阻抗(kΩ)±10%	120	40	30	20

注：这些谐振特性是那些能产生最大脉冲电压的 220 V 电抗线圈式镇流器的特征，这种镇流器可在市场上买到。

D.2 试验电路

启动器的脉冲应使用下图所示电路进行测量。

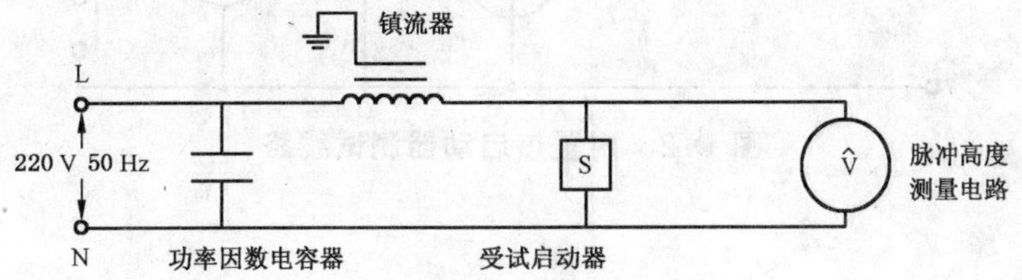

在此电路中：

——对于内置辉光启动器的灯，“S”表示该灯中所用启动器的开关；

——对于内置热启动器的灯，“S”表示该灯本身；

——镇流器为 D.1 章所述镇流器；

——功率因数电容器采用本附录表 D.2 所示之值；

——脉冲高度测量电路在 D.3 章中给出；

——镇流器与灯或启动器之间的电缆电容不得超过 20 pF。

表 D.2 试验用功率因数电容器的值

	70 W	150 W	250 W	400 W
电容(μF)±10%	10	20	30	40

D.3 脉冲高度测量电路

——对于内置辉光启动器的灯，所要求的电路为 IEC 60155:1995 中图 9 所示电路。

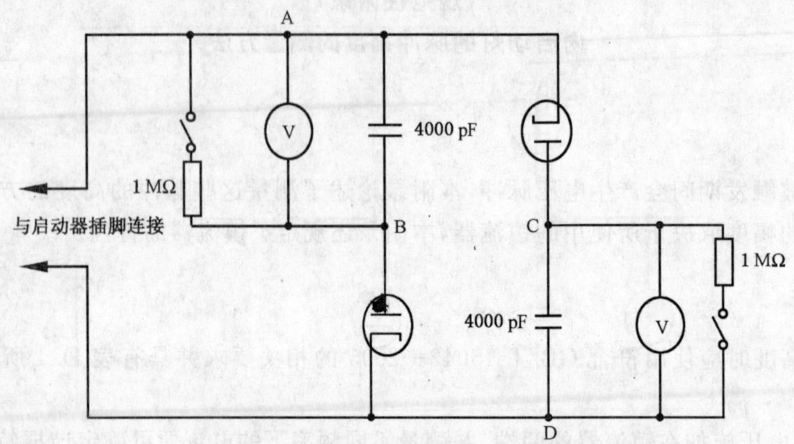

图 D.1 内置辉光启动器测试线路

——对于内置热启动器的灯，所要求的电路为 GB 19510.2—2005 中图 2 所示电路。

注：上述测量电路不能精确测定很窄的高压脉冲，这已得到普遍认同。但是，经验表明这种脉冲不会引起实际问题。

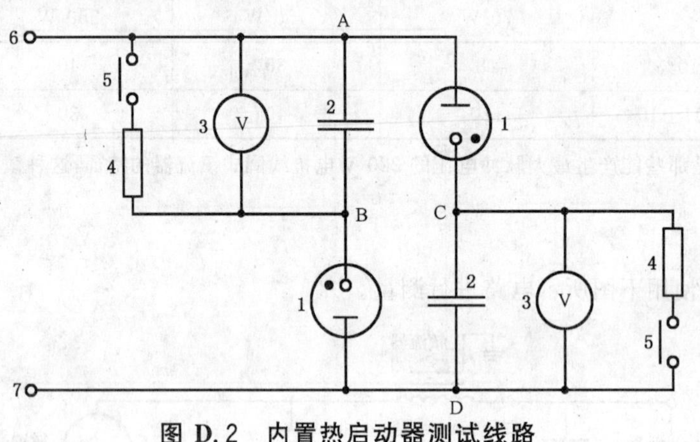

图 D.2 内置热启动器测试线路

D.4 试验

D.4.1 内置辉光启动器的灯

应使用 D.2 章所述试验电路进行测量，相应的测量值为在 30 s 期间，D.3 所述测量电路中两个电压表所显示的最大电压。本试验足以满足冷启动和再次热启动状态。

注：在内置辉光启动器的灯中，脉冲电压是由启动器本身加以限制的。对于本项试验，应只使用灯所用的启动器，而不是使用整只灯。这种独立的辉光启动器应由灯的制造商提供。

D.4.2 内置热启动器的灯

试验应在完整的灯上进行，该灯在试验之前必须处于良好状态。必须在冷启动和再次热启动两种状态下测量脉冲高度。

注：在内置热启动器的灯中，脉冲电压极限受到启动器的设计和电弧管特性的共同影响。

D.4.2.1 冷启动条件

在任何试验之前，应对灯进行初始化稳定，即先使灯燃点至少 2 h，然后关灯，并保持关灯状态至少 1 h。

初始化稳定之后，再使该灯燃点，并持续 5 s～10 s，然后关灯并保持关灯状态至少 15 min。

随后采用D.2所述试验电路进行测量，相应的测量值为在灯起弧后5 s时D.3所述测量电路中两个电压表所显示的最大电压。

进一步的测量可在同样的灯上进行而不需进行初始化稳定，但该灯必须只燃点了5 s～10 s，然后保持关灯状态至少15 min。

D.4.2.2 热再启动条件

使灯燃点至少15 min，然后切断电源，将灯熄灭，随后再接通电源。

接着采用D.2所述试验电路进行测量，相应的测量值为在灯被再次启动后5 s时D.3所述测量电路中两个电压表所显示的最大电压。

在灯继续燃点15 min之后可重复进行一次测量。

D.5 试验条件

D.5.1 试验数量

由内置启动器产生的电压脉冲具有随机性，这表明仅一次测量是不够的。

——对于内置辉光启动器，至少测试五个样品。

——对于内置热启动器的灯，应在冷启动和再次启动状态下在至少三只灯上进行至少五次测量。

D.5.2 合格条件

所测得的电压值不得超过本标准相关灯的参数表所规定的镇流器设计用最大脉冲高度。

附 录 E
（规范性附录）
灯具设计用灯端电压上升值的测量方法

E.1 一般试验条件

E.1.1 灯的老炼和挑选

灯应使用符合 9.5 要求的镇流器老炼 100 h，其燃点位置与其在受试灯具中所处的位置相同。

老炼之后，就在温度为 25℃±5℃ 的环境中使用适宜的基准镇流器在额定电源电压下对灯进行测量。

应至少挑选五只灯进行电压上升试验，这些灯的灯端电压应位于相应灯的参数表所示最小值和最大值之间（包括此二值）。

E.1.2 测量电压上升值用的镇流器

测量电压上升值用的镇流器应是在受试灯具中使用的那种镇流器，并应符合本标准中 9.5 中所述要求。

用于大气中和灯具中测量的镇流器应当相同，并且在按预定要求安装完毕后能在这两种条件下工作。

E.1.3 电源电压和频率

在灯稳定和测量期间，电源的电压和频率应为 220 V，50 Hz。

在稳定期间，电源电压应稳定保持在额定值的±1.0%之内。但是在测量期间，电源电压应调节至规定试验值的±0.5%范围内。

在任何时候，频率应保持在额定值的±0.5%之内。

E.1.4 仪器

用来测量灯电压的仪器应是真有效值型的，其阻抗不得小于 100 000 Ω。在整个试验期间应使用同样的仪器。

E.1.5 灯的燃点位置

在灯具之内及灯具之外测量灯的电压时，应采用相同的水平燃点位置和轴向定位。因此，建议用适当的标志来显示正确的燃点位置。

对于可在一个以上的工作位置上使用的灯具，只需对一个位置进行检验，该工作位置应是最常用的位置。

E.1.6 灯不受干扰的最短时间

在每次关闭灯之后，应使灯保持不受干扰状态至少 60 min，再将其移到另一位置。

E.2 测量方法

E.2.1 将灯置于环境温度为 25 ℃±5 ℃的大气中燃点至少 60 min，直至使灯达到稳定状态。

每隔 10 min～15 min 检查额定电压下配用基准镇流器时灯的电特性，当连续三次测量表明灯电压之差不大于 1%时，可确定灯已达到稳定状态。

E.2.2 在冷却期之后，将灯移装到灯具上。

E.2.3 在温度为 25℃±5℃ 的环境中使灯在灯具中燃点至少 60 min，直至灯达到稳定状态。

按照 E.2.1 所规定的同一方法来确定灯的稳定状态。

E.2.4 从 E.2.3 中所述灯的最终电压值减去 E.2.1 中所述灯的最终电压值，取所得之差作为单只灯的电压上升值，并将其记录下来。

E.2.5 应在全部试验用灯上重复实施 E.2.1～E.2.4 中所述方法。

E.3 关于灯电压测量方法的说明

E.3.1 应根据 E.2.4 所规定的方法测得的每只灯的电压上升值来确定最大电压上升值和最小电压上升值。

E.3.2 应计算平均电压上升值，计算时应省去 E.3.1 所规定的单只灯的最大值和最小值。

此平均电压上升值用于与相应灯的参数表所规定的值进行比较。

附 录 F
（资料性附录）
高压钠灯熄灭电压值的测量方法

引言

下述方法可用来测量高压钠灯的熄灭电压。经验表明，进行这种测量相当困难，并且测量结果的一致性受到几方面因素的影响。

过去所报道的测量结果种类繁多，大多是由于试验方案和方法的变动造成的。采用一种通用的试验方法会使不同来源的参数有可能进行比较。建议将本附录所述方法用作这种通用方法。

F.1 目的

本方法的目的是为了获取那些用于确定四边形示意图右边的“最大电压曲线”的灯参数。

F.2 原理

高压钠灯的工作极限值由图 F.2 所示四边形示意图确定。

最典型的是，在灯的整个寿命期间高压钠灯的电压在升高，随着时间的推移，在某一时刻会达到一使镇流器不能维持灯燃点的临界电压，该电压叫做熄灭电压，它随灯和镇流器的特性而变化。为了避免因设计和生产变化引起的镇流器工作特性的差异，本方法采用基准镇流器来确定受试灯的熄灭电压。

此种测量熄灭电压的方法就是使试验用灯与基准镇流器一起工作，并人为地升高灯的电压，直至达到熄灭电压值。这种灯电压与汞齐的温度有关。提高汞齐冷端区域的温度便能使此电压上升。使用外部辐射热源或使受试灯的辐射折回可以达到这种热效果。围在灯下方的金属圆筒或其他人为方法能很方便地调节，从而使灯的能量反射到灯内部的电弧管上。建议用透明灯泡进行此项试验。有涂层的灯泡会使灯的辐射扩散而使试验难以进行，因此应避免使用这种灯泡。

在某些灯的设计中，用电弧管外部的储存器作为汞齐冷端。在不带外储存器的灯中，电弧管的一端或两端可以用作冷端。当电弧管上具有冷端的那一端被人为加热时，电弧管的另一端也应被加上相等的或更大的热量。将一金属圆筒或铝箔围在灯的“相反”一端便能达到这种效果。

对于所使用的特定电源电压，随着冷端一端被人为加热，灯的电压和功率也上升。当这种电压和功率遵循镇流器的曲线时，可将它们记录下来。根据这些数据可以获得熄灭电压。见图 F.3，图中给出了不同电源电压下的电压—功率曲线图以及在曲线方向突变点上所标出的熄灭电压。

F.3 人工加热方法

这里有四种常用的人工加热灯的电弧管的方法，并以优先选用的顺序分述如下：

F.3.1 金属套筒

金属套筒的内径只比受试灯的外径略微大一点。金属套筒的内表面可用铝箔覆盖从而提高其反射能力。用一可调节的机械传动装置来控制金属套筒的运动是很方便的，但不是必须的。

在受试灯已经启动并达到其正常工作点之后，应将金属套筒从与冷端相反的那一端套在灯泡上。灯被覆盖范围增大的速度由“平衡状态”加以限制（关于“平衡状态”的说明，见 F.4）。

当接近预期熄灭电压值时，覆盖速度应当减慢。

F.3.2 金属套筒和聚光灯

当 F.3.1 中所述方法不能使受试灯达到熄灭电压时，就应将外部产生的热施加在灯上。这时应使用带椭球反射器的聚光白炽灯，必须把聚光灯的光输出聚焦在受试灯的冷端上。应使用调压器调控聚光灯。

在本方法中，金属套筒应在仍暴露有冷端的部位止住，然后缓慢增加（预先对准的）聚光灯的光输出，加热冷端。

F.3.3 铝箔和聚光灯方法

在灯的冷端相反方向的一端装上一片经过预先整形的铝箔。该铝箔应只延伸覆盖住电弧管大约1/2处。移走铝箔后启动灯泡。在灯达到正常工作点之后,将该铝箔置于灯上。在灯达到另一个稳定的工作点之后,用聚光灯加热冷端。

F.3.4 双聚光灯方法

在本方法中,将一只聚光灯的光输出聚焦在电弧管上与冷端相对的一端上,将第二只聚光灯对准冷端。先使受试灯启动,并达到其正常工作温度,然后将第一只聚光灯打开,并使其光输出缓慢增加。在接近预期的熄灭电压时,再打开第二只聚光灯,并缓慢增加其光输出。

F.4 关于平衡状态的说明

应以足够低的速度升高灯的电压,从而保持灯—镇流器系统接近"平衡状态"。如果灯的电压升高的速度过快,将会出现错误的镇流器曲线和熄灭电压点(见图F.4)。可采用下述两种试验来确定灯—镇流器系统是否接近"平衡状态"。

a) 灯的电压升高5 V~10 V后,固定金属套筒的位置(或外部光源的强度),并监测灯的电压—功率值。如果灯—镇流器系统处于平衡状态,则灯的工作点应保持恒定不变,或沿镇流器曲线移动。如果灯的电压以过快的速度升高,则在金属套筒的位置被固定之后,灯的功率会增大,灯的工作点会向上移动至实际镇流器曲线(见图F.5)。

b) 第二项试验是:将灯的电压升高10 V或10 V以上后,再将金属套筒移开。此时,实际镇流器曲线会随着灯恢复至其正常工作电压而折回。如果这两条曲线重叠,则镇流器—灯系统处于平衡状态。本试验是所用两个试验中较容易的一种。

F.5 仪器和试验用灯(见注1和注2):

电压稳定器或线路调节器;
基准镇流器;
记录真有效值电压和功率所必需的仪器;
灯座和接线;
铝箔;
圆柱形金属套筒(带能随意控制位置的机械装置);
火花检漏器或外部触发器;
带椭球反射器的聚光白炽灯和电压控制器;
已老炼100 h的透明玻壳试验用灯。

注1:有关设备的注释

电源电压和频率应保持在±0.5%范围内。但在实际测量期间,电压应调节至试验电压值的±0.2%范围内。电源电压的总谐波含量不得超过3%,谐波含量定义为各个谐波分量有效值之和,基波为100%时。这就意味着电源应具有足够的功率,并且与镇流器的阻抗相比,电源电路应具有足够低的阻抗。

各种带直流模拟输出端的数字电压表和功率表均可在市场上买到,也可使用其他真有效值电压和功率转换器,但是必须检验其输出的线性,并且还必须遵守测量高压钠灯时对阻抗的限制。

测量灯电压上升值时,测量系统的响应速度应至少等于电压和功率的变化速度。响应时间太长的装置不适用。

用火花检漏器启动受试灯是最佳方法。使用外部触发器也是满足要求的,但在使用时为避免损坏其他仪器,要采取特别谨慎的措施。

注2:关于受试灯的注释

新的受试灯应在正常条件下老炼100 h之后方可使用。应使用玻壳透明的灯泡。

一个特定的受试灯必须经过一段重新稳定时期方可在新的工作位置上重新进行试验。

在灯工作1 h之后每隔10 min~15 min监测灯的电特性,直至三次连续的测量结果表明其变化不大于1%,便可确定达到稳定状态。如果一只灯在一个镇流器上预热,然后在不熄灯的状态下将其切换到一只基准镇流器上,通常需要追加工作时间才能使灯达到平衡状态。

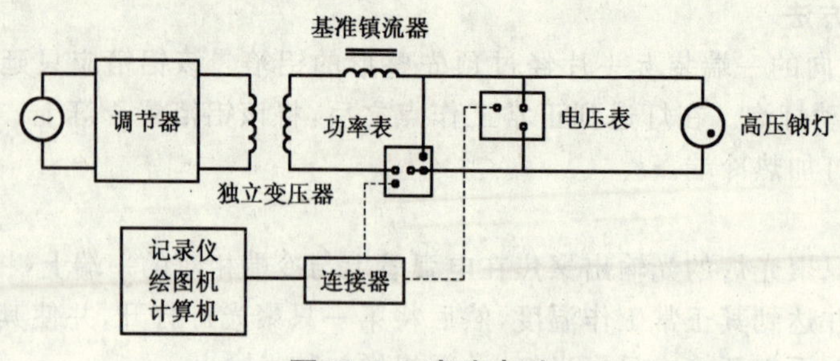

图 F.1 试验电路

F.6 步骤

a) 安装所需要的仪器,并连接试验电路中的部件(见图 F.1)。

b) 按照应采用的人工加热方法,预先调整所需要的金属套筒,铝箔及/或聚光灯的位置。

c) 接通试验电路,将额定电压施加在基准镇流器和灯上,开始记录数据,并使受试灯达到其正常工作的状态,然后进行人工加热。

注意事项:

在灯启动期间,要断开所有的仪器,以便防止由于高压脉冲引起的电气部件的损坏。

如果使用触发器,在其启动之后将其断开以防止触发器试图再次启动。否则会损坏表。

d) 按要求启动人工加热装置。观察灯电压平稳上升的情况,直至保持平衡状态。如果用第一种方法不能使灯电压上升足够高而达到熄灭电压点,可采用其他方法。

e) 允许使用冷却后的被测灯泡,或每次都采用新灯进行试验,按照本标准中 9.5 要求调节出其他电源电压值再重复步骤 c)和步骤 d)。

F.7 报告

对于每一特定类型的灯,在完成试验步骤之后,应已经确定出三个电压—功率熄灭点。对于每个不同的输入电压,都有一个单独的点。应记录下这三个点的数据以便能绘制出图 F.2 所示"熄灭电压轨迹"。

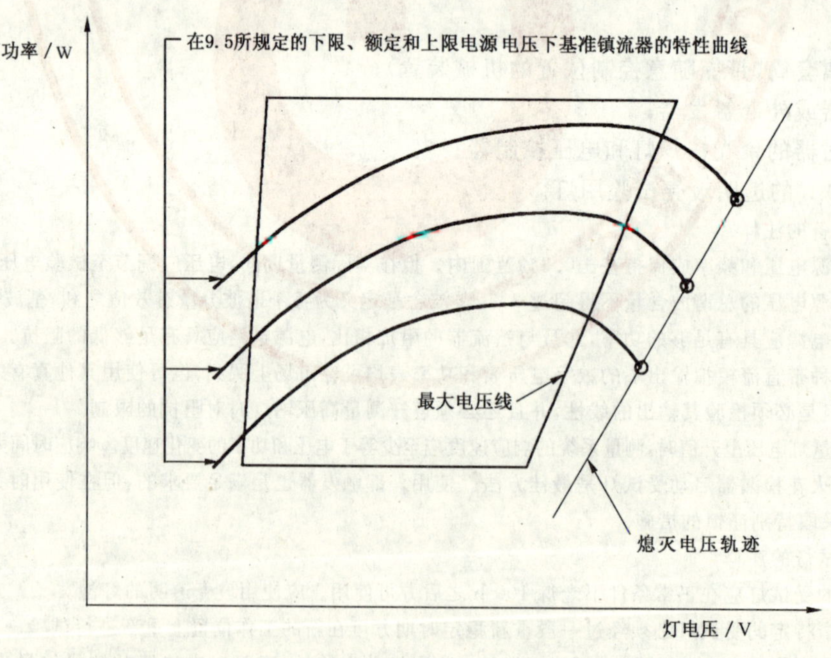

图 F.2 表示熄灭电压点的典型四边形示意图

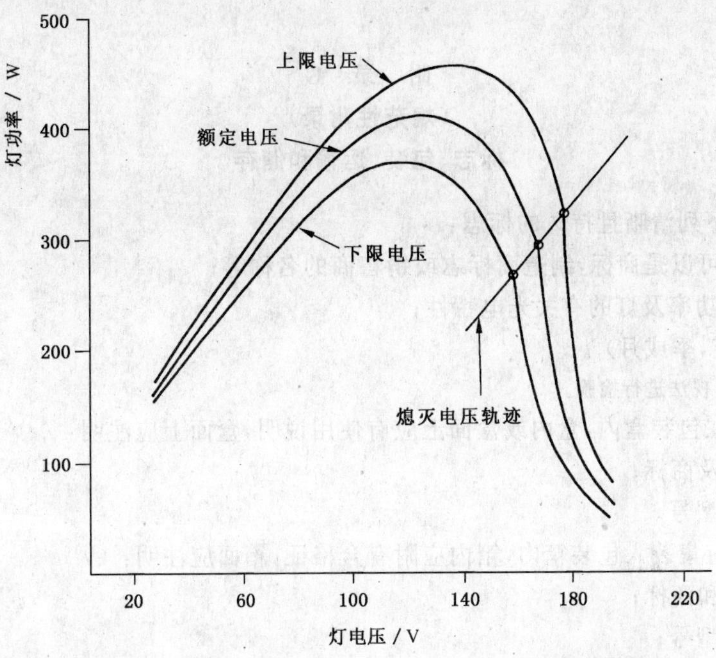

图 F.3 表示熄灭电压点的 400 W 高压钠灯镇流器曲线示意图

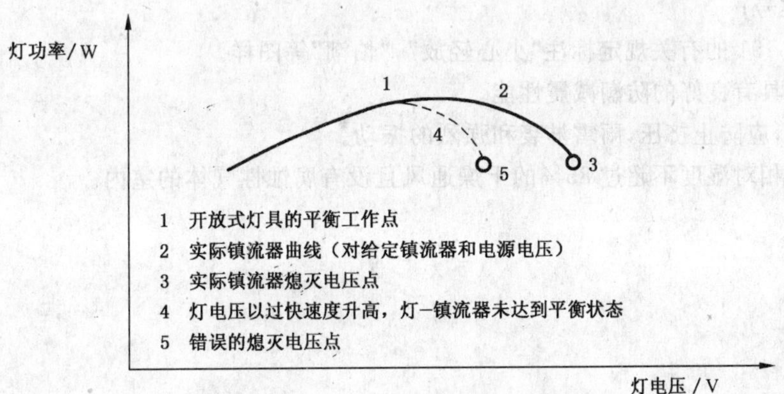

图 F.4 由灯电压上升速度过快而引起的错误熄灭电压点的测量

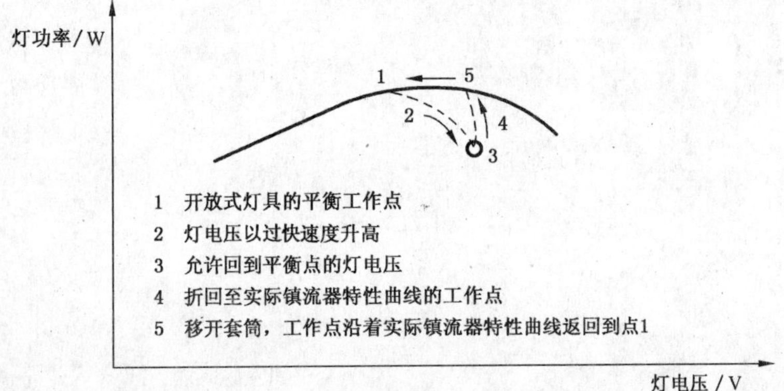

图 F.5 灯—镇流器平衡状态试验

附　录　G
（规范性附录）
标志、包装、运输和储存

G.1　在灯上应标有下列清晰且持久的标志：

a）　来源标志。可以是商标，制造商标志或销售商的名称等；

b）　灯的型号或功率及灯的有关光电特性；

c）　制造日期（年，季或月）。

注：灯上的标志用目视法进行检验。

G.2　每只灯应分装在包装盒内，盒内或盒面上应有使用说明，盒面上应注明：

a）　制造商名称及商标；

b）　灯的名称及型号。

G.3　每只分装的灯应集装入包装箱内，箱内应附有合格证，箱面应注明：

a）　制造商名称和商标；

b）　灯的名称及型号；

c）　灯头型号；

d）　灯的数量；

e）　产品标准号；

f）　按 GB/T 191 的有关规定标注“小心轻放”，“怕潮”等图样。

G.4　灯的包装应具有良好的防潮减震性能。

G.5　灯在运输时，应防止挤压，雨雪淋袭和强烈的振动。

G.6　灯应贮存在相对湿度不超过 85％的干燥通风且没有腐蚀性气体的室内。

附 录 H
（规范性附录）
检验规则

为了检验灯是否符合本标准的规定，应由制造商对灯进行交收试验和例行试验。

H.1 交收试验

H.1.1 交收试验的灯是从合格的提交批中均匀抽取，检验要求按 GB/T 2828—1987 的规定进行，其检验项目、检查水平及合格质量水平应符合表 H.1 的规定。

表 H.1 交收试验要求

序号	检验项目	技术要求	试验方法	检查水平 IL	合格质量水平 AQL	抽样方法
1	灯的尺寸	各灯技术参数表	5	S-2	6.5	一次抽样
	灯头尺寸		6			
2	灯电压		7	S-1	10	二次抽样
	启动时间					
	温升时间					
	熄弧电压					
3	光通量（个别值）		8			
	光通量（平均值）[1]					
4	标志的正确度和清晰度	11	11	S-2	2.5	一次抽样

1) 样本数不少于三只。

H.2 例行试验

H.2.1 例行试验应每年进行一次，当灯的结构、工艺过程或材料变更影响灯的性能时，或当灯生产中断三个月以上而又恢复生产时，亦应进行例行试验。

H.2.2 例行试验的产品应按 GB/T 2829 的要求，从交收试验合格的灯中均匀的抽取，例行试验前，所有样本单位应按交收试验项目进行 100% 的检查。若发现不合格品，则以合格品换取，同时应分析原因，记入例行试验的报告中，但不作为例行检验报告结果的鉴定依据。

H.2.3 例行试验的项目及判别水平应符合表 H.2 的规定。

表 H.2 例行试验的要求

<table>
<tr><th>序号</th><th>检查项目</th><th>技术要求</th><th>试验方法</th><th>判别水平
DL</th><th>样本大小
n</th><th>不合格质量水平
RQL</th><th>抽样方案</th></tr>
<tr><td rowspan="6">1</td><td>灯电压</td><td rowspan="9">各灯技术参数表</td><td rowspan="4">7</td><td rowspan="6">Ⅱ</td><td rowspan="6">6</td><td rowspan="6">50</td><td rowspan="8">一次抽样</td></tr>
<tr><td>启动时间</td></tr>
<tr><td>温升时间</td></tr>
<tr><td>熄弧电压</td></tr>
<tr><td>光通量(个别值)</td><td rowspan="2">8</td></tr>
<tr><td>光通量(平均值)</td></tr>
<tr><td rowspan="3">2</td><td>光通维持率</td><td rowspan="3">8</td><td rowspan="2">Ⅰ</td><td rowspan="2">4</td><td rowspan="2">50</td></tr>
<tr><td>个别寿命</td></tr>
<tr><td>平均寿命</td><td colspan="4">每个规格不少于3个，按照定义判别。</td></tr>
</table>

H.2.4 例行试验若不合格，则认为该批灯不合格，此时应分析原因，提出处理办法和采取有效措施后，方可恢复生产与验收。

ICS 91.220
P 97

中华人民共和国国家标准

GB/T 13328—2005
代替 GB 13328—1991

压路机通用要求

General requirement for rollers

2005-08-31 发布　　　　2006-08-01 实施

中华人民共和国国家质量监督检验检疫总局
中国国家标准化管理委员会　发布

前言

本标准代替 GB 13328—1991《压路机制动性能》。

本标准与 GB 13328—1991 相比，主要变化如下：

——标准名称改为《压路机通用要求》；

——范围扩大为适用于任何型式的压路机；

——增加了“安全要求”和“环境保护要求”的内容；

——对压路机的制动距离进行了细化和修改。

本标准由中国机械工业联合会提出。

本标准由北京建筑机械化研究院归口。

本标准起草单位：长沙建设机械研究院、长沙中联重工科技发展股份有限公司、徐州工程机械制造厂。

本标准主要起草人：吴竟吾、郭玉琢。

本标准所代替标准的历次版本发布情况为：

——GB 13328—1991。

压 路 机 通 用 要 求

1 范围

本标准规定了压路机的一般安全、环境保护和制动系统性能的要求。

本标准适用于任何型式的压路机。

2 规范性引用文件

下列文件中的条款通过本标准的引用而成为本标准的条款。凡是注日期的引用文件，其随后所有的修改单(不包括勘误的内容)或修订版均不适用于本标准，然而，鼓励根据本标准达成协议的各方研究是否可使用这些文件的最新版本。凡是不注日期的引用文件，其最新版本适用于本标准。

JG/T 5076.2 振动压路机减振系统检验规范

3 一般安全要求

3.1 压路机应有可靠的起吊装置和起吊标识。

3.2 压路机外露的皮带传动机构应有防护罩。

3.3 铰接式压路机应有起吊时用的铰接锁定装置。

3.4 压路机对人体有伤害危险的部位应有安全警示标识。

3.5 工作质量 10 t 以上(包括 10 t)的压路机应有滚翻防护结构。

3.6 有驾驶室的压路机，其驾驶室应装有安全的挡风玻璃。

3.7 压路机的操作人员应进行培训，持证上岗。

3.8 应按照压路机使用说明书的要求操纵、使用压路机。

4 环境保护要求

4.1 压路机的自由加速排烟度不大于 5.0 FSN。

4.2 压路机不应有漏油现象，渗油不应超过 2 处。

4.3 压路机的噪声限制值应符合表 1 的规定。

表 1 噪声限制值

<table>
<tr><th colspan="2">项 目</th><th>司机耳旁/dB(A)</th><th>距压路机中心两侧 7.5 m，离地高 1.5 m 处/dB(A)</th></tr>
<tr><td colspan="2">光轮压路机</td><td rowspan="2">≤92</td><td rowspan="2">≤85</td></tr>
<tr><td colspan="2">轮胎压路机</td></tr>
<tr><td colspan="2">振荡压路机</td><td>≤94</td><td>≤88</td></tr>
<tr><td rowspan="4">振动压路机</td><td>自行式</td><td>≤94</td><td>≤88</td></tr>
<tr><td>拖式</td><td>—</td><td>≤90</td></tr>
<tr><td>手扶式</td><td>≤94</td><td>≤88</td></tr>
<tr><td>组合式</td><td>≤94</td><td>≤85</td></tr>
</table>

4.4 振动压路机应有良好的减振装置，减振效果应满足表 2 的要求。

表 2 减振要求

<table>
<tr><th colspan="2">项　目</th><th>人体舒适性指标</th><th>上机架机械振动烈度指标</th></tr>
<tr><td colspan="2">振荡压路机</td><td></td><td rowspan="5">不低于 JG/T 5076.2 有关规定中许可级的要求</td></tr>
<tr><td rowspan="4">振动压路机</td><td>自行式</td><td rowspan="3">不低于 JG/T 5076.2 有关规定中许可级的要求</td></tr>
<tr><td>拖　式</td></tr>
<tr><td>组合式</td></tr>
<tr><td>手扶式</td><td>传给手把的振动不低于 JG/T 5076.2 有关规定中许可级的要求</td></tr>
</table>

5 压路机(拖式除外)制动系统的性能要求

5.1 压路机应具有停车和行车制动功能。

5.2 压路机的制动系统应灵敏、可靠，压路机运行过程中不允许有自行制动现象。

5.3 制动踏板的自由行程不大于 25 mm，全行程不大于 200 mm。制动操作手柄的全行程不大于 250 mm。

5.4 制动系统在产生最大制动作用时，脚踏板力不得超过 300 N，制动操作手柄操作力不得超过 200 N。

5.5 制动操纵装置的安装位置应在踏板全行程的 80%以内达到最大制动效能，或在制动操纵手柄全行程的 75%以内达到最大效能(不包括电控和液控制动操纵装置)。

5.6 停车时应能通过机械装置将工作部件锁住。

5.7 采用气压制动的压路机，当气压升至 590 kPa 时，在不使用制动的情况下，停止空气压缩工作 3 min，其气压的降低值不超过 9.8 kPa。在气压为 590 kPa 时，将制动踏板踩到底，待气压稳定后观察 3 min，气压降低值不超过 19.6 kPa。

5.8 采用液压制动系统的压路机，当制动踏板压力最大时，保持 1 min，踏板不得有缓慢向底板移动现象。

5.9 气压制动系统必须安装有限压装置，确保储气筒内气压不超过允许的最高气压，其工作最低气压为 392 kPa。储气筒应装有放水阀，其容量应保持在不继续充气的情况下，压路机连续 5 次全制动后，气压不低于 392 kPa。

5.10 停车和行车制动系统应保证压路机在 20%的坡道上制动停车后，10 min 内不应有下滑现象。

5.11 压路机以各种速度在清洁、干燥、平坦的沥青混凝土或水泥混凝土路面上行车制动距离应符合表 3 的规定。

表 3 制动距离

单位为米

制动初速度(v)/km/h	工作质量(m)		
	$m\leqslant5$ t	5 t$<m\leqslant$14 t	$m>14$ t
$v\leqslant3$	0.6	0.8	1.0
$3<v\leqslant4$	0.9	1.1	1.4
$4<v\leqslant5$	1.2	1.5	1.9
$5<v\leqslant6$	1.6	1.9	2.4
$6<v\leqslant7$	2.0	2.4	2.9
$7<v\leqslant8$	2.6	2.9	3.5

表 3(续)

单位为米

制动初速度(v)/km/h	工作质量(m)		
	$m \leqslant 5$ t	5 t$< m \leqslant 14$ t	$m > 14$ t
$8 < v \leqslant 9$	2.9	3.4	4.1
$9 < v \leqslant 10$	3.4	4.0	4.8
$10 < v \leqslant 11$	4.0	4.6	5.5
$11 < v \leqslant 12$	4.6	5.3	6.2
$12 < v \leqslant 13$	5.2	6.0	7.0
$13 < v \leqslant 14$	5.9	6.7	7.8
$14 < v \leqslant 15$	6.6	7.5	8.7
$15 < v \leqslant 16$	—	8.3	9.6
$16 < v \leqslant 17$	—	9.5	10.5
$17 < v \leqslant 18$	—	10.0	11.5
$18 < v \leqslant 19$	—	11.0	12.5
$19 < v \leqslant 20$	—	12.0	13.8
$20 < v \leqslant 21$	—	13.0	14.7
$21 < v \leqslant 22$	—	14.1	15.8
$22 < v \leqslant 23$	—	15.2	17.0
$23 < v \leqslant 24$	—	16.3	18.2
$24 < v \leqslant 25$	—	17.5	19.5

ICS 53.100
P 97

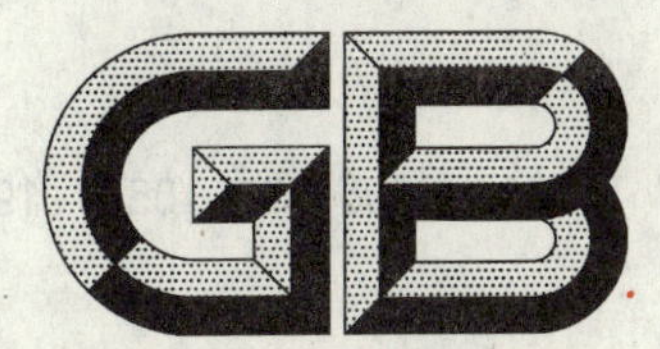

中华人民共和国国家标准

GB/T 13331—2005/ISO 10567:1992
代替 GB/T 13331—1991

土方机械　液压挖掘机　起重量

Earth-moving machinery—Hydraulic excavators—Lift capacity

(ISO 10567:1992,IDT)

2005-09-19 发布　　2006-04-01 实施

中华人民共和国国家质量监督检验检疫总局
中国国家标准化管理委员会　发布

前言

本标准等同采用 ISO 10567:1992《土方机械　液压挖掘机　起重量》(英文版)。

本标准代替 GB/T 13331—1991《液压挖掘机　起重能力测试方法》,因为国际上的发展原标准在技术上已过时。

本标准等同翻译 ISO 10567:1992。

为便于使用,本标准做了下列编辑性修改:

——"本国际标准"一词改为"本标准";

——用小数点"."代替作为小数点的",";

——删除了国际标准前言。

本标准与 GB/T 13331—1991 相比主要变化如下:

——标准名称《液压挖掘机　起重能力测试方法》改为《土方机械　液压挖掘机　起重量》;

——增加了前言;

——调整了有关的术语名称及定义,并增加了有关的术语条目及定义;

——增加了第 4 章"计算"和第 7 章"额定起重量表";

——增加了图 1～图 4;

——对验证试验的方法及附录 A 的有关内容作了调整和修改。

本标准的附录 A 是规范性附录。

本标准由中国机械工业联合会提出。

本标准由机械工业工程机械标准化技术委员会归口。

本标准负责起草单位:天津工程机械研究院。

本标准参加起草单位:三一重工股份有限公司。

本标准主要起草人:吴润才、耿跃海。

本标准所代替标准的历次版本发布情况为:

——GB/T 13331—1991。

土方机械 液压挖掘机 起重量

1 范围

本标准规定了液压挖掘机起重量的统一计算方法和验证其计算值的试验程序,包括液压挖掘机液压起重量极限和机器倾翻极限以及额定起重量的确定。

本标准适用于GB/T 6572.1定义的液压挖掘机。

2 规范性引用文件

下列文件中的条款通过本标准的引用而成为本标准的条款。凡是注日期的引用文件,其随后所有的修改单(不包括勘误的内容)或修订版均不适用于本标准,然而,鼓励根据本标准达成协议的各方研究是否可使用这些文件的最新版本。凡是不注日期的引用文件,其最新版本适用于本标准。

GB/T 6572.1 液压挖掘机 术语(GB/T 6572.1—1997,eqv ISO 7135:1993)

ISO 6015:1989 土方机械 液压挖掘机 挖掘力测试方法(Earth-moving machinery—Hydraulic excavators—Methods of measuring toot forces)

3 术语和定义

下列术语和定义适用于本标准。

3.1

载荷 load

施加在提升点上的外力,包括附属装置的重量。

3.2

提升点 lift point

由制造商规定的载荷连接点,其位于铲斗或铲斗安装支架上,或在斗杆上安装铲斗的销轴中心线上。对于铲斗或铲斗安装支架的载荷连接点情况,铲斗液压缸为完全伸展(见图1)。

3.3

提升点高度 lift point height

从基准地平面到提升点的垂直距离(见图1)。

3.4

提升点半径 lift point radius

从机器回转轴到垂直提升索或索具的水平距离(见图1)。

3.5

平衡位置 balance point

以给定的载荷和提升点半径,使机器倾翻的力矩与机器的反倾翻力矩达到平衡。

3.6

倾翻载荷 tipping load

平衡位置上的静载荷。

3.7

额定倾翻载荷 rated tipping load

静倾翻载荷的75%。

3.8 **液压压力 Hydraulic pressures**

3.8.1

工作回路压力　working circuit pressure

在规定回路中，由液压泵提供的标定压力。

3.8.2

保持回路压力　holding circuit pressure

在规定回路中，由溢流阀限定的最大静压力，其流量不应大于回路额定流量的10%。

3.9

液压起重量　hydraulic lift capacity

铲斗处于给定的提升位置，挖掘机机身处于非倾翻状态，由动臂液压缸在提升点能够提升的载荷。

3.9.1

动臂液压起重量　boom hydraulic lift capacity

在其他回路中不超过回路保持压力时，动臂液压缸在回路工作压力下能够提升的载荷。

3.9.2

斗杆液压起重量　arm hydraulic lift capacity

在动臂液压缸不超过回路工作压力，其他回路中为回路保持压力时，斗杆液压缸在回路工作压力下能够提升的载荷。

3.10

额定液压起重量　rated hydraulic lift capacity

在规定的提升点位置，动臂或斗杆液压起重量中较小者的87%。

3.11

额定起重量　rated lift capacity

额定倾翻载荷(3.7)或额定液压起重量(3.10)两者中的较小者。

4　计算

4.1　倾翻载荷计算

通过计算确定在各提升点半径上达到3.5规定的平衡位置所需的一系列载荷值。为详述额定起重量表(见附录A)，应考虑有足够多的提升半径。提升点位置应包括基准地平面以上和以下、机器的前后两端和两侧、以及机器的配置处于产生最小抵制倾翻力矩的状态。

4.1.1　计算时的机器配置

4.1.1.1　由于机器有许多附加装置可选配，因而机器可能有各种变型，如果这些变型使机器的额定起重量的减少大于5%时，制造商应重新修订额定起重量表。

4.1.1.2　起重量应以机器位于水平坚固地面的状态进行计算。

4.1.2　纵向倾翻线平衡位置的计算

4.1.2.1　履带底盘机器的平衡位置计算时，机器前部/后部的倾翻线应为引导轮中心线或驱动轮中心线的连线(见图2)。计算时，臂杆应位于前部/后部最失稳的位置上。

4.1.2.2　轮胎底盘机器的平衡位置计算时，机器前部/后部的倾翻线应为轮轴的中心线、转向轴中心线、或支腿垫块的连线(见图3)。

4.1.2.3　对于铰轴支腿垫块的倾翻线应是在基准地平面上、铰轴中心线下方对着垫块上的连线。对于刚性支腿垫块的倾翻线应是垫块与基准地平面之间的接触面积中心的连线。

4.1.2.4　回填铲刀(完全配置在机器上并能作为支腿来支撑机器)可认为是支腿。

4.1.2.5　装有支腿的机器应在支腿收回和支腿支放在最佳位置两种状态下进行计算。

4.1.3　侧向倾翻线平衡位置的计算

4.1.3.1　履带底盘机器的侧向倾翻平衡位置计算时，倾翻线由支重轮和履带组件(例如链轨节或导轨)之间的支点确定，如图4所示。

4.1.3.2 对联动或无摆动轴的轮胎底盘机器的平衡位置计算时，倾翻线应是在基准地平面上、机器同一侧轮胎接触中心(双轮胎为中点)的连线(见图3和图4)。

4.1.3.3 带有摆动轴的挖掘机倾翻线应是穿过轴支承点和其中一个刚性支承点的直线(见图3)。

4.1.3.4 如果额定值是基于联动或无摆动轴的条件下得出的，该条件应在额定起重量表和图例中详细说明。

4.1.3.5 当使用支腿时，倾翻线的位置应按4.1.2.3的规定。

4.2 液压起重量计算

通过计算确定由动臂或斗杆液压起重量(如3.9.1和3.9.2的规定)产生的力在各提升点上所能提升的一系列载荷值。为详述额定起重量表(见附录A)，应考虑有足够多的挖掘机臂杆位置，包括基准地平面以上和以下的提升点。

5 验证试验

5.1 试验场地

5.1.1 静态载荷试验场地(不可提起的载荷)

静态载荷试验场地应坚固平坦，测力计能够在提升点和静态载荷之间连接。静态载荷可以是一个能在水平轨道上移动的附属装置，或是一个定位的重物(通过移动挖掘机来得到各种连接的提升点)，见图5和图6。

5.1.2 动态载荷试验场地(可提起的吊重块)

动态载荷试验场地应坚固平坦，连接到提升点的吊重块能无阻碍地移动到挖掘机的倾翻载荷或液压能力的极限位置。图7为典型的试验场地布置。为减少机器倾翻的可能性，提起的吊重块与地面应保持在0.5 m的距离内。

5.2 试验仪器

仪器的精度应符合ISO 6015的规定。

5.2.1 测力计(用于静态载荷试验场地)有足够的量程。

5.2.2 若干已知质量的吊重块(用于动态载荷试验场地)。

5.2.3 测量提升点相对挖掘机回转轴位置的仪器。

5.2.4 当使用静态载荷试验场地时，测定提升索与基准地平面相垂直的仪器。

5.2.5 在实际起重量的验证试验中，监视各液压回路压力的仪器。

5.3 试验程序

5.3.1 挖掘机应彻底清洗干净，并处于正常工作状态中(燃油箱加到规定容量、所有液体在规定的液面位置、达到正常工作温度)。

5.3.2 在检验测试计算的起重量表时，挖掘机应按制造商的规定配备工作装置和配重。

5.3.3 轮胎底盘机器的轮胎应按制造商推荐的压力值进行充气。

5.3.4 履带底盘机器的履带张紧度应按制造商的推荐值进行调整。

5.3.5 检查液压系统压力，包括检查回路工作压力和回路保持压力，以保证系统处于制造商推荐的正常值状态。

5.3.6 试验人员应按挖掘机和试验仪器制造商提供的全部安全使用方法和随机操作说明、司机手册、安全规则等进行试验。

5.3.7 在试验进行中，应配备防止挖掘机倾翻的装置。

5.4 试验

5.4.1 倾翻载荷试验应测定在规定的提升点半径处达到3.5定义的平衡位置时所需的力。

机器带有支腿时，应分别在支腿收回和支腿支放在最佳位置两种状态下进行试验。

5.4.2 液压起重量应在各规定的起重点处进行测试，以验证液压起重量的计算值。在该试验中，动臂液压缸不超过回路工作压力，其他回路为回路保持压力。

5.4.3 测试点数量至少应包括以下4点：

a) 纵向和侧向倾翻：臂杆处于纵向和侧向达到倾翻载荷；

b) 载荷点在基准地平面以上和以下的液压限定的起重量。

5.5 试验结果

倾翻载荷和液压起重量测试时,应记录所测量的起重量、提升点高度和提升点半径。

6 计算值的确认

起重量的测量值应达到计算值的95%。如果没达到,起重量表应由测量值确定的修正系数进行修正。

7 额定起重量表

7.1 额定起重量表的格式见附录A。

7.2 额定起重量表应列出各提升点半径处的起重量(见3.11)。如果表中的起重量是由液压起重量限定时,则应注明。

7.3 额定起重量应制成交叉的表格形式,提升点在挖掘机的作业范围内按0.5 m、1 m、2 m的垂直和水平间距列出。试验时,铲斗姿态保持在规定的提升位置。表中应包括最大和最小提升点半径位置。表格的起点在基准地平面与回转轴的交点处。

7.4 额定起重量表应设置在挖掘机驾驶室内,该表在操作位置上清晰易见。

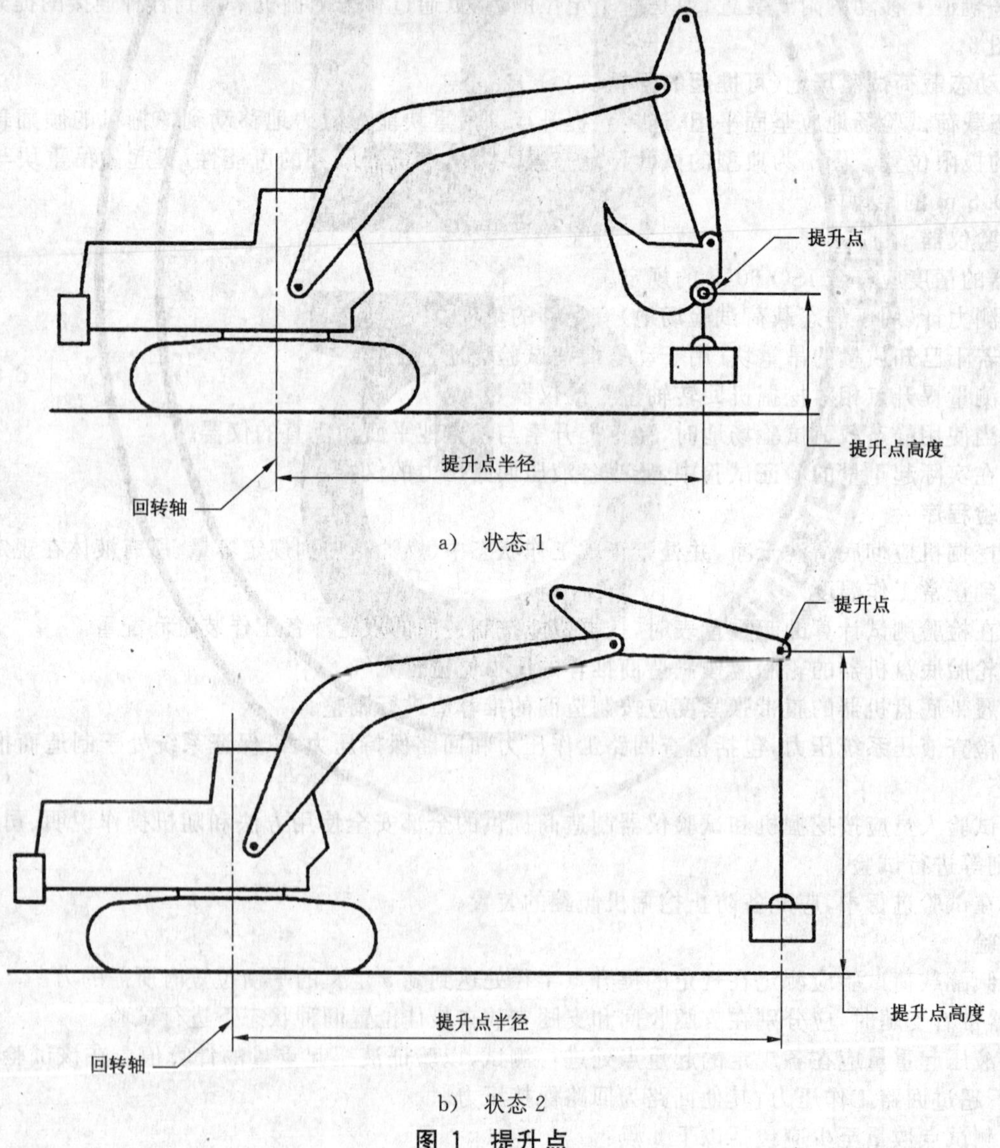

图1 提升点

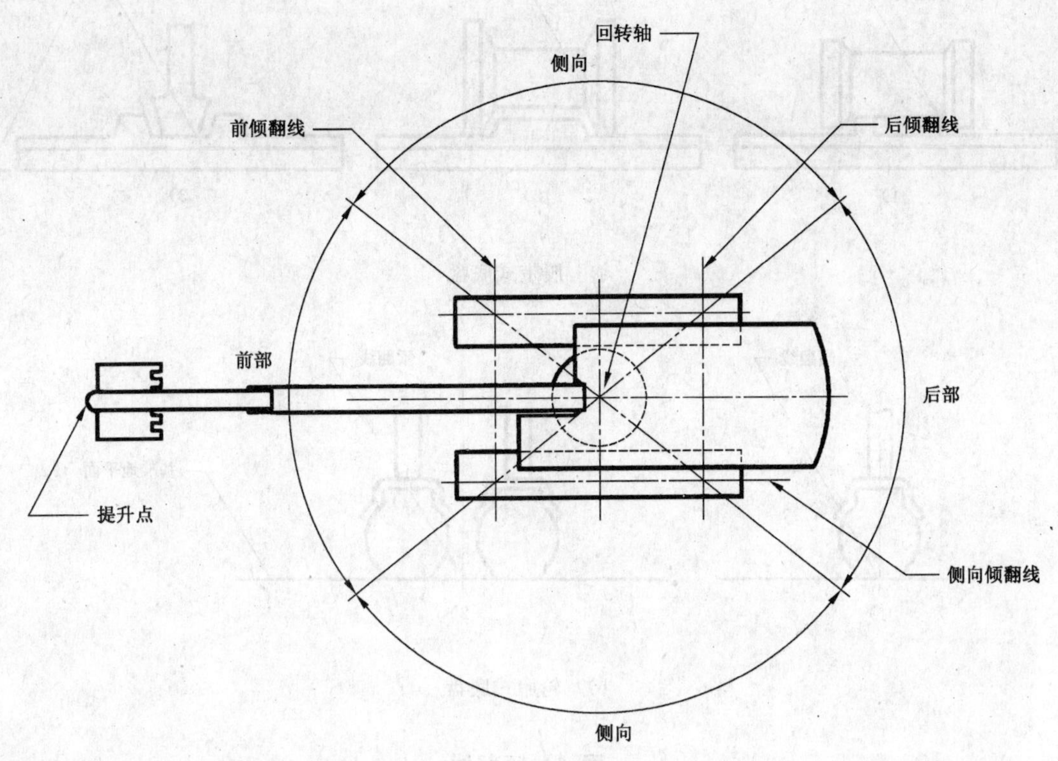

图 2　履带式底盘

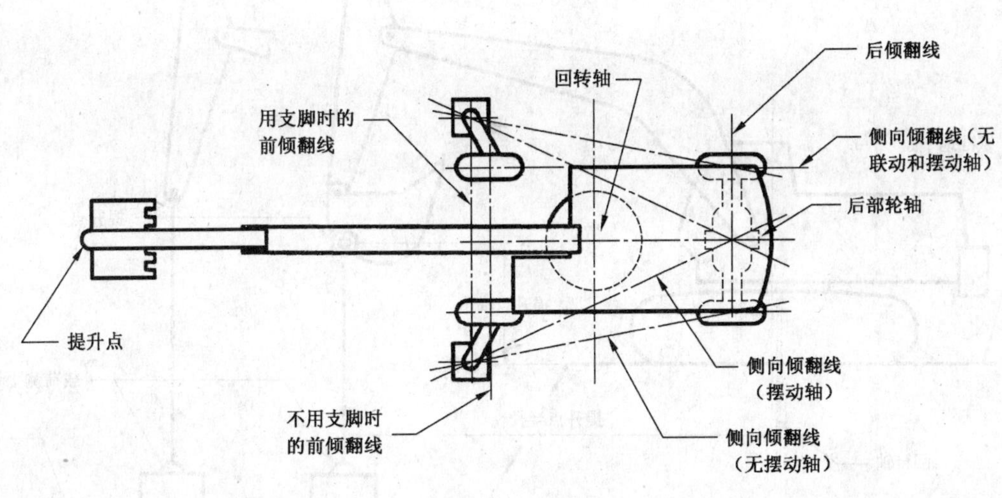

图 3　轮胎式底盘

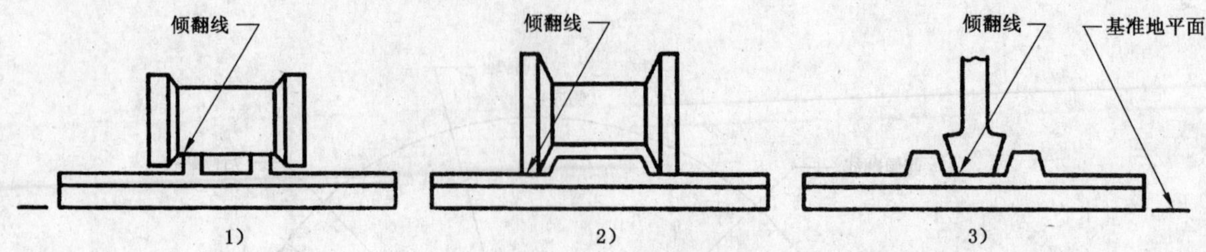

a) 履带式底盘

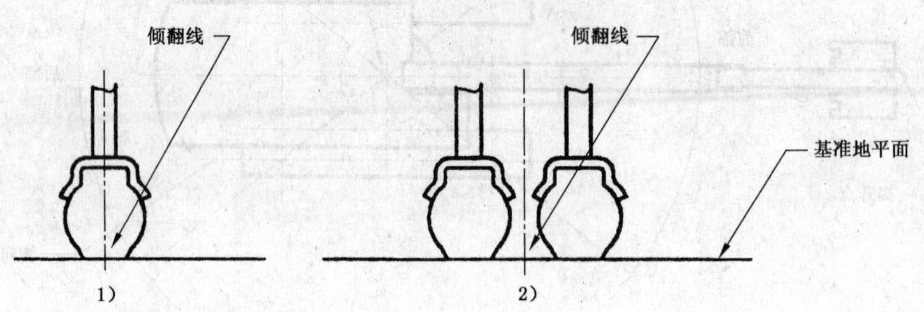

b) 轮胎式底盘

图 4 倾翻线

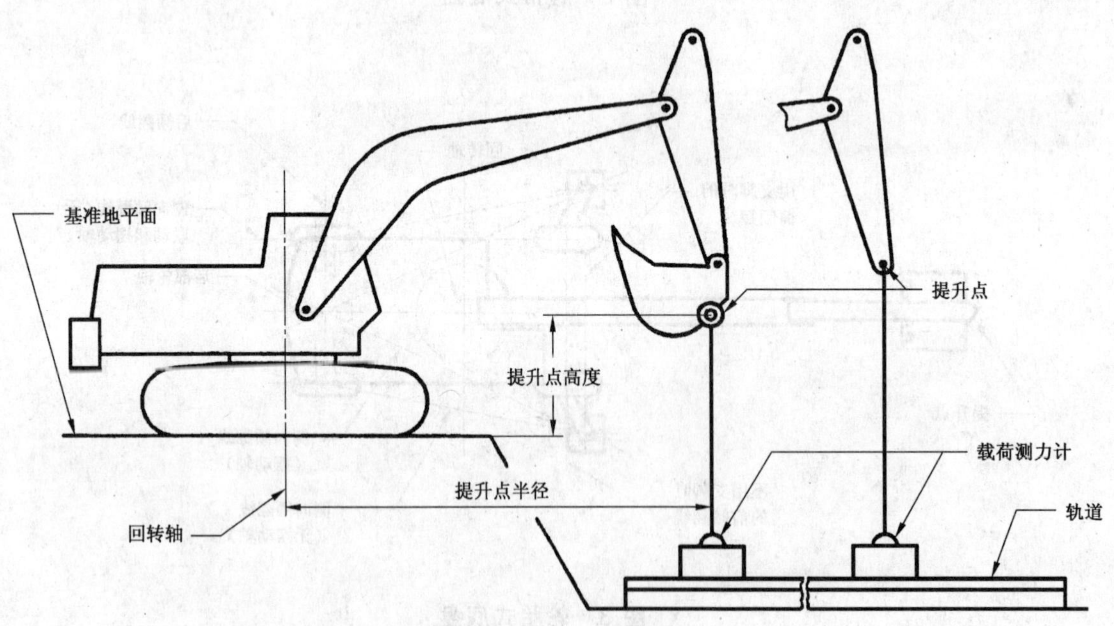

图 5 自定位静态载荷

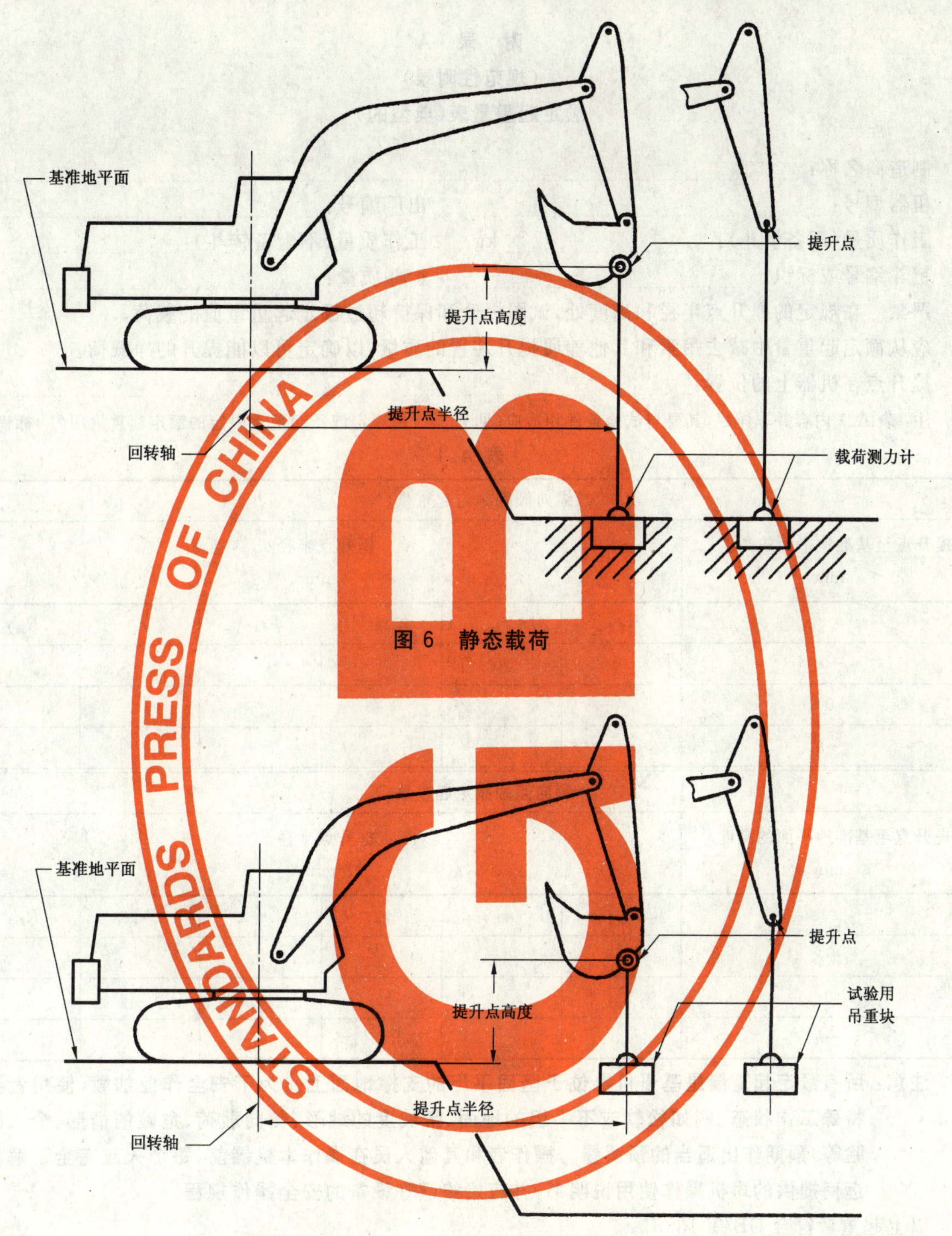

图6 静态载荷

图7 动态载荷

附 录 A
(规范性附录)
额定起重量表(典型的)

制造商名称:……………………………………………………

机器型号:…………………………… 出厂编号:……………………………

工作质量(配备铲斗):………………kg 工作质量(不配备铲斗):………………kg

铲斗编号或标识:…………………… 铲斗质量:……………………kg

严禁 在规定的提升点半径和高度处,试图提升和保持超过额定起重量值的载荷。

应从额定起重量中减去吊索和其他辅属提升装置的质量,以确定可以能提升的净载荷。

提升点在机器上的位置:……………………………………………………

注:表 A.1 内容并非详尽,其要与试验条件相适应(见 7.3)。由额定液压起重量限定的额定起重量用(*)标识。

表 A.1

纵向倾翻额定起重量/N						
提升点至基准地平面的高度/mm	提升点半径/mm					
	$R_{最小}$	r_1	r_2	r_3	r_4	$R_{最大}$
$+h$						
0						
$-h$						
侧向倾翻额定起重量/N						
提升点至基准地平面的高度/mm	提升点半径/mm					
	$R_{最小}$	r_1	r_2	r_3	r_4	$R_{最大}$
$+h$						
0						
$-h$						

注意:所有额定起重量是基于机器位于坚固平坦的支撑地面上。为了安全作业加载,使用者要对特殊工作状态(例如松软或不平坦的地面、带坡度的地形、侧向载荷、危险的情形、个人的经验等)预期作出适当的预留量。操作者和其他人员在操作本机器前,每个人应完全了解由制造商提供的司机操作使用说明书,并应始终遵守设备的安全操作规程。

以上起重量符合 GB/T 13331。

参 考 文 献

[1] JB/T 3690—1999 土方机械 整机及其工作装置和部件的质量测量方法(eqv ISO 6016:1982)

[2] GB/T 8498—1999 土方机械 基本类型 术语(eqv ISO 6165:1997)

[3] GB/T 18577.1—2001 土方机械 尺寸的定义和符号 第1部分:主机(ISO/DIS 6746-1:1999,IDT)

[4] GB/T 18577.1—2001 土方机械 尺寸的定义和符号 第2部分:工作装置(ISO/DIS 6746-2:1999,IDT)

ICS 13.220.20
C 84

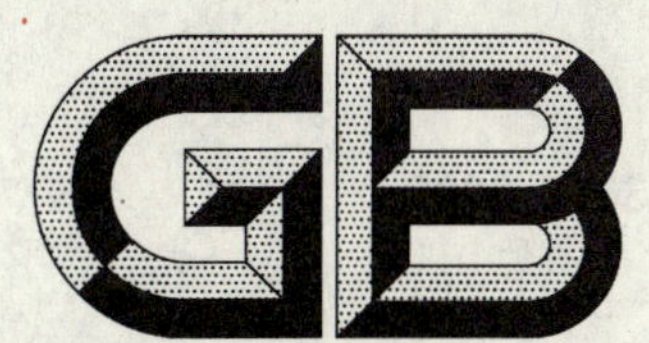

中华人民共和国国家标准

GB 13365—2005
代替 GB 13365—1992

机动车排气火花熄灭器

Spark arrester

2005-04-22 发布 2005-12-01 实施

中华人民共和国国家质量监督检验检疫总局
中国国家标准化管理委员会 发布

前　言

本标准的4.1、4.2、4.3、4.4、4.6、4.8为强制性条文，其余为推荐性条文。

本标准参照了美国汽车工程师学会SAE J350《用于中型发动机的机动车排气火花熄灭器的试验方法》、SAE J997《机动车排气火花熄灭器的试验用炭》等标准进行修订。

本标准代替GB 13365—1992《机动车排气火花熄灭器性能要求和试验方法》。

本标准与GB 13365—1992相比主要变化如下：

——对火花熄灭性能的试验方法进行了修改；

——增加了使用要求。

本标准由中华人民共和国公安部消防局提出。

本标准由全国消防标准化技术委员会第四分技术委员会归口。

本标准起草单位：公安部上海消防研究所。

本标准主要起草人：韩翔、万明、顾文杰、金韡。

本标准所代替标准的历次版本发布情况为：

——GB 13365—1992。

机动车排气火花熄灭器

1 范围

本标准规定了机动车排气火花熄灭器(以下简称熄灭器)的性能要求和试验方法。

本标准适用于熄灭器的定型试验和质量检查试验。

2 规范性引用文件

下列文件中的条款通过本标准的引用而成为本标准的条款。凡是注日期的引用文件,其随后所有的修改单(不包括勘误的内容)或修订版均不适用于本标准,然而,鼓励根据本标准达成协议的各方研究是否可使用这些文件的最新版本。凡是不注日期的引用文件,其最新版本适用于本标准。

GB 3847 压燃式发动机和装用压燃式发动机的车辆排气可见污染物限值及测试方法

GB/T 4759 内燃机排气消声器测量方法

GB/T 5330.1 工业用金属筛网和金属丝编织网 网孔尺寸与金属丝直径组合选择指南 通则(GB/T 5330.1—2000,eqv ISO 4783-1:1989)

GB/T 6072.1 往复式内燃机 性能 第1部分:标准基准状况,功率、燃料消耗和机油消耗的标定及试验方法(GB/T 6072.1—2000,idt ISO 3046-1:1995)

GB/T 7701.7 高效吸附用煤质颗粒活性炭

GB 14761.5 汽油车怠速污染物排放标准

3 术语和定义

下列术语和定义适用于本标准。

3.1

长期配装型机动车排气火花熄灭器 generally equipped spark arrester

长期配装在机动车排气消声器出口端,对机动车废气进行冷却,从而达到熄灭废气内夹带的火花目的的装置。

3.2

临时配装型机动车排气火花熄灭器 temporarily equipped spark arrester

仅在某些特殊场合中使用,临时配装在机动车排气消声器出口端,对机动车废气进行冷却,从而达到熄灭废气内夹带的火花目的的装置。

3.3

一体型机动车排气火花熄灭器 integral spark arrester

指与机动车排气消声器装为一体,对机动车废气进行冷却,从而达到熄灭废气内夹带的火花目的的装置。

3.4

非液体冷却型机动车排气火花熄灭器 non-cooling spark arrester

不采用水等液体做冷却介质,对机动车废气进行冷却,从而达到熄灭废气内夹带的火花目的的装置。

3.5

液体冷却型机动车排气火花熄灭器 liquid cooling spark arrester

采用水等液体做冷却介质,对机动车废气进行冷却,从而达到熄灭废气内夹带的火花目的的装置。

3.6

功率损失比 Q　power decreasing ratio

$$Q=[(N_1-N_2)/N_1]\times 100$$

式中：

Q——功率损失比，%；

N_1——配装熄灭器前的功率，单位为千瓦(kW)；

N_2——配装熄灭器后的功率，单位为千瓦(kW)。

3.7

耗油率升值比 S　oil consumption rate increasing ratio

$$S=[(f_2-f_1)/f_1]\times 100$$

式中：

S——耗油率升值比，%；

f_1——配装熄灭器前的耗油率，克每千瓦小时[g/(kW·h)]；

f_2——配装熄灭器后的耗油率，克每千瓦小时[g/(kW·h)]。

4　性能要求

4.1　火花熄灭性能

熄灭器按5.1的规定进行试验，由熄灭器出口收集到的活性炭颗粒不得超过试验用碳颗粒总量的20%。

4.2　配装熄灭器后的发动机性能

按5.2的规定进行试验，发动机各项性能指标应符合表1的规定。

表1

功率损失比 Q (40%功率处)	耗油率升值比 S (40%功率处)	排气噪声	排　放	排气温度 (非冷却型)
≤2%	≤1%	不超过原指标	不超过原指标	不超过原指标

4.3　抗振动性能

熄灭器按5.3的规定进行振动试验，不得出现结构破坏、开焊等现象。

4.4　抗跌落性能

熄灭器按5.4的规定进行跌落试验，不得出现结构破坏，或危及使用安全的永久变形。

4.5　安装

4.5.1　熄灭器可安装在消声器后端，也可安装在消声器前端，但不得直接与排气岐管相联。

4.5.2　熄灭器可单独制造，用卡环等与消声器联接，也可与消声器做成一体。

4.5.3　熄灭器按5.5的规定试验后，熄灭器与排气管或消声器的联接应牢固、可靠。排气流不得从联接处窜出。

4.6　对液体冷却型熄灭器的特殊要求

4.6.1　配装液体冷却型熄灭器的发动机，在最大功率工况下，其排气温度不得超过100℃，熄灭器表面温度不得超过200℃。

4.6.2　液体冷却型熄灭器的冷却介质量，应能保证发动机在全负荷工况下连续运转4 h以上。并且在无冷却介质的情况下，熄灭器应能进行声、光报警。

4.7 外观

熄灭器表面应平整光滑，焊缝应均匀，不得有裂纹、烧穿、未焊透等缺陷。涂层均匀，标志清晰。

4.8 材料

熄灭器应至少选用冷轧薄钢板制成，其材质和机械强度应符合相关规定。

5 试验方法

5.1 火花熄灭性能试验

5.1.1 试验用碳颗粒的准备

首先将符合 GB/T 7701.7 规定的活性炭颗粒用网孔尺寸为 2.36 mm 的金属丝网筛过筛，然后将能够完全通过该网筛的活性炭颗粒再用网孔尺寸为 0.6 mm 的金属丝网筛过筛，最后将留在网孔尺寸为 0.6 mm 的金属丝网筛上的活性炭颗粒收集 200 g，备试验用。金属丝网筛符合 GB/T 5330.1 的规定。

5.1.2 性能试验

将熄灭器安装在火花熄灭性能试验装置上(见图 1)，开启通风机，待其运转平稳后，根据熄灭器适用车型的发动机排量及额定转速调节试验管道内的空气流量，将按照 5.1.1 准备的活性炭颗粒完全倒入输入口，持续 15 min，将由熄灭器出口处收集到的活性炭颗粒称重，其结果应符合 4.1 的规定。

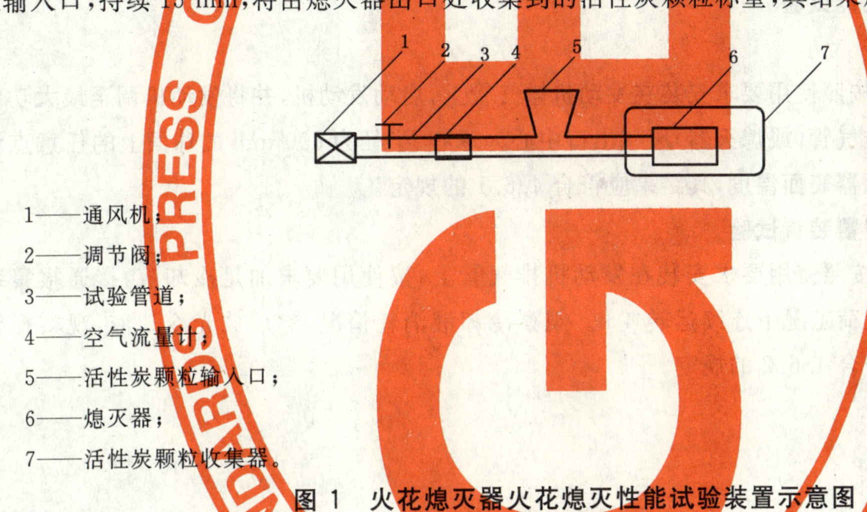

1——通风机；
2——调节阀；
3——试验管道；
4——空气流量计；
5——活性炭颗粒输入口；
6——熄灭器；
7——活性炭颗粒收集器。

图 1 火花熄灭器火花熄灭性能试验装置示意图

5.2 对发动机性能影响试验

5.2.1 功率损失比试验

未装熄灭器时按 GB/T 6072.1 的规定对发动机的功率进行测量，然后保持工况不变装上熄灭器再按 GB/T 6072.1 的规定测量发动机的功率，试验结果应符合 4.2 的规定。

5.2.2 耗油率升值比试验

未装熄灭器时按 GB/T 6072.1 的规定对发动机的燃油消耗率进行测量，然后保持工况不变装上熄灭器再按 GB/T 6072.1 的规定测量发动机的燃油消耗率，试验结果应符合 4.2 的规定。

5.2.3 排气噪声试验

未装熄灭器时按 GB/T 4759 的规定对发动机的排气噪声进行测量，然后保持工况不变装上熄灭器再按 GB/T 4759 的规定测量发动机的排气噪声，试验结果应符合 4.2 的规定。

5.2.4 排放试验

未装熄灭器时按 GB 3847、GB 14761.5 的规定对排放进行测量，然后保持工况不变装上熄灭器再按 GB 3847、GB 14761.5 的规定测量排放，测量结果应符合 4.2 的规定。

5.2.5 排气温度试验

启动发动机并预热至正常水温，将测温传感器逆气流方向插入排气管，并使端头位于排气管中心，测得发动机的排气温度，然后保持工况不变装上熄灭器再按相同方法测量发动机的排气温度，试验结果应符合 4.2 的规定。

5.3 振动试验

把 2 具熄灭器按其工作状态安装在振动试验台上进行垂直振动。液体冷却型熄灭器应按规定装入冷却介质。振动频率为 50 Hz，振幅为 1.0 mm；振动时间 10 h 时，其结果应符合 4.3 的规定。振动试验可分段进行，但每段连续振动时间应不小于 5 h，两段时间间隔应不大于 24 h。

5.4 跌落试验

将 2 具器身中心线呈水平状态的熄灭器从 1.5 m 高处向坚硬、平整的水泥地面自由落下 3 次。液体冷却型熄灭器应按规定装入冷却介质。试验结果应符合 4.4 的规定。

5.5 联接可靠性试验

用生产企业提供给用户的联接装置，将熄灭器与一根长 500 mm、直径和被试熄灭器适用车型排气管直径相等的铁管相联接，然后将中心线呈水平状态的联接体从 1 m 高处向坚硬、平整的水泥地面自由落下 3 次。液体冷却型熄灭器应按规定装入冷却介质。试验结果应符合 4.5.3 的规定。

5.6 液体冷却型熄灭器性能试验

5.6.1 温度试验

将液体冷却型熄灭器按照使用要求安装在发动机排气管上，启动发动机，并将发动机调至最大功率工况，用测温传感器在以排气管(或熄灭器)废气出口中心为球心、半径为 500 mm 的球面上的任意点测量其排气温度，并测量熄灭器表面温度，其结果应符合 4.6.1 的规定。

5.6.2 连续工作时间及报警装置试验

将液体冷却型熄灭器按照使用要求安装在发动机排气管上，按使用要求加足冷却液，接通报警装置。启动发动机，并在全负荷工况下连续运转 4 h。观察冷却液消耗情况，然后放光冷却液，观察报警装置工作情况，其结果应符合 4.6.2 的规定。

6 检验规则

6.1 出厂检验

每批产品由生产厂的质量检验部门逐具进行检验，检验项目按本标准的 4.7、4.8 进行，合格后方可出厂。

6.2 型式检验

6.2.1 有下列情况之一时，应进行型式检验：

a) 新产品或老产品转厂生产的试制定型产品；

b) 正式生产后，在结构、材料、工艺上有较大改变，可能影响产品性能时；

c) 产品停产一年后恢复生产时。

6.2.2 型式检验内容为本标准规定全部项目，检验结果均应达到本标准的规定。

7 标志

熄灭器器身上应有以下标志：

a) 熄灭器类型；

b) 熄灭器适用的车型；

c） 生产厂名和商标；

d） 生产日期。

8 使用

熄灭器应按照其设计类型和适用车型正确使用。长期配装型熄灭器的使用期限不应超过 1 年，临时配装型熄灭器的使用期限不应超过 2 年，若发现异常应提前报废。

ICS 13.300
R 10

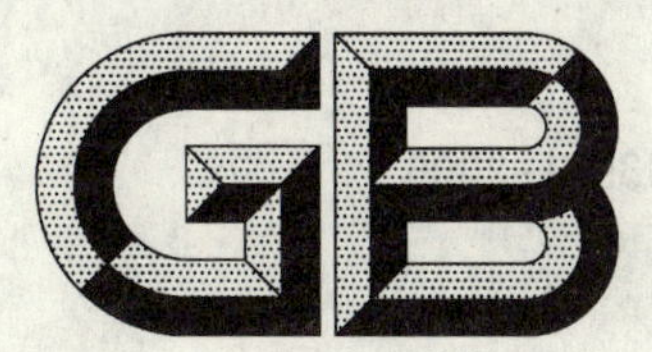

中华人民共和国国家标准

GB 13392—2005
代替 GB 13392—1992

道路运输危险货物车辆标志

The vehicle mark for road transportation dangerous goods

2005-04-22 发布　　　　2005-08-01 实施

中华人民共和国国家质量监督检验检疫总局
中国国家标准化管理委员会　发布

前　言

本标准除第5章外，其余技术内容为强制性。

本标准代替GB 13392—1992《道路运输危险货物车辆标志》。本标准与GB 13392—1992相比主要变化如下：

——修改了标志灯底色和标志文字，增加了编号；

——取消了标志灯电光源；

——修改了标志牌形状、图案；

——增加了标志的安装悬挂、维护要求；

——增加了规范性附录：附录A“标志牌图形”；

——增加了资料性附录：附录B“标志灯安装位置”和附录C“标志牌悬挂位置”。

本标准的附录A是规范性附录；附录B和附录C是资料性附录。

本标准由中华人民共和国交通部提出。

本标准由交通部公路司归口。

本标准起草单位：中国道路运输协会。

本标准参加单位：交通部科学研究院、长安大学、河北省道路运输管理局、北京永华龙交通科技发展有限公司。

本标准主要起草人：高丰、王丽梅、胡焕秀、陈荫三、李风明、周志永。

本标准所代替标准的历次版本发布情况为：GB 13392—1992。

道路运输危险货物车辆标志

1 范围

本标准规定了道路运输危险货物车辆标志的分类、规格尺寸、技术要求、试验方法、检验规则、包装、标志、装卸、运输和储存，以及安装悬挂和维护要求。

本标准适用于道路运输危险货物车辆标志的生产、使用和管理。

2 规范性引用文件

下列文件中的条款通过本标准的引用而成为本标准的条款。凡是注日期的引用文件，其随后所有的修改单(不包括勘误的内容)或修订版均不适用于本标准，然而鼓励根据本标准达成协议的各方研究是否可使用这些文件的最新版本。凡是不注日期的引用文件，其最新版本适用于本标准。

GB 190—1990 危险货物包装标志

GB/T 191 包装储运图示标志 (GB/T 191—2000，EQV ISO 780:1997)

GB/T 2423.1 电工电子产品环境试验 第2部分:试验方法 试验A:低温(GB/T 2423.1—2001，idt IEC 60068-2-1:1990)

GB/T 2423.2 电工电子产品环境试验 第2部分:试验方法 试验B:高温(GB/T 2423.2—2001，idt IEC 60068-2-2:1974)

GB/T 2423.5 电工电子产品环境试验 第二部分:试验方法 试验Ea和导则:冲击(GB/T 2423.5—1995，idt IEC 68-2-27:1987)

GB/T 2423.10 电工电子产品环境试验 第二部分:试验方法 试验Fc和导则:振动(正弦)(GB/T 2423.10—1995，idt IEC 68-2-6:1982)

GB 2893 安全色(GB 2893—2001，neq ISO 3864:1984)

GB/T 6543 瓦楞纸箱

GB 6944 危险货物分类和品名编号

GB 11806 放射性物质安全运输规程

GB/T 18833 公路交通标志反光膜

3 产品分类与规格尺寸

3.1 分类

道路运输危险货物车辆标志分为标志灯和标志牌。

3.2 结构与类型

3.2.1 标志灯

3.2.1.1 结构

标志灯包括灯体和安装件。

标志灯灯体正面为等腰三角形状，由灯罩、安装底板或永磁体(A型标志灯)、橡胶衬垫及紧固件构成。

标志灯正、反面中间印有“危险”字样，侧面印有“!”，灯罩正面下沿中间嵌有标志灯编号牌。

3.2.1.2 类型

按车辆载质量、安装方式分型，见表1。

表 1 标志灯类型

<table>
<tr><th>类型</th><th>安装方式</th><th>代号</th><th>适用车辆</th></tr>
<tr><td>A 型</td><td>磁吸式</td><td>A</td><td>载质量 1 t(含)以下,用于城市配送车辆</td></tr>
<tr><td rowspan="3">B 型</td><td rowspan="3">顶檐支撑式</td><td>BⅠ</td><td>载质量 2 t(含)以下</td></tr>
<tr><td>BⅡ</td><td>载质量 2 t～15 t(含)</td></tr>
<tr><td>BⅢ</td><td>载质量 15 t 以上</td></tr>
<tr><td rowspan="3">C 型</td><td rowspan="3">金属托架式</td><td>CⅠ[a]</td><td>带导流罩,载质量 2 t(含)以下</td></tr>
<tr><td>CⅡ[a]</td><td>带导流罩,载质量 2 t～15 t(含)</td></tr>
<tr><td>CⅢ[a]</td><td>带导流罩,载质量 15 t 以上</td></tr>
<tr><td colspan="4">a 金属托架为可选件,金属托架按底平面与标志灯基准面的夹角 γ(见图 3)分为 3 种,γ 分别为 30°,45°,60°。</td></tr>
</table>

3.2.2 标志牌

3.2.2.1 标志牌的材质为金属板材,形状为菱形。

3.2.2.2 标志牌图形应符合 GB 190—1990 的规定,种类、名称和颜色见附录 A。

3.2.2.3 标志牌按 GB 6944 规定的危险货物的类、项和车辆载质量分型。

3.3 规格和尺寸

3.3.1 标志灯

3.3.1.1 A 型标志灯见图 1 和表 2。

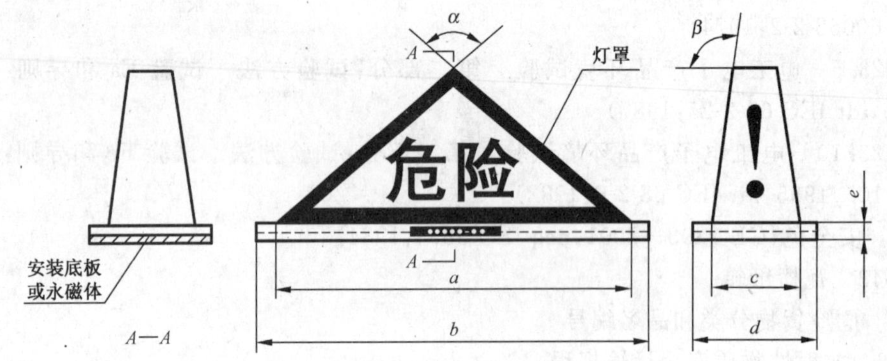

图 1 A 型标志灯

表 2 A 型标志灯尺寸

类型	尺寸						
	a/mm	b/mm	c/mm	d/mm	e/mm	α/(°)	β/(°)
A	400	440	100	140	22	100	100

3.3.1.2 B 型标志灯见图 2 和表 3。标志灯灯体与金属杆用螺栓连接,以弹簧垫圈方式锁紧。

注:尺寸标注见 A 型标志灯。

图 2 B 型标志灯

表 3 B 型标志灯尺寸

类　型	尺　寸						
	a/mm	b/mm	c/mm	d/mm	e/mm	α/(°)	β/(°)
BⅠ	400	440	100	140	22	100	100
BⅡ	460	500	120	160	22	100	100
BⅢ	520	560	140	180	22	100	100

3.3.1.3 C 型标志灯见图 3。C 型标志灯灯体尺寸与 B 型相同。标志灯灯体与金属托架、金属托架与汽车导流罩用螺栓连接，以弹簧垫圈方式锁紧。

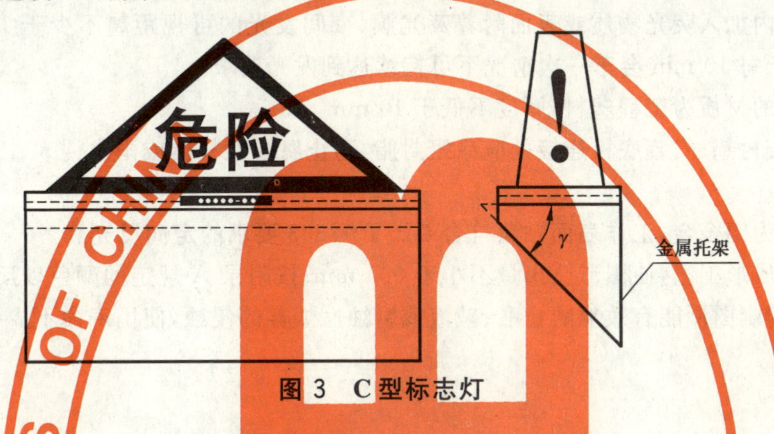

图 3 C 型标志灯

3.3.2 标志牌

菱形标志牌的 4 个内角均为直角，边长、厚度按车辆载质量分型方式确定，见表 4。

表 4 标志牌类型和尺寸

单位为毫米

类型	代号	边长	厚度	适用车辆
PⅠ	PⅠ-n[a]	250	≥1	载质量 2 t(含)以下
PⅡ	PⅡ-n[a]	300	≥1.25	载质量 2 t～15 t(含)
PⅢ	PⅢ-n[a]	350	≥1.5	载质量 15 t 以上

[a] 代号中的“n”为数字 1～18，与附录 A 中“编号”栏相一致，图形与附录 A 中“标志牌图形”栏相对应。

3.4 标志灯编号牌

3.4.1 每个标志灯应有一个确定编号。

3.4.2 编号规则见图 4。

□□□□□□□□ - □□

年号：公元年号的后两位，用阿拉伯数字表示

序号：阿拉伯数字，8位

图 4 标志灯编号规则

3.4.3 编号牌为长 100 mm 宽 20 mm 铝质金属牌，编号字体为黑体，用腐蚀工艺制作使边框与编号适量凸出，凹陷部分涂黑色，见图 5。

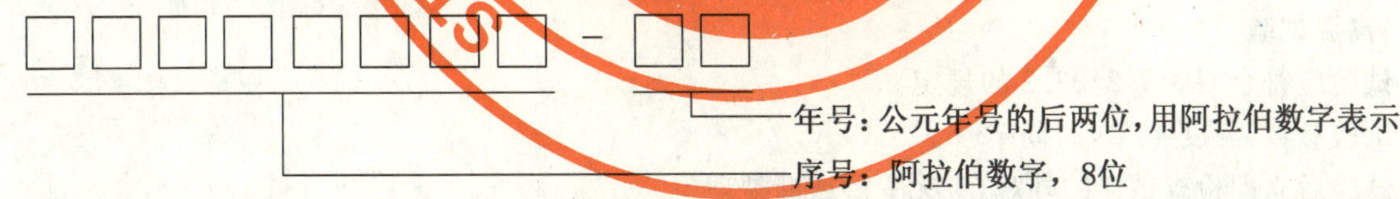

图 5 标志灯编号牌

3.4.4 编号牌用螺栓或粘贴方式固定于标志灯正面下方、中部，编号牌下沿距灯罩底沿 1 mm。

4 技术要求

4.1 标志灯

4.1.1 标志灯的光源为荧光物质。按照GB 2893中安全色与对比色的规定，灯罩为荧光黄色，正反面边框线条为黑色，字体为黑色黑体；侧面“!”为黑色黑体，线条、字体和符号使用反光材料附着或印刷。

4.1.2 灯罩材质为ABS树脂，应一次注塑成型，表面光洁无气泡，有较好的耐低温、耐高温、抗振动、抗冲击性。

4.1.3 荧光黄色在正常使用条件下应至少保持两年不褪色，黑色边框线条、字体及符号至少两年不褪色、不剥落。荧光物质的正常使用寿命不少于两年。

4.1.4 灯罩材料内加入荧光物质或表面附着荧光膜，夜间发光的可视距离不少于150 m，在夜间车辆正常行驶时不少于每10 min会车一次情况下可持续达到发光要求。

4.1.5 安装底板的材质为工程塑料，厚度不低于10 mm。

4.1.6 灯罩、橡胶衬垫、安装底板连接处应涂密封脂，防止腐蚀性气体或雨水侵入。

4.2 标志牌

4.2.1 基板材质为铝合金，工作表面贴覆符合GB/T 18833要求的定向反光膜。

4.2.2 采用冲压成形工艺，使图形凸出量不小于0.5 mm；按附录A规定的颜色以反光材料印刷图形。

4.2.3 反光膜、印刷图形能有效地防止酸、碱液或腐蚀性烟雾的侵蚀，使用寿命不少于2年。

5 试验方法

5.1 外观质量

5.1.1 目视检测，标志灯灯罩、安装底板表面应平整、无气泡；线条、字体和符号着色应均匀，边缘应清晰、平滑。

5.1.2 目视检测，标志牌反光膜附着应平整、无气泡；冲压图形边缘清晰、反光膜无断裂；印刷图形着色应均匀，边缘应清晰、平滑。

5.2 发光质量

目视检测，标志灯发光应均匀；在全黑暗情况下进行对比试验，以普通小汽车远光灯距离10 m直射标志灯10 s，观测其亮度变化，在10 min内应始终不低于内置21 W汽车灯泡的对比标志灯亮度。

5.3 低温试验

试验应符合GB/T 2423.1的规定。

试验参数：温度−25℃，时间72 h。

试验后立即检查试样的外观，应无变形或断裂现象。

5.4 高温试验

试验应符合GB/T 2423.2的规定。

试验参数：温度40℃，时间72 h。

试验后立即检查试样的外观，应无变形或断裂现象。

5.5 振动试验

试验应符合GB/T 2423.10的规定。

试验参数：频率范围10 Hz～150 Hz，扫频速率为每分钟一个倍频程，加速度幅值10 m/s^2，扫频循环数20，在试样的竖直轴线上试验。

试验后立即检查试样的外观及紧固部位情况，试样应无机械损伤和紧固部位松动现象。

5.6 冲击试验

试验应符合GB/T 2423.5的规定。

试验参数：峰值加速度150 m/s^2，持续时间11 ms，脉冲波形为半正弦或后峰锯齿，在试样的3个相互垂直的轴线上各连续冲击 1 000 次。

试验后立即检查试样的外观及紧固部位情况，试样应无机械损伤和紧固部位松动现象。

6 检验规则

6.1 出厂检验

6.1.1 产品出厂需经质量检验合格，并签发合格证后方能出厂。

6.1.2 标志灯出厂检验项目包括：外观、发光。标志牌出厂检验项目为外观。

6.2 型式检验

6.2.1 有下列情况之一时，进行型式检验：

a) 投入批量生产前；

b) 正式生产后，如结构、材料、工艺有较大改变，可能影响产品性能时；

c) 出厂检验结果与上次型式检验有较大差异时；

d) 国家及部级质量监督机构提出进行型式检验要求时。

6.2.2 型式检验应按第 4 章和第 5 章进行。

7 产品的包装、标志、装卸、运输和储存

7.1 包装

7.1.1 标志灯外包装为瓦楞纸箱。内包装为硬纸盒，以定型吹塑泡沫衬垫保护。每个纸盒内附有产品说明书和产品检验合格证。

7.1.2 标志牌每块用塑料薄膜封装，外包装为瓦楞纸箱，每箱装不超过 50 块。

7.1.3 瓦楞纸箱应符合 GB/T 6543 的要求。

7.2 标志

7.2.1 产品标志

7.2.1.1 标志灯

标志灯应有清新、耐久的产品标志，至少包括下列内容：

a) 产品名称、代号和生产编号；

b) 制造厂名、生产日期、产品有效期及商标、防伪标志。

7.2.1.2 标志牌

标志牌的产品标志至少包括下列内容：

a) 产品名称、代号和生产编号；

b) 制造厂名、生产日期及商标、防伪标志。

7.2.2 包装标志

外包装件上应印有 GB/T 191 规定的“防雨”、“向上”、“易碎”(标志牌除外)图示标志，正反两面印有产品标志，两侧面印有包装件的外形尺寸、重量、内装数量。

7.3 装卸和运输

装卸时应轻装轻卸、堆码整齐；运输时应捆扎牢固，使用厢式车辆运载。

7.4 储存

库内存放，注意防潮。标志灯储存期不超过 2 年，标志牌储存期不超过 4 年。

8 安装悬挂要求

8.1 标志灯

8.1.1 标志灯安装于驾驶室顶部外表面中前部(从车辆侧面看)中间(从车辆正面看)位置，以磁吸或顶檐支撑、金属托架方式安装固定。安装位置参见附录 B。

8.1.2　对于带导流罩车辆，可视导流罩表面流线形和选择的金属托架角度确定安装位置，允许自制金属托架，允许在金属托架与导流罩间加衬垫，应保证标志灯安装正直。

8.2　标志牌

8.2.1　标志牌一般悬挂于车辆后厢板或罐体后面的几何中心部位附近，避开车辆放大号；对于低栏板车辆可视情选择适当悬挂位置。悬挂位置参见附录C。

8.2.2　运输爆炸、剧毒危险货物的车辆，应在车辆两侧面厢板几何中心部位附近的适当位置各增加一块悬挂标志牌。

8.2.3　运输放射性危险货物的车辆，标志牌的悬挂位置和数量应符合GB 11806的规定。

8.2.4　根据车辆结构或用途，选择螺栓固定、铆钉固定、粘合剂粘贴固定或插槽固定（可按使用需要随时更换）等方式安装固定标志牌。

8.2.5　对于罐式车辆，可选择按规定位置悬挂标志牌或以反光材料按3.2.2.2和3.2.2.3的规定在罐体上喷绘标志。

8.2.6　悬挂的标志牌应按GB 6944与所运载危险货物（一种危险货物具有多重危险性时与主要危险性，多种危险货物混装时与主要危险货物的主要危险性）的类、项相对应，与标志灯同时使用。

9　车辆标志的维护

9.1　车辆驾驶员应对使用中的车辆标志进行经常性检查和维护，保持车辆标志的清洁和完好。

9.2　车辆在装、卸载可能导致车辆标志腐蚀、失效的化学危险品后，应及时对车辆标志进行检查，必要时对车辆标志进行清洗和擦拭。

9.3　标志灯正常使用期限为2年，标志牌正常使用期限为4年。在使用期限内车辆标志发生破损、失效时，应及时更换。

附 录 A
（规范性附录）
标示牌图形

A.1 标志牌图形见表 A.1。

表 A.1 标志牌图形

编号	名称	标志牌图形	对应的危险货物类项号
1	爆炸品	爆炸品 1 （底色：橙红色，图案：黑色）	1.1 1.2 1.3
2	爆炸品	1.4 爆炸品 1 （底色：橙红色，图案：黑色）	1.4
3	爆炸品	1.5 爆炸品 1 （底色：橙红色，图案：黑色）	1.5

表 A.1(续)

编号	名称	标志牌图形	对应的危险货物类项号
4	易燃气体	易燃气体 2 (底色:红色,图案:黑色)	2.1
5	不燃气体	不燃气体 2 (底色:绿色,图案:黑色)	2.2
6	有毒气体	有毒气体 2 (底色:白色,图案:黑色)	2.3

表 A.1（续）

编号	名称	标志牌图形	对应的危险货物类项号
7	易燃液体	易燃液体 3 （底色：红色，图案：黑色）	3
8	易燃固体	易燃固体 4 （底色：白色红条，图案：黑色）	4.1
9	自燃物品	自燃物品 4 （底色：上白下红色，图案：黑色）	4.2

表 A.1（续）

编号	名称	标志牌图形	对应的危险货物类项号
10	遇湿易燃物品	 （底色：蓝色，图案：黑色）	4.3
11	氧化剂	 （底色：柠檬黄色，图案：黑色）	5.1
12	有机过氧化物	 （底色：柠檬黄色，图案：黑色）	5.2

表 A.1（续）

编号	名称	标志牌图形	对应的危险货物类项号
13	剧毒品	剧毒品 6 （底色：白色，图案：黑色）	6.1
14	有毒品	有毒品 6 （底色：白色，图案：黑色）	6.1
15	有害品 （远离食品）	有害品 （远离食品） 6 （底色：白色，图案：黑色）	6.1

表 A.1（续）

编号	名称	标志牌图形	对应的危险货物类项号
16	感染性物品	感染性物品 6 （底色：白色，图案：黑色）	6.2
17	腐蚀品	腐蚀品 8 （底色：上白下黑色，图案：上黑下白色）	8
18	杂类	杂类 9 （底色：白色，图案：黑色）	9

A.2 运输放射性危险货物车辆的标志牌图形应符合 GB 11806 的规定。

附　录　B
（资料性附录）
标示灯安装位置

B.1　A型标志灯安装位置见图B.1。

图 B.1　A型标志灯安装位置

B.2　B型标志灯安装位置见图B.2。

图 B.2　B型标志灯安装位置

B.3 C型标志灯安装位置见图B.3。

图 **B.3** C型标志灯安装位置

附 录 C
（资料性附录）
标志牌悬挂位置

C.1 低栏板车辆标志牌悬挂位置，推荐悬挂于栏板上，必要时重新布置放大号。见图 C.1。

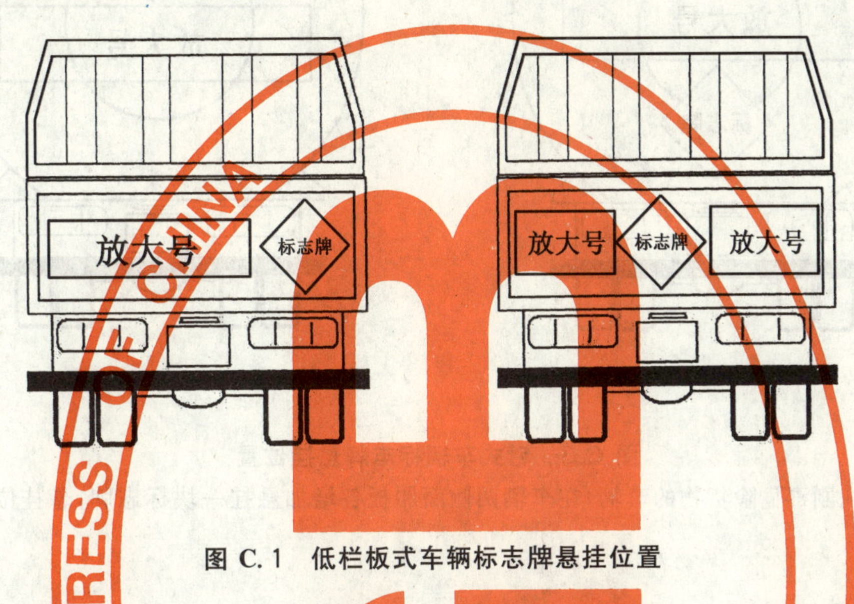

图 C.1 低栏板式车辆标志牌悬挂位置

C.2 厢式车辆标志牌悬挂位置一般在车辆放大号的下方或上方，推荐首选下方；左右尽量居中。集装箱车、集装罐车、高栏板车类同。见图 C.2。

图 C.2 厢式车辆标志牌悬挂位置

C.3 罐式车辆标志牌悬挂位置一般在车辆放大号下方或上方，推荐首选下方；左右尽量居中。见图 C.3。

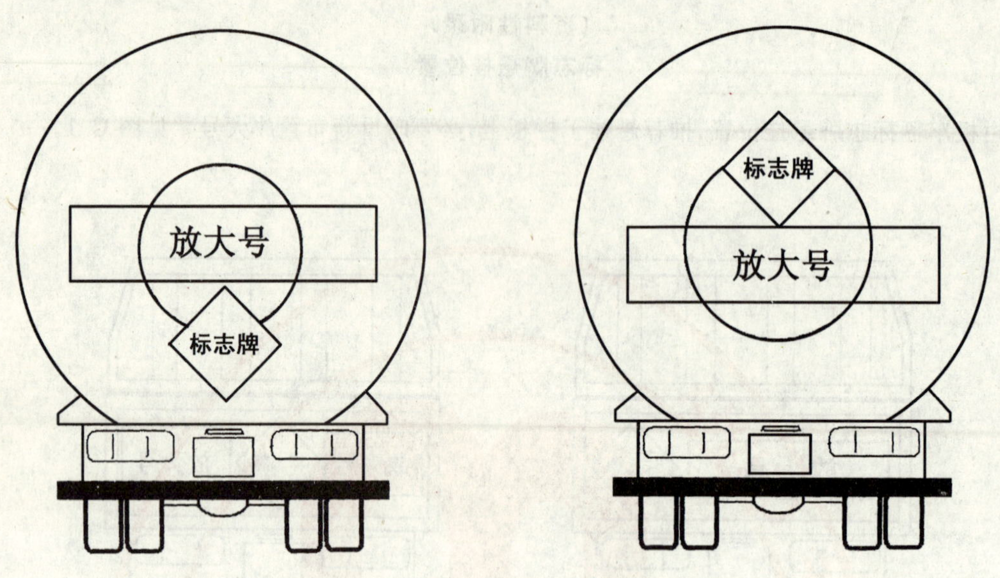

图 C.3 罐式车辆标志牌悬挂位置

C.4 运输爆炸、剧毒危险货物的车辆，在车辆两侧面厢板各增加悬挂一块标志牌，悬挂位置一般居中，见图 C.3。

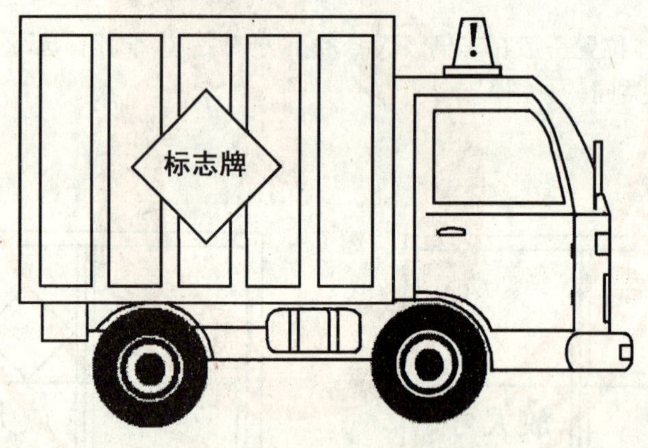

图 C.4 标志牌侧面悬挂位置

ICS 23.040.60
J 15

中华人民共和国国家标准

GB/T 13401—2005
代替 GB/T 13401—1992

钢板制对焊管件

Steel plate butt-welding pipe fittings

2005-09-19 发布 2006-04-01 实施

中华人民共和国国家质量监督检验检疫总局
中国国家标准化管理委员会 发布

前言

本标准是 GB/T 13401—1992《钢板制对焊管件》的修订版。

本标准修改采用 ASME B16.9:2003《工厂制造的锻钢对焊管件》并结合国内制造情况,在参照原标准的基础上进行编制。

本标准与 ASME B16.9:2003 的主要异同:

——型式(钢板制焊接)、尺寸(DN150～DN1200)和技术要求与 ASME B16.9 基本一致,编写格式不同;

——在原标准的基础上增加了我国常用的与“米制管”连接的管件焊接端部尺寸,即“Ⅱ系列”尺寸;

——个别规格“端部外径”的小数位与 ASME B16.9 略有差异,例如:DN300 管件“端部外径”,ASME B16.9 为“323.8 mm”,本标准为“323.9 mm”;

——增加了管件的符号与代号、材料、制造及热处理、检验、防护与包装、产品质量合格证明书等。

本标准与 GB/T 13401—1992 相比主要变化如下:

——增加了管件的符号说明;

——扩大了尺寸范围,由原来的 DN350～DN1200 扩大到 DN150～DN1200。

——增加了材料及制造工艺要求,补充了设计验证要求,修改了检验等技术内容。

本标准的附录 A 和附录 B 是资料性附录。

本标准由中国机械工业联合会提出。

本标准由全国管路附件标准化技术委员会归口。

本标准起草单位:机械科学研究院、无锡市新峰管业有限公司、沧州渤海管件有限公司、江阴市南方管件制造有限公司、上海高桥管件有限公司、江阴海陆高压管件有限公司、蚌埠市管道配件厂、常州武进电力管件厂、绍兴县高强度紧固件厂、东北电力设计院。

本标准起草人:李俊英、王汉清、郭顺显、刘尚慈、朱晓锋、黄涛、沈佩中、王清尧、臧志伟、朱全明、黄国洪、葛海泉。

钢板制对焊管件

1 范围

本标准规定了 DN 150～DN 1200(NPS 6～NPS 48)碳钢、合金钢和不锈钢板制对焊管件的符号和代号、尺寸与公差、材料、制造、检验、试验、标志、防护与包装等要求。

2 规范性引用文件

下列文件中的条款通过本标准的引用而成为本标准的条款。凡是注日期的引用文件,其随后所有的修改单(不包括勘误的内容)或修订版均不适用于本标准,然而,鼓励根据本标准达成协议的各方研究是否可使用这些文件的最新版本。凡是不注日期的引用文件,其最新版本适用于本标准。

GB 150 钢制压力容器

GB/T 710 优质碳素结构钢热轧薄钢板和钢带

GB/T 711 优质碳素结构钢热轧厚钢板和宽钢带

GB 713 锅炉用钢板

GB/T 912 碳素结构钢和低合金结构钢热轧薄钢板及钢带

GB/T 985 气焊、手工电弧焊及气体保护焊焊缝坡口的基本形式与尺寸

GB/T 986 埋弧焊焊缝坡口的基本形式和尺寸

GB/T 1047 管道元件 DN(公称尺寸)的定义和选用(ISO 6708:1995,MOD)

GB/T 3274 碳素结构钢和低合金结构钢热轧厚钢板和钢带

GB/T 3280 不锈钢冷轧钢板

GB 3531 低温压力容器用低合金钢钢板

GB/T 4237 不锈钢热轧钢板

GB/T 4238 耐热钢板

GB 6654 压力容器用钢板

JB 4708 钢制压力容器焊接工艺评定

JB/T 4709 钢制压力容器焊接规程

JB/T 4730.1～4730.6—2005 承压设备无损检测

3 符号与代号

3.1 符号

DN——米制单位管件的公称尺寸;为非测量值(见 GB/T 1047);

NPS——英制单位管件的公称尺寸,为非测量值;

A——90°弯头一端面中心至另一端面的距离,180°弯头中心至端面中心的距离;

B——45°弯头中心至端面的距离;

b——焊缝的对边错边量;

C——三通、四通的分支出口轴心线至中心体端面的距离;

D——弯头、等径三通和四通、管帽的坡口处外径,异径管件大端坡口处外径;

D_1——异径管件小端坡口处外径;

E——管帽(管封头)的总高度;

G——翻边短节的翻边外径;

H——异径接头端面至端面的距离；

M——三通、四通本体中心线至支管端面的距离；

s——钢管壁厚；

t——同径或异径管件大端焊接端部规定壁厚；

t_1——异径管件小端焊接端部规定壁厚。

3.2 代号

钢板制对焊管件的种类和代号见表1。

表1 管件的种类和代号

品　种	类　别	代　号
45°弯头	长半径	45E(L)
90°弯头	长半径	90E(L)
	短半径	90E(S)
	长半径异径	90E(L)R
异径接头（大小头）	同　心	R(C)
	偏　心	R(E)
三通	等　径	T(S)
	异　径	T(R)
四通	等　径	CR(S)
	异　径	CR(R)
管帽		C

4 尺寸与公差

4.1 标准尺寸

4.1.1 管件尺寸应符合图1～图7及表3～表9的规定；管件端部外径分为Ⅰ、Ⅱ两个系列，Ⅰ系列为国际通用系列，与Ⅰ系列管件连接的无缝钢管的壁厚分级表列于附录B。

4.1.2 为了便于国际贸易，将Ⅰ系列管件的英制尺寸列于附录A。

4.1.3 由于米制单位和英制单位不能做到精确的等同，因此使用者必须分别采用两种单位制。对于尺寸为米制单位的管件，其公称尺寸用DN表示；对于尺寸为英制单位的管件，其公称尺寸用NPS表示；二者之间的关系见表2：

表2 DN与NPS对照表

DN	65	80	100	125	150	200	250	300	350	400	450
NPS	2½	3	4	5	6	8	10	12	14	16	18
注：NPS大于4时，DN＝25(NPS)。											

4.2 特殊尺寸

对于涉及疲劳载荷的应用情况，采购方应提供所要求的最小尺寸。

4.3 公差

管件的尺寸公差和形位公差应符合表10和图8的规定。

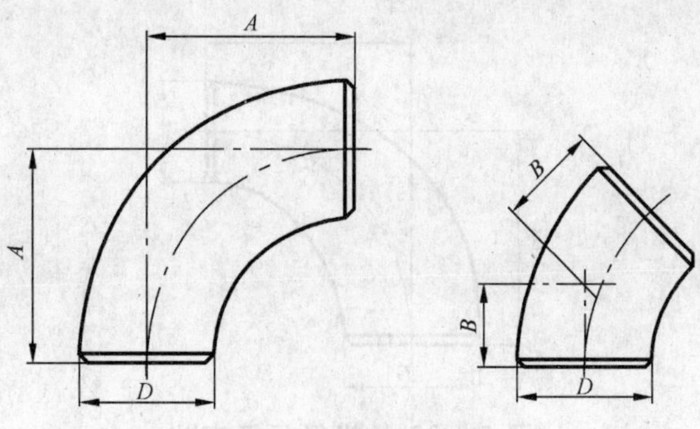

图 1　长半径弯头

表 3　长半径弯头尺寸

单位为毫米

公称尺寸 DN	坡口处外径 D		中心至端面	
	Ⅰ系列	Ⅱ系列	90°弯头 A	45°弯头 B
150	168.3	159	229	95
200	219.1	219	305	127
250	273.0	273	381	159
300	323.9	325	457	190
350	355.6	377	533	222
400	406.4	426	610	254
450	457	480	686	286
500	508	530	762	318
550	559	—	838	343
600	610	630	914	381
650	660	—	991	405
700	711	720	1 067	438
750	762	—	1 143	470
800	813	820	1 219	502
850	864	—	1 295	533
900	914	920	1 372	565
950	965	—	1 448	600
1 000	1 016	1 020	1 524	632
1 050	1 067	—	1 600	660
1 100	1 118	1 120	1 676	695
1 150	1 168	—	1 753	727
1 200	1 219	1 220	1 829	759

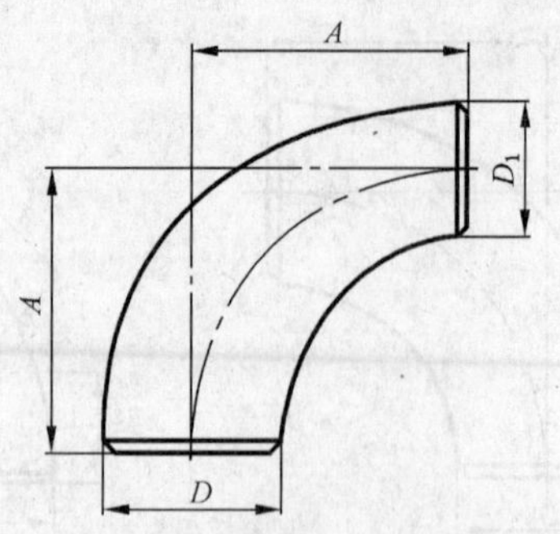

图 2 90°长半径异径弯头

表 4 90°长半径异径弯头尺寸

单位为毫米

公称尺寸 DN	坡口处外径				中心至端面 A
	大端 D		小端 D_1		
	Ⅰ系列	Ⅱ系列	Ⅰ系列	Ⅱ系列	
150×125	168.3	159	141.3	133	229
150×100	168.3	159	114.3	108	229
150×90	168.3	—	101.6	—	229
150×80	168.3	159	88.9	89	229
200×150	219.1	219	168.3	159	305
200×125	219.1	219	141.3	133	305
200×100	219.1	219	114.3	108	305
250×200	273.0	273	219.1	219	381
250×150	273.0	273	168.3	159	381
250×125	273.0	273	141.3	133	381
300×250	323.9	325	273.0	273	457
300×200	323.9	325	219.1	219	457
300×150	323.9	325	168.3	159	457
350×300	355.6	377	323.9	325	533
350×250	355.6	377	273.0	273	533
350×200	355.6	377	219.1	219	533
400×350	406.4	426	355.6	377	610
400×300	406.4	426	323.9	325	610
400×250	406.4	426	273.0	273	610
450×400	457	480	406.4	426	686
450×350	457	480	355.6	377	686
450×300	457	480	323.9	325	686
450×250	457	480	273.0	273	686
500×450	508	530	457	480	762
500×400	508	530	406.4	426	762
500×350	508	530	355.6	377	762
500×300	508	530	323.9	325	762
500×250	508	530	273.0	273	762
600×550	610	—	559	—	914
600×⊂00	610	630	508	530	914
600×450	610	630	457	480	914
600×400	610	630	406.4	426	914
600×350	610	630	355.6	377	914
600×300	610	630	323.9	325	914

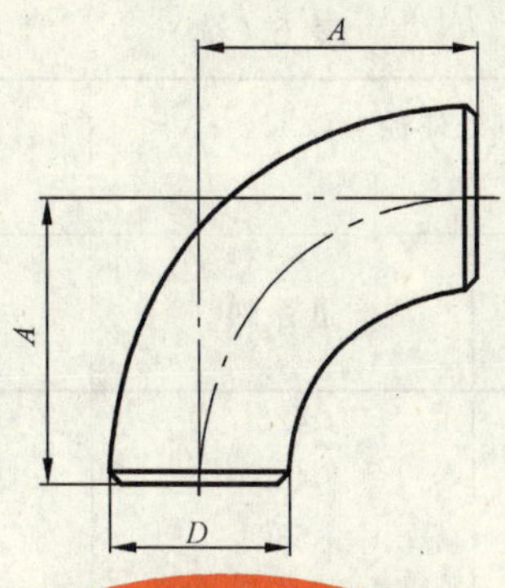

图 3 90°短半径弯头

表 5 90°短半径弯头尺寸

单位为毫米

公称尺寸 DN	坡口处外径 D		中心至端面 A
	Ⅰ系列	Ⅱ系列	
150	168.3	159	152
200	219.1	219	203
250	273.0	273	254
300	323.9	325	305
350	355.6	377	356
400	406.4	426	406
450	457	480	457
500	508	530	508
550	559	—	559
600	610	630	610

图 4 等径三通和四通

表 6 等径三通和四通尺寸

单位为毫米

公称尺寸 DN	坡口处外径 D		中心至端面	
	Ⅰ系列	Ⅱ系列	管程 C	出口[a,b] M
150	168.3	159	143	143
200	219.1	219	178	178
250	273.0	273	216	216
300	323.9	325	254	254
350	355.6	377	279	279

表 6（续） 单位为毫米

公称尺寸 DN	坡口处外径 D		中心至端面	
	Ⅰ系列	Ⅱ系列	管程 C	出口[a,b] M
400	406.4	426	305	305
450	457	480	343	343
500	508	530	381	381
550	559	—	419	419
600	610	630	432	432
650	660	—	495	495
700	711	720	521	521
750	762	—	559	559
800	813	820	597	597
850	864	—	635	635
900	914	920	673	673
950	965	—	711	711
1 000	1 016	1 020	749	749
1 050	1 067	—	762	711
1 100	1 118	1 120	813	762
1 150	1 168	—	851	800
1 200	1 219	1 220	889	838

a DN 650 及其以上的三通和四通，推荐但并不要求采用出口尺寸 M。

b 尺寸适用于 DN 600 及其以下的四通。

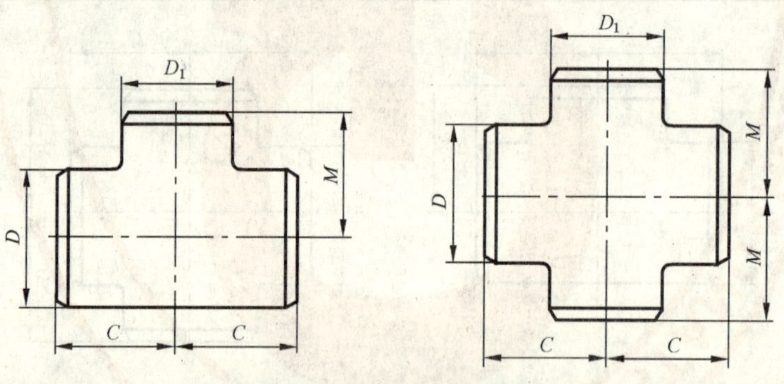

图 5 异径三通和四通

表 7 异径三通和四通的尺寸 单位为毫米

公称尺寸 DN	坡口处外径				中心至端面	
	管程 D		出口 D_1		管程 C	出口[a] M
	Ⅰ系列	Ⅱ系列	Ⅰ系列	Ⅱ系列		
150×150×125	168.3	159	141.3	133	143	137
150×150×100	168.3	159	114.3	108	143	130
150×150×90	168.3	—	101.6	—	143	127
150×150×80	168.3	159	88.9	89	143	124
150×150×65	168.3	159	73.0	76	143	121
200×200×150	219.1	219	168.3	159	178	168

表 7（续）

单位为毫米

公称尺寸 DN	坡口处外径				中心至端面	
	管程 D		出口 D_1		管程	出口[a]
	Ⅰ系列	Ⅱ系列	Ⅰ系列	Ⅱ系列	C	M
200×200×125	219.1	219	141.3	133	178	162
200×200×100	219.1	219	114.3	108	178	156
200×200×90	219.1	—	101.6	—	178	152
250×250×200	273.0	273	219.1	219	216	203
250×250×150	273.0	273	168.3	159	216	194
250×250×125	273.0	273	141.3	133	216	191
250×250×100	273.0	273	114.3	108	216	184
300×300×250	323.9	325	273.0	273	254	241
300×300×200	323.9	325	219.1	219	254	229
300×300×150	323.9	325	168.3	159	254	219
300×300×125	323.9	325	141.3	133	254	216
350×350×300	355.6	377	323.9	325	279	270
350×350×250	355.6	377	273.0	273	279	257
350×350×200	355.6	377	219.1	219	279	248
350×350×150	355.6	377	168.3	159	279	238
400×400×350	406.4	426	355.6	377	305	305
400×400×300	406.4	426	323.9	325	305	295
400×400×250	406.4	426	273.0	273	305	283
400×400×200	406.4	426	219.1	219	305	273
400×400×150	406.4	426	168.3	159	305	264
450×450×400	457	480	406.4	426	343	330
450×450×350	457	480	355.6	377	343	330
450×450×300	457	480	323.9	325	343	321
450×450×250	457	480	273.0	273	343	308
450×450×200	457	480	219.1	219	343	298
500×500×450	508	530	457	480	381	368
500×500×400	508	530	406.4	426	381	356
500×500×350	508	530	355.6	377	381	356
500×500×300	508	530	323.9	325	381	346
500×500×250	508	530	273.0	273	381	333
500×500×200	508	530	219.1	219	381	324
550×550×500	559	—	508	—	419	406
550×550×450	559	—	457	—	419	394
550×550×400	559	—	406.4	—	419	381
550×550×350	559	—	355.6	—	419	381
550×550×300	559	—	323.9	—	419	371
550×550×250	559	—	273.0	—	419	359
600×600×550	610	—	559	—	432	432
600×600×500	610	630	508	530	432	432
600×600×450	610	630	457	480	432	419
600×600×400	610	630	406.4	426	432	406
600×600×350	610	630	355.6	377	432	406

表 7（续） 单位为毫米

公称尺寸 DN	坡口处外径				中心至端面	
	管程 D		出口 D_1		管程 C	出口[a] M
	Ⅰ系列	Ⅱ系列	Ⅰ系列	Ⅱ系列		
600×600×300	610	630	323.9	325	432	397
600×600×250	610	630	273.0	273	432	384
650×650×600	660	—	610	—	495	483
650×650×550	660	—	559	—	495	470
650×650×500	660	—	508	—	495	457
650×650×450	660	—	457	—	495	444
650×650×400	660	—	406.4	—	495	432
650×650×350	660	—	355.6	—	495	432
650×650×300	660	—	323.8	—	495	422
700×700×650	711	—	660	—	521	521
700×700×600	711	720	610	630	521	508
700×700×550	711	—	559	—	521	495
700×700×500	711	720	508	530	521	483
700×700×450	711	720	457	480	521	470
700×700×400	711	720	406.4	426	521	457
700×700×350	711	720	355.6	377	521	457
700×700×300	711	720	323.8	325	521	448
750×750×700	762	—	711	—	559	546
750×750×650	762	—	660	—	559	546
750×750×600	762	—	610	—	559	533
750×750×550	762	—	559	—	559	521
750×750×500	762	—	508	—	559	508
750×750×450	762	—	457	—	559	495
750×750×400	762	—	406.4	—	559	483
750×750×350	762	—	355.6	—	559	483
750×750×300	762	—	323.8	—	559	473
750×750×250	762	—	273.0	—	559	460
800×800×750	813	—	762	—	597	584
800×800×700	813	820	711	720	597	572
800×800×650	813	—	660	—	597	572
800×800×600	813	820	610	630	597	559
800×800×550	813	—	559	—	597	546
800×800×500	813	820	508	530	597	533
800×800×450	813	820	457	480	597	521
800×800×400	813	820	406.4	426	597	508
800×800×350	813	820	355.6	377	597	508
850×850×800	864	—	813	—	635	622
850×850×750	864	—	762	—	635	610
850×850×700	864	—	711	—	635	597
850×850×650	864	—	660	—	635	597
850×850×600	864	—	610	—	635	584
850×850×550	864	—	559	—	635	572
850×850×500	864	—	508	—	635	559
850×850×450	864	—	457	—	635	546
850×850×400	864	—	406.4	—	635	533

表 7（续）

单位为毫米

公称尺寸 DN	坡口处外径				中心至端面	
	管程 D		出口 D_1		管程 C	出口[a] M
	Ⅰ系列	Ⅱ系列	Ⅰ系列	Ⅱ系列		
900×900×850	914	—	864	—	673	660
900×900×800	914	920	813	820	673	648
900×900×750	914	—	762	—	673	635
900×900×700	914	—	711	—	673	622
900×900×650	914	—	660	—	673	622
900×900×600	914	—	610	—	673	610
900×900×550	914	—	559	—	673	597
900×900×500	914	—	508	—	673	584
900×900×450	914	—	457	—	673	572
900×900×400	914	—	406.4	—	673	559
950×950×900	965	—	914	—	711	711
950×950×850	965	—	864	—	711	698
950×950×800	965	—	813	—	711	686
950×950×750	965	—	762	—	711	673
950×950×700	965	—	711	—	711	648
950×950×650	965	—	660	—	711	648
950×950×600	965	—	610	—	711	635
950×950×550	965	—	559	—	711	622
950×950×500	965	—	508	—	711	610
950×950×450	965	—	457	—	711	597
1 000×1 000×950	1 017	—	965	—	749	749
1 000×1 000×900	1 017	1 020	914	920	749	737
1 000×1 000×850	1 017	—	864	—	749	724
1 000×1 000×800	1 017	—	813	—	749	711
1 000×1 000×750	1 017	—	762	—	749	698
1 000×1 000×700	1 017	—	711	—	749	673
1 000×1 000×650	1 017	—	660	—	749	673
1 000×1 000×600	1 017	—	610	—	749	660
1 000×1 000×550	1 017	—	559	—	749	648
1 000×1 000×500	1 017	—	508	—	749	635
1 000×1 000×450	1 017	—	457	—	749	622
1 050×1 050×1 000	1 067	—	1 016	—	762	711
1 050×1 050×950	1 067	—	965	—	762	711
1 050×1 050×900	1 067	—	914	—	762	711
1 050×1 050×850	1 067	—	864	—	762	711
1 050×1 050×800	1 067	—	813	—	762	711
1 050×1 050×750	1 067	—	762	—	762	711
1 050×1 050×700	1 067	—	711	—	762	698
1 050×1 050×650	1 067	—	660	—	762	698
1 050×1 050×600	1 067	—	610	—	762	660
1 050×1 050×550	1 067	—	559	—	762	660
1 050×1 050×500	1 067	—	508	—	762	660
1 050×1 050×450	1 067	—	457	—	762	648
1 050×1 050×400	1 067	—	406.4	—	762	635

表 7（续）

单位为毫米

公称尺寸 DN	坡口处外径				中心至端面	
	管程 D		出口 D_1		管程 C	出口[a] M
	Ⅰ系列	Ⅱ系列	Ⅰ系列	Ⅱ系列		
1 100×1 100×1 050	1 118	—	1 067	—	813	762
1 100×1 100×1 000	1 118	1 120	1 016	1 020	813	749
1 100×1 100×950	1 118	—	965	—	813	737
1 100×1 100×900	1 118	—	914	—	813	724
1 100×1 100×850	1 118	—	864	—	813	724
1 100×1 100×800	1 118	—	813	—	813	711
1 100×1 100×750	1 118	—	762	—	813	711
1 100×1 100×700	1 118	—	711	—	813	698
1 100×1 100×650	1 118	—	660	—	813	698
1 100×1100×600	1 118	—	610	—	813	698
1 100×1 100×550	1 118	—	559	—	813	686
1 100×1 100×500	1 118	—	508	—	813	686
1 150×1 150×1 100	1 168	—	1 118	—	851	800
1 150×1 150×1 050	1 168	—	1 067	—	851	787
1 150×1 150×1 000	1 168	—	1 016	—	851	775
1 150×1 150×950	1 168	—	965	—	851	762
1 150×1 150×900	1 168	—	914	—	851	762
1 150×1 150×850	1 168	—	864	—	851	749
1 150×1 150×800	1 168	—	813	—	851	749
1 150×1 150×750	1 168	—	762	—	851	737
1 150×1 150×700	1 168	—	711	—	851	737
1 150×1 150×650	1 168	—	660	—	851	737
1 150×1 150×600	1 168	—	610	—	851	724
1 150×1 150×550	1 168	—	559	—	851	724
1 200×1 200×1 150	1 219	—	1 168	—	889	838
1 200×1 200×1 100	1 219	1 220	1 118	1 120	889	838
1 200×1 200×1 050	1 219	—	1 067	—	889	813
1 200×1 200×1 000	1 219	—	1 016	—	889	813
1 200×1 200×950	1 219	—	965	—	889	813
1 200×1 200×900	1 219	—	914	—	889	787
1 200×1 200×850	1 219	—	864	—	889	787
1 200×1 200×800	1 219	—	813	—	889	787
1 200×1 200×750	1 219	—	762	—	889	762
1 200×1 200×700	1 219	—	711	—	889	762
1 200×1 200×650	1 219	—	660	—	889	762
1 200×1 200×600	1 219	—	610	—	889	737
1 200×1 200×550	1 219	—	559	—	889	737

[a] DN 350 及其以上的管件，推荐但并不一定采用出口尺寸 M。

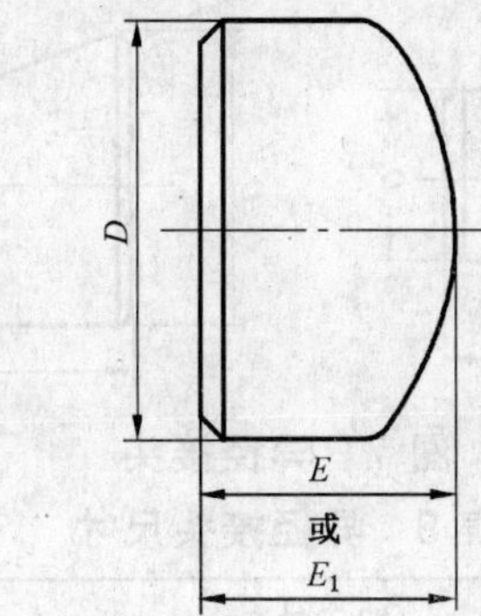

注：管帽的形状应为椭圆形，并应符合相应国家标准或行业标准中给定的形状要求。

图 6 管帽

表 8 管帽尺寸

单位为毫米

公称尺寸 DN	坡口处外径 D		长度[a] E	长度 E 时极限壁厚	长度[b] E_1
	Ⅰ系列	Ⅱ系列			
150	168.3	159	89	10.92	102
200	219.1	219	102	12.70	127
250	273.0	273	127	12.70	152
300	323.9	325	152	12.70	178
350	355.6	377	165	12.70	191
400	406.4	426	178	12.70	203
450	457	480	203	12.70	229
500	508	530	229	12.70	254
550	559	—	254	12.70	254
600	610	630	267	12.70	305
650	660	—	267	—	—
700	711	720	267	—	—
750	762	—	267	—	—
800	813	820	267	—	—
850	864	—	267	—	—
900	914	920	267	—	—
950	965	—	305	—	—
1 000	1 016	1 020	305	—	—
1 050	1 067	—	305	—	—
1 100	1 118	1 120	343	—	—
1 150	1 168	—	343	—	—
1 200	1 219	1 220	343	—	—

a 长度 E 适用于厚度不超过“长度 E 时极限壁厚”栏中所列值的场合。

b 对 DN 600 及其以下的管帽，长度 E_1 适用于厚度大于“长度 E 时极限壁厚”栏中所列值的场合。对于 DN 650及其以上的管帽，长度 E_1 应由制造厂与采购方协商确定。

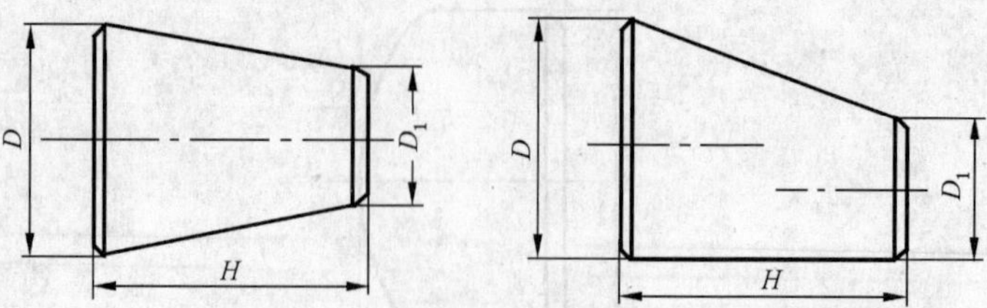

图 7　异径接头

表 9　异径接头尺寸

单位为毫米

公称直径 DN	坡口处外径				端面至端面 H
	大端 D		小端 D_1		
	Ⅰ系列	Ⅱ系列	Ⅰ系列	Ⅱ系列	
150×125	168.3	159	141.3	133	140
150×100	168.3	159	114.3	108	140
150×90	168.3	—	101.6	—	140
150×80	168.3	159	88.9	89	140
150×65	168.3	159	73.0	76	140
200×150	219.1	219	168.3	159	152
200×125	219.1	219	141.3	133	152
200×100	219.1	219	114.3	108	152
200×90	219.1	—	101.6	—	152
250×200	273.0	273	219.1	219	178
250×150	273.0	273	168.3	159	178
250×125	273.0	273	141.3	133	178
250×100	273.0	273	114.3	108	178
300×250	323.9	325	273.0	273	203
300×200	323.9	325	219.1	219	203
300×150	323.9	325	168.3	159	203
300×125	323.9	325	141.3	133	203
350×300	355.6	377	323.9	325	330
350×250	355.6	377	273.0	273	330
350×200	355.6	377	219.1	219	330
350×150	355.6	377	168.3	159	330
400×350	406.4	426	355.6	377	356
400×300	406.4	426	323.9	325	356
400×250	406.4	426	273.0	273	356
400×200	406.4	426	219.1	219	356
450×400	457	480	406.4	426	381
450×350	457	480	355.6	377	381
450×300	457	480	323.9	325	381
450×250	457	480	273.0	273	381

表 9（续）

单位为毫米

公称直径 DN	坡口处外径				端面至端面 H
	大端 D		小端 D_1		
	Ⅰ系列	Ⅱ系列	Ⅰ系列	Ⅱ系列	
500×450	508	530	457	480	508
500×400	508	530	406.4	426	508
500×350	508	530	355.6	377	508
500×300	508	530	323.9	325	508
550×500	559	—	508	—	508
550×450	559	—	457	—	508
550×400	559	—	406.4	—	508
550×350	559	—	355.6	—	508
600×550	610	—	559	—	508
600×500	610	630	508	530	508
600×450	610	630	457	480	508
600×400	610	630	406.4	426	508
650×600	660	—	610	—	610
650×550	660	—	559	—	610
650×500	660	—	508	—	610
650×450	660	—	457	—	610
700×650	711	—	660	—	610
700×600	711	720	610	630	610
700×550	711	—	559	—	610
700×500	711	720	508	530	610
750×700	762	—	711	—	610
750×650	762	—	660	—	610
750×600	762	—	610	—	610
750×550	762	—	559	—	610
800×750	813	—	762	—	610
800×700	813	820	711	720	610
800×650	813	—	660	—	610
800×600	813	820	610	630	610
850×800	864	—	813	—	610
850×750	864	—	762	—	610
850×700	864	—	711	—	610
850×650	864	—	660	—	610
900×850	914	—	864	—	610
900×800	914	920	813	820	610
900×750	914	—	762	—	610
900×700	914	920	711	720	610
900×650	914	—	660	—	610

表 9（续）

单位为毫米

公称直径 DN	坡口处外径				端面至端面 H
	大端 D		小端 D_1		
	Ⅰ系列	Ⅱ系列	Ⅰ系列	Ⅱ系列	
950×900	965	—	914	—	610
950×850	965	—	864	—	610
950×800	965	—	813	—	610
950×750	965	—	762	—	610
950×700	965	—	711	—	610
950×650	965	—	660	—	610
1 000×950	1 016	—	965	—	610
1 000×900	1 016	1 020	914	920	610
1 000×850	1 016	—	864	—	610
1 000×800	1 016	1 020	813	820	610
1 000×750	1 016	—	762	—	610
1 050×1 000	1 067	—	1 016	—	610
1 050×950	1 067	—	965	—	610
1 050×900	1 067	—	914	—	610
1 050×850	1 067	—	864	—	610
1 050×800	1 067	—	813	—	610
1 050×750	1 067	—	762	—	610
1 100×1 050	1 118	—	1 067	—	610
1 100×1 000	1 118	1 120	1 016	1 020	610
1 100×950	1 118	—	965	—	610
1 100×900	1 118	1 120	914	920	610
1 150×1 100	1 168	—	1 118	—	711
1 150×1 050	1 168	—	1 067	—	711
1 150×1 000	1 168	—	1 016	—	711
1 050×950	1 168	—	965	—	711
1 200×1 150	1 219	—	1 168	—	711
1 200×1 100	1 219	1 220	1 118	1 120	711
1 200×1 050	1 219	—	1 067	—	711
1 200×1 000	1 219	1 220	1 016	1 120	711

注：不禁止使用带“钟形”异径接头。

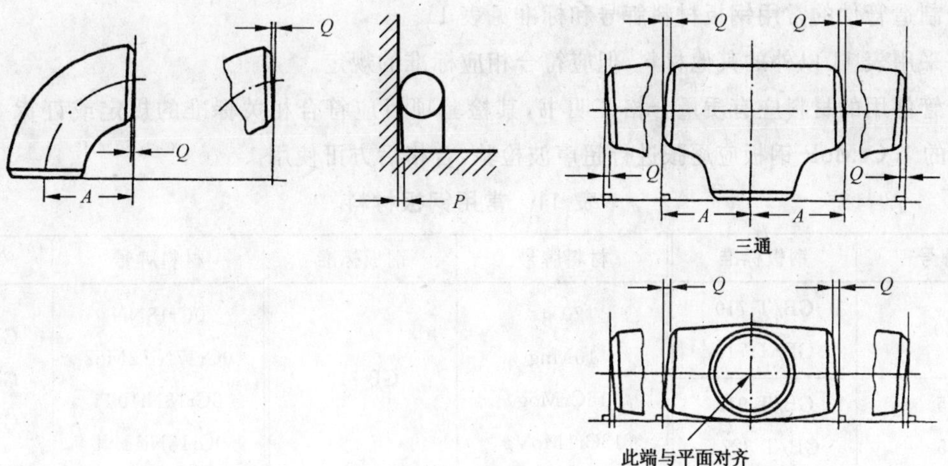

图 8　公差简图

表 10　公　差

单位为毫米

所有管件				90°和45°弯头及三通中心至端面尺寸 A,B,C,M	异径接头总长 H	管帽总长 E	形位公差	
公称尺寸 DN	坡口处外径[a,b] D	端部内径[a,c,d]	壁厚[c]				弯头、三通、异径接头 Q	90°和45°弯头、三通 P
65	+1.6 −0.8	±0.8	不小于公称壁厚的87.5%	±2	±2	±3	1	2
80～90	±1.6	±1.6		±2	±2	±3	2	4
100	±1.6	±1.6		±2	±2	±3	3	5
125～200	+2.4 −1.6	±1.6		±2	±2	±6	3	6
250～450	+4.0 −3.2	±3.2		±2	±2	±6	4	10
500～600	+6.4 −4.8	±4.8		±2	±2	±6	5	10
650～750	+6.4 −4.8	±4.8		±2	±2	±10	5	13
800～1 200	+6.4 −4.8	±4.8		±5	±5	±10	5	19

a　圆度为正负偏差绝对值之和。

b　当需要增加管件壁厚以满足抗内压要求时，该公差可能不适用于成型管件的局部区域。

c　端部内径和公称壁厚由采购方指定。

d　除非采购方另有规定，这些公差适用于公称内径等于公称外径减去两倍公称壁厚的场合。

5 材料

5.1 用于制造管件的常用钢板材料牌号和标准见表 11。

5.2 允许采用表 11 以外的其他材料，但应符合相应标准的规定。

5.3 制造管件用的材料应有质量合格证明书，其检验项目应符合相关标准的规定或订货要求。厚度 $\delta \geqslant 25$ mm的 15CrMoR 钢板应逐张进行超声波检验，合格后方可使用。

表 11 常用钢板材料

材料牌号	钢板标准	材料牌号	钢板标准	材料牌号	钢板标准
10、20	GB/T 710 GB/T 711	20 g 16Mng 15CrMog 12Cr1MoVg	GB 713	0Cr18Ni9 0Cr17Ni12Mo2 0Cr18Ni10Ti 0Cr18Ni11Nb	GB/T 3280 GB/T 4237 GB/T 4238
Q235 Q345	GB/T 912 GB/T 3274				
20R 16MnR 15CnMoR	GB 6654	16MnDR 09Mn2VDR	GB 3531	00Cr19Ni10 00Cr17Ni14Mo2	GB/T 3280 GB/T 4237

6 制造及热处理

6.1 管件的制造

6.1.1 管件可采用钢板或钢带经过冷加工或热加工成形。根据公称尺寸和制造方法的不同，允许在壳体上有一条或两条及两条以上纵向焊缝。

6.1.2 管件上焊缝的位置应符合下列要求：

a) 对弯头、异径接头和三通，当 DN≤450 时，其本体上宜有一条纵焊缝；当 DN≥500 时，其本体上可有两条或两条以上的纵焊缝。当采用多条焊缝时，焊缝的位置和焊接要求应符合 GB 150 的相关要求。

b) 管件焊缝位置见图 9。

c) 管帽可由两块对接的钢板制成，对接焊缝距管帽中心线不应大于管帽外径的四分之一。

6.1.3 管件的焊接应符合下列要求：

a) 应符合 GB 150、JB 4708、JB 4709 的有关要求。

b) 管件本体的焊缝应为对接焊缝。焊缝的对接坡口尺寸应符合 GB/T 985 或 GB/T 986 标准的要求。

c) 坡口的加工宜采用机械方法。如用热切割法，必须去除坡口表面的氧化皮，并将影响焊接质量的凸凹不平处打磨平整。

d) 焊缝的对口错边量 $b \leqslant 10\% s$，且不得大于 2 mm，见图 10。

6.1.4 制造工艺应保证管件在成形时，其圆弧过渡部分外形圆滑。

6.1.5 管件端部应加工坡口，其尺寸和形状应符合图 11 和表 12 的要求。

6.1.6 管件焊接端部过渡段的最大包络线应符合图 12 的要求。

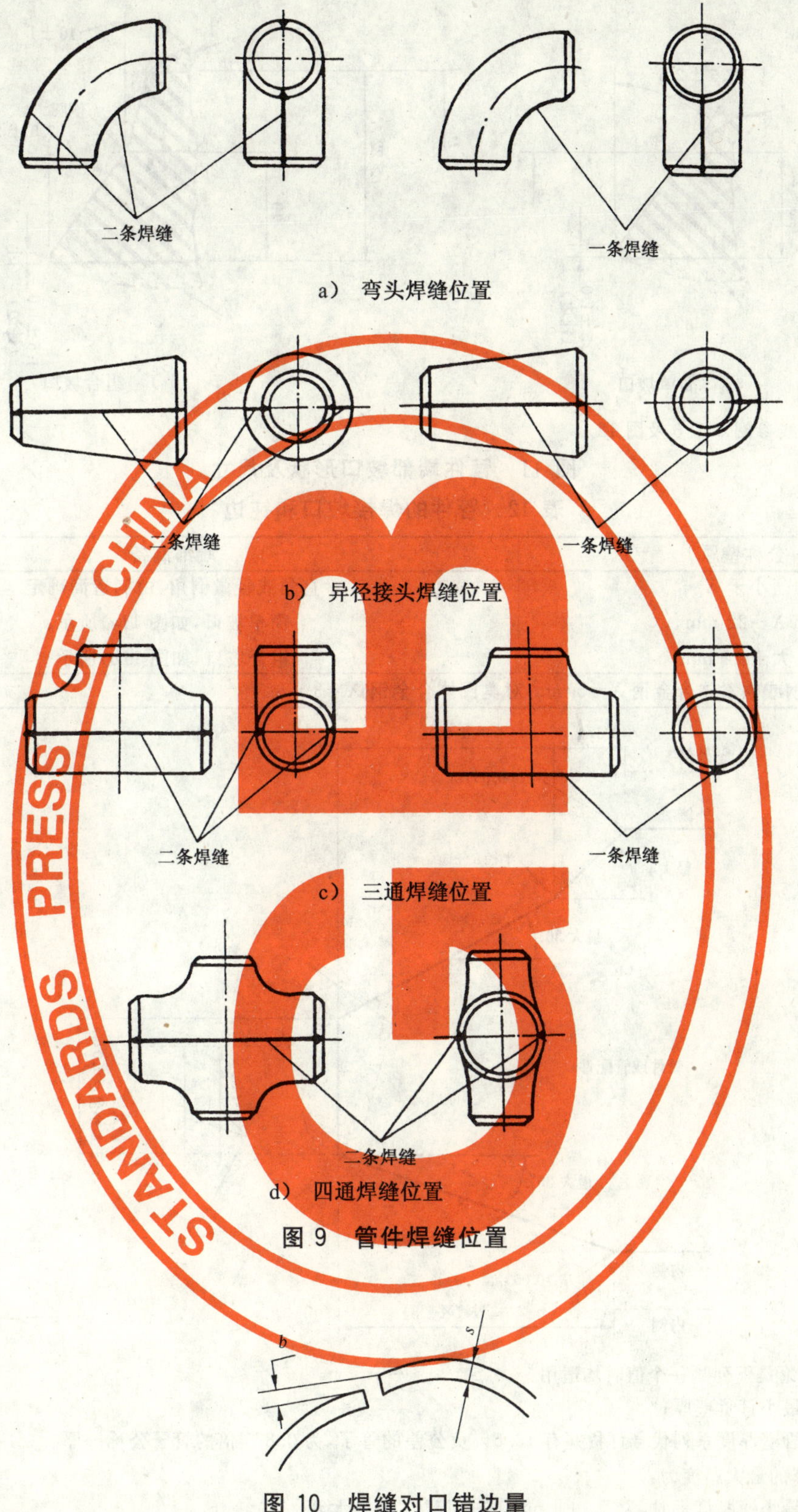

图 9 管件焊缝位置

图 10 焊缝对口错边量

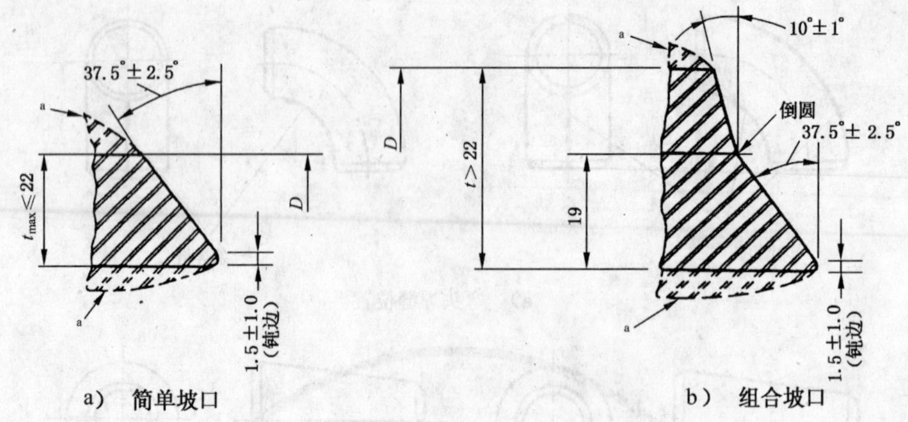

a) 简单坡口　　　　b) 组合坡口

[a] 过渡轮廓线参阅 6.1.6 及图 12。

图 11 管件端部坡口形状及尺寸

表 12 管件的焊接坡口和钝边

公称壁厚 t	端部制备
小于 X	直角或轻微倒角,由制造商确定
X～22 mm	简单坡口,如图 11a)所示
大于 22 mm	组合坡口,如图 11b)所示
注:对碳素钢或铁素体合金钢 X=5 mm,对奥氏体合金钢 X=3 mm。	

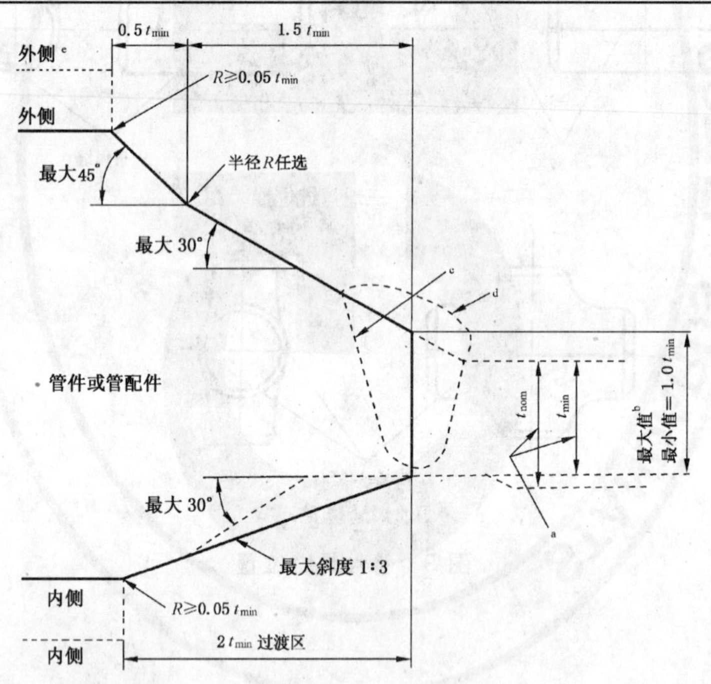

[a] t_{min}值不论是下列哪一个值时均适用:

——管子的最小订货壁厚;

——对于按管壁厚度系列代号订货并有 12.5%负公差的管子,为 0.875 倍的管子公称壁厚。

[b] 管件端部的最大厚度为:

——当依据最小壁厚订货时,为 t_{min} +4 mm 或 1.15 t_{min} 之较大者;

——当依据公称壁厚订货时,为 t_{min} +4 mm 或 1.10 t_{nom} 之较大者。

[c] 焊接坡口仅作示意。

[d] 由适用规范允许的焊接补强可位于最大包络线外。

[e] 在所用最大斜度的过渡段不与内表面或外表面相交时,如虚线轮廓所示,应采用图示的最大斜度或换用圆角。

图 12 焊接端部过渡段的最大包络线

6.2 管件的热处理

6.2.1 采用冷加工成形的管件,成形后应进行消除应力的热处理。

6.2.2 采用热加工成形的管件,对铬钼钢和不锈钢材料,应进行热处理;对碳素钢材料,其最终成形温度低于750℃时,应进行热处理。

6.2.3 成形的管件热处理方式见表13,管件的硬度值应符合表14的要求。

6.2.4 奥氏体不锈钢管件热处理后应进行酸洗钝化处理。

表13 管件热处理

材料牌号	热处理要求		材料牌号	热处理要求	
	冷成形	热成形		冷成形	热成形
Q235 10 20 20R 20 g	正火或 消除应力	正火或退火	15CrMoR 15CrMog 12Cr1MoVg	正火＋回火	
Q345 16Mng 16MnR 16MnDR 09Mn2VDR	正火＋回火		0Cr18Ni9 00Cr19Ni10 0Cr17Ni12Mo2 00Cr17Ni14Mo2	固溶处理	
			1Cr19Ni11Nb 0Cr18Ni10Ti 0Cr18Ni11Nb	固溶处理或 固溶处理＋稳定化处理	

表14 管件硬度

材料	硬度值(HB)	材料	硬度值(HB)
Q235 10、20 20R、20 g	≤156	15CrMoR 15CrMog 12Cr1MoVg	≤180
Q345、16MnR 16Mng、16MnDR 09Mn2VDR	≤170	奥氏体不锈钢	≤190

7 检验

7.1 管件的外观检查

7.1.1 外观检查应逐件进行。

7.1.2 管件的表面应光滑无氧化皮。焊缝应圆滑过渡,不得有裂纹、未融合、未焊透、咬边等缺陷,并不得留有熔渣和飞溅物。

7.1.3 管件上不得有深度大于公称壁厚的5%、且最大深度不得大于0.8 mm的结疤、折迭、轧折、离层等缺陷。对此类缺陷应彻底修磨掉,修磨部位的壁厚不应小于最小壁厚。

7.2 管件的形状和尺寸检查

管件的形状和尺寸应逐件检验,并应符合本标准第4章和6.1的要求。

7.3 管件的硬度检验

7.3.1 对碳素钢和奥氏体不锈钢管件,每批应抽3%且不少于2件做硬度检验,结果如有1件不合格时，应加倍检验，若仍有1件不合格，应逐件检验。对合金钢管件应逐件进行硬度检测。

7.3.2 焊缝及其热影响区的硬度应符合相应标准或规范的要求，但其硬度值不应高于管件本体硬度的120%。

7.4 管件的无损检测

7.4.1 对下列产品应逐件进行磁粉或渗透检测；其他管件，每批抽验不应少于5%。

a) 碳钢、不锈钢材料的三通、四通；

b) 合金钢材料的各类管件。

7.4.2 检验按JB/T 4730系列标准的规定，Ⅱ级为合格。管件不得有微裂纹。

7.4.3 除用户另有要求外，管件的焊缝全长应进行100%射线检测；或100%超声检测，并以射线检测复验，复验数量不应少于20%。射线和超声检测按JB/T 4730标准的规定，检测结果射线为Ⅱ级合格，超声为Ⅰ级合格。

7.5 低温冲击韧性试验

16MnDR、09Mn2VDR等低温用钢，必须做低温夏比冲击试验，试验用试件应在同批母材上选取，并具有与管件相同的最终热处理状态。试验要求和试验结果应符合GB 150的规定。

7.6 补充检验

当采购方有要求时，可增加下列检验项目中的一项或数项，检查应由制造厂完成，检验项目、抽样方法和合格判定应在合同中规定。

a) 超声波检测；

b) X射线照相检测；

c) 晶间腐蚀；

d) 金相组织试验；

e) 力学性能试验；

f) 合同规定的其他检验、试验。

8 设计验证试验

8.1 要求做的试验

当制造厂选择用验证试验方法对管件的设计进行合格评定时，应按本标准的规定进行验证试验。除非制造厂和采购方之间另有协议，设计验证试验依据管件和与它连接的管子的计算爆破压力进行的一种试验。

8.2 试验程序

8.2.1 样品件

作为产品样品并用于验证试验的管件应查验材料牌号和炉号，包括热处理。管件应经过尺寸检验，各项要求应符合本标准的规定。

8.2.2 其他部件

应将计算爆破压力至少与按8.3计算得出的验证试验压力同样大小的等径无缝钢管或焊接管的管段焊到待试验的管件的各端。任何内圆错边大于1.5 mm的管件，应采用斜度不大于1∶3的内锥孔减小其错边量。封闭管段的长度应如下：

a) 对于DN 350及其以下的管件，管子的最小长度应为一倍管子外径；

b) 对于大于DN 350的管件，管子的最小长度应为管子外径的一半。

8.3 试验方法

试验使用的流体应为水或其他用于水压试验的液体。水压施加在试验组合件上。如果试验组合件能经受住按下式计算的验证试验压力的105%且不发生破裂，即满足验证试验要求：

$$P=\frac{2ST}{D}$$

式中：

P——管件最小计算验证试验压力，单位为兆帕(MPa)；

S——试验管件的实际抗拉强度(在代表试验管件的试件上测得)，它应满足材料标准中规定的抗拉强度要求，单位为兆帕(MPa)；

T——管件上标志的管子的公称壁厚，单位为毫米(mm)；

D——规定的管子外径，单位为毫米(mm)。

8.4 试验结果的可用性

不需要对不同规格、壁厚及材料的所有组合情况逐一进行试验。在一个代表性管件上得出的合格的验证试验可以代表下述范围内的其他管件。

8.4.1 规格范围

一个试验管件可以用来对公称尺寸 DN 为试验管件的 0.5～2 倍的类似比例管件的设计进行合格评定。非异径管件的验证试验可以用来对相同型式的异径管件进行合格评定。异径管件的验证试验可以用来对较小规格的异径管件进行合格评定。

8.4.2 厚度范围

一个试验管件可以用来对 T/D 比值为试验管件的 0.5～3 倍的类似比例管件的设计进行合格评定。

8.4.3 材料级别

由各种牌号钢材制造的几何尺寸相同的管件，其承压能力直接与各种牌号材料的抗拉强度成比例，因此，只需试验单一材料牌号的样品管件即可验证该管件的设计。

9 产品试验

本标准不要求对钢板制对焊管件单独进行水压试验。但所有管件应能经受住与管件材料、公称尺寸及壁厚等级相同的钢管，按适用的管道规范所要求承受的水压试验压力，并无泄漏或无损于使用性能的缺陷。

10 标志

10.1 管件的标志方法

管件可采用钢印、喷涂等方式进行标志。

10.2 管件的标志位置

只要管件规格许可，都应在管件上直接标志。无论何种标志方法，标志的位置应在管件的侧面中心线附近，且易于观察的部位，钢印应避开高应力区且不得损害到管件的最小壁厚。

10.3 标志的内容

a) 制造商的名称或商标；

b) 公称尺寸(包括外径系列，外径为Ⅰ系列时，不单独标记；外径为Ⅱ系列时，应进行标记)；

c) 壁厚等级(或壁厚值)；

d) 材料牌号；

e) 产品代号(见表 1)；

f) 标准编号。

10.4 例外

当管件规格不能进行完整标志，可逆上述顺序省略识别标志或用标签标志。

10.5 标志示例

例 1：公称尺寸 DN 200、外径为Ⅰ系列、壁厚等级 Sch40、材料牌号为 15CrMoR 的 90°短半径弯头，其标志为：

制造商的名称或商标　DN 200-Sch40-15CrMoR　90E(S)　GB/T 13401

例 2:公称尺寸 DN 300×80、外径为Ⅱ系列、壁厚等级 Sch80、材料牌号为 16MnR 的同心异径接头，其标志为:

制造商的名称或商标　DN 300×80Ⅱ-Sch80-16MnR　R(C)　GB/T 13401

例 3:公称尺寸 DN 350、外径为Ⅰ系列、壁厚为 4.0 mm、材料牌号为 0Cr18Ni9 的 90°长半径弯头，其标志为:

制造商的名称或商标　DN 350-4.0-0Cr18Ni9　90E(L)　GB/T 13401

11　防护与包装

11.1　管件在涂漆前应将飞边、毛刺、油污等清除干净。

11.2　防锈漆漆膜应均匀、无气泡、皱折和起皮。

11.3　管件应按不同材料分别包装，并有防潮措施。

11.4　管件可采用包装箱、托盘或裸装的方式；裸装时应进行坡口保护。

11.5　产品应有装箱单，装箱单内容应包括：

a)　制造商名称；

b)　出厂日期及编号；

c)　产品名称、规格、数量、净重等；

d)　采购方名称及合同号；

e)　所附文件的名称及份数。

产品装箱单上应有制造商装箱部门的公章、装箱日期及检验员的签字。

12　产品质量合格证明书

按本标准生产的管件，每批均应有产品质量合格证明书。质量合格证明书中应包括下列内容：

a)　制造商名称及制造日期；

b)　质量检验员的签字及检验日期、质量检验部门的公章；

c)　产品名称、规格、制造标准编号；

d)　原材料的化学成分和机械性能；

e)　规定的检验、试验结果。

附 录 A
（资料性附录）
钢板制对焊管件 英制尺寸表

A.1 本附录提供了与Ⅰ系列管件尺寸对应的英制尺寸表。

A.2 本附录尺寸与 ANSI B16.9:2003 的附录Ⅰ尺寸(DN 150～DN 1200)等同。

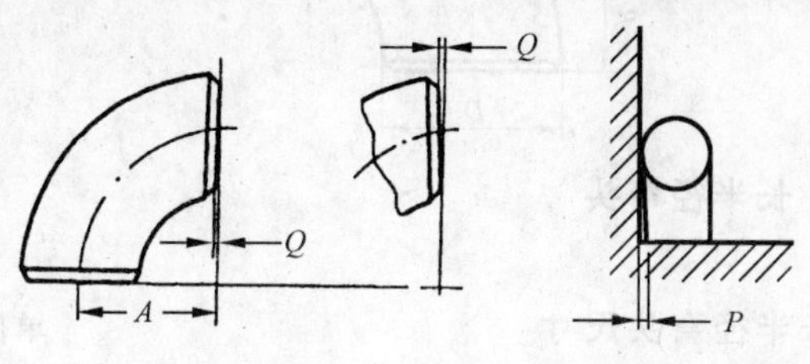

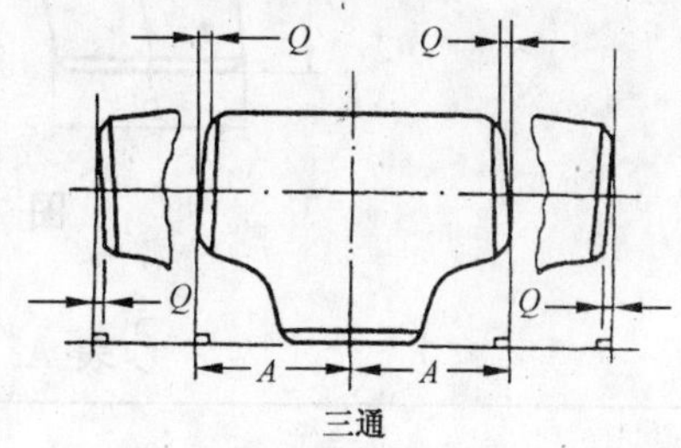

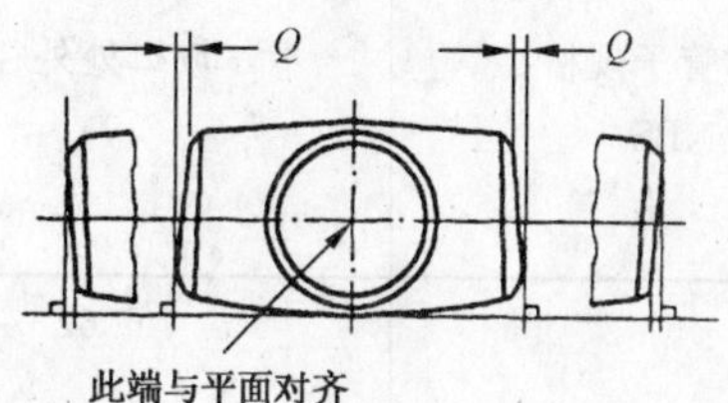

图 A.1 公差简图

表 A.1 尺寸公差

单位为英寸

所有管件				90°和45°弯头及三通，中心至端面尺寸 A,B,C,M	异径接头和翻边短节总长 F,H	管帽总长 E	公称管子规格 NPS	形位公差	
公称管子规格 NPS	坡口处外径[a,b] D	端部内径[a,c,d]	壁厚[c]					弯头、三通、异径接头 Q	90°和45°弯头、三通 P
2½	+0.06 −0.03	0.03	不小于公称壁厚的87.5%	0.06	0.06	0.12	1/2～4	0.03	0.06
3～3½	0.06	0.06		0.06	0.06	0.12	5～8	0.06	0.12
4	0.06	0.06		0.06	0.06	0.12	10～12	0.09	0.19
5～8	+0.09 −0.06	0.12		0.06	0.06	0.25	14～16	0.09	0.25
10～18	+0.16 −0.12	0.19		0.09	0.09	0.25	18～24	0.12	0.38
20～24	+0.25 −0.19	0.19		0.09	0.09	0.25	26～30	0.19	0.38
26～30	+0.25 −0.19	0.19		0.12	0.19	0.38	32～42	0.19	0.50
32～48	+0.25 −0.19	0.19		0.19	0.19	0.38	44～48	0.19	0.75

注1：公差见表 A.1 和图 A.1。

注2：除注明外，公差可为正、负偏差。

a 圆度为正负偏差绝对值之和。

b 当需要增加管件壁厚以满足抗内压要求时，该公差可能不适用于成型管件的局部区域。

c 端部内径和公称壁厚由采购方指定。

d 除非采购方另有规定，这些公差适用于公称内径等于公称外径减去两倍公称壁厚的场合。

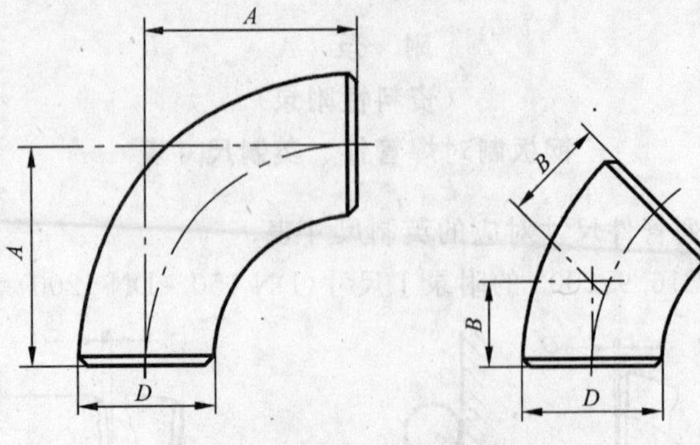

图 A.2 长半径弯头

表 A.2 长半径弯头尺寸

单位为英寸

公称管子规格 NPS	坡口处外径 D	中心至端面	
		90°弯头 A	45°弯头 B
6	6.62	9.00	3.75
8	8.62	12.00	5.00
10	10.75	15.00	6.25
12	12.75	18.00	7.50
14	14.00	21.00	8.75
16	16.00	24.00	10.00
18	18.00	27.00	11.25
20	20.00	30.00	12.50
22	22.00	33.00	13.50
24	24.00	36.00	15.00
26	26.00	39.00	16.00
28	28.00	42.00	17.25
30	30.00	45.00	18.50
32	32.00	48.00	19.75
34	34.00	51.00	21.00
36	36.00	54.00	22.25
38	38.00	57.00	23.62
40	40.00	60.00	24.88
42	42.00	63.00	26.00
44	44.00	66.00	27.38
46	46.00	69.00	28.62
48	48.00	72.00	29.88

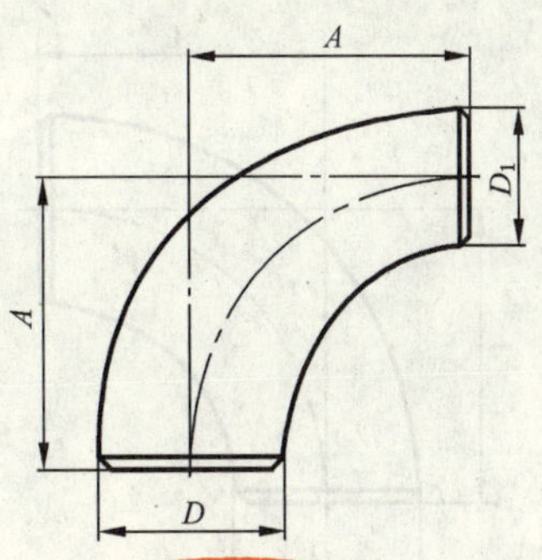

图 A.3 长半径异径弯头

表 A.3 长半径异径弯头尺寸

单位为英寸

公称管子规格 NPS	坡口处外径		中心至端面 A	公称管子规格 NPS	坡口处外径		中心至端面 A
	大端 D	小端 D_1			大端 D	小端 D_1	
6×5	6.62	5.56	9.00	16×12	16.00	12.75	24.00
6×4	6.62	4.50	9.00	16×10	16.00	10.75	24.00
6×3½	6.62	4.00	9.00	18×16	18.00	16.00	27.00
6×3	6.62	3.50	9.00	18×14	18.00	14.00	27.00
8×6	8.62	6.62	12.00	18×12	18.00	12.75	27.00
8×5	8.62	5.56	12.00	18×10	18.00	10.75	27.00
8×4	8.62	4.50	12.00	20×18	20.00	18.00	30.00
10×8	10.75	8.62	15.00	20×16	20.00	16.00	30.00
10×6	10.75	6.62	15.00	20×14	20.00	14.00	30.00
12×5	10.75	5.56	15.00	20×12	20.00	12.75	30.00
12×10	12.75	10.75	18.00	20×10	20.00	10.75	30.00
12×8	12.75	8.62	18.00	24×22	24.00	22.00	36.00
12×6	12.75	6.62	18.00	24×20	24.00	20.00	36.00
14×12	14.00	12.75	21.00	24×18	24.00	18.00	36.00
14×10	14.00	10.75	21.00	24×16	24.00	16.00	36.00
14×8	14.00	8.62	21.00	24×14	24.00	14.00	36.00
16×14	16.00	14.00	24.00	24×12	24.00	12.75	36.00

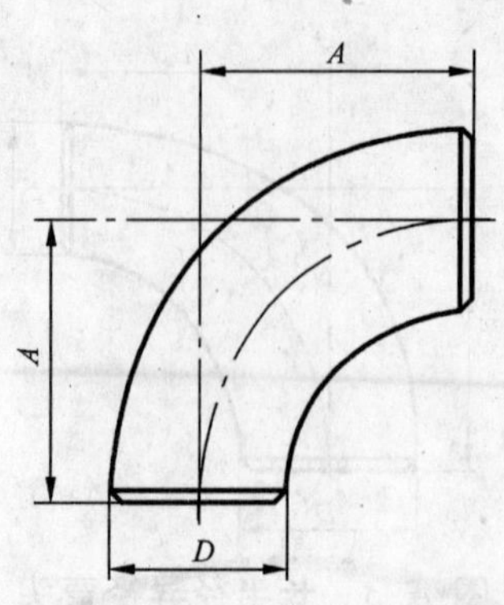

图 A.4 短半径弯头

表 A.4 短半径弯头的尺寸

单位为英寸

公称管子规格 NPS	坡口处外径 *D*	中心至端面 *A*
6	6.62	6.00
8	8.62	8.00
10	10.75	10.00
12	12.75	12.00
14	14.00	14.00
16	16.00	16.00
18	18.00	18.00
20	20.00	20.00
22	22.00	22.00
24	24.00	24.00

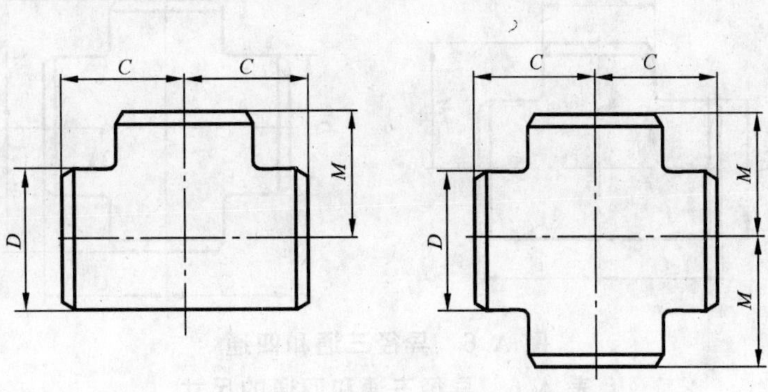

图 A.5 等径三通和四通

表 A.5 等径三通和四通的尺寸

单位为英寸

公称管子规格 NPS	坡口处外径 D	中心至端面	
		管程 C	出口[a,b] M
6	6.62	5.62	5.62
8	8.62	7.00	7.00
10	10.75	8.50	8.50
12	12.75	10.00	10.00
14	14.00	11.00	11.00
16	16.00	12.00	12.00
18	18.00	13.50	13.50
20	20.00	15.00	15.00
22	22.00	16.50	16.50
24	24.00	17.00	17.00
26	26.00	19.50	19.50
28	28.00	20.50	20.50
30	30.00	22.00	22.00
32	32.00	23.50	23.50
34	34.00	25.00	25.00
36	36.00	26.50	26.50
38	38.00	28.00	28.00
40	40.00	29.50	29.50
42	42.00	30.00	28.00
44	44.00	32.00	30.00
46	46.00	35.50	31.50
48	48.00	35.00	33.00

a 对 NPS 26 及以上的管件，推荐但并不要求采用出口尺寸 M。

b 对 NPS 24 及以下的四通适用的尺寸。

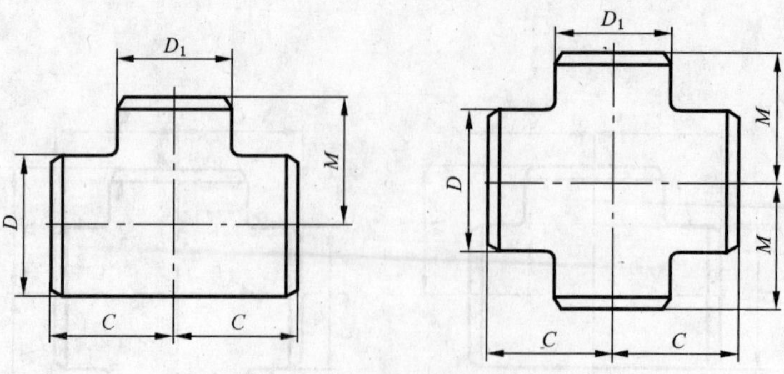

图 A.6 异径三通和四通

表 A.6 异径三通和四通的尺寸

单位为英寸

公称管子规格 NPS	坡口处外径		中心至端面		公称管子规格 NPS	坡口处外径		中心至端面	
	管程 D	出口 D_1	管程 C	出口[a] M		管程 D	出口 D_1	管程 C	出口[a] M
6×6×5	6.62	5.56	5.62	5.38	20×20×10	20.00	10.75	15.00	13.12
6×6×4	6.62	4.50	5.62	5.12	20×20×8	20.00	8.62	15.00	12.75
6×6×3½	6.62	4.00	5.62	5.00					
6×6×3	6.62	3.50	5.62	4.88	22×22×20	22.00	20.00	16.50	16.00
6×6×2½	6.62	2.88	5.62	4.75	22×22×18	22.00	18.00	16.50	15.50
					22×22×16	22.00	16.00	16.50	15.00
8×8×6	8.62	6.62	7.00	6.62	22×22×14	22.00	14.00	16.50	15.00
8×8×5	8.62	5.56	7.00	6.38	22×22×12	22.00	12.75	16.50	14.62
8×8×4	8.62	4.50	7.00	6.12	22×22×10	22.00	10.75	16.50	14.12
8×8×3½	8.62	4.00	7.00	6.00					
					24×24×22	24.00	22.00	17.00	17.00
10×10×8	10.75	8.62	8.50	8.00	24×24×20	24.00	20.00	17.00	17.00
10×10×6	10.75	6.62	8.50	7.62	24×24×18	24.00	18.00	17.00	16.50
10×10×5	10.75	5.56	8.50	7.50	24×24×16	24.00	16.00	17.00	16.00
10×10×4	10.75	4.50	8.50	7.25	24×24×14	24.00	14.00	17.00	16.00
					24×24×12	24.00	12.75	17.00	15.62
12×12×10	12.75	10.75	10.00	9.50	24×24×10	24.00	10.75	17.00	15.12
12×12×8	12.75	8.62	10.00	9.00					
12×12×6	12.75	6.62	10.00	8.62	26×26×24	26.00	24.00	19.50	19.00
12×12×5	12.75	5.56	10.00	8.50	26×26×22	26.00	22.00	19.50	18.50
					26×26×20	26.00	20.00	19.50	18.00
14×14×12	14.00	12.75	11.00	10.62	26×26×18	26.00	18.00	19.50	17.50
14×14×10	14.00	10.75	11.00	10.12	26×26×16	26.00	16.00	19.50	17.00
14×14×8	14.00	8.62	11.00	9.75	26×26×14	26.00	14.00	19.50	17.00
14×14×6	14.00	6.62	11.00	9.38	26×26×12	26.00	12.75	19.50	16.62
16×16×14	16.00	14.00	12.00	12.00	28×28×26	28.00	26.00	20.50	20.50
16×16×12	16.00	12.75	12.00	11.62	28×28×24	28.00	24.00	20.50	20.00
16×16×10	16.00	10.75	12.00	11.12	28×28×22	28.00	22.00	20.50	19.50
16×16×8	16.00	8.62	12.00	10.75	28×28×20	28.00	20.00	20.50	19.00
16×16×6	16.00	6.62	12.00	10.38	28×28×18	28.00	18.00	20.50	18.50
					28×28×16	28.00	16.00	20.50	18.00
18×18×16	18.00	16.00	13.50	13.00	28×28×14	28.00	14.00	20.50	18.00
18×18×14	14.00	14.00	13.50	13.00	28×28×12	28.00	12.75	20.50	17.62
18×18×12	18.00	12.75	13.50	12.62					
18×18×10	18.00	10.75	13.50	12.12	30×30×28	30.00	28.00	22.00	21.50
18×18×8	18.00	8.62	13.50	11.75	30×30×26	30.00	26.00	22.00	21.50
					30×30×24	30.00	24.00	22.00	21.00
20×20×18	20.00	18.00	15.00	14.50	30×30×22	30.00	22.00	22.00	20.50
20×20×16	20.00	16.00	15.00	14.00	30×30×20	30.00	20.00	22.00	20.00
20×20×14	20.00	14.00	15.00	14.00	30×30×18	30.00	18.00	22.00	19.50
20×20×12	20.00	12.75	15.00	13.62	30×30×16	30.00	16.00	22.00	19.00

表 A.6（续）

单位为英寸

公称管子规格 NPS	坡口处外径		中心至端面	
	管程 D	出口 D_1	管程 C	出口[a] M
30×30×14	30.00	14.00	22.00	19.00
30×30×12	30.00	12.75	22.00	18.62
30×30×10	30.00	10.75	22.00	18.12
32×32×30	32.00	30.00	23.50	23.00
32×32×28	32.00	28.00	23.50	22.50
32×32×26	32.00	26.00	23.50	22.50
32×32×24	32.00	24.00	23.50	22.00
32×32×22	32.00	22.00	23.50	21.50
32×32×20	32.00	20.00	23.50	21.00
32×32×18	32.00	18.00	23.50	20.50
32×32×16	32.00	16.00	23.50	20.00
32×32×14	32.00	14.00	23.50	20.00
34×34×32	34.00	32.00	25.00	24.50
34×34×30	34.00	30.00	25.00	24.00
34×34×28	34.00	28.00	25.00	23.50
34×34×26	34.00	26.00	25.00	23.50
34×34×24	34.00	24.00	25.00	23.00
34×34×22	34.00	22.00	25.00	22.50
34×34×20	34.00	20.00	25.00	22.00
34×34×18	34.00	18.00	25.00	21.50
34×34×16	34.00	16.00	25.00	21.00
36×36×34	36.00	34.00	26.50	26.00
36×36×32	36.00	32.00	26.50	25.50
36×36×30	36.00	30.00	36.50	25.00
36×36×28	36.00	28.00	26.50	24.50
36×36×26	36.00	26.00	26.50	24.50
36×36×24	36.00	24.00	26.50	24.00
36×36×22	36.00	22.00	26.50	23.50
36×36×20	36.00	20.00	26.50	23.00
36×36×18	36.00	18.00	26.50	22.50
36×36×16	36.00	16.00	26.50	22.00
38×38×36	38.00	36.00	28.00	28.00
38×38×34	38.00	34.00	28.00	27.50
38×38×32	38.00	32.00	28.00	27.00
38×38×30	38.00	30.00	28.00	26.50
38×38×28	38.00	28.00	28.00	25.50
38×38×26	38.00	26.00	28.00	25.50
38×38×24	38.00	24.00	28.00	25.00
38×38×22	38.00	22.00	28.00	24.50
38×38×20	38.00	20.00	28.00	24.00
38×38×18	38.00	18.00	28.00	23.50
40×40×38	40.00	38.00	29.50	29.50
40×40×36	40.00	36.00	29.50	29.00
40×40×34	40.00	34.00	29.50	28.50
40×40×32	40.00	32.00	29.50	28.00
40×40×30	40.00	30.00	29.50	27.50
40×40×28	40.00	28.00	29.50	26.50
40×40×26	40.00	26.00	29.50	26.50
40×40×24	40.00	24.00	29.50	26.00
40×40×22	40.00	22.00	29.50	25.50
40×40×20	40.00	20.00	29.50	25.00
40×40×18	40.00	18.00	29.50	24.50
42×42×40	42.00	40.00	30.00	28.00
42×42×38	42.00	38.00	30.00	28.00
42×42×36	42.00	36.00	30.00	28.00
42×42×34	42.00	34.00	30.00	28.00
42×42×32	42.00	32.00	30.00	28.00
42×42×30	42.00	30.00	30.00	28.00
42×42×28	42.00	28.00	30.00	27.50
42×42×26	42.00	26.00	30.00	27.50
42×42×24	42.00	24.00	30.00	26.00
42×42×22	42.00	22.00	30.00	26.00
42×42×20	42.00	20.00	30.00	26.00
42×42×18	42.00	18.00	30.00	25.50
42×42×16	42.00	16.00	30.00	25.00
44×44×42	44.00	42.00	32.00	30.00
44×44×40	44.00	40.00	32.00	29.50
44×44×38	44.00	38.00	32.00	29.00
44×44×36	44.00	36.00	32.00	28.50
44×44×34	44.00	34.00	32.00	28.50
44×44×32	44.00	32.00	32.00	28.00
44×44×30	44.00	30.00	32.00	28.00
44×44×28	44.00	28.00	32.00	27.50
44×44×26	44.00	26.00	32.00	27.50
44×44×24	44.00	24.00	32.00	27.50
44×44×22	44.00	22.00	32.00	27.00
44×44×20	44.00	20.00	32.00	27.00
46×46×44	46.00	44.00	33.50	31.50
46×46×42	46.00	42.00	33.50	31.00
46×46×40	46.00	40.00	33.50	30.50
46×46×38	46.00	38.00	33.50	30.00
46×46×36	46.00	36.00	33.50	30.00
46×46×34	46.00	34.00	33.50	29.50
46×46×32	46.00	32.00	33.50	29.50
46×46×30	46.00	30.00	33.50	29.00
46×46×28	46.00	28.00	33.50	29.00
46×46×26	46.00	26.00	33.50	29.00
46×46×24	46.00	24.00	33.50	28.50
46×46×22	46.00	22.00	33.50	28.50
48×48×46	48.00	46.00	35.00	33.00
48×48×44	48.00	44.00	35.00	33.00
48×48×42	48.00	42.00	35.00	32.00
48×48×40	48.00	40.00	35.00	32.00
48×48×38	48.00	38.00	35.00	32.00
48×48×36	48.00	36.00	35.00	31.00
48×48×34	48.00	34.00	35.00	31.00
48×48×32	48.00	32.00	35.00	31.00
48×48×30	48.00	30.00	35.00	30.00
48×48×28	48.00	28.00	35.00	30.00
48×48×26	48.00	26.00	35.00	30.00
48×48×24	48.00	24.00	35.00	29.00
48×48×22	48.00	22.00	35.00	29.00

a NPS 14 及以上的管配件，推荐但并不一定要采用出口尺寸 M。

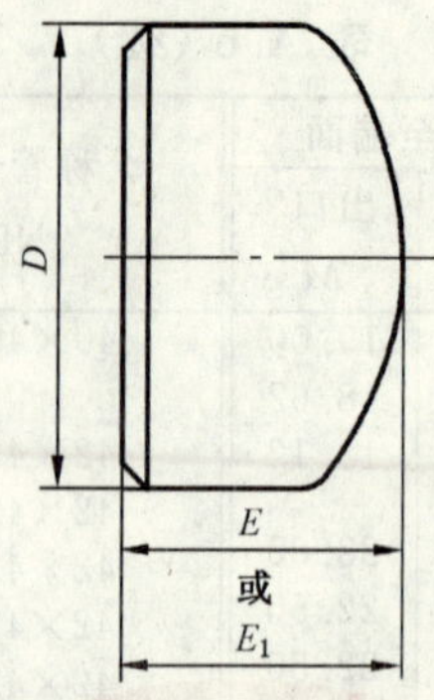

注：管帽的形状应为椭圆形，并应符合 ASME《锅炉及压力容器规范》中给定的形状要求。

图 A.7 管帽

表 A.7 管帽的尺寸

单位为英寸

公称管子规格 NPS	坡口处外径 D	长度[a] E	长度 E 时极限壁厚	长度[b] E_1	公称管子规格 NPS	坡口处外径 D	长度[a] E	长度 E 时极限壁厚	长度[b] E_1
6	6.62	3.50	0.43	4.00	28	28.00	10.50	—	—
8	8.62	4.00	0.50	5.00	30	30.00	10.50	—	—
10	10.75	5.00	0.50	6.00	32	32.00	10.50	—	—
12	12.75	6.00	0.50	7.00	34	34.00	10.50	—	—
14	14.00	6.50	0.50	7.50	36	36.00	10.50	—	—
16	16.00	7.00	0.50	8.00	38	38.00	12.00	—	—
18	18.00	8.00	0.50	9.00	40	40.00	12.00	—	—
20	20.00	9.00	0.50	10.00	42	42.00	12.00	—	—
22	22.00	10.00	0.50	10.00	44	44.00	13.50	—	—
24	24.00	10.50	0.50	12.00	46	46.00	13.50	—	—
26	26.00	10.50	—	—	48	48.00	13.50	—	—

a 长度 E 适用于厚度不超过“长度 E 时极限壁厚”栏中所列值的场合。

b 对 NPS 24 及以下的管帽，长度 E_1 适用于厚度大于“长度 E 时极限壁厚”栏中所列值的场合。对于 NPS 26 及以上的管帽，长度 E_1 应由制造厂与采购方双方协商。

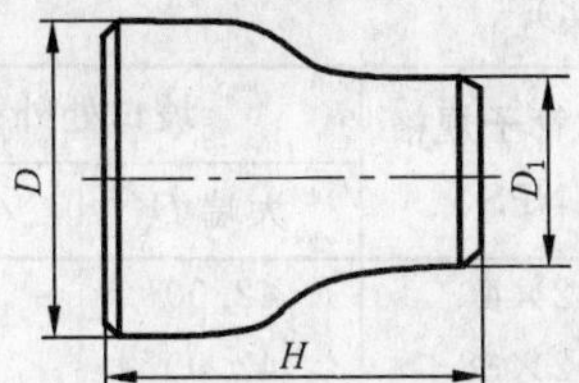

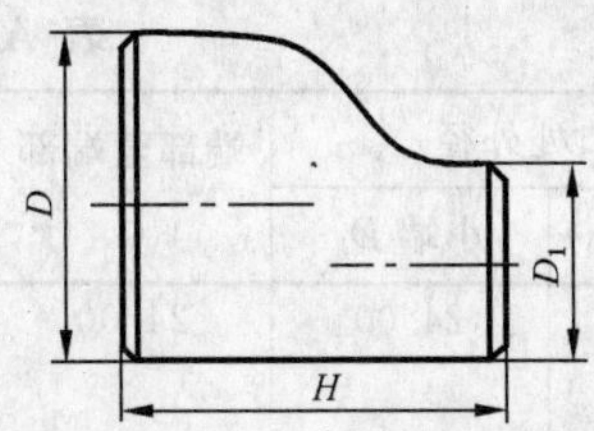

图 A.8 异径接头

表 A.8 异径接头尺寸

单位为英寸

公称管子规格 NPS	坡口处外径		端面至端面 H	公称管子规格 NPS	坡口处外径		端面至端面 H
	大端 D	小端 D_1			大端 D	小端 D_1	
6×5	6.62	5.56	5.50	20×16	20.00	16.00	20.00
6×4	6.62	4.50	5.50	20×14	20.00	14.00	20.00
6×3½	6.62	4.00	5.50	20×12	20.00	12.75	20.00
6×3	6.62	3.50	5.50				
6×2½	6.62	2.88	5.50	22×20	22.00	20.00	20.00
				22×18	22.00	18.00	20.00
8×6	8.62	6.62	6.00	22×16	22.00	16.00	20.00
8×5	8.62	5.56	6.00	22×14	22.00	14.00	20.00
8×4	8.62	4.50	6.00				
8×3½	8.62	4.00	6.00	24×22	24.00	22.00	20.00
				24×20	24.00	20.00	20.00
10×8	10.75	8.62	7.00	24×18	24.00	18.00	20.00
10×6	10.75	6.62	7.00	24×16	24.00	16.00	20.00
10×5	10.75	5.56	7.00				
10×4	10.75	4.50	7.00	26×24	26.00	24.00	24.00
				26×22	26.00	22.00	24.00
12×10	12.75	10.75	8.00	26×20	26.00	20.00	24.00
12×8	12.75	8.62	8.00	26×18	26.00	18.00	24.00
12×6	12.75	6.62	8.00				
12×5	12.75	5.56	8.00	28×26	28.00	26.00	24.00
				28×24	28.00	24.00	24.00
14×12	14.00	12.75	13.00	28×20	28.00	20.00	24.00
14×10	14.00	10.75	13.00	28×18	28.00	18.00	24.00
14×8	14.00	8.62	13.00				
14×6	14.00	6.62	13.00	30×28	30.00	28.00	24.00
				30×26	30.00	26.00	24.00
16×14	16.00	14.00	14.00	30×24	30.00	24.00	24.00
16×12	16.00	12.75	14.00	30×20	30.00	20.00	24.00
16×10	16.00	10.75	14.00				
16×8	16.00	8.62	14.00	32×30	32.00	30.00	24.00
				32×28	32.00	28.00	24.00
18×16	18.00	16.00	15.00	32×26	32.00	26.00	24.00
18×14	18.00	14.00	15.00	32×24	32.00	24.00	24.00
18×12	18.00	12.75	15.00				
18×10	18.00	10.75	15.00	34×32	34.00	32.00	24.00
				34×30	34.00	30.00	24.00
20×18	20.00	18.00	20.00	34×26	34.00	26.00	24.00

表 A.8（续）

单位为英寸

公称管子规格 NPS	坡口处外径		端部至端部 H	公称管子规格 NPS	坡口处外径		端部至端部 H
	大端 D	小端 D_1			大端 D	小端 D_1	
34×24	34.00	24.00	24.00	42×40	42.00	40.00	24.00
				42×38	42.00	38.00	24.00
36×34	36.00	34.00	24.00	42×36	42.00	36.00	24.00
36×32	36.00	32.00	24.00	42×34	42.00	34.00	24.00
36×30	36.00	30.00	24.00	42×32	42.00	32.00	24.00
36×26	36.00	26.00	24.00	42×30	42.00	30.00	24.00
36×24	36.00	24.00	24.00				
				44×42	44.00	42.00	24.00
38×36	38.00	36.00	24.00	44×40	44.00	40.00	24.00
38×34	38.00	34.00	24.00	44×38	44.00	38.00	24.00
38×32	38.00	32.00	24.00	44×36	44.00	36.00	24.00
38×30	38.00	30.00	24.00				
38×28	38.00	28.00	24.00	46×44	46.00	44.00	28.00
38×26	38.00	26.00	24.00	46×42	46.00	42.00	28.00
				46×40	46.00	40.00	28.00
40×38	40.00	38.00	24.00	46×38	46.00	38.00	28.00
40×36	40.00	36.00	24.00				
40×34	40.00	34.00	24.00	48×46	48.00	46.00	28.00
40×32	40.00	32.00	24.00	48×44	48.00	44.00	28.00
40×30	40.00	30.00	24.00	48×42	48.00	42.00	28.00
				48×40	48.00	40.00	28.00

注：当外形简图为“钟形”异径管时，不禁止使用圆锥形异径接头。

附 录 B
（资料性附录）
与管件连接的钢管 壁厚分级表

B.1 本附录列出了与管件连接的钢管的壁厚分级表(见表 B.1),供使用者参考。

B.2 本附录表中的壁厚数值摘自 ASME B36.10M:1996《焊接和无缝锻轧钢管》和 ASME B36.19M:1985(R1994)《不锈钢管》。

表 B.1 与管件连接的钢管壁厚分级表 单位为毫米

公称尺寸		外径	公称壁厚																
DN	NPS		Sch5S	Sch10S	Sch40S	Sch80S	Sch10	Sch20	Sch30	STD	Sch40	Sch60	XS	Sch80	Sch100	Sch120	Sch140	Sch160	XXS
150	6	168.3	2.77	3.40	7.11	10.97				7.11	7.11		10.97	10.97		14.27		18.26	21.95
200	8	219.1	2.77	3.76	8.18	12.70		6.35	7.04	8.18	8.18	10.31	12.70	12.70	15.09	18.26	20.62	23.01	22.23
250	10	273.0	3.40	4.19	9.27	*12.70		6.35	7.80	9.27	9.27	12.70	12.70	15.09	18.26	21.44	25.40	28.58	25.40
300	12	323.8	3.96	*4.57	*9.53	*12.70		6.35	8.38	9.53	10.31	14.27	12.70	17.48	21.44	25.40	28.58	33.32	25.40
350	14	355.6	3.96	*4.78			6.35	7.92	9.53	9.53	11.13	15.09	12.70	19.05	23.83	27.79	31.75	35.71	
400	16	406.4	4.19	*4.78			6.35	7.92	9.53	9.53	12.70	16.66	12.70	21.44	26.19	30.96	36.53	40.49	
450	18	457	4.19	*4.78			6.35	7.92	11.13	9.53	14.27	19.05	12.70	23.83	29.36	34.93	39.67	45.24	
500	20	508	4.78	*5.54			6.35	9.53	12.70	9.53	15.09	20.62	12.70	26.19	32.54	38.10	44.45	50.01	
550	22	559	4.78	*5.54			6.35	9.53	12.70	9.53		22.23	12.70	28.58	34.93	41.28	47.63	53.98	
600	24	610	5.54	6.35			6.35	9.53	14.27	9.53	17.48	24.61	12.70	30.96	38.89	46.02	52.37	59.54	
650	26	660					7.92	12.70		9.53			12.70						
700	28	711					7.92	12.70	15.88	9.53			12.70						
750	30	762	6.35	7.92			7.92	12.70	15.88	9.53			12.70						
800	32	813					7.92	12.70	15.88	9.53	17.48		12.70						
850	34						7.92			9.53			12.70						
900	36						7.92	12.70	15.88	9.53	19.05		12.70						
950	38									9.53			12.70						
1 000	40									9.53			12.70						
1 050	42									9.53			12.70						
1 100	44									9.53			12.70						
1 150	46									9.53			12.70						
1 200	48									9.53			12.70						

注 1：Sch 数字后带“S”者为 ASME B36.19M 标准中规定的数据;不带“S”者为 ASME B36.10M 标准中规定的数据。

注 2：带“*”号的壁厚数据,在 ASME B36.19M 标准中注明与 ASME B36.10M 不同。

注 3：“STD”为标准管壁厚系列代号,“XS”为加强管壁厚系列代号,“XXS”为特加强管壁厚系列代号。

ICS 67.220.20
X 41

中华人民共和国国家标准

GB 13509—2005
代替 GB 13509—1992

食品添加剂 木糖醇

Food additive—Xylitol

2005-09-22 发布 2006-06-01 实施

中华人民共和国国家质量监督检验检疫总局
中国国家标准化管理委员会 发布

前　言

本标准第4章为强制性，其余为推荐性。

本标准的技术要求等效采用美国《食品用化学品法典》第四版(FCC Ⅳ,1996)。

本标准代替 GB 13509—1992《食品添加剂 木糖醇》。

本标准与 GB 13509—1992 相比主要变化如下：

——取消了理化指标中总醇含量指标，增加了铅、镍含量指标；

——提高了木糖醇含量指标，严格了干燥失重、其他多元醇及还原糖指标，修改了熔点指标；

——木糖醇含量的测定分为气相色谱法(GLC)(仲裁法)和液相色谱法(HPLC)。

本标准由中国轻工业联合会提出。

本标准由全国食品发酵标准化中心归口。

本标准起草单位：河北宝硕股份有限公司糖醇分公司、山东禹城福田药业有限公司、河南辉县宏泰化工有限公司木糖醇厂、北京健力药业有限公司、浙江开化华康制药厂、中国食品发酵工业研究院。

本标准主要起草人：吴继彪、朱路甲、吕志暖、王平、李惠宜。

本标准所代替标准的历次版本发布情况为：

——GB 13509—1992。

食品添加剂
木糖醇

1 范围

本标准规定了食品添加剂木糖醇的技术要求、试验方法、检验规则、包装、标志、贮存、运输和保质期。

本标准适用于以玉米芯、甘蔗渣等农副产品为原料经水解、净化、加氢等工艺制成的产品，用作食品添加剂。

2 规范性引用文件

下列文件中的条款通过本标准的引用而成为本标准的条款。凡是注日期的引用文件，其随后所有的修改单(不包括勘误的内容)或修订版均不适用于本标准，然而，鼓励根据本标准达成协议的各方研究是否可使用这些文件的最新版本。凡是不注日期的引用文件，其最新版本适用于本标准。

GB/T 5009.74 食品添加剂中重金属限量试验

GB/T 5009.75 食品添加剂中铅的测定

GB/T 5009.76 食品添加剂中砷的测定

GB/T 5009.138 食品中镍的测定

GB/T 6678 化工产品采样总则

GB/T 6682 分析实验室用水规格和试验方法

3 分子式、相对分子质量、结构式

分子式：$C_5H_{12}O_5$

相对分子质量：152.15(按 1991 年国际原子量表)

结构式：

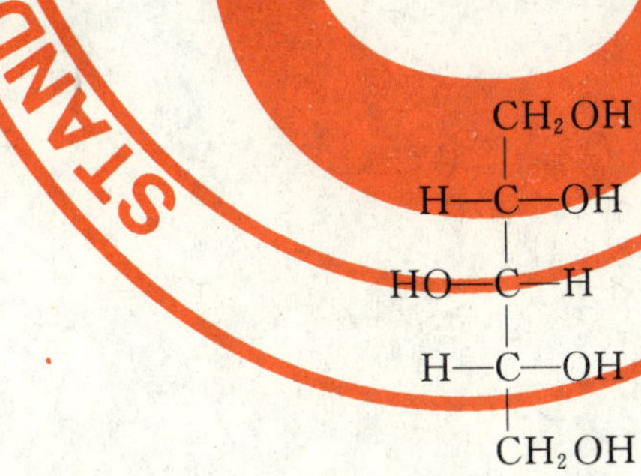

4 技术要求

4.1 外观和感官

本品为白色结晶或晶状粉末，味甜、无异味，易溶于水，微溶于乙醇和甲醇。

4.2 理化指标

应符合表 1 的规定。

表1 理化指标

项 目		指 标
含量(以干基计)/(%)		98.5～101.0
熔点/℃		92.0～96.0
其他多元醇/(%)	≤	2.0
干燥失重/(%)	≤	0.50
灼烧残渣/(%)	≤	0.50
还原糖(以葡萄糖计)/(%)	≤	0.20
砷(以As计)/(%)	≤	0.000 3
重金属(以Pb计)/(%)	≤	0.001 0
铅/(%)	≤	0.000 1
镍/(%)	≤	0.000 2

5 试验方法

除非另有说明,在分析中仅使用确认为分析纯的试剂和GB/T 6682中规定的水。

5.1 鉴别

溶解5 g样品于10 mL等体积的盐酸和甲醛溶液中,在50℃下反应2 h。加25 mL乙醇,收集产生的结晶,加热使结晶溶解于10 mL水中,加入50 mL乙醇,过滤收集分离出的结晶,用乙醇重结晶两次,在105℃下干燥2 h,结晶熔点在195.0℃～201.0℃。

5.2 含量及其他多元醇

5.2.1 气相色谱法(GLC)(仲裁法)

5.2.1.1 方法提要

试样进入气相色谱仪中的色谱柱时,由于在气固两相中吸附系数不同,而使木糖醇与其他组分得以分离,利用氢火焰离子检测器进行鉴定,与标样对照,根据保留时间定性,利用内标法定量。

5.2.1.2 仪器

a) 气相色谱仪:带氢火焰离子检测器;

b) 微量注射器。

5.2.1.3 含量

5.2.1.3.1 试剂

a) 十八烷:色谱纯;

b) 庚烷;

c) 吡啶;

d) 六甲基二硅胺烷(HMDS);

e) 三甲基氯硅烷(TMCS);

f) 木糖醇标准品。

5.2.1.3.2 色谱条件

a) 色谱柱:ϕ3×2 000 mm玻璃柱或不锈钢柱。

b) 固定相:在酸碱处理过的硅烷化色谱硅燥土(Chromosorb WAW-DMCS)(60目～80目)上涂以20%的甲基聚硅氧烷。

c) 载气:高纯氮,流量50 mL/min～60 mL/min或调节到进样后约13 min得到木糖醇的三甲基硅烷醚(TMS)峰。

d) 空气流速:600 mL/min。

e) 柱温:190℃。

f) 检测室温度:250℃。

g) 汽化室温度:250℃。

应根据不同仪器,通过试验选择最佳色谱条件。

5.2.1.3.3 **测定方法**

a) 内标溶液:称取 500 mg (准确至 0.000 1 g) 十八烷,用庚烷溶解,移入 25 mL 容量瓶中,稀释到刻度,混匀。

b) 标准制备液:准确称取 50 mg(精确到 0.000 1 g)木糖醇标准品于 25 mL 容量瓶中,加入 1 mL 吡啶,在蒸汽浴上加热溶解,冷却到室温,加入 0.2 mL 六甲基二硅胺烷(HMDS)和 0.1 mL 三甲基氯硅烷(TMCS),室温下放置 30 min,加入 5.0 mL 内标溶液,用庚烷稀释到刻度,摇匀。

c) 样品制备液:准确称取 50 mg(精确至 0.000 1 g)干燥失重后的样品,置于 25 mL 容量瓶中,加入 1 mL 吡啶,在蒸汽浴上加热溶解,冷却到室温,加入 0.2 mL HMDS 和 0.1 mL TMCS,在室温下放置 30 min,加入 5.0 mL 内标溶液,用庚烷稀释到刻度,混匀。

d) 于色谱柱中注入 10 μL 标准制备液,分别记录木糖醇 TMS 峰的面积 A_X 和十八烷峰的面积 A_O。

5.2.1.3.4 **计算**

木糖醇的响应比 RR 按式(1)计算:

$$RR = \frac{A_X \times c_O}{A_O \times c_X} \quad \cdots\cdots (1)$$

式中:

RR——木糖醇的响应比;

A_X——木糖醇 TMS 峰的面积;

c_O——标准制备液中十八烷的浓度,单位为毫克每毫升(mg/mL);

A_O——十八烷峰的面积;

c_X——标准制备液中木糖醇标准品的浓度,单位为毫克每毫升(mg/mL)。

同样地,注入 10 μL 样品制备液,分别记录木糖醇 TMS 峰的面积 A_X 和十八烷峰的面积 A_O。

木糖醇的含量 X 按式(2)计算:

$$X = \frac{A_X \times c_O \times 25}{A_O \times RR \times m} \times 100\% \quad \cdots\cdots (2)$$

式中:

X——木糖醇的含量,%;

A_X——木糖醇 TMS 峰的面积;

c_O——标准制备液中十八烷的浓度,单位为毫克每毫升(mg/mL);

A_O——十八烷峰的面积;

RR——木糖醇的响应比;

m——干燥失重后的样品质量,单位为毫克(mg)。

5.2.1.3.5 **允许差**

木糖醇测定结果的相对偏差不超过 0.2%,取平均值为测定结果。

5.2.1.4 **其他多元醇**

5.2.1.4.1 **试剂**

a) 标准混合物:准确称取甘露醇、半乳糖醇、阿拉伯醇和山梨醇各 25 mg 和木糖醇标准品 100 mg,分别转移到 10 mL 容量瓶中,于每一瓶中分别加入 0.2 mL 无水吡啶和 1 mL 乙酸酐,在电热板上加热各瓶 30 min(缓慢加热,以防内容物沸腾),冷却,随后用丙酮将甘露醇、半乳糖醇、阿拉伯醇和山梨醇的容量瓶稀释到刻度。准确吸取 0.2 mL 甘露醇和 0.2 mL 山梨醇溶液、0.08 mL 阿拉伯醇和 0.08 mL 半乳糖醇溶液放入木糖醇参比标准瓶中,用丙酮稀释到刻度，混匀。

b） 试验样品配制液：准确称取 100 mg（精确至 0.001 g）的样品，放入 10 mL 容量瓶中，加入 0.2 mL无水吡啶和 1 mL 乙酸酐，在电热板上低温加热 30 min，冷却，随后用丙酮稀释到刻度，混匀。

5.2.1.4.2 色谱条件

a） 色谱柱：$\phi3\times2\,000$ mm 玻璃柱或不锈钢柱。

b） 载体：Chromosorb WAW-DMCS（60 目～80 目），涂以 5％乙二醇琥珀酸酯-氰乙基硅酮共聚物或 10％的氰乙基硅酮。

c） 柱温：170℃或调节至使木糖醇五乙酸酯的保留时间为 13 min。

d） 载气：氮气，流速调节至使木糖醇五乙酸酯在进样后 13 min 出峰，进几次 10μL 混合标准样直到获得恒定响应值后以此定色谱条件。

5.2.1.4.3 测定方法

注进适当比例（如 10 μL）的混合标准液于色谱仪中，记录色谱图，使 0.5％含量的甘露醇至少有最大记录响应值的 20％。

混合各组分的大约保留时间是：

阿拉伯醇五乙酸酯	8 min
木糖醇五乙酸酯	13 min
半乳糖醇六乙酸酯	22 min
山梨醇六乙酸酯	26 min
甘露醇六乙酸酯	20 min

测定混合标准液中各多元醇的峰面积 A_S，同时注入适当体积的试验样品配制液，记录色谱图，测定每个已知多元醇的峰面积 A_K 和每个未知多元醇的峰面积 A_U，用式（3）计算每个已知多元醇的百分含量 X_1：

$$X_1=\frac{A_K\times m_1\times D}{A_S\times m_2}\times100\% \qquad (3)$$

式中：

X_1——已知多元醇的含量，％；

A_K——已知多元醇的峰面积；

m_1——混合标准液中甘露醇、半乳糖醇、阿拉伯醇或山梨醇的取样量，单位为毫克（mg）；

D——稀释因子，对于甘露醇和山梨醇为 0.02，对于半乳糖醇和阿拉伯醇为 0.008；

A_S——混合标准液中各多元醇的峰面积；

m_2——样品的质量，单位为毫克（mg）。

通过甘露醇峰按式（4）计算每个未知多元醇的百分含量 X_2：

$$X_2=\frac{A_U\times m_1\times0.02}{A_S\times m_2}\times100\% \qquad (4)$$

式中：

X_2——未知多元醇的含量，％；

A_U——未知多元醇的峰面积；

m_1——混合标准液中甘露醇、半乳糖醇、阿拉伯醇或山梨醇的取样量，单位为毫克（mg）；

A_S——混合标准液中各多元醇的峰面积；

m_2——样品的质量，单位为毫克（mg）。

其他多元醇含量为每个已知多元醇和每个未知多元醇含量之和。

5.2.1.4.4 允许差

其他多元醇的测定结果的相对偏差不超过 0.5％，取平均值为测定结果。

5.2.2 液相色谱法(HPLC)

5.2.2.1 仪器

a) 高效液相色谱仪:带示差检测器;

b) 25 μL 注射器。

5.2.2.2 试剂

a) 乙腈:色谱纯;

b) 木糖醇标准品;

c) 阿拉伯醇标准品;

d) 山梨醇标准品;

e) 半乳糖醇标准品;

f) 甘露醇标准品。

5.2.2.3 色谱条件

a) 流动相:35%乙腈溶液。

b) 色谱柱:HPX-87C 300 mm×7.8 mm(或同等分析效果的色谱柱)。

c) 流量:0.6 mL/min~0.8 mL/min。

d) 温度:75℃。

e) 检测室温度:45℃~60℃。

5.2.2.4 测定方法(外标法)

5.2.2.4.1 标准溶液的制备

配制三种不同浓度的标准溶液:

a) 准确称取约 1.0 g(准确到 0.000 1 g)木糖醇标准品,甘露醇标准品、阿拉伯醇标准品、山梨醇标准品、半乳糖醇标准品各 0.03 g(准确到 0.000 1 g),置于容量瓶中用水定容至 100 mL。

b) 准确称取约 1.5 g(准确到 0.000 1 g)木糖醇标准品,甘露醇标准品、阿拉伯醇标准品、山梨醇标准品、半乳糖醇标准品各 0.06 g(准确到 0.000 1 g),置于容量瓶中用水定容至 100 mL。

c) 准确称取约 2.0 g(准确到 0.000 1 g)木糖醇标准品,甘露醇标准品、阿拉伯醇标准品、山梨醇标准品、半乳糖醇标准品各 0.09 g(准确到 0.000 1 g),置于容量瓶中用水定容至 100 mL。

5.2.2.4.2 样品溶液的制备

准确称取 1 g~2 g(准确到 0.000 1 g)的干燥样品,用去离子水定容于 100 mL 容量瓶中。

5.2.2.4.3 液相色谱测定

于色谱柱中分别注入 a)、b)、c)标准制备液 5 μL,按外标法用三种标准溶液作校准表,记录标准溶液中某组分 i 的测量响应面积 A_i。

标准溶液中某组分 i 的校正因子 f_i 按式(5)计算:

$$f_i = \frac{m_i}{A_i} \qquad (5)$$

式中:

f_i——标准溶液中某组分 i 的校正因子;

m_i——标准溶液中某组分 i 的质量,单位为克(g);

A_i——标准溶液中某组分 i 的测量响应面积。

同样地,注入 5 μL 样品制备液,记录样品中某组分 i 的测量响应面积 A_S。

木糖醇或其他多元醇含量 X_3 按式(6)计算:

$$X_3 = \frac{f_i \times A_S}{m} \times 100\% \qquad (6)$$

式中:

X_3——木糖醇或其他多元醇含量,%;

f_i——标准溶液中某组分 i 的校正因子;

A_S——样品中某组分 i 的测量响应面积；

m——干燥失重后的样品质量，单位为克(g)。

5.2.2.4.4 允许差

木糖醇的测定结果的相对偏差不超过 1.0%，取平均值为测定结果。

5.3 熔点

5.3.1 仪器

显微熔点测定仪。

5.3.2 测定方法

样品烘干磨细后按仪器使用方法进行测定。

5.3.3 允许差

取平行测定结果的算术平均值为测定结果，平行测定结果的绝对差值不大于 0.2℃。

5.4 干燥失重

5.4.1 测定方法

准确称取预先混匀的样品 1 g～2 g(精确到 0.000 1 g)，放入有五氧化二磷的 60℃ 干燥箱中干燥并恒重过的称量瓶中，加盖，轻轻抖动，使样品铺成一层，将带样品的称量瓶连同取下的盖一道放入真空干燥箱中，真空干燥箱内预先放入盛五氧化二磷的皿，在 60℃ 下真空干燥 4 h，打开干燥箱，将带样品的称量瓶放入盛有五氧化二磷的干燥器中冷却到室温，恒重。

5.4.2 计算

干燥失重 X_4 按式(7)计算：

$$X_4 = \frac{m_1 - m_2}{m} \times 100\% \qquad \cdots\cdots(7)$$

式中：

X_4——样品的干燥失重，%；

m_1——干燥前样品加称量瓶质量，单位为克(g)；

m_2——干燥后样品加称量瓶质量，单位为克(g)；

m——样品质量，单位为克(g)。

5.4.3 允许差

取平行测定结果的算术平均值为测定结果，平行测定结果的绝对差值不大于 0.05%。

5.5 灼烧残渣

5.5.1 测定方法

准确称取样品 2 g(精确到 0.000 1 g)，放入已恒重的坩埚或铂皿中，加入足够量的硫酸以润湿样品，于电炉上加热炭化，然后移入高温炉中，于 600℃±25℃ 下灼烧，使其完全灰化，然后称至恒重。

5.5.2 计算

灼烧残渣含量 X_5 按式(8)计算：

$$X_5 = \frac{m_1 - m_2}{m} \times 100\% \qquad \cdots\cdots(8)$$

式中：

X_5——灼烧残渣含量，%；

m_1——坩埚加残渣质量，单位为克(g)；

m_2——空坩埚质量，单位为克(g)；

m——样品质量，单位为克(g)。

5.5.3 允许差

取平行测定结果的算术平均值为测定结果，平行测定结果的绝对差值不大于 0.02%。

5.6 还原糖

5.6.1 试剂

5.6.1.1 葡萄糖溶液:0.5 mg/mL。

5.6.1.2 费林氏甲液:溶解硫酸铜($CuSO_4 \cdot 5H_2O$)15 g及次甲基蓝0.15 g,用水定容到1 000 mL。

5.6.1.3 费林氏乙液:溶解50 g酒石酸钾钠和54 g氢氧化钠及4 g亚铁氰化钾(黄血盐),用水定容到1 000 mL。

5.6.2 测定方法

准确称取500 mg(精确到0.000 2 g)样品于10 mL三角瓶中,加入2 mL水溶解,于另一三角瓶中加入浓度为0.5 mg/mL的葡萄糖液2 mL,于每一三角瓶中加入费林氏甲、乙液各1 mL,加热到沸腾,冷却样品溶液的混浊度不得超过葡萄糖液的混浊度。

葡萄糖溶液形成棕红色的沉淀。

5.7 砷

按GB/T 5009.76测定。

5.8 重金属

按GB/T 5009.74测定。

5.9 铅

按GB/T 5009.75测定。

5.10 镍

按GB/T 5009.138测定。

6 检验规则

6.1 本产品应由生产厂的质量检验部门进行检验,生产厂应保证产品符合本标准的要求,每一批出厂的产品附有质量证明书。其内容包括:生产厂名、产品名称、批号、数量、出厂日期、化验结果、检验标准及标准代号。

6.2 使用单位有权按本标准规定的检验规则和试验方法检验所收到的产品质量是否符合本标准要求。

6.3 采样单元数按GB 6678规定采样,所取样品总量不得少于500 g。

6.4 将所取样品充分混匀后放入磨口瓶中,瓶上贴标签,并注明生产厂名、产品名称、批号、数量、取样日期。

6.5 如检验结果有不符合本标准时,应重新自两倍量的包装袋中取样分析复检,复检结果即使只有一项不符合本标准时,则整批产品不能验收。

6.6 当供需双方对产品质量发生异议需仲裁时,可由双方协商选定仲裁单位,按照本标准规定的检验规则和试验方法进行仲裁。

7 包装、标志、贮存、运输和保质期

7.1 本产品可用内层为食品级聚乙烯塑料的复合包装袋(或合同中规定的符合贮存、运输要求的其他形式的包装),经严格检验合格后方可使用。袋口严格密封,以防产品吸潮和漏出袋外。每袋净重25 kg(或按客户要求)。

7.2 包装袋上应注明:产品名称、生产厂名称、净含量、生产日期、卫生许可证号,并标有“食品添加剂”字样及印有防潮标记(或按客户要求)。

7.3 本产品应贮存在干燥通风的仓库里,相对湿度不大于75%,防止受潮变质。

7.4 本产品运输时应防止日晒雨淋,禁止与有毒有害物质混运。

7.5 本产品在符合贮运条件、包装完好的情况下,保质期为自生产之日起两年。

ICS 29.120.50
K 31

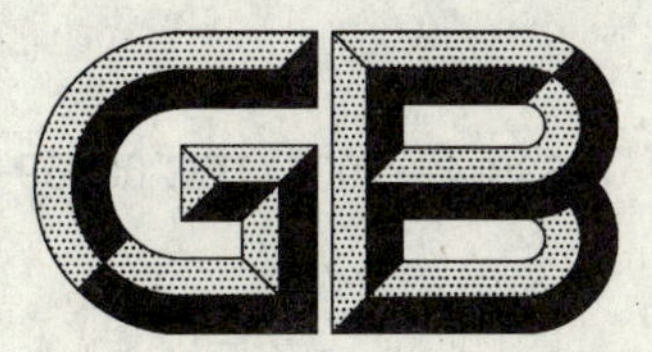

中华人民共和国国家标准

GB/T 13539.4—2005/IEC 60269-4:1986
代替 GB 13539.4—1992

低压熔断器 第4部分:半导体设备保护用熔断体的补充要求

Low-voltage fuses—Part 4:Supplementary requirements for fuse-links for the protection of semiconductor devices

(IEC 60269-4:1986,IDT)

2005-08-03 发布　　　　2006-04-01 实施

中华人民共和国国家质量监督检验检疫总局
中国国家标准化管理委员会　发布

前言

《低压熔断器》是系列标准，目前包括以下7个部分：

GB 13539.1—2002 《低压熔断器 第1部分：基本要求》(idt IEC 60269-1:1998)

GB/T 13539.2—2002 《低压熔断器 第2部分：专职人员使用的熔断器的补充要求（主要用于工业的熔断器）》(idt IEC 60269-2:1986)

GB 13539.3—1999《低压熔断器 第3部分：非熟练人员使用的熔断器的补充要求（主要用于家用和类似用途的熔断器）》(idt IEC 60269-3:1987)

GB/T 13539.4—2005 《低压熔断器 第4部分：半导体设备保护用熔断体的补充要求》(IEC 60269-4:1986,IDT)

GB/T 13539.5—1999 《低压熔断器 第3部分：非熟练人员使用的熔断器的补充要求（主要用于家用和类似用途的熔断器）标准化熔断器示例》(idt IEC 60269-3-1:1994)

GB/T 13539.6—2002 《低压熔断器 第2部分：专职人员使用的熔断器的补充要求（主要用于工业的熔断器）第1至5篇：标准化熔断器示例》(idt IEC 60269-2-1:2000)

GB/T 13539.7—2005 《低压熔断器 第4部分：半导体设备保护用熔断体的补充要求 第1至3篇：标准化熔断体示例》(IEC 60269-4-1:2002,IDT)

本部分为《低压熔断器》系列标准的第4部分，系等同采用IEC 60269-4:1986《低压熔断器 第4部分：半导体设备保护用熔断体的补充要求》及IEC 60269-4的修正件No.1(1995)、修正件No.2(2002)和修正件No.2勘误表(2003)。

本部分是对国家标准GB 13539.4—1992《低压熔断器 半导体器件保护用熔断体的补充要求》的修订。

本部分是对用于半导体设备保护的熔断体的补充要求，同时对于具体型式的熔断体的要求在GB/T 13539.7—2005中规定，在使用时应和GB 13539.1—2002和GB/T 13539.7—2005配合使用。

本部分与GB 13539.4—1992的主要差别为：增加对半导体设备保护用熔断体的分类要求；规定不同类型的熔断体的试验方法、标志等内容。

本部分5.8.1引用的图3，在IEC原文中为图2，疑有误，应为图3。IEC原文中5.8和5.9的时间常数(15～20 ms)与经修正的表12B不符，本部分此处按表12B规定。本部分8.4.3.2和8.4.3.4引用的表2，IEC原文为IEC 60269-1表2，疑有误，应为本部分表2。

本部分批准实施后，代替GB 13539.4—1992《低压熔断器 半导体器件保护用熔断体的补充要求》。

本部分的附录A为规范性附录，附录B为资料性附录。

本部分由中国电器工业协会提出。

本部分由全国低压电器标准化技术委员会归口。

本部分负责起草单位：上海电器科学研究所。

本部分参加起草单位：西安西整熔断器厂、西安熔断器厂、上海电器陶瓷厂。

本部分主要起草人：季慧玉、吴庆云。

本部分参加起草人：章永孚、伍丽华、刘双库、刘罗曼、林海鸥。

本部分所代替标准的历次版本发布情况为：

——GB/T 13539.4—1992。

低压熔断器　第4部分：
半导体设备保护用熔断体的补充要求

本部分与国家标准 GB 13539.1《低压熔断器　第1部分：基本要求》共同使用，因此本部分的条款、分条款和表的编号与它们的编号相对应。

1　总则

半导体设备保护用的熔断体（以下简称为熔断体）应符合 GB 13539.1 的所有要求，下文中没有另外指明的，也应符合本部分规定的补充要求。

1.1　范围

本部分的补充要求适用于安装在具有半导体装置的设备上的熔断体，熔断体的额定电压不超过交流 1 000 V 或标称电压不超过直流 1 500 V。如果适用，还可以用于更高的标称电压的电路。

注1：这种熔断体通常称为“半导体熔断体”。

注2：在多数情况下，组合设备的一部分可用作熔断器底座。由于设备的多样性，难以作出一般的规定；组合设备是否适合作熔断器底座，应由用户与制造厂协商。但是，如果采用独立的熔断器底座或熔断器支持件，它们应符合 GB 13539.1的相关要求。

1.2　目的

本部分的目的是确定半导体熔断体的特性，从而在相同尺寸的前提下，可以用具有相同特性的其他型式的熔断体替换半导体熔断体。因此，本部分中特别规定了：

1.2.1　熔断体的特性：

a）额定值；

c）正常工作时的温升；

d）耗散功率；

e）时间-电流特性；

f）分断能力；

g）截断电流特性和 I^2t 特性；

h）电弧电压极限值。

1.2.2　用于验证熔断体特性的型式试验。

1.2.3　熔断体标志。

1.2.4　应提供的技术数据（见附录 B）。

2　定义

2.2　一般术语

2.2.14

半导体设备　semiconductor device

基本特性是由于载流子在半导体中流动引起的一种设备。（根据 IEC 60050(521)）。

2.2.15

半导体熔断体　semiconductor fuse - link

在规定条件下，可以分断其分断范围内任何电流的限流熔断体（见 7.4）。

2.2.16

信号装置 signalling device

作为熔断器的部件，用于向远处发出熔断器动作信号的装置。信号装置由撞击器和辅助开关组成，也可以由电子装置组成。

3 正常工作条件

3.4 电压

3.4.1 额定电压

对于交流，熔断体的额定电压与外加电压有关，它以正弦交流电压的有效值表示。可以假定在熔断体的动作过程中，外加电压保持不变。验证额定值的所有试验以此为基础。

注：在很多应用中，在动作时间的大部分时间内，外加电压相当接近正弦波。但是也有很多场合，此条件得不到满足。

非正弦外加电压时的熔断体的性能，可以通过对非正弦外加电压的算术平均值与正弦外加电压时比较来进行近似估算。

对于直流，熔断体的额定电压与外加电压有关，它以平均值表示。如果直流电压是由交流电压整流得到的，那么直流电压的波动不应超过平均值的5%或低于平均值的9%。

3.4.2 工作中的外加电压

正常工作条件下，外加电压是指当故障电路中电流增加到熔断体将要熔断时的电压。

对于交流，单相交流电路中外加电压值通常等于工频恢复电压的值。除正弦交流电压，其他交流电压必须知道外加电压与时间的函数关系。对于单向的电压，其主要数据有：

——熔断体整个动作时间的平均值；

——燃弧末期的瞬时值。

对于直流，外加电压通常与恢复电压的平均值近似相等。

3.5 电流

熔断体的额定电流是以额定频率下的正弦交流电流的有效值表示。

对于直流，认为电流有效值不超过额定频率时正弦交流的有效值。

注：熔体的热反应时间可能很短，以致在这非正弦电流的条件下熔体的熔断不能仅根据有效值来估算。这种情况特别出现在频率较低和电流出现较突出的峰值，而峰值间出现相当长的小电流。例如：在变频和牵引的使用场合。

3.6 频率、功率因数和时间常数

3.6.1 频率

额定频率是指型式试验中正弦电流和电压的频率。

注：当工作频率与额定频率相差很大时，用户应与制造厂协商。

3.6.3 时间常数(τ)

对于直流，实际运用中的时间常数应符合表12B的规定。

注：某些使用场合对时间常数的要求可能超出表12B的规定。在这种情况下，熔断体经试验证明符合要求并应标有相应标志或用户和制造厂之间达成关于该种熔断体适用性的协议。

3.10 壳内的温度

熔断体的额定值是根据规定条件而定的，当安装地点的实际情况包括安装地的空气条件与规定条件不符合时，用户应与制造厂协商是否需要重新规定额定值。

5 熔断体特性

5.1 特性概要

5.1.2 熔断体

a) 额定电压(见 5.2);

b) 额定电流(见 GB 13539.1—2002 中 5.3);

c) 电流种类和频率(见 GB 13539.1—2002 中 5.4);

d) 额定耗散功率(见 GB 13539.1—2002 中 5.5);

e) 时间-电流特性(见 5.6);

f) 分断范围(见 GB 13539.1—2002 中 5.7.1);

g) 额定分断能力(见 GB 13539.1—2002 中 5.7.2);

h) 截断电流特性(见 5.8.1);

i) I^2t 特性(见 5.8.2);

k) 尺寸或尺码(如果适用);

l) 电弧电压极限值(见 5.9)。

5.2 额定电压

对于额定交流电压不超过 690 V,额定直流电压不超过 750 V,GB 13539.1 适用;对于更高的电压,可从 ISO 3 中的 R5 或 R10 系列中选取。

5.4 额定频率

额定频率是指与性能数据相关的频率。

5.5 熔断体的额定耗散功率

除 GB 13539.1 中的规定外,制造厂应规定额定耗散功率与 50%～100%额定电流的函数关系或 50%、63%、80%和 100%额定电流时的额定耗散功率。

注:熔断体的电阻值应根据耗散功率和相关电流的函数关系来确定。

5.6 时间-电流特性极限

5.6.1 时间-电流特性,时间-电流带

熔断体的时间-电流特性随设计而改变,对于给定的熔断体,则与周围空气温度和冷却条件有关。

制造厂应按 8.3 规定的条件,提供周围空气温度为 20℃～25℃时的时间-电流特性。时间-电流特性是额定频率时的弧前特性和熔断特性(熔断特性以电压为参数)。

直流的时间-电流特性是按表 12B 规定的时间常数时的特性。

对于某些使用场合,特别是对于高的预期电流(时间较短),可以用 I^2t 特性来代替时间-电流特性或同时规定 I^2t 特性和时间-电流特性。

5.6.1.1 弧前时间-电流特性

对于交流,弧前时间-电流特性应以额定频率下对称交流电流表示。

注:在额定频率时的 10 个周波时间和处于绝热状态很短的时间之间,这特别重要。

对于直流,对时间超过 15τ 的弧前时间-电流特性部分特别重要,该部分与同一区域内的交流弧前时间-电流特性相同。

注 1:由于实际使用中遇到的电路时间常数范围比较大,对于时间短于 15τ 的特性。以弧前 I^2t 特性来表示比较方便。

注 2:选择 15τ 的数值是为了避免在较短的时间内,不同的电流增长速度对弧前时间-电流特性的影响。

5.6.1.2 熔断时间-电流特性

熔断时间-电流特性在规定的功率因数值下,以外加电压为参数表示。原则上,熔断时间-电流特性应以导致最大熔断 I^2t 值的电流出现的瞬间为基础(见 8.7)。电压参数至少应包括 100%、50%和 25%的额定电压。

对于直流,熔断时间-电流特性不适用,因为当时间超过 15τ 时,熔断时间-电流特性并不重要(见 5.6.1.1)。

5.6.2 约定时间和约定电流

5.6.2.1 "aR"型熔断体的约定时间和约定电流

不适用。

5.6.2.2 "gR"和"gS"型熔断体的约定时间和约定电流

约定时间和约定电流在表2中规定。

表2 "gR"和"gS"型熔断体的约定时间和约定电流

额定电流/A	约定时间/h	约定电流			
		"gR"型		"gS"型	
		I_{nf}	I_f	I_{nf}	I_f
$I_n \leqslant 63$	1	$1.1I_n$	$1.6I_n$	$1.25I_n$	$1.6I_n$
$63 < I_n \leqslant 160$	2				
$160 < I_n \leqslant 400$	3				
$400 < I_n$	4				

5.6.3 门限

不适用。

5.6.4 过载曲线

5.6.4.1 验证过载能力

制造厂应标出几组沿着时间-电流特性的坐标点(见5.6.1),这些坐标点已经根据8.4.3.4规定程序进行了过载能力验证。

验证过载能力的坐标点的数量和位置应由制造厂选定。验证过载能力点的时间坐标应选择在0.01 s～60 s范围内。可根据用户和制造厂之间的协议补充规定其他坐标点。

5.6.4.2 约定过载曲线

约定过载曲线是由验证过载能力的坐标点上引出的直线段组成。从每组坐标点上,可引出两条直线:

——一条从已验证的坐标点出发,沿着电流为常数而时间坐标递减的方向;

——另一条从已验证的坐标点出发,沿着 I^2t 为常数而时间坐标递增的方向。

这些线段到代表额定电流的直线为止,形成约定过载曲线(见图1)。

注:实际应用中,经验证的过载能力的点只需要几个就足够了。当经验证过载能力的坐标点数增加时,约定过载曲线将更加精确。

5.7.1 分断范围和使用类别

第一个字母代表分断范围:

——"a"熔断体(部分范围分断能力,见7.4);

——"g"熔断体(全范围分断能力)。

第二个字母"R"和"S"表示符合本部分的半导体设备保护用熔断体的使用类别。

"R"型与"S"型相比,动作较快,I^2t 值较小。

"S"型与"R"型相比,具有较小的耗散功率,可以提高电缆的利用。

5.7.2 额定分断能力

推荐的分断能力为:交流至少50 kA,直流至少8 kA。

对于交流,额定分断能力是以在仅含线性阻抗的电路中,在额定频率时外加恒定正弦电压所进行的型式试验为依据。

对于直流,额定分断能力是以在仅含线性电感和电阻的电路中,外加平均电压所进行的型式试验为依据。

注:实际应用中,增加非线性阻抗和单向电压器件都可能对分断的严酷性产生有利或不利的重大影响。

5.8 截断电流和 I^2t 特性

5.8.1 截断电流特性

制造厂按 GB 13539.1—2002 中图 3 的例子，提供以双对数坐标表示的截断电流特性，横坐标表示预期电流，如有必要，以外加电压和/或频率作为参数。

对于交流，截断电流特性应代表在工作中可能出现的最大电流值，它们应与本部分中相应的试验条件有关，例如给定电压、频率和功率因数。截断电流特性按 8.6 规定的试验进行验证。

对于直流，截断电流特性应代表工作在时间常数按表 12B 规定的电路中可能出现的最大电流值。在时间常数较小的电路中，将超过这些值。制造厂应提供确定较大截断电流特性的有关资料。

注：截断电流特性随电路的时间常数不同而变化，制造厂应提供确定特性随时间常数变化的有关资料，至少应提供能确定时间常数为 5 ms 和 10 ms 时的特性变化的有关资料。

5.8.2 I^2t 特性

5.8.2.1 弧前 I^2t 特性

对于交流，弧前 I^2t 特性应以给定频率(额定频率)时的对称交流电流值表示。

对于直流，弧前 I^2t 特性应以时间常数按表 12B 规定时的直流电流有效值表示。

注：对某些熔断器，弧前 I^2t 特性随着电路中的时间常数而变。制造厂应提供确定特性随时间常数变化的有关资料，至少应提供能确定时间常数为 5 ms 和 10 ms 时的特性变化的有关资料。

5.8.2.2 熔断 I^2t 特性

对于交流，熔断 I^2t 特性在规定的功率因数值下，以外加电压为参数表示。原则上，熔断时间-电流特性应以导致最大熔断 I^2t 特性的电流出现的瞬间为基础(见 8.7)。电压参数至少应包括 100%、50% 和 25%的额定电压。

对于直流，熔断 I^2t 特性在时间常数按表 12B 规定时，应以外加电压为参数。电压参数至少应包括 100%和 50%额定电压。较低电压下的熔断 I^2t 特性可以按表 12B 的试验来确定。

5.9 电弧电压特性

制造厂提供的电弧电压特性应给出以熔断体所在电路的外加电压为函数的电弧电压的最大值(峰值)。对于交流，功率因数值按表 12C 规定；对于直流，时间常数按表 12B 规定。

6 标志

6.2 熔断体的标志

GB 13539.1—2002 的 6.2 适用，并补充：

——产品型号和/或代号，从中可以获得 GB 13539.1—2002 中 5.1.2 所列的全部特性；

——使用类别，“aR”、“gR”或“gS”；

——如下所示的熔断器(5016)和整流器(5186)标志的组合。

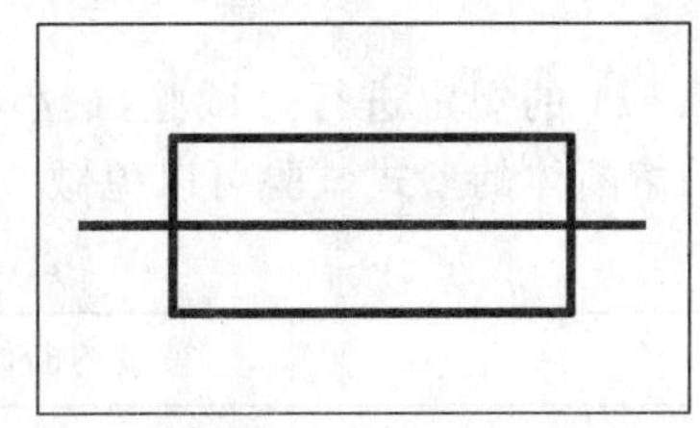

GB/T 5465.2—1996 中 5016 标志

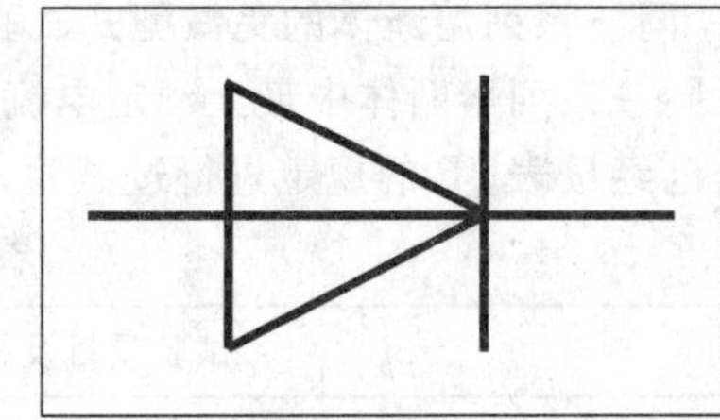

GB/T 5465.2—1996 中 5186 标志

7 设计的标准条件

7.3 熔断体的温升和耗散功率

熔断体应设计成：按 8.3 规定通以额定电流时，不发生超出下列规定的情况：

——制造厂规定的熔断体上部最热金属部分的温升极限(见图 2a 和图 2b);

——制造厂规定的额定电流时的耗散功率。

7.4 动作

熔断体应设计成可以连续承载不超过额定电流的任何电流值(见 8.4.3.4)。

"aR"型熔断体应能分断电流值不大于额定分断能力以及不小于在 30 s 内足以熔化熔体的电流的电路。

注:在用户和制造厂协商后,对于特殊的使用场合,可以选择较短的时间。

对于约定时间内的"gR"和"gS"熔断体:

——当承载不超过约定不熔断电流(I_{nf})的任何电流时,熔体不应熔化;

——当承载大于或等于约定熔断电流(I_f)的任何电流时,熔断体应熔断。

7.5 分断能力

熔断体在不超过 8.5 规定的电压下,应能分断预期电流处于在 7.4 规定时间内使得熔体熔化的电流和额定分断能力之间的任何电路:

——对于交流,功率因数不小于表 12A 中规定的对应于预期电流的功率因数;

——对于直流,时间常数不大于对应于预期电流的时间常数值(见表 12B)。

7.7 I^2t 特性

根据 8.7 确定的熔断 I^2t 值不应超过制造厂的规定。根据 8.7 确定的弧前 I^2t 值不应小于给定值(见 5.8.2.1 和 5.8.2.2)。

7.14 电弧电压特性

根据 8.7.5 测量出的电弧电压值不应超过制造厂的规定(见 5.9)。

7.15 特殊工作条件

特殊工作条件,例如大的重力,用户应与制造厂协商。

8 试验

8.1 一般要求

8.1.4 熔断体的布置

熔断体应无遮盖安装在无风的场所,除非另有规定,熔断体应垂直安装(见 8.3.1)。试验装置的举例见图 2a 和图 2b。其他类别熔断体的试验装置见 GB/T 13539.6《专业人员使用的熔断器的补充要求(主要用于工业的熔断器)》和 GB/T 13539.5《非熟练人员使用的熔断器的补充要求(主要用于家用及类似用途的熔断器)》。

8.1.5 熔断体的试验

8.1.5.1 全套试验

熔断体的全套试验见表 7A。应测量熔断体的内在电阻并记录在试验报告中。

8.1.5.2 同一系列熔断体的免做型式试验

如果同一系列熔断体中最大额定电流的熔断体已经按 8.1.5.1 的规定进行过试验,最小额定电流的熔断体已经按表 7B 的规定进行过试验,其他中间额定电流的熔断体的型式试验可以免做。

表 7A 全套试验清单

试验项目及相应条款		被试熔断体数量
8.3	温升和耗散功率	1
8.4.3.1a)	约定不熔断电流	1
8.4.3.1b)	约定熔断电流	1
8.4.3.2	额定电流的验证	1
8.4.3.5	约定电缆过载试验(仅对"gR"和"gS"熔断体)	1

表 7A(续)

试验项目及相应条款			被试熔断体数量
对于交流：			
8.5	No.5	“gR”和“gS”分断能力	1
	No.2a	“aR”分断能力	1
	No.2	分断能力[a]	3
	No.1	分断能力[a]	3
8.6	No.10	动作特性试验[b]	2
	No.9	动作特性试验[b]	2
	No.8	动作特性试验[b]	2
	No.7	动作特性试验[b]	2
	No.6	动作特性试验[b]	2
8.4.3.4	过载能力的验证[c]		1
对于直流：			
8.5	No.13	“gR”和“gS”分断能力和动作特性	1
	No.12a	“aR”分断能力和动作特性	1
	No.12	分断能力和动作特性	3
	No.11	分断能力和动作特性	3

a 如果周围空气温度为 20℃±50℃，则弧前 I^2t 特性有效。

b 试验对截断电流、I^2t、电弧电压和弧前 I^2t 特性有效。

c 验证过载能力的点数应由制造厂规定。

表 7B 同一系列熔断体中最小额定电流熔断体的试验

试验项目及相应条款	被试熔断体数量
8.3 温升和功率耗散	1
对于交流：	
8.6.2 No.6 动作特性试验	2
对于直流：	
8.6.2 No.11 动作特性试验	3

注：试验电流的值在表 12B 中规定。

8.3 温升和耗散功率验证

8.3.1 熔断体布置

试验只需用一个熔断体。熔断体应垂直安装在约定试验装置上，试验装置示例见图 2a 和图 2b。

作为约定试验装置组成部分的铜导体的电流密度应不小于 1 A/mm²、不大于 1.6 A/mm²。这些数值应以熔断体的额定电流为依据而得出。铜导体的宽度和厚度之比：

——对于额定电流小于 200 A，不大于 10；

——对于额定电流大于和等于 200 A，不大于 5。

试验过程中周围空气温度在 10℃～30℃范围内。

温升试验时，连接约定试验装置和电源的导线截面很重要。截面应根据 GB 13539.1—2002 中表 10 选择(不包括注)，导线长度至少为 1 m。

对用于单独熔断器底座的熔断体，可将熔断体安装在熔断器底座上进行试验，导线根据 GB 13539.1—2002表 10 选择。在其他情况下，试验必须按以上要求进行。

对特殊熔断体或用于特殊场合的熔断体,约定试验装置不适用时,可根据制造厂的规定进行特殊的试验,有关的试验数据应记录在试验报告中。

8.3.3 和 8.3.4.2　熔断体耗散功率的测量

GB 13539.1—2002 中 8.3.3 适用,并补充:耗散功率试验在额定频率下,至少在 50%、100%额定电流时相续进行。

8.3.5　试验结果的判别

熔断体的温升和耗散功率不应超出制造厂的规定。

试验后,熔断体不应有显著的性能变化。

8.4　动作验证

8.4.1　熔断体布置

动作验证时,熔断体的布置应按照 8.1.4 和 8.3.1 的要求。

8.4.3　试验方法和试验结果的判定

8.4.3.1　约定不熔断电流和约定熔断电流验证

"aR"型熔断体:

不适用。

"gR"和"gS"型熔断体:

可在低电压情况下进行以下试验:

a)　熔断体通以其约定不熔断电流(I_{nf}),并持续表 2 中规定的约定时间。在这段时间内,熔断体不应动作;

b)　熔断体冷却至周围空气温度后,通以约定熔断电流(I_f)。在表 2 规定的约定时间内应动作,熔断体动作时应没有外部影响和损伤。

8.4.3.2　额定电流验证(见 A.3.3)

熔断体应在 8.3.1 规定的条件下进行试验。

熔断体需经受 100 个周期的试验循环,每个周期应包括在额定电流下的 0.1 倍约定时间的"通电"和同样时间的"断电"。约定时间按表 2 规定。

试验后,熔断体不应出现性能变化(见 8.3.5)。

8.4.3.3.1　时间-电流特性

时间-电流特性的验证可以通过在 8.5 试验过程中获得的示波图的数据来验证。

试验时确定以下时间:

——从接通电路的瞬间至电压测量装置指示出电弧发生的瞬间;

——从接通电路的瞬间至电路明确断开的瞬间。

以上确定的用对应于预期电流值横坐标来表示的弧前时间和熔断时间应在制造厂规定的时间-电流带之内。

对于交流,导致实际弧前时间小于额定频率的 10 个周波的预期电流值至绝热熔化的电流值范围内,应使预期电流是对称的。

对于直流,交流电流下确定的时间-电流特性可用于时间大于 15τ 的相关电路。

对于同一系列的熔断体(见 8.1.5.2),8.5 的全套试验仅需在最大额定电流的熔断体上进行。对于最小额定电流的熔断体,只需验证弧前时间就可以了。

弧前时间-电流特性可以在任何约定电压值和任何线性电路下确定。熔断时间-电流特性需要在适当的电压值和电路特性下进行测定。

8.4.3.4　过载

熔断体按 8.3.1 要求的试验条件进行试验。

熔断体需要经受 100 个周期的负载循环,每个周期的全部时间为 0.2 倍的约定时间,每个周期的

“通电”时间和试验电流与验证过载能力的坐标点相对应；其余时间为“断电”时间。约定时间在表 2 中规定。

试验后，熔断体的性能不应有显著变化(见 8.3.5)。

注：对于弧前时间大于 15τ 的电路，这些试验可以用来验证直流熔断体的过载能力。

8.4.3.5 约定电缆过载保护(仅适用于“gR”和“gS”型)

对于“gR”和“gS”型熔断体，GB 13539.1 适用。

8.4.3.6 指示装置和撞击器的动作(如有这些装置)

指示装置动作的验证应和分断能力的验证结合进行(见 8.5.5)。

验证撞击器(如有该装置)，应补充一个试品在以下条件进行试验：

——I_{2a} 电流(见表 12A)；

——20 V 的恢复电压。

恢复电压值可以超过 10%。

试验过程中，撞击器应该动作。

但是，如果指示装置或撞击器有一次试验失败，制造厂能提供证明这种失败不是该种熔断器的典型故障，而是由于个别试品缺陷所致，试验可不被否定。如果发生这种情况，应提供 2 倍数目的试品用于以上试验，试验中不应再发生故障。

8.5 分断能力的验证

8.5.1 熔断器布置

除 8.1.4 和 8.3.1 的规定外，补充如下：

对于分断能力试验，熔断体的安装应与实际使用情况相似，特别是导线的位置。如果熔断体仅可在一端刚性固定下使用，则试验也应一端刚性固定。若熔断体使用时两端刚性固定，则试验时也应这样安装。

8.5.5 试验方法

8.5.5.1 为验证熔断体是否满足 7.5 的条件，“aR”型熔断体应进行下述 No.1～No. 2a 试验，“gR”、“gS”应进行下述 No.1、No.2 和 No.5 试验。除非另有规定，应按表 12A(见 8.5.5.2)规定的值进行试验。

No.1 和 No.2 试验：

每一次试验应用三个熔断体。如果在 No.1 试验过程中，有些试验满足了 No.2 试验的要求，这些试验可以作为 No.2 试验的一部分，无需重复进行。

对于交流，No.2a 和 No.5 试验；对于直流，No.12a 和 No.13 试验：

对于交流，试验电流的值在表 12A 中规定。对于直流，试验电流值在表 12B 中规定。对于交流试验，与外加电源过零点的过程有关的电路闭合在任何瞬间都有可能受到影响。

如果试验的布置不允许在规定时间内，在全压状态下持续通以电流，熔断器可以在降压状态下，施加与试验电流大约相等的外加电流进行预热。在这种情况下，应在电弧发生前，将熔断器切换至 8.5.2 所规定的试验电路中去，切换时间 T_1(无电流间隔)不应超过 0.2 s。电流的再次接通和电弧出现的时间间隔不应小于 $3T_1$。

8.5.5.2 对于 No.2 中的一个试验和 No.2a 或 No.5 试验：

——对于交流，额定电压为 690 V 及以上的熔断体，恢复电压应保持在 100^{+10}_{0}%额定电压，对于其他熔断体，恢复电压保持在 100^{+15}_{0}%额定电压；

——对于直流，恢复电压保持在 100^{+20}_{0}%额定电压。

恢复电压至少保持：

——熔管或填充料不含有有机材料的熔断体动作后时间为30s；

——其他情况下，熔断体动作后时间为5 min。如果熔断器切换时间(无电压间隔)不超过0.1 s,允许熔断体在15 s后切换至另一电源。

对于所有其他试验，恢复电压在熔断器动作后应保持15 s。

熔断体动作后的6 min～10 min,应测量熔断体触头间的电阻(见8.5.8)并注明该电阻值。如果熔断体的熔管和填充料中不含有有机材料，在制造厂认可下，可以选用更短的时间。

表12A 交流分断能力试验参数

	按8.5.5.1规定的试验			
	No. 1	No. 2	No. 2a	No. 5
工频恢复电压[c]	额定电压为690 V,105^{+5}_{0}%[a] 其他额定电压,110^{+5}_{0}%[a]			
预期试验电流	I_1	I_2	I_{2a} "aR"	$I_5=1.25I_f$ "gR"和"gS"
电流允差	$^{+10}_{0}$%[a]	不适用		$^{+20}_{0}$%
功率因数	预期电流不超过20 kA,0.2～0.3 预期电流超过20 kA,0.1～0.2		0.3～0.5[b]	
电压过零后的接通角	不适用	$0^{+20°}_{0}$	不作规定	
电压过零后的电弧始燃角	65°～90°	不适用		

I_1——表示额定分断能力的电流。

I_2——试验时电弧能量接近最大时的电流。

注：如果电弧出现时的电流(瞬时值)达到$0.6\sqrt{2}$～$0.75\sqrt{2}$倍预期电流(对于交流，交流分量的有效值),可以认为电弧能量接近最大。

作为实际应用中的指南，可以认为I_2是对应于额定频率下，时间-电流特性中半个周波弧前时间时电流值的3～4倍。

I_{2a}——是导致弧前时间为30 s～45 s的电流。如果制造厂认可，可超过上限。对于特殊用途，可以选择小于30 s的时间。见7.4注。

I_5——验证熔断器在小过电流范围内是否能可靠工作的试验电流。如果弧前时间小于30 s,试验应在较小的电流下重复进行。

a 如果制造厂认可，可以超出偏差上限。

b 如果制造厂认可，功率因数可以小于0.3。

c 对于单相电路，实际应用中，外加电压的有效值等于工频恢复电压的有效值。

8.5.8 试验结果的判别

试验过程中，如发生以下任何一种或几种事故，熔断体则不符合本部分：

——熔断体引燃，除任何纸质标签或指示用的类似物外；

——约定试验装置的机械性损伤；

——熔断体的机械性损伤；

注：允许熔断体出现热开裂，但仍为一整体。

——端帽燃烧或熔化；

——端帽的明显移位。

表 12B 直流分断能力试验参数

	按 8.5.5.1 规定的试验			
	No. 11	No. 12	No. 12a	No. 13
恢复电压平均值[a]	115^{+5}_{-9}%倍额定电压[b]			
预期试验电流	I_1	I_2	I_{2a} “aR”	$I_5=1.26I_f$ “gR”和“gS”
电流允差	$^{+10}_{-0}$%	不适用		$^{+20}_{-0}$%
时间常数[c]	预期试验电流超过 20 kA,10 ms～15 ms 预期试验电流 I 不超过 20 kA,$0.5(I)^{0.3}$ ms,偏差 $^{+20}_{0}$%[b](I 以 A 为单位)			

I_1——表示额定分断能力的电流(见 5.7)。

I_2——试验时电弧能量接近最大时的电流。

注:如果电弧出现时的电流达到 0.5～0.8 倍预期电流,可以认为电弧能量接近最大。

I_{2a}——是导致弧前时间为 30 s～45 s 的电流。如果制造厂认可,可超过上限。对于特殊用途,可以选择小于 30 s 的时间。见 7.4 注。

I_5——验证熔断器在小过电流范围内是否能可靠工作的试验电流。如果弧前时间小于 30 s,试验应在较小的电流下重复进行。

a 偏差包括脉动。

b 如果制造厂认可,可超出上限值。

c 在某些实际应用中,可能出现时间常数比试验中规定的小,这样更有利于熔断器的运行。比规定值大的多的时间常数在一些场合会严重的影响熔断器的性能,特别是对额定电压的影响。对于这些应用,制造厂应提供更多资料。

8.6 截断电流特性的验证

8.6.1 试验方法

试验布置、试验电路、测量器具、试验电路的整定和示波图的分析应与分断能力试验一样。这些试验可用于验证同一系列所有熔断体的特性。

对于交流,试验应按表 12C 进行。对于 No. 6～No. 10 的每一个试验,应取同一系列中的最大额定电流的 2 个熔断体进行试验。此外,No. 6 试验还应取同一系列中最小额定电流的两个熔断体进行试验。如果 No. 6 试验中一次或多次试验满足 No. 7 试验要求,则可以认为这些试验在 No. 7 试验中无须重复进行。

对于直流,试验应按表 12B 进行。按 8.5 进行的试验应按 8.6.2 的要求进行判别。

8.6.2 试验结果的判别

对于交流,峰值电流不应超过给定外加电压时的制造厂规定值。截断电流特性应根据 No. 6、No. 7 和 No. 8 试验来验证;较低电压的,通过 No. 9 和 No. 10 试验来验证。

对于直流,截断电流特性应根据表 12B 中 No. 11、No. 12 和 No. 12a 试验验证。

8.7 I^2t 特性和过电流选择性的验证

8.7.1 试验方法

试验方法按 8.6.1 中的规定。

8.7.2 试验结果的判别

对于交流，I^2t 特性应根据表 12C 中 No. 6、No. 7 和 No. 8 试验进行验证；较低电压的，通过 No. 9 和 No. 10 试验来验证。I^2t 特性根据适当的示波图得出。

对于直流，I^2t 特性应根据表 12B 中 No. 11、No. 12 和 No. 12a 试验进行验证。

每个预期电流对应的弧前 I^2t 值不应小于制造厂的规定值。

每个预期电流对应的熔断 I^2t 值不应大于给定外加电压时的制造厂规定值。

表 12C 交流截断电流、I^2t 特性和电弧电压特性试验参数

	按 8.6 和 8.7 规定的试验				
	No. 6	No. 7	No. 8	No. 9	No. 10
工频恢复电压为额定电压的百分比[b]	100%[a]			50%[a]	25%[a]
预期试验电流	I_1	I_2	I_6	I_7	I_8
电流允差	±10%	不适用	±30%	不适用	
功率因数	$I_1 \leqslant 20$ kA，0.2～0.3[c]；$I_1 > 20$ kA，0.1～0.2				
电压过零后的接通角	不适用	$0^{+20°}_{-0}$	不适用		
电压过零后的电弧始燃角	65°～90°	不适用	65°～90°		

I_1——表示额定分断能力的电流（见 GB 13539.1—2002 中 5.7）。

I_2——试验时电弧能量接近最大时的电流。

I_6——I_1 和 I_2 的几何平均值。

I_7——$0.5I_1 \sim I_1$。

I_8——$0.25I_1 \sim I_1$。

a 工频电压值允许有±5%的偏差。如果制造厂认可，可超出该偏差。

b 对于单相电路，在实际应用中，外加电压的有效值等于工频恢复电压的有效值。

c 在某些实际应用中，可能出现功率因数值比试验中规定的小，但可以认为不会显著影响熔断器的性能。然而，当功率因数明显大于试验电路的功率因数时，熔断器的运行性能会更好，特别是分断 I^2t 值。对于这些情况，制造厂应提供更多资料。

注：No. 6、No. 7 和 No. 8 试验是在额定电压下用于确定特性。No. 9 和 No. 10 试验是在较低电压下确定特性。

8.7.3 "gG"熔断体和"gM"熔断体一致性的验证

不适用。

8.7.4 过电流选择性的验证

不适用。

8.7.5 电弧电压特性的验证和试验结果的判别

从以下每个试验中得出的最大电弧电压值不应大于制造厂的规定。

对于交流，电弧电压特性应根据表 12A 和表 12C 中的试验进行验证。如果从 No. 7 试验中得出的电弧电压明显超出从 No. 6 试验得出的电弧电压值，则应在 50%和 25%额定电压下再进行电流 I_2 下的试验，从而确定较低电压下的最大电弧电压。

对于直流，电弧电压特性应根据表 12B 中的试验验证。

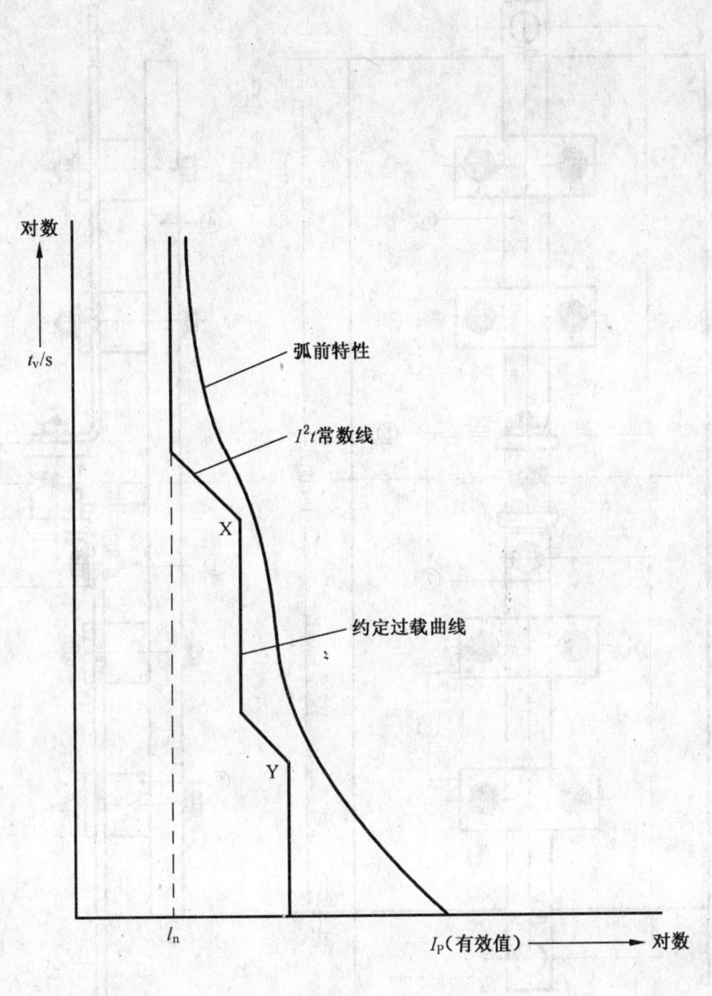

图 1　约定过载曲线(举例)(X、Y 为验证过载能力的点)

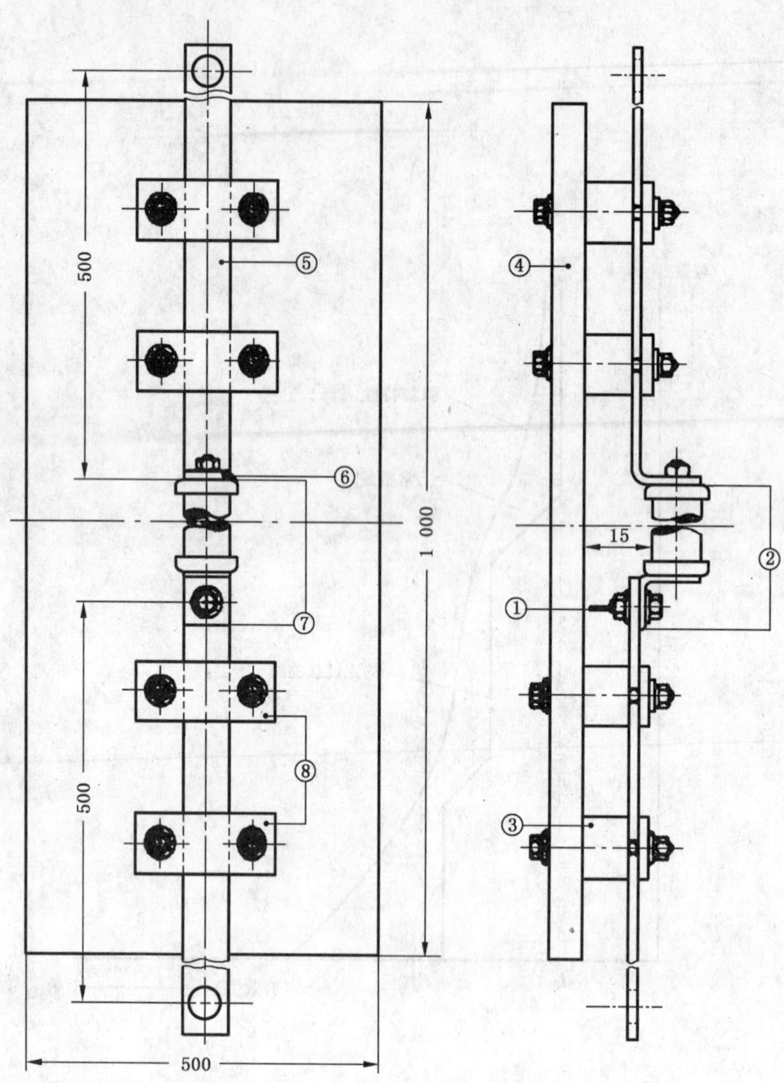

①——紧固螺栓；

②——确定耗散功率的电压测量点；

③——绝缘块(如木板)；

④——绝缘底板(如 16 mm 层压板)；

⑤——黑色无光表面；

⑥——由制造厂规定的热电偶安放点，热电偶固定在熔断体上部金属的最热点；

⑦——触头表面应电镀；

⑧——绝缘夹板。如需要时，上面的两个夹子可以松开。

注 1：图中尺寸为近似值。

注 2：熔断体的熔管可以是圆形或矩形的。

图 2a 约定试验布置举例

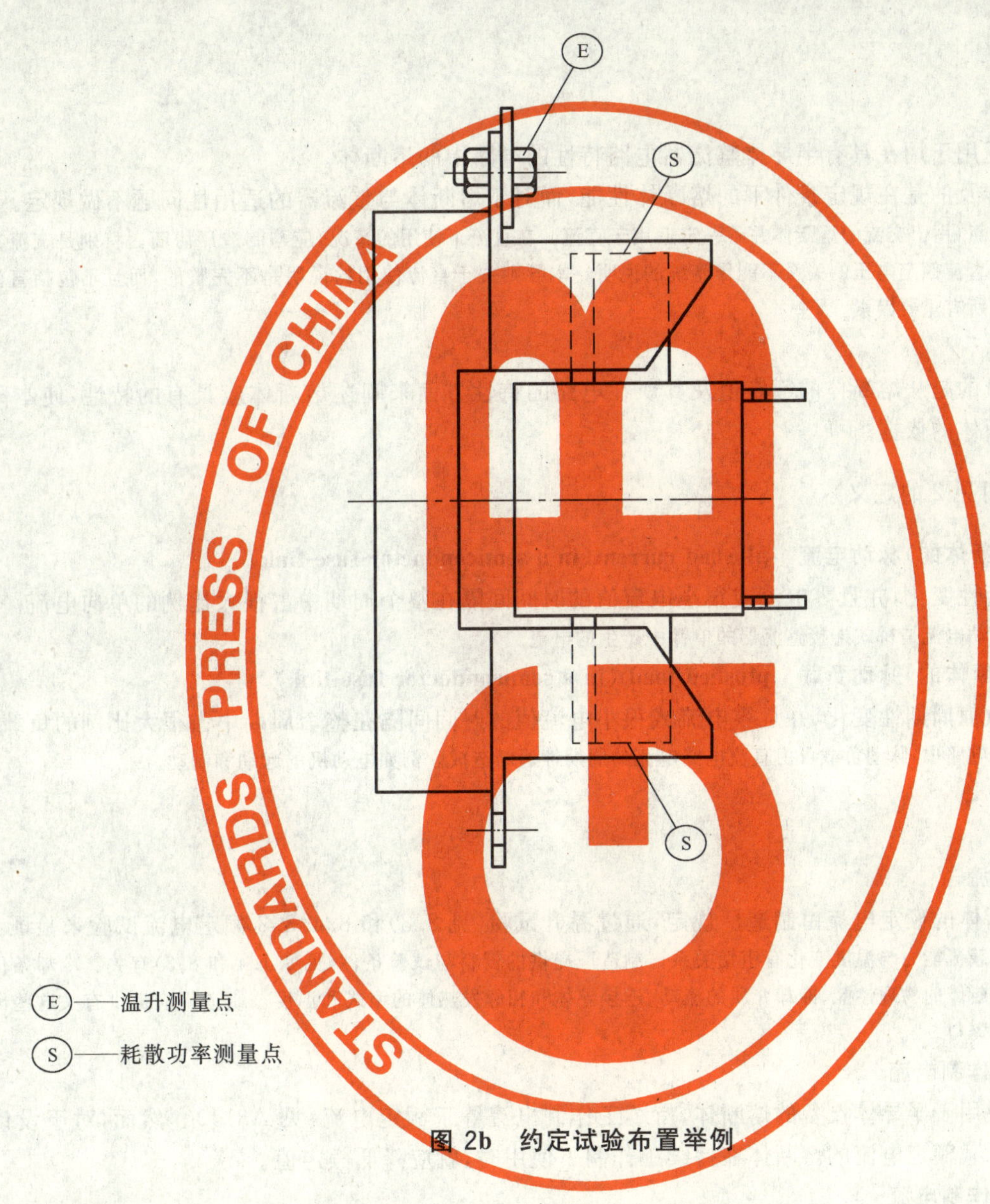

Ⓔ——温升测量点

Ⓢ——耗散功率测量点

图 2b 约定试验布置举例

附 录 A
（规范性附录）
熔断体和半导体设备的配合导则
（以下条款的编号方式与本标准正文的编号无关）

A.1 一般要求

A.1.1 范围

本导则仅适用于用在具有半导体整流器电路特性的电路中的熔断体。

本导则所涉及的是在规定条件下的熔断体性能，而对于熔断体与整流器的适用性问题不做规定。

注：特别要注意：用于交流的熔断体并不一定适用于直流。在直流下使用的情况，应与制造厂协商。特别是交流额定电压与直流额定电压的关系不能作笼统的说明。本导则关于直流使用的说明是不完整的，而且不包括直流使用时的所有重要因素。

A.1.2 目的

本导则的目的是从熔断体的额定值及其所在电路的特性方面来阐述熔断体应具有的特性，使本附录成为选择熔断体的依据。

A.2 定义（也可见2的定义）

（半导体熔断体的）脉动电流 plushed current(in a semiconductor fuse-link)

瞬时值周期性变化，并且零电流或很小电流值的时间间隔在整个周期中占很大比例的单向电流。

注：典型的脉动电流是桥式连接整流器的单臂中产生的电流。

（半导体熔断体的）脉动负载 plushed load (in a semiconductor fuse-link)

电流的有效值周期性变化，并且零电流或很小电流值的时间间隔在整个周期中占很大比例的负载。

注：在整流器电路中，脉动负载可由直流电路电流的周期性通断造成。例如电动机的起动和制动。

A.3 载流能力

A.3.1 额定电流

半导体熔断体的额定电流由制造厂规定，通过温升试验（见8.3）和8.4.3.2额定电流试验来验证。

注：无老化的载流能力与温度变化有密切关系。制造厂提供的资料与试验条件（见8.1.4和8.3）有关。冷却条件取决于熔断体的物理性能、冷却介质的流动、连接导体和相邻发热体的型式和温度。制造厂应提供有关这些因素影响的资料。

A.3.2 持续工作制电流

对于大多数用于半导体设备的熔断体，持续工作制电流等于额定电流（见A3.1）。然而，对于设计时不考虑持续承载额定电流的熔断体在持续工作制下使用时，就应降低额定值。

A.3.3 重复工作制电流

额定电流试验是验证熔断体在规定试验条件下，至少能够重复承受100次额定电流负载。随着实际负载电流相对于额定电流减小，用重复次数表示的预期寿命增加。

由于规定的试验仅确定了最小寿命期望要求，制造厂应给出给定的熔断体是否适用于规定的重复工作制的建议。

A.3.4 过载电流

制造厂提供的过载能力（见5.6.4.1）是以一个或几个时间和电流坐标点为基础的，其过载能力已经在与额定电流验证条件（见8.4.3.4）相同的条件下进行验证。以这些已验证的点为依据的约定过载特性是对过载能力的保守估计（见5.6.4.2和图1）。

由于实际过载与时间的函数关系很少象约定过载和时间的函数关系，所以实际过载必须转化为如下的一种等效约定过载：

——实际过载的最大值等于等效约定过载的最大值；

——等效约定过载的时间应使其 I^2t 等于实际负载在熔断体约定时间的 0.2 倍时间内积分的 I^2t。

接近 0.2 倍约定时间的任何负载值，对熔断体来说，都应视为连续负载。

然而，因为过载能力验证是以 100 次过载循环试验为基础，所以实际情况中的重复过载，可能需要降低额定值。该种情况应与制造厂进行协商。

A.3.5 峰值电流(截断电流)

峰值电流的最大值在熔断体处于绝热状态动作时得到。

当电流上升率基本为常数时，弧前时间末的电流瞬时值按上升率的立方根增加。对于大多数熔断体，这就是峰值。对于明显较晚(在燃弧时间内)达到电流峰值的熔断体，难以作出一般的说明，应从制造厂处得到更多的资料。

A.4 电压特性

A.4.1 额定电压

用于半导体设备保护的熔断体的额定电压(见 5.2)是在由制造厂规定的额定频率下(某些情况是直流)的正弦外加电压。熔断体的数据与额定电压有关。仅在额定电压值的基础上对不同厂家的熔断体进行比较是不够的。

A.4.2 工作中的外加电压

外加电压就是在故障电路中造成故障电流的电压。因为电压降的影响通常可以忽略，所以在大多数情况下可以认为故障电路中的空载电压为外加电压。

注：外加电压可能受到熔断体动作时发生的换流或另一个熔断体电弧电压的影响。

在弧前时间内，外加电压和电路的自感决定故障电流的上升率(通常认为故障电流是从零增长到接近其峰值)。在给定的电路中，即自感已给定，I^2t 值决定了弧前时间的结束。在弧前时间内外加电压的积分决定了弧前时间末的电流瞬时值。

在燃弧时间内，燃弧电压和外加电压的差决定了电流的变化率。该变化率一般从峰值下降到零。在弧前时间内对燃弧电压和外加电压差的积分等于对外加电压的积分时的瞬间达到零。在电弧电压小于外加电压的时间内，电流持续增长；但是，在很多情况下，这段时间是很短的，因此相关电流的增长可以忽略。

对于在绝热区域或绝热区域附近动作的熔断体，弧前 I^2t 值是一个很明确的量。而即使燃弧时间相同，燃弧 I^2t 可以呈现相差很大的值。在燃弧的早期阶段，电弧电压达到其最大值时，燃弧 I^2t 值为最小。

A.4.3 电弧电压

制造厂提供的电弧电压峰值是在最不利的条件下所获得的电压值。电弧电压特性是外加电压的函数。电弧电压的峰值应限制在半导体设备所能承受的范围内。

A.5 耗散功率特性

A.5.1 额定耗散功率

额定耗散功率的确定是以额定电流和标准试验条件(见 8.1.4 和 8.3.1)为依据的。熔断体的电阻温度系数所引起耗散功率的增加速度比电流平方引起耗散功率的增加速度更快。

由于这个原因，制造厂提供的有关电流和耗散功率关系(见 8.3)的信息可以用耗散功率特性的形式或分散数据点的形式表示。

由于安装条件与试验条件不同，耗散功率特性可能偏离额定值。

A.5.2 影响耗散功率的因素

由于实际电流和额定电流之间的关系对耗散功率的影响显著，可能需要使用比重复工作制和过载所确定的额定电流更大的熔断体。但较大的额定电流意味这 I^2t 值也较大。使用能进行合理保护的最大额定电流的熔断体可同时减小耗散功率并可以解决重复工作制和过载的问题。

使用较高额定电压的熔断体会导致较高的耗散功率值。如果尽管电弧电压很大，但仍可以使用这种熔断体，那么 I^2t 值就可以减小，这样可允许选择较大额定电流的熔断体，从而可以减小耗散功率。

当带有铁制零件的熔断体使用在高于额定频率时的频率下，耗散功率将显著增大。

A.5.3 相互影响

熔断体与关联的半导体设备间非常短的电连接会产生显著的热耦合。

因此熔断体耗散功率的任何减小可以提高半导体设备的电流负载。

A.6 时间-电流特性

A.6.1 弧前特性

在整流器或变流器臂中出现的脉动电流不能仅仅在有效值基础上处理。在边缘情况时，应确保仅仅单个脉动不会损坏熔体。例如：按 8.4.3.4 考虑短时过载(如 0.1 s 以下)，实际过载的峰值不是最大有效值，而是最大脉动的峰值。

除上述提到的区域外，高于额定频率的任何频率的电流实际上对弧前 I^2t 的值没有影响。对于额定频率下弧前时间小于 1/4 周波的预期电流，频率越高，弧前时间越小。对于低于额定频率的频率，其影响与上述相反。但必须注意弧前时间的增加可能更显著，特别是对较大预期电流。

对于较小的预期电流，非对称电流(具有瞬态直流分量的交流电流)的唯一影响是使电流的有效值略微增加。

在绝热区域中，该影响最好是以上升率的增加或减少来表示，用在弧前时间具有相同(或相似)上升率的对称电流代替实际电流。

在弧前 I^2t 特性偏离绝热区域的临界区域中，必须区分电流的非周期程度，电流的非周期分量大，弧前 I^2t 值会减小；电流的非周期分量小，弧前 I^2t 值会增大。

在考虑熔断体承受非对称电流的能力时，必须考虑非对称峰值。

在直流情况下，基于交流的弧前 I^2t 特性可能不适用，或仅仅部分适用，这取决于电路的参数。

如果电路的时间常数小于所考虑的最短的时间，预期电流就等于外加电压除以电阻所得的值。

如果电路自感量很大，只要横坐标以上升率表示，而不以预期电流表示，也就是直流的上升率通过外加电压除以自感决定，可利用弧前 I^2t 特性的绝热区域。可进一步认为预期电流值(外加电压除以电阻)明显高于(3 倍或更多)在所考虑的电流上升率下的截断电流值。

对于直流的其他情况，很难从交流基础上的正常弧前 I^2t 特性来作出有关弧前时间的重要结论，应和制造厂进行协商。然而，大多数实际情况包含在以上对等效上升率的考虑中。

就非正弦电流来讲，正常弧前 I^2t 特性不提供大量的有关性能的信息。除非出现以下情况：上升率占优势(即电流非常大)或者电流值很小、而时间很长，允许使用有效值。

A.6.2 熔断 I^2t 特性

对于给定的预期电流，弧前 I^2t 特性和熔断 I^2t 特性之差是在绘制熔断 I^2t 的各种条件下的燃弧 I^2t 最大值。制造厂提供的数据是以较低功率因数值(即 0.3 以下)及外加电压的有效值为基础的。

最恶劣的情况是外加电压的瞬时值在整个弧前时间和燃弧时间内都尽可能的大。因为这种情况很少发生，可以利用这种情况。

对于相同外加电压和预期短路电流，较高频率意味着较低的自感值，因此燃弧时间减少，而且在实际极限内与频率成反比。

对于相同外加电压和预期短路电流，较低频率意味着较高的自感值，因此燃弧时间增加，而且在实际极限内与频率成反比。

注：由于燃弧时间较长，电弧能量较大，因此不能保证熔断体适用于低于额定频率的频率。当熔断体的使用频率低于额定频率时，应与制造厂进行协商。

选择燃弧时间的最大值时，必须考虑非对称电流的影响。

弧前 I^2t 是根据上升率判断(见 A6.1)的所有直流(见 A1.1 注)情况下，如果截断电流发生在弧前时间的末端，只要电压参数(基于有效值)选择为外加直流电压小于平均交流电压(90%有效值)，则熔断 I^2t 也是有效的。其他所有情况需要特殊考虑或从制造厂获得有关资料。

A.7 分断能力

在额定值内，分断非正弦交流电流的能力对半导体设备保护用熔断体来说要求不高。

对于较高电压值(高压熔断体)，分断小电流也可能存在问题，但此问题是在本文所述电流范围之外。

只要不超过额定频率下电流上升率的最大值，频率高于额定频率对分断能力没有影响。频率低于额定频率时，熔断体内释放出能量大于额定频率时的能量。包括按 8.5.5.1 进行的低频试验在内的有关信息可从制造厂处获得。

对于直流分断能力(见 A1.1 注)，熔断体中释放出的能量在大多数情况下大于额定频率时的释放出的能量。只有当使用交流额定电压明显大于直流电源电压的熔断体才能保证满意的熔断。附加的信息应从制造厂处获得。

A.8 换流

半导体设备中的短路电流一般涉及具有几个桥臂的电路，当熔断体熔断时，在各臂之间发生换流，这种换流是由交流电源电压的周期性变化、晶闸管导通或另一熔断体的电弧电压引起的。

换流通过改变电路结构、电路常数、外加电压(例如增加电弧电压)影响熔断体的动作。

另一种可能影响熔断体工作的误换流，它起因于二次故障电流的出现。

附 录 B
（资料性附录）
制造厂应在产品使用说明书中列出的半导体设备保护用熔断体的资料

本资料应按交流和直流（如适合）分别提供

1. 制造厂名称（商标）。

2. 产品型号或目录号。

3. 额定电压（见3.4.1）。

4. 额定电流（见3.5）。

5. 额定频率或其他频率（见5.4）。

6. 额定分断能力（额定电压下或其他外加电压下）（见5.7.2和8.5）。

7. 弧前和熔断时间-电流特性（图）和适用等级（标志），如果适用（见5.6.1和8.4.3.3.1）。

8. 弧前 I^2t 特性（见5.8.2.1和8.7.2）。

9. 在规定功率因数或时间常数下与电压有关的熔断 I^2t 特性（见5.8.2.2和8.7.2）。

10. 25%、50%和100%额定电压下的电弧电压或以图表形式表示（见5.9和8.7.5）。

11. 截断电流特性（见5.8.1和8.6）。

12. 约定试验条件下额定电流时的温升以及指明规定的测量点（见7.3和8.3.5）。

13. 至少50%和100%额定电流下的耗散功率，或以图表形式表示该范围内的耗散功率（附加参数可以是63%和80%）（见7.3和8.3.4.2）。

14. 指示器所需要的最小动作电压（见8.4.3.6）。

15. 允许电流和周围空气温度的函数关系（图）（见8.4.3.2）。

16. 安装说明，如有需要，列出相关尺寸（草图）。

17. 特殊安装条件（如连接导体的截面积、冷却不足、附加热源等）下的载流能力。

注：如用于特殊条件应与制造厂进行协商。

ICS 29.120.50
K 31

中华人民共和国国家标准

GB/T 13539.7—2005/IEC 60269-4-1:2002

低压熔断器　第4部分：半导体设备保护用熔断体的补充要求　第1至3篇：标准化熔断体示例

Low-voltage fuses—Part 4-1:Supplementary requirement for fuse-links for the protection of semiconductor devices—Section Ⅰ to Ⅲ:Examples of types of standardized fuse-links

(IEC 60269-4-1:2002,IDT)

2005-08-03 发布　　2006-04-01 实施

中华人民共和国国家质量监督检验检疫总局
中国国家标准化管理委员会　发布

前言

《低压熔断器》是系列标准，目前包括以下7个部分：

GB 13539.1—2002 《低压熔断器 第1部分：基本要求》(idt IEC 60269-1:1998)

GB/T 13539.2—2002 《低压熔断器 第2部分：专职人员使用的熔断器的补充要求(主要用于工业的熔断器)》(idt IEC 60269-2:1986)

GB 13539.3—1999 《低压熔断器 第3部分：非熟练人员使用的熔断器的补充要求(主要用于家用和类似用途的熔断器)》(idt IEC 60269-3:1987)

GB/T 13539.4—2005 《低压熔断器 第4部分：半导体设备保护用熔断体的补充要求》(idt IEC 60269-4:1986)

GB/T 13539.5—1999 《低压熔断器 第3部分：非熟练人员使用的熔断器的补充要求(主要用于家用和类似用途的熔断器)标准化熔断体示例》(idt IEC 60269-3-1:1994)

GB/T 13539.6—2002 《低压熔断器 第2部分：专职人员使用的熔断器的补充要求(主要用于工业的熔断器)第1至5篇：标准化熔断体示例》(idt IEC 60269-2-1:2000)

GB/T 13539.7—2005 《低压熔断器 第4部分：半导体设备保护用熔断体的补充要求 第1至3篇：标准化熔断体示例》(IEC 60269-4-1:2002,IDT)

本部分为《低压熔断器》系列标准的第7部分，系等同采用IEC 60269-4-1:2002《低压熔断器 第4-1部分 半导体设备保护用熔断体的补充要求 第1至3篇：标准化熔断体示例》。

本部分为推荐性标准，规定了用于半导体设备保护的具体型式的熔断体的尺寸，而没有规定熔断体特性，使用时应和GB 13539.1—2002和GB/T 13539.4—2005配合使用。

本部分图1(1B)中的通孔h_2，IEC原文为h_1，疑有误，应为h_2。

本部分由中国电器工业协会提出。

本部分由全国低压电器标准化技术委员会归口。

本部分负责起草单位：上海电器科学研究所。

本部分参加起草单位：西安西整熔断器厂、西安熔断器厂、上海电器陶瓷厂。

本部分主要起草人：季慧玉、吴庆云。

本部分参加起草人：章永孚、伍丽华、刘双库、刘罗曼、林海鸥。

低压熔断器　第4部分：半导体设备保护用熔断体的补充要求　第1至3篇：标准化熔断体示例

本部分与国家标准 GB 13539.1 和 GB/T 13539.4 共同使用，因此本部分的条款和分条款的编号与他们的编号相对应。

1　总则

本部分只规定了尺寸，而没有规定标准特性。本部分的目的在于提供各种类型熔断体尺寸示例。

下文所涉及的用于半导体设备保护的熔断体应符合以下标准的所有条款：

- GB 13539.1《低压熔断器　第1部分：基本要求》
- GB/T 13539.4《低压熔断器　第4部分：半导体设备保护用熔断体的补充要求》

并应符合下文相关部分的要求。

本部分共分为3篇，每篇涉及一些标准尺寸的熔断体举例：

第1篇：螺栓连接熔断体

A型

B型

C型

第2篇：接触片式熔断体

A型

B型

第3篇：圆筒形帽熔断体

A型

用于半导体设备保护的熔断体也可以具有与以下熔断体相同的尺寸：

GB/T 13539.6—2002 中第1篇

GB/T 13539.6—2002 中第3篇

GB/T 13539.5—1999 中第1篇

熔断体的耗散功率除应满足 GB/T 13539.4 的要求外，同时不应超出配合使用的熔断器底座和熔断器支持件的接受功率。如果熔断体的耗散功率大于标准熔断器底座或支持件的接受功率，制造厂应降低其额定值。

第1A篇　A型螺栓连接熔断体

1.1　范围

以下的补充要求适用于尺寸符合图1(1A)至图3(1A)要求的螺栓连接熔断体。其额定电压和电流如下：

- 交流 230 V，电流不超过 900 A；
- 交流 690 V，电流不超过 710 A。

7 设计的标准条件

7.1 机械设计

熔断体的标准尺寸在图 1(1A)至图 3(1A)中列出。

7.1.7 熔断体结构

为了指示动作，一个脱扣指示熔断体可与熔断体并联使用。指示熔断体的标准尺寸见图 4(1A)。

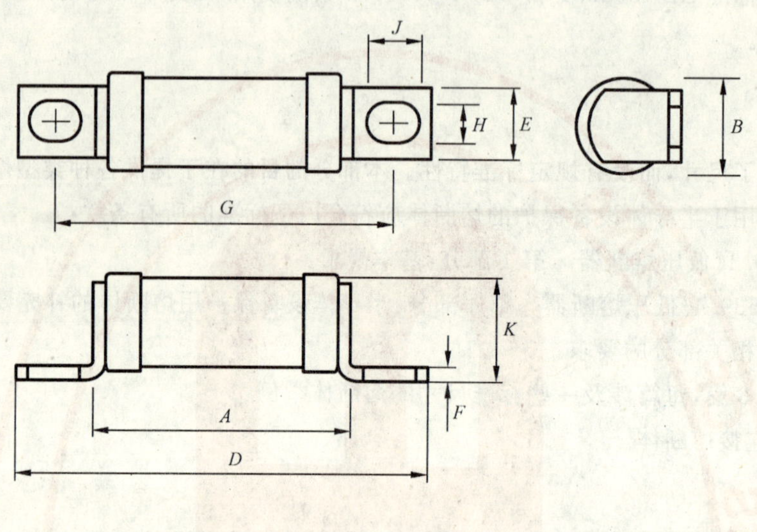

单位为毫米

典型额定电压/V	典型最大额定电流/A	A 最大值	B 最大值	D 最大值	E 名义值	F 最大值	G 名义值	H 名义值	J 最小值	K 最大值
230	20	29	8.7	47.6	6.4	0.9	38	4	4.8	8.8
690	20	55	8.7	75	6.4	0.9	64.5	4	4.8	8.8
230	180	29.2	17.7	58.4	12.7	2.5	42	6.4	7.9	19.3
690	100	50.6	17.7	79.8	12.7	2.5	63.5	6.4	7.9	19.3
230	450	32.6	38.2	85	25.4	3.3	59	10.3	13	41.5
690	355	60	38.2	114	25.4	3.3	85	10.3	13	41.5

图 1(1A) 单体熔断体

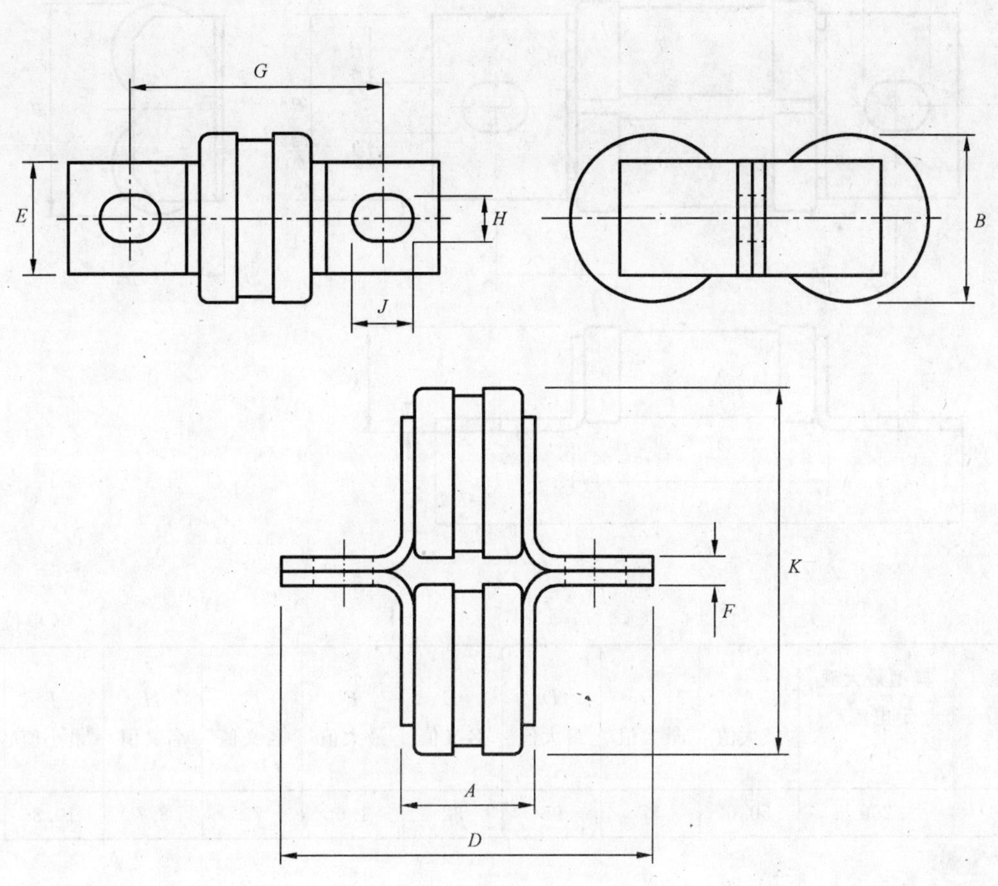

单位为毫米

典型额定电压/V	典型最大额定电流/A	A 最大值	B 最大值	D 最大值	E 名义值	F 最大值	G 名义值	H 名义值	J 最小值	K 最大值
230	900	32.6	38.2	85	25.4	6.4	59	10.3	13	83
690	710	60	38.2	114	25.4	6.4	85	10.3	13	83

图 2(1A)　双体熔断体

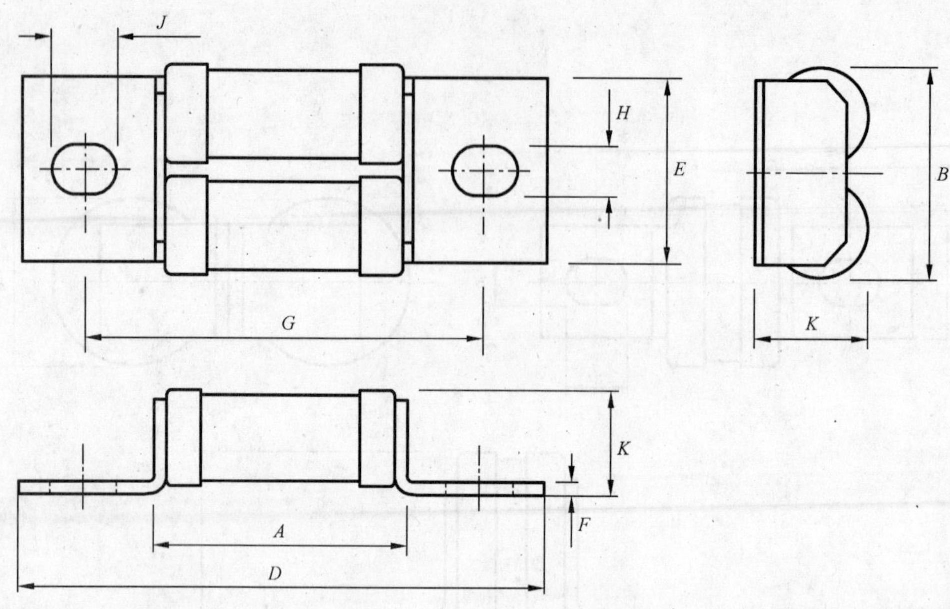

单位为毫米

典型额定电压/V	典型最大额定电流/A	A 最大值	B 最大值	D 最大值	E 名义值	F 最大值	G 名义值	H 名义值	J 最小值	K 最大值
690	200	50.6	37	95	32	1.6	70	8.7	10.3	19.9

图 3(1A)　并体熔断体

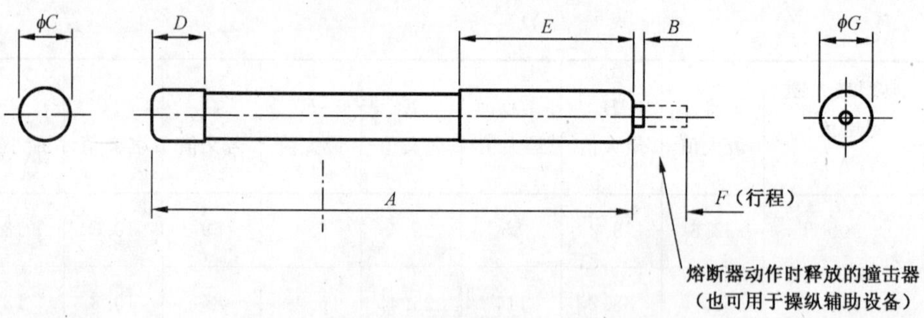

单位为毫米

典型额定电压/V	A 最大值	B 名义值	ϕC 名义值	D 最大值	E 名义值	F 名义值	ϕG 最大值
230	48	0.8	6.4	5.6	19	5.6	7.9
690	62	0.8	6.4	5.6	19	5.6	7.9

图 4(1A)　脱扣指示熔断体

第1B篇　B型螺栓连接熔断体

1.1　范围

以下的补充要求适用于尺寸符合图1(1B)和图2(1B)要求的螺栓连接熔断体。

7.1　机械设计

熔断体的标准尺寸见图1(1B)和图2(1B)。具有其他安装尺寸例如延长孔、纵向或交叉夹槽的熔断体的机械设计用户应与制造厂协商。

7.1.7　熔断体的结构

如果熔断体带有指示器，制造厂和用户就指示器的位置达成协议。

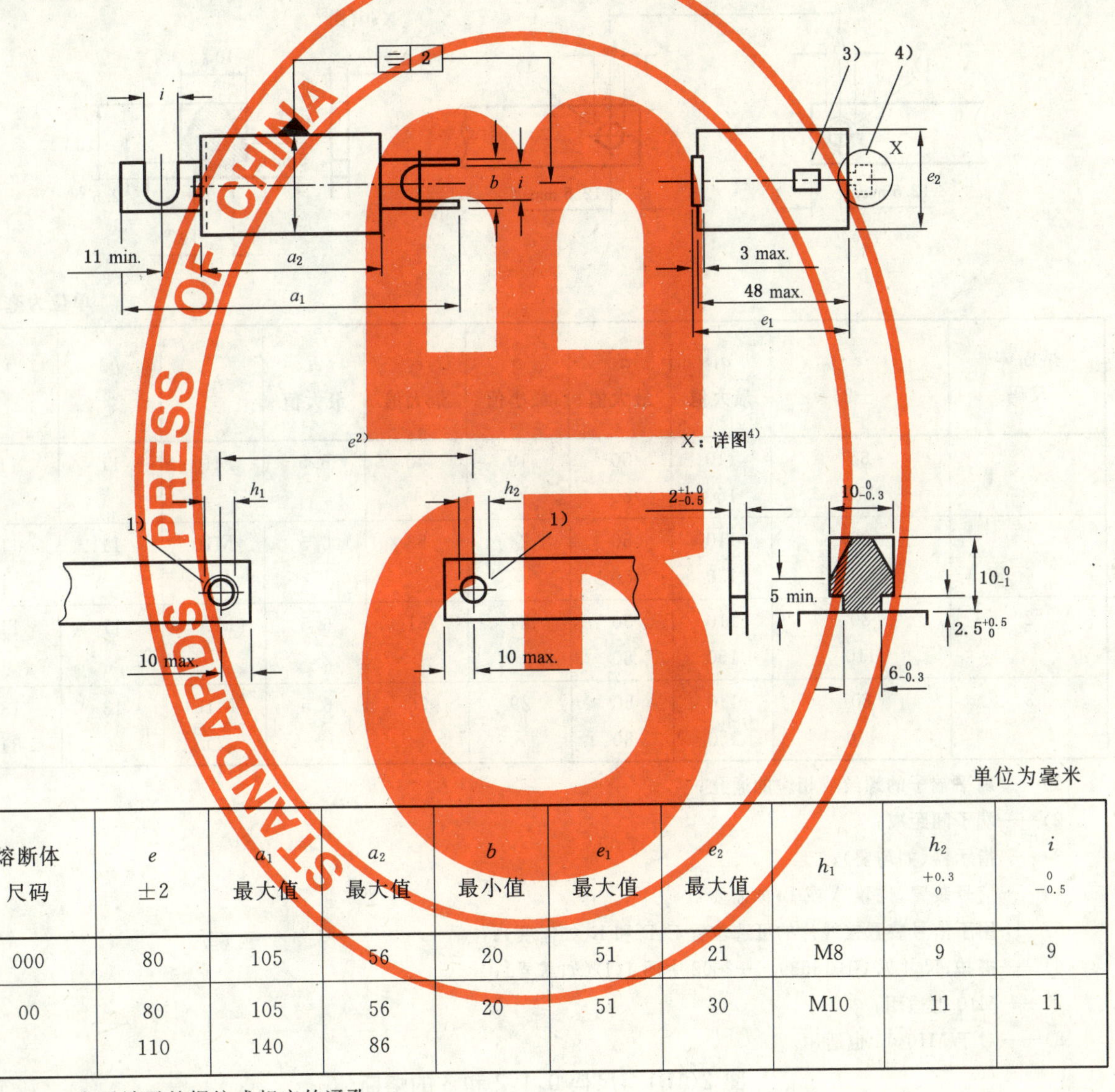

单位为毫米

熔断体尺码	e ±2	a_1 最大值	a_2 最大值	b 最小值	e_1 最大值	e_2 最大值	h_1	h_2 $^{+0.3}_{0}$	i $^{0}_{-0.5}$
000	80	105	56	20	51	21	M8	9	9
00	80 110	105 140	56 86	20	51	30	M10	11	11

1)——扁平端子的螺纹或相应的通孔；

2)——端子间距离；

3)——指示器；

4)——信号装置的接线片(如需要)。

图1(1B)　尺码000和00的熔断体

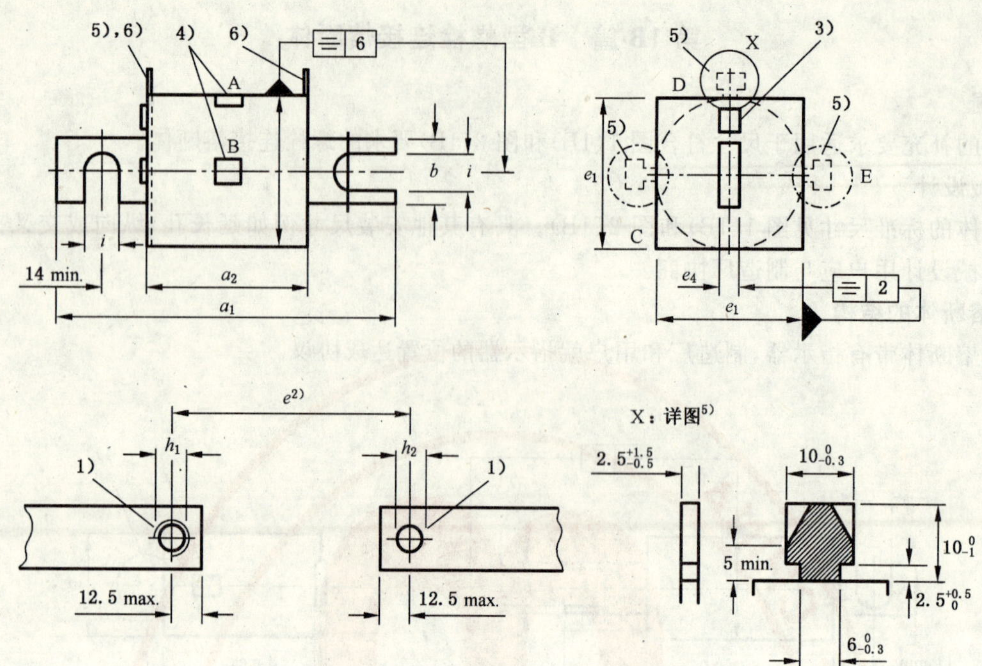

单位为毫米

熔断体 尺码	e ±2	a_1 最大值	a_2 最大值	b 最小值	e_1 最大值	e_4 最大值	h_1	h_2 $^{+0.3}_{0}$	i $^{0}_{-0.5}$
0	80 110	110 150	50 80	19	45	6.5	M10	11	11
1	80 110	110 150	50 80	24	53	6.5	M10	11	11
2	80 110	110 150	50 80	24	61	6.5	M10	11	11
3	80 110	110 150	50 80	29	76	6.5	M12 7)	13	13 8)

1)——扁平端子的螺纹或相应的通孔；

2)——端子间距离；

3)——指示器(如需要)；

4)——信号装置，位置 A 或 B(如需要)；

5)——用于信号装置接线片的可选位置 C、D 和 E(如需要)；

6)——搭扣，尺寸见 GB 13539.6—2002 中图 1(I)(如需要)；

7)——M10 也适用；

8)——对于 M10，11 也适用。

图 2(1B)　尺码 0，1，2 和 3 的熔断体

第 1C 篇　C 型螺栓连接熔断体

1.1　范围

以下的补充要求适用于尺寸符合图 1(1C)要求的螺栓连接熔断体。其额定电压和电流如下：

——交流 130 V，电流不超过 1 000 A；

——交流 250 V，电流不超过 800 A；

——交流 500 V,电流不超过 1 200 A;

——交流 700 V,电流不超过 600 A;

——交流 1 000 V,电流不超过 800 A。

7.1 机械设计

熔断体的标准尺寸见图 1(1C)。

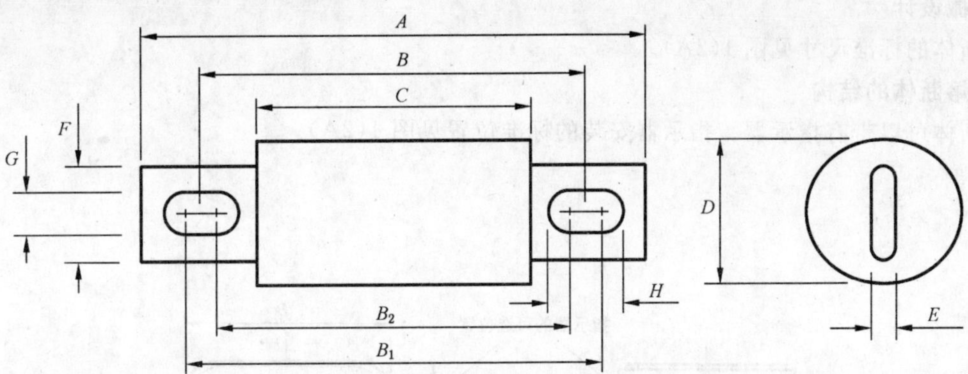

单位为毫米

额定电压/V	额定电流/A	A 最大值	B 名义值	B_1 最大值	B_2 最小值	C 最大值	D 最大值	E 最大值	F 最小值	G 最大值	H 最大值
130	65～400	69.1	52.4	57.5	45	31	29.1	5.2	22.6	8.3	11.9
	450～1 000	90.6	62.0	67	47.5	33.4	40.9	6.8	25.8	10.7	12.3
250	35～60	82.6	61.9	67.5	55.5	42.9	21	3.6	19.5	9.1	14.1
	65～200	81.1	60.3	64	54	42.9	31.8	5.2	25.8	9.1	12.3
	225～800	99.2	70.6	79	55.5	42.1	51.2	6.8	38.5	12.3	20.2
500	35～60	82.6	62.7	67.5	54	42.9	21	3.6	19.5	9.1	13.6
	65～100	93.5	73.0	79	66.5	55.6	25.8	3.7	19.5	9.3	17.9
	110～200	93.8	73.0	76.5	66.5	55.7	31.4	5.2	25.8	9.1	15.5
	225～400	111.9	83.3	89	68	54.8	38.5	6.8	25.8	11.4	19.9
	450～600	115.6	86.5	91.5	69	58	51.2	6.8	38.5	12.3	20.2
	700～800	166	110.0	128	85.5	58	63.9	10.1	51.2	15.9	33.4
	900～1 200	178.6	127.0	140	110	84.2	77.4	11.5	60.7	17.9	30.6
700	35～60	112.6	92.1	100	72	74.6	25.8	5.2	25.8	10.7	19.8
	65～100	113.6	92.1	95.5	72	74.6	31.4	5.2	25.8	10.7	18.6
	110～200	131	102.4	108	72	73.8	38.5	6.8	25.8	12.3	21
	225～400	131	102.4	111	73	73.8	51.2	6.8	38.5	14.7	20.2
	450～600	181.6	129.4	147	81	73.9	63.9	10.1	51.2	16.3	0.4
1 000	35～60	128.6	108.0	111	98	90.5	25.8	5.2	19.5	8.3	9.9
	65～100	128.6	108.0	111	104	90.5	31.4	5.2	25.8	9.3	10.7
	110～200	146.9	118.4	123	104	89.7	39.3	6.8	25.8	11.7	12.3
	225～400	148.1	118.4	124	104	90.5	51.2	6.8	38.5	11.4	20.1
	450～800	197.7	150.8	154	117	101.6	89.8	10.1	51.2	16.3	30.9

图 1(1C) C型螺栓连接熔断体

第2A篇 A型接触片式熔断体

1.1 范围

以下的补充要求适用于尺寸符合图1(2A)要求的接触片式熔断体。熔断体的额定电流不超过5 000 A,额定电压不超过交流1 250 V。

7.1 机械设计

熔断体的标准尺寸见图1(2A)。

7.1.1 熔断体的结构

熔断体可以带有指示器。指示器安装的标准位置见图1(2A)。

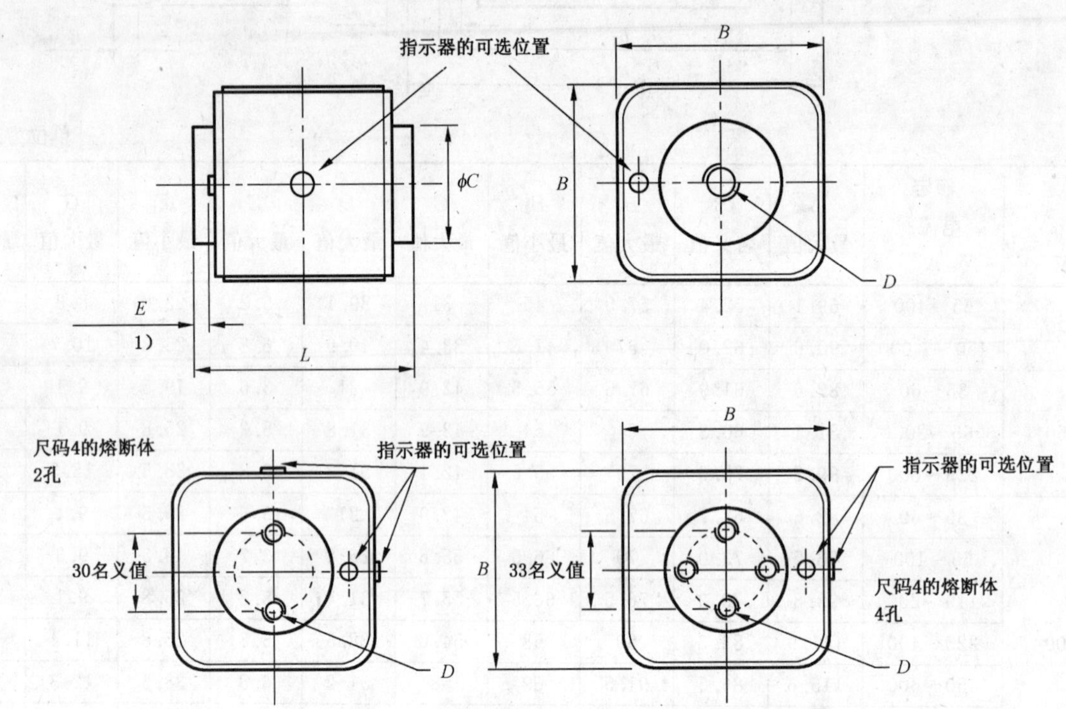

图1(2A) A型接触片式熔断体

单位为毫米

熔断体尺码	推荐最大额定电压/V	推荐最大额定电流/A	L 最大值	B 最大值	C 最小值	D		E
						螺纹	最小深度	
00	690	400	65	30×48	15	M8	5	0.2
01	690	630	53	45	17	M8	5	0.2
01	1 000	500	77	45	17	M8	5	0.2
01	1 250	400	82	45	17	M8	5	0.2
1	690	1 000	53	53	19	M8	8	0.3
1	1 000	800	77	53	19	M8	8	0.3
1	1 250	630	82	53	19	M8	8	0.3
2	690	1 600	53	61	23	M10	9	0.4
2	1 000	1 250	77	61	23	M10	9	0.4
2	1 250	1 000	82	61	23	M10	9	0.4
3	690	2 500	53	76	28	M12	9	0.5
3	1 000	2 000	93	76	28	M12	9	0.5
3	1 250	1 600	99	76	28	M12	9	0.5
4 孔								
4	690	5 000	67	115	50	M10	9	2.0
4	1 000	4 000	89	115	50	M10	9	2.0
4	1 250	3 150	110	115	50	M10	9	2.0
2 孔								
4	690	5 000	94	115	50	M12	10	2.0
4	1 000	4 000	100	115	50	M12	10	2.0
4	1 250	3 150	120	115	50	M12	10	2.0

1)——安装面和其他熔断器零件的最小距离。

图 1(2A)(续)

第 2B 篇　B 型接触片式熔断体

1.1　范围

以下的补充要求适用于尺寸符合图 1(2B)要求的接触片式熔断体。其额定电压和电流如下：

——交流 130 V 或 150 V，电流不超过 6 000 A；

——交流 250 V，电流不超过 4 500 A；

——交流 600 V，电流不超过 2 000 A。

7.1　机械设计

熔断体的标准尺寸见图 1(2B)。

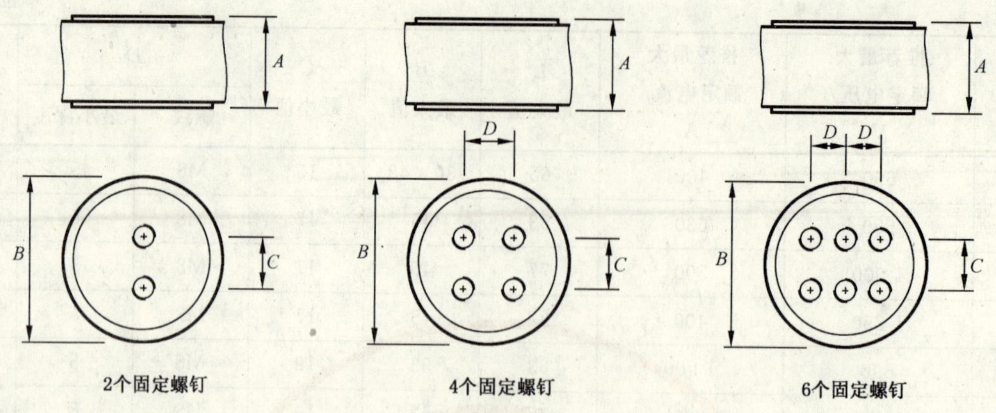

单位为毫米

额定电压/V	额定电流/A	*A* 最大值	*B* 最大值	*C* 最大值	*D* 最大值	螺纹 英寸[a]	安装螺钉数
130/150	1 000～2 000	49.2	51.2	25.8		⅜″-24×½″	2
	2 500～3 000	49.2	76.6	38.5		½″-20×½″	2
	3 500～4 000	49.2	89.5	38.5	38.5	½″-20×½″	4
	5 000～6 000	61.9	146.5	38.5	38.5	½″-20×½″	6
250	800～1 200	67.4	76.6	38.5		⅜″-24×½″	2
	1 500～2 500	67.4	88.5	38.5	38.5	⅜″-24×½″	4
	3 000～4 500	67.4	114.7	38.5	38.5	½″-20×½″	4
600	700～800	103.2	76.6	38.5		⅜″-24×½″	2
	1 000～1 200	103.2	89.5	38.5	38.5	⅜″-24×½″	4
	1 500～2 000	103.2	114.7	38.5	38.5	½″-20×½″	4

[a] 直径-螺纹/英寸×深度。

图 1(2B) B型接触片式熔断体

第3A篇 A型圆筒形帽熔断体

1.1 范围

以下的补充要求适用于尺寸符合图1(3A)要求的圆筒形帽熔断体。其额定电压和电流如下：

——交流130 V或150 V,电流不超过60 A；

——交流600 V,电流不超过30 A；

——交流1 000 V,电流不超过30 A。

7.1 机械设计

熔断体标准尺寸见图1(3A)。

注：圆筒形帽熔断体的标准尺寸在以下标准中也作了规定：

——GB/T 13539.6—2002中第3篇：

尺码：10×38

14×51

22×58

——GB/T 13539.6—2002中第5篇。

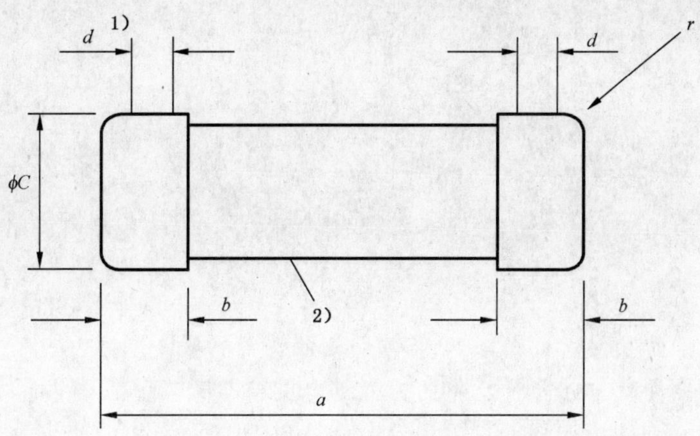

单位为毫米

最大额定电压值/V	最大额定电流值/A	a	b 最大值	c	d 最小值	r
130/150	35～60	$51^{+0.6}_{-1}$	15.9	20.6±0.175	6	2±1
600	1～30	$127^{+0.6}_{-3}$	16.2	$20.6^{+0.1}_{-0.2}$	11	2±1
1 000	1～30	$66.7^{+0.6}_{-2}$	16.2	14.5±0.1	11	2±1

1)——圆筒形部位的偏差不应超过规定允差；

2)——端帽间的熔管直径不大于直径 c。

图 1(3A)　A 型圆筒形帽熔断体

ICS 43.180
R 17

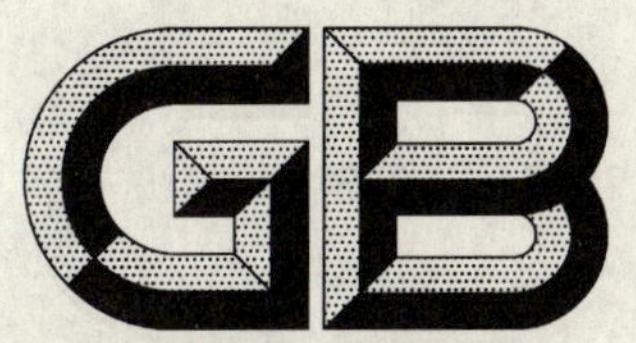

中华人民共和国国家标准

GB/T 13564—2005
代替 GB/T 13564—1992

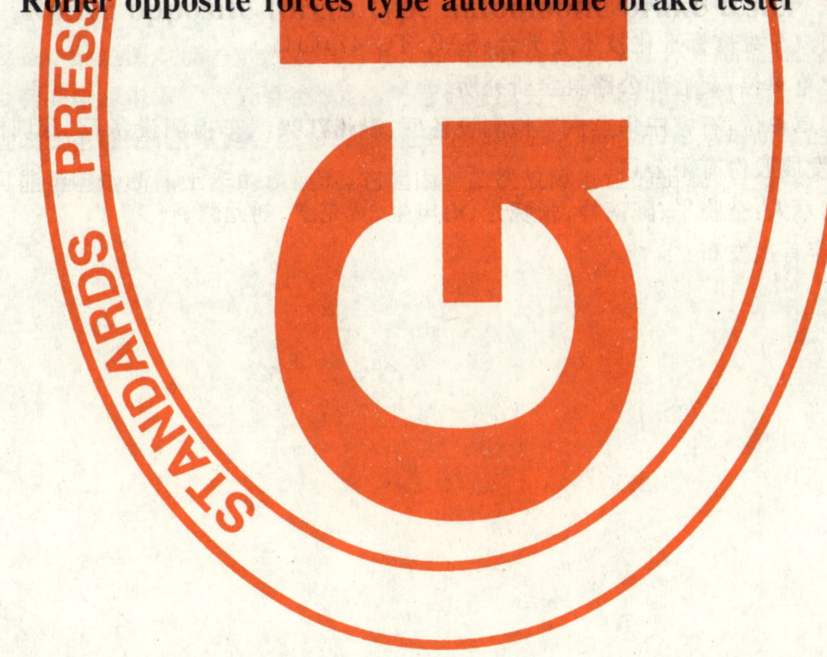

滚筒反力式汽车制动检验台

Roller opposite forces type automobile brake tester

2005-03-21 发布　　2005-08-01 实施

中华人民共和国国家质量监督检验检疫总局
中国国家标准化管理委员会　发布

前言

本标准是对 GB/T 13564—1992《滚筒反力式汽车制动检验台》的修订，本标准与 GB/T 13564—1992 相比主要变化如下：

——增加了测试速度、滚筒直径、滚筒中心距，主、从动滚筒高度差的技术参数和试验方法；
——增加了空载动态零值误差、重复性误差、零点漂移的内容及试验方法，并对鉴别力(阈)的要求作了修改；
——对产品型号表示方法、示值间差、外观以及滚筒形位误差等条款作了适当修改与明确，扩大了标准的适用范围；
——在电气系统中增加了电气系统安全、电机控制、通讯接口、采样及数据处理等内容；
——在示值误差试验方法中增加了仪表校准的内容；
——重新定义了滚筒表面的滑动附着系数，并规定了试验方法；
——在试验方法中补充了绝缘电阻、接地装置、标志的内容；
——增加了专用校准装置的随机配套要求；
——取消了结构图及基本参数表；
——取消了耐冲击条款及其试验的内容。

本标准由中华人民共和国交通部提出。

本标准由全国汽车维修标准化技术委员会(SAC/TC247)归口。

本标准负责起草单位：交通部公路科学研究所。

本标准参加起草单位：石家庄华燕汽车检测设备厂、温州江兴汽车检测设备厂、深圳市大雷实业有限公司、成都成保发展股份有限公司。

本标准主要起草人：仝晓平、陈南峰、张晓光、周申生、贺宪宁、刘元鹏。

本标准 1992 年首次发布。

滚筒反力式汽车制动检验台

1 范围

本标准规定了滚筒反力式汽车制动检验台的产品型号、要求、试验方法、检验规则及标志、包装、运输和贮存等。

本标准适用于滚筒反力式汽车制动检验台(以下简称制动台)。

2 规范性引用文件

下列文件中的条款通过本标准的引用而成为本标准的条款。凡是注日期的引用文件,其随后所有的修改单(不包括勘误的内容)或修订版均不适用于本标准,然而,鼓励根据本标准达成协议的各方研究是否可使用这些文件的最新版本。凡是不注日期的引用文件,其最新版本适用于本标准。

GB/T 191 包装储运图示标志(GB/T 191—2000,eqv ISO 780:1997)

GB/T 2681 电工成套装置中的导线颜色

GB/T 2682 电工成套装置中的指示灯和按钮的颜色

GB/T 13306 标牌

3 术语和定义

下列术语和定义适用于本标准。

3.1

滚筒反力式汽车制动检验台 roller opposite forces type automobile brake tester

通过测定作用在测力滚筒上的车轮制动力的反力,检测车辆制动性能的检验装置。

3.2

额定承载质量 rated loading capacity

制动台设计允许承载受检车辆的最大轴质量。

3.3

滚筒滑动附着系数 slip adhesion coefficient of roller

受检车辆车轮在主动滚筒的上母线滑动(抱死)时,制动台测得的车轮制动力与车轮的重力载荷之比。

3.4

空载动态零值误差 idling dynamic zero error

制动台在空载运转状态下,仪表显示的最大零位偏离值。

3.5

示值间差 differences between indications value

制动台在校准状态下,每一校准点左、右制动力的加载或减载示值误差之差的绝对值。

3.6

滚筒等效位置 equate position of roller

制动台滚筒轴线的延长线上且靠近滚筒侧的位置。

4 型号

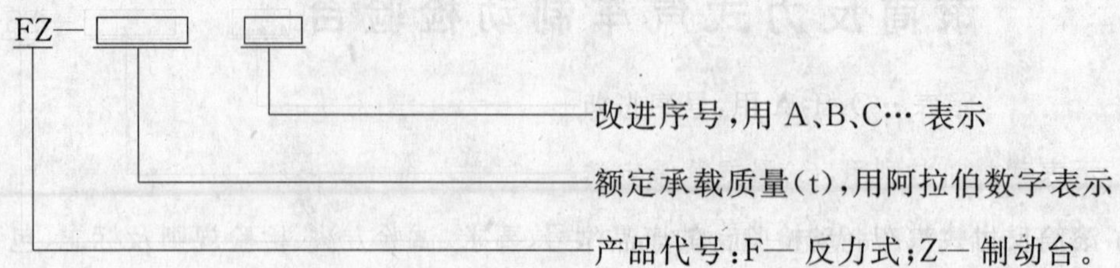

示例:额定承载质量为3 t、第三次改进型滚筒反力式汽车制动检验台,其型号表示为FZ—3C。

5 要求

5.1 技术参数

技术参数见表1。

表1

项目	额定承载质量		
	3 t	10 t	13 t
测试速度 km/h	≥2.2,推荐2.5		
滚筒直径 mm	≥240,推荐245		
滚筒中心距 mm	推荐430±10	推荐450±10	推荐470±10
主、从动滚筒高度差 mm	0～30		
滚筒滑动附着系数	≥0.70		

5.2 误差

5.2.1 静态示值误差

5.2.1.1 额定承载质量不小于10 t的制动台,示值误差不超过±0.000 75mg或各校准点给定值的±3%;

注:m——额定承载质量,kg;

g——重力加速度,m/s^2;

mg——单位:N。

5.2.1.2 额定承载质量等于3 t的制动台,示值误差不超过±22.5 N或各校准点给定值的±3%。

5.2.2 空载动态零值误差

空载动态零值误差见表2。

表2

额定承载质量/t	空载动态零值误差
3	±0.6% F·S
10,13	±0.2% F·S

注:F·S—英文"full scale"的缩写,表示满量程。

5.2.3 示值间差

在同一载荷的作用下,左、右制动力加载和减载示值误差间差的绝对值不应超过3%。

5.2.4 重复性误差

重复性误差应不大于1%。

5.2.5 零点漂移

30 min内零点漂移应为±0.1%F·S。

5.3 鉴别力(阈)

在加载20%,50%,80%F·S状态下,额定承载质量3 t的制动台改变显示仪表满量程F·S值的±0.6%,额定承载质量10 t、13 t的制动台改变显示仪表满量程F·S值的±0.2%时,应有示值变化。

5.4 采样及数据处理

5.4.1 采样频率100 Hz。

5.4.2 在非保护停机状态下,采样时间不少于3 s。

5.4.3 最大制动力应在制动检测全过程中所采集到的全部采样点中甄别并显示。

5.5 滚筒形位误差

5.5.1 滚筒表面径向圆跳动应不大于2 mm。

5.5.2 滚筒平行度应不大于1 mm/m。

5.6 防剥伤轮胎装置

装有防剥伤轮胎装置的制动台,在车辆轮胎抱死时,系统应能准确、可靠地停机。

5.7 显示装置

5.7.1 指针式

5.7.1.1 最大刻度值不小于额定承载轮质量的60%。

5.7.1.2 多段显示应有显示段的转换指示。

5.7.1.3 表盘刻度清晰,指针能调零且不弯曲,摆动灵活、平稳,没有跳动、卡滞等现象。

5.7.2 数字显示

5.7.2.1 最大示值不小于额定承载轮质量的60%。

5.7.2.2 制动力最大示值保留时间不小于8 s。

5.7.2.3 显示不应有缺段、闪烁等现象。

5.7.2.4 分辨率不大于0.1%F·S。

5.8 耐久性及可靠性

5.8.1 静负荷

制动台在相当于额定承载质量的负荷下,静压5 h。卸去负荷后检验,制动台应符合5.2、5.3、5.5的要求。

5.8.2 动负荷

对制动台加载,使两组滚筒的制动力分别达到显示仪表的满量程,间断运转累计15 min,制动台应符合5.2、5.3、5.5的要求。

5.8.3 超负荷

对制动台加载,使两组滚筒的制动力分别达到显示仪表满量程的125%,运转15 s,制动台应符合5.2、5.3、5.5的要求。

5.9 电气系统

5.9.1 电气系统在以下环境条件下应能正常工作:

a) 温　　度: 0℃~40℃;

b) 相对湿度: 不大于85%;

c) 电　　源: 380×(1±10%)V,220×(1±10%)V。

5.9.2 电气元件、部件、插接件装配牢靠;布线合理整齐;焊点光滑,无虚焊。

5.9.3 指示灯、按钮和导线的颜色应符合GB/T 2681、GB/T 2682的规定。

5.9.4 系统应根据负荷的大小装有熔断器或断路器;电机控制应有过载、断相保护装置。

5.9.5 系统应有良好的绝缘性能,绝缘电阻不得小于5 MΩ。

5.9.6 系统应有可靠的接地装置和明显的接地标志。

5.9.7 系统应装有标准通讯接口,并提供接口定义及相关的通讯协议。

5.9.8 系统应有紧急停止手动按钮。

5.10 外观质量

5.10.1 制动台外表面应平整、光洁,不得有明显的磕伤、划痕;涂装表面均匀、附着力强。

5.10.2 所有螺栓、螺母均应经过表面处理,并连接牢固。

5.10.3 焊接件焊点应平整、均匀,不得有焊穿、裂纹、脱焊等缺陷,并清除焊渣。

5.11 校准装置

5.11.1 制动台应随机配备符合表2中要求的专用校准装置;

5.11.2 专用校准装置应能在制动台滚筒或滚筒等效位置进行示值误差的校准。

5.11.3 使用说明书中应有专用校准装置安装、使用及校准的详细说明。

6 试验方法

6.1 试验仪器设备

试验仪器设备及工量具见表3。

表3

序号	名称	规格	准确度等级、不确定度或分度值
1	砝码	0.5;1;2;5;10;20 kg	6级,M_2
2	百分表	0 mm~10 mm	0.01 mm,1级
3	内径千分尺	350 mm~500 mm	0.01 mm,1级
4	加载制动装置	自制	自制
5	专用校准装置	砝码式或仪表式	—
6	测速装置	1 r/min~99 999 r/min	不确定度<±0.02%
7	游标卡尺	0 mm~500 mm 长量爪	0.05 mm,1级
8	钢直尺	0 mm~300 mm	1 mm,2级
9	绝缘电阻测量仪	500 V,500 MΩ	1 MΩ
10	滚筒附着系数测试仪	垂直正压力(80~200)daN	不确定度1.5%
11	水平尺	200 mm	0.02 mm/m

6.2 技术参数

6.2.1 测试速度

用测速装置测量滚筒转速并计算滚筒外缘的线速度,应符合表1的规定。

6.2.2 滚筒直径

用游标卡尺测量,应符合表1的规定。

6.2.3 滚筒中心距

用游标卡尺或内径千分尺分别测量每组主、从滚筒两端轴头的外侧尺寸和内侧尺寸,外侧尺寸和内侧尺寸的平均值即为滚筒中心距,应符合表1的规定。

6.2.4 主、从动滚筒高度差

用钢直尺测量,应符合表1的规定。

6.2.5 滚筒滑动附着系数

用附着系数测试仪测量,原理示意图见图1。

将附着系数测试仪的测试轮停放于被测滚筒的上母线中央位置,启动制动台电机,待被测滚筒转速稳定后测量。测量时,测试轮与被测滚筒的接触表面应为滑动状态,测试轮作用在被测滚筒上的垂直正压力 W 为(80～200)daN,测量6次,取其平均值,应符合表1的规定。

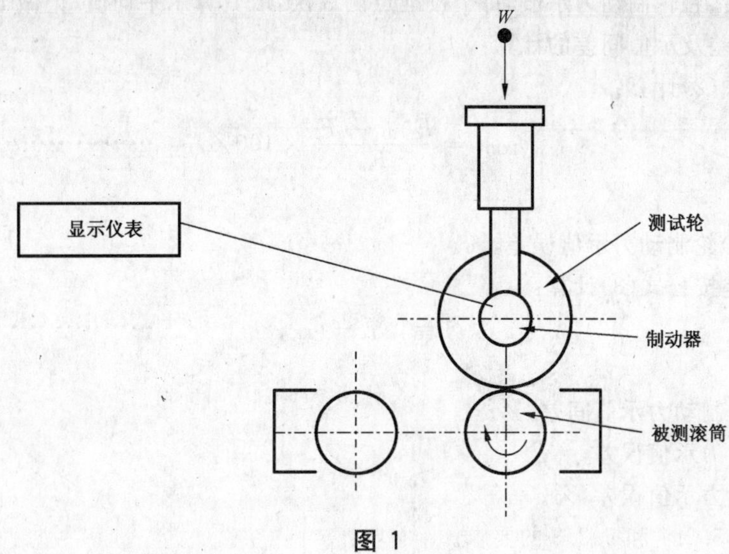

图 1

6.3 误差

6.3.1 静态示值误差

静态示值误差及示值间差试验在滚筒或滚筒等效位置进行。

6.3.1.1 砝码校准法

将专用校准装置固定在制动台滚筒或其等效位置,并使其置于水平状态,仪表调零或复位,示意图见图2。

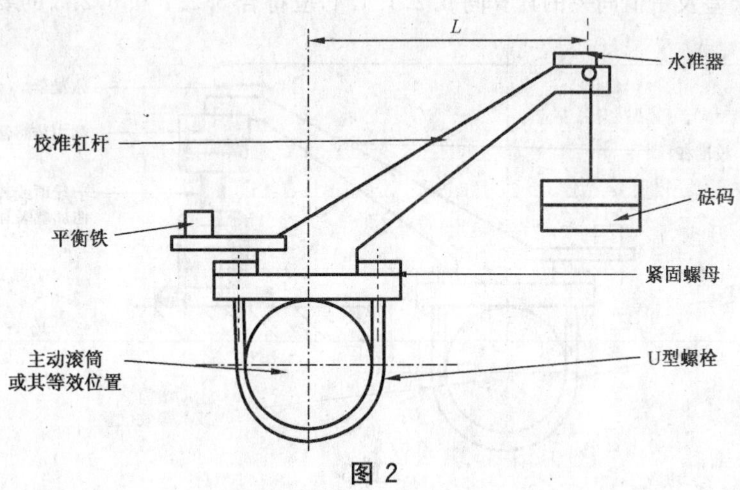

图 2

6.3.1.1.1 在制动台示值满量程内,校准点不少于8个(包括零点和满量程点),且尽量均匀分布。

6.3.1.1.2 按公式(1)计算出校准点预加砝码质量

$$m_i = \frac{r \times F_i}{L \times g} \quad \cdots\cdots\cdots\cdots(1)$$

式中:

m_i——被校准点砝码质量计算值,kg;(i=1,2,3,4,5,6,7,8…)

r——制动台滚筒半径，mm；

L——校准装置的力臂长，mm；

F_i——被校准点制动力给定值，N；

g——重力加速度，m/s^2。

6.3.1.1.3 在专用校准装置上依次加载砝码质量(m_i)至满量程，再依次减载砝码质量(m_i)至零，测出各校准点所对应的左、右轮制动力示值，每个校准点测 3 次，取其算术平均值，记做 $\overline{F}_{L(R)i}$。

6.3.1.1.4 示值误差及示值间差的计算：

示值误差按公式(2)计算：

$$\delta_{L(R)i}=\frac{\overline{F}_{L(R)i}-F_i}{F_i}\times 100\% \quad\quad (2)$$

式中：

$\delta_{L(R)i}$——左(右)轮制动力示值误差，%。

制动力示值间差按公式(3)计算：

$$\delta_i=|\delta_{Li}-\delta_{Ri}| \quad\quad (3)$$

式中：

δ_i——左(右)轮制动力示值间差，%；

δ_{Li}——左轮制动力示值误差，%；

δ_{Ri}——右轮制动力示值误差，%。

$\delta_{L(R)i}$，δ_i 应符合 5.2.1 和 5.2.3 的要求。

6.3.1.2 **仪表校准法**

将加载杠杆固定在制动台滚筒或其等效位置，并将测力仪表、支架与加载杠杆连接，调整水平，示意图见图 3。

6.3.1.2.1 在制动台示值满量程内，校准点不少于 8 个(包括零点和满量程点)，并尽量均匀分布。

6.3.1.2.2 在专用校准装置上依次加、减载，测出各校准点所对应的左、右轮制动力示值，每个校准点测量 3 次，取其算术平均值，记做 $\overline{F}_{L(R)i}$。

6.3.1.2.3 示值误差及示值间差的计算同 6.2.1.1.4，应符合 5.2.1 和 5.2.3 的要求。

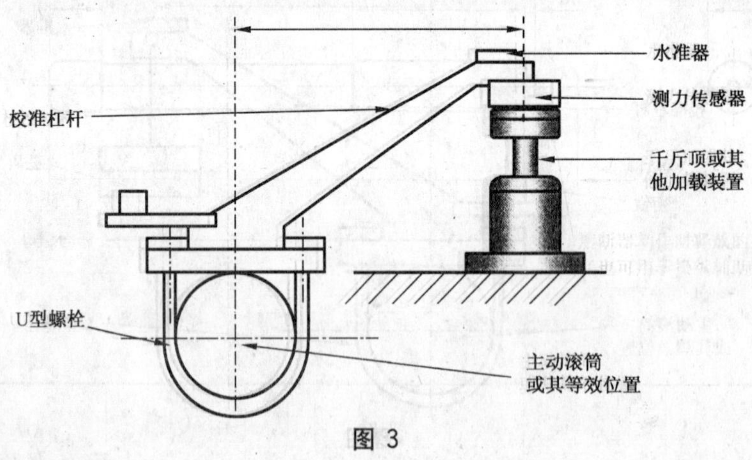

图 3

6.3.2 **空载动态零值误差**

制动台空载，将空载示值设定为 10 daN 以上，启动电动机，待滚筒转速稳定后，记录仪表最大零位偏离值。重复 3 次，其中最大偏离值即为空载动态零值误差，应符合 5.2.2 的规定。

6.3.3 **重复性误差**

重复性误差试验可与静态示值误差试验同步进行。

将专用校准装置固定在制动台滚筒或其等效位置，并使其置于水平状态，仪表调零或复位，在仪表的显示范围内，选定20%，50%，80%F·S 3个加载点分别加载、减载，重复3次，记录制动力示值并比较偏差，其最大差值与加载给定值之比应符合5.2.4的规定。

6.3.4　零点漂移

制动台空载，电动机停转，接通仪表电源并预热，将空载示值设定为10 daN以上，并以此作为基准点，30 min后记录仪表示值与基准点偏离值，其结果应符合5.2.5的规定。

6.4　鉴别力(阈)

将专用校准装置固定在制动台滚筒或其等效位置，并使其置于水平状态，仪表调零或复位。制动台分别在加载20%，50%，80%F·S时，额定承载质量3 t的制动台增加0.6%F·S的载荷，再减少0.6%F·S的载荷，额定承载质量不小于10 t的制动台增加0.2%F·S的载荷，再减少0.2%F·S的载荷，观察仪表示值，其结果应符合5.3的规定。

6.5　采样及数据处理

显示、打印所有采样点和与各采样点相对应的制动力-制动时间曲线和表格，对于不具备直接显示、打印功能的系统，也可将全部数据传输至其他终端进行显示、打印，应符合5.4的规定。

6.6　滚筒形位误差

6.6.1　滚筒表面径向圆跳动

缓慢转动滚筒并用百分表分别测量滚筒表面两端和中间位置的径向圆跳动，其值应符合5.5.1的规定。必要时可在百分表上加装专用触头测量，示意图见图4。

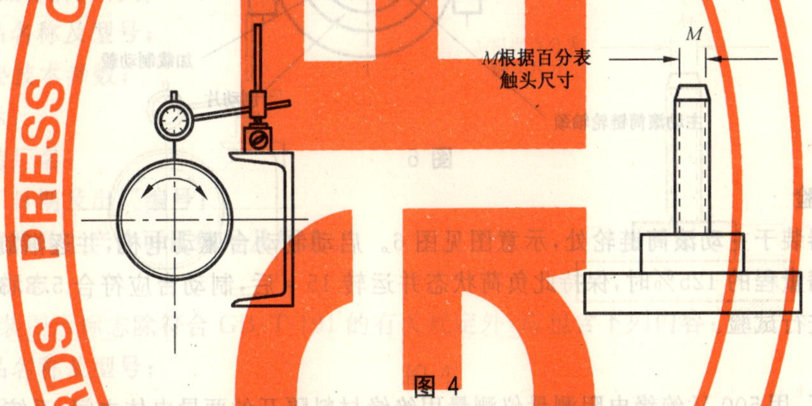

图4

6.6.2　滚筒平行度

用内径千分尺在滚筒两端的金属表面测量，分别测量两组滚筒，其值应符合5.5.2的规定。示意图见图5。

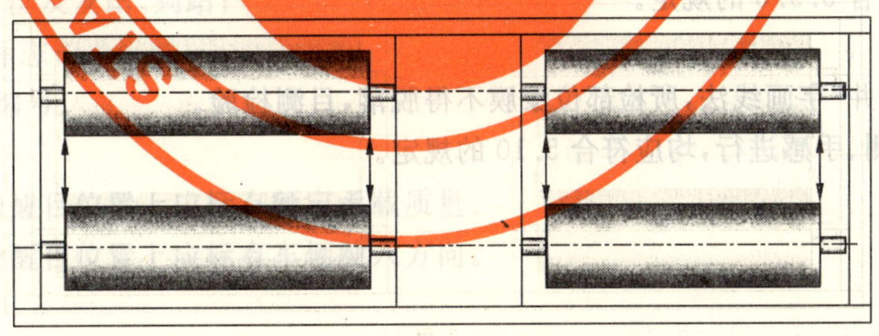

图5

6.7　防剥伤轮胎装置

试验车辆在制动台上制动，当测试车辆轮胎抱死时，观察制动台是否准确断电、停机，应符合5.6的规定。

6.8　显示装置

目测检查，应符合5.7的规定。

6.9　可靠性及耐久性试验

b) 合格证明书；

c) 装箱单；

d) 其他有关技术文件。

8.3 运输

8.3.1 制动台在运输过程中，严禁抛掷、倒置、剧烈震动和雨淋。

8.3.2 制动台应能承受－25℃～55℃温度范围内的长途运输，并能经受温度70℃、时间不超过24 h的短途运输。

8.4 贮存

8.4.1 包装好的制动台贮存在环境温度－10℃～40℃、相对湿度不大于85%、周围空气中无酸、碱性和其他腐蚀性气体、通风良好的仓库中。

8.4.2 贮存时应单层放置。

ICS 83.140.30
G 33

中华人民共和国国家标准

GB/T 13663.2—2005

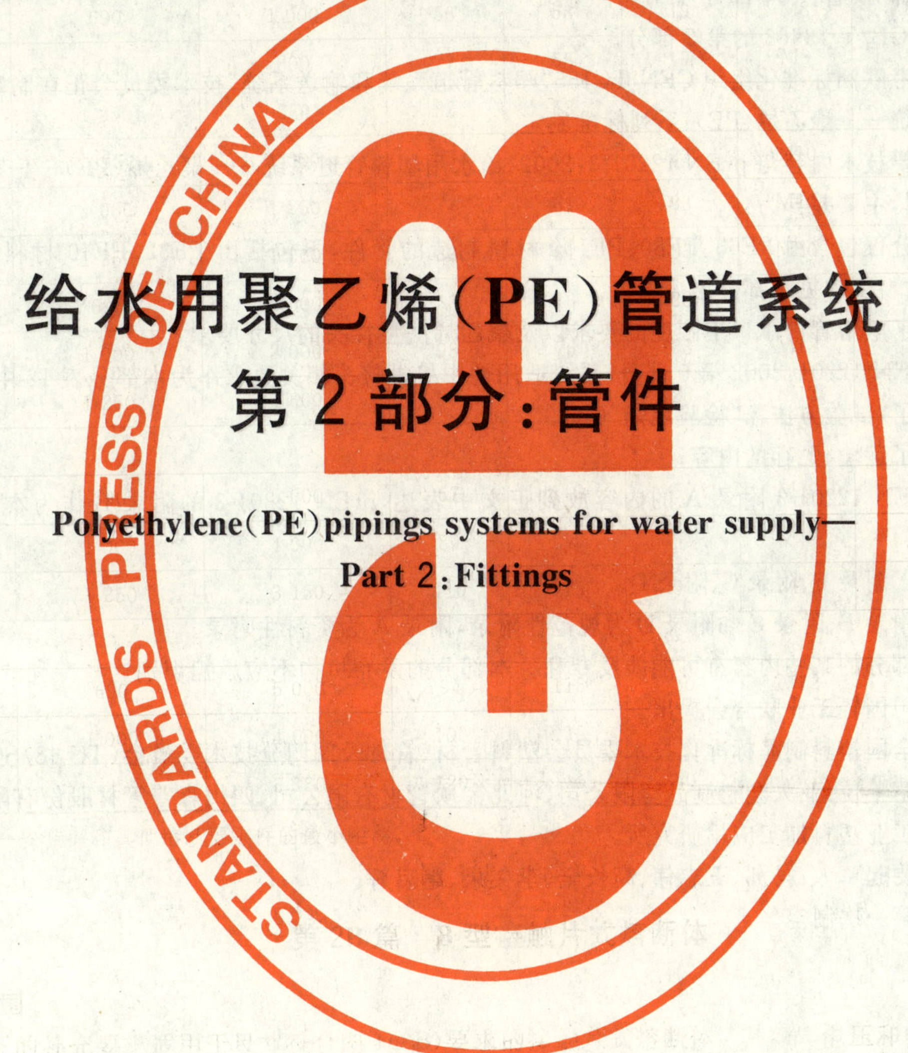

给水用聚乙烯(PE)管道系统 第2部分:管件

Polyethylene(PE)pipings systems for water supply—Part 2:Fittings

2005-03-23 发布　　　　2005-10-01 实施

中华人民共和国国家质量监督检验检疫总局
中国国家标准化管理委员会　发布

前　言

GB/T 13663《给水用聚乙烯管道系统》现分为两个部分：

——第1部分：管材；

（现行标准为 GB/T 13663—2000《给水用聚乙烯(PE)管材》）

——第2部分：管件（本部分）。

本部分为 GB/T 13663 的第2部分。

本部分参考欧洲标准化组织 CEN TC155“塑料管道系统和输送系统”技术委员会正在制定的《给水用塑料管道系统——聚乙烯(PE)》系列标准制定。

本部分主要技术内容与 prEN 12201-3:2002《给水用塑料管道系统——聚乙烯(PE)——第3部分：管件》基本相同，主要差异为：

——本部分仅包含由 PE63、PE80、PE100 材料制造的管件，不包括由 PE32、PE40 材料制造的管件，材料要求见本部分第4章；

——增加了电熔管件承口不圆度的要求以及聚乙烯法兰接头的尺寸要求；

——将 prEN 12201:2002 第5部分：系统适用性中机械接头相关要求作为本部分表12中的内容；

——增加了“试验方法”、“检验规则”两章；

——增加了运输、贮存的内容；

——将 prEN 12201-3 附录 A 的内容放到正文中表述，prEN 12201-3 的附录 B 作为本部分的附录 A；

——增加了附录 B、附录 C、附录 D。

本部分的附录 B、附录 C 和附录 D 为规范性附录，附录 A 为资料性附录。

请注意本部分的某些内容有可能涉及专利。本部分的发布机构不应承担识别这些专利的责任。

本部分由中国轻工业联合会提出。

本部分由全国塑料制品标准化技术委员会塑料管材、管件及阀门分技术委员会(TC 48/SC3)归口。

本部分起草单位：亚大塑料制品有限公司、河北宝硕管材有限公司、四川森普管材股份有限公司、北京工商大学轻工业塑料加工应用研究所。

本部分主要起草人：马洲、王志伟、高长全、李文泉、赵启辉。

本部分为第一次制定。

给水用聚乙烯(PE)管道系统 第2部分:管件

1 范围

GB/T 13663 的本部分规定了给水用聚乙烯(PE)管件(以下简称管件)的定义、材料、产品分类、要求、试验方法、检验规则、标志、包装、运输和贮存。

本部分适用于由 PE 63、PE 80 和 PE 100 材料(见 4.1)制造的管件以及本部分规定的聚乙烯给水系统中的机械连接管件。

本部分规定的管件适用于水温不超过 40℃,一般用途的压力输水以及饮用水的输送。

本部分规定的管件与 GB/T 13663—2000 规定的管材配套使用。

2 规范性引用文件

下列文件中的条款通过 GB/T 13663 的本部分的引用而成为本部分的条款。凡是注日期的引用文件,其随后所有的修改单(不包括勘误的内容)或修订版均不适用于本部分,然而,鼓励根据本部分达成协议的各方研究是否可使用这些文件的最新版本。凡是不注日期的引用文件,其最新版本适用于本部分。

GB/T 1033—1986 塑料密度和相对密度试验方法(eqv ISO/DIS 1183:1984)

GB/T 1845.1—1999 聚乙烯(PE)模塑和挤出材料 第1部分:命名系统和分类基础(eqv ISO 1872-1:1993)

GB/T 2828.1—2003 计数抽样检验程序 第1部分:按接收质量限(AQL)检索的逐批检验抽样计划(ISO 2859-1:1999,IDT)

GB/T 3681—2000 塑料大气暴露试验方法(neq ISO 877:1994)

GB/T 3682—2000 热塑性塑料熔体质量流动速率和熔体体积流动速率的测定(idt ISO 1133:1997)

GB/T 6111—2003 流体输送用热塑性塑料管材耐内压试验方法 (ISO 1167:1996,IDT)

GB/T 8804.3—2003 热塑性塑料管材 拉伸性能测定 第3部分:聚烯烃管材(ISO 6259-3:1997,IDT)

GB/T 8806 塑料管材尺寸测量方法 (GB/T 8806—1988,eqv ISO 3126:1974)

GB/T 13021—1991 聚乙烯管材和管件炭黑含量的测定 热失重法(neq ISO 6964:1986)

GB/T 13663—2000 给水用聚乙烯(PE)管材 (neq ISO 4427:1996)

GB/T 15820—1995 聚乙烯压力管材与管件连接的耐拉拔试验 (eqv ISO 3501:1976)

GB/T 17219 生活饮用水输配水设备及防护材料的安全性评价标准

GB/T 17391—1998 聚乙烯管材与管件热稳定性试验方法 (eqv ISO/TR 10837:1991)

GB/T 18251—2000 聚烯烃管材、管件和混配料中颜料或炭黑分散的测定方法(neq ISO/DIS 18553:1999)

GB/T 18252—2000 塑料管道系统 用外推法对热塑性塑料管材长期静液压强度的测定

GB/T 18475—2001 热塑性塑料压力管材和管件用材料分级和命名 总体使用(设计)系数(eqv ISO 12162:1995)

GB/T 18476—2001 流体输送用聚烯烃管材 耐裂纹扩展的测定 切口管材裂纹慢速增长的试

验方法(切口试验)(eqv ISO 13479:1997)

GB/T 19278—2003 热塑性塑料管材、管件及阀门通用术语及其定义

GB/T 19280—2003 流体输送用热塑性塑料管材 耐快速裂纹扩展(RCP)的测定 小尺寸稳态试验(S4 试验)(ISO 13477:1997,IDT)

GB/T 19712 塑料管材和管件 聚乙烯(PE)鞍形旁通 抗冲击试验方法(GB/T 19712—2005,ISO 13957:1997,IDT)

GB/T 19806 塑料管材和管件 聚乙烯电熔组件的挤压剥离试验(GB/T 19806—2005,ISO 13955:1997,IDT)

GB/T 19808 塑料管材和管件 公称外径大于或等于 90 mm 的聚乙烯电熔组件的拉伸剥离试验(GB/T 19808—2005,ISO 13954:1997,IDT)

GB/T 19810 聚乙烯(PE)管材和管件 热熔对接接头拉伸强度和破坏形式的测定(GB/T 19810—2005,ISO 13953:2001,IDT)

HG/T 3091—2000 橡胶密封件 给、排水管及污水管道用接口密封圈 材料规范(idt ISO 4633:1996)

ISO 9080:2003 塑料管道系统——用外推法以管材形式对热塑性塑料材料长期静液压强度的测定

ISO 11357-6:2002 塑料——差示扫描量热法(DSC)——第 6 部分:氧化诱导时间的测定

ISO 13478:1997 流体输送用热塑性塑料管材——耐快速裂纹扩展(RCP)的测定——全尺寸试验(FST)

ASTM D 4019:1994a 通过五氧化二磷的库仑再生测定塑料中水分的试验方法

3 定义、符号和缩略语

GB/T 13663—2000 及 GB/T 19278—2003 确定的以及下列定义、符号和缩略语适用于 GB/T 13663 的本部分。

3.1

电熔承口管件 electrofusion socket fitting

具有一个或多个组合加热元件,能够将电能转换成热能从而与管材或管件插口端熔接的聚乙烯(PE)管件。

3.2

电熔鞍形管件 electrofusion saddle fitting

具有鞍形几何特征及一个或多个组合加热元件,能够将电能转换成热能从而在管材外侧壁上实现熔接的聚乙烯(PE)管件。

3.2.1

鞍形旁通 tapping tee

具有辅助开孔分支端及一个可以切透主管材壁的组合切刀的电熔鞍形管件。在安装后切刀仍留在鞍形体内。常用于带压作业。

3.2.2

鞍形直通 branch saddle

不具备辅助开孔分支端,通常需要辅助切削工具在连接的主管材上钻孔的电熔鞍形管件。

3.3

插口管件 spigot end fitting

插口端的连接外径等于相应配套使用管材的公称外径 d_n 的聚乙烯(PE)管件。

3.4

机械连接管件 mechanical fitting

通过机械作用将聚乙烯(PE)管材与另一段聚乙烯(PE)管材或管道附件连接的管件。一般可在施工现场装配或由制造商在工厂预装。

通常通过压缩部件以提供压力的完整性、密封性和抗端部载荷的能力。并通过插到管材内部的支撑衬套为聚乙烯(PE)管材提供永久的支撑,以阻止管材壁在径向压力作用下的蠕变。

注1:可以通过螺纹、压缩接头、焊接或法兰(包括PE法兰)与金属部件连接装配。

3.5

电熔承口的最大不圆度　maximum out-of-roundness of electrofusion socket

从承口口部平面到距承口口部距离为 L_1(设计插入段长度)的平面之间,承口不圆度的最大值。

3.6

电压调节　voltage regulation

在电熔管件的熔接过程中,通过电压参数控制能量供给的方式。

3.7

电流调节　intensity regulation

在电熔管件的熔接过程中,通过电流参数控制能量供给的方式。

4　材料

4.1　聚乙烯混配料

4.1.1　分级和命名

管件应使用符合要求的聚乙烯混配料生产。聚乙烯混配料应按照GB/T 18252—2000(或ISO 9080:2003)确定材料与20℃、50年、预测概率97.5%相应的静液压强度 σ_{LPL}。依据 σ_{LPL} 换算出最小要求强度(MRS),将MRS乘以10得到材料的分级数,按照GB/T 18475—2001进行分级。根据材料类型(PE)和分级数对材料进行命名,见表1。混配料制造商应提供相应的级别证明。

表1　聚乙烯混配料的分级和命名

σ_{LPL}(20℃,50年,97.5%)/MPa	MRS/MPa	材料分级数	命名
6.30~7.99	6.3	63	PE 63
8.00~9.99	8.0	80	PE 80
10.00~11.19	10.0	100	PE 100

4.1.2　性能要求

混配料应为黑色或蓝色,性能要求应符合表2的规定。

表2　聚乙烯混配料的性能

序号	性能	要求[a]	试验参数	
以颗粒为试验样品测定				
1	密度	≥930 kg/m³(基础树脂)	试验温度	23℃
2	熔体质量流动速率 MFR	(0.2~1.4)g/10 min,且最大偏差不应超过混配料标称值的±20%	试验温度 负载	190℃ 5 kg
3	氧化诱导时间	≥20 min	试验温度	200℃
4	挥发分含量	≤350 mg/kg	—	
5	水分含量[b]	≤300 mg/kg	—	
6	炭黑含量(黑色混配料)	2.0%~2.5%(质量分数)	—	
7.1	炭黑分散(黑色混配料)	≤3级	—	
7.2	颜料分散(蓝色混配料)	≤3级	—	

表 2（续）

序号	性能	要求[a]	试验参数	
以管材为试验样品测定				
8	热熔对接拉伸强度 d_n 110 mm SDR 11	试验到破坏为止： 韧性：通过 脆性：未通过	试验温度	23℃
9	耐慢速裂纹增长 d_n 110 mm 或 125 mm SDR 11	在试验过程中不破坏	试验温度 试验压力： PE 63 PE 80 PE 100 试验时间 试验类型	80℃ 0.64 MPa 0.80 MPa 0.92 MPa 165 h 水-水
10	耐候性 （仅用于蓝色混配料）	管材累计接受≥3.5 GJ/m² 老化能量后： 氧化诱导时间符合本表要求 断裂伸长率≥350% 80℃(165 h)静液压强度符合表 9 要求	—	—
11	耐快速裂纹扩展 (RCP)(S4 试验)[c,d] d_n 250 mm SDR 11	裂纹终止	试验温度 试验介质 试验压力： PE 100 PE 80	0℃ 空气 1.0 MPa 0.80 MPa
	或者			
	耐快速裂纹扩展 (RCP)(全尺寸试验)[c,d] d_n 250 mm SDR 11	裂纹终止	试验温度 试验介质 试验压力： PE 100 PE 80	0℃ 空气 2.4 MPa 2.0 MPa
12	对水质的影响	应符合 GB/T 17219 或现行相应的卫生规范性能要求		

[a] 混配料生产商应证明与这些要求的符合性。

[b] 当测量的挥发分含量不符合要求时才测量水分含量。仲裁时，应以水分含量的测量结果作为判定依据。

[c] 仅对壁厚不小于 32 mm 的管道系统有此项要求。

[d] 如果测试的 PE 材料不满足要求，可根据 ISO 13478:1997 确定临界压力 p_c，并由此确定此材料相应于直径的 MOP。（允许工作压力≤p_c。或者允许工作压力≤3.6×$p_{c,S4}$+2.6，此处 $p_{c,S4}$ 根据 GB/T 19280—2003 测定），可使用温度不大于 3℃的空气或气水混合体（空气含量≥5%）。

4.2 非聚乙烯部件材料

管件非聚乙烯部件材料不应对所输送水质及聚乙烯材料性能产生不良影响或引发应力开裂，并且应满足管道系统中的总体要求。

4.2.1 金属材料

管件所使用的金属部分，易腐蚀的应充分防护。

当使用不同的金属材料并且可能与水分接触时，应采取措施防止电化学腐蚀。

4.2.2 弹性密封件

制造橡胶密封件的材料应符合 HG/T 3091—2000 的性能要求。

5 产品分类

管件按连接方式分为三类：熔接连接管件、机械连接管件、法兰连接管件。

其中熔接连接管件分为三类：电熔管件、插口管件、热熔承插连接管件。

注：管件适用的参考温度为20℃。40℃以下温度的压力折减系数参见 GB/T 13663—2000 的 5.5。

6 要求

6.1 颜色

管件聚乙烯部分的颜色为黑色或蓝色，蓝色聚乙烯管件应避免紫外光线直接照射。

6.2 外观

管件内外表面应清洁、光滑，不允许有缩孔(坑)、明显的划伤、杂质、颜色不均和其他表面缺陷。

6.3 电熔管件的电阻偏差

电熔管件的电阻值应在下列范围内：

最大值：标称值×(1+10%)+0.1Ω；

最小值：标称值×(1−10%)。

注：电熔管件典型接线端的示例见附录 A。电熔管件宜根据工作时的电压和电流及电流特性设置相应的电气保护措施。对于电压大于 25 V 的情况，在按照管件和设备制造商的说明进行装配熔接时，宜确保人无法直接接触到带电部分。

6.4 规格尺寸

6.4.1 电熔管件承口端的尺寸

6.4.1.1 电熔管件承口端的直径和长度

电熔承口端的示意图见图 1，其直径和长度应符合表 3 的规定。

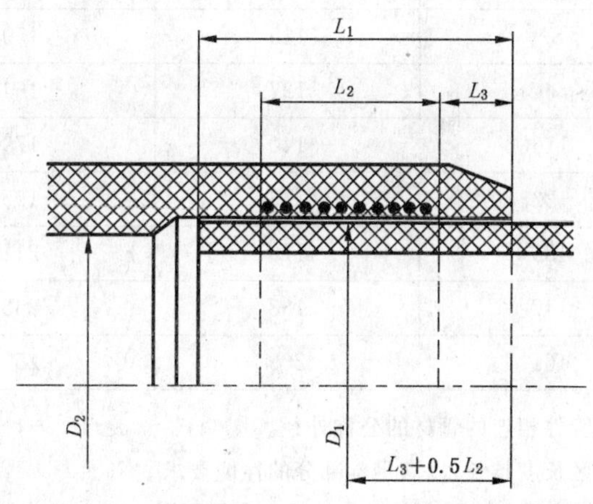

L_1——管材或插口管件的插入深度。在有限位挡块的情况下，它为端口到限位档块的距离，在没有限位挡块的情况下，它不大于管件总长的一半；

L_2——承口内部的熔区长度，即熔融区的标称长度；

L_3——管件口部与熔接区域开始处之间的距离，即管件承口口部非加热长度。其中 $L_3 \geqslant 5$ mm；

D_1——距口部端面 $L_3+0.5L_2$ 处测量的熔融区的平均内径；

D_2——管件的最小通径。

图 1 电熔管件承口示意图

表 3 电熔承口尺寸

单位为毫米

管件公称直径 d_n	插入深度			熔区长度 $L_{2_{min}}$
	$L_{1_{min}}$		$L_{1_{max}}$	
	电流调节	电压调节		
20	20	25	41	10
25	20	25	41	10
32	20	25	44	10
40	20	25	49	10
50	20	28	55	10
63	23	31	63	11
75	25	35	70	12
90	28	40	79	13
110	32	53	82	15
125	35	58	87	16
140	38	62	92	18
160	42	68	98	20
180	46	74	105	21
200	50	80	112	23
225	55	88	120	26
250	73	95	129	33
280	81	104	139	35
315	89	115	150	39
355	99	127	164	42
400	110	140	179	47
450	122	155	195	51
500	135	170	212	56
560	147	188	235	61
630	161	209	255	67

注 1:表中公称直径 d_n 指与管件相连的管材的公称外径。

注 2:管件公称压力越大,熔区长度越长,以满足本部分的性能要求。

注 3:制造商应说明 D_1 和 L_1 的最大及最小实际值以便确定是否影响装夹及连接装配。

在管件焊接区域中部的平均内径 $D_1 \geqslant d_n$。

管件通径 D_2 不应小于公称直径 d_n 与 $2e_{min}$ 的差值,e_{min} 为 GB/T 13663—2000 规定的相应管材的最小壁厚。

如果一个管件具有不同尺寸的承口,则每一个规格尺寸均应符合相应的公称直径的要求。

6.4.1.2 电熔管件的壁厚

当管件和管材由相同等级的聚乙烯制造时,从距管件端口$\frac{2L_1}{3}$处开始,管件主体任一点的壁厚 E 应大于或等于相应管材的最小壁厚 e_{min}。如果制造管件用聚乙烯的 MRS 等级与管材的不同,那么管件主体壁厚 E 与管材壁厚 e_{min} 的关系应符合表 4。

表 4 管件壁厚与管材壁厚之间的关系

材料		管件主体壁厚 E 与管材壁厚 e_{min} 之间的关系
管材	管件	
PE 80	PE 100	$E \geqslant 0.8e_{min}$
PE 100	PE 80	$E \geqslant 1.25e_{min}$

为了避免应力集中,管件主体壁厚的变化应是渐变的。

6.4.1.3 电熔管件承口端的不圆度

电熔管件承口端的最大不圆度应不超过 $0.015d_n$。

6.4.2 插口管件插口端的尺寸

管件插口端的示意图见图 2,其尺寸应符合表 5 的规定。

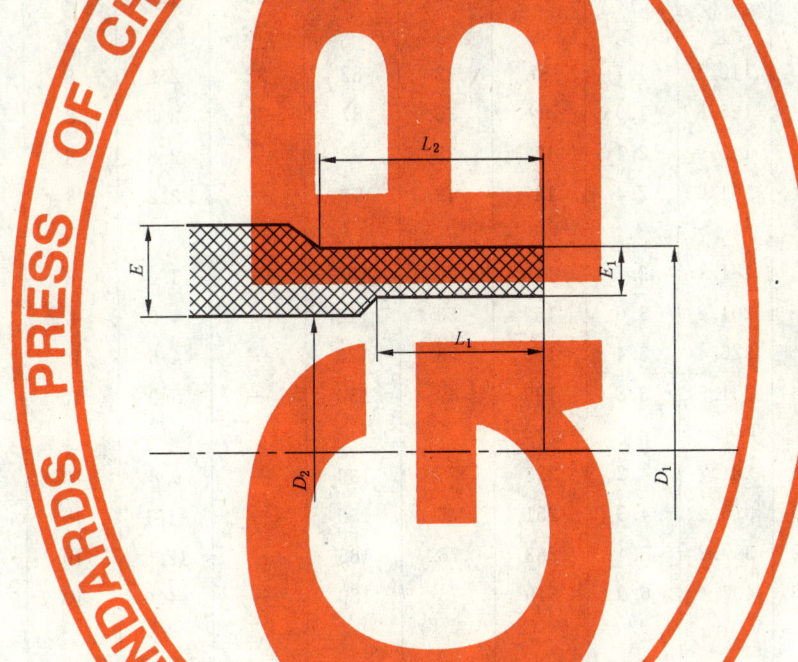

D_1——熔接段的平均外径,在距离端口不大于 L_2、平行于该端口平面的任一截面处测量;

D_2——管件的最小通径,测量时不包括焊接形成的卷边;

E——任一点测量的管件主体壁厚,E 应大于或等于管件同一端 E_1;

E_1——距离插入端口不超过 L_1 处任一点测量的壁厚,并且应与对接管材的壁厚相同,公差应符合 GB/T 13663—2000 表 9 中相应管材的公差;

L_1——熔接段的回切长度,即热熔对接或重新熔接所必须的初始深度。此段长度允许通过熔接一段壁厚等于 E_1 的管段来实现;

L_2——熔接段的管状长度,即熔接端的初始长度。此管状长度应满足以下任意连接方式的要求:

a) 对接熔接时使用夹具的要求;

b) 与电熔管件装配长度的要求;

c) 与热熔承插管件装配长度的要求。

图 2 管件插口端的示意图

表 5 管件插口端尺寸

单位为毫米

插口公称外径	熔接端的平均外径			电熔熔接和对接熔接				承插熔接	仅对于对接熔接			
		等级 A	等级 B	不圆度	最小通径	回切长度	管状长度[a]	管状长度	不圆度	回切长度	常规管状长度[b]	特别管状长度[c]
d_n	$D_{1_{min}}$	$D_{1_{max}}$	$D_{1_{max}}$	max	D_2	$L_{1_{min}}$	$L_{2_{min}}$	$L_{2_{min}}$	max	$L_{1_{min}}$	$L_{2_{min}}$	$L_{2_{min}}$
20	20.0	—	20.3	0.3	13	25	41	11	—	—	—	—
25	25.0	—	25.3	0.4	18	25	41	12.5	—	—	—	—
32	32.0	—	32.3	0.5	25	25	44	14.6	—	—	—	—
40	40.0	—	40.4	0.6	31	25	49	17	—	—	—	—
50	50.0	—	50.4	0.8	39	25	55	20	—	—	—	—
63	63.0	—	63.4	0.9	49	25	63	24	1.5	5	16	5
75	75.0	—	75.5	1.2	59	25	70	25	1.6	6	19	6
90	90.0	—	90.6	1.4	71	28	79	28	1.8	6	22	6
110	110.0	—	110.7	1.7	87	32	82	32	2.2	8	28	8
125	125.0	—	125.8	1.9	99	35	87	35	2.5	8	32	8
140	140.0	—	140.9	2.1	111	38	92	—	2.8	8	35	8
160	160.0	—	161.0	2.4	127	42	98	—	3.2	8	40	8
180	180.0	—	181.1	2.7	143	46	105	—	3.6	8	45	8
200	200.0	—	201.2	3.0	159	50	112	—	4.0	8	50	8
225	225.0	—	226.4	3.4	179	55	120	—	4.5	10	55	10
250	250.0	—	251.5	3.8	199	60	130	—	5.0	10	60	10
280	280.0	282.6	281.7	4.2	223	75	139	—	9.8	10	70	10
315	315.0	317.9	316.9	4.8	251	75	150	—	11.1	10	80	10
355	355.0	358.2	357.2	5.4	283	75	165	—	12.5	10	90	12
400	400.0	403.6	402.4	6.0	319	75	180	—	14.0	10	95	12
450	450.0	454.1	452.7	6.8	359	100	195	—	15.6	15	60	15
500	500.0	504.5	503.0	7.5	399	100	215	—	17.5	20	60	15
560	560.0	565.0	563.4	8.4	447	100	235	—	19.6	20	60	15
630	630.0	635.7	633.8	9.5	503	100	255	—	22.1	20	60	20

a　L_2(电熔管件)的值基于下列公式：

对于 $d_n \leqslant 90$，$L_2 = 0.6d_n + 25$ mm；

对于 $d_n \geqslant 110$，$L_2 = \frac{d_n}{3} + 45$ mm。

b　优先采用。

c　用于工厂内预制管件。

6.4.3 热熔承插连接管件的尺寸

热熔承口的示意图见图 3，其尺寸应符合表 6 与表 7 的规定。承口根部直径不应大于口部直径，管件壁厚应符合 6.4.1.2 的要求。

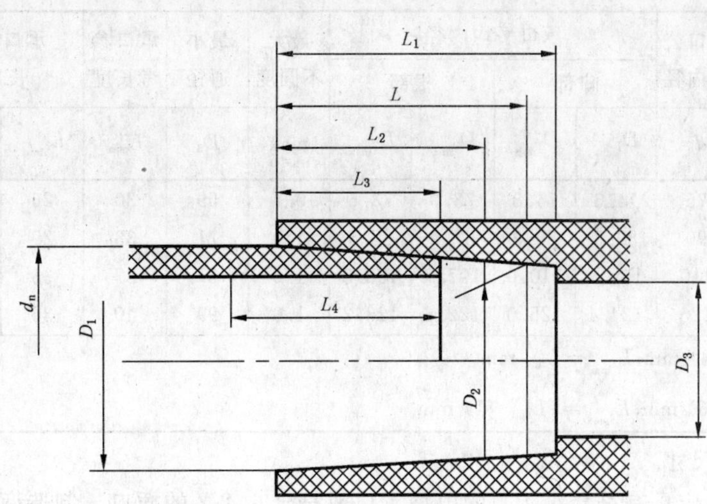

D_1——承口口部的平均内径。即等于承口内表面与其端面相交圆的平均直径；

D_2——承口根部的平均内径。即距承口距离为 L 的、平行于端口平面的圆环截面的平均直径，其中 L 为承口参考长度；

D_3——最小通径；

L——承口参考长度。即用于计算目的的最小理论承口长度；

L_1——从承口端面到其根部台肩处的承口的实际长度；

L_2——管件的加热长度。即加热工具插入的长度；

L_3——插入深度。即经加热的管子端部插入承口的长度；

L_4——管子插口端的加热长度。即管子插口端部进入加热工具的长度；

d_n——承口的公称内径，即热熔承插连接管件的公称尺寸。

图 3 热熔承插连接示意图

表 6 公称尺寸从 16 ～ 63 的管件承口尺寸

单位为毫米

公称尺寸	承口公称内径	承口平均内径				最大不圆度	最小通径	承口参考长度	承口加热长度[a]		管材插入深度[b]	
		口部		根部								
DN/OD	d_n	$D_{1_{min}}$	$D_{1_{max}}$	$D_{2_{min}}$	$D_{2_{max}}$	max	D_3	L_{min}	$L_{2_{min}}$	$L_{2_{max}}$	$L_{3_{min}}$	$L_{3_{max}}$
16	16	15.2	15.5	15.1	15.4	0.4	9	13.3	10.8	13.3	9.8	12.3
20	20	19.2	19.5	19.0	19.3	0.4	13	14.5	12.0	14.5	11.0	13.5
25	25	24.1	24.5	23.9	24.3	0.4	18	16.0	13.5	16.0	12.5	15.0
32	32	31.1	31.5	30.9	31.3	0.5	25	18.1	15.6	18.1	14.6	17.1
40	40	39.0	39.4	38.8	39.2	0.5	31	20.5	18.0	20.5	17.0	19.5
50	50	48.9	49.4	48.7	49.2	0.6	39	23.5	21.0	23.5	20.0	22.5
63	63	62.0[c]	62.4[c]	61.6	62.1	0.6	49	27.4	24.9	27.4	23.9	26.4

a $L_{2_{min}}=(L_{min}-2.5)$ mm；$L_{2_{max}}=L_{min}$ mm。

b $L_{3_{min}}=(L_{min}-3.5)$ mm；$L_{3_{max}}=(L_{min}-1)$ mm。

c 此处如果使用复原夹具，允许将最大直径 62.4 mm 增加 0.1 mm 变为 62.5 mm。相反的，如果使用去皮管材，则允许将最小直径 62.0 mm 减小 0.1 mm 变为 61.9 mm。

表 7 公称尺寸从 75 ～125 管件承口尺寸 单位为毫米

公称尺寸	管材平均外径		承口公称内径	承口平均内径				最大不圆度	最小通径	承口参考长度	承口加热长度[a]		管材插入深度[b]	
				口部		根部								
DN/OD	$d_{em_{min}}$	$d_{em_{max}}$	d_n	$D_{1_{min}}$	$D_{1_{max}}$	$D_{2_{min}}$	$D_{2_{max}}$	max	D_3	L_{min}	$L_{2_{min}}$	$L_{2_{max}}$	$L_{3_{min}}$	$L_{3_{max}}$
75	75.0	75.5	75	74.3	74.8	73.0	73.5	0.7	59	30	26	30	25	29
90	90.0	90.6	90	89.3	89.9	87.9	88.5	1.0	71	33	29	33	28	32
110	110.0	110.6	110	109.4	110.0	107.7	108.3	1.0	87	37	33	37	32	36
125	125.0	125.6	125	124.4	125.0	122.6	123.2	1.0	99	40	36	40	35	39

a $L_{2_{min}}=(L_{min}-4)$ mm；$L_{2_{max}}=L_{min}$ mm。

b $L_{3_{min}}=(L_{min}-5)$ mm；$L_{3_{max}}=(L_{min}-1)$ mm。

6.4.4 鞍形旁通的尺寸

鞍形旁通的出口应具有符合 6.4.1 的电熔承口或符合 6.4.2 的插口。制造商应在技术文件中给出管件的总体尺寸。这些尺寸应包括鞍形的最大高度和鞍形旁通的出口管至主管顶部的高度，见图 4。

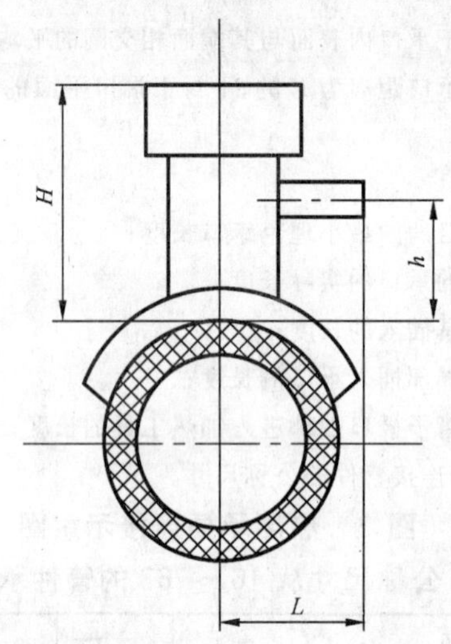

H——鞍形的高度，即主体管材顶部到鞍形旁通顶部的距离；

h——出口管材的高度，即主体管材顶部到出口管材轴线的距离；

L——鞍形旁通的宽度，即管材轴线到出口管端口的距离。

图 4 鞍形旁通示意图

6.4.5 机械连接管件的尺寸

主要由聚乙烯制成、部分与聚乙烯管材熔接、部分与其他管道连接的机械连接管件，例如转换接头，至少应有一个接头符合聚乙烯连接系统的几何特性。

主要由非聚乙烯原料制成的机械管件应符合相关标准的要求。

6.4.6 聚乙烯法兰接头的尺寸

聚乙烯法兰接头的尺寸应符合表 8 的规定，示意图见图 5。

注：PE 法兰接头压紧面的厚度取决于所选用的材料及公称压力等级。

表 8 热熔对接聚乙烯法兰接头的尺寸 单位为毫米

管材和插口的公称外径 d_n	D_1 min	D_2
20	45	27
25	58	33
32	68	40

表 8（续）

单位为毫米

管材和插口的公称外径 d_n	D_1 min	D_2
40	78	50
50	88	61
63	102	75
75	122	89
90	138	105
110	158	125
125	158	132
140	188	155
160	212	175
180	212	180
200	268	232
225	268	235
250	320	285
280	320	291
315	370	335
355	430	373
400	482	427
450	585	514
500	585	530
560	685	615
630	685	642
710	800	737
800	905	840
900	1 005	944
1 000	1 110	1 047
注 1：插口的外径应符合相关的产品标准。		

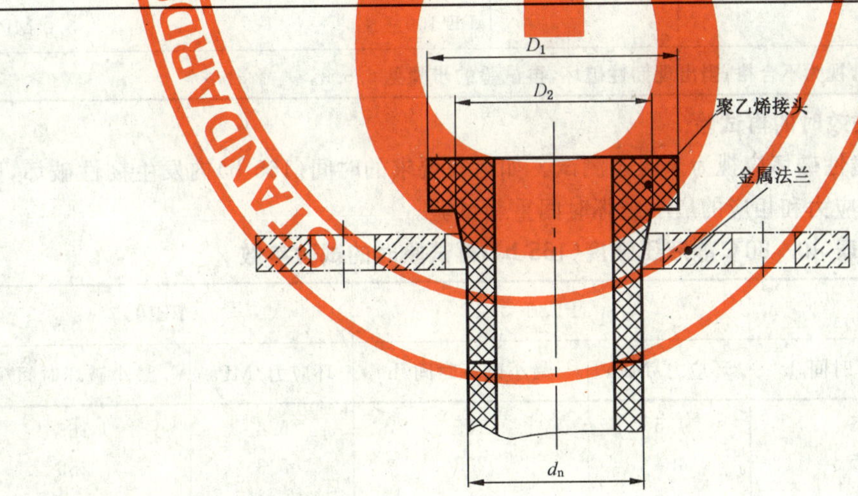

D_1——PE 法兰接头头部的公称外径；

D_2——PE 法兰接头柄(颈)部的公称外径；

d_n——相连管材的公称尺寸(外径)或承口的公称尺寸(内径)。

图 5 聚乙烯法兰接头

6.5 力学性能

6.5.1 总则

管件应与管材装配后作为组件进行测试，该组件有一个以上的管件熔接在管材上，组合件中熔接的管材应符合 GB/T 13663—2000 的要求。

构成组件的部件(管材和管件)应能承受相同压力等级。

6.5.2 要求

管件的力学性能应符合表 9 的要求。

表 9　力学性能

序号	项目	要求	试样数量/个	试验参数
1	20℃静液压强度	无破裂，无渗漏	3	试验温度 20℃ 试验时间 100 h 环应力： PE 63 8.0 MPa PE 80 10.0 MPa PE 100 12.4 MPa
2	80℃静液压强度	无破裂，无渗漏	3	试验温度 80℃ 试验时间 165 h[a] 环应力： PE 63 3.5 MPa PE 80 4.5 MPa PE 100 5.4 MPa
3	80℃静液压强度	无破裂，无渗漏	3	试验温度 80℃ 试验时间 1 000 h 环应力： PE 63 3.2 MPa PE 80 4.0 MPa PE 100 5.0 MPa
a　如果出现脆性破坏，视为不合格；当出现韧性破坏，再试验的步骤见 6.5.3。				

6.5.3 在 80℃下试验失效时的再试验

在 165 h 内发生的脆性破坏应视为未通过测试。如果在要求的时间(165 h)内发生韧性破坏，则按表 10 选择任一较低的环应力和相应的最小破坏时间重新试验。

表 10　80℃静液压强度(165 h)再试验时的试验参数

PE63		PE80		PE100	
环应力/MPa	最小破坏时间/h	环应力/MPa	最小破坏时间/h	环应力/MPa	最小破坏时间/h
3.5	165	4.5	165	5.4	165
3.4	295	4.4	233	5.3	256
3.3	538	4.3	331	5.2	399
3.2	1 000	4.2	474	5.1	629
—	—	4.1	685	5.0	1 000
—	—	4.0	1 000	—	—

6.6 物理机械性能

管件的物理机械性能应符合表 11 的要求。机械连接接头的力学性能应符合表 12 的要求。

表 11 物理机械性能

序号	项目	要求	试验参数	
1	熔体质量流动速率(MFR) 对 PE63,PE80 和 PE100	MFR 的变化小于材料 MFR 值的±20%[a]	试验温度 载荷	190℃ 5 kg
2	氧化诱导时间 (热稳定性)	≥20 min	试验温度 试样数	200℃ 3
3	电熔管件的熔接强度	脆性破坏所占百分比 ≤33.3%	试验温度	23℃
4	插口管件—对接熔接管件的熔接强度	试验到破坏为止: 韧性:通过 脆性:未通过	试验温度	23℃
5	鞍形旁通的冲击强度	无破坏,无渗漏	试验温度 重锤质量 下落高度	(0±2)℃ (2 500±20) g (2 000±10) mm

a 管件上取样测量的值与所用混配料测量的值对比。

表 12 机械连接接头的力学性能[a]

序号	项目	要求	试样数	试验参数	
1	内压密封性试验	无渗漏	1	试验时间 试验压力	1 h 1.5×管材[PN]
2	外压密封性试验	无渗漏	1	试验压力 试验时间 试验压力 试验时间	Δp=0.01 MPa 1 h Δp=0.08 MPa 1 h
3	耐弯曲密封性试验	无渗漏	1	试验时间 试验压力	1 h 1.5×管材[PN]
4	耐拉拔试验	管材不从管件上拔脱或分离	—	试验温度 试验时间	23℃ 1 h

a 相连管材的公称外径不大于 63 mm 的机械连接接头。

6.7 卫生性能

用于饮用水输配的管件卫生性能应符合 GB/T 17219 或现行相应的卫生规范性能要求。

7 试验方法

7.1 有关混配料的试验方法

7.1.1 密度

按 GB/T 1033—1986 测定,仲裁时,采用 GB/T 1033—1986 的 D 法,试样按 GB/T 1845.1—1999 中 3.3.1 规定制备。

7.1.2 熔体质量流动速率

按 GB/T 3682—2000 中的 A 法测定,试验条件 T(190℃,5 kg)。

7.1.3 氧化诱导时间(热稳定性)

混配料按 ISO 11357-6:2002 测定。

7.1.4 挥发分含量

7.1.4.1 试验设备

a) 带有恒温器的干燥箱;

b) 直径 35 mm 的称量瓶；

c) 干燥器；

d) 精度为±0.1 mg 的分析天平。

7.1.4.2 试验步骤

将干净的称量瓶及盖子放入(105±2)℃的干燥箱 1 h 后取出，置于干燥器中冷却至室温，用分析天平称量称量瓶及盖子的质量为 m_0(准确至 0.1 mg)。将试样约 25 g 均匀铺在称量瓶底部，盖上盖子，称其质量为 m_1(准确到 0.1 mg)。将盛有试样的称量瓶放入(105±2)℃的不通风的干燥箱中，取下盖子并留在干燥箱内。关上干燥箱门烘 1 h 后取出，放在干燥器中冷却至室温，准确称量其质量 m_2(精确到 0.1 mg)。在转移和称量的过程中应始终盖上盖子。

7.1.4.3 结果计算

挥发分物质的含量(105℃时)c 按式(1)计算，单位为毫克每千克。

$$c = \left\{\frac{m_1 - m_2}{m_1 - m_0}\right\} \times 10^6 \qquad \cdots\cdots(1)$$

式中：

m_0——空称量瓶及盖子的质量，单位为克(g)；

m_1——称量瓶及盖子和样品的质量，单位为克(g)；

m_2——105℃条件下干燥 1 h 后称量瓶及盖子和样品的质量，单位为克(g)。

7.1.4.4 试样数量

试样数量为一个。

7.1.5 水分含量

按 ASTM D 4019a:1994 测定。试样数量为一个。

7.1.6 炭黑含量

按 GB/T 13021 测定。

7.1.7 炭黑分散与颜料分散

按 GB/T 18251 测定。有争议时，应使用模压法制取试样。

7.1.8 热熔对接拉伸强度

按照 GB/T 19810 测定。

7.1.9 耐慢速裂纹增长

按 GB/T 18476—2001 测定。

7.1.10 耐候性

采用公称外径 32 mm，SDR11 的管状试验样品，按 GB/T 3681—2000 规定进行曝晒。试样取自曝晒后的样品。管材的静液压试验按 GB/T 6111—2003 试验，断裂伸长率按 GB/T 8804.3 试验，氧化诱导时间按 7.2.7 试验，老化后试样应在曝晒管材的外表面去除 0.2 mm 厚的材料处取样。

7.1.11 耐快速裂纹扩展

按 GB/T 19280—2003 或 ISO 13478:1997 试验。

7.1.12 卫生性能

按 GB/T 17219 的规定或相关的卫生规范测定。

7.2 有关管件的试验方法

7.2.1 试样状态调节

除非另有规定，应在管件生产至少 24 h 后取样，在温度为(23±2)℃下状态调节至少 4 h 后进行试验。

7.2.2 颜色及外观检查

用肉眼观察。

7.2.3 电阻

使用电阻仪对管件电阻进行测量，电阻仪工作特性满足表13的要求。有争议的情况下，在(23±2)℃环境温度下测量。

表13 电阻仪工作特性

范围/Ω	分辨率/mΩ	精度
0～1	1	读数的2.5%
0～10	10	读数的2.5%
0～100	100	读数的2.5%

7.2.4 尺寸测量

7.2.4.1 厚度按GB/T 8806的规定测量。

7.2.4.2 承口内径和管件通径用精度为0.01 mm的内径表测量，在图1、图2和图3规定部位测量两个相互垂直的内径，计算它们的平均值，为平均内径。

7.2.4.3 插口外径用精度为0.02 mm的游标卡尺或π尺进行测量。

7.2.4.4 不圆度用精度为0.02 mm的量具进行测量，试样同一截面的最大内(外)径和最小内(外)径之差即为不圆度。

7.2.4.5 各部位长度用精度为0.02 mm的游标卡尺进行测量。

7.2.5 静液压强度

7.2.5.1 试样为单个管件或由管材和管件组合而成，焊接完成后，在室温下放置至少24 h，管材的自由长度L_0及试样根据情况如下规定：

——两根一定长度的管材通过对接熔接组合，密封接头之间的L_0为d_n的3倍，且最小为250 mm；

——在单个管件的情况下，密封接头到每个承(插)口的自由长度L_0为d_n的2倍；

——几个管件通过一个组合件进行试验的情况下，管件之间管材的自由长度L_0为d_n的3倍。

在所有的情况下，自由长度L_0的最大值为1 000 mm。

注：除非另有规定，应使用和试验管件相兼容的最大壁厚系列的管材，但鞍形组件的试样包含管材为与鞍形管件相兼容的最小壁厚的管材。

7.2.5.2 按GB/T 6111—2003试验，试验条件按表9规定。试验压力按表9中的规定环应力和管材的公称壁厚计算。

7.2.5.3 试样内外的介质均为水，接头类型为a型；b型接头可用于直径大于或等于500 mm的出厂检验。

7.2.6 熔体质量流动速率

按GB/T 3682—2000中的A法试验，试验条件T(190℃，5 kg)，试样从管材样品上切取。

7.2.7 氧化诱导时间(热稳定性)

按GB/T 17391—1998测定。

试验温度为200℃。如果与200℃试验结果有明确对应关系时，试验可在210℃下进行。仲裁时，试验温度应为200℃。

7.2.8 电熔承口管件的熔接强度

按照GB/T 19808或GB/T 19806规定进行。

当有争议时，对于公称直径在90 mm～225 mm范围内的电熔承口管件，采用GB/T 19808规定的方法试验来进行判定。

7.2.9 插口管件—对接熔接管件拉伸强度

按照GB/T 19810试验。

7.2.10 **电熔鞍形旁通的冲击强度**

按照 GB/T 19712 试验。

7.2.11 **内压密封性试验**

按照附录 B 试验。

7.2.12 **外压密封性试验**

按照附录 C 试验。

7.2.13 **耐弯曲密封性试验**

按照附录 D 试验。

7.2.14 **耐拉拔试验**

按 GB/T 15820—1995 试验。

7.2.15 **卫生性能**

按 GB/T 17219 的规定或相关的卫生规范测定。

8 检验规则

8.1 检验分类

检验分为出厂检验和型式检验。产品需经生产厂质量检验部门检验合格并附有合格标志方可出厂。

8.2 组批

同一混配料、设备和工艺连续生产的同一规格管件作为一批,每批数量不超过 5000 件。同时成产周期不超过 7 d。

8.3 出厂检验

8.3.1 出厂检验项目为 6.1、6.2、6.3、6.4 规定的项目、氧化诱导时间以及(80℃,165 h)静液压试验。

8.3.2 6.1、6.2、6.4 检验按 GB/T 2828.1—2003 规定采用正常检验一次抽样方案,取一般检验水平 I,接收质量限(AQL)6.5,见表 14。

表 14 抽样方案

单位为件

批量 N	样本量 n	接收数 Ac	拒收数 Re
≤150	8	1	2
151～280	13	2	3
281～500	20	3	4
501～1 200	32	5	6
1 201～3 200	50	7	8
3 201～10 000	80	10	11

8.3.3 对于 6.3 电熔管件,电阻应逐个检验。

8.3.4 在外观尺寸抽样合格及电阻检验合格的产品中,随机抽取样品进行氧化诱导时间性能试验以及静液压试验(80℃,165 h),静液压试验的试样数量为一个。

8.4 型式检验

8.4.1 型式检验的项目为第 6 章的全部技术要求。

8.4.2 已经定型生产的管件,按下述要求进行型式检验。

8.4.2.1 使用相同混配料、具有相同结构的管件,按表 15 规定对管件进行尺寸分组。

表 15 管件的尺寸分组和公称外径范围

单位为毫米

尺寸组	1	2	3	4
公称外径 d_n 范围	$d_n<75$	$75\leqslant d_n<250$	$250\leqslant d_n\leqslant 630$	$d_n>630$

8.4.2.2 根据本部分的技术要求，每个尺寸组合理选取任一规格进行试验，在外观尺寸合格的产品中，进行第6章中的性能检验。每次检验的规格在每个尺寸组内轮换。

8.4.3 一般情况下，每隔两年进行一次型式检验。

若有以下情况之一，应进行型式试验：

a) 新产品或老产品转厂生产的试制定型鉴定；
b) 结构、材料、工艺有较大变动可能影响产品性能时；
c) 产品长期停产后恢复生产时；
d) 出厂检验结果与上次型式检验结果有较大差异时；
e) 国家质量监督机构提出型式检验的要求时。

8.5 判定规则和复验规则

按照本部分规定的试验方法进行检验，依据试验结果和技术要求对产品做出质量判定。外观、尺寸按表14进行判定，卫生指标有一项不合格判为不合格批。其他性能有一项达不到规定时，则随机抽取双倍样品对该项进行复验。如仍不合格，则判该批产品不合格。

9 标志和标签

9.1 总则

9.1.1 管件应有永久、清晰的标志，并且标志不能引发开裂或影响管件性能。

9.1.2 如果使用打印，打印内容的颜色应与管件的本色不同。

9.1.3 标志和标签内容应目视清晰。

注：除非有协议或由制造商规定，否则对由于安装过程中在组件上使用诸如涂漆、刮擦，覆盖组件或使用清洁剂等造成的标志不清晰制造商不负责任。

9.1.4 插口管件上的标志内容不应位于管件的最小插口长度范围内。

9.2 管件上的标志内容

熔接管件标志的内容至少应符合表16，其他类型管件的标志内容可印在所附的标签上。

表16 熔接管件标志内容

项　目	标志内容
标准号[a]	GB/T 13663.2—2005
制造商名称或商标[b]	名字或代码
材料和级别	例如 PE 80
公称外径	例如：d_n 110
使用的管材系列	SDR(例如：SDR11 和/或 SDR 17.6)或 SDR 熔接范围
生产时间[b](日期，代码)[a]	例如：用数字或代码表示的年和月
输送介质[a]	"Water"或"水"

a 此内容可以打印在管件相关的标签上或包装单独管件的袋子上。

b 提供可追溯性。

9.3 标签上的标志内容

管件可附有标签，在标签上可具有表17给出的附加信息。标签应在交付安装时保持完整清晰。

表17 标签上的标志内容

项　目	标志或符号
压力等级/MPa	例如：1.25 MPa
d_n≥280 mm 管件的公差等级(仅适用于插口管件)	例如：等级 A

9.4 熔接系统识别

电熔管件应具备熔接参数可识别性，如数字识别、机电识别或自调节系统识别，在熔接过程中用于识别熔接参数。

使用条形码识别时，条形码标签应粘贴在管件上并应被适当保护以免污损。

10 包装、运输、贮存

10.1 包装

管件应包装，可多个管件一同包装或单个包装以防止损坏和污染。一般情况下，每个包装箱内应装相同品种和规格的管件，包装箱应有内衬袋。

外包装上应标明制造商的名称、管件的类型和规格、管件数量、任何特殊的贮存要求。

10.2 运输

管件运输时，不得受到剧烈的撞击、划伤、抛摔、曝晒、雨淋和污染。

10.3 贮存

管件应贮存在地面平整、通风良好、干燥、清洁并保持良好消防的的库房内，合理放置。贮存时应远离热源，并防止阳光直接照射。

附 录 A
（资料性附录）
电熔管件典型接线端示例

A.1 图 A.1 和图 A.2 举例说明了适用于电压不大于 48 V 的典型接线端(类型 A 和 B)

单位为毫米

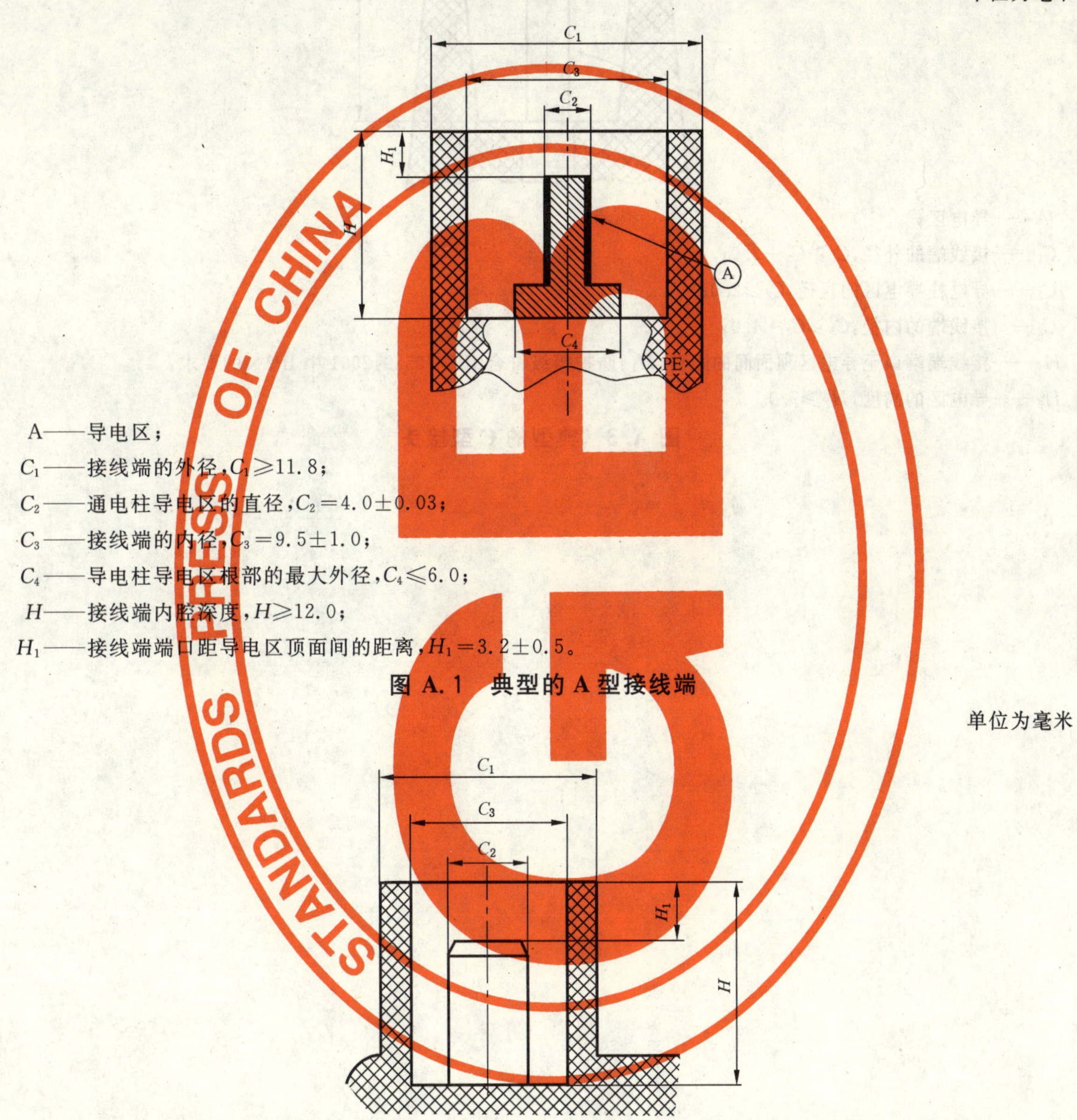

A——导电区；

C_1——接线端的外径，$C_1 \geqslant 11.8$；

C_2——通电柱导电区的直径，$C_2 = 4.0 \pm 0.03$；

C_3——接线端的内径，$C_3 = 9.5 \pm 1.0$；

C_4——导电柱导电区根部的最大外径，$C_4 \leqslant 6.0$；

H——接线端内腔深度，$H \geqslant 12.0$；

H_1——接线端端口距导电区顶面间的距离，$H_1 = 3.2 \pm 0.5$。

图 A.1 典型的 A 型接线端

单位为毫米

C_1——接线端的外径，$C_1 = 13.0 \pm 0.05$；

C_2——接线柱导电区的直径，$C_2 = 4.7 \pm 0.03$；

C_3——接线端的内径，$C_3 = 10.0 \pm 0.50$；

H——接线端的内腔深度，$H \geqslant 15.5$；

H_1——接线端端口与导电区顶面间的距离，$H_1 = 4.5 \pm 0.5$。

图 A.2 典型的 B 型接头

A.2 图 A.3 举例说明了适用于电压不大于 250 V 的典型接线端(类型 C)

单位为毫米

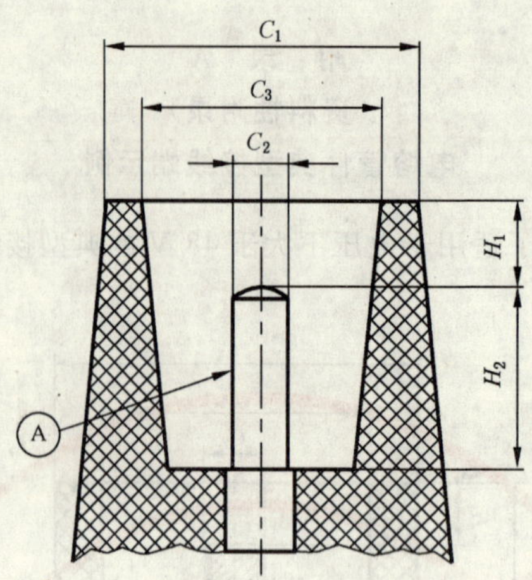

A——导电区；

C_1——接线端的外径，$C_1 \geqslant C_3 + 2.0$；

C_2——导电柱导电区的直径，$C_2 \geqslant 2.0$；

C_3——接线端的内径，$C_3 \geqslant C_2 + 4.0$；

H_1——接线端端口至导电区顶面间的距离，H_1：防护等级符合 IEC 60529：2001 中 IP2×的要求；

H_2——导电区的高度，$H_2 \geqslant 7.0$。

图 A.3 典型的 C 型接头

附 录 B
（规范性附录）
内压密封性试验方法

B.1 原理

当机械管件与聚乙烯(PE)管材(熔接接头除外)的组合件承受的内部压力大于管材的公称压力时，检查其密封性能。试验不考虑与聚乙烯管材相接的管件的设计和材料。本方法适用于包含公称外径不大于63 mm管材的机械管件。

B.2 装置

装置示意图如图B.1所示。

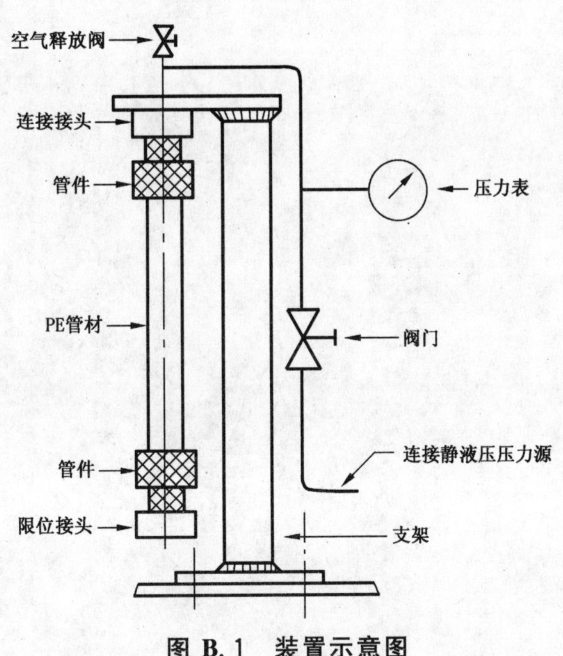

图 B.1 装置示意图

B.2.1 适宜的压力源

与试样相连，能够维持所用管材公称压力1.5倍的水压至少1 h，精度为±2%。

B.2.2 压力表

安装在装置上，测量试验压力。

B.3 试样

试样应包括至少由一个管件和一根或多根聚乙烯管材组装成的接头。

每根管段的长度应至少为300 mm。

试样的一端应与压力源相连，另一端应以这样的方式密封：当加压后，作用在管材内壁的纵向应力通过作用在管件端部的水压施加。

接头的装配应按照有关的国家操作规程或标准的要求进行。

B.4 步骤

在(20±2)℃的温度下将试样加满水，确保试样与装置连接牢固。在同等温度下放置1 h。

当试样的外表面完全干燥后,在 30 s 内以稳定的速率加压至要求的试验压力。

维持规定的压力至少 1 h 时,保持压力表有一个稳定的读数。试验中不时检查试样是否有任何渗漏现象发生。如果管材在 1 h 内破坏,重做试验。

注:在施加试验压力之前,应确保试样中的空气已完全排除。

B.5 试验报告

试验报告应包括 GB/T 13663.2—2005 的本附录号和观察到的任何渗漏的现象以及发生渗漏时的压力。

如果在试验过程中连接处没有发生渗漏,则认为该组合件是合格的。

附 录 C
（规范性附录）
外压密封性试验方法

C.1 原理

在外部水压大于内部大气压的条件下，检查机械管件与 PE 管材组合接头（熔接接头除外）的密封性能。本方法适用于包含公称外径小于等于 63 mm 管材的机械连接管件，不考虑管件设计形式与制造材料。

试验应在内外部压差分别为 0.01 MPa 和 0.08 MPa 的两个压力水平下进行。接头应在每个试验压力下至少 1 h 内保持不渗漏。

C.2 设备

装置示意图如图 C.1 所示。

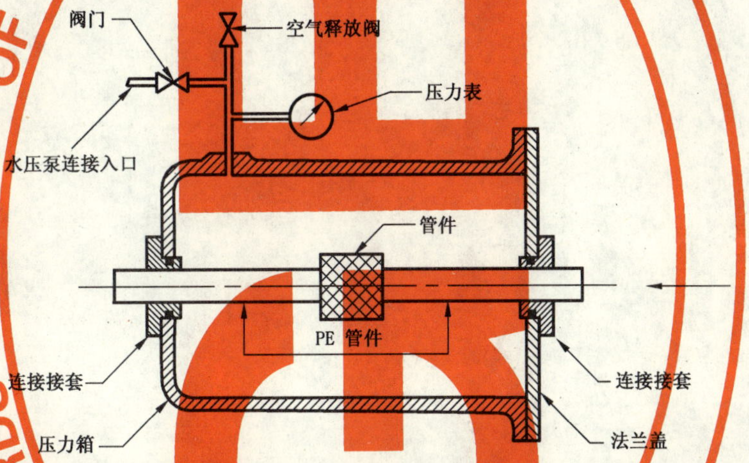

图 C.1 装置示意图

C.2.1 压力箱

能够提供试样所需要的试验压力。试样的两端应通过箱壁，由此管材内部与大气相通。组合件的安装应便于观察试样中的渗漏情况。

C.2.2 装置

与水箱相连，能够提供和维持水压为：

a) $0.01^{+0.005}_{0}$ MPa；

b) (0.08±0.005) MPa。

C.2.3 压力表

安装在压力箱上，测量试验压力。

C.3 试样

C.3.1 试样应包括至少由一个管件和一根或多根聚乙烯管材组装成的接头。

C.3.2 每根管段的长度应至少为 300 mm。

C.3.3 接头的装配应按照有关的国家操作规程或标准执行。

C.4 步骤

C.4.1 安全连接试样在压力箱内,在(20±2)℃的温度下将压力箱加满水,放置 20 min 达到温度平衡。

C.4.2 擦干试样内部的冷凝水,等待 10 min 确保试样的内表面完全干燥。

C.4.3 施加表压为 0.01 MPa 的压力维持至少 1 h,然后增加试验压力至 0.08 MPa 再维持至少 1 h。

C.4.4 试验中不时的检查试样,观察是否有任何渗漏现象。

C.5 试验报告

C.5.1 试验报告应包括 GB/T 13663.2—2005 的本附录号和观察到的任何渗漏迹象以及发生渗漏时的压力。

C.5.2 如果在两种试验压力水平下,任何一种过程中没有发生渗漏,则认为该组合件是合格的。

附 录 D
(规范性附录)
耐弯曲密封性试验方法

D.1 原理

在弯曲条件下检测机械管件与聚乙烯(PE)压力管材(熔接接头除外)组合件承受内压时的密封性能。本方法适用包含公称外径不大于63 mm管材的机械管件。

D.2 装置

装置示意图如图D.1所示。

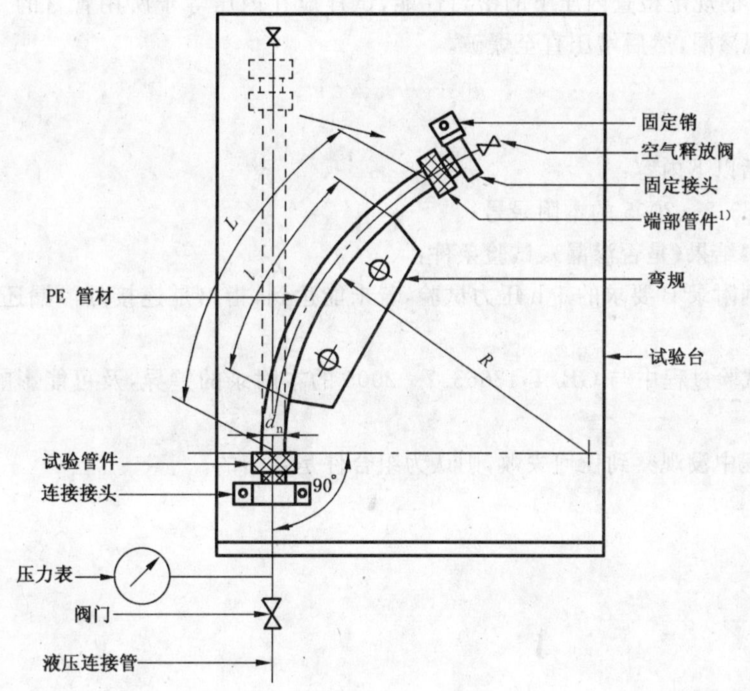

1) 端部管件仅用来封闭试样。

图 D.1 装置示意图

D.2.1 弯曲规

D.2.1.1 弯曲规的定位长度(l)等于管件间自由长度L的四分之三,即等于管材公称外径的7.5倍(见D.5和图D.1)。

D.2.1.2 弯曲规的定位长度段(l)具有如下的弯曲半径:

——公称压力小于或等于1 MPa,弯曲半径为15倍管材公称外径;

——公称压力大于1 MPa,弯曲半径为20倍管材公称外径。

D.2.2 压力系统

符合本部分中附录B的规定。

D.3 试样

D.3.1 试样由一段管材及其端部的两个管件连接而成,受弯曲的部分为自由长度段(L)。

D.3.2 试样中的聚乙烯管材的型号和尺寸应与待试验的管件一致。装配后管件间管材的自由长度 L 应为管材公称外径的10倍。

D.3.3 接头的装配应按照有关的国家操作规程或标准要求的一种方式。

D.4 步骤

D.4.1 试验应在20℃±2℃的温度下进行，其平均弯曲半径由管材的平均外径和公称压力决定如下：

——公称压力小于或等于1 MPa，弯曲半径为15倍管材的公称外径；

——公称压力大于1 MPa，弯曲半径为20倍管材的公称外径。

D.4.2 装配后管件间管材的自由长度 L 应为管材公称外径的10倍。

D.4.3 在弯曲规上安装试样，应同时达到如下要求：

——弯曲应力应由管件承受；

——管材应覆盖弯曲规的全长，超出弯曲规的部分应两端对称，约为自由长度的八分之一。

D.4.4 按照附录B的规定检查内压下的密封性能，试样应在内压等于所用管材的1.5倍的公称压力下至少1 h内不出现渗漏，然后增压直至爆破。

D.5 试验报告

试验报告应包括以下内容：

a) GB/T 13663.2—2005的本附录号；

b) 试验的观察结果(是否渗漏)、试验条件：

组件是否能达到附录B要求的1 h压力试验，若未能达到，指出是连接处渗漏还是管材爆破，记录当时的压力；

c) 详细说明试验过程中与GB/T 13663.2—2005的本附录的差异，及可能影响试验结果的外界条件。

如果在试验过程中没观察到任何失败，则认为组合件是合格的。

参 考 文 献

[1] ISO 11922-1:1997 Thermoplastics pipes for the conveyance of fluids—Dimensions and tolerances—Part 1: Metric series

[2] IEC 60529 Degrees of protection provided by enclosures (IP code)(IEC 60529:1989)

[3] prEN 12201-1:2002 Plastics piping systems for water supply—Polyethylene(PE)—Part 1:General

[4] prEN 12201-5:2002 Plastics piping systems for water supply—Polyethylene(PE)—Part 5: Fitness for purpose of the system

[5] ISO 9624:1997 Thermoplastics pipes for fluids under pressure—Mating dimensions of flange adapters and loose backing flanges

[7] ISO 3458:1978 Assembled jionts between fittings and polyethylene(PE) pressure pipes—Test of leakproofness under internal pressure

[8] ISO 3459:1978 Polyethylene(PE) pressure pipes—Joints assembled with mechanical fittings—Internal under-pressure test method and requirement

[9] ISO 3503:1976 Assembled jionts between fittings and polyethylene(PE) pressure pipes—Test of leakproofness under internal pressure when subjected to bending

ICS 91.100.10
Q 11

中华人民共和国国家标准

GB 13693—2005
代替 GB 13693—1992

道路硅酸盐水泥

Portland cement for road

2005-04-22 发布　　2005-12-01 实施

中华人民共和国国家质量监督检验检疫总局
中国国家标准化管理委员会　发布

前言

本标准中6.1～6.9为强制性的，其余为推荐性的。

本标准代替GB 13693—1992《道路硅酸盐水泥》。

本标准与GB 13693—1992相比主要变化如下：

——水泥标号改为强度等级(1992年版的第5章，本版的第5章)；

——水泥的干缩率试验方法采用JC/T 603的最新版本(1992年版的7.4；本版的7.4)；

——水泥的耐磨性试验方法采用JC/T 421的最新版本(1992年版的7.5；本版的7.5)；

——水泥强度检验方法由GB/T 17671《水泥胶砂强度检验方法(ISO法)》代替GB/T 177—1985《水泥胶砂强度检验方法》(1992年版的7.6；本版的7.6)。

请注意本标准的某些内容有可能涉及专利。本标准的发布机构不应承担识别这些专利的责任。

本标准由中国建筑材料工业协会提出。

本标准由全国水泥标准化技术委员会(SAC/TC 184)归口。

本标准负责起草单位：中国建筑材料科学研究院。

本标准参加起草单位：宁波舜江水泥有限公司、山东华银特种水泥股份有限公司、甘肃永登祁连山水泥股份有限公司、湖南石门特种水泥有限公司、四川省新都如意实业公司、四川省犍为宝马水泥有限责任公司、成都嘉华特种工程材料有限公司。

本标准主要起草人：王显斌、张晓明、刘云、倪竹君、刘克忠、叶伯丰、马国宁、鞠庆、李生钰、徐合林、李玉林、杨朝林、张水建。

本标准首次发布于1992年。

道路硅酸盐水泥

1 范围

本标准规定了道路硅酸盐水泥的术语和定义、材料要求、强度等级、技术要求、试验方法、检验规则、包装、标志、运输和贮存等。

本标准适用于道路路面及对耐磨、抗干缩等性能要求较高的其他工程用的道路硅酸盐水泥。

2 规范性引用文件

下列文件中的条款通过本标准的引用而成为本标准的条款。凡是注日期的引用文件，其随后所有的修改单(不包括勘误的内容)或修订版均不适用于本标准，然而，鼓励根据本标准达成协议的各方研究是否可使用这些文件的最新版本。凡是不注日期的引用文件，其最新版本适用于本标准。

GB/T 176 水泥化学分析方法(GB/T 176—1996，eqv ISO 680：1990)

GB/T 203 用于水泥中的粒化高炉矿渣

GB/T 1346 水泥标准稠度用水量、凝结时间、安定性检验方法(GB/T 1346—2001，eqv ISO 9597：1989)

GB/T 1596 用于水泥和混凝土中的粉煤灰

GB/T 5483 石膏和硬石膏

GB/T 6645 用于水泥中的粒化电炉磷渣

GB/T 8074 水泥比表面积测定方法 勃氏法

GB 9774 水泥包装袋

GB 12573 水泥取样方法

GB/T 17671 水泥胶砂强度检验方法(ISO 法)(GB/T 17671—1999，idt ISO 679：1989)

JC/T 421 水泥胶砂耐磨性试验方法

JC/T 603 水泥胶砂干缩试验方法

JC/T 667 水泥助磨剂

YB/T 022 用于水泥中的钢渣

3 术语和定义

本标准采用下列术语和定义。

道路硅酸盐水泥 portland cement for road

由道路硅酸盐水泥熟料，适量石膏，可加入本标准规定的混合材料，磨细制成的水硬性胶凝材料，称为道路硅酸盐水泥(简称道路水泥)，代号 P·R。

4 材料要求

4.1 道路硅酸盐水泥熟料

铝酸三钙($3CaO \cdot Al_2O_3$)的含量应不超过 5.0%，铁铝酸四钙($4CaO \cdot Al_2O_3 \cdot Fe_2O_3$)的含量应不低于 16.0%，游离氧化钙的含量，旋窑生产应不大于 1.0%；立窑生产应不大于 1.8%。

铝酸三钙的含量按式(1)、铁铝酸四钙的含量按式(2)计算：

$$w(3CaO \cdot Al_2O_3) = 2.65(w(Al_2O_3) - 0.64w(Fe_2O_3)) \quad \cdots\cdots(1)$$

$$w(4CaO \cdot Al_2O_3 \cdot Fe_2O_3) = 3.04w(Fe_2O_3) \quad \cdots\cdots(2)$$

式中：

$w(3CaO \cdot Al_2O_3)$——硅酸盐水泥熟料中铝酸三钙的含量，单位为质量分数(%)；

$w(4CaO \cdot Al_2O_3 \cdot Fe_2O_3)$——硅酸盐水泥熟料中铁铝酸四钙的含量，单位为质量分数(%)；

$w(CaO)$——硅酸盐水泥熟料中氧化钙的含量，单位为质量分数(%)；

$w(Al_2O_3)$——硅酸盐水泥熟料中三氧化二铝的含量，单位为质量分数(%)；

$w(Fe_2O_3)$——硅酸盐水泥熟料中三氧化二铁的含量，单位为质量分数(%)。

4.2 石膏

天然石膏：符合 GB/T 5483 的规定。

工业副产石膏：工业生产中以硫酸钙为主要成分的副产品。采用工业副产石膏时，应经过试验，证明对水泥性能无害。

4.3 混合材料

道路硅酸盐水泥中活性混合材的掺加量按质量分数计为 0～10%。

混合材料应为符合 GB/T 1596 表 1 的 F 类粉煤灰、符合 GB/T 203 的粒化高炉矿渣、符合 GB/T 6645的粒化电炉磷渣或符合 YB/T 022 的钢渣。

4.4 助磨剂

水泥粉磨时允许加入助磨剂，其加入量应不超过水泥质量的 1%，助磨剂应符合 JC/T667 的规定。

5 强度等级

道路硅酸盐水泥分 32.5 级、42.5 级和 52.5 级三个等级。

6 技术要求

6.1 氧化镁

道路水泥中氧化镁含量应不大于 5.0%。

6.2 三氧化硫

道路水泥中三氧化硫含量应不大于 3.5%。

6.3 烧失量

道路水泥中的烧失量应不大于 3.0%。

6.4 比表面积

比表面积为 300 m^2/kg～450 m^2/kg。

6.5 凝结时间

初凝应不早于 1.5 h，终凝不得迟于 10 h。

6.6 安定性

用沸煮法检验必须合格。

6.7 干缩率

28 d 干缩率应不大于 0.10%。

6.8 耐磨性

28 d 磨耗量应不大于 3.00 kg/m^2。

6.9 强度

水泥的强度等级按规定龄期的抗压和抗折强度划分，各龄期的抗压强度和抗折应不低于表 1 数值。

6.10 碱含量

碱含量由供需双方商定。若使用活性骨料，用户要求提供低碱水泥时，水泥中碱含量应不超过 0.60%。碱含量按 $w(Na_2O)+0.658w(K_2O)$计算值表示。

表 1　水泥的等级与各龄期强度　　单位为兆帕

强度等级	抗折强度		抗压强度	
	3 d	28 d	3 d	28 d
32.5	3.5	6.5	16.0	32.5
42.5	4.0	7.0	21.0	42.5
52.5	5.0	7.5	26.0	52.5

7　试验方法

7.1　三氧化二铝(Al_2O_3)、三氧化二铁(Fe_2O_3)、氧化镁(MgO)、三氧化硫(SO_3)、烧失量、游离氧化钙、氧化钠(Na_2O)和氧化钾(K_2O)

按 GB/T 176 进行。

7.2　比表面积

按 GB/T 8074 进行。

7.3　凝结时间和安定性

按 GB/T 1346 进行。

7.4　干缩率

按 JC/T 603 进行。

7.5　耐磨性

按 JC/T 421 进行。

7.6　强度

按 GB/T 17671 进行。

8　检验规则

8.1　编号及取样

水泥出厂前按同强度等级编号和取样。袋装水泥和散装水泥应分别进行编号和取样。每一编号为一取样单位，水泥出厂编号按水泥厂年产量规定：

10 万吨以上，不超过 400 t 为一编号；

10 万吨以下，不超过 200 t 为一编号。

取样方法按 GB/T 12573 进行。当散装水泥运输工具的容量超过该厂规定出厂编号吨数时，允许该编号的数量超过取样规定吨数。

取样应有代表性。可连续取，亦可从 20 个以上不同部位取等量样品，总量至少 14 kg。

所取样品按本标准第 7 章规定的方法进行出厂检验。

8.2　检验分类

8.2.1　出厂检验

出厂水泥检验项目应包括第 6 章除干缩率和耐磨性以外的技术要求。

8.2.2　型式检验

型式检验项目为第 6 章规定的全部技术要求。

有下列情况之一者，应进行型式检验：

a)　新产品试制定型鉴定；

b) 正式生产后，如材料、工艺有较大改变，可能影响产品性能时；

c) 正常生产时，对每周第一个编号的水泥进行干缩率和耐磨性试验；

d) 产品长期停产后，恢复生产时；

e) 国家质量监督检验机构提出型式检验要求时。

8.3 出厂水泥

出厂水泥应保证出厂强度等级和干缩率及耐磨性指标，其余技术要求符合本标准的有关指标要求。

8.4 废品与不合格品

8.4.1 废品

凡氧化镁、三氧化硫、初凝时间、安定性中的任一项不符合本标准规定的指标时，均为废品。

8.4.2 不合格品

凡比表面积、终凝时间、烧失量、干缩率和耐磨性的任一项不符合本标准规定，或强度低于商品等级规定的指标时，均为不合格品。水泥包装标志中水泥品种、等级、工厂名称和出厂编号不全的也属于不合格品。

8.5 试验报告

试验报告内容应包括本标准规定除干缩率和耐磨性以外的各项技术要求及试验结果，助磨剂、工业副产石膏、混合材料名称和掺加量、属旋窑或立窑生产。水泥厂应在水泥发出日起 7 d 内寄发除 28 d 强度的各项试验结果，28 d 强度数值，应在水泥发出日起 32 d 内补报。

8.6 交货与验收

8.6.1 交货

交货时水泥的质量验收可抽取实物试样以其检验结果为依据，也可以水泥厂同编号水泥的检验报告为依据。采取何种方法验收由买卖双方商定，并在合同或协议中注明。

8.6.2 验收

8.6.2.1 以抽取实物试样的检验结果为验收依据时，买卖双方应在发货前或交货地共同取样和签封。取样方法按 GB 12573 进行，取样应在水泥发货前或到达地三日内进行，取样数量为 22 kg，缩分为两等份，一份由卖方保存 40 d，一份由买方按本标准规定的项目和方法进行检验。

在 40 d 以内，买方检验认为产品质量不符合本标准要求，而卖方又有争议时，则双方应将卖方保存的另一份试样送省级或省级以上国家认可的水泥质量监督检验机构进行仲裁检验。

8.6.2.2 以水泥厂同编号水泥的检验报告为验收依据时，在发货前或交货时买方在同编号水泥中抽取试样，双方共同签封后保存三个月；或委托卖方在同编号水泥中抽取试样，签封后保存三个月。

在三个月内，买方对水泥质量有疑问时，则买卖双方应将共同签封的试样送省级或省级以上国家认可的水泥质量监督检验机构进行仲裁检验。

9 包装、标志、运输、贮存

9.1 包装

水泥可以袋装或散装，袋装水泥每袋净含量 50 kg，且不得少于标志质量的 98%；随机抽取 20 袋总质量不得少于 1 000 kg。其他包装形式由供需双方协商确定，但有关袋装质量要求，必须符合上述原则规定。

水泥包装袋应符合 GB 9774 的规定。

9.2 标志

水泥袋上应清楚标明：产品名称、代号、净含量、强度等级、生产许可证编号、生产者名称和地址、出厂编号、执行标准号、包装年、月、日。包装袋两侧应印有水泥名称和等级，用黑色印刷。

散装时应提交与包装袋标志相同内容的卡片。

9.3 运输与贮存

水泥在运输与贮存时，不得受潮和混入杂物，不同品种和等级的水泥应分别贮存，不得混杂。

ICS 77.120.20
H 12

中华人民共和国国家标准

GB/T 13748.1—2005
代替 GB/T 13748.1—1992

镁及镁合金化学分析方法 铝含量的测定

Chemical analysis methods of magnesium and magnesium alloys —Determination of aluminum content

(NEQ ISO 791:1973)

2005-07-26 发布　　2006-01-01 实施

中华人民共和国国家质量监督检验检疫总局
中国国家标准化管理委员会 发布

前　言

本标准共分为19部分,包括20个元素的25项化学分析方法。

本标准是对GB/T 13748.1～13748.10—1992的修订,本次修订主要有如下变化:

——根据新的国家标准GB/T 3499—2003《原生镁锭》、GB/T 5153—2004《变形镁及镁合金牌号和化学成分》、GB/T 19078—2003《铸造镁合金锭》以及相关的国际标准和国外标准的规定,本次修订新增分析方法12项,其中增加了10个元素的分析方法,分别为:Sn(GB/T 13748.2)、Li(GB/T 13748.3)、Y(GB/T 13748.5)、Ag(GB/T 13748.6)、Pb(GB/T 13748.13)、Ca(GB/T 13748.16)、K和Na(GB/T 13748.17)、Cl(GB/T 13748.18)、Ti(GB/T 13748.19),以及锰含量的测定(GB/T 13748.4的方法三)、高含量铜的测定(GB/T 13748.12的方法二)、低含量锌的测定(GB/T 13748.15的方法二)。

——重新起草了铬天青S-氯化十四烷基吡啶分光光度法测定铝含量(GB/T 13748.2的方法二)、重量法测定稀土含量(GB/T 13748.8)。

——对二甲苯酚橙分光光度法测定锆含量进行了修订并扩展了测定范围(GB/T 13748.7)。

——扩展了锰(GB/T 13748.4的方法一)、铁(GB/T 13748.9)、硅(GB/T 13748.10)、铍(GB/T 13748.11)、铜(GB/T 13748.12)、镍(GB/T 13748.14)等元素的测定范围。

——《8-羟基喹啉分光光度法测定铝含量》(GB/T 13748.1的方法一)、《8-羟基喹啉重量法测定铝含量》(GB/T 13748.1方法三)、《高碘酸盐分光光度法测定锰含量方法二》(GB/T 13748.4的方法二)、《火焰原子吸收光谱法测定锌含量》(GB/T 13748.15)为编辑性整理后予以确认的方法。

本标准修订后代替了GB/T 4374—1984《镁粉和铝镁合金粉化学分析方法》中的相关部分,即GB/T 13748.9、GB/T 13748.10、GB/T 13748.12、GB/T 13748.18分别代替GB/T 4374.2—1984、GB/T 4374.3—1984、GB/T 4374.1—1984、GB/T 4374.5—1984。

本标准共有7个部分的9项分析方法非等效采用国际标准,分别为:

——GB/T 13748.1:NEQ ISO 791:1973;

——GB/T 13748.4:NEQ ISO 2353:1972、ISO 809:1973、ISO 810:1973;

——GB/T 13748.8:NEQ ISO 2355:1972;

——GB/T 13748.9:NEQ ISO 792:1973;

——GB/T 13748.10:NEQ ISO 1975:1973;

——GB/T 13748.14:NEQ ISO 4058:1977;

——GB/T 13748.15:NEQ ISO 4194:1981。

本标准中采用国际标准的各部分,其标准名称和标准文本结构为了与系列标准协调一致,均与所采用的国际标准不完全相同。

本标准代替GB/T 13748.1～13748.10—1992。

本标准由中国有色金属工业协会提出。

本标准由全国有色金属标准化技术委员会归口。

本标准由中国铝业股份有限公司郑州研究院、中国有色金属工业标准计量质量研究所负责起草。

本标准由中国铝业股份有限公司郑州研究院、北京有色金属研究总院、洛阳铜加工集团有限责任公

司、抚顺铝厂、西南铝业(集团)有限责任公司、东北轻合金有限责任公司起草。

本标准由全国有色金属标准化技术委员会负责解释。

本标准所代替标准的历次版本发布情况为：

——GB/T 13748.1～13748.10—1992、GB/T 4374.1～4374.3—1984、GB/T 4374.5—1984。

前言

GB/T 13748—2005 共分为 19 部分，本部分为第 1 部分。

本部分包括方法一、方法二和方法三。

本部分的方法一和方法三分别为 8-羟基喹啉分光光度法和 8-羟基喹啉重量法，是对 GB/T 13748.1—1992 第二篇和第一篇的重新确认，主要进行了编辑性整理；方法二《铬天青 S-氯化十四烷基吡啶分光光度法》为 GB/T 13748.1—1992 第三篇《铬天青 S 分光光度法》的重新起草。

本部分方法三非等效采用国际标准 ISO 791:1973《镁及镁合金　铝含量的测定　8-羟基喹啉重量法》。

本部分方法一、方法二和方法三分别代替 GB/T 13748.1—1992 第一篇、第二篇、第三篇。

本部分由中国有色金属工业协会提出。

本部分由全国有色金属标准化技术委员会归口。

本部分由中国铝业股份有限公司郑州研究院、中国有色金属工业标准计量质量研究所负责起草。

本部分方法一和方法二由北京有色金属研究总院起草。

本部分方法三由西南铝业(集团)有限责任公司起草。

本部分方法二由中国铝业股份有限公司郑州研究院、抚顺铝厂参加起草。

本部分方法一主要起草人：王爱慈、汪修芬、臧慕文、童坚。

本部分方法二主要起草人：臧慕文、王爱慈、童坚、刘英。

本部分方法三主要起草人：邓兰洪、陈雄立、谭海燕、胡永利。

本部分由全国有色金属标准化技术委员会负责解释。

本部分所代替标准的历次版本发布情况为：

——GB/T 13748.1—1992。

镁及镁合金化学分析方法
铝含量的测定

方法一　8-羟基喹啉分光光度法

1　范围

本方法规定了镁合金中铝含量的测定方法。

本方法适用于镁合金(含锆、铍、钍或稀土)中铝含量的测定。测定范围:0.020%～0.300%。

2　方法提要

试料用盐酸溶解。在pH9.5的碳酸铵溶液中,以硫代乙醇酸作掩蔽剂,用苯萃取铝与苯甲酰苯胺生成的沉淀,用稀盐酸反萃取,使铝与干扰元素分离。在pH4.8乙酸-乙酸钠缓冲溶液中用8-羟基喹啉显色,于分光光度计波长390 nm处测量其吸光度。

3　试剂

3.1　三氯甲烷。

3.2　苯。

3.3　盐酸(1+1),优级纯。

3.4　盐酸(1+10),优级纯。

3.5　盐酸:$c(HCl)=0.2$ mol/L,优级纯。

3.6　硫代乙醇酸溶液:取20 mL硫代乙醇酸(80%)加入80 mL水。

3.7　氨水(1+10),优级纯。

3.8　碳酸铵溶液(200 g/L),储存于塑料瓶中。

3.9　苯甲酰苯胺(BPHA)乙醇溶液(20 g/L):溶解2 gBPHA于100 mL乙醇中。用时配制。

3.10　8-羟基喹啉溶液:5 g 8-羟基喹啉溶于100 mL乙酸溶液〔$c(CH_3COOH)=2$ mol/L〕中,用中速滤纸过滤,保存于棕色试剂瓶中。

3.11　乙酸-乙酸钠缓冲溶液:将等体积的无水乙酸钠溶液〔$c(CH_3COONa)=2$ mol/L〕和乙酸溶液〔$c(CH_3COOH)=2$ mol/L〕混合。

3.12　铝标准贮存溶液:称取1.000 0 g金属铝〔$w(Al)\geqslant 99.9\%$〕,置于聚乙烯烧杯中,加入20 mL水、3 g氢氧化钠,待其完全溶解后,用盐酸(ρ1.19 g/mL)慢慢中和至出现沉淀,并过量20 mL,不断搅拌使其溶解。冷却,用水移入1 000 mL容量瓶中,定容,混匀。此溶液1 mL含1.0 mg铝。

3.13　铝标准溶液:移取25.00 mL铝标准贮存溶液(3.12)置于250 mL容量瓶中,加入5 mL盐酸(3.3),用水定容,混匀。此溶液1 mL含100 μg铝。

3.14　铝标准溶液:移取25.00 mL铝标准溶液(3.13)置于250 mL容量瓶中,加入5 mL盐酸(3.3),用水定容,混匀。此溶液1 mL含10 μg铝。

3.15　2,4-二硝基酚饱和溶液。

4　仪器

4.1　分光光度计。

4.2 酸度计。

5 试样

厚度不大于 1 mm 的碎屑。

6 分析步骤

6.1 试料

按表 1 称取试样(5),精确至 0.000 1 g。

表 1

铝质量分数/%	试料质量/g
0.020～0.050	0.3
>0.050～0.100	0.2
>0.100～0.300	0.1

6.2 测定次数

独立地进行两次测定,取其平均值。

6.3 空白试验

随同试料(6.1)做空白试验。

6.4 测定

6.4.1 将试料(6.1)置于 150 mL 烧杯中,盖上表皿。加入 10 mL 盐酸(3.3),低温加热使试料完全溶解后,取下冷却,将溶液移入 100 mL 容量瓶中,以水稀释至刻度,混匀。

6.4.2 移取 10.00 mL 试液(6.4.1)置于 100 mL 分液漏斗中。

6.4.3 加入 1 mL 硫代乙醇酸溶液(3.6)、1 滴 2,4-二硝基酚饱和溶液(3.15),用碳酸铵溶液(3.8)调至黄色再过量 5 mL,加水稀释至约 30 mL,加入 1 mL BPHA 乙醇溶液(3.9),混匀放置 10 min。加入 15 mL苯(3.2),振荡 3 min,静置分层,弃去水相。加 15 mL 水洗涤有机相,振荡 15 s,静置分层,弃去水相。加入 15 mL 盐酸(3.5)振荡 3 min,静置分层。

6.4.4 将水相移入 50 mL 分液漏斗中,加 1 滴 2,4-二硝基酚饱和溶液(3.15),用氨水(3.7)调至黄色,滴加盐酸(3.4)至黄色恰好消失,加入 5 mL 乙酸-乙酸钠缓冲溶液(3.11)、0.5 mL 8-羟基喹啉溶液(3.10),混匀,放置 5 min。加入 10.00 mL 三氯甲烷(3.1)振荡 3 min,静置分层,将有机相移入干燥的 10 mL 比色管中。

6.4.5 将部分溶液(6.4.4)移入 1 cm 吸收池中,以随同试料的空白试验溶液(6.3)为参比,于分光光度计波长 390 nm 处测量其吸光度,从工作曲线上查得相应的铝量。

6.5 工作曲线的绘制

6.5.1 移取 0,0.50,1.00,1.50,2.00,2.50 mL 铝标准溶液(3.14)置于一组 100 mL 分液漏斗中,加水 15 mL。以下按 6.4.3～6.4.4 进行。

6.5.2 将部分溶液(6.5.1)移入 1 cm 吸收池中,以试剂空白溶液为参比,于分光光度计波长 390 nm 处测量其吸光度,以铝量为横坐标,吸光度为纵坐标,绘制工作曲线。

7 分析结果的计算

按公式(1)计算铝的质量分数(%):

$$w(\mathrm{Al}) = \frac{m_1 V_0 \times 10^{-6}}{m_0 V_1} \times 100 \qquad \cdots\cdots(1)$$

式中：

m_1——自工作曲线上查得的铝量，单位为微克（μg）；

V_0——试液总体积，单位为毫升（mL）；

m_0——试料的质量，单位为克（g）；

V_1——分取试液体积，单位为毫升（mL）。

8 精密度

8.1 重复性

在重复性条件下获得的两个独立测试结果的测定值，在以下给出的平均值范围内，这两个测试结果的绝对值不超过重复性限（r），超过重复性限（r）的情况不超过5%。重复性限（r）按以下数据采用线性内插法求得：

铝的质量分数/%：0.020　　0.15　　0.30

重复性限 r/%：　0.003　　0.02　　0.02

8.2 允许差

实验室之间分析结果的差值应不大于表2所列允许差。

表2

铝的质量分数/%	允许差/%
0.020～0.050	0.005
>0.050～0.080	0.010
>0.080～0.100	0.015
>0.100～0.200	0.020
>0.200～0.300	0.030

9 质量保证与控制

分析时，用标准样品或控制样品进行校核，或每年至少用标准样品或控制样品对分析方法校核一次。当过程失控时，应找出原因。纠正错误后，重新进行校核。

方法二　铬天青S-氯化十四烷基吡啶分光光度法

10 范围

本方法规定了镁及镁合金中铝含量的测定方法。

本方法适用于镁及镁合金中铝含量的测定。测定范围：0.003%～0.300%。

本方法不适用于含钛、锆、铍、稀土的镁合金。

11 方法原理

试料以盐酸溶解。用抗坏血酸和邻二氮杂菲掩蔽Fe（Ⅲ）、Cu（Ⅱ）等。在pH5.8的乙酸-乙酸钠缓冲溶液存在下，加入铬天青S-氯化十四烷基吡啶与Al（Ⅲ）生成兰绿色络合物，于分光光度计波长625 nm处测量其吸光度。

12 试剂

12.1　盐酸（1+1）：优级纯。

12.2　盐酸（1+19）：优级纯。

12.3　氨水（1+1）：优级纯。

12.4 2,4-二硝基酚乙醇溶液(1 g/L)。

12.5 抗坏血酸溶液(10 g/L):用时现配。

12.6 邻二氮杂非溶液(10 g/L)。

12.7 铬天青 S(0.3 g/L)-氯化十四烷基吡啶(2 g/L)溶液:称取 0.15 g 铬天青 S 和 1 g 氯化十四烷基吡啶,分别溶于少量水中,然后合并,用水稀释至 500 mL,混匀。

12.8 乙酸-乙酸钠缓冲溶液(pH5.8):称取 90.2 g 无水乙酸钠溶于水中,加入 6.0 mL 冰乙酸,用水移入 1 000 mL 容量瓶中,定容,混匀。

12.9 铝标准贮存溶液:称取 1.000 0 g 金属铝[w(Al)≥99.9%]置于聚乙烯烧杯中,加入 20 mL 水、3 g氢氧化钠,待其完全溶解后,用盐酸(ρ1.19 g/mL)慢慢中和至出现沉淀,并过量 20 mL,不断搅拌使其溶解。冷却,用水移入 1 000 mL 容量瓶中,定容,混匀。此溶液 1 mL 含 1 mg 铝。

12.10 铝标准溶液:移取 25.00 mL 铝标准贮存溶液(12.9)置于 250 mL 容量瓶中,加入 5 mL 盐酸(12.1),用水定容,混匀。此溶液 1 mL 含 100 μg 铝。

12.11 铝标准溶液:移取 25.00 mL 铝标准溶液(12.10)置于 250 mL 容量瓶中,加入 5 mL 盐酸(12.1),用水定容,混匀。此溶液 1 mL 含 10 μg 铝。

13 仪器

分光光度计。

14 试样

厚度不大于 1 mm 的碎屑。

15 分析步骤

15.1 试料

称取 0.10 g 试样(14),精确至 0.000 1 g。

15.2 测定次数

独立地进行两次测定,取其平均值。

15.3 空白试验

随同试料(15.1)做空白试验。

15.4 测定

15.4.1 将试料(15.1)置于 200 mL 烧杯中,加入约 5 mL 水、2 mL 盐酸(12.1),剧烈反应后加热蒸至约 1 mL。用水将溶液移入 100 mL 容量瓶中,定容。按表 3 分取试液,置于 100 mL 容量瓶中。

表 3

铝的质量分数/%	分取试液体积/mL
0.003 0～0.020	—
>0.020～0.100	20.0
>0.100～0.200	10.0
>0.200～0.300	5.0

15.4.2 用水稀释至约 50 mL,加入 4 滴 2,4-二硝基酚乙醇溶液(12.4),滴加氨水(12.3)至溶液呈黄色,再滴加盐酸(12.2)至黄色恰好消失。

15.4.3 加入 2 mL 抗坏血酸溶液(12.5),混匀,加入 2 mL 邻二氮杂非溶液(12.6),混匀。沿瓶壁加入 10 mL 铬天青 S-氯化十四烷基吡啶溶液(12.7),轻轻混匀,加入 10 mL 乙酸-乙酸钠缓冲溶液(12.8),用水定容,混匀。

15.4.4 放置 20 min 后，将部分溶液(12.4.3)移入 1 cm 吸收池中，以随同试料的空白试验溶液(12.3)为参比，于分光光度计波长 625 nm 处测量其吸光度。从工作曲线上查得相应的铝量。

15.5 工作曲线的绘制

15.5.1 移取 0，0.20，0.40，0.60，0.80，1.00 mL 铝标准溶液(12.11)，分别置于 6 个 100 mL 容量瓶中，以下按 15.4.2～15.4.3 进行。

15.5.2 放置 20 min 后，将部分溶液(15.5.1)移入 1 cm 吸收池中，以试剂空白溶液为参比，于分光光度计波长 625 nm 处测量其吸光度。以铝量为横坐标，吸光度为纵坐标，绘制工作曲线。

16 分析结果的计算

按公式(2)计算铝的质量分数(%)：

$$w(\mathrm{Al})=\frac{m_1V_0\times10^{-6}}{m_0V_1}\times100 \qquad \cdots\cdots(2)$$

式中：

m_1——自工作曲线上查得的铝量，单位为微克(μg)；

V_1——分取试液体积，单位为毫升(mL)；

V_0——试液总体积，单位为毫升(mL)；

m_0——试料的质量，单位为克(g)。

17 精密度

17.1 重复性

在重复性条件下获得的两个独立测试结果的测定值，在以下给出的范围内，这两个测试结果的绝对值不超过重复性限(r)，超过重复性限(r)的情况不超过 5%。重复性限(r)按以下数据采用线性内插法求得：

铝的质量分数/%：	0.004 3	0.030	0.30
重复性限 r/%：	0.000 3	0.004	0.02

17.2 允许差

实验室之间分析结果的差值应不大于表 4 所列允许差。

表 4

铝的质量分数/%	允许差/%
0.003 0～0.005 0	0.000 7
>0.005 0～0.007 5	0.001 1
>0.007 5～0.010 0	0.001 5
>0.010～0.025	0.002 5
>0.025～0.050	0.005
>0.050～0.075	0.007
>0.075～0.100	0.010
>0.100～0.300	0.025

18 质量保证与控制

分析时，用标准样品或控制样品进行校核，或每年至少用标准样品或控制样品对分析方法校核一次。当过程失控时，应找出原因。纠正错误后，重新进行校核。

方法三　8-羟基喹啉重量法

19　范围

本方法规定了镁合金中铝含量的测定方法。

本方法适用于镁合金中铝含量的测定。测定范围：1.50%～12.00%。

本方法不适用于含锆、钍或稀土的镁合金。

20　方法提要

试料以盐酸和硝酸溶解，在还原性乙酸介质中，用苯甲酸铵沉淀铝，过滤分离。用盐酸、酒石酸溶解苯甲酸铝沉淀，在乙酸铵缓冲介质中，用8-羟基喹啉沉淀铝，将沉淀过滤、洗净，干燥后称量。

21　试剂

21.1　亚硫酸钠($Na_2SO_3 \cdot 7H_2O$)。

21.2　盐酸(ρ1.19 g/mL)。

21.3　氨水(ρ0.90 g/mL)。

21.4　氨水(1+3)。

21.5　盐酸(1+3)。

21.6　硝酸(3+1)。

21.7　乙酸溶液：量取100 mL冰乙酸(ρ1.05 g/mL)用水稀释至1 000 mL。

21.8　混合溶液：称取50 g盐酸羟胺和50 g氯化铵用50 mL冰乙酸(ρ1.05 g/mL)及少量水溶解，冷却，用水稀释至1 000 mL。

21.9　苯甲酸铵溶液(100 g/L)：称取100 g苯甲酸铵溶于温水中，加0.001 g麝香草酚，冷却后用水稀释至1 000 mL。

21.10　苯甲酸铵洗液：量取100 mL苯甲酸铵溶液(21.9)用900 mL水稀释，加20 mL冰乙酸(ρ1.05 g/mL)，混匀。

21.11　酒石酸溶液(500 g/L)。

21.12　8-羟基喹啉溶液(20 g/L)：称取20g 8-羟基喹啉溶于80 mL冰乙酸(ρ1.05 g/mL)中，用水稀释至1 000 mL。用中速滤纸过滤，保存于棕色瓶中。

21.13　乙酸铵溶液(600 g/L)。

21.14　溴酚蓝乙醇溶液(2.0 g/L)。

21.15　中性红乙醇溶液(0.5 g/L)。

22　仪器

坩埚式过滤器(孔隙度3 μm～15 μm)。

23　试样

厚度不大于1 mm的碎屑。

24　分析步骤

24.1　试料

按表5称取试样(23)，精确至0.000 1 g。

表 5

铝的质量分数/%	试料质量/g	盐酸(21.2)体积/mL
1.50～5.00	0.5	5
>5.00～12.00	1.0	10

24.2 测定次数

独立地进行两次测定，取其平均值。

24.3 测定

24.3.1 将试料(24.1)置于250 mL烧杯中，盖上表皿。加入25 mL水，按表5缓慢加入盐酸(21.2)，加入2 mL硝酸(21.6)，反应缓慢后，加热至完全溶解。如有残余物，用中速滤纸过滤，用热水洗涤烧杯及残余物各5次～6次，弃去残余物。合并主液和洗液，煮沸1 min～2 min，用水稀释至约50 mL。

铝的质量分数大于5%时，将试液移入250 mL容量瓶中，以水稀释至刻度，混匀。移取50.00 mL于250 mL烧杯中。

24.3.2 于试液(24.3.1)中加入40 mL水、2～3滴溴酚蓝乙醇溶液(21.14)，用氨水(21.4)中和至溶液变为紫色，加入20 mL混合溶液(21.8)，在搅拌下缓慢加入20 mL苯甲酸铵溶液(21.9)，搅拌下加热至沸并保持微沸5 min。用中速滤纸过滤，用煮沸的苯甲酸铵洗液(21.10)洗涤烧杯和沉淀各8～10次，弃去滤液。

24.3.3 将50 mL盐酸(21.5)和10 mL酒石酸溶液(21.11)混合，加热煮沸，分次将沉淀(24.3.2)溶于原烧杯中，用热水洗涤滤纸8～10次，洗涤液与主液合并，移入400 mL烧杯中。加入1 g亚硫酸钠(21.1)，搅拌，使其完全溶解。加数滴中性红乙醇溶液(21.15)，用氨水(21.3)调至溶液恰变为黄色。

24.3.4 将试液(24.3.3)用水稀释至约200 mL，加热至约70℃。用乙酸溶液(21.7)调至红色，在搅拌下缓慢加入40 mL 8-羟基喹啉溶液(21.12)和50 mL乙酸铵溶液(21.13)，在约70℃静置30 min。

24.3.5 用在130℃恒量的坩埚式过滤器(22)过滤含沉淀的试液(24.3.4)，用热水洗涤沉淀6～8次。在烘箱中于130℃干燥至恒量，置于干燥器中，冷却至室温后称量。

25 分析结果的计算

按公式(3)计算铝的质量分数(%)：

$$w(\mathrm{Al}) = \frac{0.058\,73 \times m_1 V_0}{m_0 V_1} \times 100 \qquad \cdots\cdots(3)$$

式中：

0.058 73——8-羟基喹啉铝换算为铝的因数；

m_1——8-羟基喹啉铝的质量，单位为克(g)；

V_0——试液总体积，单位为毫升(mL)；

m_0——试料的质量，单位为克(g)；

V_1——分取试液的体积，单位为毫升(mL)。

26 精密度

26.1 重复性

在重复性条件下获得的两个独立测试结果的测定值，在以下给出的范围内，这两个测试结果的绝对差值不超过重复性限(r)，超过重复性限(r)的情况不超过5%。重复性限(r)按以下数据采用线性内插法求得：

铝的质量分数/%：1.77　　6.63　　10.00

重复性限(r)/%：0.05　　0.09　　0.10

26.2　允许差

实验室之间分析结果的差值应不大于表6所列允许差。

表6

铝的质量分数/%	允许差/%
1.50～3.00	0.09
>3.00～5.50	0.12
>5.50～9.00	0.15
>9.00～12.00	0.20

27　质量保证与控制

在分析时，应用标准样品或控制样品进行校核，或每年至少用标准样品或控制样品对分析方法校核一次。当过程失控时，应找出原因。纠正错误后，重新进行校核。

ICS 77.120.20
H 12

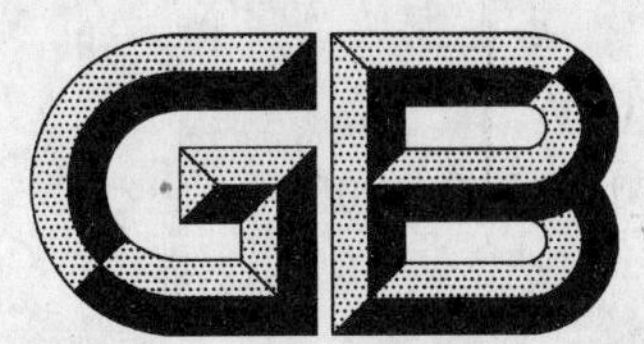

中华人民共和国国家标准

GB/T 13748.2—2005

镁及镁合金化学分析方法 锡含量的测定 邻苯二酚紫分光光度法

Chemical analysis methods of magnesium and magnesium alloys —Determination of tin content —Pyrocatechol violet spectrophotometric method

2005-07-26 发布　　2006-01-01 实施

中华人民共和国国家质量监督检验检疫总局
中国国家标准化管理委员会　发布

前言

本标准共分为 19 部分,包括 20 个元素的 25 项化学分析方法。

本标准是对 GB/T 13748.1～13748.10—1992 的修订,本次修订主要有如下变化:

——根据新的国家标准 GB/T 3499—2003《原生镁锭》、GB/T 5153—2004《变形镁及镁合金牌号和化学成分》、GB/T 19078—2003《铸造镁合金锭》以及相关的国际标准和国外标准的规定,本次修订新增分析方法 12 项,其中增加了 10 个元素的分析方法,分别为:Sn(GB/T 13748.2)、Li(GB/T 13748.3)、Y(GB/T 13748.5)、Ag(GB/T 13748.6)、Pb(GB/T 13748.13)、Ca(GB/T 13748.16)、K 和 Na(GB/T 13748.17)、Cl(GB/T 13748.18)、Ti(GB/T 13748.19),以及锰含量的测定(GB/T 13748.4 的方法三)、高含量铜的测定(GB/T 13748.12 的方法二)、低含量锌的测定(GB/T 13748.15 的方法二)。

——重新起草了铬天青 S-氯化十四烷基吡啶分光光度法测定铝含量(GB/T 13748.2 的方法二)、重量法测定稀土含量(GB/T 13748.8)。

——对二甲苯酚橙分光光度法测定锆含量进行了修订并扩展了测定范围(GB/T 13748.7)。

——扩展了锰(GB/T 13748.4 的方法一)、铁(GB/T 13748.9)、硅(GB/T 13748.10)、铍(GB/T 13748.11)、铜(GB/T 13748.12)、镍(GB/T 13748.14)等元素的测定范围。

——《8-羟基喹啉分光光度法测定铝含量》(GB/T 13748.1 的方法一)、《8-羟基喹啉重量法测定铝含量》(GB/T 13748.1 方法三)、《高碘酸盐分光光度法测定锰含量方法二》(GB/T 13748.4 的方法二)、《火焰原子吸收光谱法测定锌含量》(GB/T 13748.15)为编辑性整理后予以确认的方法。

本标准修订后代替了 GB/T 4374—1984《镁粉和铝镁合金粉化学分析方法》中的相关部分,即 GB/T 13748.9、GB/T 13748.10、GB/T 13748.12、GB/T 13748.18 分别代替 GB/T 4374.2—1984、GB/T 4374.3—1984、GB/T 4374.1—1984、GB/T 4374.5—1984。

本标准共有 7 个部分的 9 项分析方法非等效采用国际标准,分别为:

——GB/T 13748.1:NEQ ISO 791:1973;

——GB/T 13748.4:NEQ ISO 2353:1972、ISO 809:1973、ISO 810:1973;

——GB/T 13748.8:NEQ ISO 2355:1972;

——GB/T 13748.9:NEQ ISO 792:1973;

——GB/T 13748.10:NEQ ISO 1975:1973;

——GB/T 13748.14:NEQ ISO 4058:1977;

——GB/T 13748.15:NEQ ISO 4194:1981。

本标准中采用国际标准的各部分,其标准名称和标准文本结构为了与系列标准协调一致,均与所采用的国际标准不完全相同。

本标准代替 GB/T 13748.1～13748.10—1992。

本标准由中国有色金属工业协会提出。

本标准由全国有色金属标准化技术委员会归口。

本标准由中国铝业股份有限公司郑州研究院、中国有色金属工业标准计量质量研究所负责起草。

本标准由中国铝业股份有限公司郑州研究院、北京有色金属研究总院、洛阳铜加工集团有限责任公

司、抚顺铝厂、西南铝业(集团)有限责任公司、东北轻合金有限责任公司起草。

本标准由全国有色金属标准化技术委员会负责解释。

本标准所代替标准的历次版本发布情况为：

——GB/T 13748.1～13748.10—1992、GB/T 4374.1～4374.3—1984、GB/T 4374.5—1984。

前　言

GB/T 13748—2005 共分为 19 部分，本部分为第 2 部分。

GB/T 13748—1992《镁及镁合金化学分析方法》中没有锡含量的测定方法，对应的国际标准 ISO 中也没有锡含量的测定方法。但原生镁锭在贸易中有时需要测定锡含量，因此制定了邻苯二酚紫分光光度法测定原生镁锭中的锡含量。

本部分由中国有色金属工业协会提出。

本部分由全国有色金属标准化技术委员会归口。

本部分由中国铝业股份有限公司郑州研究院、中国有色金属工业标准计量质量研究所负责起草。

本部分由中国铝业股份有限公司郑州研究院起草。

本部分由北京有色金属研究总院、东北轻合金加工有限责任公司参加起草。

本部分主要起草人：石磊、李跃平、张树朝、仓向辉。

本部分主要验证人：颜广炅、李文志、施立新。

本部分由全国有色金属标准化技术委员会负责解释。

镁及镁合金化学分析方法
锡含量的测定
邻苯二酚紫分光光度法

1 范围

本部分规定了镁及镁合金中锡含量的测定方法。

本部分适用于原生镁锭中锡含量的测定。测定范围:0.000 5%～0.010 0%。

2 方法提要

试料用硝酸分解。在氯化铵存在下,加入铁盐,用氢氧化钠溶液调节溶液 pH7～pH8 共沉淀锡分离镁,然后用硫酸溶解沉淀。在硫酸-柠檬酸介质中,锡(Ⅳ)与邻苯二酚紫和溴化十六烷基三甲铵形成绿色络合物,于分光光度计 662 nm 处,测量其吸光度。

铁(Ⅲ)的干扰用抗坏血酸还原至低价消除。

3 试剂

3.1 氯化铵:优级纯。

3.2 氨水(ρ0.90 g/mL)。

3.3 硝酸(1+1)。

3.4 硫酸(1+1)。

3.5 硫酸(1.0 mol/L):100 mL 含 2～3 滴过氧化氢(ρ1.10 g/mL)。

3.6 硫酸-柠檬酸混合酸:称取 25.0 g 柠檬酸溶于 400 mL 水中,缓慢加入 30 mL 硫酸(ρ1.84 g/mL),用水稀释至 500 mL,混匀。

3.7 氢氧化钠溶液(200 g/L)。

3.8 抗坏血酸溶液(20 g/L):用时配制。

3.9 邻苯二酚紫(PV)溶液(0.2 g/L)。

3.10 溴化十六烷基三甲铵(CTMAB)溶液(0.3 g/L):称取 0.15 g CTMAB 溶于 350 mL 无水乙醇中,用水稀释至 500 mL,混匀。

3.11 铁溶液(1 g/L):称取 0.484 g 氯化铁($FeCl_3 \cdot 6H_2O$)于烧杯中,加 6 mL 盐酸(1+1),用水溶解稀释至 100 mL,混匀。

3.12 氯化铵洗液(10 g/L):100 mL 含 1 mL 氨水(3.2)。

3.13 锡标准贮存溶液:称取 0.100 0 g 金属锡[w(Sn)≥99.9%]于 150 mL 烧杯中,加 10 mL 硫酸(ρ1.84 g/mL),加热至完全溶解冒硫酸白烟,冷却,加 25 mL 硫酸(ρ1.84 g/mL),用硫酸(1+9)洗入 1 000 mL容量瓶中,并用硫酸(1+9)稀释至刻度,混匀。此溶液 1 mL 含 0.1 mg 锡。

3.14 锡标准溶液:移取 25.00 mL 锡标准贮存溶液(3.13)于 500 mL 容量瓶中,用硫酸(1+9)稀释至刻度,混匀。此溶液 1 mL 含 5.0 μg 锡。用时配制。

4 仪器

分光光度计。

5 试样

厚度不大于 1 mm 的碎屑。

6 分析步骤

6.1 试料

按表 1 称取试样(5),精确至 0.000 1 g。

表 1

锡的质量分数/%	试料质量/g	试液总体积/mL	移取试液体积/mL
0.000 5~0.001 0	2.000 0	—	全部
>0.001 0~0.005 0	2.000 0	100	20.00
>0.005 0~0.010 0	2.000 0	100	10.00

6.2 测定次数

独立地进行两次测定,取其平均值。

6.3 空白试验

随同试料(6.1)做空白试验。

6.4 测定

6.4.1 将试料(6.1)置于 300 mL 烧杯中,加水约 50 mL,分次加 35 mL 硝酸(3.3),盖上表皿,加热至试料完全溶解,煮沸 5 min,用水洗表皿及杯壁,加水至 150 mL。

6.4.2 加 5 mL 铁溶液(3.11),10 g 氯化铵(3.1),用氨水(3.2)调至刚出现氢氧化铁沉淀(此时溶液 pH6~pH7),再加 6 mL~7 mL 氨水(3.2),加水至 200 mL,加热煮沸 1 min~2 min。

6.4.3 取下稍冷,趁热用快速滤纸过滤,用热的氯化铵洗液(3.12)洗涤烧杯及沉淀各 8~10 次,弃去滤液。用 20 mL 热硫酸(3.5)溶解沉淀于原烧杯中,用水洗涤 4~5 次。以氢氧化钠溶液(3.7)调至溶液刚出现氢氧化铁沉淀,用硫酸(3.4)调至沉淀恰好溶解并过量一滴,将试液加热至清亮,冷却至室温。

6.4.4 按表 1 将试液(6.4.3)转入容量瓶中,用水稀释至刻度,混匀并按表 1 移取相应量试液于 50 mL 容量瓶中,加入 10.0 mL 硫酸-柠檬酸混合酸(3.6),5.0 mL 抗坏血酸溶液(3.8),混匀,加入 5.0 mL 邻苯二酚紫(PV)溶液(3.9),5.0 mL 溴化十六烷基三甲铵(CTMAB)溶液(3.10)(每加一种试剂需轻轻混匀),用水稀释至刻度,混匀,放置 30 min。

6.4.5 将部分溶液移入 3 cm 吸收池中,于分光光度计波长 662 nm 处,以水为参比,测量其吸光度。

6.4.6 将所测试液的吸光度减去空白试验(6.3)溶液的吸光度后,在工作曲线上查得相应的锡量。

6.5 工作曲线的绘制

6.5.1 移取 0,1.00,2.00,3.00,4.00,5.00 mL 锡标准溶液(3.14)于一组 50 mL 容量瓶中,加入 10.0 mL硫酸-柠檬酸混合酸(3.6),以下按 6.4.4~6.4.5 进行。

6.5.2 将测得系列标准溶液的吸光度减去试剂空白溶液的吸光度后,以锡量为横坐标,对应的吸光度为纵坐标,绘制工作曲线。

7 分析结果的计算

按公式(1)计算锡的质量分数(%):

$$w(\mathrm{Sn}) = \frac{m_1 \cdot V_0 \times 10^{-6}}{m_0 \cdot V_1} \times 100 \qquad \cdots\cdots(1)$$

式中:

m_1——从工作曲线上查得的锡量,单位为微克(μg);

V_1——分取试液的体积，单位为毫升(mL)；

V_0——试液的总体积，单位为毫升(mL)；

m_0——试料的质量，单位为克(g)。

8 精密度

8.1 重复性

在重复性条件下获得的两个独立测试结果的测定值，在以下给出的平均值范围内，这两个测试结果的绝对差值不超过重复性限(r)，超过重复性限(r)情况不超过5%，重复性限(r)按以下数据采用线性内插法求得：

锡的质量分数/%：	0.000 67	0.002 87	0.0108
重复性限 r/%：	0.000 12	0.000 48	0.001 4

8.2 允许差

实验室之间分析结果的差值应不大于表2所列允许差。

表2

锡的质量分数/%	允许差/%
0.000 5～0.002 0	0.000 4
>0.002 0～0.005 0	0.000 7
>0.005 0～0.007 5	0.001 0
>0.007 5～0.010 0	0.001 5

9 质量保证和控制

分析时，用标准样品或控制样品进行校核，或每年至少用标准样品或控制样品对分析方法校核一次。当过程失控时，应找出原因。纠正错误后，重新进行校核。

ICS 77.120.20
H 12

中华人民共和国国家标准

GB/T 13748.3—2005

镁及镁合金化学分析方法
锂含量的测定
火焰原子吸收光谱法

Chemical analysis methods of magnesium and magnesium alloys
—Determination of lithium content
—Flame atomic absorption spectrometric method

2005-07-26 发布　　2006-01-01 实施

中华人民共和国国家质量监督检验检疫总局
中国国家标准化管理委员会　发布

前　言

本标准共分为19部分，包括20个元素的25项化学分析方法。

本标准是对GB/T 13748.1～13748.10—1992的修订，本次修订主要有如下变化：

——根据新的国家标准GB/T 3499—2003《原生镁锭》、GB/T 5153—2004《变形镁及镁合金牌号和化学成分》、GB/T 19078—2003《铸造镁合金锭》以及相关的国际标准和国外标准的规定，本次修订新增分析方法12项，其中增加了10个元素的分析方法，分别为：Sn(GB/T 13748.2)、Li(GB/T 13748.3)、Y(GB/T 13748.5)、Ag(GB/T 13748.6)、Pb(GB/T 13748.13)、Ca(GB/T 13748.16)、K和Na(GB/T 13748.17)、Cl(GB/T 13748.18)、Ti(GB/T 13748.19)，以及锰含量的测定(GB/T 13748.4的方法三)、高含量铜的测定(GB/T 13748.12的方法二)、低含量锌的测定(GB/T 13748.15的方法二)。

——重新起草了铬天青S-氯化十四烷基吡啶分光光度法测定铝含量(GB/T 13748.2的方法二)、重量法测定稀土含量(GB/T 13748.8)。

——对二甲苯酚橙分光光度法测定锆含量进行了修订并扩展了测定范围(GB/T 13748.7)。

——扩展了锰(GB/T 13748.4的方法一)、铁(GB/T 13748.9)、硅(GB/T 13748.10)、铍(GB/T 13748.11)、铜(GB/T 13748.12)、镍(GB/T 13748.14)等元素的测定范围。

——《8-羟基喹啉分光光度法测定铝含量》(GB/T 13748.1的方法一)、《8-羟基喹啉重量法测定铝含量》(GB/T 13748.1方法三)、《高碘酸盐分光光度法测定锰含量方法二》(GB/T 13748.4的方法二)、《火焰原子吸收光谱法测定锌含量》(GB/T 13748.15)为编辑性整理后予以确认的方法。

本标准修订后代替了GB/T 4374—1984《镁粉和铝镁合金粉化学分析方法》中的相关部分，即GB/T 13748.9、GB/T 13748.10、GB/T 13748.12、GB/T 13748.18分别代替GB/T 4374.2—1984、GB/T 4374.3—1984、GB/T 4374.1—1984、GB/T 4374.5—1984。

本标准共有7个部分的9项分析方法非等效采用国际标准，分别为：

——GB/T 13748.1：NEQ ISO 791：1973；

——GB/T 13748.4：NEQ ISO 2353：1972、ISO 809：1973、ISO 810：1973；

——GB/T 13748.8：NEQ ISO 2355：1972；

——GB/T 13748.9：NEQ ISO 792：1973；

——GB/T 13748.10：NEQ ISO 1975：1973；

——GB/T 13748.14：NEQ ISO 4058：1977；

——GB/T 13748.15：NEQ ISO 4194：1981。

本标准中采用国际标准的各部分，其标准名称和标准文本结构为了与系列标准协调一致，均与所采用的国际标准不完全相同。

本标准代替GB/T 13748.1～13748.10—1992。

本标准由中国有色金属工业协会提出。

本标准由全国有色金属标准化技术委员会归口。

本标准由中国铝业股份有限公司郑州研究院、中国有色金属工业标准计量质量研究所负责起草。

本标准由中国铝业股份有限公司郑州研究院、北京有色金属研究总院、洛阳铜加工集团有限责任公

司、抚顺铝厂、西南铝业(集团)有限责任公司、东北轻合金有限责任公司起草。

本标准由全国有色金属标准化技术委员会负责解释。

本标准所代替标准的历次版本发布情况为:

——GB/T 13748.1~13748.10—1992、GB/T 4374.1~4374.3—1984、GB/T 4374.5—1984。

前　言

GB/T 13748—2005 分为 19 部分，本部分为第 3 部分。

GB/T 13748—1992 中没有镁合金中锂含量的测定方法，国际标准中也没有相应的测定方法。由于目前一些镁合金军工产品中需加入锂作为主成分或杂质元素控制其含量，因此新制定了锂含量的测定方法。

本部分由中国有色金属工业协会提出。

本部分由全国有色金属标准化技术委员会归口。

本部分由中国铝业股份有限公司郑州研究院、中国有色金属工业标准计量质量研究所负责起草。

本部分由西南铝业（集团）有限责任公司起草。

本部分由抚顺铝厂、洛阳铜加工集团有限责任公司参加起草。

本部分主要起草人：胡永利、蒋萍、彭斌、朱学纯、邓兰洪。

本部分主要验证人：刘淑兰、韩莉、张辉。

本部分由全国有色金属标准化技术委员会负责解释。

镁及镁合金化学分析方法
锂含量的测定
火焰原子吸收光谱法

1 范围

本部分规定了镁合金中锂含量的测定方法。

本部分适用于镁合金中锂含量的测定。测定范围:0.002 0%～0.250%。

2 方法提要

试料用硝酸溶解,以空气-乙炔贫燃性火焰、于原子吸收光谱仪波长 670.8 nm 处测量锂的吸光度。

3 试剂

3.1 纯镁[$w(Mg)\geqslant 99.9\%$,不含锂]。

3.2 氢氟酸(ρ1.14 g/mL)。

3.3 硝酸(ρ1.42 g/mL)。

3.4 硝酸(1+1)。

3.5 硝酸(1+9)。

3.6 过氧化氢(ρ1.10 g/mL)。

3.7 硫酸(1+1)。

3.8 镁溶液(20 mg/mL):称取 20.00 g 纯镁(3.1),置于 2 000 mL 烧杯中,分次加入 600 mL 硝酸(3.4),加热至溶解完全(可加 1 滴汞助溶),冷却至室温,移入 1 000 mL 容量瓶中,稀释至刻度,混匀。

3.9 锂标准贮存溶液:称取 5.322 8 g 碳酸锂(光谱纯),置于 500 mL 烧杯中,缓慢加入 120 mL 硝酸(3.5),加热至溶解完全,并驱除二氧化碳,冷却。移入 1 000 mL 容量瓶中,稀释至刻度,混匀,此溶液 1 mL含 1 mg 锂。

3.10 锂标准溶液:按下述方法之一制备。

3.10.1 移取 10.00 mL 锂标准贮存溶液(3.9)到 1 000 mL 容量瓶中,稀释至刻度,混匀。此溶液1 mL 含 0.01 mg 锂。

3.10.2 移取 10.00 mL 锂标准贮存溶液(3.9)到 200 mL 容量瓶中,稀释至刻度,混匀。此溶液 1 mL 含 0.05 mg 锂。

4 仪器

原子吸收光谱仪,附锂空心阴极灯。

在仪器最佳工作条件下,凡能达到下述指标者均可使用。

——灵敏度:在与测量试料溶液的基体相一致的溶液中,锂的特征浓度应不大于 0.018 μg/mL。

——精密度:用最高浓度的标准溶液测量吸光度 10 次,其标准偏差应不超过平均吸光度的 1.0%;用最低浓度的标准溶液(不是零标准溶液)测量吸光度 10 次,其标准偏差应不超过平均吸光度的 0.5%。

——工作曲线线性:将工作曲线按浓度等分成三段,最高段的吸光度差值与最低段的吸光度差值之比应不小于 0.7。

5 试样

厚度不大于1 mm的碎屑。

6 分析步骤

6.1 试料

称取0.5 g试样(5),精确至0.000 1 g。

6.2 测定次数

独立地进行两次测定,取其平均值。

6.3 空白试验

称取0.500 0 g金属镁(3.1)代替试料(6.1),随同试料作空白试验。

6.4 测定

6.4.1 将试料(6.1)置于250 mL烧杯中,加入15 mL硝酸(3.4),待剧烈反应停止后,加热至溶解完全,可加数滴过氧化氢(3.6)溶解。

6.4.2 如有不溶物,过滤洗涤,将残渣连同滤纸置于铂坩埚上,灰化,于550℃灼烧,冷却。加2 mL硫酸(3.7),5 mL氢氟酸(3.2),并逐滴加入硝酸(3.4)至溶液清亮,加热蒸至近干,于750℃灼烧数分钟,冷却。用少量的硝酸(3.4)溶解残渣,必要时过滤,将此试液合并于滤液中。

6.4.3 根据锂的质量分数不同,按表1进行试料的处理,于原子吸收分光光度计670.8 nm处,以空气-乙炔贫燃性火焰测量吸光度。

表1 试料的处理

锂的质量分数/%	试液体积/mL	移取试液体积/mL	稀释体积/mL
0.002 0～0.010 0	100	—	—
>0.010 0～0.050	500	—	—
>0.050～0.250	250	10	100

6.5 工作曲线的绘制

6.5.1 标准系列溶液的制备:

6.5.1.1 适用于锂的质量分数为0.002 0%～0.010 0%的测定:于一系列100 mL容量瓶中分别加入0、1.00、2.00、3.00、4.00、5.00 mL锂标准溶液(3.10.1),各加入25 mL镁溶液(3.8)及2 mL硝酸(3.4),以水稀释至刻度,混匀。

6.5.1.2 适用于锂的质量分数为0.010 0%～0.050%的测定:于一系列100 mL容量瓶中分别加入0、1.00、2.00、3.00、4.00、5.00 mL锂标准溶液(3.10.2),各加入25 mL镁溶液(3.8)及2 mL硝酸(3.4),以水稀释至刻度,混匀。

6.5.1.3 适用于锂的质量分数为0.050%～0.250%的测定:于一系列100 mL容量瓶中分别加入0、1.00、2.00、3.00、4.00、5.00 mL锂标准溶液(3.10.1),各加入1 mL镁溶液(3.8)及2 mL硝酸(3.4),以水稀释至刻度,混匀。

6.5.2 测量

将系列标准溶液(6.5.1)于原子吸收光谱仪波长670.8 nm处,用空气-乙炔贫燃性火焰,以水调零,测量系列标准溶液和“零浓度”溶液(不加锂标准溶液者)的吸光度。以锂量为横坐标,对应的吸光度(减去“零浓度”溶液的吸光度)为纵坐标,绘制工作曲线。

7 分析结果的计算

按公式(1)计算锂的质量分数(%):

$$w(\mathrm{Li})=\frac{(m_2-m_1)\cdot V_0\times 10^{-6}}{m_0\cdot V_1}\times 100 \quad\cdots\cdots(1)$$

式中：

m_2——从工作曲线上查得试料溶液的锂量，单位为微克(μg)；

m_1——从工作曲线上查得随同试样空白试验溶液锂量，单位为微克(μg)；

V_0——试液总体积，单位为毫升(mL)；

m_0——试料的质量，单位为克(g)；

V_1——分取试液体积，单位为毫升(mL)。

8 精密度

8.1 重复性

在重复性条件下获得的两次独立测试结果的测定值，在以下给出的平均值范围内，这两个测试的绝对差值不超过重复性限(r)，超过重复性限(r)情况不超过5%，重复性限(r)按以下数据采用线性内插法求得：

锂的质量分数/%：	0.005	0.020	0.150
重复性限 r/%：	0.002	0.003	0.007

8.2 允许差

实验室之间分析结果的差值应不大于表2所列的允许差。

表2 允许差

锂的质量分数/%	允许差/%
0.002 0～0.005 0	0.000 4
>0.005 0～0.007 5	0.000 8
>0.007 5～0.010	0.001
>0.010～0.025	0.002
>0.025～0.050	0.004
>0.050～0.075	0.006
>0.075～0.100	0.008
>0.100～0.250	0.015

9 质量保证与控制

在分析时，应用标准样品或控制样品进行校核，或每年至少用标准样品或控制样品对分析方法校核一次。当过程失控时，应找出原因。纠正错误后，重新进行校核。

ICS 77.120.20
H 12

中华人民共和国国家标准

GB/T 13748.4—2005
代替 GB/T 13748.2—1992

镁及镁合金化学分析方法
锰含量的测定
高碘酸盐分光光度法

**Chemical analysis methods of magnesium and magnesium alloys
—Determination of manganese content
—Periodate spectrophotometric method**

(NEQ ISO 2353:1972、ISO 809:1973、ISO 810:1973)

2005-07-26 发布　　2006-01-01 实施

中华人民共和国国家质量监督检验检疫总局
中国国家标准化管理委员会　发布

前言

GB/T 13748—2005 共分为 19 部分，本部分为第 4 部分。

本部分包括方法一、方法二和方法三。

本部分方法一非等效采用 ISO 2353:1972《镁及镁合金—含锆、稀土、钍、银的镁合金中锰含量的测定—高碘酸盐光度法》，是对 GB/T 13748.2—1992《镁及镁合金化学分析方法—高碘酸盐分光光度法测定锰量》第一篇的修订，测定范围由 0.1%～2.7%修订为 0.050%～2.70%，ISO 2353:1972 测定范围为 0.002%～0.2%。

本部分方法二非等效采用 ISO 809:1973《镁及镁合金－介于 0.01%～0.8%锰含量的测定—高碘酸盐光度法》，是对 GB/T 13748.2—1992《镁及镁合金化学分析方法—高碘酸盐分光光度法测定锰量》第二篇的重新确认，经试验铜元素不干扰测定，并进行了编辑性整理。

GB/T 13748—1992 没有锰含量小于 0.01%的测定方法。国际标准 ISO 810:1973 规定了锰含量小于 0.01%的测定方法。根据我国原生镁锭的实际质量水平，制定了方法三。方法三非等效采用 ISO 810:1973《镁及镁合金—小于 0.01%锰含量的测定—高碘酸盐光度法》，主要不同之处有：

——将 ISO 810:1973 中加入 0.05 g 过硫酸铵和 0.05 g 高碘酸钾改为加入 5 mL 硝酸；

——将 ISO 810:1973 中加入 0.5 g 高碘酸钾改为加入 10 mL 高碘酸钾溶液(50 g/L)；

——将 ISO 810:1973 中在锥形瓶中溶样、在砂浴上加热和保温改为在烧杯中溶样，在电炉上加热和保温。

本部分代替 GB/T 13748.2—1992。

本部分由中国有色金属工业协会提出。

本部分由全国有色金属标准化技术委员会归口。

本部分由中国铝业股份有限公司郑州研究院、中国有色金属工业标准计量质量研究所负责起草。

本部分方法一和方法二由洛阳铜加工集团有限责任公司起草。

本部分方法三由中国铝业股份有限公司郑州研究院起草。

本部分方法三由洛阳铜加工集团有限责任公司参加起草。

本部分方法一主要起草人：夏庆珠、王惠、刘爱菊。

本部分方法二主要起草人：夏庆珠、王惠。

本部分方法三主要起草人：郭永恒、刘战伟、赵春芳。

本部分方法三主要验证人：杨晓丽、姚巧萍、阎国庆。

本部分由全国有色金属标准化技术委员会负责解释。

本部分所代替标准的历次版本发布情况为：

——GB/T 13748.2—1992。

司、抚顺铝厂、西南铝业(集团)有限责任公司、东北轻合金有限责任公司起草。

本标准由全国有色金属标准化技术委员会负责解释。

本标准所代替标准的历次版本发布情况为：

——GB/T 13748.1～13748.10—1992、GB/T 4374.1～4374.3—1984、GB/T 4374.5—1984。

前 言

本标准共分为19部分,包括20个元素的25项化学分析方法。

本标准是对GB/T 13748.1~13748.10—1992的修订,本次修订主要有如下变化:

——根据新的国家标准GB/T 3499—2003《原生镁锭》、GB/T 5153—2004《变形镁及镁合金牌号和化学成分》、GB/T 19078—2003《铸造镁合金锭》以及相关的国际标准和国外标准的规定,本次修订新增分析方法12项,其中增加了10个元素的分析方法,分别为:Sn(GB/T 13748.2)、Li(GB/T 13748.3)、Y(GB/T 13748.5)、Ag(GB/T 13748.6)、Pb(GB/T 13748.13)、Ca(GB/T 13748.16)、K和Na(GB/T 13748.17)、Cl(GB/T 13748.18)、Ti(GB/T 13748.19),以及锰含量的测定(GB/T 13748.4的方法三)、高含量铜的测定(GB/T 13748.12的方法二)、低含量锌的测定(GB/T 13748.15的方法二)。

——重新起草了铬天青S-氯化十四烷基吡啶分光光度法测定铝含量(GB/T 13748.2的方法二)、重量法测定稀土含量(GB/T 13748.8)。

——对二甲苯酚橙分光光度法测定锆含量进行了修订并扩展了测定范围(GB/T 13748.7)。

——扩展了锰(GB/T 13748.4的方法一)、铁(GB/T 13748.9)、硅(GB/T 13748.10)、铍(GB/T 13748.11)、铜(GB/T 13748.12)、镍(GB/T 13748.14)等元素的测定范围。

——《8-羟基喹啉分光光度法测定铝含量》(GB/T 13748.1的方法一)、《8-羟基喹啉重量法测定铝含量》(GB/T 13748.1方法三)、《高碘酸盐分光光度法测定锰含量方法二》(GB/T 13748.4的方法二)、《火焰原子吸收光谱法测定锌含量》(GB/T 13748.15)为编辑性整理后予以确认的方法。

本标准修订后代替了GB/T 4374—1984《镁粉和铝镁合金粉化学分析方法》中的相关部分,即GB/T 13748.9、GB/T 13748.10、GB/T 13748.12、GB/T 13748.18分别代替GB/T 4374.2—1984、GB/T 4374.3—1984、GB/T 4374.1—1984、GB/T 4374.5—1984。

本标准共有7个部分的9项分析方法非等效采用国际标准,分别为:

——GB/T 13748.1:NEQ ISO 791:1973;

——GB/T 13748.4:NEQ ISO 2353:1972、ISO 809:1973、ISO 810:1973;

——GB/T 13748.8:NEQ ISO 2355:1972;

——GB/T 13748.9:NEQ ISO 792:1973;

——GB/T 13748.10:NEQ ISO 1975:1973;

——GB/T 13748.14:NEQ ISO 4058:1977;

——GB/T 13748.15:NEQ ISO 4194:1981。

本标准中采用国际标准的各部分,其标准名称和标准文本结构为了与系列标准协调一致,均与所采用的国际标准不完全相同。

本标准代替GB/T 13748.1~13748.10—1992。

本标准由中国有色金属工业协会提出。

本标准由全国有色金属标准化技术委员会归口。

本标准由中国铝业股份有限公司郑州研究院、中国有色金属工业标准计量质量研究所负责起草。

本标准由中国铝业股份有限公司郑州研究院、北京有色金属研究总院、洛阳铜加工集团有限责任公

镁及镁合金化学分析方法
锰含量的测定
高碘酸盐分光光度法

方法一

1 范围

本方法规定了镁合金(含 Zr、RE、Th 和 Ag)中锰含量的测定方法。

本方法适用于镁合金(含 Zr、RE、Th 和 Ag)中锰含量的测定。测定范围:0.050%～2.70%。

2 方法提要

试料以硫酸溶解,在氟硼酸及硝酸存在下,用高碘酸钾将锰(Ⅱ)氧化至锰(Ⅶ)。于分光光度计波长 545 nm 处测量其吸光度。

3 试剂

3.1 高碘酸钾。

3.2 硝酸(ρ1.40 g/mL):煮沸 3 min～5 min 或通入二氧化碳气流以除去氮的氧化物。

3.3 硫酸(1+3)。

3.4 氟硼酸溶液(1+99):取 10 mL 氟硼酸(40%)用水稀释至 1 000 mL。

3.5 去还原剂的水:将分析用水加热煮沸,每升用 10 mL 硫酸(3.3)酸化,加少许高碘酸钾(3.1),继续煮沸约 10 min,冷却。

3.6 亚硝酸钠溶液(20 g/L):用时现配。

3.7 锰标准贮存溶液:按 3.7.1 或 3.7.2 制备。

3.7.1 取适量电解锰[$w(Mn)\geqslant 99.9\%$]置于盛有 60 mL～80 mL 硫酸(3.3)和约 100 mL 水的烧杯中,摇动数分钟,弃去酸溶液,以水洗涤数次,再用丙酮清洗 1～2 次。在 100℃恒温箱中烘干约 2 min,置于干燥器中冷却。然后称取 1.000 0 g 电解锰于 400 mL 高形烧杯中,加 40 mL 硫酸(3.3)溶解。加约 80 mL 水煮沸数分钟,冷却。移入 1 000 mL 容量瓶中,以水稀释至刻度,混匀。此溶液 1 mL 含1 mg 锰。

3.7.2 称取 2.877 g 高锰酸钾置于 400 mL 高形烧杯中,用约 200 mL 水溶解,加入 40 mL 硫酸(3.3)、适量亚硫酸钠或过氧化氢(ρ1.10 g/mL)还原高锰酸,煮沸除去过量的二氧化硫或过氧化氢,冷却。移入 1 000 mL 容量瓶中,以水稀释至刻度,混匀。此溶液 1 mL 含 1 mg 锰。

3.8 锰标准溶液:移取 10.00 mL 锰标准贮存溶液(3.7)于 100 mL 容量瓶中,以水稀释至刻度,混匀。此溶液 1 mL 含 100 μg 锰。

4 仪器

分光光度计。

5 试样

厚度不大于 1 mm 的碎屑。

6 分析步骤

6.1 试料

按表1称取试样(5),精确至0.000 1 g。

6.2 测定次数

独立地进行两次测定,取其平均值。

表1

锰的质量分数/%	试料质量/g	硫酸(3.3)体积/mL
0.050~0.50	0.2	15
>0.50~2.70	0.5	10

6.3 空白试验

于铂皿中加入20 mL硝酸(3.2),蒸发至干,以少量温水溶解残渣,移入250 mL高形烧杯中,用水稀释至约40 mL,加入15 mL硫酸(3.3)、5 mL氟硼酸(3.4),以水稀释至约60 mL,以下随同试料(6.1)按6.4.2及6.4.3进行。

6.4 测定

6.4.1 将试料(6.1)置于250 mL高形烧杯中,盖上表皿。按表1慢慢加入硫酸(3.3),待试料溶解完全后,加入20 mL硝酸(3.2)、5 mL氟硼酸(3.4),以水稀释至60 mL。

当锰的质量分数大于0.50%时,将溶解完全后的试液移入100 mL容量瓶中,以水稀释至刻度,混匀。分取10.00 mL试液于原烧杯中,加入15 mL硫酸(3.3)、20 mL硝酸(3.2)、5 mL氟硼酸(3.4),以水稀释至约60 mL。

6.4.2 将试液(6.4.1)煮沸1 min~2 min,稍冷,加入0.5 g高碘酸钾(3.1),继续煮沸3 min,在近沸下保温10 min,冷却。移入100 mL容量瓶中,用去还原剂的水(3.5)稀释至刻度,混匀。

6.4.3 移取部分显色溶液(6.4.2)于1 cm吸收池中,向剩余的显色液中边摇边滴加亚硝酸钠溶液(3.6)至紫色刚好褪去,移取其溶液于另一吸收池中为参比,于分光光度计波长545 nm处测量其吸光度。减去随同试料的空白试验(6.3)溶液的吸光度,从工作曲线上查出相应的锰量。

6.5 工作曲线的绘制

6.5.1 移取0,1.00,3.00,6.00,9.00,12.00,15.00 mL锰标准溶液(3.8)置于一组250 mL高形烧杯中,加入15 mL硫酸(3.3)、20 mL硝酸(3.2)、5 mL氟硼酸(3.4),以下按6.4.2及6.4.3进行。

6.5.2 减去试剂空白溶液的吸光度,以锰量为横坐标,吸光度为纵坐标,绘制工作曲线。

7 分析结果的计算

按公式(1)计算锰的质量分数(%):

$$w(\mathrm{Mn}) = \frac{m_1 V_0 \times 10^{-6}}{m_0 V_1} \times 100 \qquad \cdots\cdots(1)$$

式中:

m_1——自工作曲线上查得的锰量,单位为微克(μg);

V_0——试液总体积,单位为毫升(mL);

m_0——试料的质量,单位为克(g);

V_1——分取试液体积,单位为毫升(mL)。

8 精密度

8.1 重复性

在重复性条件下获得的两个独立测试结果的测定值,在以下给出的平均值范围内,这两个测试结果

的绝对差值不超过重复性限(r),超过重复性限(r)情况不超过5%。重复性限(r)按以下数据采用线性内插法求得:

锰的质量分数/%:　0.100　1.00　2.60

重复性限　r/%:　0.006　0.04　0.06

8.2 允许差

实验室之间分析结果的差值应不大于表2所列允许差。

表2

锰的质量分数/%	允许差/%
0.050～0.150	0.010
>0.150～0.300	0.020
>0.300～0.800	0.040
>0.800～1.50	0.05
>1.50～2.70	0.08

9 质量保证与控制

分析时,用标准样品或控制样品进行校核,或每年至少用标准样品或控制样品对分析方法校核一次。当过程失控时应找出原因,纠正错误后,重新进行校核。

方法二

10 范围

本方法规定了镁及镁合金(不含Zr、RE、Th、Ag)中锰含量的测定方法。

本方法适用于镁及镁合金(不含Zr、RE、Th、Ag)中锰含量的测定。测定范围:0.010%～0.800%。

11 方法提要

试料以硫酸溶解,硝酸氧化,在磷酸存在下,用高碘酸钾将锰(Ⅱ)氧化至锰(Ⅶ)。于分光光度计波长525 nm处测量其吸光度。

12 试剂

12.1 高碘酸钾。

12.2 硝酸(ρ1.40 g/mL):将硝酸煮沸3 min～5 min或通二氧化碳气流以除去氮的氧化物。

12.3 磷酸(ρ1.71 g/mL)。

12.4 氢氟酸(ρ1.14 g/mL)。

12.5 硫酸(1+3)。

12.6 亚硝酸钠溶液(20 g/L):用时现配。

12.7 去还原剂的水:将分析用水加热煮沸,每升用10 mL硫酸(12.5)酸化,加少许高碘酸钾(12.1),继续煮沸约10 min,冷却。

12.8 锰标准贮存溶液:按12.8.1或12.8.2制备。

12.8.1 取适量电解锰[w(Mn)≥99.9%]置于盛有60 mL～80 mL硫酸(12.5)和约100 mL水的烧杯中,摇动数分钟,弃去酸溶液,以水洗涤数次,再用丙酮倾洗1～2次。在100℃恒温箱中烘干约2 min,置于干燥器中冷却。然后称取1.000 0 g电解锰于400 mL高形烧杯中,加入40 mL硫酸(12.5)溶解,加入约80 mL水煮沸数分钟,冷却。移入1 000 mL容量瓶中,以水稀释至刻度,混匀。此溶液1 mL含

1 mg 锰。

12.8.2 称取 2.877 g 高锰酸钾置于 400 mL 高形烧杯中,用约 200 mL 水溶解。加入 40 mL 硫酸(12.5),加入适量亚硫酸钠或过氧化氢(ρ1.10 g/mL)还原高锰酸。煮沸除去过剩的二氧化硫或过氧化氢,冷却。移入 1 000 mL 容量瓶中,以水稀释至刻度,混匀。此溶液 1 mL 含 1 mg 锰。

12.9 锰标准溶液:移取 100.00 mL 锰标准储存溶液(12.8)于 1 000 mL 容量瓶中,以水稀释至刻度,混匀。此溶液 1 mL 含 100 μg 锰。

13 仪器

分光光度计。

14 试样

厚度不大于 1 mm 的碎屑。

15 分析步骤

15.1 试料

按表 3 称取试样(14),精确至 0.000 1 g。

表 3

锰的质量分数/%	试料质量/%	硫酸(12.5)体积/mL	硝酸(12.2)体积/mL
0.010~0.050	1	25	25
0.050~0.400	0.5	20	25
0.400~0.800	0.5	10	5

15.2 测定次数

独立地进行两次测定,取其平均值。

15.3 空白试验

15.3.1 锰的质量分数为 0.010%~0.050%时,与铂皿中加入 25 mL 硝酸(12.2)和 5 mL 硫酸(12.5),蒸发至干,以少量温水溶解残渣。移入 250 mL 高形烧杯中,用水稀释至约 40 mL,加入 20 mL 硫酸(12.5)、5 mL 磷酸(12.3)和 2~3 滴氢氟酸(12.4),以下随同试料(12.1)按 12.4.3 及 12.4.4 进行。

15.3.2 锰的质量分数大于 0.050%~0.400%时,于铂皿中加入 25 mL 硝酸(12.2),蒸发至干,用少量温水溶解残渣。移入 250 mL 高形烧杯中,用水稀释体积约为 40 mL,加入 20 mL 硫酸(12.5)、5 mL 磷酸(12.3)和 2~3 滴氢氟酸(12.4),以下随同试料(12.1)按 12.4.3 及 12.4.4 进行。

15.3.3 锰的质量分数大于 0.400%~0.800%时,于铂皿中加入 25 mL 硝酸(12.2),蒸发至干,用少量温水溶解残渣,加入 5 mL 硫酸(12.5),移入 100 mL 容量瓶中,冷却。以水稀释至刻度,混匀。移取 20.00 mL 试液于 250 mL 高形烧杯中,用水稀释体积约为 40 mL,加入 15 mL 硫酸(12.5)、3 mL 硝酸(12.2)、5 mL 磷酸(12.3)和 2~3 滴氢氟酸(12.4)以下随同试料(15.1)按 15.4.3 及 15.4.4 进行。

15.4 测定

15.4.1 将试料(15.1)置于 250 mL 高形烧杯中,盖上表皿。加入 10 mL 水,然后按表 3 慢慢加入硫酸(15.5),待反应完全后,按表 1 加入硝酸(15.2)和 2~3 滴氢氟酸(15.4),煮沸数分钟,取下,冷却。

锰的质量分数大于 0.400%~0.800%时,将上述试液移入 100 mL 容量瓶中,以水稀释至刻度,混匀。移取 20.00 mL 试液于 250 mL 高形烧杯中,加入 15 mL 硫酸(15.5)、25 mL 硝酸(15.2)。

15.4.2 将试液(15.4.1)用水稀释至约 60 mL,加入 5 mL 磷酸(12.3)。

15.4.3 煮沸溶液,加入 0.5 g 高碘酸钾(15.1),煮沸 3 min,在近沸下保温 15 min,冷却。移入 100 mL

容量瓶中，用去还原剂的水(15.7)稀释至刻度，混匀。

15.4.4　移取部分显色溶液(15.4.3)于 1 cm～3 cm 吸收池中，向剩余的显色液中边摇动边滴加亚硝酸钠溶液(15.6)至紫色刚好褪去，移取其溶液于另一吸收池中为参比，于分光光度计波长 525 nm 处测量其吸光度。

15.4.5　减去随同试料的空白试验溶液(15.3)的吸光度，从工作曲线上查出相应的锰量。

15.5　工作曲线的绘制

15.5.1　移取 0,1.00,2.00,3.00,4.00,5.00 mL 锰标准溶液(12.9)和 0,1.00,2.00,5.00,10.00,15.00,20.00 mL 锰标准溶液(12.9)，分别置于两组 250 mL 高形烧杯中，用水稀释至约 20 mL，加入 15 mL硫酸(12.5)、25 mL 硝酸(12.2)、5 mL 磷酸(12.3)，以下按 15.4.3 及 15.4.4 进行。

15.5.2　减去试剂空白溶液的吸光度，以锰量为横坐标，吸光度为纵坐标，分别绘制锰的质量分数为 0.010%～0.050%和>0.050%～0.800%的两条工作曲线。

16　分析结果的计算

按公式(2)计算锰的质量分数(%)：

$$w(\mathrm{Mn}) = \frac{m_1 V_0 \times 10^{-6}}{m_0 V_1} \times 100 \qquad \cdots\cdots(2)$$

式中：

m_1——自工作曲线上查得的锰量，单位为微克(μg)；

V_0——试液总体积，单位为毫升(mL)；

m_0——试料的质量，单位为克(g)；

V_1——分取试液体积，单位为毫升(mL)。

17　精密度

17.1　重复性

在重复性条件下获得的两次独立测试结果的测定值，在以下给出的平均值范围内，这两个测试结果的绝对差值不超过重复性限(r)，超过重复性限(r)情况不超过 5%。重复性限(r)按以下数据采用线性内插法求得。

锰的质量分数/%：	0.010	0.10	0.70
重复性限　r/%：	0.001	0.01	0.02

17.2　允许差

实验室之间分析结果的差值应不大于表 4 所列允许差。

表 4

锰的质量分数/%	允许差/%
0.010～0.030	0.003
>0.030～0.100	0.008
>0.100～0.300	0.020
>0.300～0.800	0.040

18　质量保证与控制

分析时，用标准样品或控制样品进行校核，或每年至少用标准样品或控制样品对分析方法校核一次。当过程失控时应找出原因，纠正错误后，重新进行校核。

方法三

19 范围

本方法规定了原生镁锭中锰含量的测定方法。

本方法适用于原生镁锭中锰含量的测定。测定范围:0.000 5%~0.010 0%。

20 方法提要

试料以硫酸溶解,硝酸氧化,在磷酸存在下,用高碘酸钾将锰(Ⅱ)氧化至锰(Ⅶ)。于分光光度计波长525 nm处,测量其吸光度。

21 试剂

21.1 硝酸(ρ1.40 g/L)。

21.2 磷酸(ρ1.71 g/L)。

21.3 硫酸(1+3)。

21.4 高碘酸钾溶液(50 g/L):称取25.0 g高碘酸钾于500 mL烧杯中,加入400 mL水,加热溶解后,加入100 mL硝酸(21.1)。

21.5 亚硝酸钠溶液(5 g/L):用时现配。

21.6 去还原剂的水:将分析用水加热煮沸,每升用10 mL硫酸(21.3)酸化,加少许高碘酸钾,继续煮沸10 min,冷却。

21.7 锰标准贮存溶液:称取1.000 0 g金属锰【预先将适量金属锰[w(Mn)≥99.9%]置于盛有60 mL~80 mL硫酸(21.3)和100 mL水的烧杯中,摇动数分钟,弃去酸液,以水洗涤数次,再用丙酮洗1~2次,于烘箱中在100℃烘2 h,置于干燥器中冷却。】于400 mL烧杯中,加入40 mL硫酸(21.3)溶解,加入80 mL水煮沸数分钟,冷却,移入1 000 mL容量瓶中,用水稀释至刻度,混匀。此溶液1 mL含1 mg锰。

21.8 锰标准溶液:移取10.00 mL锰标准贮存溶液(21.7)于500 mL容量瓶中,用水稀释至刻度,混匀。此溶液1 mL含20 μg锰。

22 仪器

分光光度计。

23 试样

厚度不大于1 mm的碎屑。

24 分析步骤

24.1 试料

称取2 g试样(23),精确至0.000 1 g。

24.2 测定次数

独立地进行两次测定,取其平均值。

24.3 空白试验

随同试料(24.1)做空白试验。

24.4 测定

24.4.1 将试料置于250 mL烧杯中,加入30 mL硫酸(21.3),待试料溶解完全后,以少量的水洗杯壁,加入5 mL硝酸(21.1),1 mL磷酸(21.2),混匀,加水使体积约50 mL。

24.4.2 将试液(24.4.1)置于电炉上加热至沸,取下加入 10 mL 高碘酸钾溶液(21.4),继续加热至沸,待溶液显紫红色后低温沸 20 min【其间不断吹入去还原剂的水(21.6),使体积保持一致并小于 50 mL】,在电炉上保温 10 min,取下冷却,移入 50 mL 容量瓶中,用去还原剂的水(21.6)稀释至刻度,混匀。

24.4.3 移取部分显色液(24.4.2)于 5 cm 吸收池中,向剩余的显色液中边摇边滴加亚硝酸钠溶液(21.5)使紫色刚好褪去,取其溶液于另一个吸收池中为参比,于分光光度计波长 525 nm 处测量其吸光度。

24.4.4 将所测得试液的吸光度,减去试剂空白试验(24.3)溶液的吸光度后,从工作曲线上查得相应的锰量。

24.5 工作曲线的绘制

24.5.1 移取 0,1.00,2.00,4.00,6.00,8.00,10.00 mL 锰标准溶液(21.8)于 250 mL 烧杯中,加入 10 mL硫酸(21.3),加入 5 mL 硝酸(21.1),加入 1 mL 磷酸(21.2),混匀,加水使体积约 50 mL。以下按 24.4.2～24.4.3 进行。

24.5.2 将测得系列标准溶液的吸光度,减去试剂空白溶液的吸光度后,以锰量为横坐标,吸光度为纵坐标,绘制工作曲线。

25 分析结果的计算

按公式(3)计算锰的质量分数(%):

$$w(\text{Mn}) = \frac{m_1 \times 10^{-3}}{m_0} \times 100 \quad \cdots\cdots (3)$$

式中:

m_1——自工作曲线上查得的锰量,单位为毫克(mg);

m_0——试料的质量,单位为克(g)。

26 精密度

26.1 重复性

在重复性条件下获得的两次独立测试结果的测定值,在以下给出的平均值范围内,这两个测试结果的绝对差值不超过重复性限(r),超过重复性限(r)的情况不超过 5%。重复性限(r)按以下数据采用线性内插法求得:

锰的质量分数/%:	0.002 5	0.005 0	0.007 5
重复性限 r/%:	0.000 3	0.000 6	0.001 0

26.2 允许差

实验室之间分析结果的差值应不大于表 5 所列允许差。

表 5

锰的质量分数/%	允许差/%
0.000 5～0.002 0	0.000 3
>0.002 0～0.005 0	0.000 8
>0.005 0～0.010 0	0.001 5

27 质量保证与控制

分析时,用标准样品或控制样品进行校核,或每年至少用标准样品或控制样品对分析方法校核一次。当过程失控时,应找出原因。纠正错误后,重新进行校核。

ICS 77.120.20
H 12

中华人民共和国国家标准

GB/T 13748.5—2005

镁及镁合金化学分析方法 钇含量的测定 电感耦合等离子体原子发射光谱法

Chemical analysis methods of magnesium and magnesium alloys —Determination of yttrium content —Inductively coupled plasma atomic emission spectrometric method

2005-07-26 发布　　2006-01-01 实施

中华人民共和国国家质量监督检验检疫总局
中国国家标准化管理委员会　发布

前言

本标准共分为19部分，包括20个元素的25项化学分析方法。

本标准是对GB/T 13748.1～13748.10—1992的修订，本次修订主要有如下变化：

——根据新的国家标准GB/T 3499—2003《原生镁锭》、GB/T 5153—2004《变形镁及镁合金牌号和化学成分》、GB/T 19078—2003《铸造镁合金锭》以及相关的国际标准和国外标准的规定，本次修订新增分析方法12项，其中增加了10个元素的分析方法，分别为：Sn(GB/T 13748.2)、Li(GB/T 13748.3)、Y(GB/T 13748.5)、Ag(GB/T 13748.6)、Pb(GB/T 13748.13)、Ca(GB/T 13748.16)、K和Na(GB/T 13748.17)、Cl(GB/T 13748.18)、Ti(GB/T 13748.19)，以及锰含量的测定(GB/T 13748.4的方法三)、高含量铜的测定(GB/T 13748.12的方法二)、低含量锌的测定(GB/T 13748.15的方法二)。

——重新起草了铬天青S-氯化十四烷基吡啶分光光度法测定铝含量(GB/T 13748.2的方法二)、重量法测定稀土含量(GB/T 13748.8)。

——对二甲苯酚橙分光光度法测定锆含量进行了修订并扩展了测定范围(GB/T 13748.7)。

——扩展了锰(GB/T 13748.4的方法一)、铁(GB/T 13748.9)、硅(GB/T 13748.10)、铍(GB/T 13748.11)、铜(GB/T 13748.12)、镍(GB/T 13748.14)等元素的测定范围。

——《8-羟基喹啉分光光度法测定铝含量》(GB/T 13748.1的方法一)、《8-羟基喹啉重量法测定铝含量》(GB/T 13748.1方法三)、《高碘酸盐分光光度法测定锰含量方法二》(GB/T 13748.4的方法二)、《火焰原子吸收光谱法测定锌含量》(GB/T 13748.15)为编辑性整理后予以确认的方法。

本标准修订后代替了GB/T 4374—1984《镁粉和铝镁合金粉化学分析方法》中的相关部分，即GB/T 13748.9、GB/T 13748.10、GB/T 13748.12、GB/T 13748.18分别代替GB/T 4374.2—1984、GB/T 4374.3—1984、GB/T 4374.1—1984、GB/T 4374.5—1984。

本标准共有7个部分的9项分析方法非等效采用国际标准，分别为：

——GB/T 13748.1：NEQ ISO 791：1973；

——GB/T 13748.4：NEQ ISO 2353：1972、ISO 809：1973、ISO 810：1973；

——GB/T 13748.8：NEQ ISO 2355：1972；

——GB/T 13748.9：NEQ ISO 792：1973；

——GB/T 13748.10：NEQ ISO 1975：1973；

——GB/T 13748.14：NEQ ISO 4058：1977；

——GB/T 13748.15：NEQ ISO 4194：1981。

本标准中采用国际标准的各部分，其标准名称和标准文本结构为了与系列标准协调一致，均与所采用的国际标准不完全相同。

本标准代替GB/T 13748.1～13748.10—1992。

本标准由中国有色金属工业协会提出。

本标准由全国有色金属标准化技术委员会归口。

本标准由中国铝业股份有限公司郑州研究院、中国有色金属工业标准计量质量研究所负责起草。

本标准由中国铝业股份有限公司郑州研究院、北京有色金属研究总院、洛阳铜加工集团有限责任公

司、抚顺铝厂、西南铝业(集团)有限责任公司、东北轻合金有限责任公司起草。

本标准由全国有色金属标准化技术委员会负责解释。

本标准所代替标准的历次版本发布情况为：

——GB/T 13748.1～13748.10—1992、GB/T 4374.1～4374.3—1984、GB/T 4374.5—1984。

前　言

GB/T 13748—2005 共分为 19 部分，本部分为第 5 部分。

GB/T 13748—1992 中没有钇含量的测定方法。国际标准也没有相应的测定方法，而部分镁合金牌号中钇为主含量元素，因此需要制定镁合金中钇的测定方法。

本部分由中国有色金属工业协会提出。

本部分由全国有色金属标准化技术委员会归口。

本部分由中国铝业股份有限公司郑州研究院、中国有色金属工业标准计量质量研究所负责起草。

本部分由洛阳铜加工集团有限责任公司起草。

本部分由中国铝业股份有限公司郑州研究院、北京有色金属研究总院参加起草。

本部分主要起草人：秦书平 谢丽云、夏庆珠、李伟。

本部分主要验证人：李跃平、童坚、石磊。

本部分由全国有色金属标准化技术委员会负责解释。

镁及镁合金化学分析方法
钇含量的测定
电感耦合等离子体原子发射光谱法

1 范围

本部分规定了镁合金中钇含量的测定方法。

本部分适用于镁合金中钇含量的测定。测定范围：3.00%～6.00%。

2 方法提要

试料以盐酸、过氧化氢溶解。在盐酸介质中，将试液导入氩气等离子体焰中，并以此做光源，在电感耦合等离子体光谱仪 224.3 nm 处，进行光谱测定。

3 试剂

3.1 氩气(纯度≥99.9%)。

3.2 镁[$w(Mg)$≥99.8%]。

3.3 过氧化氢(ρ1.10 g/mL)。

3.4 氢氟酸(ρ1.14 g/mL)。

3.5 盐酸(1+1)。

3.6 盐酸(1+4)。

3.7 镁基体溶液(20 mg/mL)：称取 2.000 0 g 镁(3.2)，置于 200 mL 烧杯中，分次加入 30 mL 盐酸(3.5)，盖上表皿，低温溶解，冷却至室温。用水洗涤表皿及杯壁，移入 100 mL 容量瓶中，以水稀释至刻度，混匀。

3.8 钇标准贮存溶液：称取 0.635 1 g 氧化钇[$w(Y_2O_3)$≥99.9%]于 250 mL 烧杯中，加入 100 mL 盐酸(3.6)，盖上表皿，加热溶解完全，冷却至室温。用水洗涤表皿及杯壁，移入 500 mL 容量瓶中，以水稀释至刻度，混匀。此溶液 1 mL 含 1 mg 钇。

4 仪器

4.1 电感耦合等离子体原子发射光谱仪。中阶梯光栅＋石英棱镜二维分光 200 nm 处分辨率 0.005 nm。在仪器的最佳工作条件下进行测定。

4.2 光源：氩等离子体光源。

5 试样

厚度不大于 1 mm 的碎屑。

6 分析步骤

6.1 试料

称取 0.2 g 试样(5)，精确至 0.000 1 g。

6.2 测定次数

独立地进行两次测定,取其平均值。

6.3 测定溶液的制备

将试料(6.1)置于 250 mL 烧杯中,分次加入 20mL 盐酸(3.6),盖上表皿,待剧烈反应停止后,低温加热片刻。加入 5 滴过氧化氢(3.3),待反应完全后【若有浑浊时加入 1～2 滴氢氟酸(3.4)】,煮沸彻底赶尽过氧化氢,取下冷却,用少量水洗涤表皿及杯壁,移入 200 mL 容量瓶中,用水稀释至刻度,混匀。

6.4 工作曲线的绘制

移取 0,2.00,4.00,6.00,8.00 mL 钇标准溶液(3.8)于一组 100 mL 容量瓶中,加入 5.0 mL 镁基体溶液(3.7),加入 10 mL 盐酸(3.6),用水稀释至刻度,混匀。

6.5 测定

6.5.1 测定条件(推荐):

a) 分析功率:950 W。

b) 冷却气流量:15 L/min;辅助气流量:0.5 L/min。

c) 观测高度:线圈上方 15 mm。

d) 积分时间:10 s。

6.5.2 于电感耦合等离子体原子发射光谱仪波长 224.3 nm 处,测量标准系列溶液(6.4)的光谱强度,以钇浓度为横坐标,光谱强度为纵坐标,绘制工作曲线。将测定溶液(6.3)与标准系列溶液(6.4)同时进行氩等离子体光谱测定,从工作曲线上查出相应的钇量。

7 分析结果的计算

按公式(1)计算钇的质量分数(%):

$$w(\mathrm{Y}) = \frac{c \cdot V \times 10^{-6}}{m_0} \times 100 \quad \cdots\cdots\cdots (1)$$

式中:

c——从工作曲线上查得的钇浓度,单位为微克每毫升(μg/mL);

V——试液总体积,单位为毫升(mL);

m_0——试料的质量,单位为克(g)。

8 精密度

8.1 重复性

在重复性条件下获得的两次独立测试结果的测定值,在以下给出的平均值范围内,这两个测试结果的绝对差值不超过重复性限(r),超过重复性限(r)的情况不超过 5%,重复性限(r)按以下数据采用线性内插法求得:

钇的质量分数/%:	3.00	4.50	6.00
重复性限 r/%:	0.07	0.18	0.19

8.2 允许差

实验室之间分析结果的差值应不大于表1所列允许差。

表 1

钇的质量分数/%	允许差/%
3.00～4.50	0.20
>4.50～6.00	0.25

9 质量保证与控制

分析时，用标准样品或控制样品进行校核，或每年至少用标准样品或控制样品对分析方法校核一次。当过程失控时应找出原因，纠正错误后，重新进行校核。

ICS 77.120.20
H 12

中华人民共和国国家标准

GB/T 13748.6—2005

镁及镁合金化学分析方法 银含量的测定 火焰原子吸收光谱法

Chemical analysis methods of magnesium and magnesium alloys —Determination of silver content —Flame atomic absorption spectrophotometric method

2005-07-26 发布　　2006-01-01 实施

中华人民共和国国家质量监督检验检疫总局
中国国家标准化管理委员会　发布

前言

本标准共分为19部分,包括20个元素的25项化学分析方法。

本标准是对GB/T 13748.1～13748.10—1992的修订,本次修订主要有如下变化:

——根据新的国家标准GB/T 3499—2003《原生镁锭》、GB/T 5153—2004《变形镁及镁合金牌号和化学成分》、GB/T 19078—2003《铸造镁合金锭》以及相关的国际标准和国外标准的规定,本次修订新增分析方法12项,其中增加了10个元素的分析方法,分别为:Sn(GB/T 13748.2)、Li(GB/T 13748.3)、Y(GB/T 13748.5)、Ag(GB/T 13748.6)、Pb(GB/T 13748.13)、Ca(GB/T 13748.16)、K和Na(GB/T 13748.17)、Cl(GB/T 13748.18)、Ti(GB/T 13748.19),以及锰含量的测定(GB/T 13748.4的方法三)、高含量铜的测定(GB/T 13748.12的方法二)、低含量锌的测定(GB/T 13748.15的方法二)。

——重新起草了铬天青S-氯化十四烷基吡啶分光光度法测定铝含量(GB/T 13748.2的方法二)、重量法测定稀土含量(GB/T 13748.8)。

——对二甲苯酚橙分光光度法测定锆含量进行了修订并扩展了测定范围(GB/T 13748.7)。

——扩展了锰(GB/T 13748.4的方法一)、铁(GB/T 13748.9)、硅(GB/T 13748.10)、铍(GB/T 13748.11)、铜(GB/T 13748.12)、镍(GB/T 13748.14)等元素的测定范围。

——《8-羟基喹啉分光光度法测定铝含量》(GB/T 13748.1的方法一)、《8-羟基喹啉重量法测定铝含量》(GB/T 13748.1方法三)、《高碘酸盐分光光度法测定锰含量方法二》(GB/T 13748.4的方法二)、《火焰原子吸收光谱法测定锌含量》(GB/T 13748.15)为编辑性整理后予以确认的方法。

本标准修订后代替了GB/T 4374—1984《镁粉和铝镁合金粉化学分析方法》中的相关部分,即GB/T 13748.9、GB/T 13748.10、GB/T 13748.12、GB/T 13748.18分别代替GB/T 4374.2—1984、GB/T 4374.3—1984、GB/T 4374.1—1984、GB/T 4374.5—1984。

本标准共有7个部分的9项分析方法非等效采用国际标准,分别为:

——GB/T 13748.1:NEQ ISO 791:1973;

——GB/T 13748.4:NEQ ISO 2353:1972、ISO 809:1973、ISO 810:1973;

——GB/T 13748.8:NEQ ISO 2355:1972;

——GB/T 13748.9:NEQ ISO 792:1973;

——GB/T 13748.10:NEQ ISO 1975:1973;

——GB/T 13748.14:NEQ ISO 4058:1977;

——GB/T 13748.15:NEQ ISO 4194:1981。

本标准中采用国际标准的各部分,其标准名称和标准文本结构为了与系列标准协调一致,均与所采用的国际标准不完全相同。

本标准代替GB/T 13748.1～13748.10—1992。

本标准由中国有色金属工业协会提出。

本标准由全国有色金属标准化技术委员会归口。

本标准由中国铝业股份有限公司郑州研究院、中国有色金属工业标准计量质量研究所负责起草。

本标准由中国铝业股份有限公司郑州研究院、北京有色金属研究总院、洛阳铜加工集团有限责任公

司、抚顺铝厂、西南铝业(集团)有限责任公司、东北轻合金有限责任公司起草。

本标准由全国有色金属标准化技术委员会负责解释。

本标准所代替标准的历次版本发布情况为：

——GB/T 13748.1～13748.10—1992、GB/T 4374.1～4374.3—1984、GB/T 4374.5—1984。

前　言

GB/T 13748—2005 共分为 19 部分，本部分为第 6 部分。

GB/T 13748—1992 中没有镁合金中银含量的测定方法。国际标准中也没有相应的测定方法。但部分镁合金中，银作为一种主元素而存在，因此需要制定镁合金中银的测定方法。

本部分由中国有色金属工业协会提出。

本部分由全国有色金属标准化技术委员会归口。

本部分由中国铝业股份有限公司郑州研究院，中国有色金属工业标准计量质量研究所负责起草。

本部分由中国铝业股份有限公司郑州研究院起草。

本部分由洛阳铜加工集团有限责任公司、抚顺铝厂参加起草。

本部分主要起草人：张炜华、张树朝、石　磊、张爱芬。

本部分主要验证人：高钰、冯颖新、张敏。

本部分由全国有色金属标准化技术委员会负责解释。

镁及镁合金化学分析方法
银含量的测定
火焰原子吸收光谱法

1 范围

本部分规定了镁合金中银含量的测定方法。

本部分适用于镁合金中银含量的测定。测定范围:1.00%～3.00%。

2 方法提要

试料用硝酸溶解,在低酸性溶液中,加入硫脲络合银。于原子吸收光谱仪上波长328.1 nm处,用空气-乙炔贫燃性火焰,测量银的吸光度。

3 试剂

3.1 镁:[$w(Mg)\geqslant 99.9\%$,不含银]。

3.2 硫脲溶液(50 g/L)。

3.3 硝酸(1+1)。

3.4 银标准贮存溶液:按下述方法之一制备。

3.4.1 称取0.200 0 g金属银[$w(Ag)\geqslant 99.9\%$]置于500 mL烧杯中,加入20 mL硝酸(3.3),加热溶解完全后,继续加热煮沸以除去氮的氧化物,冷却,移入200 mL容量瓶中,用水稀释至刻度,混匀。此溶液1 mL含1 mg银。

3.4.2 称取1.5748 g基准硝酸银溶于100 mL水中,移入1 000 mL容量瓶中,用水稀释至刻度,混匀。此溶液1 mL含1 mg银。

3.5 银标准溶液:移取25.00 mL银标准溶液(3.4.1或3.4.2)于500 mL容量瓶中,用水稀释至刻度,混匀。此溶液1 mL含0.05 mg银。

3.6 镁基体溶液(1 mg/mL):称取1.000 0 g镁(3.1)置于500 mL烧杯中,盖上表皿,加入20 mL水,缓慢加入10 mL硝酸(3.3),待反应缓慢时,再加入10 mL硝酸(3.3),低温加热至全部溶解,用水冲洗杯壁,煮沸,取下冷却至室温。转入1 000 mL容量瓶中,用水稀释至刻度,混匀。

4 仪器

原子吸收光谱仪,附银空心阴极灯。

在仪器最佳工作条件下凡能达到下列指标者均可使用。

——特征浓度:在与测量溶液的基体相一致的溶液中,银的特征浓度应不大于0.02 μg/mL。

——精密度:用高浓度的标准溶液测量10次吸光度,其标准偏差应不超过平均吸光度的1.0%;用最低浓度的标准溶液(不是“零”浓度标准溶液)测量10次吸光度,其标准偏差应不超过最高浓度标准溶液平均吸光度的0.5%。

——工作曲线线性:将工作曲线按浓度等分成五段,最高段的吸光值与最低段的吸光值之比,应不小于0.7。

5 试样

厚度不大于1 mm的碎屑。

6 分析步骤

6.1 试料

称取 1 g 试样(5),精确至 0.000 1 g。

6.2 测定次数

独立地进行两次测定,取其平均值。

6.3 空白试验

随同试料(6.1)做空白试验。

6.4 测定

6.4.1 将试料(6.1)置于 500 mL 烧杯中,盖上表皿,加入 20 mL 水,缓慢加入 10 mL 硝酸(3.3),待反应缓慢时,再加入 10 mL 硝酸(3.3),低温加热至全部溶解,用水冲洗杯壁,煮沸。取下冷却至室温,转入 1 000 mL 容量瓶中,用水稀释至刻度,混匀。

6.4.2 移取 10.00 mL 试液(6.4.1)于 100 mL 容量瓶中,加入 4 mL 硝酸(3.3),加入 2 mL 硫脲溶液(3.2),用水稀释至刻度,混匀。

6.4.3 使用空气—乙炔贫燃性火焰,于原子吸收光谱仪波长 328.1 nm 处,以水调零,与相应的标准溶液同时测量银的吸光度,减去空白试验(6.3)溶液的吸光度,从工作曲线上查出相应的银浓度。

6.5 工作曲线的绘制

6.5.1 移取 0,1.00,2.00,3.00,4.00,5.00,6.00,7.00 mL 银标准溶液(3.5)置于一组 100 mL 容量瓶中,加入 10 mL 镁基体溶液(3.6),4 mL 硝酸(3.3), 2 mL 硫脲溶液(3.2),用水稀释至刻度,混匀。

6.5.2 在与试液测定相同条件下测量系列标准溶液的吸光度,减去系列标准溶液中“零”浓度溶液的吸光度,以银的浓度为横坐标,吸光度为纵坐标,绘制工作曲线。

7 分析结果的计算

按公式(1)计算银的质量分数(%):

$$w(\mathrm{Ag}) = \frac{c \cdot V_2 \cdot V_0 \times 10^{-3}}{m_0 \cdot V_1} \times 100 \qquad \cdots\cdots(1)$$

式中:

c——自工作曲线上查得的银的浓度,单位为毫克每毫升(mg/mL);

V_2——测量时试液的体积,单位为毫升(mL);

V_0——试液总体积,单位为毫升(mL);

m_0——试料的质量,单位为克(g);

V_1——分取试液的体积,单位为毫升(mL)。

8 精密度

8.1 重复性

在重复性条件下获得的两个独立测试结果的测定值,在以下给出的平均值范围内,这两个测试结果的绝对值不超过重复性限(r),超过重复性限(r)的情况不超过 5%。重复性限(r)按以下数据采用内插法求得:

银的质量分数/%:	1.013	2.023	3.004
重复性限 r/%:	0.050	0.072	0.113

8.2 允许差

实验室之间分析结果的差值应不大于表 1 所列允许差。

表 1

银的质量分数/%	允许差/%
1.00～1.50	0.10
>1.50～3.00	0.15

9 质量保证与控制

分析时，用标准样品或控制样品进行校核，或每年至少用标准样品或控制样品对分析方法校核一次。当过程失控时，应找出原因。纠正错误后，重新进行校核。

ICS 77.120.20
H 12

中华人民共和国国家标准

GB/T 13748.7—2005
代替 GB/T 13748.3—1992

镁及镁合金化学分析方法 锆含量的测定 二甲苯酚橙分光光度法

Chemical analysis methods of magnesium and magnesium alloys —Determination of zirconium content —Xylenol orange spectrophotometric method

2005-07-26 发布　　　　2006-01-01 实施

中华人民共和国国家质量监督检验检疫总局
中国国家标准化管理委员会　发布

前 言

本标准共分为19部分,包括20个元素的25项化学分析方法。

本标准是对GB/T 13748.1～13748.10—1992的修订,本次修订主要有如下变化:

——根据新的国家标准GB/T 3499—2003《原生镁锭》、GB/T 5153—2004《变形镁及镁合金牌号和化学成分》、GB/T 19078—2003《铸造镁合金锭》以及相关的国际标准和国外标准的规定,本次修订新增分析方法12项,其中增加了10个元素的分析方法,分别为:Sn(GB/T 13748.2)、Li(GB/T 13748.3)、Y(GB/T 13748.5)、Ag(GB/T 13748.6)、Pb(GB/T 13748.13)、Ca(GB/T 13748.16)、K和Na(GB/T 13748.17)、Cl(GB/T 13748.18)、Ti(GB/T 13748.19),以及锰含量的测定(GB/T 13748.4的方法三)、高含量铜的测定(GB/T 13748.12的方法二)、低含量锌的测定(GB/T 13748.15的方法二)。

——重新起草了铬天青S-氯化十四烷基吡啶分光光度法测定铝含量(GB/T 13748.2的方法二)、重量法测定稀土含量(GB/T 13748.8)。

——对二甲苯酚橙分光光度法测定锆含量进行了修订并扩展了测定范围(GB/T 13748.7)。

——扩展了锰(GB/T 13748.4的方法一)、铁(GB/T 13748.9)、硅(GB/T 13748.10)、铍(GB/T 13748.11)、铜(GB/T 13748.12)、镍(GB/T 13748.14)等元素的测定范围。

——《8-羟基喹啉分光光度法测定铝含量》(GB/T 13748.1的方法一)、《8-羟基喹啉重量法测定铝含量》(GB/T 13748.1方法三)、《高碘酸盐分光光度法测定锰含量方法二》(GB/T 13748.4的方法二)、《火焰原子吸收光谱法测定锌含量》(GB/T 13748.15)为编辑性整理后予以确认的方法。

本标准修订后代替了GB/T 4374—1984《镁粉和铝镁合金粉化学分析方法》中的相关部分,即GB/T 13748.9、GB/T 13748.10、GB/T 13748.12、GB/T 13748.18分别代替GB/T 4374.2—1984、GB/T 4374.3—1984、GB/T 4374.1—1984、GB/T 4374.5—1984。

本标准共有7个部分的9项分析方法非等效采用国际标准,分别为:

——GB/T 13748.1:NEQ ISO 791:1973;

——GB/T 13748.4:NEQ ISO 2353:1972、ISO 809:1973、ISO 810:1973;

——GB/T 13748.8:NEQ ISO 2355:1972;

——GB/T 13748.9:NEQ ISO 792:1973;

——GB/T 13748.10:NEQ ISO 1975:1973;

——GB/T 13748.14:NEQ ISO 4058:1977;

——GB/T 13748.15:NEQ ISO 4194:1981。

本标准中采用国际标准的各部分,其标准名称和标准文本结构为了与系列标准协调一致,均与所采用的国际标准不完全相同。

本标准代替GB/T 13748.1～13748.10—1992。

本标准由中国有色金属工业协会提出。

本标准由全国有色金属标准化技术委员会归口。

本标准由中国铝业股份有限公司郑州研究院、中国有色金属工业标准计量质量研究所负责起草。

本标准由中国铝业股份有限公司郑州研究院、北京有色金属研究总院、洛阳铜加工集团有限责任公

司、抚顺铝厂、西南铝业(集团)有限责任公司、东北轻合金有限责任公司起草。

本标准由全国有色金属标准化技术委员会负责解释。

本标准所代替标准的历次版本发布情况为:

——GB/T 13748.1～13748.10—1992、GB/T 4374.1～4374.3—1984、GB/T 4374.5—1984。

前　言

GB/T 13748—2005 共分为 19 部分，本部分为第 7 部分。

本部分是对 GB/T 13748.3—1992 的修订，与 GB/T 13748.3—1992 相比，做了如下修订：

——测定范围由 0.1%～0.7%扩展为 0.100%～1.000%；

——高氯酸浓度由 5.0 mol/L 改为 6.5 mol/L；

——修改了锆标准贮存溶液的标定方法；

——吸收波长由原来的 540 nm 改为 535 nm。

本部分代替 GB/T 13748.3—1992。

本部分由中国有色金属工业协会提山。

本部分由全国有色金属标准化技术委员会归口。

本部分由中国铝业股份有限公司郑州研究院、中国有色金属工业标准计量质量研究所负责起草。

本部分由中国铝业股份有限公司郑州研究院起草。

本部分主要起草人：张元克、路霞、路培乾。

本部分由全国有色金属标准化技术委员会负责解释。

本部分所代替标准的历次版本发布情况为：

——GB/T 13748.3—1992。

镁及镁合金化学分析方法
锆含量的测定
二甲苯酚橙分光光度法

1 范围

本部分规定了镁及镁合金中锆含量的测定方法。

本部分适用于镁及镁合金中锆含量的测定。测定范围：0.100%～1.000%。

2 方法提要

试料用盐酸和氢氟酸分解，加入高氯酸除去氟离子。以高氯酸调整酸度，加入二甲苯酚橙与锆生成红色络合物，于分光光度计波长 535 nm 处测量其吸光度。

3 试剂

3.1 盐酸（ρ1.19 g/mL）。

3.2 氢氟酸（ρ1.14 g/mL）。

3.3 高氯酸（ρ1.69 g/mL）。

3.4 高氯酸[$c(HClO_4)$=6.5 mol/L]：移取 275 mL 高氯酸（3.3）以水稀释至 500 mL，混匀（需要时标定）。

3.5 盐酸（1+1）。

3.6 二甲苯酚橙溶液（1 g/L）：过滤，贮存于棕色瓶中。

3.7 苦杏仁酸溶液（150 g/L）：过滤备用。

3.8 洗涤液：1 000 mL 溶液中含有 20 mL 盐酸（3.1）及 50 g 苦杏仁酸，加热溶解后，过滤备用。

3.9 锆标准贮存溶液，按 3.9.1 配制和 3.9.2 标定。

3.9.1 配制：称取 1.77 g 氧氯化锆（$ZrOCl_2 \cdot 8H_2O$）置于 300 mL 烧杯中，加入 100 mL 水及 166 mL 盐酸（3.5）溶解，移入 500 mL 容量瓶中，以水稀释至刻度，混匀。此溶液 1 mL 约含 1 mg 锆。

3.9.2 标定：移取 50.00 mL 锆标准贮存溶液（3.9.1）于 300 mL 烧杯中，加入 30 mL 盐酸（3.1），加热至沸，加入 50 mL 苦杏仁酸溶液（3.7），充分搅拌，放置于 80℃的恒温水浴锅中保温 30 min，取出冷却，用中速滤纸过滤，用洗涤液洗净烧杯，将沉淀全部转移到滤纸上，用洗涤液洗涤沉淀 6～8 次，将滤纸及沉淀物一同放入预先恒重的 30 mL 带盖铂坩埚中（质量为 m_0），烘干，炭化后，放入 700℃马弗炉（4.2）中灰化 20 min，取出再放入 1 000℃高温炉中灼烧 2 h～3 h，取出，置于干燥器中冷却，称量。重复灼烧至恒量（质量为 m_1）。

按公式（1）计算锆标准贮存液中锆的质量浓度：

$$\rho(Zr) = \frac{0.740\,3 \times (m_1 - m_0)}{V} \quad \cdots\cdots (1)$$

式中：

$\rho(Zr)$——锆的质量浓度，单位为毫克每毫升（mg/mL）；

0.740 3——二氧化锆换算为锆的系数；

m_1——灼烧后铂坩埚加沉淀的质量，单位为毫克（mg）；

m_0——预先恒重的铂坩埚质量，单位为毫克(mg)；

V——移取的锆标准贮存溶液体积，单位为毫升(mL)。

3.10 锆标准溶液：根据标定结果(3.9.2)移取适量锆标准贮存溶液(3.9.1)于500 mL容量瓶中，加入80 mL盐酸(3.1)，用水稀释至刻度，混匀。此溶液1 mL含40 μg锆。

4 仪器

4.1 分光光度计。

4.2 马弗炉：1 000℃±20℃。

5 试样

厚度不大于1 mm的碎屑。

6 分析步骤

6.1 试料

按表1称取试样(5)，精确至0.000 1 g。

表 1

锆的质量分数/%	试料质量/g
0.100～0.500	0.5
>0.500～1.000	0.25

6.2 测定次数

独立地进行两次测定，取其平均值。

6.3 空白试验

随同试料(6.1)做空白试验。

6.4 测定

6.4.1 将试料(6.1)置于250 mL三角烧杯中，盖上表皿。缓慢加入10 mL盐酸(3.5)，加入1滴氢氟酸(3.2)，加热至试料完全溶解。加入20 mL高氯酸(3.3)，加热蒸发至白色浓烟聚集在烧杯口部，继续冒烟3 min，取下冷却。加入约50 mL水使盐类完全溶解，冷却，移入100 mL容量瓶中，以水稀释至刻度，混匀。

6.4.2 移取5.00 mL溶液(6.4.1)于100 mL容量瓶中，加入10.0 mL高氯酸(3.4)，混匀，加入5.0 mL二甲苯酚橙溶液(3.6)，以水稀释至刻度，混匀。

6.4.3 将部分溶液(6.4.2)移入1 cm吸收池中，以空白试验溶液(6.3)为参比，于分光光度计波长535 nm处测量其吸光度，从工作曲线上查出相应的锆量。

6.5 工作曲线的绘制

6.5.1 移取0,0.50,1.00,2.00,3.00,4.00 mL锆标准溶液(3.10)，分别置于一组100 mL容量瓶中，加入10.0 mL高氯酸(3.4)，混匀，加入5.0 mL二甲苯酚橙溶液(3.6)，以水稀释至刻度，混匀。

6.5.2 将部分溶液(6.5.1)移入1 cm吸收池中，以试剂空白溶液为参比，于分光光度计波长535 nm处测量其吸光度。以锆的含量为横坐标，对应的吸光度为纵坐标，绘制工作曲线。

7 分析结果的计算

按公式(2)计算锆的质量分数(%)：

$$w(\mathrm{Zr}) = \frac{m_1 \cdot V_0 \times 10^{-6}}{m_0 \cdot V_1} \times 100 \qquad \cdots\cdots(2)$$

式中：

m_1——从工作曲线上查得的锆量，单位为微克(μg)；

V_0——试液的总体积，单位为毫升(mL)；

m_0——试料的质量，单位为克(g)；

V_1——分取试液的体积，单位为毫升(mL)。

8 精密度

8.1 重复性

在重复性条件下获得的两个独立测试结果的测定值，在以下给出的平均值范围内，这两个测试结果的绝对差值不超过重复性限(r)，超过重复性限(r)的情况不超过5%。重复性限(r)按以下数据采用线性内插法求得：

锆的质量分数/%：	0.106	0.426	0.852
重复性限 r/%：	0.005	0.007	0.012

8.2 允许差

实验室之间分析结果的差值应不大于表2所列允许差。

表 2

锆的质量分数/%	允许差/%
0.100～0.400	0.015
>0.400～1.000	0.025

9 质量保证和控制

分析时，用标准样品或控制样品进行校核，或每年至少用标准样品或控制样品对分析方法校核一次。当过程失控时，应找出原因。纠正错误后，重新进行校核。

ICS 77.120.20
H 12

中华人民共和国国家标准

GB/T 13748.8—2005
代替 GB/T 13748.4—1992

镁及镁合金化学分析方法 稀土含量的测定 重量法

Chemical analysis methods of magnesium and magnesium alloys —Determination of rare earth content —Gravimetric method

(NEQ ISO 2355:1972)

2005-07-26 发布　　2006-01-01 实施

中华人民共和国国家质量监督检验检疫总局
中国国家标准化管理委员会　发布

前　言

本标准共分为19部分，包括20个元素的25项化学分析方法。

本标准是对GB/T 13748.1～13748.10—1992的修订，本次修订主要有如下变化：

——根据新的国家标准GB/T 3499—2003《原生镁锭》、GB/T 5153—2004《变形镁及镁合金牌号和化学成分》、GB/T 19078—2003《铸造镁合金锭》以及相关的国际标准和国外标准的规定，本次修订新增分析方法12项，其中增加了10个元素的分析方法，分别为：Sn(GB/T 13748.2)、Li(GB/T 13748.3)、Y(GB/T 13748.5)、Ag(GB/T 13748.6)、Pb(GB/T 13748.13)、Ca(GB/T 13748.16)、K和Na(GB/T 13748.17)、Cl(GB/T 13748.18)、Ti(GB/T 13748.19)，以及锰含量的测定(GB/T 13748.4的方法三)、高含量铜的测定(GB/T 13748.12的方法二)、低含量锌的测定(GB/T 13748.15的方法二)。

——重新起草了铬天青S-氯化十四烷基吡啶分光光度法测定铝含量(GB/T 13748.2的方法二)、重量法测定稀土含量(GB/T 13748.8)。

——对二甲苯酚橙分光光度法测定锆含量进行了修订并扩展了测定范围(GB/T 13748.7)。

——扩展了锰(GB/T 13748.4的方法一)、铁(GB/T 13748.9)、硅(GB/T 13748.10)、铍(GB/T 13748.11)、铜(GB/T 13748.12)、镍(GB/T 13748.14)等元素的测定范围。

——《8-羟基喹啉分光光度法测定铝含量》(GB/T 13748.1的方法一)、《8-羟基喹啉重量法测定铝含量》(GB/T 13748.1方法三)、《高碘酸盐分光光度法测定锰含量方法二》(GB/T 13748.4的方法二)、《火焰原子吸收光谱法测定锌含量》(GB/T 13748.15)为编辑性整理后予以确认的方法。

本标准修订后代替了GB/T 4374—1984《镁粉和铝镁合金粉化学分析方法》中的相关部分，即GB/T 13748.9、GB/T 13748.10、GB/T 13748.12、GB/T 13748.18分别代替GB/T 4374.2—1984、GB/T 4374.3—1984、GB/T 4374.1—1984、GB/T 4374.5—1984。

本标准共有7个部分的9项分析方法非等效采用国际标准，分别为：

——GB/T 13748.1：NEQ ISO 791：1973；

——GB/T 13748.4：NEQ ISO 2353：1972、ISO 809：1973、ISO 810：1973；

——GB/T 13748.8：NEQ ISO 2355：1972；

——GB/T 13748.9：NEQ ISO 792：1973；

——GB/T 13748.10：NEQ ISO 1975：1973；

——GB/T 13748.14：NEQ ISO 4058：1977；

——GB/T 13748.15：NEQ ISO 4194：1981。

本标准中采用国际标准的各部分，其标准名称和标准文本结构为了与系列标准协调一致，均与所采用的国际标准不完全相同。

本标准代替GB/T 13748.1～13748.10—1992。

本标准由中国有色金属工业协会提出。

本标准由全国有色金属标准化技术委员会归口。

本标准由中国铝业股份有限公司郑州研究院、中国有色金属工业标准计量质量研究所负责起草。

本标准由中国铝业股份有限公司郑州研究院、北京有色金属研究总院、洛阳铜加工集团有限责任公

司、抚顺铝厂、西南铝业(集团)有限责任公司、东北轻合金有限责任公司起草。

本标准由全国有色金属标准化技术委员会负责解释。

本标准所代替标准的历次版本发布情况为：

——GB/T 13748.1～13748.10—1992、GB/T 4374.1～4374.3—1984、GB/T 4374.5—1984。

前　言

GB/T 13748—2005 共分为 19 部分，本部分为第 8 部分。

GB/T 13748—1992 中规定了铈含量的测定方法，但没有规定稀土总含量的测定方法，国际标准中有镁及镁合金中稀土总含量的测定方法，随着我国镁加工业的不断发展，各种稀土镁合金不断出现，有必要制定镁合金中稀土总含量的测定方法。

本部分非等效采用国际标准 ISO 2355:1972《镁及镁合金化学分析—稀土含量的测定—重量法》。

本部分代替 GB/T 13748.4—1992。

本部分由中国有色金属工业协会提出。

本部分由全国有色金属标准化技术委员会归口。

本部分由中国铝业股份有限公司郑州研究院，中国有色金属工业标准计量质量研究所负责起草。

本部分由中国铝业股份有限公司郑州研究院起草。

本部分由西南铝业集团有限责任公司参加起草。

本部分主要起草人：李跃平、石磊、张树朝、张炜华。

本部分主要验证人：陈雄立、邓兰洪。

本部分由全国有色金属标准化技术委员会负责解释。

本部分所代替标准的历次版本发布情况为：

——GB/T 13748.4—1992。

镁及镁合金化学分析方法
稀土含量的测定
重量法

1 范围

本部分规定了镁合金中稀土含量的测定方法。

本部分适用于不含钍元素的镁合金中稀土含量的测定。测定范围:0.20%~10.00%。

2 方法提要

试料用盐酸溶解,用氨水沉淀锆,在氨介质中用癸二酸初步沉淀稀土元素,溶解两种沉淀物,以稀土草酸盐的形式再沉淀。灼烧稀土元素的氧化物并称量。

3 试剂

3.1 氯化铵。

3.2 盐酸(ρ1.19 g/mL)。

3.3 过氧化氢(ρ1.10 g/mL)。

3.4 氨水(1+1)。

3.5 氨水(1+4)。

3.6 氨水(1+49)。

3.7 硝酸-过氧化氢溶液:在 150 mL 水中加入 30 mL 硝酸(ρ1.40 g/mL),30 mL 过氧化氢(3.3),混匀。

3.8 草酸饱和溶液:称取 150 g 草酸溶于 1 000 mL 热水中,待冷却后,过滤。

3.9 草酸洗涤液:移取 70 mL 草酸饱和溶液(3.8),用水稀释至 500 mL。

3.10 癸二酸溶液(50 g/L):称取 50 g 癸二酸溶于 400 mL 氨水(ρ 0.90 g/mL)中,加 300 mL 水,过滤,用水稀释至 1 000 mL,混匀。贮于聚乙烯瓶中。

3.11 溴酚蓝溶液(4 g/L):称取 0.4 g 溴酚蓝放入研钵中,加入 8.25 mL 氢氧化钠溶液(5 g/L),研磨直到完全溶解,用水稀释至 100 mL,混匀。

4 仪器

4.1 高温炉:1 000℃±20℃。

4.2 酸度计。

5 试样

厚度不大于 1 mm 的碎屑。

6 分析步骤

6.1 试料

按表 1 称取试样(5),精确至 0.000 1 g。

表 1

稀土的质量分数/%	试料质量/g	盐酸(3.2)体积/mL
0.20～2.00	3.0	25.5
>2.00～5.00	2.0	17.0
>5.00～10.00	1.0	8.5

6.2 测定次数

独立地进行两次测定，取其平均值。

6.3 测定

6.3.1 将试料(6.1)放入 400 mL 烧杯中，加入 75 mL 水，盖上表皿，分次加入盐酸(3.2)，待反应停止后，加热煮沸几分钟，如仍有残渣，可用中速滤纸过滤，用热水洗烧杯和沉淀 4～5 次，弃去沉淀。将滤液稀释或蒸发至体积约 100 mL，冷却。

注：在分析含银的合金时，过滤前先用少量纤维纸浆铺在滤纸上。

6.3.2 往溶液中加入 3 滴溴酚蓝指示剂(3.11)，用氨水(3.5)调整溶液恰变蓝色，在电炉上加热至沸，取下烧杯，放置 5 min，并不时搅拌，用快速滤纸过滤；并用沸水充分洗涤沉淀，使滤液体积不大于 250 mL，此溶液为滤液 A。保留此溶液。用 10 mL 煮沸的硝酸-过氧化氢溶液(3.7)分次溶解滤纸上的沉淀于原烧杯中，用热水洗涤滤纸 5～6 次，把体积蒸发到大约 25 mL，此溶液为滤液 B，保留此溶液。

6.3.3 在滤液 A 中加入 10 g 氯化铵(3.1)，先用氨水(3.4)，再用氨水(3.5)，在酸度计(4.2)上调整溶液的 pH 值为 8.5，再过量 10 mL 氨水溶液(3.5)。在电炉上加热到 90℃，取下，边搅拌边加入 20 mL 癸二酸溶液(3.10)放置 15 min，其间不时搅拌，用中速滤纸过滤，用氨水洗涤液(3.6)充分洗涤，如有锌存在时再用 20 mL 氨水(3.4)洗一次沉淀。把带有沉淀的滤纸放入预先在 950℃灼烧并恒重过的瓷坩埚里，于 500℃以下灰化后，在 750℃～800℃高温炉中灼烧 30 min，取出冷却。

6.3.4 将坩埚内氧化物用水洗到盛有滤液 B 的烧杯中，加热溶液，滴加数滴过氧化氢(3.3)使稀土氧化物溶解，取下烧杯，用水冲洗杯壁，并稀释到 125 mL，边搅拌边慢慢加入 25 mL 饱和草酸溶液(3.8)，把烧杯置于沸水浴中 30 min，取出在室温下放置 12 h(或静置过夜)。

6.3.5 用慢速滤纸过滤稀土草酸盐沉淀，用草酸洗涤液(3.9)充分洗涤沉淀，把沉淀和滤纸放入原坩埚中，在 500℃以下灰化完全后，移入 950℃高温炉(4.1)中灼烧约 60 min。取出，放入干燥器(用新活性氧化铝作干燥剂)中冷却，称量。重复灼烧至恒重。

7 分析结果的计算

按公式(1)计算稀土元素的质量分数(%)：

$$w(\mathrm{RE}) = \frac{0.832 \times m_1}{m_0} \times 100 \qquad \cdots\cdots(1)$$

式中：

0.832——稀土元素与其氧化物的换算系数；

m_1——稀土氧化物的质量，单位为克(g)；

m_0——试料的质量，单位为克(g)。

注：单个稀土的氧化物换算成稀土元素，应用下列系数：La：0.852 7，Ce：0.814 1，Pr：0.827 7，Nd：0.857 4，Pr+Nd：0.853，Y：0.787 4。当单个稀土元素的比例有变化时，混合稀土的换算系数 F 稍有改变。

8 精密度

8.1 重复性

在重复性条件下获得的两个独立测试结果的测定值，在以下给出的平均值范围内，这两个测试结果的绝对差值不超过重复性限(r)，超过重复性限(r)情况不超过5%。重复性限(r)按以下数据采用线性内插法求得：

稀土的质量分数/%：	0.198	2.94	4.95	9.95
重复性限 r/%：	0.024	0.14	0.16	0.18

8.2 允许差

实验室之间分析结果的差值应不大于表2所列允许差。

表2

稀土的质量分数/%	允许差/%
0.20～0.50	0.03
>0.50～1.00	0.05
>1.00～2.50	0.10
>2.50～5.00	0.20
>5.00～10.00	0.35

9 质量保证和控制

分析时，用标准样品或控制样品进行校核，或每年至少用标准样品或控制样品对分析方法校核一次。当过程失控时，应找出原因。纠正错误后，重新进行校核。

ICS 77.120.20
H 12

中华人民共和国国家标准

GB/T 13748.9—2005
代替 GB/T 13748.5—1992、GB/T 4374.2—1984

镁及镁合金化学分析方法 铁含量的测定 邻二氮杂菲分光光度法

Chemical analysis methods of magnesium and magnesium alloys
—Determination of iron content
—Orthopenanthroline spectrophotometric method

(NEQ ISO 792:1973)

2005-07-26 发布　　2006-01-01 实施

中华人民共和国国家质量监督检验检疫总局
中国国家标准化管理委员会　发布

前言

本标准共分为19部分,包括20个元素的25项化学分析方法。

本标准是对GB/T 13748.1～13748.10—1992的修订,本次修订主要有如下变化:

——根据新的国家标准GB/T 3499—2003《原生镁锭》、GB/T 5153—2004《变形镁及镁合金牌号和化学成分》、GB/T 19078—2003《铸造镁合金锭》以及相关的国际标准和国外标准的规定,本次修订新增分析方法12项,其中增加了10个元素的分析方法,分别为:Sn(GB/T 13748.2)、Li(GB/T 13748.3)、Y(GB/T 13748.5)、Ag(GB/T 13748.6)、Pb(GB/T 13748.13)、Ca(GB/T 13748.16)、K和Na(GB/T 13748.17)、Cl(GB/T 13748.18)、Ti(GB/T 13748.19),以及锰含量的测定(GB/T 13748.4的方法三)、高含量铜的测定(GB/T 13748.12的方法二)、低含量锌的测定(GB/T 13748.15的方法二)。

——重新起草了铬天青S-氯化十四烷基吡啶分光光度法测定铝含量(GB/T 13748.2的方法二)、重量法测定稀土含量(GB/T 13748.8)。

——对二甲苯酚橙分光光度法测定锆含量进行了修订并扩展了测定范围(GB/T 13748.7)。

——扩展了锰(GB/T 13748.4的方法一)、铁(GB/T 13748.9)、硅(GB/T 13748.10)、铍(GB/T 13748.11)、铜(GB/T 13748.12)、镍(GB/T 13748.14)等元素的测定范围。

——《8-羟基喹啉分光光度法测定铝含量》(GB/T 13748.1的方法一)、《8-羟基喹啉重量法测定铝含量》(GB/T 13748.1方法三)、《高碘酸盐分光光度法测定锰含量方法二》(GB/T 13748.4的方法二)、《火焰原子吸收光谱法测定锌含量》(GB/T 13748.15)为编辑性整理后予以确认的方法。

本标准修订后代替了GB/T 4374—1984《镁粉和铝镁合金粉化学分析方法》中的相关部分,即GB/T 13748.9、GB/T 13748.10、GB/T 13748.12、GB/T 13748.18分别代替GB/T 4374.2—1984、GB/T 4374.3—1984、GB/T 4374.1—1984、GB/T 4374.5—1984。

本标准共有7个部分的9项分析方法非等效采用国际标准,分别为:

——GB/T 13748.1:NEQ ISO 791:1973;

——GB/T 13748.4:NEQ ISO 2353:1972、ISO 809:1973、ISO 810:1973;

——GB/T 13748.8:NEQ ISO 2355:1972;

——GB/T 13748.9:NEQ ISO 792:1973;

——GB/T 13748.10:NEQ ISO 1975:1973;

——GB/T 13748.14:NEQ ISO 4058:1977;

——GB/T 13748.15:NEQ ISO 4194:1981。

本标准中采用国际标准的各部分,其标准名称和标准文本结构为了与系列标准协调一致,均与所采用的国际标准不完全相同。

本标准代替GB/T 13748.1～13748.10—1992。

本标准由中国有色金属工业协会提出。

本标准由全国有色金属标准化技术委员会归口。

本标准由中国铝业股份有限公司郑州研究院、中国有色金属工业标准计量质量研究所负责起草。

本标准由中国铝业股份有限公司郑州研究院、北京有色金属研究总院、洛阳铜加工集团有限责任公司、抚顺铝厂、西南铝业(集团)有限责任公司、东北轻合金有限责任公司起草。

本标准由全国有色金属标准化技术委员会负责解释。

本标准所代替标准的历次版本发布情况为：

——GB/T 13748.1～13748.10—1992、GB/T 4374.1～4374.3—1984、GB/T 4374.5—1984。

前　言

GB/T 13748—2005 共分为 19 部分，本部分为第 9 部分。

本部分是对 GB/T 13748.5—1992 的修订，与 GB/T 13748.5—1992 相比，测定范围由 0.01%～0.1%扩展为 0.001 0%～1.00%；称样量、允许差及其他相关部分作了相应修改。

本部分非等效采用国际标准 ISO 792:1973《镁及镁合金　铁含量的测定　邻二氮杂菲分光光度法》。

本部分与 GB/T 4374.2—1984《镁粉和铝镁合金粉化学分析方法　1,10-二氮杂菲光度法测定铁量》合并修订。

本部分代替 GB/T 13748.5—1992 和 GB/T 4374.2—1984。

本部分由中国有色金属工业协会提出。

本部分由全国有色金属标准化技术委员会归口。

本部分由中国铝业股份有限公司郑州研究院、中国有色金属工业标准计量质量研究所负责起草。

本部分由抚顺铝厂起草。

本部分主要起草人：计春雷、方颖、徐铁玲。

本部分由全国有色金属标准化技术委员会负责解释。

本部分所代替标准的历次版本发布情况为：

——GB/T 13748.5—1992、GB/T 4374.2—1984。

镁及镁合金化学分析方法
铁含量的测定
邻二氮杂菲分光光度法

1 范围

本部分规定了镁及镁合金中铁含量的测定方法。

本部分适用于镁及镁合金中铁含量的测定。测定范围：0.001 0%～1.00%。

2 方法提要

试料以盐酸溶解，用盐酸羟胺还原铁，在 pH3.5～4.5 乙酸盐缓冲介质中，二价铁离子与邻二氮杂菲显色，于分光光度计波长 510 nm 处测量其吸光度。

锌的干扰加入过量的邻二氮杂菲消除；锆的影响通过延长显色时间消除。

3 试剂

3.1 氢氟酸(ρ 1.14 g/mL)。

3.2 盐酸(1+1)。

3.3 盐酸羟胺(10 g/L)。

3.4 乙酸-乙酸钠缓冲溶液：称取 272 g 乙酸钠($CH_3COONa \cdot 3H_2O$)，用 500 mL 水溶解，过滤后，加入 240 mL 乙酸(ρ 1.05 g/mL)，以水稀释至 1 000 mL，混匀。

3.5 邻二氮杂菲溶液(10 g/L)。

3.6 铁标准贮存溶液：按下述方法之一制备。

3.6.1 称取 1.755 6 g 硫酸亚铁胺[$(NH_4)_2Fe(SO_4)_2 \cdot 6H_2O$](基准物质)于 100 mL 烧杯中，加入少量水和 20 mL 盐酸(3.2)溶解。将溶液移入 1 000 mL 容量瓶中。以水稀释至刻度，混匀。此溶液1 mL 含 250 μg 铁。

3.6.2 称取 0.357 5 g 预先在 600℃下灼烧过的纯三氧化二铁[$w(Fe_2O_3) \geqslant 99.9\%$]于 100 mL 烧杯中，加入 30 mL 盐酸(3.2)，加热至完全溶解，冷却，移入 1 000 mL 容量瓶中，以水稀释至刻度，混匀。此溶液 1 mL 含 250 μg 铁。

3.7 铁标准溶液：移取 50.00 mL 铁标准贮存溶液(3.6.1 或 3.6.2)于 500 mL 容量瓶中，以水稀释至刻度，混匀。此溶液 1 mL 含 25 μg 铁。

3.8 铁标准溶液：移取 50.00 mL 铁标准溶液(3.7)于 250 mL 容量瓶中，以水稀释至刻度，混匀。此溶液 1 mL 含 5 μg 铁(用时现配)。

4 仪器

分光光度计。

5 试样

厚度不大于 1 mm 的碎屑。

6 分析步骤

6.1 试料

称取 1.0 g 试样(5)，精确至 0.000 1 g。

6.2 测定次数

独立地进行两次测定，取其平均值。

6.3 空白试验

随同试料做空白试验。

6.4 测定

6.4.1 将试料(6.1)置于200 mL聚乙烯烧杯中，盖上表皿，加入5 mL水，分次加入总量为20 mL盐酸(3.2)，待剧烈反应停止后，加热至完全溶解。在水浴上蒸发至糊状(试液量约为10 mL，空白试验约为0.5 mL)，取下，冷却。

注：含锆的镁合金试料，如有不溶性残渣，加1滴氢氟酸(3.1)溶解。

6.4.2 将溶液按表1移入容量瓶中(如混浊需过滤)以水稀释至刻度，混匀，根据试样中铁含量的不同分别按下述操作：

铁的质量分数在0.001%～0.01%时，将试液全部移入100 mL容量瓶中，以水稀释至约50 mL，混匀。

铁的质量分数在>0.01%～1.00%时，按表1移取部分溶液于100 mL容量瓶中，以水稀释至约50 mL，混匀。

表1

铁的质量分数/%	试液总体积/mL	移取试液体积/mL	吸收池厚度/cm
0.001 0～0.005	100	全部	5
>0.005～0.010	100	全部	3
>0.010～0.100	100	25.00	1
>0.100～0.500	200	10.00	1
>0.500～1.00	200	5.00	1

6.4.3 加入4 mL盐酸羟胺溶液(3.3)，15 mL缓冲溶液(3.4)和10 mL邻二氮杂菲溶液(3.5)，以水稀释至刻度，混匀，放置1 h。

6.4.4 将部分溶液(6.4.3)移入相应的吸收池中，以空白试验(6.3)的溶液为参比，于分光光度计波长510 nm处测量其吸光度。从工作曲线上查出相应的铁量。

6.5 工作曲线的绘制

6.5.1 铁的质量分数为0.001 0%～0.005%时：

移取0，2.00，4.00，6.00，8.00，10.00 mL铁标准溶液(3.8)，分别置于一组100 mL容量瓶中，以水稀释至约50 mL，以下按6.4.3进行。

铁的质量分数为>0.005%～0.010%时：

移取0，1.00，2.00，3.00，4.00，5.00 mL铁标准溶液(3.7)，分别置于一组100 mL容量瓶中，以水稀释至约50 mL，以下按6.4.3进行。

铁的质量分数为>0.010%～1.00%时：

移取0，1.00，3.00，5.00，7.00，9.00，11.00 mL铁标准溶液(3.7)，分别置于一组100 mL容量瓶中，以水稀释至约50 mL，以下按6.4.3进行。

6.5.2 将部分溶液(6.5.1)移入相应的吸收池中，以试剂空白溶液为参比，于分光光度计波长510 nm处测量其吸光度。以铁含量为横坐标，对应的吸光度为纵坐标，绘制工作曲线。

7 分析结果的计算

按公式(1)计算铁的质量分数(%)：

$$w(\mathrm{Fe}) = \frac{m_1 V_0 \times 10^{-6}}{m_0 V_1} \times 100 \qquad \cdots\cdots (1)$$

式中：

m_1——自工作曲线上查得的铁量，单位为微克(μg)；

V_0——试液总体积，单位为毫升(mL)；

m_0——试料的质量，单位为克(g)；

V_1——分取试液体积，单位为毫升(mL)。

8 精密度

8.1 重复性

在重复性条件下获得的两个独立测试结果的测定值，在以下给出的平均值范围内，这两个测试结果的绝对差值不超过重复性限(r)，超过重复性限(r)的情况不超过5%，重复性限(r)，按以下数据采用线性内插法求得。

铁的质量分数/%：　0.0040　0.028　0.100　0.422　0.984

重复性限 r/%：　0.000 4　0.003　0.008　0.013　0.021

8.2 允许差

实验室之间分析结果的差值应不大于表2所列允许差。

表2

铁的质量分数/%	允许差/%
0.001 0～0.002 5	0.000 4
>0.002 5～0.005 0	0.000 8
>0.005 0～0.007 5	0.001 0
>0.007 5～0.010 0	0.002 0
>0.010～0.020	0.004
>0.020～0.040	0.006
>0.045～0.080	0.008
>0.080～0.100	0.010
>0.100～0.250	0.015
>0.250～0.500	0.020
>0.500～0.750	0.030
>0.75～1.00	0.04

9 质量保证与控制

分析时，用标准样品或控制样品进行校核，或每年至少用标准样品或控制样品对分析方法校核一次。当过程失控时，应查找出原因。纠正错误后，重新进行校核。

ICS 77.120.20
H 12

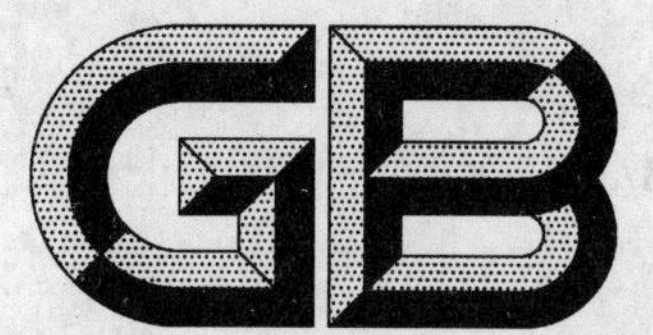

中华人民共和国国家标准

GB/T 13748.10—2005
代替 GB/T 13748.6—1992、GB/T 4374.3—1984

镁及镁合金化学分析方法 硅含量的测定 钼蓝分光光度法

Chemical analysis methods of magnesium and magnesium alloys —Determination of silicon content —Molybdenum blue spectrophotometric method

(NEQ ISO 1975:1973)

2005-07-26 发布　　　　2006-01-01 实施

中华人民共和国国家质量监督检验检疫总局
中国国家标准化管理委员会　发布

前言

本标准共分为19部分，包括20个元素的25项化学分析方法。

本标准是对GB/T 13748.1～13748.10—1992的修订，本次修订主要有如下变化：

——根据新的国家标准GB/T 3499—2003《原生镁锭》、GB/T 5153—2004《变形镁及镁合金牌号和化学成分》、GB/T 19078—2003《铸造镁合金锭》以及相关的国际标准和国外标准的规定，本次修订新增分析方法12项，其中增加了10个元素的分析方法，分别为：Sn(GB/T 13748.2)、Li(GB/T 13748.3)、Y(GB/T 13748.5)、Ag(GB/T 13748.6)、Pb(GB/T 13748.13)、Ca(GB/T 13748.16)、K和Na(GB/T 13748.17)、Cl(GB/T 13748.18)、Ti(GB/T 13748.19)，以及锰含量的测定(GB/T 13748.4的方法三)、高含量铜的测定(GB/T 13748.12的方法二)、低含量锌的测定(GB/T 13748.15的方法二)。

——重新起草了铬天青S-氯化十四烷基吡啶分光光度法测定铝含量(GB/T 13748.2的方法二)、重量法测定稀土含量(GB/T 13748.8)。

——对二甲苯酚橙分光光度法测定锆含量进行了修订并扩展了测定范围(GB/T 13748.7)。

——扩展了锰(GB/T 13748.4的方法一)、铁(GB/T 13748.9)、硅(GB/T 13748.10)、铍(GB/T 13748.11)、铜(GB/T 13748.12)、镍(GB/T 13748.14)等元素的测定范围。

——《8-羟基喹啉分光光度法测定铝含量》(GB/T 13748.1的方法一)、《8-羟基喹啉重量法测定铝含量》(GB/T 13748.1方法三)、《高碘酸盐分光光度法测定锰含量方法二》(GB/T 13748.4的方法二)、《火焰原子吸收光谱法测定锌含量》(GB/T 13748.15)为编辑性整理后予以确认的方法。

本标准修订后代替了GB/T 4374—1984《镁粉和铝镁合金粉化学分析方法》中的相关部分，即GB/T 13748.9、GB/T 13748.10、GB/T 13748.12、GB/T 13748.18分别代替GB/T 4374.2—1984、GB/T 4374.3—1984、GB/T 4374.1—1984、GB/T 4374.5—1984。

本标准共有7个部分的9项分析方法非等效采用国际标准，分别为：

——GB/T 13748.1：NEQ ISO 791：1973；

——GB/T 13748.4：NEQ ISO 2353：1972、ISO 809：1973、ISO 810：1973；

——GB/T 13748.8：NEQ ISO 2355：1972；

——GB/T 13748.9：NEQ ISO 792：1973；

——GB/T 13748.10：NEQ ISO 1975：1973；

——GB/T 13748.14：NEQ ISO 4058：1977；

——GB/T 13748.15：NEQ ISO 4194：1981。

本标准中采用国际标准的各部分，其标准名称和标准文本结构为了与系列标准协调一致，均与所采用的国际标准不完全相同。

本标准代替GB/T 13748.1～13748.10—1992。

本标准由中国有色金属工业协会提出。

本标准由全国有色金属标准化技术委员会归口。

本标准由中国铝业股份有限公司郑州研究院、中国有色金属工业标准计量质量研究所负责起草。

本标准由中国铝业股份有限公司郑州研究院、北京有色金属研究总院、洛阳铜加工集团有限责任公司、抚顺铝厂、西南铝业(集团)有限责任公司、东北轻合金有限责任公司起草。

本标准由全国有色金属标准化技术委员会负责解释。

本标准所代替标准的历次版本发布情况为：

——GB/T 13748.1～13748.10—1992、GB/T 4374.1～4374.3—1984、GB/T 4374.5—1984。

前　言

GB/T 13748—2005 共分为 19 部分，本部分为第 10 部分。

本部分是对 GB/T 13748.6—1992 的修订，本次修订将测定范围扩展为 0.002 0%～1.50%，并进行了编辑性整理。经试验，Y、Zn、Ag、Li 及重稀土元素不干扰测定。

本部分非等效采用国际标准 ISO 1975:1973《镁及镁合金—硅含量的测定—还原硅钼酸络合物分光光度法》。本部分测定范围为 0.002 0%～1.50%，ISO 1975:1973 测定范围为 0.01%～0.6%。

本部分与 GB/T 4374.3—1984《镁粉和铝镁合金粉化学分析方法　钼蓝光度法测定硅量》合并修订。

本部分代替 GB/T 13748.6—1992 和 GB/T 4374.3—1984。

本部分由中国有色金属工业协会提出。

本部分由全国有色金属标准化技术委员会归口。

本部分由中国铝业股份有限公司郑州研究院、中国有色金属工业标准计量质量研究所负责起草。

本部分由北京有色金属研究总院起草。

本部分主要起草人：童坚、王爱慈、臧慕文、李莉。

本部分由全国有色金属标准化技术委员会负责解释。

本部分所代替标准的历次版本发布情况为：

——GB/T 13748.6—1992、GB/T 4374.3—1984。

镁及镁合金化学分析方法
硅含量的测定
钼蓝分光光度法

1 范围

本部分规定了镁及镁合金中硅含量的测定方法。

本部分适用于镁及镁合金中硅含量的测定。测定范围:0.002 0%~1.50%。

2 方法提要

试料用溴水-硫酸溶解,氟化钾络合硅。在 pH1.0~1.5 时,硅与钼酸铵形成硅钼黄杂多酸,在酒石酸存在下的高酸度硫酸介质中用抗坏血酸还原为硅钼蓝,于分光光度计波长 810 nm 处测量其吸光度。

3 试剂

3.1 镁[$w(Mg)\geqslant 99.9\%$,不含硅]。

3.2 溴水(饱和溶液)。

3.3 盐酸(1+1)。

3.4 硫酸(2+5)。

3.5 氟化钾溶液(50 g/L)。

3.6 氨水(1+1)(高纯)。

3.7 硼酸饱和溶液。

3.8 钼酸铵溶液(100 g/L)。

3.9 酒石酸溶液(200 g/L)。

3.10 抗坏血酸溶液(20 g/L,用时配制)。

3.11 硅标准贮存溶液:称取 0.214 0 g 二氧化硅(预先在 1 000℃灼烧 1 h 并在干燥器中冷却至室温)于铂坩埚中,加入 5 g 无水碳酸钠,搅匀,上面再覆盖 1 g 无水碳酸钠,在 950℃熔融至透明,冷却。用热水浸出,加热至溶液透明,冷却。移入 1 000 mL 容量瓶中,以水稀释至刻度,贮于塑料瓶中。此溶液 1 mL含 100 μg 硅。

3.12 硅标准溶液:移取 50.00 mL 硅标准贮存溶液(3.11)置于 500 mL 容量瓶中,以水稀释至刻度,混匀。贮于塑料瓶中。此溶液 1 mL 含 10 μg 硅。

3.13 对硝基苯酚溶液(1 g/L)。

4 仪器

分光光度计。

5 试样

厚度不大于 1 mm 的碎屑。

6 分析步骤

6.1 试料

按表 1 称取试样(5),精确至 0.000 1 g。

6.2　**测定次数**

独立地进行两次测定，取其平均值。

6.3　**空白试验**

按表1称取相应的镁(3.1)代替试料(6.1)，随同试料做空白试验。

表 1

硅的质量分数/%	试料质量/g	加入硫酸体积/mL	定容体积/mL	分取体积/mL
0.002 0～0.008 0	0.5	5.0	—	—
>0.008 0～0.040	0.2	2.4	—	—
>0.040～0.20	0.2	2.4	100	20.00
>0.20～0.80	0.1	2.4	100	10.00
>0.80～1.50	0.1	2.4	250	10.00

6.4　**测定**

6.4.1　将试料(6.1)置于200 mL聚四氟乙烯烧杯中，盖上表皿，加入15 mL溴水(3.2)，边冷却边按表1慢慢加入硫酸(3.4)。如果在溶样过程中溴的橙色消失或有残渣析出，应补加溴水(3.2)，待试料完全溶解后，煮沸溶液至过量溴被除去。

6.4.2　用水稀释溶液至约40 mL，冷却，加入1 mL氟化钾溶液(3.5)，用塑料棒搅匀，在60℃～70℃放置15 min～20 min，然后加入10 mL硼酸饱和溶液(3.7)，混匀，冷却。

硅质量分数小于0.040%时，将试液移入100 mL容量瓶中，以水稀释至约60 mL。

硅质量分数大于0.040%时，按表1将试液移入容量瓶中，以水稀释至刻度，混匀。分取相应体积试液于100 mL容量瓶中，以水稀释至约60 mL。

6.4.3　加一滴对硝基苯酚溶液(3.13)，用氨水(3.6)将溶液调至亮黄色，再用盐酸(3.3)调至无色并过量1 mL。加入5 mL钼酸铵溶液(3.8)，混匀，放置10 min。

6.4.4　加入5 mL酒石酸溶液(3.9)、10 mL硫酸(3.4)和5 mL抗坏血酸溶液(3.10)，以水稀释至刻度，混匀，放置15 min。

6.4.5　将部分溶液移入1 cm～2 cm吸收池中，以随同试料的空白试验溶液(6.3)为参比，于分光光度计波长810 nm处测量其吸光度，从工作曲线上查出相应的硅量。

6.5　**工作曲线的绘制**

6.5.1　移取0，1.00，2.00，4.00，6.00，8.00，10.00 mL硅标准溶液(3.12)，分别置于一组100 mL容量瓶中，加入与试液相当量的镁空白溶液，以水稀释至约60 mL，混匀。以下按6.3.3～6.3.4进行。

6.5.2　将部分溶液(6.4.1)移入1 cm～2 cm吸收池中，以试剂空白为参比，于分光光度计波长810 nm处测量其吸光度，以硅量为横坐标，吸光度为纵坐标，绘制工作曲线。

7　分析结果的表述

按公式(1)计算硅的质量分数(%)：

$$w(\mathrm{Si}) = \frac{m_1 \cdot V_0 \times 10^{-6}}{m_0 \cdot V_1} \times 100 \qquad \cdots\cdots(1)$$

式中：

m_1——自工作曲线上查得的硅量，单位为微克(μg)；

V_0——试液总体积，单位为毫升(mL)；

m_0——试料的质量，单位为克(g)；

V_1——分取试液体积，单位为毫升(mL)。

8 精密度

8.1 重复性

在重复性条件下获得的两个独立测试结果的测定值，在以下给出的平均值范围内，这两个测试结果的绝对差值不超过重复性限(r)，超过重复性限(r)的情况不超过5%。重复性限(r)按以下数据采用线性内插法求得：

硅的质量分数/%：　0.003 7　0.067　1.500

重复性限 r/%：　0.000 3　0.003　0.046

8.2 允许差

实验室之间分析结果的差值应不大于表2所列允许差。

表 2

硅的质量分数/%	允许差/%
0.002 0~0.005 0	0.000 7
>0.005 0~0.010 0	0.001 5
>0.010 0~0.025 0	0.002 5
>0.025~0.050	0.004
>0.050~0.100	0.007
>0.100~0.150	0.010
>0.150~0.400	0.020
>0.400~1.000	0.040
>1.00~1.50	0.05

9 质量保证与控制

分析时，用标准样品或控制样品进行校核，或每年至少用标准样品或控制样品对分析方法校核一次。当过程失控时，应找出原因。纠正错误后，重新进行校核。

ICS 77.120.20
H 12

中华人民共和国国家标准

GB/T 13748.11—2005
代替 GB/T 13748.7—1992

镁及镁合金化学分析方法 铍含量的测定 依莱铬氰蓝 R 分光光度法

Chemical analysis methods of magnesium and magnesium alloys —Determination of beryllium content —Solochrome cyanine R spectrophotometric method

2005-07-26 发布　　　　2006-01-01 实施

中华人民共和国国家质量监督检验检疫总局
中国国家标准化管理委员会　发布

前 言

本标准共分为19部分,包括20个元素的25项化学分析方法。

本标准是对GB/T 13748.1～13748.10—1992的修订,本次修订主要有如下变化:

——根据新的国家标准GB/T 3499—2003《原生镁锭》、GB/T 5153—2004《变形镁及镁合金牌号和化学成分》、GB/T 19078—2003《铸造镁合金锭》以及相关的国际标准和国外标准的规定,本次修订新增分析方法12项,其中增加了10个元素的分析方法,分别为:Sn(GB/T 13748.2)、Li(GB/T 13748.3)、Y(GB/T 13748.5)、Ag(GB/T 13748.6)、Pb(GB/T 13748.13)、Ca(GB/T 13748.16)、K和Na(GB/T 13748.17)、Cl(GB/T 13748.18)、Ti(GB/T 13748.19),以及锰含量的测定(GB/T 13748.4的方法三)、高含量铜的测定(GB/T 13748.12的方法二)、低含量锌的测定(GB/T 13748.15的方法二)。

——重新起草了铬天青S-氯化十四烷基吡啶分光光度法测定铝含量(GB/T 13748.2的方法二)、重量法测定稀土含量(GB/T 13748.8)。

——对二甲苯酚橙分光光度法测定锆含量进行了修订并扩展了测定范围(GB/T 13748.7)。

——扩展了锰(GB/T 13748.4的方法一)、铁(GB/T 13748.9)、硅(GB/T 13748.10)、铍(GB/T 13748.11)、铜(GB/T 13748.12)、镍(GB/T 13748.14)等元素的测定范围。

——《8-羟基喹啉分光光度法测定铝含量》(GB/T 13748.1的方法一)、《8-羟基喹啉重量法测定铝含量》(GB/T 13748.1方法三)、《高碘酸盐分光光度法测定锰含量方法二》(GB/T 13748.4的方法二)、《火焰原子吸收光谱法测定锌含量》(GB/T 13748.15)为编辑性整理后予以确认的方法。

本标准修订后代替了GB/T 4374—1984《镁粉和铝镁合金粉化学分析方法》中的相关部分,即GB/T 13748.9、GB/T 13748.10、GB/T 13748.12、GB/T 13748.18分别代替GB/T 4374.2—1984、GB/T 4374.3—1984、GB/T 4374.1—1984、GB/T 4374.5—1984。

本标准共有7个部分的9项分析方法非等效采用国际标准,分别为:

——GB/T 13748.1:NEQ ISO 791:1973;

——GB/T 13748.4:NEQ ISO 2353:1972、ISO 809:1973、ISO 810:1973;

——GB/T 13748.8:NEQ ISO 2355:1972;

——GB/T 13748.9:NEQ ISO 792:1973;

——GB/T 13748.10:NEQ ISO 1975:1973;

——GB/T 13748.14:NEQ ISO 4058:1977;

——GB/T 13748.15:NEQ ISO 4194:1981。

本标准中采用国际标准的各部分,其标准名称和标准文本结构为了与系列标准协调一致,均与所采用的国际标准不完全相同。

本标准代替GB/T 13748.1～13748.10—1992。

本标准由中国有色金属工业协会提出。

本标准由全国有色金属标准化技术委员会归口。

本标准由中国铝业股份有限公司郑州研究院、中国有色金属工业标准计量质量研究所负责起草。

本标准由中国铝业股份有限公司郑州研究院、北京有色金属研究总院、洛阳铜加工集团有限责任公司、抚顺铝厂、西南铝业(集团)有限责任公司、东北轻合金有限责任公司起草。

本标准由全国有色金属标准化技术委员会负责解释。

本标准所代替标准的历次版本发布情况为：

——GB/T 13748.1～13748.10—1992、GB/T 4374.1～4374.3—1984、GB/T 4374.5—1984。

前　言

GB/T 13748—2005 共分为 19 部分，本部分为第 11 部分。

本部分是对 GB/T 13748.7—1992 的修订，测定范围由 0.005%～0.02%调整为 0.000 2%～0.020 0%，并进行了编辑性整理。

本部分代替 GB/T 13748.7—1992。

本部分由中国有色金属工业协会提出。

本部分由全国有色金属标准化技术委员会归口。

本部分由中国铝业股份有限公司郑州研究院、中国有色金属工业标准计量质量研究所负责起草。

本部分由东北轻合金有限责任公司起草。

本部分主要起草人：李文志、施立新、刘昕、魏雪冬、李媛媛。

本部分由全国有色金属标准化技术委员会负责解释。

本部分所代替标准的历次版本发布情况为：

——GB/T 13748.7—1992。

镁及镁合金化学分析方法
铍含量的测定
依莱铬氰蓝R分光光度法

1 范围

本部分规定了镁及镁合金中铍含量的测定方法。

本部分适用于镁及镁合金中铍含量的测定。测定范围:0.000 2%～0.020 0%。

2 方法提要

试料以盐酸溶解。以乙二胺四乙酸二钠和酒石酸钠为掩蔽剂,在pH9.6的溶液中,铍与依莱铬氰蓝R、溴化十六烷基三甲基胺形成三元络合物。于分光光度计波长558 nm处测量其吸光度。

3 试剂

3.1 氢氟酸(ρ 1.14 g/mL)。

3.2 过氧化氢(ρ 1.10 g/mL)。

3.3 盐酸(1+1)。

3.4 氨水(1+1)。

3.5 乙二胺四乙酸二钠(EDTA)溶液(100 g/L)。

3.6 酒石酸钠溶液(100 g/L)。

3.7 依莱铬氰蓝R(简称SCR,分子式为$C_{23}H_{15}O_9SNa_3$)溶液(2 g/L):称取0.500 g依莱铬氰蓝R置于烧杯中,加入4 mL硝酸(1+1),搅匀,加水使之完全溶解。过滤于250 mL容量瓶中,以水稀释至刻度,混匀。

3.8 溴化十六烷基三甲基胺(CTMAB)溶液(3 g/L):称取0.75 g CTMAB溶解于约200 mL温水中,冷却。加入10 mL无水乙醇,过滤于250 mL容量瓶中,以水稀释至刻度,混匀。

3.9 氨水-硝酸铵缓冲溶液(pH9.6):称取45 g硝酸铵溶解于约400 mL水中,加入65 mL氨水(ρ 0.90 g/mL),混匀。在酸度计上用氨水(3.4)或硝酸(1+1)调节至pH9.6,移入500 mL容量瓶中。

3.10 镁溶液(10 g/L):称取2.500 g金属镁[$w(Mg) \geqslant 99.9\%$,不含铍]置于500 mL烧杯中,盖上表皿,分次加入总量为75 mL盐酸(3.3),待剧烈反应停止后,缓慢加热至完全溶解,冷却。移入250 mL容量瓶中,以水稀释至刻度,混匀。

3.11 铍标准贮存溶液按3.11.1配制,按3.11.2标定。

3.11.1 配制:称取0.500 g硫酸铍($BeSO_4 \cdot 4H_2O$)溶解于约50 mL水中,过滤于250 mL容量瓶中,加入85 mL盐酸(3.3),以水稀释至刻度,混匀。此溶液1 mL约含100 μg铍。

3.11.2 标定:移取50.00 mL铍标准贮存溶液(3.11.1)于250 mL烧杯中,加30 mL水,加热煮沸,取下。加4 mL EDTA溶液(3.5)、3滴麝香草酚蓝乙醇溶液(1 g/L),滴加氨水(3.4)至溶液呈明显的蓝色并过量5滴,加热至微沸,在近沸下保温30 min,取下,放置12 h以上。用中速定量滤纸过滤,以氨水(5+95)洗涤烧杯5～6次、洗涤沉淀7～8次。将沉淀连同滤纸移入已恒量的瓷坩锅中,干燥、灰化,于1 000℃灼烧45 min,取出,稍冷。置于干燥器中冷却至室温后称量,重复灼烧至恒重。

3.11.3 按公式(1)计算铍标准贮存溶液的质量浓度:

$$\rho(Be) = \frac{0.360\,3 \times m}{V} \quad \cdots\cdots(1)$$

式中：

ρ(Be)——铍标准贮存溶液的质量浓度，单位为微克每毫升（μg/mL）；

0.360 3——氧化铍换算为铍的因数；

m——灼烧后沉淀的质量，单位为微克（μg）；

V——移取铍标准贮存溶液（3.11.1）的体积，单位为毫升（mL）。

3.12　铍标准溶液：移取适量的铍标准贮存溶液（3.11）于500 mL容量瓶中，加167 mL盐酸（3.3），以水稀释至刻度，混匀。此溶液1 mL含5 μg铍。

3.13　铍标准溶液：移取25.00 mL铍标准溶液（3.12）于250 mL容量瓶中，加75 mL盐酸（3.3），以水稀释至刻度，混匀。此溶液1 mL含0.5 μg铍。

3.14　铍标准溶液：移取10.00 mL铍标准溶液（3.12）于250 mL容量瓶中，加80 mL盐酸（3.3）以水稀释至刻度，混匀。此溶液1 mL含0.2 μg铍。

3.15　对硝基苯酚溶液（2 g/L）。

4　仪器

分光光度计。

5　试样

厚度不大于1 mm的碎屑。

6　分析步骤

6.1　试料

按表1称取试样（5），精确至0.000 1 g。

表1

铍的质量分数/%	试料质量/g	试液总体积	移取试液体积	显色体积	EDTA体积（3.5）	空白补加镁溶液（3.10）体积	试液补加镁溶液（3.10）体积	吸收池厚度/cm
		/mL						
0.000 2～0.001 0	1.0	100	10.00	100	25	10.0	—	5
>0.001 0～0.002 5	1.0	250	10.00	100	25	10.0	6.0	5
>0.002 5～0.005 0	1.0	250	5.00	100	25	10.0	8.0	5
>0.005 0～0.020 0	0.5	250	10.00	50	6	2.0	—	1

6.2　测定次数

独立地进行两次测定，取其平均值。

6.3　空白试验

按表1移取镁溶液（3.10）于容量瓶中，以下按6.4.3进行。

6.4　测定

6.4.1　将试料（6.1）置于250 mL烧杯中，盖上表皿，分次加入总量为25 mL盐酸（3.3），待剧烈反应停止后，加入1滴过氧化氢（3.2），加热使试料完全溶解，取下，冷却。

注：含锆的镁合金，加入2滴氢氟酸（3.1），加热使试料完全溶解。

6.4.2　将溶液按表1移入容量瓶中（若浑浊，需过滤），以水稀释至刻度，混匀。按表1分取试液于相应的容量瓶中，并补加镁溶液（3.10）。

6.4.3　加入2 mL酒石酸钠溶液（3.6），按表1加入EDTA溶液（3.5）、1滴对硝基苯酚溶液（3.15），用氨水（3.4）调节至溶液呈浅黄色并过量1.5 mL。加入4 mL氨水-硝酸铵缓冲溶液（3.9）、4 mL CTMAB溶液（3.8），缓慢混匀，放置5 min。在不断摇动下加入5 mL SCR溶液（3.7），混匀，放置5 min，以水稀释至刻度，混匀，放置10 min。

6.4.4 将部分溶液(6.4.3)移入表1规定的吸收池中,以空白试验溶液(6.3)为参比,于分光光度计波长558 nm处测量其吸光度。从工作曲线上查出相应的铍量。

6.5 工作曲线的绘制

6.5.1 铍的质量分数在0.000 2%~0.005 0%时:移取0,1.00,2.00,3.00,4.00,5.00 mL铍标准溶液(3.14)于一组100 mL容量瓶中,加入10.0 mL镁溶液(3.10),以下按6.4.3进行。

6.5.2 铍的质量分数在>0.005 0%~0.020 0%时:移取0,2.00,4.00,6.00,8.00,10.00 mL铍标准溶液(3.13)于一组50 mL容量瓶中,加入2.0 mL镁溶液(3.10),以下按6.4.3进行。

6.5.3 将部分溶液(6.5.1)与(6.5.2)移入相应的吸收池中,以试剂空白溶液为参比,于分光光度计波长558 nm处测量其吸光度。以铍量为横坐标,吸光度为纵坐标,绘制工作曲线。

7 分析结果的计算

按公式(2)计算铍的质量分数(%):

$$w(\mathrm{Be}) = \frac{m_1 \cdot V_0 \times 10^{-6}}{m_0 \cdot V_1} \times 100 \qquad \cdots\cdots(2)$$

式中:

m_1——自工作曲线上查得的铍量,单位为微克(μg);

V_0——试液总体积,单位为毫升(mL);

m_0——试料的质量,单位为克(g);

V_1——移取试液体积,单位为毫升(mL)。

8 精密度

8.1 重复性

在重复性条件下获得的两个测试结果的测定值,在以下给出的平均值范围内,这两个测试结果的绝对差值不超过重复性限(r),超过重复性限(r)的情况不超过5%,重复性限(r)按以下数据采用线性内插法求得:

铍的质量分数/%:	0.000 4	0.004 0	0.015 0
重复性限 r/%:	0.000 05	0.000 5	0.001 2

8.2 允许差

实验室之间分析结果的差值应不大于表2所列允许差。

表2

铍的质量分数/%	允许差/%
0.000 2~0.000 5	0.000 05
>0.000 5~0.001 0	0.000 1
>0.001 0~0.002 5	0.000 2
>0.002 5~0.005 0	0.000 5
>0.005 0~0.007 5	0.000 7
>0.007 5~0.010 0	0.001 0
>0.010 0~0.015 0	0.001 2
>0.015 0~0.020 0	0.001 4

9 质量保证和控制

分析时,用标准样品或控制样品进行校核,或每年至少用标准样品或控制样品对分析方法校核一次。当过程失控时,应找出原因。纠正错误后,重新进行校核。

ICS 77.120.20
H 12

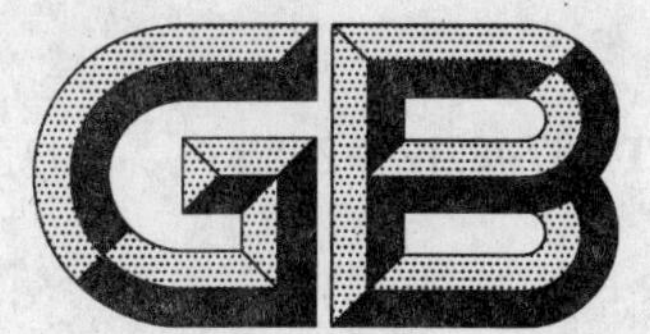

中华人民共和国国家标准

GB/T 13748.12—2005
代替 GB/T 13748.8—1992、GB/T 4374.1—1984

镁及镁合金化学分析方法 铜含量的测定 新亚铜灵分光光度法

Chemical analysis methods of magnesium and magnesium alloys
—Determination of low copper content
—2,9-Dimethyl-1,10-phenanthroline spectrophotometric method

2005-07-26 发布　　2006-01-01 实施

中华人民共和国国家质量监督检验检疫总局
中国国家标准化管理委员会　发布

前　言

本标准共分为19部分，包括20个元素的25项化学分析方法。

本标准是对GB/T 13748.1～13748.10—1992的修订，本次修订主要有如下变化：

——根据新的国家标准GB/T 3499—2003《原生镁锭》、GB/T 5153—2004《变形镁及镁合金牌号和化学成分》、GB/T 19078—2003《铸造镁合金锭》以及相关的国际标准和国外标准的规定，本次修订新增分析方法12项，其中增加了10个元素的分析方法，分别为：Sn(GB/T 13748.2)、Li(GB/T 13748.3)、Y(GB/T 13748.5)、Ag(GB/T 13748.6)、Pb(GB/T 13748.13)、Ca(GB/T 13748.16)、K和Na(GB/T 13748.17)、Cl(GB/T 13748.18)、Ti(GB/T 13748.19)，以及锰含量的测定(GB/T 13748.4的方法三)、高含量铜的测定(GB/T 13748.12的方法二)、低含量锌的测定(GB/T 13748.15的方法二)。

——重新起草了铬天青S-氯化十四烷基吡啶分光光度法测定铝含量(GB/T 13748.2的方法二)、重量法测定稀土含量(GB/T 13748.8)。

——对二甲苯酚橙分光光度法测定锆含量进行了修订并扩展了测定范围(GB/T 13748.7)。

——扩展了锰(GB/T 13748.4的方法一)、铁(GB/T 13748.9)、硅(GB/T 13748.10)、铍(GB/T 13748.11)、铜(GB/T 13748.12)、镍(GB/T 13748.14)等元素的测定范围。

——《8-羟基喹啉分光光度法测定铝含量》(GB/T 13748.1的方法一)、《8-羟基喹啉重量法测定铝含量》(GB/T 13748.1方法三)、《高碘酸盐分光光度法测定锰含量方法二》(GB/T 13748.4的方法二)、《火焰原子吸收光谱法测定锌含量》(GB/T 13748.15)为编辑性整理后予以确认的方法。

本标准修订后代替了GB/T 4374—1984《镁粉和铝镁合金粉化学分析方法》中的相关部分，即GB/T 13748.9、GB/T 13748.10、GB/T 13748.12、GB/T 13748.18分别代替GB/T 4374.2—1984、GB/T 4374.3—1984、GB/T 4374.1—1984、GB/T 4374.5—1984。

本标准共有7个部分的9项分析方法非等效采用国际标准，分别为：

——GB/T 13748.1:NEQ ISO 791:1973；

——GB/T 13748.4:NEQ ISO 2353:1972、ISO 809:1973、ISO 810:1973；

——GB/T 13748.8:NEQ ISO 2355:1972；

——GB/T 13748.9:NEQ ISO 792:1973；

——GB/T 13748.10:NEQ ISO 1975:1973；

——GB/T 13748.14:NEQ ISO 4058:1977；

——GB/T 13748.15:NEQ ISO 4194:1981。

本标准中采用国际标准的各部分，其标准名称和标准文本结构为了与系列标准协调一致，均与所采用的国际标准不完全相同。

本标准代替GB/T 13748.1～13748.10—1992。

本标准由中国有色金属工业协会提出。

本标准由全国有色金属标准化技术委员会归口。

本标准由中国铝业股份有限公司郑州研究院、中国有色金属工业标准计量质量研究所负责起草。

本标准由中国铝业股份有限公司郑州研究院、北京有色金属研究总院、洛阳铜加工集团有限责任公司、抚顺铝厂、西南铝业(集团)有限责任公司、东北轻合金有限责任公司起草。

本标准由全国有色金属标准化技术委员会负责解释。

本标准所代替标准的历次版本发布情况为：

——GB/T 13748.1～13748.10—1992、GB/T 4374.1～4374.3—1984、GB/T 4374.5—1984。

前　言

GB/T 13748—2005 共分为 19 部分，本部分为第 12 部分。

本部分包括方法一和方法二。

本部分方法一是对 GB/T 13748.8—1992 的修订，与 GB/T 13748.8—1992 相比主要变化如下：测定范围由 0.003%～0.07%扩展至 0.000 30%～0.200%；当 Cu 的质量分数为 0.001%～0.010%、Zn 的质量分数≤4.0%时，新亚铜灵溶液（1 g/L）的用量改为 20.00 mL；方法一参照了 ASTM E 35—1988(2002)《镁及镁合金化学分析方法》中铜含量的测定方法。

GB/T 13748—1992 中没有高含量铜的测定方法，随着我国镁加工业的不断发展，出现了各种含铜的镁合金，因而有必要制定镁合金中高含量铜的测定方法。方法二参照方法一，将三氯甲烷萃取光度法改为水相光度法测定镁合金中的高含量铜。

本部分与 GB/T 4374.1—1984《镁粉和铝镁合金粉化学分析方法　新铜试剂萃取光度法测定铜量》合并修订。

本部分代替 GB/T 13748.8—1992 和 GB/T 4374.1—1984。

本部分由中国有色金属工业协会提出。

本部分由全国有色金属标准化技术委员会负责归口。

本部分由中国铝业股份有限公司郑州研究院、中国有色金属工业标准计量质量研究所负责起草。

本部分方法一由北京有色金属研究总院起草。

本部分方法二由中国铝业股份有限公司郑州研究院起草。

本部分方法一主要起草人：王爱慈、臧慕文、童坚、汪丽定。

本部分方法二主要起草人：路霞、张元克、张树朝、张爱芬。

本部分方法二主要验证人：杨丽梅。

本部分由全国有色金属标准化技术委员会负责解释。

本部分所代替标准的历次版本发布情况为：

——GB/T 13748.8—1992、GB/T 4374.1—1984。

镁及镁合金化学分析方法
铜含量的测定
新亚铜灵分光光度法

方法一 低含量铜的测定

1 范围

本方法规定了镁及镁合金中铜含量的测定方法。

本方法适用于镁及镁合金中铜含量的测定。测定范围：0.000 30%～0.200%。

2 方法提要

试料用盐酸、过氧化氢溶解，用柠檬酸钠掩蔽 Fe(Ⅲ)，加入盐酸羟胺将铜(Ⅱ)还原至铜(Ⅰ)，调节溶液酸度至 pH5，铜与 2,9-二甲基 1,10-二氮杂菲生成的黄色络合物，以三氯甲烷萃取，于分光光度计波长 460 nm 处测量其吸光度。

3 试剂

3.1 三氯甲烷。

3.2 过氧化氢(ρ 1.10 g/mL)，优级纯。

3.3 盐酸(1+1)，优级纯。

3.4 盐酸羟胺溶液(100 g/L)，用时现配。

3.5 柠檬酸钠溶液(300 g/L)。

3.6 氨水(1+1)，优级纯。

3.7 新亚铜灵(2,9-二甲基-1,10-二氮杂菲)乙醇溶液(1 g/L)。

3.8 铜标准贮存溶液：称取 1.000 0 g 铜[w(Cu)≥99.9%]于 150 mL 烧杯中，用 15 mL 硝酸(ρ 1.40 g/mL)溶解，煮沸除去氮的氧化物，冷却，移入 1 000 mL 容量瓶中，以水稀释至刻度，混匀。此溶液 1 mL 含 1 mg 铜。

3.9 铜标准溶液：移取 25.00 mL 铜标准贮存溶液(3.8)置于 250 mL 容量瓶中，以水稀释至刻度，混匀。此溶液 1 mL 含 100 μg 铜。

3.10 铜标准溶液：移取 25.00 mL 铜标准溶液(3.9)置于 250 mL 容量瓶中，以水稀释至刻度，混匀。此溶液 1 mL 含 10 μg 铜。

3.11 铜标准溶液：移取 25.00 mL 铜标准溶液(3.10)置于 250 mL 容量瓶中，以水稀释至刻度，混匀。此溶液 1 mL 含 1 μg 铜。

3.12 精密 pH 试纸(5.0～8.0)。

4 仪器

分光光度计。

5 试样

厚度不大于 1 mm 的碎屑。

6 分析步骤

6.1 试料

按表1称取试样(5),精确至0.000 1 g。

表1

铜的质量分数/%	试料质量/g	盐酸体积/mL	分取试液体积/mL	吸收池厚度/cm
0.000 30～0.001	1	30.0	全部	3
>0.001～0.010	0.5	15.0	全部	1
>0.010～0.050	0.1	15.0	全部	1
>0.050～0.200	0.1	15.0	10.00	1

6.2 测定次数

独立地进行两次测定,取其平均值。

6.3 空白试验

随同试料(6.1)做空白试验。

6.4 测定

6.4.1 将试料(6.1)置于200 mL烧杯中,按表1缓慢加入盐酸(3.3),滴加3～5滴过氧化氢(3.2),缓缓加热至试料完全溶解,煮沸除去过量的过氧化氢,蒸至约5 mL,冷却。

6.4.2 将试液(6.4.1)置于125 mL分液漏斗中,用水稀释至约30 mL。(铜质量分数大于0.05%时,将试液移入100 mL容量瓶中,以水稀释至刻度,混匀。按表1分取10.00 mL试液置于125 mL分液漏斗中)。

6.4.3 于分液漏斗中加入15 mL柠檬酸钠溶液(3.5)、5 mL盐酸羟胺溶液(3.4),用氨水(3.6)调节溶液酸度至pH=5,按表2加入新亚铜灵溶液(3.7)(每加入一种试剂,均需混匀)。加入10.00 mL三氯甲烷(3.1),振荡2 min,静置分层后,将有机相用滤纸过滤于干燥的10 mL比色管中。

表2

铜的质量分数/%	锌的质量分数/%	新亚铜灵体积/mL
0.000 30～0.001	—	5.0
>0.001～0.010	≤4.0	20.0
>0.010～0.050	≤7.0	5.0
>0.050～0.200	≤7.0	5.0

6.4.4 将部分溶液(6.4.3)按表1移入干燥的吸收池中,以随同试料的空白试验溶液为参比,于分光光度计波长460 nm处测量其吸光度。从工作曲线上查得相应的铜量。

6.5 工作曲线的绘制

6.5.1 移取0,1.00,2.00,3.00,4.00,5.00 mL铜标准溶液(3.10)(铜的质量分数小于0.001%时,移取0,2.00,4.00,6.00,8.00,10.00 mL铜标准溶液(3.11)),分别置于一组125 mL分液漏斗中,用水稀释至约30 mL,以下按6.4.3进行。

6.5.2 将部分溶液(6.5.1)移入1 cm干燥的吸收池中(铜的质量分数小于0.001%时,移入3 cm吸收池),以试剂空白溶液为参比,于分光光度计波长460 nm处测量其吸光度。以铜量为横坐标,吸光度为纵坐标,绘制工作曲线。

7 分析结果的计算

按公式(1)计算铜的质量分数(%):

$$w(Cu)=\frac{m_1 \cdot V_0 \times 10^{-6}}{m_0 V_1}\times 100 \qquad \cdots\cdots(1)$$

式中：

m_1——自工作曲线上查得的铜量，单位为微克(μg)；

V_0——试液总体积，单位为毫升(mL)；

m_0——试料的质量，单位为克(g)；

V_1——分取试液体积，单位为毫升(mL)。

8 精密度

8.1 重复性

在重复性条件下获得的两个独立测试结果的测定值，在以下给出的平均值范围内，这两个测试结果的绝对差值不超过重复性限(r)，超过重复性限(r)的情况不超过5%。重复性限(r)按以下数据采用线性内插法求得：

铜的质量分数/%：	0.000 35	0.008 0	0.200
重复性限 r/%：	0.000 02	0.000 8	0.005

8.2 允许差

实验室之间分析结果的差值应不大于表3所列允许差。

表 3

铜的质量分数/%	允许差/%
0.000 30～0.000 60	0.000 05
>0.000 6～0.001 2	0.000 1
>0.001 2～0.002 5	0.000 4
>0.002 5～0.005 0	0.000 7
>0.005 0～0.007 5	0.001 1
>0.007 5～0.010 0	0.001 5
>0.010～0.025	0.002 5
>0.02 5～0.050	0.005
>0.050～0.075	0.007
>0.075～0.100	0.010
>0.10～0.200	0.015

9 质量保证与控制

分析时，用标准样品或控制样品进行校核，或每年至少用标准样品或控制样品对分析方法校核一次。当过程失控时，应找出原因。纠正错误后，重新进行校核。

方法二 高含量铜的测定

10 范围

本方法规定了镁合金中铜含量的测定方法。

本方法适用于镁合金中铜含量的测定。测定范围：2.00%～4.00%。

11 方法原理

试料用盐酸和过氧化氢溶解，在柠檬酸铵存在下用盐酸羟胺将 Cu(Ⅱ)还原为 Cu(Ⅰ)，在 pH＝6 左右的酸度下，Cu(Ⅰ)与新亚铜灵生成 1∶2 的黄色络合物，于分光光度计波长 455 nm 处测量其吸光度。

12 试剂

12.1 过氧化氢(ρ 1.10 g/mL)。

12.2 盐酸(1＋1)。

12.3 硝酸(1＋1)。

12.4 盐酸羟胺溶液(100 g/L)。

12.5 新亚铜灵(2,9-二甲基-1,10-二氮杂菲)乙醇溶液(1 g/L)。

12.6 柠檬酸铵溶液(500 g/L)。

12.7 铜标准溶液：称取 0.050 0 g 铜[w(Cu)≥99.9%]于 300 mL 烧杯中，加入 200 mL 水及 100 mL 硝酸(12.3)，低温加热至完全溶解，移入 500 mL 容量瓶中，用水稀释至刻度，混匀。此溶液 1 mL 含 100 μg 铜。

13 仪器

分光光度计。

14 试样

厚度不大于 1 mm 的碎屑。

15 分析步骤

15.1 试料

称取 0.5 g 试样(14)，精确至 0.000 1 g。

15.2 测定次数

独立地进行两次测定，取其平均值。

15.3 空白试验

随同试料(15.1)做空白试验。

15.4 测定

15.4.1 将试料(15.1)置于 200 mL 烧杯中，缓慢加入 15 mL 盐酸(12.2)，滴加过氧化氢(12.1)，缓慢加热至试样完全溶解，煮沸除去过量的过氧化氢，冷却至室温，移入 250 mL 容量瓶中，用水稀释至刻度，混匀。

15.4.2 移取 10.00 mL 试液(15.4.1)于 100 mL 容量瓶中，加入 5 mL 柠檬酸铵溶液(12.6)，混匀，加入 5 mL 盐酸羟胺溶液(12.4)，混匀，静置片刻，边摇边加入 10 mL 新亚铜灵乙醇溶液(12.5)，用水稀释至刻度，混匀。

15.4.3 将部分溶液(15.4.2)移入 1 cm 吸收池中，以空白试验(15.3)溶液为参比，于分光光度计波长 455 nm 处测量其吸光度，从工作曲线上查出相应的铜量。

15.5 工作曲线的绘制

15.5.1 移取 0，1.00，2.00，3.00，4.00，5.00，6.00，7.00，8.00 mL 铜标准溶液(12.7)，分别加入 5 mL 柠檬酸铵溶液(12.6)，混匀，以下按 15.4.2 进行。

15.5.2 将部分溶液(15.5.1)移入 1 cm 吸收池中，以水为参比，于分光光度计波长 455 nm 处测量其吸光度，将测得系列标准溶液的吸光度减去试剂空白溶液的吸光度后，以铜量为横坐标，对应的吸光度为纵坐标，绘制工作曲线。

16 分析结果的计算

按公式(2)计算铜的质量分数(%)：

$$w(\mathrm{Cu}) = \frac{m_1 \cdot V_0 \times 10^{-6}}{m_0 V_1} \times 100 \qquad \cdots\cdots\cdots\cdots(2)$$

式中：

m_1——自工作曲线上查得的铜量，单位为微克(μg)；

V_0——试液的总体积，单位为毫升(mL)；

m_0——试料的质量，单位为克(g)；

V_1——分取试液的体积，单位为毫升(mL)。

17 精密度

17.1 重复性

在重复性条件下获得的两个独立测试结果的测定值，在以下给出的平均值范围内，这两个测试结果的绝对差值不超过重复性限(*r*)，超过重复性限(*r*)情况不超过5%，重复性限(*r*)按以下数据采用线性内插法求得：

铜的质量分数/%：	2.11	3.00	3.88
重复性限 *r*/%：	0.03	0.05	0.08

17.2 允许差

实验室之间分析结果的差值应不大于表4所列允许差。

表4

铜的质量分数/%	允许差/%
2.00～3.00	0.10
＞3.00～4.00	0.15

18 质量保证和控制

分析时，用标准样品或控制样品进行校核，或每年至少用标准样品或控制样品对分析方法校核一次。当过程失控时，应找出原因。纠正错误后，重新进行校核。

ICS 77.120.20
H 12

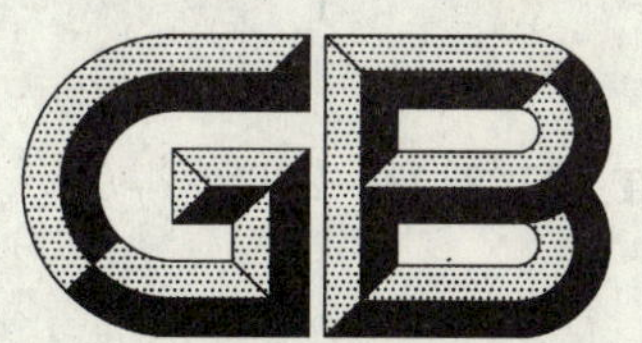

中华人民共和国国家标准

GB/T 13748.13—2005

镁及镁合金化学分析方法 铅含量的测定 火焰原子吸收光谱法

Chemical analysis methods of magnesium and magnesium alloys
—Determination of lead content
—Flame atomic absorption spectrophotometric method

2005-07-26 发布 2006-01-01 实施

中华人民共和国国家质量监督检验检疫总局
中国国家标准化管理委员会 发布

前　言

本标准共分为19部分，包括20个元素的25项化学分析方法。

本标准是对GB/T 13748.1～13748.10—1992的修订，本次修订主要有如下变化：

——根据新的国家标准GB/T 3499—2003《原生镁锭》、GB/T 5153—2004《变形镁及镁合金牌号和化学成分》、GB/T 19078—2003《铸造镁合金锭》以及相关的国际标准和国外标准的规定，本次修订新增分析方法12项，其中增加了10个元素的分析方法，分别为：Sn(GB/T 13748.2)、Li(GB/T 13748.3)、Y(GB/T 13748.5)、Ag(GB/T 13748.6)、Pb(GB/T 13748.13)、Ca(GB/T 13748.16)、K和Na(GB/T 13748.17)、Cl(GB/T 13748.18)、Ti(GB/T 13748.19)，以及锰含量的测定(GB/T 13748.4的方法三)、高含量铜的测定(GB/T 13748.12的方法二)、低含量锌的测定(GB/T 13748.15的方法二)。

——重新起草了铬天青S-氯化十四烷基吡啶分光光度法测定铝含量(GB/T 13748.2的方法二)、重量法测定稀土含量(GB/T 13748.8)。

——对二甲苯酚橙分光光度法测定锆含量进行了修订并扩展了测定范围(GB/T 13748.7)。

——扩展了锰(GB/T 13748.4的方法一)、铁(GB/T 13748.9)、硅(GB/T 13748.10)、铍(GB/T 13748.11)、铜(GB/T 13748.12)、镍(GB/T 13748.14)等元素的测定范围。

——《8-羟基喹啉分光光度法测定铝含量》(GB/T 13748.1的方法一)、《8-羟基喹啉重量法测定铝含量》(GB/T 13748.1方法三)、《高碘酸盐分光光度法测定锰含量方法二》(GB/T 13748.4的方法二)、《火焰原子吸收光谱法测定锌含量》(GB/T 13748.15)为编辑性整理后予以确认的方法。

本标准修订后代替了GB/T 4374—1984《镁粉和铝镁合金粉化学分析方法》中的相关部分，即GB/T 13748.9、GB/T 13748.10、GB/T 13748.12、GB/T 13748.18分别代替GB/T 4374.2—1984、GB/T 4374.3—1984、GB/T 4374.1—1984、GB/T 4374.5—1984。

本标准共有7个部分的9项分析方法非等效采用国际标准，分别为：

——GB/T 13748.1：NEQ ISO 791：1973；

——GB/T 13748.4：NEQ ISO 2353：1972、ISO 809：1973、ISO 810：1973；

——GB/T 13748.8：NEQ ISO 2355：1972；

——GB/T 13748.9：NEQ ISO 792：1973；

——GB/T 13748.10：NEQ ISO 1975：1973；

——GB/T 13748.14：NEQ ISO 4058：1977；

——GB/T 13748.15：NEQ ISO 4194：1981。

本标准中采用国际标准的各部分，其标准名称和标准文本结构为了与系列标准协调一致，均与所采用的国际标准不完全相同。

本标准代替GB/T 13748.1～13748.10—1992。

本标准由中国有色金属工业协会提出。

本标准由全国有色金属标准化技术委员会归口。

本标准由中国铝业股份有限公司郑州研究院、中国有色金属工业标准计量质量研究所负责起草。

本标准由中国铝业股份有限公司郑州研究院、北京有色金属研究总院、洛阳铜加工集团有限责任公

司、抚顺铝厂、西南铝业(集团)有限责任公司、东北轻合金有限责任公司起草。

本标准由全国有色金属标准化技术委员会负责解释。

本标准所代替标准的历次版本发布情况为：

——GB/T 13748.1～13748.10—1992、GB/T 4374.1～4374.3—1984、GB/T 4374.5—1984。

前 言

GB/T 13748—2005 共分为 19 部分，本部分为第 13 部分。

GB/T 13748—1992 中无铅的测定方法，但新的原生镁锭产品标准中规定了铅含量的要求，因此制定了火焰原子吸收光谱法测定铅含量。

本部分由中国有色金属工业协会提出。

本部分由全国有色金属标准化技术委员会负责归口。

本部分由中国铝业股份有限公司郑州研究院、中国有色金属工业标准计量质量研究所负责起草。

本部分由北京有色金属研究总院起草。

本部分由东北轻合金有限责任公司、中国铝业股份有限公司郑州研究院参加起草。

本部分主要起草人：臧慕文、王爱慈、刘英、童坚。

本部分主要验证人：李文志、石磊、施立新、张炜华。

本部分由全国有色金属标准化技术委员会负责解释。

镁及镁合金化学分析方法
铅含量的测定
火焰原子吸收光谱法

1 范围

本部分规定了镁及镁合金中铅含量的测定方法。

本部分适用于镁中铅含量的测定。测定范围:0.001 0%～0.010%。

2 方法提要

试料用盐酸溶解。以氢氧化铁作载体、共沉淀分离富集铅。在盐酸介质中,以空气-乙炔火焰,于原子吸收光谱仪波长283.3 nm处,测量铅的吸光度。

3 试剂

3.1 盐酸(1+1):优级纯。

3.2 氨水(1+1):优级纯。

3.3 铁溶液(1 mg/mL):称取0.484 g氯化铁($FeCl_3 \cdot 6H_2O$),加入5 mL盐酸(3.1),以水溶解并稀释至100 mL。

3.4 酚酞乙醇溶液(1 g/L)。

3.5 氨-氯化铵缓冲溶液(pH9):称取135 g氯化铵,以500 mL水溶解,加入48 mL氨水(3.2),以水稀释至1 000 mL。

3.6 氨-氯化铵洗液:10 mL氨-氯化铵缓冲溶液(3.5),以水稀释至500 mL。

3.7 铅标准贮存溶液:称取1.000 0 g金属铅[$w(Pb) \geqslant 99.9\%$],置于400 mL烧杯中,加入30 mL硝酸(1+2),溶解后,加热除去氮的氧化物,冷却,移入1 000 mL容量瓶中,用水定容,混匀。此溶液1 mL含1 mg铅。

3.8 铅标准溶液:移取25.00 mL铅标准贮存溶液(3.7)置于250 mL容量瓶中,加入1 mL盐酸(3.1),用水定容,混匀。此溶液1 mL含100 μg铅。

4 仪器

原子吸收光谱仪,附铅空心阴极灯。

在仪器最佳工作条件和标尺扩展下,凡能达到下列指标者均可使用:

——特征浓度:在与测量溶液的基体相一致的溶液中,铅的特征浓度应不大于0.23 μg/mL。

——精密度:用最高浓度的标准溶液测量10次吸光度,其标准偏差应不超过平均吸光度的1.0%～1.5%;用最低浓度的标准溶液(不是"零"浓度标准溶液)测量10次吸光度,其标准偏差应不超过最高浓度平均吸光度的0.5%。

——工作曲线线性:将工作曲线按浓度等分成五段,最高段的吸光度差值与最低段的吸光度差值之比,应不小于0.7。

5 试样

厚度不大于1 mm的碎屑。

6 分析步骤

6.1 试料

按表1称取试样(5),精确至0.000 1 g。

6.2 测定次数

独立地进行两次测定,取其平均值。

6.3 空白试验

随同试料(6.1)作空白试验。

6.4 测定

6.4.1 将试料(6.1)置于200 mL烧杯中,加入约5 mL水,按表1分次加入盐酸(3.1),剧烈反应后,加热使试料完全溶解,冷却。

表1

铅的质量分数/%	试料质量/g	盐酸(3.1)体积/mL
0.001 0~0.005 0	2.5	35
>0.005 0~0.010	2.0	30

6.4.2 加入4 mL铁溶液(3.3)用水稀释至约50 mL。加入4滴酚酞乙醇溶液(3.4),搅拌下,加入氨水(3.2)至溶液呈紫红色,再过量1 mL。加入10 mL氨-氯化铵缓冲溶液(3.6),放置2 h。

6.4.3 用中速定量滤纸过滤,以氨-氯化铵洗液(3.6)洗涤沉淀4次。用5 mL热盐酸(3.1)分次完全溶解沉淀,溶液盛于25 mL容量瓶中,以水定容。

6.4.4 使用空气-乙炔火焰,于原子吸收光谱仪波长283.3 nm处,以水调零,与相应的系列标准溶液同时测量铅的吸光度,减去空白试验(6.3)溶液的吸光度,从工作曲线上查得相应的铅的质量浓度。

6.5 工作曲线的绘制

移取0,0.25,0.50,1.00,1.50,2.00,2.50 mL铅标准溶液(3.8),分别置于6个25 mL容量瓶中,加入5 mL盐酸(3.1),用水定容。

使用空气-乙炔火焰,于原子吸收光谱仪波长283.3 nm处,以水调零,测量系列标准溶液的吸光度,减去"零"浓度溶液的吸光度,以铅的质量浓度为横坐标,吸光度为纵坐标,绘制工作曲线。

7 分析结果的计算

按公式(1)计算铅的质量分数(%):

$$w(\mathrm{Pb})=\frac{\rho\times V\times 10^{-6}}{m_0}\times 100 \qquad \cdots\cdots(1)$$

式中:

ρ——自工作曲线上查得的铅的质量浓度,单位为微克每毫升(μg/mL);

V——试液总体积,单位为毫升(mL);

m_0——试料的质量,单位为克(g)。

8 精密度

8.1 重复性

在重复性条件下获得的两个独立测试结果的测定值,在以下给出的平均值范围内,这两个测试结果的绝对差值不超过重复性限(r),超过重复性限(r)的情况不超过5%。重复性限(r)按以下数据采用线性内插法求得:

铅质量分数/%:	0.000 96	0.004 8	0.009 7
重复性限 r/%:	0.000 23	0.000 4	0.000 7

8.2 允许差

实验室之间分析结果的差值应不大于表 2 所列允许差。

表 2

铅的质量分数/%	允许差/%
0.001 0～0.005 0	0.000 5
＞0.005～0.010	0.001

9 质量保证与控制

分析时，用标准样品或控制样品进行校核，或每年至少用标准样品或控制样品对分析方法校核一次。当过程失控时，应找出原因。纠正错误后，重新进行校核。